"十二五"普通高等教育本科国家级规划教材

房屋建筑学

（第二版）

金　虹　主　编
安艳华　副主编
郑　忱　主　审

科学出版社
北　京

内容简介

本书分民用建筑设计和工业建筑设计两部分，系统介绍了民用与工业建筑的平面、立面、剖面设计以及建筑围护结构构造设计的基本原理、设计方法与实际工程应用。

本书密切结合新的教学大纲及国家有关建筑设计的新规范、标准及政策，反映了我国近年来的建筑科技成就，并吸收了国外的有益经验。

本书适于工业与民用建筑、建筑管理、建筑材料、供热工程、煤气、给排水、电气等专业的本科、专科、电大、函大等各类院校学生使用，也可供土木工程技术人员参考。

图书在版编目(CIP)数据

房屋建筑学/金虹主编．—2版．—北京：科学出版社，2011
（"十二五"普通高等教育本科国家级规划教材）

ISBN 978-7-03-030067-6

Ⅰ.①房… Ⅱ.①金… Ⅲ.①房屋建筑学-高等学校-教材 Ⅳ.①TU22

中国版本图书馆CIP数据核字（2011）第011239号

责任编辑：刘宝莉 / 责任校对：张小霞
责任印制：徐晓晨 / 封面设计：鑫联必升

科学出版社出版
北京东黄城根北街16号
邮政编码：100717
http://www.sciencep.com
北京捷迅佳彩印刷有限公司 印刷
科学出版社发行 各地新华书店经销

*

2002年8月第 一 版 开本：787×1092 1/16
2011年1月第 二 版 印张：33 1/4
2019年8月第十八次印刷 字数：760 000

定价：88.00元
（如有印装质量问题，我社负责调换）

第二版前言

《房屋建筑学》第一版自2002年出版使用以来，受到了广大学生的好评以及业内专家的肯定。同时哈尔滨工业大学的教学团队配合教学改革，使得本书及系列教改成果获得了2003年黑龙江省高等学校优秀教学成果一等奖。2006年本书被列入普通高等教育"十一五"国家级规划教材，2014年本书被列入"十二五"普通高等教育本科国家级规划教材。

在使用过程中，我们发现这本教材还存在一些瑕疵和不足，许多热心的学生也向我们提出了宝贵的建议。转眼间8年过去了，我们编写组全体同仁在教学中积累了更多的经验，在这期间，建筑技术也有了突飞猛进的发展。为了更好地为广大师生及工程技术人员提供帮助和服务，编写组对本教材进行了全面的修编工作，进一步完善了本教材。《房屋建筑学(第二版)》是在第一版的基础上修订的，其编排吸收了第一版的优点，内容更加充实、新颖，并补充了一些新知识和成熟的新技术。我们衷心的希望本教材能成为广大师生的好助手。

本书由哈尔滨工业大学金虹教授任主编，郑忱教授主审。本书编写分工如下：绪论、第四、五、十三章由金虹编写；第一章由周春艳编写；第二、七、十一章由黄锰、李锐编写；第三章、15.1节、15.3节由孙世钧编写；第六、十二、十六章由安艳华编写；第八章、15.2节由柴广益、林铓编写；第九、十章由张卷舒编写；第十四章、15.4节由李大为、吉军编写；第十七章由孙伟斌编写。

恳切希望广大读者提出宝贵意见，以便进一步修改和提高。

第一版前言

本书是在前编《房屋建筑学》的基础上，根据新教学大纲要求编写的，具有内容新、构造做法及构造详图新、与现代建筑技术发展相适应等特点，还增添了适应北方地区特点的构造技术内容。本书密切结合新的教学大纲及国家有关建筑设计的新规范、标准及政策，内容系统、全面，所用资料力求有代表性，收集了较多国内外工程实例、各地标准图和有益的经验。

在教学过程中我们感到，一本好的教材应不仅在其内容上要提供全新、系统、准确的相关知识，而且应为方便读者学习创造条件。因此，为便于读者更好地学习掌握这门学科，我们改变以往教材的编写格式，在相关章节、段落之中及时指出设计要点、重点关注的内容以及需要分析与思考的问题，并在每章之末进行归纳小结，使学习脉络更为清晰。

全书分为两大篇：第一篇为民用建筑设计；第二篇为工业建筑设计。

参加本书编写的有：金虹（绪论、第一篇的第三、四、十二章）、李连科（第一篇的第一、六、十章）、孙世钧（第一篇的第二、十二章，第二篇的第一、二、四、六章）、安艳华（第一篇的第五、十一章，第二篇的第三、五、七、八、九章）、柴广益（第一篇的第七章）、张卷舒（第一篇的第八、九章）。

本书由郑忱教授主审。部分插图由孙宇、宋海宏、咸真珍绘制。特此表示感谢。

由于水平有限，书中难免存在欠妥之处，恳切希望广大读者提出宝贵意见，以便进一步修改和提高。

目　　录

第二篇 工业建筑设计

绪　　论

房屋建筑学是研究建筑设计的一门科学，是一门内容广泛的综合性科学。它涉及建筑功能、工程技术、建筑经济、建筑艺术及环境规划等多方面的问题，具体研究的内容是建筑平面与建筑空间布局、建筑内外的造型艺术以及建筑构造等设计问题。

0.1　影响建筑设计的主要因素

建筑物是用来供人们在其中生活、生产、娱乐等活动的。由于它处于自然与人为的较为复杂的环境之中，因此要受到来自各方面因素的限制。在设计过程中，设计者必须综合分析这些因素的影响，方能获得较为完美的设计。影响建筑设计的因素有很多，综合起来可以归纳为以下几方面：

1）建筑功能

建筑功能又分为基本功能和使用功能。建筑物是人类为了避风雨、御寒暑和防备野兽或其他自然现象侵袭的需要而建造的。因此它首先要具有保温，隔热，隔声，防风、雨、雪、火等性能，这是人们对建筑物最基本的要求，亦即建筑物的基本功能。其次，任何建筑物都是人们为了一定目的、满足某种具体的使用需求而建造的。因此它具有不同的、各具特点的要求，又称之为建筑的使用功能。如住宅是人们为了居住与生活而建造；商场是人们为了买卖交易而建造；厂房是人们为了在其中生产某些产品而建造等。各类建筑的基本功能是相近的，而其使用功能则是多种多样的，由此产生了许多不同的建筑类型。

不论何种建筑，其设计必须满足建筑的基本功能和使用功能的要求，建筑功能是决定建筑设计的第一重要因素。

2）物质技术条件

物质技术条件是实现建筑设计的物质基础和技术手段，是使建筑物由图纸付诸实施的根本保证。在一定程度上能否获得某种形式和要求的空间，主要取决于工程结构和技术手段的发展水平。正是由于新材料、新结构形式的不断出现，才得以使高层、超高层、大空间等多种复杂建筑类型成为可能，使建筑设计进入一个崭新的阶段。

3）环境

我国幅员辽阔，各地区气候差别悬殊，建筑设计必须与各地的气候特点相适应。对于寒冷地区，建筑设计应满足保温、防冻、防止冷风渗透等要求，其平面形式宜采用有利于保温防寒的集中式布置，且外窗

学习重点

重点关注：

1. 我国的建筑方针。
2. 影响建筑设计的主要因素。

的大小、层数及墙体的材料与厚度受到一定的限制；炎热地区的建筑，则应保证通风、隔热等要求，建筑的平面布局常以分散式布置为主。构造设计也应采取相应的措施。

此外，建筑设计还应考虑建筑物周围的自然与人为的环境因素。如周围建筑、绿化、道路等，使拟建建筑与周围环境有机地结合在一起，达到与环境的完美统一。

4）经济条件

基本建设的投资相当大，建造一幢建筑物需要耗费大量的人力、物力和财力，因此经济因素始终是影响建筑设计的重要因素。建筑设计应根据建筑物的等级与国家制定的相应的经济指标及建造者本身的经济能力来进行，脱离经济因素的建筑设计只能是纸上谈兵。由于建筑的地区特点、质量标准、功能要求、民族风格等差异，在考虑经济问题时应区别对待：如大量性建造的建筑，标准一般可以低一些；而重点建造的某些建筑，建筑标准则可以高一些。设计时既要防止不必要的浪费，同时也应防止片面追求低标准、低造价而影响建筑质量。

5）城市规划的要求

城市总体规划是带有整体性、全局性的城市功能布局，它对建筑设计具有控制和指导作用。单体建筑的设计不能脱离总体规划而孤立进行，单体建筑形式要受到群体建筑风格的制约，它必须在满足城市规划要求的基础上来设计。

6）有关方针政策及法规

我国的建筑方针是“适用、安全、经济、美观”。

“适用”是指恰当的确定建筑面积，合理的布局，必需的技术设备，良好的设施以及保温、隔声的环境。

“安全”是指结构的安全度、建筑物耐火等级与防火设计、建筑物的耐久年限等。

“经济”主要是指经济效益。它包括节约建筑造价、降低能源消耗、缩短建设周期、降低运行、维修和管理费用等。既要注意建筑物本身的经济效益，又要注意建筑物的社会和环境的综合效益。

“美观”是在适用、安全、经济的前提下，把建筑美和环境美作为设计的重要内容。搞好室内外环境设计，为人民创造良好的工作和生活条件。政策中还提出对待不同建筑物、不同环境，要有不同的美观要求。

总而言之，设计者在设计过程中应区别不同的建筑，处理好“适用、安全、经济、美观”的关系。

7）风俗、文化与审美

建筑不仅仅是供人们使用，它又具有一定的欣赏价值，对于一些特殊建筑来说，它在审美方面的需求占有重要的地位。同时由于不同地域的风俗、文化存在着很大的差异，因此人们对建筑的使用与审美需求也不尽相同。建筑设计只有遵循当地的风俗、文化，满足使用者的审美需求，方能获得具有地方特色的、令使用者满意的效果。由此也体现出各地建筑形式与风格上的差异。

0.2 建筑的分类与分级

0.2.1 建筑的分类

建筑物通常根据其功能性质、某些规律和特征分类。一般按照以下几个方面划分。

1. 按建筑的使用功能分

1）民用建筑

所谓民用建筑即非生产性建筑。它又可分为居住建筑和公共建筑两大类。

（1）居住建筑。居住建筑是供人们生活起居用的建筑物，如住宅、公寓、宿舍等。

（2）公共建筑。公共建筑是供人们政治文化活动、行政办公、商业、生活服务等公共事业所需要的建筑物。如行政办公建筑、文教建筑、科研建筑、托幼建筑、医疗建筑、商业建筑、生活服务建筑、旅游建筑、观演建筑、体育建筑、展览建筑、交通建筑、通信建筑、园林建筑、纪念建筑、娱乐建筑等。

2）工业建筑

工业建筑即生产性建筑，如主要生产厂房、辅助生产厂房、动力建筑、储藏建筑等。

3）农业建筑

农业建筑，即指农副业生产建筑，如温室、畜禽饲养场、水产品养殖场、农副产品加工厂、粮仓等。

2. 按建筑的层数分

建筑根据其高度和层数又可分为低层建筑、多层建筑、高层建筑和超高层建筑。具体划分如下：

（1）住宅建筑。一～三层为低层；四～六层为多层；七～九层为中高层；十及十层以上为高层。

（2）公共建筑及综合性建筑。总高度超过 24m 者为高层（不包括高度超过 24m 的单层主体建筑）。

（3）建筑物高度超过 100m 时，不论住宅或公共建筑均为超高层。

（4）工业建筑（厂房）。分为单层厂房、多层厂房、混合层数的厂房。

3. 按建筑的主要承重材料分

（1）钢筋混凝土结构。是我国目前房屋建筑中应用最为广泛的一种结构形式，如钢筋混凝土的高层、大跨、大空间建筑以及装配式大板、大模板、滑模等工业化建筑等。

（2）块材砌筑结构。是砖砌体、砌块砌体、石砌体建造的结构统称，一般用于多层建筑。

（3）钢结构。是一种强度高、塑性好、韧性好的结构，它适用于高

学习重点

分析与思考：

1. 建筑物按其使用功能通常分为哪几类？
2. 建筑物按层数通常分为哪几类？
3. 建筑物按其主要承重材料通常分为哪几类？

层、大跨度或荷载较大的建筑。

（4）木结构。是大部分用木材建造或以木材作为主要受力构件的建筑物。适用于低层、规模较小的建筑物，如别墅、旅游性木质建筑等。

（5）其他结构建筑，如生土建筑、充气建筑、塑料建筑等。

此外，按建筑的结构体系又可分为混合结构、框架结构、空间结构、现浇剪力墙结构、框架-剪力墙结构、框架-筒体结构、筒中筒及成束筒结构等。

此外，建筑等级分类划分应符合有关标准或行业主管部门的规定。

0.2.2 建筑分级

1. 设计使用年限

我国《民用建筑设计通则》(GB50352—2005）中对设计使用年限的分类如下：

1类：设计使用年限100年，适用于纪念性建筑和特别重要的建筑。

2类：设计使用年限50年，适用于普通建筑和构筑物。

3类：设计使用年限25年，适用于易于替换结构构件的建筑。

4类：设计使用年限5年，适用于临时性建筑。

2. 建筑物的耐火分级

建筑物的使用性质、规模大小、重要程度等不同，对建筑物的耐火能力要求也有所不同，根据我国《建筑设计防火规范》(GB50016—2006）规定，建筑物的耐火等级分为四级，其构件的燃烧性能和耐火极限不应低于表0.1的规定。

表0.1 建筑物构件的燃烧性能和耐火极限

构件名称		耐火等级			
		一级	二级	三级	四级
墙	防火墙	不燃烧体 3.00	不燃烧体 3.00	不燃烧体 3.00	不燃烧体 3.00
	承重墙	不燃烧体 3.00	不燃烧体 2.50	不燃烧体 2.00	难燃烧体 0.50
	非承重外墙	不燃烧体 1.00	不燃烧体 1.00	不燃烧体 0.50	燃烧体
	楼梯间的墙 电梯井的墙 住宅单元之间的墙 住宅分户墙	不燃烧体 2.00	不燃烧体 2.00	不燃烧体 1.50	难燃烧体 0.50
	疏散走道两侧的隔墙	不燃烧体 1.00	不燃烧体 1.00	不燃烧体 0.50	难燃烧体 0.25
	房间隔墙	不燃烧体 0.75	不燃烧体 0.50	难燃烧体 0.50	难燃烧体 0.25
柱		不燃烧体 3.00	不燃烧体 2.50	不燃烧体 2.00	难燃烧体 0.50
梁		不燃烧体 2.00	不燃烧体 1.50	不燃烧体 1.00	难燃烧体 0.50
楼板		不燃烧体 1.50	不燃烧体 1.00	不燃烧体 0.50	燃烧体
屋顶承重构件		不燃烧体 1.50	不燃烧体 1.00	燃烧体	燃烧体
疏散楼梯		不燃烧体 1.50	不燃烧体 1.00	不燃烧体 0.50	燃烧体
吊顶（包括吊顶搁栅）		不燃烧体 0.25	难燃烧体 0.25	难燃烧体 0.15	燃烧体

注：1）除本规范另有规定者外，以木柱承重且以不燃烧材料作为墙体的建筑物，其耐火等级应按四级确定。

2）二级耐火等级建筑的吊顶采用不燃烧体时，其耐火极限不限。

3）在二级耐火等级的建筑中，面积不超过100m^{2}的房间隔墙，如执行本表的规定确有困难时，可采用耐火极限不低于0.3h的不燃烧体。

4）一、二级耐火等级建筑疏散走道两侧的隔墙，按本表规定执行确有困难时，可采用0.75h不燃烧体。

表0.1中各名词的内容如下：

耐火极限：在标准耐火试验条件下，建筑构件、配件或结构从受到火的作用时起，到失去稳定性、完整性或隔热性时止的这段时间，用小时表示。

构件的燃烧性能分为三类：

(1) 不燃烧体，即用不燃材料做成的构件。不燃材料系指在空气中受到火烧或高温作用时不起火、不微燃、不炭化的材料。如建筑中采用的金属材料和天然或人工的无机矿物材料。

(2) 难燃烧体，即用难燃烧材料做成的构件或用燃烧材料做成而用非燃烧材料做保护层的构件。难燃烧材料系指在空气中受到火烧或高温作用时难起火、难微燃、难炭化，当火源移走后燃烧或微燃立即停止的材料。如沥青混凝土、经过防火处理的木材、用有机物填充的混凝土以及水泥刨花板等。

(3) 燃烧体，即用可燃材料做成的构件。可燃材料系指在空气中受到火烧或高温作用时立即起火或微燃，且火源移走后仍继续燃烧或微燃的材料，如木材等。

建筑构件的燃烧性能和耐火极限可参见《建筑设计防火规范》(GB50016－2006) 附录二。

学习重点

重点关注：

1. 建筑设计的内容与程序

分析与思考：

1. 建筑物的耐久年限如何划分？
2. 建筑物的耐火等级如何划分？
3. 何为耐火极限？

0.3 建筑设计的内容、程序和依据

0.3.1 建筑设计的内容和程序

一幢建筑物的建成，一般要经过以下各阶段：提出拟建项目建议书，编制可行性研究报告，进行项目评估，编制设计文件，施工前准备工作，组织施工，竣工验收，交付使用。其中编制设计文件是工程建设中不可缺少的重要一环。设计工作阶段包括建筑设计、结构设计和设备设计等几部分，各部分之间既有分工又密切配合。其中建筑设计是龙头，它必须综合分析总体规划、地段及环境、建筑功能、气候、材料、施工水平、建筑经济以及建筑艺术等多方面因素，与结构、设备等各工种协调配合，贯彻国家和地方的有关政策、法规，才能获得完善的设计方案。建筑设计不是依靠某些公式简单的套用、计算而来，它是一种创作活动。

建筑设计一般又分为初步设计和施工图设计两个阶段。对于较复杂的建筑，则需要在初步设计完成后进行扩大初步设计或技术设计，然后再进行施工图设计。

设计内容及程序分述如下：

1. 设计前的准备工作

1) 熟悉设计任务书

设计任务书的内容主要有以下几点：

(1) 拟建项目的建造目的与建造要求、建筑面积、房间组成与面积分配。

(2) 建设基地范围、周围环境、道路、原有建筑、城市规划的要求和地形图。

(3) 供电、给排水、采暖和空调等设备方面的要求，水源、电源等工程管网的接用许可文件。

(4) 建设项目的总投资和单方造价。

(5) 设计期限和项目建设进程要求等。

2) 收集设计基础资料

在房屋的设计之前，还需收集下列原始数据和设计资料：

(1) 气象资料，即所在地区的气温、日照、降雨量、积雪深度、风向、风速及土壤冻结深度等。

(2) 地形、地质、水文资料，即基地地形及标高、土壤种类及承载力、地下水位及地震烈度等。

(3) 设备管线资料，即基地地下的给水、排水、供热、煤气、电缆、通信等管线布置以及基地地上的架空供电线路。

(4) 定额指标，即国家和所在地区有关本设计项目的定额指标。

(5) 有关的政策、法规与标准。

3) 设计前的调查研究

需调查研究的内容很多，大体可归纳为以下几个方面：

(1) 了解建设单位的使用要求。

(2) 建设地段的现场勘察，以便了解基地和周围环境的现状，如地形、方位、面积以及原有建筑、道路、绿化等。

(3) 了解当地建筑材料及构配件的供应情况和施工技术条件。

(4) 了解当地的生活习惯、民俗以及建筑风格。

2. 初步设计阶段

初步设计阶段是建筑设计的第一阶段，其主要任务是根据已有的资料、数据，综合分析功能、技术、经济、美观等多方面因素，提出最优设计方案。

初步设计内容及设计文件包括：

1) 设计说明书

包括：建筑设计的依据、规模、性质、设计指导思想和设计特点；有关国家与地方法规的执行说明；方案的整体构思及在平面、立面、剖面、构造及结构方案等方面的特点；建筑物的面积构成及主要技术经济指标等。

2) 设计图纸

(1) 建筑总平面图。在城市建设部门所划定的建筑红线内布置建筑物、场地、道路、绿化及各种室外设施，并标明其位置与尺寸，以及周围建筑物、道路、绿化的位置和它们与拟建建筑物之间的尺寸等，标注指北针或风玫瑰图。总平面图常用比例为1∶500～1∶2000。

(2) 各层平面图、主要方向立面图、主要部位的剖面图。这部分是初步设计的主要内容，它包括建筑物的平面和空间的组合方式、部分室内家具和设备的布置、结构方案与立面造型等。通常应标出建筑物各部分的主要尺寸、门窗位置、房间面积及名称等。

常用比例为 1：100～1：200。

(3) 根据设计任务的需要，可能辅以建筑透视图或建筑模型。

3) 工程概算书

它可用来进行技术经济分析、比较设计方案经济合理性，并可作为主要设备和材料的订货依据，为施工图设计和施工准备提供参考依据。

3. 技术设计阶段

对于大型的较复杂的建筑，为了进一步确定各专业之间的技术问题、解决各专业之间的矛盾、为施工图设计做准备，需要在初步设计的基础上进行技术设计或扩大初步设计。在这一阶段，各工种相互提供资料、要求，并共同研究和协调编制各专业的图纸和说明书，为进一步编制施工图打下基础。对技术设计的图纸和设计文件，要求建筑专业的图纸标明与其他技术专业有关的详细尺寸，并编制建筑部分的技术说明书，结构专业应有结构布置方案图，并附初步计算说明，设备专业也提供相应的设备图纸及说明书。经有关部门批准的技术设计文件，是编制施工图、主要材料设备订货以及基建拨款的依据文件。

4. 建筑施工图设计阶段

建筑施工图设计应根据已批准的初步设计或技术设计文件编制。它是在初步设计或技术设计的基础上，通过各专业的不断协调，进一步完善全部细部尺寸和标高、细部节点构造做法及所用材料并配有详细的设计说明。此外在施工图阶段，结构、水、暖、电等专业均应完成相应的全部施工图纸和设计说明。建筑专业施工图设计内容与文件如下：

(1) 设计说明。

设计说明包括建筑性质、设计依据、设计规模、建筑面积，有关建筑各部位、室内外装修等的材料、做法和说明，以及消防、结构、设备等必要的说明。

(2) 建筑总平面图。

总平面图上应标明城市坐标网、场地坐标网、建筑红线内拟建建筑物、道路、场地、绿化、设施等的位置、尺寸和标高，拟建建筑物与周围其他建筑物、道路及设施之间的尺寸，并注明指北针或风玫瑰图等。常用比例为1：500～1：2000。

(3) 各层平面图。

在初步设计的基础上，应标明各部分的详细尺寸、定位轴线及编号、门窗编号、部分家具及设备布置、剖面图及节点详图的位置与索引编号，楼梯、台阶、踏步等位置及上下行走方向，散水、坡道的位置及坡道坡度等。常用比例为 1：100～1：200。

(4) 各个方向的立面图。

在立面图上应标注详细尺寸与必要的标高，注明外装修材料、做法、

学习重点

分析与思考

1. 初步设计内容及设计文件有哪些？
2. 简述建筑专业施工图设计内容与设计文件。

尺寸及颜色，立面细部详图索引，必要的定位轴线。常用比例为1：100～1：200。

（5）剖面图。

剖面图应选择楼梯、门厅、层高及层数不同等内外空间变化复杂、最具有代表性的位置绘制，并注明建筑各部分标高及必要的尺寸与定位轴线、节点详图索引等。常用比例为1：100～1：200。

（6）构造节点详图。

构造节点详图指的是在平面、立面、剖面中未能清楚表示出来而需要放大绘制的建筑细部详图，它要求注明做法、尺寸及材料。需画节点详图的部位主要为檐口、墙身、墙脚、楼梯、门窗、楼地层、屋面等构件的连接点以及室内外墙面、地面、顶棚的表面装修等。

（7）工程预算书。

（8）计算书。

建筑设计专业的计算书主要包括建筑节能计算报告书，以及热工、采光、隔声与音质设计等建筑物理方面的内容。

上面讲述的设计内容和程序，是需要在具体设计过程中深入了解和掌握的，在此仅作为参考。目前只要求掌握其主要内容和基本程序。

0.3.2 建筑设计的依据

1. 人体尺寸及其活动所需的空间尺度

人体所需空间包括人体自然所占空间、动作域空间和心理空间。建筑是为满足人们的使用要求而建造的，因此建筑物中的家具和设备的尺度，踏步、窗台、栏杆、门洞、楼梯等的细部尺寸都应以人体尺寸及人体活动所需要的空间为主要依据，各房间的尺度则应考虑人体的心理空间及精神上的需求。我国人体基本尺寸和人体基本动作尺度如图0.1所示。

2. 家具、设备所需要的空间

人们在建筑物中的生活、学习和工作都伴有必要的家具和设备，因此家具和设备的尺寸，以及人们在使用家具和设备时的活动空间，是考虑房间内部使用面积的重要依据。常用家具、设备及其尺寸如图0.2所示。

3. 自然与环境

建筑物的平面形状、体型及墙体、门窗、屋顶、地面等围护结构都要受到自然条件包括温湿度、日照、雨雪、风速、风向等气候条件及地形、地质条件以及地震烈度等的限制和制约，同时建筑物的平面布置、体型、立面造型、场地布置等还要受到其周围建筑、道路、绿化等环境的限制，脱离自然与环境来做设计是难以想象的。由于我国幅员辽阔，各地区气候差别悬殊，各地区的建筑设计应根据其气候特点来进行。表0.2是按照气温划分的建筑热工设计分区及其建筑设计要求，表0.3是我国主要城市的降雨量、积雪与冻土深度。图0.3是我国部分城市的风向频率玫瑰图。

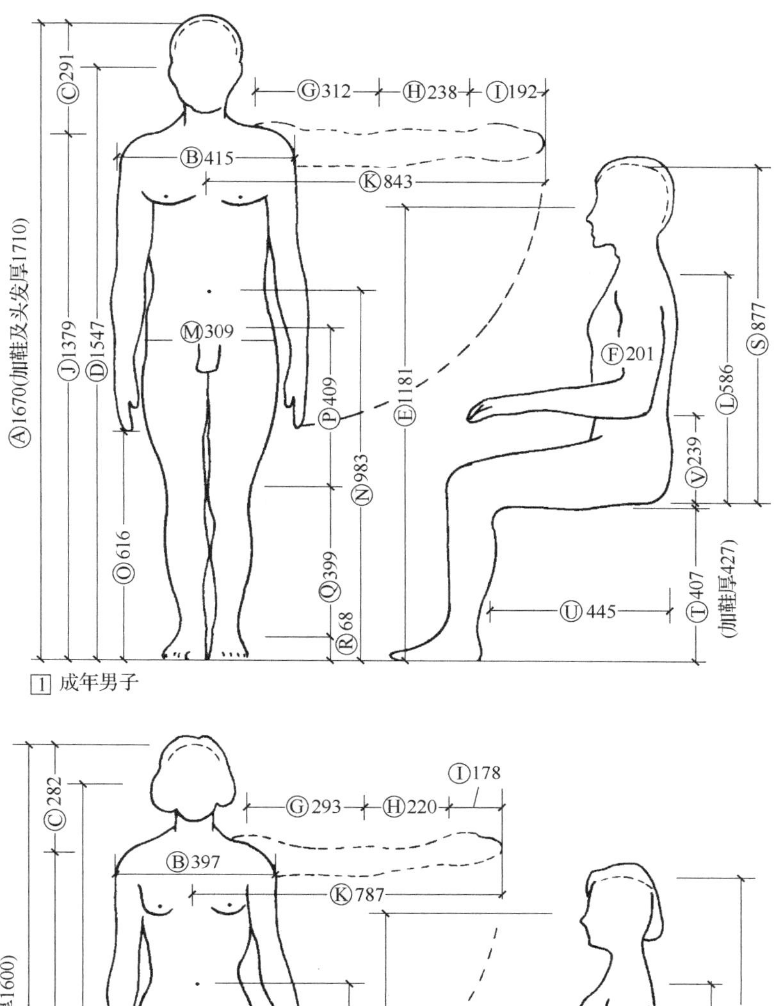

1 成年男子

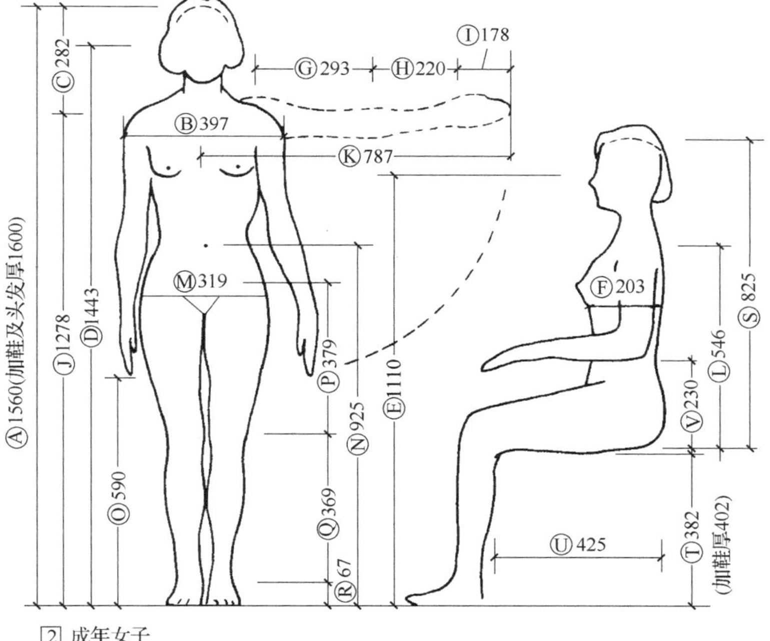

2 成年女子

(a) 中等人体地区(长江三角洲)的人体各部分平均尺寸

学习重点

重点关注：

1. 建筑设计的依据。

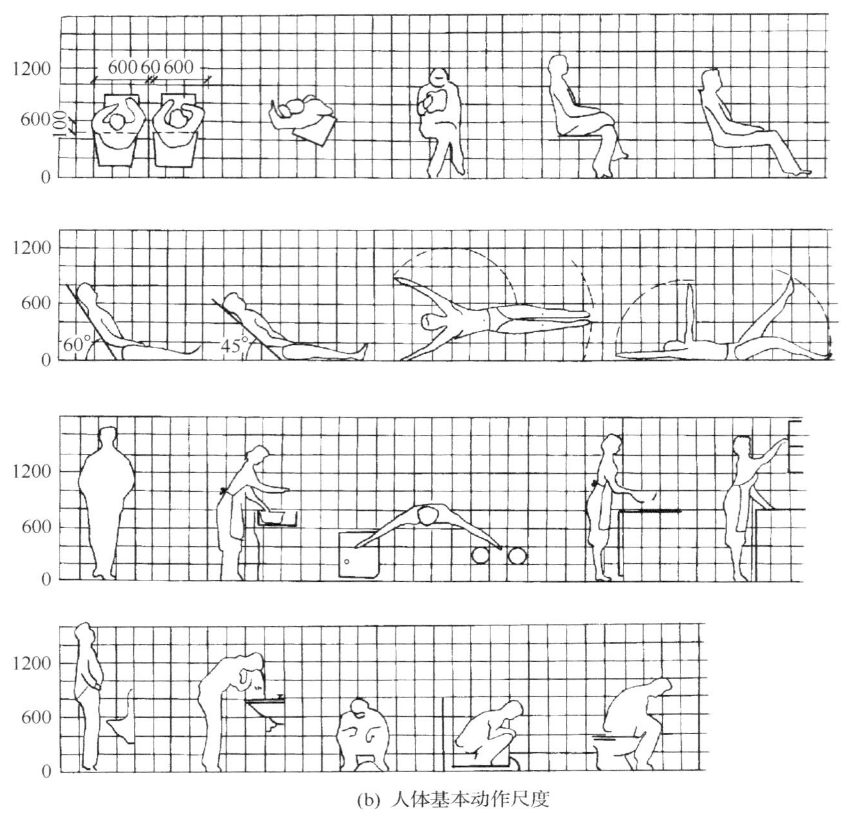

(b) 人体基本动作尺度

图 0.1 人体基本尺寸和人体基本动作尺度（单位：mm）

表 0.2 建筑热工设计分区及设计要求

分区名称		严寒地区	寒冷地区	夏热冬冷地区	夏热冬暖地区	温和地区
分区指标	主要指标	最冷月平均温度≤－10℃	最冷月平均温度 0～－10℃	最冷月平均温度 0～10℃，最热月平均温度 25～30℃	最冷月平均温度＞10℃，最热月平均温度 25～29℃	最冷月平均温度 0～13℃ 最热月平均温度 18～25℃
	辅助指标	日平均温度≤5℃的天数≥145d	日平均温度≤5℃的天数 90～145d	日平均温度≤5℃（0～90d），日平均温度≥25℃（40～110d）	日平均温度≥25℃的天数 100～200d	日平均温度≤5℃的天数 0～90d
设计要求		必须充分满足冬季保温要求，一般可不考虑夏季防热	应满足冬季保温要求，部分地区兼顾夏季防热	必须满足夏季防热要求，适当兼顾冬季保温	必须充分满足夏季防热要求，一般可不考虑冬季保温	部分地区应注意冬季保温，一般可不考虑夏季防热

注：本表摘自《建筑设计资料集（2）》（第二版）。

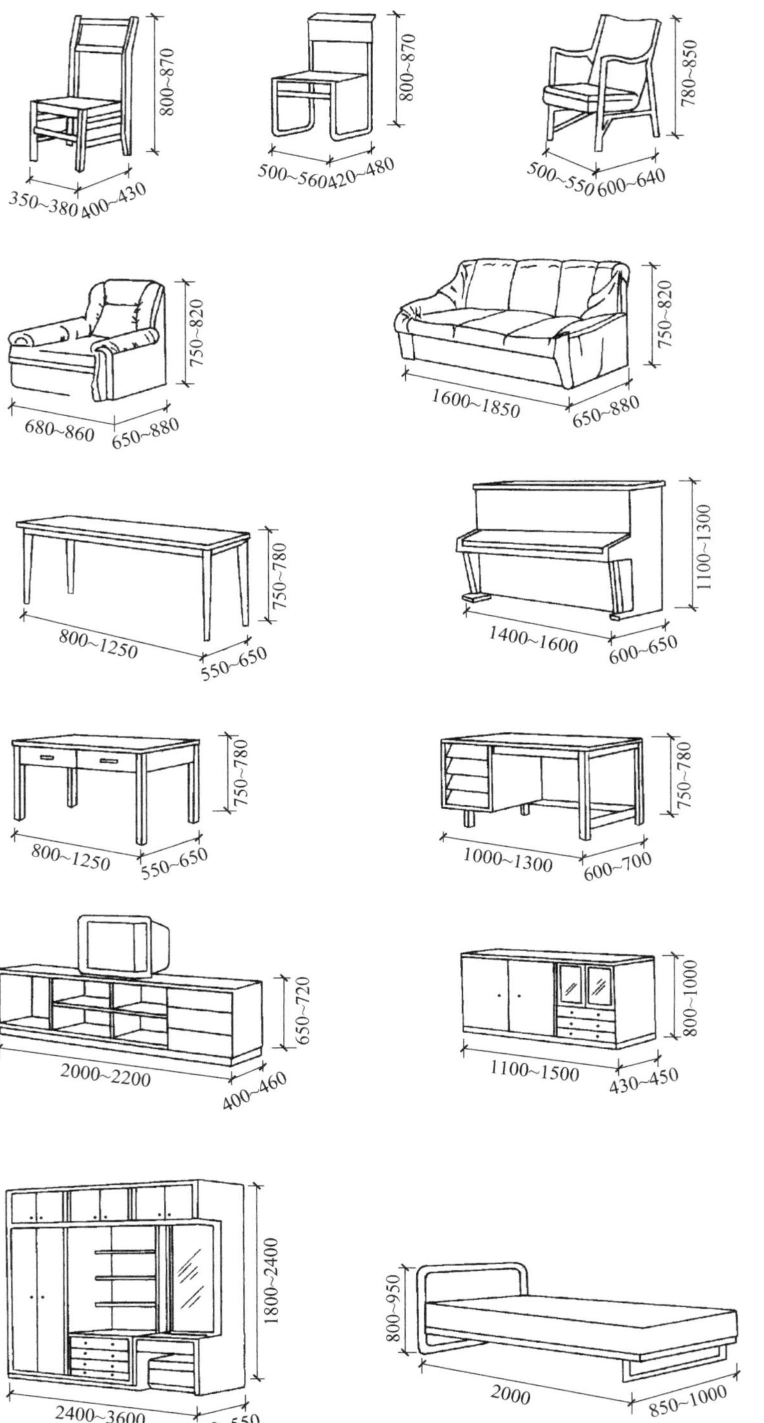
800~870
350~380
400~430
800~870
500~560
420~480
780~850
500~550
600~640
750~820
680~860
650~880
750~820
1600~1850
650~880
750~780
800~1250
550~650
1100~1300
1400~1600
600~650
750~780
800~1250
550~650
750~780
1000~1300
600~700
650~720
2000~2200
400~460
800~1000
1100~1500
430~450
1800~2400
2400~3600
450~550
800~950
2000
850~1000

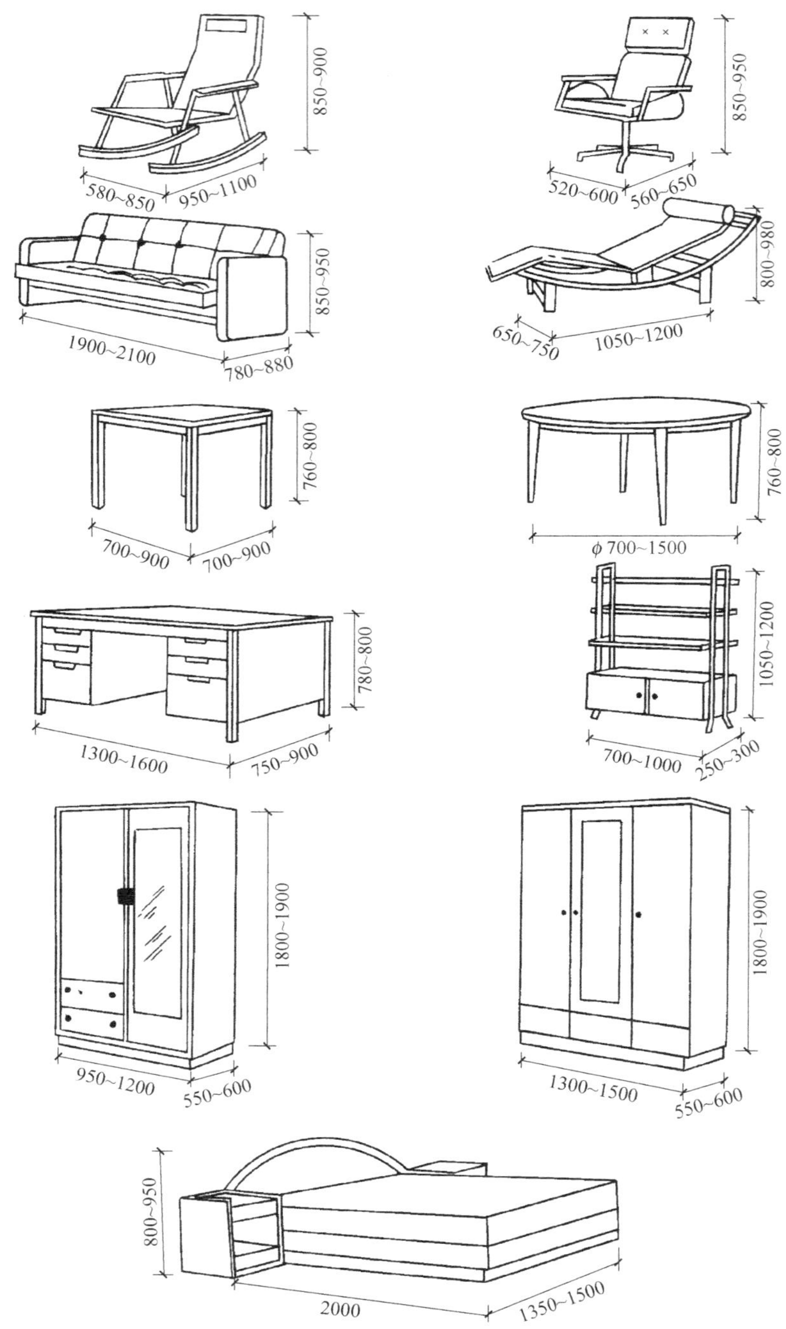

图 0.2　常用家具及其尺寸举例（单位：mm）

表 0.3　我国北方部分城市的降雨量、积雪、冻土深度

城市名称	降雨量/mm			最大积雪深度/cm	最大冻土深度/cm
	年总量	一日最大量	一小时最大量		
哈尔滨	580.3	104.8	—	41	199
齐齐哈尔	469.7	83.2	—	17	186
满洲里	376.2	75.7	—	24	250
长春	649.9	117.9	69.7	18	162
沈阳	835.5	178.8	70.0	20	139
鞍山	737.2	168.4	40.5	26	108
大连	641.0	171.1	66.1	16	—
唐山	552.0	100.9	—	5	62
天津	561.3	123.3	80.0	16	—
北京	781.9	244.2	126.7	24	85

注：本表摘自《建筑设计资料集（1）》（第二版）。

4. 材料与施工技术

建筑师应根据当地的施工技术水平、建筑材料等来确定建筑方案，尽量做到因地制宜、就地取材，减少建造费用。除有特殊要求和特殊意义的建筑外，超越现有技术水平的设计方案再完美也是脱离实际的。

5. 有关法规、标准

建筑类法规及规范是我国建筑界常用的标准文献。它是以建筑科学、技术和实践经验的综合成果为基础，经有关方面认定，由国务院有关部委批准、颁发，作为全国建筑界共同遵守的准则和依据。

1）建筑设计规范和标准

建筑设计规范、标准种类很多，除《民用建筑设计通则》(GB50352－2005)、《建筑设计防火规范》(GB50016－2006)、《建筑模数协调统一标准》(GBJ2－86)、《房屋建筑制图统一标准》(GB/T50001－2001)、《建筑制图标准》(GB/T50104－2001）等基本的标准和规范外，各类建筑如住宅、旅馆、商店等都有其相应的规范，设计人员必须遵守各种规范与标准来完成设计工作。

2）建筑模数

为了使建筑制品、建筑构配件和组合件实现工业化大规模生产、使不同材料、不同形式和不同制造方法的建筑构配件、组合件符合模数并具有较大的通用性和互换性，以加快设计速度，提高施工质量和效率，降低建筑造价，我国制定了《建筑模数协调统一标准》(GBJ2－86)。

该标准规定基本模数的数值为 100mm，其符号为 M，即 1M 等于 100mm。整个建筑物和建筑物的一部分以及建筑组合件的模数化尺寸，应是基本模数的倍数。

导出模数分为扩大模数和分模数，其基数应符合下列规定：

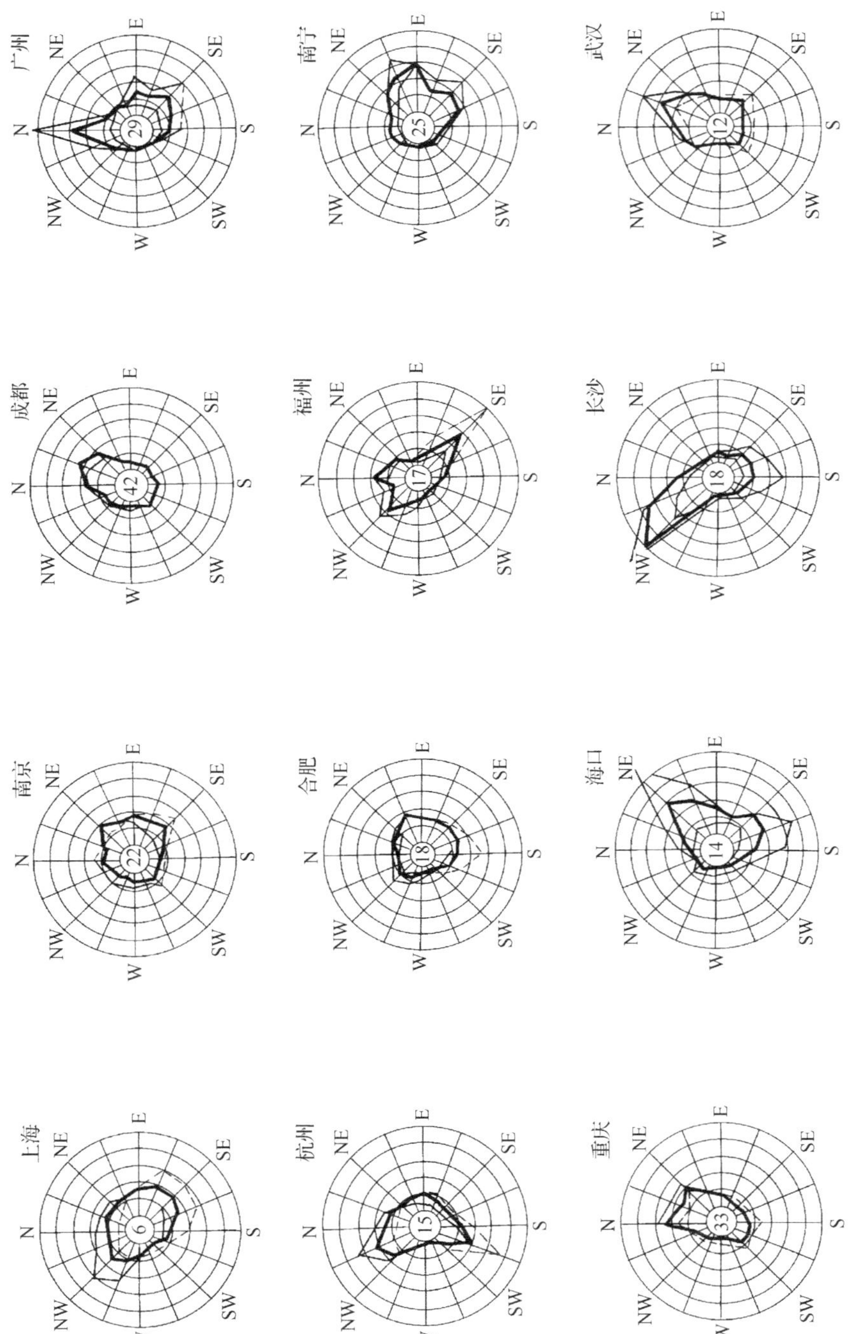
上海
6
杭州
15
重庆
33
南京
22
合肥
18
海口
14
成都
42
福州
17
长沙
18
广州
29
南宁
25
武汉
12
N
NE
E
SE
S
SW
W
NW

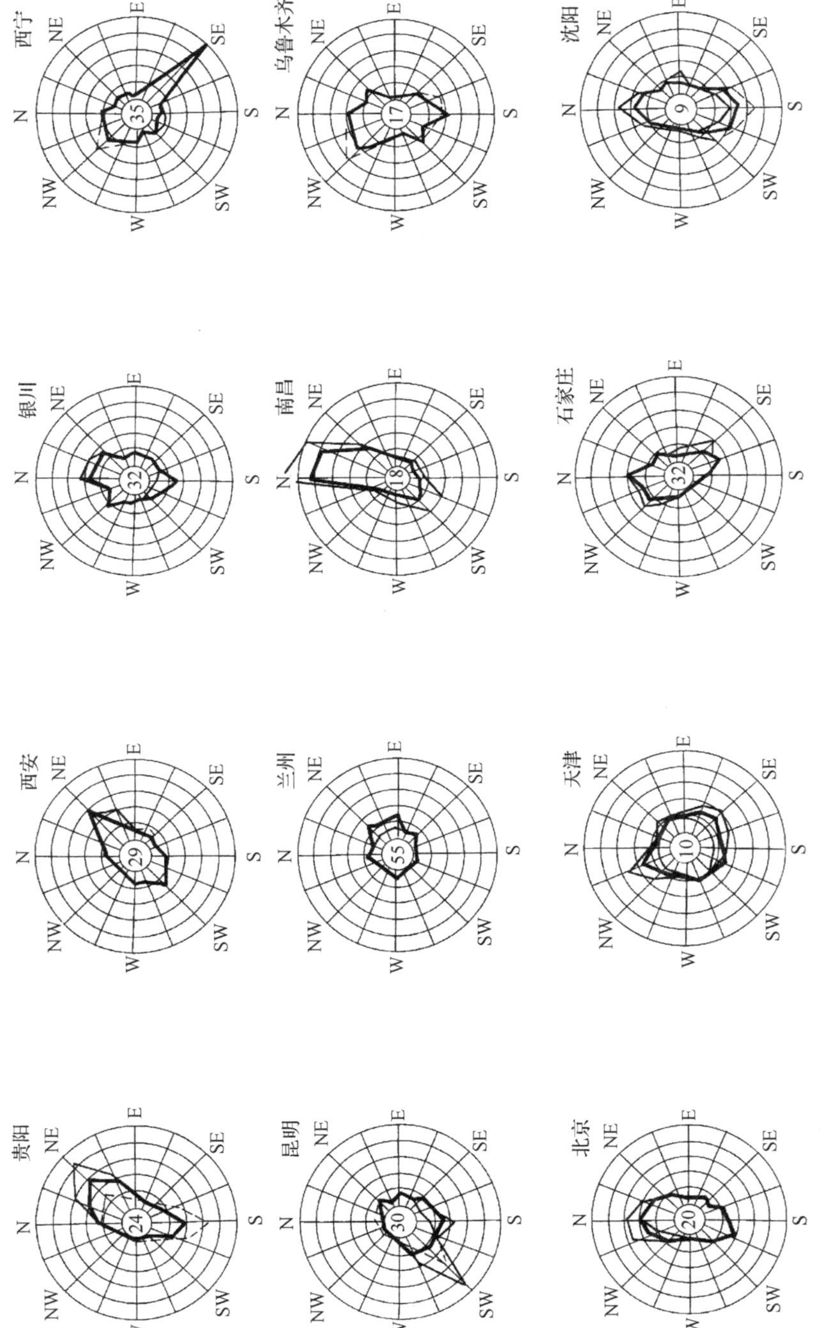
贵阳
24
昆明
30
北京
20
西安
29
兰州
55
天津
10
银川
32
南昌
18
石家庄
32
西宁
35
乌鲁木齐
17
沈阳
9

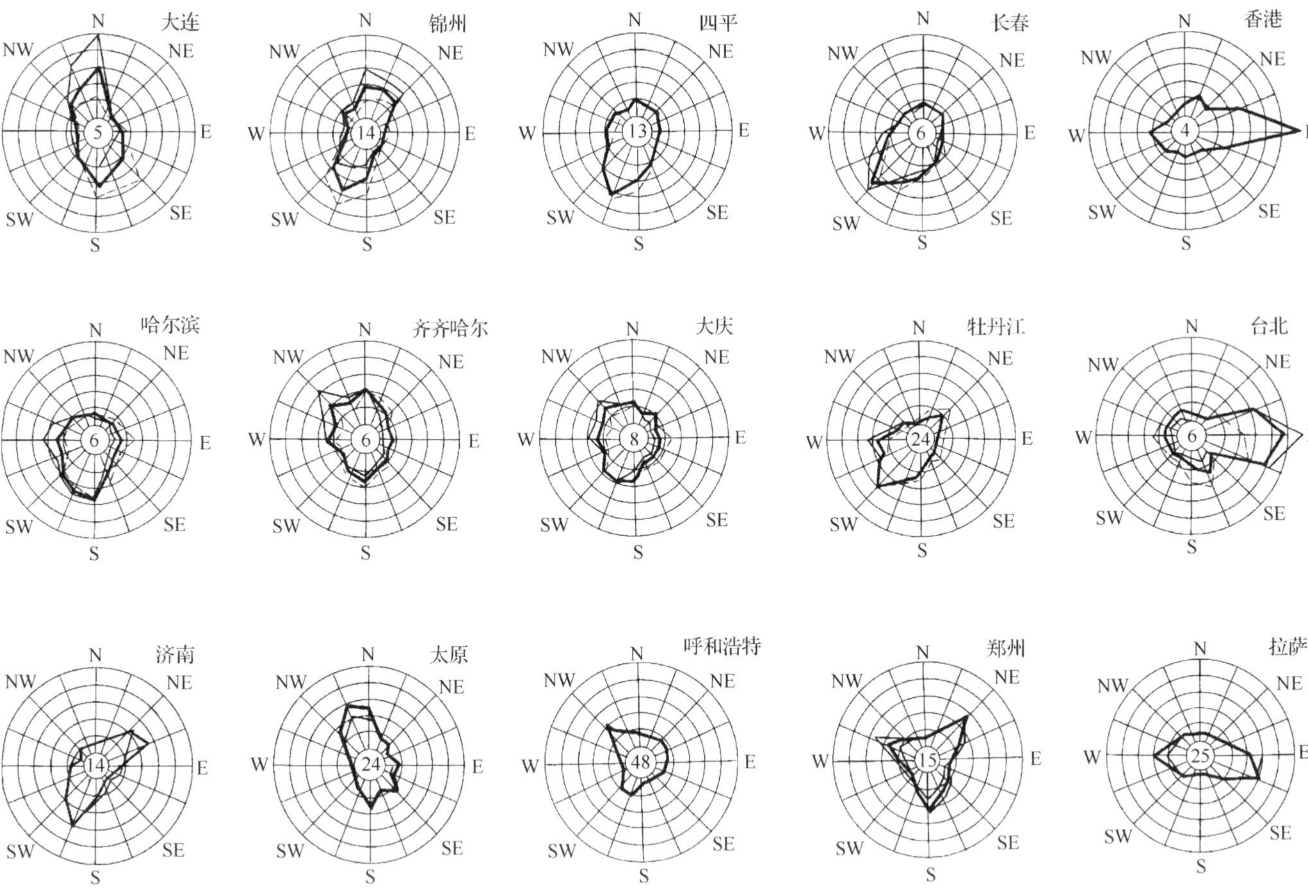

图 0.3　我国部分城市风向频率玫瑰图

(1) 水平扩大模数基数为 3M、6M、12M、15M、30M、60M，其相应的尺寸分别为 300mm、600mm、1200mm、1500mm、3000mm、6000mm；竖向扩大模数的基数为 3M 与 6M，其相应的尺寸为 300mm 和 600mm。

(2) 分模数基数为 1/10M、1/5M、1/2M，其相应的尺寸为 10mm、20mm、50mm。

模数数列应按表 0.4 采用。

水平基本模数 1M～20M 的数列，主要用于门窗洞口和构配件截面等处。

竖向基本模数 1M～36M 的数列，主要用于建筑物的层高、门窗洞口和构配件截面等处。

水平扩大模数 3M、6M、12M、15M、30M、60M 的数列，主要用于建筑物的开间或柱距、进深或跨度、构配件尺寸和门窗洞口等处。

竖向扩大模数 3M 数列，主要用于建筑物的高度、层高和门窗洞口等处。

分模数 1/10M、1/5M、1/M 的数列，主要用于缝隙、构造节点、构配件截面等处。

表 0.4　模数数列（单位：mm）

基本模数	扩大模数						分模数		
1M	3M	6M	12M	15M	30M	60M	1/10M	1/5M	1/2M
100	300	600	1200	1500	3000	6000	10	20	50
100	300						10		
200	600	600					20	20	
300	900						30		
400	1200	1200	1200				40	40	
500	1500			1500			50		50
600	1800	1800					60	60	
700	2100						70		
800	2400	2400	2400				80	80	
900	2700						90		
1000	3000	3000		3000	3000		100	100	100
1100	3300						110		
1200	3600	3600	3600				120	120	
1300	3900						130		
1400	4200	4200					140	140	
1500	4500			4500			150		150
1600	4800	4800	4800				160	160	
1700	5100						170		
1800	5400	5400					180	180	
1900	5700						190		
2000	6000	6000	6000	6000	6000	6000	200	200	200
2100	6300							220	
2200	6600	6600						240	
2300	6900								250
2400	7200	7200	7200					260	
2500	7500			7500				280	
2600		7800						300	300
2700		8400	8400					320	
2800		9000		9000	9000			340	

注：本表摘自《建筑模数协调统一标准》(GBJ2－86)。

小　　结

（1）我国的建筑方针是“适用、安全、经济、美观”。

（2）建筑功能、物质技术条件、环境、经济条件、城市规划、有关方针政策法规以及风俗文化与审美等是影响建筑设计的主要因素。

（3）建筑按使用功能可分为民用建筑、工业建筑和农业建筑；根据其高度和层数又可分为低层建筑、多层建筑、高层建筑和超高层建筑；按建筑的主要承重材料分钢筋混凝土结构、块材砌筑结构、钢结构、木结构等；按建筑的结构体系又可分为混合结构、框架结构、空间结构、现浇剪力墙结构、框架-剪力墙结构、框架-筒体结构、筒中筒及成束筒结构等。

（4）我国《民用建筑设计通则》(GB50352－2005）根据建筑物的重要性和建筑物的质量标准，将建筑物耐久年限分为四级；《建筑设计防火规范》(GB50016－2006）根据建筑物的使用性质、规模大小、重要程度等，将建筑物的耐火等级分为四级。

（5）设计工作包括建筑设计、结构设计和设备设计等几部分，各部分之间既有分工又密切配合。其中建筑设计是龙头。建筑设计一般又分为初步设计和施工图设计两个阶段。对于较复杂的建筑，则需要在初步设计完成后进行扩大初步设计或技术设计。

（6）建筑设计程序为：①设计前的准备工作；②初步设计阶段；③技术设计阶段；④建筑施工图设计阶段。

（7）建筑设计的依据是：人体尺寸及其活动所需的空间尺度，家具、设备所需要的空间，自然与环境，材料与施工技术，有关法规、标准等。

第一篇　民用建筑设计

第一章　建筑总平面设计

建筑总平面设计是建筑设计中一个非常重要的组成部分和工作阶段。在建筑设计由构思到成熟不断演化、发展的过程中，总平面设计自始至终作为一个积极因素与其相辅相成、密不可分。完善、合理的总平面设计既可以保证建筑群体在功能使用、交通组织以及整体面貌的和谐统一，又可以保证项目建设有计划、有组织地进行，使项目获取更大的社会效益、经济效益和环境效益。

1.1　建筑总平面设计原则

建筑总平面设计应根据设计任务书和城市规划的要求，对建筑布局、竖向、道路、绿化、管线和环境保护等进行综合考虑，应遵循以下设计原则：

（1）建筑总平面设计应以所在城市的总体规划、分区规划、控制性详细规划，以及当地主管部门提出的规划条件为依据。

（2）应结合工程特点，注重节地、节能、节约水资源，以适应建设发展的需要。

（3）设计应因地制宜，结合基地的自然地形、周围环境、地域文脉和建筑环境。

（4）应注意保护生态环境，保持原有的自然植被、自然水域和自然景观等。

（5）应功能分区合理，路网结构清晰，人流、车流有序，并对建筑群体、竖向、道路、环境景观、管线设计等进行综合考虑，统筹兼顾。

（6）总平面布局如要考虑远期发展时，必须考虑结合近期使用，以达到技术、经济上的合理性。

（7）总平面设计应考虑采取安全及防灾（防洪、防海潮、防震、防滑坡等）措施。

1.2　基地条件分析

基地以自身的形态和条件成为设计形态自由发展的限定因素，同时基地所处的地理位置，人文环境条件，基地本身的地形、地貌、日照、景观等条件也为设计提供了必要的线索，所以在进行建筑设计之前，要对基地进行充分地调研、分析。

学习重点

分析与思考：

1. 建筑总平面设计原则。

1.2.1 自然条件

1. 地形地貌

地形地貌是比较重要的自然要素之一，它的高低起伏与走向会对设计产生较大的影响。在设计中，人们可以对地形地貌的各种特征加以利用。在地势平坦、地形有利的条件下，建筑布局有较大的回旋余地，可以有多种布局形式；在地势起伏变化、地形比较特殊的条件下，建筑布局必然要受到多方面的限制和约束。但是，如果能够巧妙地加以利用，不仅具有良好的经济效果，还可以赋予设计方案以鲜明的特色。

2. 气象条件

气象条件是设计的基础资料，包括气温、日照、降雨、风向等，它因场地所处地域的不同，而有较大差异。气象资料在各地均有数据可查。

3. 地质条件

地质条件包括地质构造和地震烈度。基地地面下一定深度内是由土、沙、岩石等组成，其不同特性以及地上或地下水的高度状况直接影响建筑地基承载力。

地震烈度的级数不同，对地面及建筑物的破坏程度不同。在烈度为 6 度以下的地区，原则上不考虑设防，但 6 度及 6 度以上的地区必须进行地震设防。

另外，冲沟、崩塌、滑坡、断层、岩溶、人工采空区等几种不良地质现象将直接影响工程建筑质量与安全，还会影响工程速度与投资量。

4. 水文条件

地下水质深度变化能够影响工程地基和基础处理的质量与安全。地表水体要注意流量、流速和水位变化，特别是最高洪水水位和频率，要考虑加强防洪、排涝的设施与措施。此外，场地排水径流、坡度也要顺畅。

5. 景观条件

景观条件包括自然景观和人文景观。自然景观包括基地内部及周围的海景、山景、植被、林木等；人文景观包括古迹、文物等。良好的景观环境一方面可以使建筑融入自然，另一方面还可采用借景、对景等手法把基地外部的景观引进来，为建筑的使用者创造优美的景观环境。

1.2.2 技术条件

1. 交通运输条件

基地周围的公路、铁路、水运及空运条件是否便利，直接影响开发建设的经济效益。所以在基地选址时应充分考虑这一因素。

2. 给水排水条件

基地内要保证供水的可靠性，其水质、水量、水温都要符合要求。同时，也要保证排水的可靠性，确保场地不受浸泡。因此应对城市管网布局、管径、标高、压力保证及补救措施、污水系统现状，以及新建连接点的管道埋深、管径、坡度和排入允许水量等资料有详细的了解。还要特别重视粪便污水的处理方式，保证污水净化环保达标。

3. 能源供应条件

能源供应条件包括：热力的供给与可能、热源及热媒参数、热量、管网及价格；煤气的供给与可能、压力、发热量、管网及价格；供电电源位置、距离与供电量、电源回路，以及输电线路进入基地的设计。

4. 电信需求条件

应当详细了解有关电信通信条件。确定电话、电视、电传、网络等各种信号的需要量、场地附近设备设施的供给可能性、敷线方式和截面大小等。

5. 安全保护条件

选择基地时，应注意所选基地与相邻环境的间距应满足安全、卫生、视觉、环保等各项规定。符合人防、防水、电源要求。避免在洪泛地段、通信微波走廊、高压输电通廊与地下工程管道区域内建造建筑。

6. 施工条件

施工条件包括：了解当地及外来建材供应、产量及价格；当地施工技术力量及水平；机械起重能力与数量；以及施工工期，水、电及劳动力供应条件。

1.2.3 人文条件

不同地域文化会造就不同的建筑布局形式，要了解周围环境的建筑风格与特征，尤其是在具有历史特征、民族特色或乡土风格的区域，如西方的集中式建筑与中国传统的园林式建筑对总平面布局形式会产生较大的影响。此外，不同民族与宗教信仰对建筑空间的需求也各具特色，如伊斯兰住宅中极其讲究的朝拜空间等。所以在设计前要了解当地的文化取向、文脉和风格。

1.3 建筑总体布局

1.3.1 总平面功能分区

在进行建筑总体布局时，首先要对总平面进行功能分区。因为建筑功能的完整和完善不仅取决于建筑本身，还必须与环境条件相适应，也就是说，建筑的功能分区与基地的功能分区存在着相互对应的关系。在进行功能分区时，首先要按照不同的功能要求，将基地划分成若干个功能区块；然后分析出各功能区块之间联系的紧密程度和主要联系方向；最后根据功能分区、防火疏散要求、周围道路以及城市规划的其他要求，选择出入口位置与数量，通常这种选择与建筑出入口的安排是紧密相关的。

1.3.2 建筑平面形式

建筑的平面形式设计主要是根据基地条件、建筑性质、建筑规模、气候条件等因素进行考虑。

学习重点

分析与思考：

1. 在进行总平面设计前，都需要对哪些条件进行分析？
2. 影响建筑平面形式的因素有哪些？

建筑基地的地形条件对建筑平面组合的影响十分明显。在地势平坦开阔、地形形状规则的条件下，建筑布局可以有多种形式的选择；在地势起伏变化、地形形状不规则的条件下，建筑布局必然要受到多方面的限制和约束。图 1.1 所示为贝聿铭设计的美国国家美术馆东馆。该建筑的基地形状为梯形，为了结合地形，贝聿铭用一条对角线把梯形分成两个三角形：一个是等腰三角形，面积较大，作展览馆使用；另一个是直角三角形，为研究中心和行政管理机构用房。这种处理方式在结合基地形状的同时，还使两大功能组成在体形上有了明显的区别，可谓构思巧妙。

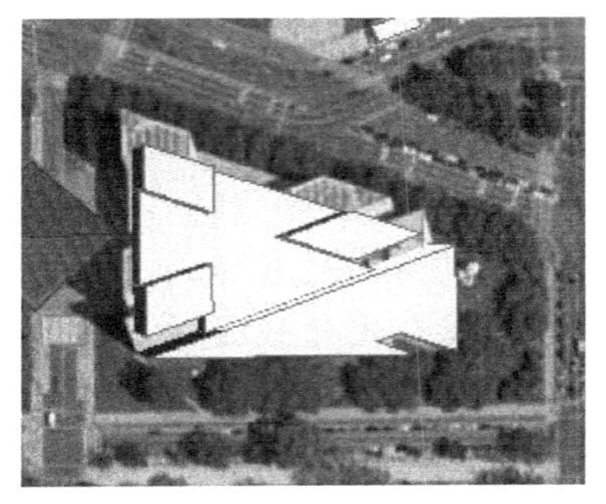

图 1.1　美国国家美术馆东馆总平面图

其次，建筑的平面布局形式与建筑的使用性质有直接关系。对于规模小、性质单一的建筑，常采用简洁、规整的平面布局，不仅结构简单，而且施工方便；对于建筑规模大、功能关系复杂、房间数量较多的公共建筑，可采用复杂的组合形体。不同类型建筑的使用功能及其联系的特点直接决定了建筑形体变化的方式，详细论述见第二章。

除此以外，建筑布局形式受气候条件影响也比较大。在寒冷地区，建筑为了保温、防风，通常布置得比较封闭、紧凑。为了减少散热面积，在形体设计上大多比较规整，凸凹变化少；在炎热地区，为了夏季通风散热的需要，建筑布局大多比较自由、开敞，尽量增加凸凹的变化（见图 1.2 和图 1.3）。

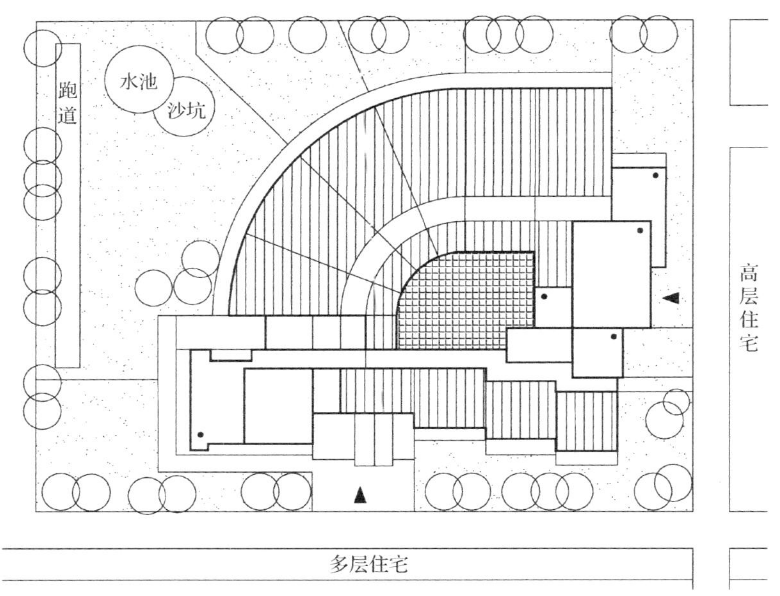

图 1.2　某北方幼儿园方案总平面图

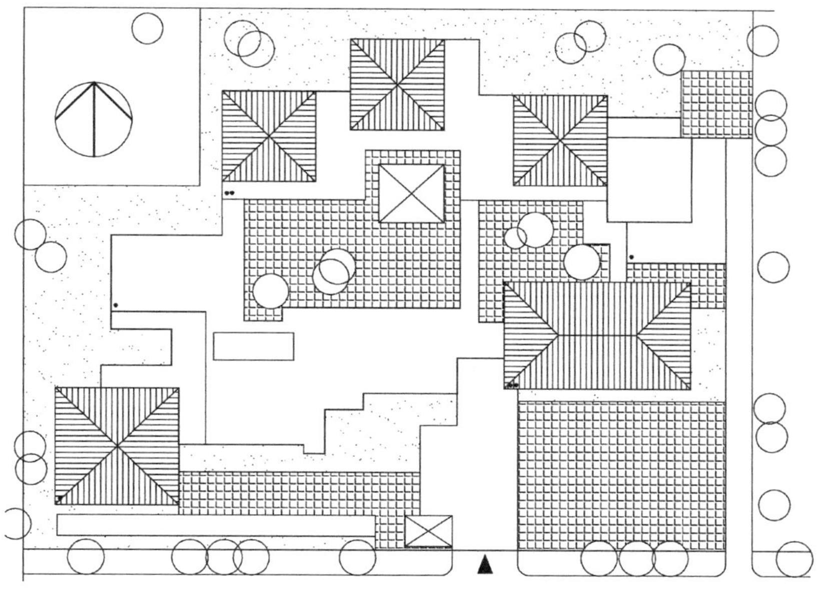

图 1.3　某南方幼儿园方案总平面图

1.3.3　建筑朝向

建筑在朝向的选取上不仅要满足日照和自然通风，还要考虑景观条件以及与街道的配合。如果出现矛盾时，要根据实际条件，从全局角度出发，综合考虑。

1）建筑日照

我国幅员辽阔，纬度、气候等差别较大，对北纬 45°以北的亚寒带、寒带地区，要争取冬季的大量日照，所以建筑的朝向以南偏东、偏西 15°以内为宜。南方地区要避免夏季西晒，所以建筑不宜朝西。表 1.1 为全国部分地区建筑朝向推荐表。

2）自然通风

我国许多地区夏季炎热，利用自然通风使内部形成穿堂风来降温是建筑设计的常用手法。对于单幢建筑，其长轴方向最好能垂直于夏季主导风向。如果建筑为“Π”形，则开口宜垂直于夏季主导风向。然而，在冬季寒冷地区，应该避免冬季主导风向的影响，因此，建筑在总体布置时，应使建筑物的长轴平行于冬季主导风向进行布置（见图 1.4）。

3）景观朝向

建筑场地如果位于优美的风景区内，或周围环境有观赏价值的景点时，在选择建筑朝向时一般都要考虑景观因素。首先要使建筑尽可能朝景观方向，但如果景观因素与其他因素发生矛盾时，要根据建筑的性质和使用要求来综合考虑。

学习重点

分析与思考：

1. 影响建筑朝向的因素有哪些？

表 1.1　全国部分地区建筑朝向推荐表

地区	最佳朝向	适宜朝向	不宜朝向
北京地区	南偏东 30°以内，南偏西 30°以内	南偏东 45°以内，南偏西 45°以内	北偏西 30°～60°
上海地区	正南至南偏东 15°	南偏东 30°，南偏西 15°	北、西北
石家庄地区	南偏东 15°	南至南偏东 30°	西
太原地区	南偏东 15°	南偏东至东	西北
呼和浩特地区	南至南偏东，南至南偏西	东南、西南	北、西北
哈尔滨地区	南偏东 15°～20°	南至南偏东 20°，南至南偏西 15°	西北、北
长春地区	南偏东 30°，南偏西 10°	南偏东 45°，南偏西 45°	北、东北、西北
沈阳地区	南、南偏东 20°	南偏东至东，南偏西至西	东北东至西北西
济南地区	南偏东 10°～15°	南偏东 30°	西偏北 5°～10°
南京地区	南偏东 15°	南偏东 25°，南偏西 10°	西、北
合肥地区	南偏东 5°～15°	南偏东 15°，南偏西 5°	西
杭州地区	南偏东 10°～15°	南、南偏东 30°	北、西
福州地区	南、南偏东 5°～10°	南偏东 20°以内	西
郑州地区	南偏东 15°	南偏东 25°	西北
武汉地区	南、南偏西 15°	南偏东 15°	西、西北
长沙地区	南偏东 9°左右	南	西、西北
广州地区	南偏东 15°，南偏西 5°	南偏东 22°30′，南偏西 5°至西	
南宁地区	南、南偏东 15°	南偏东 15°～25°，南偏西 5°	东、西
西安地区	南偏东 10°	南、南偏西	西、西北
银川地区	南至南偏东 23°	南偏东 34°，南偏西 20°	西、北
西宁地区	南至南偏西 30°	南偏东 30°至南偏西 30°	北、西北

注：本表摘自《建筑节能》，王立雄编著。

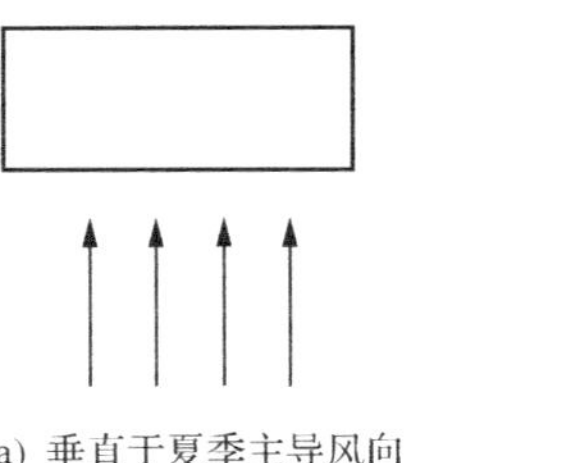

(a) 垂直于夏季主导风向

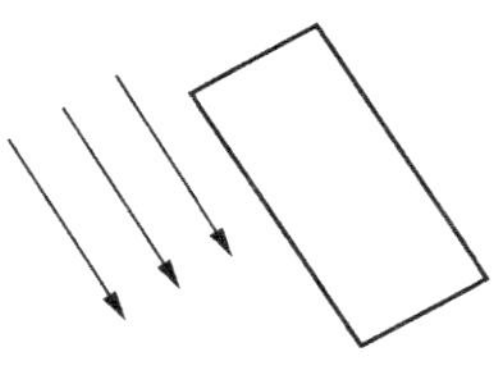

(b) 平行于冬季主导风向

图 1.4　建筑与主导风向的关系

4）道路因素

为保持街面美观，沿街建筑物往往与道路走向呼应，或平行（见图 1.5）或垂直或成阶梯状等方式布置。

1.3.4 建筑间距

建筑之间的间距应考虑防火、日照、采光、通风、防噪、卫生、视线等有关建筑设计规范和规定。

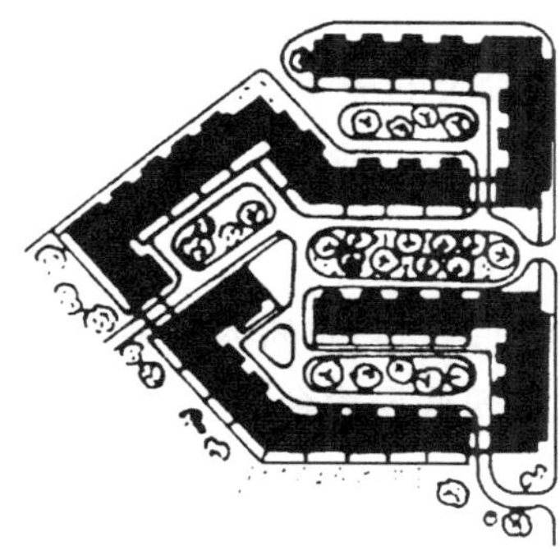

图 1.5 建筑与道路平行

1. 日照间距

日照间距主要满足后排房屋不受前排房屋的遮挡，并保证后排房屋底层南向房间有一定的日照时间，同时满足各类建筑设计规范规定的采光系数最低值。

1）日照标准

日照标准即建筑物的最低日照要求，与建筑物的使用性质有关。我国采用的日照标准是指在规定的日照标准日（冬至日或大寒日），建筑外窗获得的满窗日照的时间。《城市居住区规划设计规范》(GB50180—93)（2002 修订版）规定：

(1) 每套住宅至少应有一个居住空间获得日照，该日照标准应符合：老年人居住建筑不应低于冬至日日照 2h 的标准；在原设计建筑外增加任何设施不应使相邻住宅原有日照标准降低；旧区改建的项目内新建住宅日照标准可酌情降低，但不应低于大寒日日照 1h 的标准。

(2) 宿舍半数以上的居室，应能获得同住宅居住空间相等的日照标准。

(3) 托儿所、幼儿园的主要生活用房，应能获得冬至日不小于 3h 的日照标准。

(4) 老年人、残疾人住宅的卧室和起居室，医院、疗养院半数以上的病房和疗养室，中小学半数以上的教室，应能获得冬至日不小于 2h 的日照标准。

2）日照间距（见图 1.6）

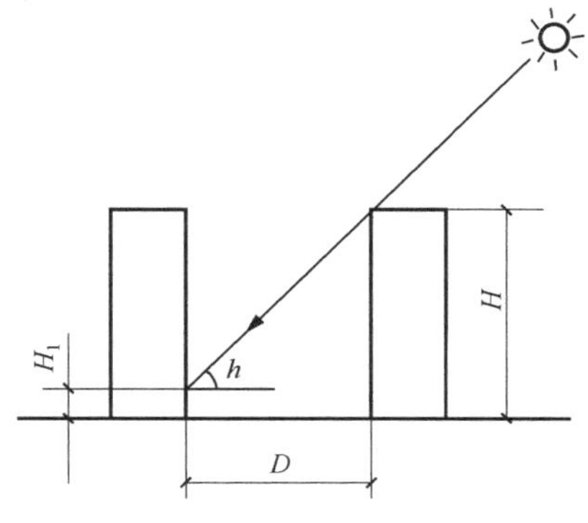

图 1.6 日照间距的计算关系

学习重点

重点关注：

1. 不同类型建筑的日照标准。
2. 日照间距的计算方法。
3. 不同方位间距的折减系数。
4. 通风间距的确定方法。

分析与思考：

1. 影响建筑间距的因素有哪些？

(1) 日照间距系数。

即根据日照标准确定的房屋间距与遮挡房屋高的比值。

$$D=\frac{H-H_1}{\tan h}$$

式中：h——太阳高度角，(°)；

H——前幢建筑遮挡阳光的檐口至地面高度，m；

H_1——后幢建筑底层窗台至地面高度，m。

(2) 日照间距折减系数。

当建筑的朝向不是正南向时，根据规范，日照间距在不同方向上可以有所折减，其折减系数见表 1.2。

表 1.2　不同方位间距的折减换算表

方位	0°～15°（含）	15°～30°（含）	30°～45°（含）	45°～60°（含）	>60°
折减系数	1.0L	0.9L	0.8L	0.90L	0.95L

注：1）表中方位为正南向（0°）偏东、偏西的方位角。

2）L 为当地正南向住宅的标准日照间距（m）。

3）本表指标适用于无其他日照遮挡的平行布置条式住宅之间。

4）本表摘自《城市居住区规划设计规范》(GB50180－93)(2002 修订版)。

2. 通风间距

当建筑垂直风向前后排列时，为了使后排建筑有良好的通风，前后排建筑之间的距离应为（4～5)H（H 为前排建筑高度）。但从用地的经济性考虑，一般不可能选择这样的间距来满足通风要求。所以，为了使建筑物既要具有良好的自然通风，又要节约用地，应避免建筑物正面迎风，而是将建筑与夏季主导风向成 30°～ 60°布置，使风先进入两房屋之间，再形成房屋的穿堂风，这样建筑间距缩小到（1.3～1.5)H,既可满足要求，又较为经济（见图 1.7)。

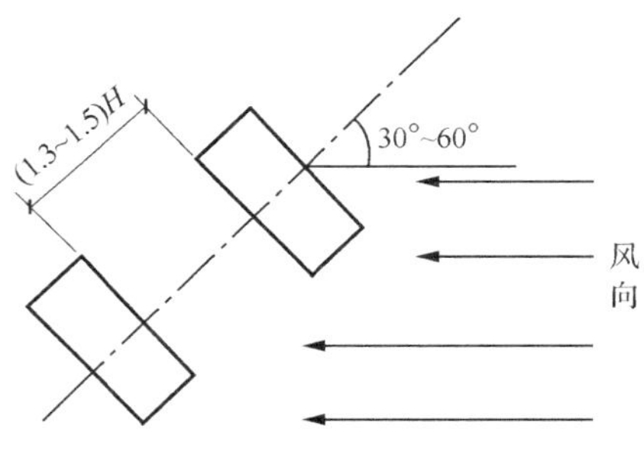

图 1.7　通风间距的确定

3. 防火间距

在相邻建筑之间保持一定距离的空间，当建筑物起火时，一方面可以起到防止火势蔓延的作用，另一方面是为了保证疏散及方便消防救火操作的需要。在确定防火间距时，要合理科学地规定不同建筑物与建筑物部分之间的防火要求，避免对土地的过多浪费。

在规范中，根据建筑物的耐火等级，对建筑的防火间距进行了具体规定。对于低、多层建筑，其耐火等级分为四级。对于高层建筑，其耐火等级分为一、二两级。高层建筑裙房的耐火等级不应低于二级。在计算防火间距时，应按相邻建筑外墙的最近距离计算。当外墙突出的构件是可燃构件时，应从其突出部分的外缘算起。表 1.3 为民用建筑之间的最小防火间距。

表 1.3　民用建筑之间的最小防火间距（单位：m）

<table>
<tr><td colspan="3" rowspan="3"></td><td rowspan="3">高层建筑</td><td rowspan="3">高层建筑裙房</td><td colspan="3">其他民用建筑</td></tr>
<tr><td colspan="3">耐火等级</td></tr>
<tr><td>一、二级</td><td>三级</td><td>四级</td></tr>
<tr><td colspan="3">高层建筑</td><td>13</td><td colspan="2">9</td><td>11</td><td>14</td></tr>
<tr><td colspan="3">高层建筑裙房</td><td rowspan="2">9</td><td colspan="2" rowspan="2">6</td><td rowspan="2">7</td><td rowspan="2">9</td></tr>
<tr><td rowspan="3">其他民用建筑</td><td rowspan="3">耐火等级</td><td>一、二级</td></tr>
<tr><td>三级</td><td>11</td><td colspan="2">7</td><td>8</td><td>10</td></tr>
<tr><td>四级</td><td>14</td><td colspan="2">9</td><td>10</td><td>12</td></tr>
</table>

注：1）两座高层建筑，相邻较高一面外墙为防火墙，或比相邻较低一座建筑屋面高 15m 及以下范围内的墙为不开设门、窗洞口的防火墙时，其防火间距可不限。

对其他民用建筑，两座建筑相邻较高的一面的外墙为防火墙时，其防火间距不限。

2）相邻的两座高层建筑，较低一座的屋顶不设天窗、屋顶承重构件的耐火极限不低于 1h，且相邻较低一面外墙为防火墙时，其防火间距可适当减少，但不宜小于 4m。

对其他民用建筑，相邻的两座建筑物，较低一座的耐火等级不低于二级、屋顶不设天窗、屋顶承重构件的耐火极限不低于 1h，且相邻的较低一面外墙为防火墙时，其防火间距可适当减少，但不应小于 3.5m。

3）相邻的两座高层建筑，当相邻较高一面外墙耐火极限不低于 2h，墙上开口部位设有甲级防火门、窗或防火卷帘时，其防火间距可适当减小，但不宜小于 4m。

对其他民用建筑，相邻的两座建筑物，较低一座的耐火等级不低于二级，当相邻较高一面外墙的开口部位设有防火门窗或防火卷帘和水幕时，其防火间距可适当减少，但不应小于 3.5m。

4）两座建筑相邻两面的外墙为非燃烧体如无外露的燃烧体屋檐，当每面外墙上的门窗洞口面积之和不超过该外墙面积的 5%，且门窗口不正对开设时，其防火间距可按本表减少 25%。

5）耐火等级低于四级的原有建筑物，其防火间距可按四级确定。

6）本表摘自《建筑设计防火规范》(GB50016－2006) 与《高层民用建筑设计防火规范》(GB50045－95)(2005 年版)。

1.3.5　建筑群体的艺术处理

在进行群体建筑设计时，不同的整体造型和格局会表达建筑鲜明的性格，可以规律严整，也可自由活泼。所以，在设计中应掌握好形体的比例和尺度、色彩和材质以及建筑风格的处理等问题，使之效果清新、个性突出。

此外，人的心理对场地平面布局也有一定的影响，主要是指常人对环境、空间产生的行为或心理活动，如开阔与狭窄、通透与私密。特别要注意避免建筑空间阴暗死角的产生。

1.4　交通组织

1.4.1　设计原则

总平面内交通组织是基地内各组成功能部分之间有机联系的骨架。它表达了场地内人、车运动的基本模式和运动轨迹。在设计时应遵循安全、方便、经济、合理的原则：

学习重点

重点关注：

1. 民用建筑之间的最小防火间距。
2. 基地内道路的种类有哪些？
3. 道路布局形式有哪几种？

分析与思考：

1. 交通组织的设计原则有哪些？

(1) 交通组织要清晰，符合使用规律，交通流线要安全、方便，避免干扰和冲突。

(2) 要符合交通运输方式自身的技术要求，如宽度、坡度、回转半径等。

(3) 在交通组织综合作业时，要考虑不同运输方式的车流衔接，不同的交通运输工具应有不同的交通线路，并应按其不同的交通流量规律进行交通组织安排。

(4) 注意车行不要与人行系统交叉重叠，在集中人流活动地禁止车流行驶，非机动车宜有专线。

(5) 在安排车、货、人流的入口和出口时，定位要准确、清晰、安全、上下有序、洁污分道，以利于总平面布局的整体交通环节不受阻。

1.4.2 流线系统的组织

流线系统的组织是交通组织的主体，包括组织安排人员、车辆的流动路线和流动方式。根据人、车交通组织的关系可以分为人车分流系统和人车混行系统。人群集中活动的场地应禁止车流进入。

1. 道路分类

基地内道路的分类取决于基地的规模、性质等因素，一般中、小型民用建筑基地中，道路功能相对简单，一般只需设置一级或二级可供机动车通行的道路，以及非机动车、人行专用道等；而对于大型场地内的道路，根据情况可以分为客运车道和货运车道、机动车道和非机动车道等类别来发挥各类道路的不同作用，组成高效、安全的场地交通路网。

(1) 场地主干道。它是连接场地主要出入口与主要组成部分的道路，是场地道路的基本骨架，通常交通量较大，路幅较宽。

(2) 场地次干道。它是连接场地次要入口及各个组成部分的道路，它与主干道相配合，一般路幅不宽，交通量不大。

(3) 场地支路。它是通向场地次要组成部分的道路，其交通量较小，路幅较窄，一般是保证场地交通的可达性及消防要求。

(4) 引道。即通向建筑物、构筑物出入口，并与主干道、次干道或支路相连的道路。其宽度一般与建（构）筑物的出入口宽度相适应。

(5) 人行道。包括独立设置的只供行人和非机动车（主要指自行车）通行的步行专用道，以及机动车道一侧或两侧的人行道。

2. 人流组织

对于有大量人流集散的地段或建筑，如电影院、体育馆、剧场等，需要合理组织好人流交通。

1）合理设置集散空间

在人流密集的区域设置集散空间，可以有效组织人流，或分或合，使之互不交叉冲突。例如，建筑主要出入口附近是人流最密集的区域，应根据建筑性质和人流量来确定集散空间的面积和长宽尺寸。

2）处理好与其他交通方式的衔接

人流出入口要与城市交通、公交站点、停车场（库）有便捷的联系，以缩短人流出入和集散滞留的时间。

3. 道路布局形式

基地道路的布局形式受多种因素的影响，从单一流线的角度来看，有三种基本的流线组织方式：尽端式、通过式、混合式（见图 1.8）。

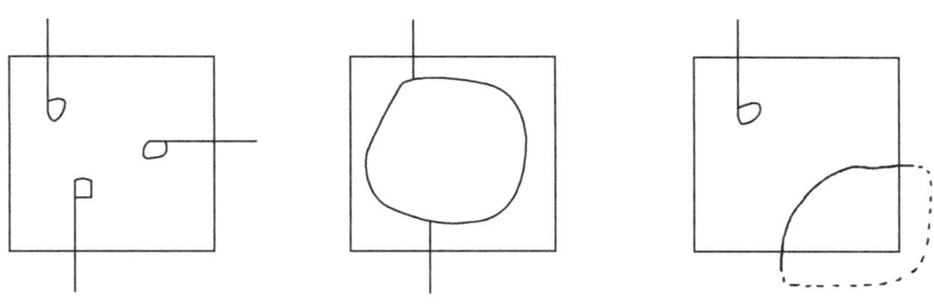

图 1.8　道路的基本布局形式

1）尽端式结构

各条流线的起点和终点区分十分明确。它们的起点有可能连在一起，也有可能独立，但终点是完全独立的。该结构的特点是各部分流线明确独立，避免不同区域之间流线的相互干扰，但需要在终点设置回车场。

2）通过式结构

与尽端式结构相对应，通过式结构的各流线在场地中是可以相互连通的，各流线的起点和终点区分不明确。这种结构的特点是进出通畅，避免迂回，提高了交通组织的效率。但有可能会出现流线之间的相互干扰。

3）混合式结构

指根据场地内各区域的不同要求，综合运用尽端式和通过式结构。

在这三种基本结构的基础上，又可以具体分为：内环式、环通式、半环式、尽端式、混合式等多种形式，如图 1.9 所示。

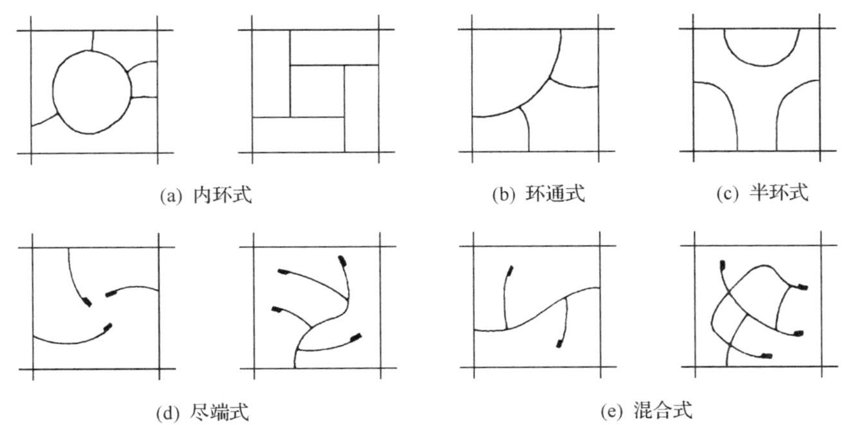

图 1.9　道路的具体布局形式

1.4.3　基地出入口位置的确定

基地出入口位置的确定是进行交通组织的首要环节，它需要综合考

学习重点

重点关注：

1. 在确定基地出入口位置时应注意哪些问题？
2. 规范对基地机动车出入口位置的要求有哪些？

分析与思考：

1. 在进行流线组织时，需注意哪些因素？

虑外部人流走向、周围的道路状况以及基地内部的功能布局等要求。

首先，是对外部人流的走向进行分析，确定其位置范围。一般来说，基地主要出入口应迎合主要人流方向。同时，应设在交通流量大、靠近外部主要交通道路口附近，使之线路短捷。

其次，出入口位置选择还受城市规划要求的限定。处在城市交叉干道旁的基地，其出入口实际上也是人流、车流的交汇点，人流往往对城市交通起着干扰作用，而城市交通对人流也会产生事故隐患。因此，城市规划对这种基地的出入口有严格的规定，即应尽量远离交叉路口，以回避这种矛盾。

《民用建筑设计通则》(GB50352—2005) 规定：基地机动车出入口位置距大中城市主干道交叉口的距离，自道路红线交叉点量起不应小于70m；与人行横道线、人行过街天桥、人行地道（包括引道、引桥）的最边缘不应小于5m；距地铁出入口、公交站台大于15m；距花园、学校、残疾人建筑大于20m。

此外，出入口位置的选择还受内部功能布局的制约。例如，图1.10是某小区内一座幼儿园的总平面设计。活动场地的位置位于建筑主入口与基地主入口之间，如何确定基地主入口的位置，图（a）、图（b）两个设计做了不同的选择：图（a）入口位置的选择使人流动线穿越活动场地，对活动场地产生了一定程度的干扰；而图（b）入口则使人流动线避开活动场地。显然，图（b）的设计要优于图（a）。所以说，基地出入口位置的选择不仅要从外部环境条件进行分析，同时也应顾及内部功能的合理要求。

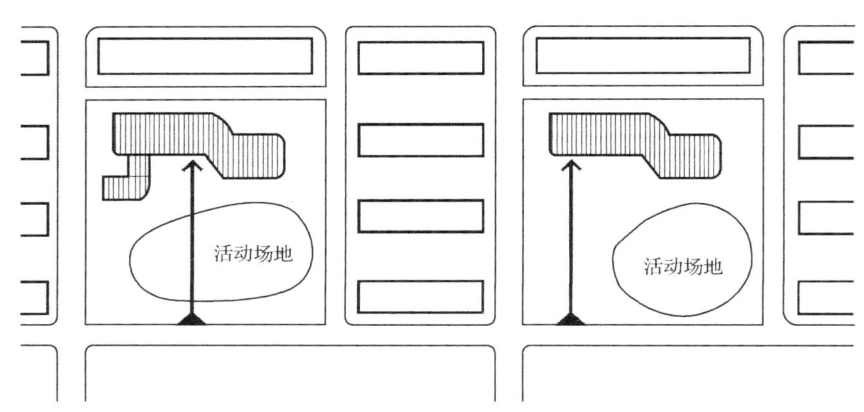

(a) 入口选择使人流动线穿越活动场地　　(b) 入口选择使人流动线不干扰活动场地

图1.10　某小区幼儿园基地入口设计

1.4.4　道路平面设计

(1) 道路转弯半径：道路转弯半径是依车型内边缘最小转弯半径而定，如图1.11所示。

(2) 道路宽度：即行车部分的宽度，按行车通过量及种类确定，单车道为3.5m，双车道为6～7m；考虑机动车与自行车共用，单车道为4m，双车道为7m。

(3) 道路交叉口的视距一般不小于21m，如图1.12所示。

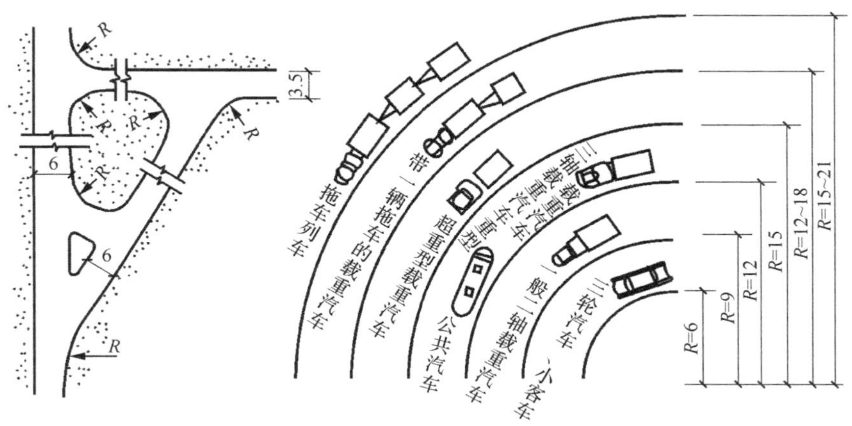

图 1.11 机动车最小转弯半径（单位：m）

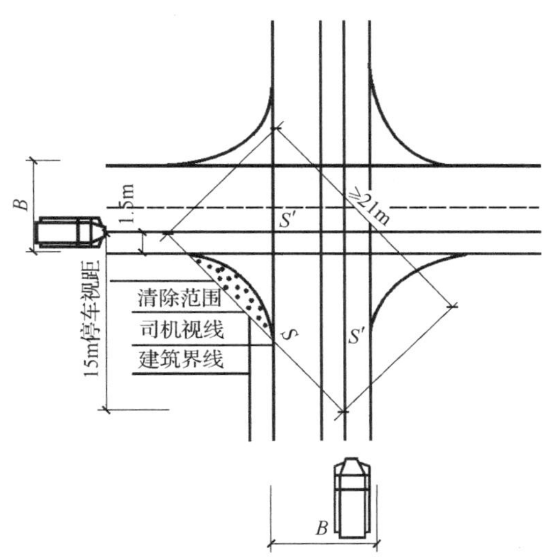

图 1.12 道路交叉口的视距

(4) 回车场：尽端式道路布局，单支路线不宜过长，一般宜小于等于120m，并应在尽端或适当位置设置回车场，供驶入的车辆掉头。回车场应不小于12m×12m，如图1.13所示，有大型消防车通行要求时，其尺寸不应小于18m×18m。

1.4.5 室外场地

1. 集散场地

对于人流量和车流量大而集中、交通组织比较复杂的建筑物前面需要有较大的场地来满足人流、车流的集散要求，这与建筑的性质和人流

学习重点

重点关注：

1. 道路转弯半径的确定依据。
2. 道路宽度的确定依据。
3. 道路交叉口的视距要求。
4. 回车场的设计要求。

分析与思考：

1. 室外场地的种类有哪些？

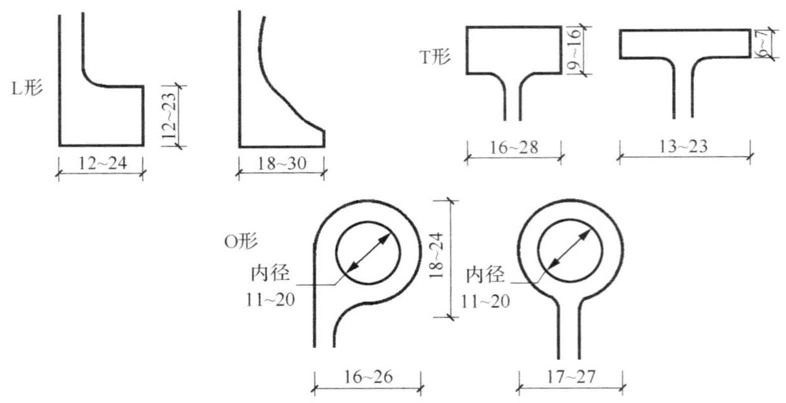

图 1.13 回车场的几种常见形式（单位：m）

活动特点密切相关。例如，火车站、客运站等，其人流活动具有一定的规律性，可将入口和出口分开设置，人流按一定方向进行疏导；而像影剧院、文体场馆等建筑，其人流的集中时间长短不一，应考虑最大人流的出入口宽度、广场和停车场面积。

2. 活动场地

有的公共建筑如体育馆、学校、幼儿园等建筑类型，需要分别设置运动场、游戏场等室外活动场地。这些活动场地与室内空间的联系是比较密切的，它们应靠近主体建筑主要部位（如比赛大厅、活动室）的出入口附近。在场地布置上，应与绿化、道路、建筑小品、围墙等组成有机整体。

3. 停车场地

停车场地包括机动车和自行车停车场，尤其在大型公共建筑中，停车场应结合总体布局进行合理安排。停车场尽量设在方便易找的部位，如主体建筑物的一侧或后侧，以不影响整体空间环境的完整性与艺术性为原则。

1）停车场用地面积计算

根据车型具体尺寸确定。一般小型汽车公共停车场按每辆 25～30m^2 计，小型汽车库按每辆 30～40m^2 计。

2）停车场出入口的设计

规范规定：50 辆以上的公共停车场为 2 个出口；500 辆以上为 3 个出口；出口之间大于 15m；停车场出入口宽度不得小于 7m。

3）车辆停放方式

车辆停放方式有平行式、斜列式和垂直式，如图 1.14 所示。

4）自行车停车场的设计

自行车属于非机动车，其道路纵坡一般为 0.2％～4％。单台自行车按 2m×0.6m 计。停放方式有单向排列、双向错位、高低错位及对向悬排几种。自行车排列可垂直，也可斜放。

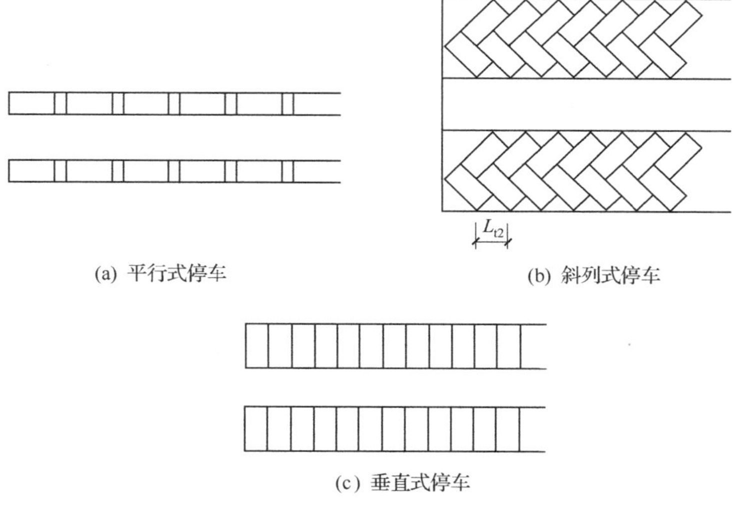

(a) 平行式停车　(b) 斜列式停车　(c) 垂直式停车

图 1.14　车辆停放方式

1.5　竖向设计

竖向设计是总平面设计的一项重要内容。它包括场地的平整和设计地面的连接形式；确定场地中各建（构）筑物的地坪标高和各场地的整平标高；组织场地中的雨水排出系统；另外还包括土石方工程量的平衡和计算等。在竖向设计中，要结合原有地形、地貌，因地制宜地对基地现状进行综合利用。

1. 场地的平整方式

通常情况下，场地的地形现状往往满足不了设计要求，需要进行一定程度的调整，即我们所说的场地平整。其平整的程度应视具体条件而定，通常可以分为局部平整和全面平整两种方式。在选择平整方式时，应尽可能利用原有的自然地形，尽量减少土石方工程量，保持原有的生态条件，体现不同场地的个性与特色。

按照设计地面的连接形式不同可以分为平坡式、台阶式和混合式三种。

（1）平坡式。即把地面处理成一个或几个坡向的平面，各部分的坡度和标高均相差不大，适用于自然地形坡度小于3%的场地。

（2）台阶式。即将设计地面处理成标高差较大的几个不同的整平面，在各个整平面之间以挡土墙、护坡、台地等方式连接。一般适用于自然地形坡度大于5%的场地。

学习重点

重点关注：

1. 停车场用地面积的确定依据。
2. 停车场出入口的设计依据。
3. 车辆停放方式。
4. 场地平整的方式有哪些？

分析与思考：

1. 竖向设计的内容及方法。

(3) 混合式。即在同一场地里同时使用平坡式和台阶式两种方式。适用于较复杂的地形。

2. 场地设计标高的确定

场地设计标高的确定是为了组织好场地内各项内容、各个部分之间的高低关系，即竖向定位。包括建筑物的地坪标高、道路的基本标高、场地的控制标高等。影响标高确定的因素主要有场地的地下水位及地质条件，场地内、外道路连接的可能性，土石填、挖方量和基础工程量以及雨水的顺利排除等。

在确定各处标高时，首先应处理好建筑物与其周围的室外地面的高差关系。一般情况下，室内外高差可取 0.45～0.6m，最小不应小于 0.15m，保持这一高差的目的是使建筑物周围的雨水能顺利排除，避免室外雨水侵入室内。

其次，要处理好场地与周围的外部环境之间的标高关系，一般应保持场地内外标高的连贯性，不应出现不必要的陡坎或陡坡，这也利于场地内外道路的连通顺畅。同时还应考虑场地排水问题，应使雨水能顺利排除，不致积水。如果基地临近河、湖等水体时，场地的基本标高应高出设计洪水水位 0.5m 以上。

3. 场地排水

场地排水通常分为三种形式：地表的自然排水方式、明沟式和暗沟式。地表的自然排水方式不设任何排水设备，利用场地本身的地形坡度来进行排水，一般适用于雨量较小的情况；暗沟式排水是利用地下雨水管道进行排水，它适用于场地面积较大，地形平坦，对场地卫生及环境质量要求较高的情况，城市内多采用暗沟排水；明沟式排水一般用于对场地卫生和环境质量要求较低的分散建筑，坡度一般为 0.3%～0.5%，如遇特殊困难的情况，可采用 0.2%。

为保证雨水排除顺畅，避免积水，场地地表应保证一定的排水坡度，其坡度值的大小视降雨强度及地面的构造形式、材料不同而定，表 1.4 是各类场地的适宜坡度。

表 1.4　不同场地的适宜坡度

名称	适用坡度/%	名称	适用坡度/%
密实性地面和广场	0.3～3.0	杂用场地	0.3～2.9
广场兼停车场	0.2～0.5	绿地	0.5～1.0
儿童游戏场	0.3～2.5	湿陷性黄土地面	0.5～7.0
运动场	0.2～0.5		

注：本表摘自《城市居住区规划设计规范》(GB50180－93)(2002 修订版)。

1.6　绿地与建筑小品配置

1.6.1　绿地配置

绿地配置同样是总平面设计中不可缺少的组成部分。它不仅对环境温度、湿度及气流起着调节的作用，还具有净化空气、保护环境、隔离噪声的功能，同时还能够美化环境，为人们提供视觉享受和休息、游览的活动场地。

1. 绿地的分类

按主要功能进行分类，绿地可以分为以下几种：

1）公共绿地

包括市和区级综合性公园、儿童公园、体育公园、动物园、植物园、纪念性园林、名胜古迹园林、街道广场绿地等。它是由城市建设部门投资修建，具有一定规模和比较完善的设施，供居民休息、游览之用。

2）专用绿地

一般指工业企业绿地、公用事业绿地以及行政机关、大专院校等公共建筑绿地，具有专门用途和使用功能。

3）街坊庭院绿地

包括居住区游园、居住小区游园、街坊级小游园、庭园、宅旁绿地等。设施虽然简单，但是靠近居民生活区，为居民日常活动、户外活动、儿童游戏提供方便，创造良好条件。这一类绿地分布广泛，是城市普遍绿化的基础。

4）街道绿地

包括行道树、交通岛绿地及桥头绿地等各种道路绿化用地。这一类绿地对遮阴防晒、减弱交通噪声、吸附尘埃、改善城市卫生、美化市容等方面具有积极的作用。

5）生产防护绿地

包括苗圃、花圃、果园、林场、卫生防护林、风沙防护林、水土保持林等，这一类绿地对改善城市自然、卫生条件和提供树苗、花卉方面起着十分重要的作用。

6）风景游览区绿地

距城市市区较近，具有较大面积的自然景色，经过人工修饰，供人们较长时间游览的大型绿地。

2. 绿地布置形式

在进行绿地布置时，应综合考虑建筑群总体布局的要求、建筑群的功能特点、地区气候、土壤条件等因素。绿化所用的植物种类一般为树木、花卉、草坪以及地被植物，树木又可分为乔木、灌木、藤本三类。布置时要根据地区气候、季节变化、空间构图等因素，选择适应性强、既美观又经济的植物。

通常，绿化由于没有过多的自身规定性，所以在基地中的布置形式是十分自由的，存在着多种的变化和可能性。大体可以分为三种基本类型：

（1）周边式绿地

这是绿地布置的基本形式。它不受面积和形态的影响，随处可以布置，例如道路两侧、场地周围、建筑周围等，既可以起到分隔空间的作用，又可以作为独立背景存在。

（2）独立式绿地

独立式绿地是指一些小规模的绿地形式，如花坛、小块草地、孤植

学习重点

重点关注：

1. 场地设计标高的确定方法。
2. 场地排水的方式和适用范围。
3. 绿地的布置形式有哪几种？都有什么作用？

分析与思考：

1. 绿地种类有哪些？

的树木等。常被布置在建筑主入口前面、广场中心、设计中轴线等一些重要的位置，在空间上具有一定的主导作用，是点缀环境、丰富场地景观的一种有效方式。

（3）集中式绿地

集中式绿地是提高基地绿化面积的主要手段。它需要具有一定的规模，并配有一定的建筑小品来供人们休息、游览。它在形态上可以分为规则式、自然式和混合式。它在基地中的位置需要根据场地性质和功能布局来进行确定，既可以布置在相对私密、安静的区域，又可以布置在公共、开放的区域。

除了进行地面绿地布置外，还可以进行空中绿化布置，即屋顶绿化，这样不仅可以在面积紧张的基地内提高绿化率，又可以在一定程度上改善建筑的热工性能，如果高层建筑布置屋顶绿化，还可以为生活在其中的人们提供与大自然接近的机会，为人们提供了一个很好的室外活动场所。

1.6.2 建筑小品

建筑小品是指在建筑外部空间内供人们使用或观赏的各种设施，如桌椅、灯具、亭廊、雕塑等。其不仅具有使用功能，还能起到丰富空间、美化环境的作用。

1. 建筑小品的作用

1）强调主体建筑物

建筑小品虽然体量小巧，但在建筑群的外部空间组合中却占有很重要的地位。在建筑群体布局中，常借助各种建筑小品来突出表现外部空间构图中的某些重点内容，起到强调主体建筑物的作用。

2）满足环境功能要求

建筑小品在建筑群外部空间组合中虽然不是主体，但通常都具有一定的功能意义和装饰作用。例如，庭院中的一组仿木坐凳不仅可供人们在散步、游戏之余坐下小憩，同时又是外部环境中的一景，丰富了环境空间。

3）分隔与联系空间

建筑群外部空间的组合中，常利用建筑小品来分隔与联系空间，从而增强空间层次感。在外部空间处理时，用上一面墙或敞廊就可以将空间分成两个部分或是几个不同的空间，在这面墙或廊的一侧开出景窗或景门，不仅可以使各空间的景色互相渗透，同时还可增强空间的层次感，达到空间与空间之间既分隔又联系的效果。

4）利用建筑小品作为观赏对象

建筑小品在建筑群外部空间组合中，除具有划分空间和强调主体建筑等功能外，有些建筑小品自身就是独立的观赏对象，具有很高的鉴赏价值。对它们恰当运用，精心地进行艺术加工，使其具有较大的观赏价值，可大大提高建筑群外部空间的艺术表现力。

总之，建筑群外部空间的类型、性质及规模等不同，所采用的建筑小品在风格、形式上应有所区别，应符合总体设计的意图，取其特点，顺其自然，巧其点缀。

2. 建筑小品的设计原则

（1）建筑小品的设置应满足公共人群使用的行为、心理特点及尺度，便于管理、清洁和维护。

（2）建筑小品的造型要考虑外部空间环境的特点及总体设计意图。

(3) 建筑小品的材料运用及构造处理应考虑室外气候的影响，防止腐蚀、变形、褪色等现象的发生。

(4) 对于批量采用的建筑小品，应考虑制作、安装的方便，并经济实用。

3. 建筑小品的种类

建筑小品的种类按照功能的不同，可以分为城市家具（如石桌、石凳等）、种植容器、绿地灯具、污物储筒、环境标志、围栏护柱、小桥汀步、亭廊、花架等，除以上类型外，还有景门、景窗、铺地、喷泉、雕塑等类型。

学习重点

重点关注：

1. 经济技术指标的概念及计算方法。

分析与思考：

1. 建筑小品的配置有哪些作用？

1.7 技术经济指标

1.7.1 用地控制

1. 用地面积

用地面积指所使用基地四周红线框定的范围内用地的总面积，单位为公顷，有时也用亩[1)]或平方米。

2. 用地性质

用地性质一般由城市规划确定，它标定了基地利用方式，限定了基地上的建筑性质与功能。《城市用地分类与规划建设用地标准》(GBJ137—90）明确规定了城市用地10大类、46中类、73小类的要求。

城市建筑用地包括居住、公共设施、工业、仓储、对外交通、道路广场、市政公用设施、绿地和特殊用地九类（不包括水域)。

3. 红线

有道路红线和建筑红线之分。道路红线是指城市道路（公用设施）用地与建筑用地之间的分界线。建筑红线是指建筑用地相互间的用地分界线，或与道路红线共同的分界线。河流水体用地称蓝线，城市绿地称绿线。

4. 建筑范围控制线

建筑范围控制线应比红线范围略小。基地上可建建筑的范围称建筑范围控制线，红线以内、建筑范围控制线地界以外的用地属土地所有者，只能作道路、绿化、停车场用。

5. 停泊车位数

机动车、自行车停车指标要按照执行规划主管部门的有关规定进行设置。

1.7.2 容量控制

1. 建筑密度

在一定范围内，建筑物的基底面积总和占用地面积的比例（%）。

$$\text{建筑密度（\%）}=\frac{\text{建筑基底总面积（m}^2\text{）}}{\text{建筑用地总面积（m}^2\text{）}}\times 100\%$$

1) 亩约为666.67m^2。

2. 容积率

在一定范围内，容积率是建筑面积总和与总用地面积的比值。

$$容积率=\frac{总建筑面积（m^2）}{总用地面积（m^2）}$$

3. 建筑面积密度

$$建筑面积密度=\frac{总建筑面积（m^2）}{总用地面积（m^2）}$$

建筑面积密度在数值上与容积率相同，但二者却有不同的含义。后者侧重于对建筑面积总量的宏观控制，前者则主要是对单位面积的建设用地上形成建筑面积数量的微观表达。

4. 人口密度

指单位面积的用地上平均居住的人数。人口密度通常又分为人口毛密度和人口净密度两项指标。

1）人口毛密度

人口毛密度主要反映居住区用地使用的经济性，即单位用地面积上容纳了多少居民。有时也把人口毛密度简称为人口密度。

$$人口毛密度=\frac{居住总人口数（人）}{居住区用地总面积（m^2）}$$

2）人口净密度

人口净密度侧重于表达住宅用地的使用效果，并较为直观地反映了居民的居住疏密程度。

$$人口净密度=\frac{居住总人口数（人）}{住宅用地总面积（m^2）}$$

1.7.3 高度控制

1. 平均层数

$$平均层数=\frac{总建筑面积（m^2）}{建筑基地总面积（m^2）}$$

一般常用于居住区规划，此时又称为住宅平均层数。

2. 极限高度

极限高度即建筑物的最大高度，单位为m。为控制建筑物对空间高度的占用，并保护空中航线的安全及城市天际线控制等，极限高度应遵照城市规划部门的具体规定。有时也采用限定建筑的最高层数来控制其高度。

1.7.4 绿化控制

1. 绿化覆盖率

绿化覆盖率是指单项工程基地内所有乔、灌木及多年生草本植物覆盖土地面积（重叠部分不重复计）的总和，占基地总用地面积的百分比（%），屋顶绿化和地下设施覆土绿化可按规划有关规定计算绿地面积。它直观地反映了基地的绿化效果，但在统计时较为繁杂。

$$绿化覆盖率=\frac{绿化覆盖面积（m^2）}{用地面积（m^2）}\times 100\%$$

2. 绿化用地面积

绿化用地面积是指区域规划性建筑基地内，专门用作绿化的各类绿地面积之和（m^2）。各类绿地包括公共绿地、专用绿地、宅旁绿地、防护绿地和道路绿地等，但不包括屋顶、晒台的人工绿地。

3. 绿地率

绿地率是指建筑基地内，各类绿地的总和占总用地面积的百分比（%）。

$$绿地率=\frac{各类绿地面积之和（m^2）}{总用地面积（m^2）}\times 100\%$$

小　　结

（1）了解建筑总平面设计的基本原则及影响总平面设计的各种因素。在进行设计之前，要对基地的自然条件、技术条件和人文条件进行充分地调研和分析。

（2）重点掌握建筑总体布局的方法，包括对总平面进行功能分区，确定建筑平面的形式、朝向和间距。

（3）掌握基地内交通组织的方法，包括确定基地出入口的位置，组织安排人员、车辆的流动路线和流动方式及室外集散场地的设置。

（4）了解竖向设计的主要内容，包括场地平整的方式、场地设计标高的确定方法和场地排水的形式。

（5）了解绿地的种类和布置方式，以及建筑小品的设计要求。

（6）了解总平面设计的相关术语和经济技术指标的计算方法。

第二章　建筑平面设计

任何一栋建筑物，都是由若干个单体空间有机组合起来的整体空间。而在表达建筑物三度空间的设计中，人常从建筑平面、建筑剖面、建筑立面三个不同方向的投影图来综合分析建筑物的各种特性，并通过相应的图案来表达其设计意图。由此可见，建筑的平面、立面、剖面只是一个完整设计内容中各个组成部分而已，它们之间是严格按照空间关系而互相联系的。一般来说，平面设计是整个建筑设计中的一个重要组成部分，它对建筑方案的确定起着决定的作用，是建筑设计的基础，因为平面设计不仅决定了建筑各部分的平面布局、面积的大小、房间的形状，而且还影响到建筑空间的组合，以及建筑的剖面设计、立面设计，因此，在进行方案设计时，只有综合考虑平面、立面、剖面三者的关系，按完整的三度空间概念去进行设计，反复修改，才能完成一个好的建筑设计。

各种类型的民用建筑，就其平面的各个组成部分来分析，大致可以分成如下三部分。

第一部分，主要使用部分。使用房间是建筑的核心，由于它们的使用要求不同，形成了不同类型的建筑物，例如住宅建筑中的起居室、卧室，学校建筑中的教室、实验室，行政建筑中的办公室、会议室等。

第二部分，次要使用部分，或称之为辅助部分。例如，住宅中的厨房、浴室、厕所。一些建筑物中的储藏室，以及各种电气、水暖等设备用房。

第三部分，交通联系部分，这一部分包括建筑中用于房间之间、楼房之间、建筑内部与外部之间相互联系的部分，即各类建筑物中的走廊、门厅、过厅、楼梯、坡道以及电梯和自动扶梯等。

任何一幢完整的建筑都包含有以上三个方面的内容，如图 2.1 所示。

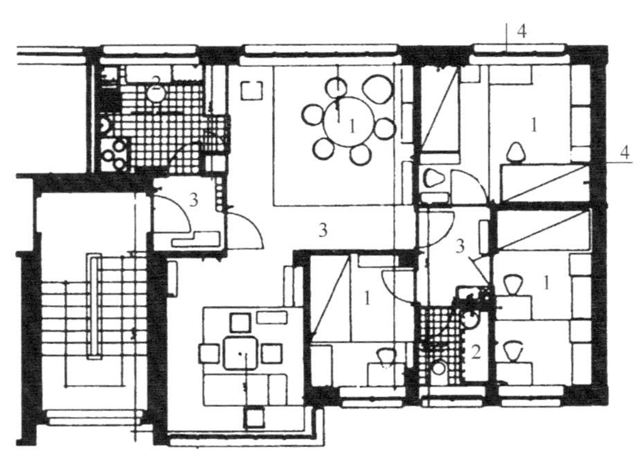

图 2.1　住宅单元平面组成示意图

1. 使用部分（使用房间）；2. 使用部分（辅助房间）；3. 交通部分；4. 结构部分

2.1 使用部分的平面设计

使用部分往往构成了整个建筑中最核心的功能部分，因此，使用部分的设计是非常重要的，它直接关系到建筑物最终能否满足功能要求，也就是能否达到预期的使用效果。

2.1.1 使用房间的分类和设计要求

从使用房间的功能要求来分类，主要有：

(1) 生活用房间，例如住宅中的起居室、卧室等。

(2) 工作及学习用房间。例如办公室、书房、教室、实验室等。

(3) 公共活动用房间。例如观众厅、休息厅、营业厅等。

上述使用房间由于功能不同，对建筑设计也提出了不同的要求，比如生活、工作、学习用房间要求安静，少干扰。而公共活动用房间由于服务的人员多、人流较集中，所以它的人流路线组织，特别是紧急状态下的疏散问题就显得特别重要。

对使用房间平面设计要求主要有：

(1) 房间的面积、形状、尺寸应满足室内活动、家具摆放及使用、设备安置及使用维护的要求。

(2) 门窗的大小和位置，应考虑房间的出入方便，疏散安全以及满足天然采光和自然通风的要求。

(3) 房间的结构布置合理，所使用的建筑材料要满足相应的功能要求。

(4) 满足相应的经济性要求。

2.1.2 使用房间的平面形式

使用房间的平面形式的设计一般包含面积的确定、平面形状的选择、尺寸的确定等三个基本方面。

1. 房间面积的确定

使用房间面积的大小，主要由该房间的使用方式、使用人数、家具及设备的尺寸、数量决定。房间的面积可以分为以下三个部分（见图 2.2）：

(1) 家具及设备所占用的面积。

(2) 人在室内活动所需要的面积。

(3) 室内的交通面积。

影响房间使用面积的大小，主要取决于房间的功能和使用人数的多少，使用人数多，家具、活动使用及交通面积就多。同样，功能要求不同，所要求的舒适度标准不一样，其所需要的家具类型、设备规格、质量标准等方面差异很大，所占用的面积也各不相同，活动使用要求的面积也随舒适度要求的不同而增减。这些因素，都直接影响着房间面积的大

学习重点

重点关注：

1. 平面设计的组成。
2. 房间平面设计的内容。

分析与思考：

1. 平面的组成。
2. 平面设计的要求。
3. 房间面积的确定。
4. 影响房间使用面积的因素。

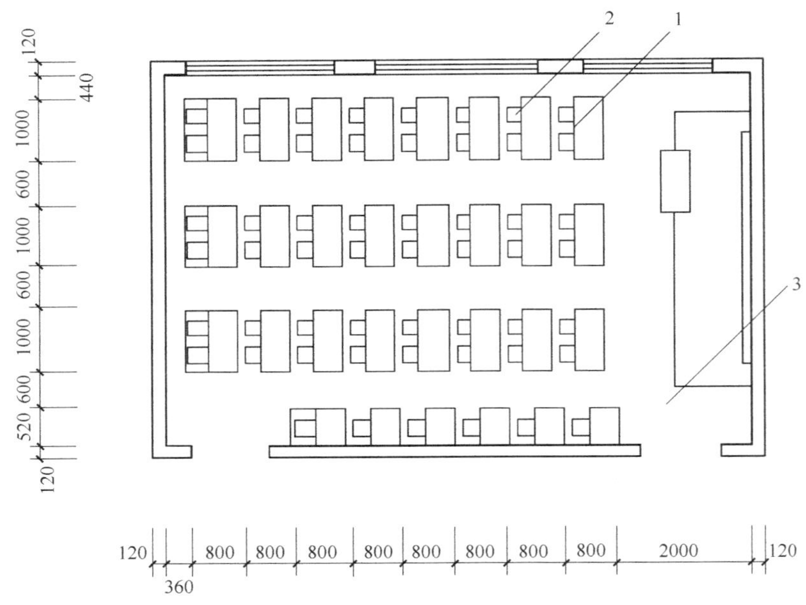

图 2.2 教室平面分析示意图

1. 家具占用面积；2. 使用活动面积；3. 行走交通面积

小，因此，在实际工作中，房间面积的确定主要是依据我国有关部门及各地区制定的面积定额指标，根据房间的容纳人数及面积定额就可以得出房间的总面积，如表 2.1 所示。

表 2.1 部分民用建筑房间面积定额参考指标

项目 建筑类型	房间名称	面积定额/(m^2/人)	备注
中小学	普通教室	1.2～1.12	小学取下限
	教师办公室	3.5	
办公楼	普通办公室	3.0	
	单间办公室	10.0	
	中小型会议室	0.8	无会议桌
		1.8	有会议桌
电影院	观众厅	0.6～0.8	
公路客运站	候车厅	1.10	按最高聚集人数计

对有些房间的面积，由于使用人数不固定，例如展览室、营业厅等，在确定这一类房间面积时，设计人员根据设计任务书的要求，从实际出发，通过对已建成的同类建筑进行调查研究，结合房间的使用特点、经济条件，确定其合理的使用面积。

2. 房间平面的选择

在使用房间面积确定之后，需要进一步确定房间的平面形状。

房间形状的确定，受多种因素的影响，主要是由室内使用活动的特点，家具、设备的类型及布置方式、采光、通风、音响等使用要求所决定的，在满足使用要求的同时，还要考虑结构、构造、施工等技术经济的合理性和人们对室内空间的观感等重要因素。

所谓满足最基本的功能要求，就是可根据结构、室内环境、造型、组合等要求，选择不同的平面形状。图 2.3 为不同形状的影剧院观众厅平面举例，这些使用功能相同但形状不同的平面，都满足使用要求又各具特点。矩形平面观众厅，结构简单，声场分布较均匀，扇形平面由于侧墙倾斜，声音能均匀的分散到大厅的各个区域。钟形平面介于矩形和扇形之间，声音分布均匀。六角形平面声音分布均匀，但屋盖结构复杂等。

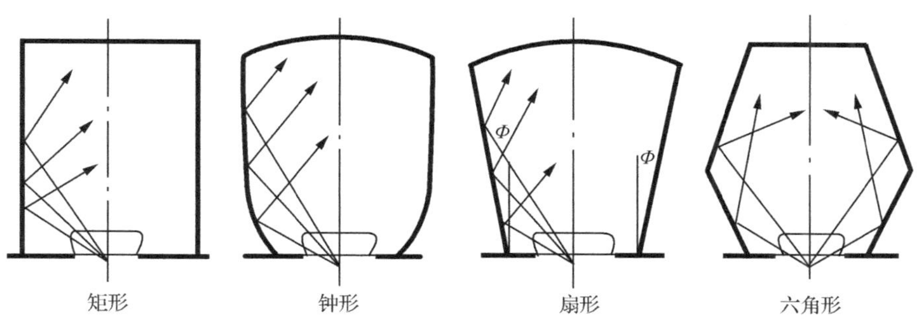

图 2.3　观众厅的平面形状

再以中小学 50 座矩形普通教室为例，面积相同的教室，可能有多种平面形状，如图 2.4 所示。

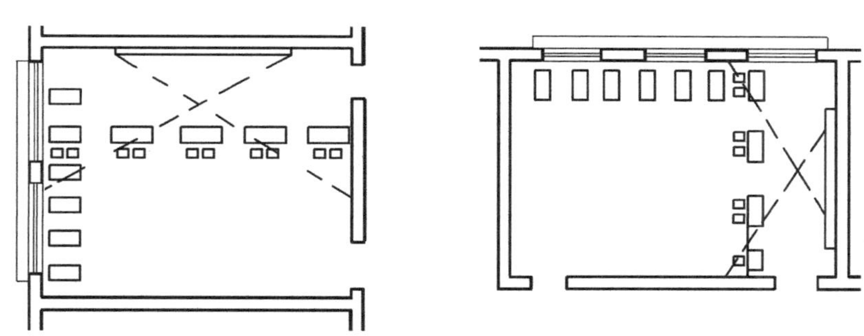

图 2.4　50 座矩形平面教室的布局

根据普通教室以听课为主的特点来分析，教室要保证学生上课时视、听方面的质量，座位的排列不能太远太偏，一般要求离黑板最远的座位不大于 8.5m，边座和黑板面远端夹角控制在不小于 30°，以及第一排座位离黑板的距离约为 2m。在上述范围内，结合桌椅的尺寸和排列方式，根据人体活动尺度，确定排距和桌子间通道宽度。基本上可以满足普通教室中视、听活动和通行等方面要求。图 2.5 为从视、听要求考虑的教室平面的几种可能性布置。

确定教室的平面形状，除了视、听要求外，还需要综合考虑其他方面的要求，如采光照明、组织通风以及结构布局等。

学习重点

重点关注：

1. 房间平面的选择。
2. 教室的平面布置。

分析与思考：

1. 房间平面的确定。
2. 教室房间平面尺寸的确定。

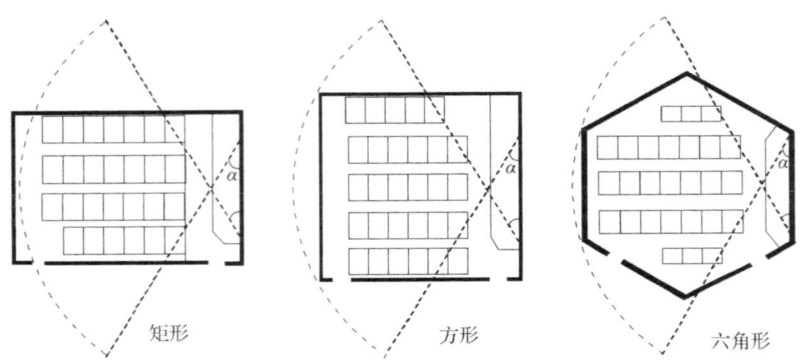

图 2.5　满足视、听要求的教室平面布置的几种可能性

在民用建筑中矩形平面体型简单，墙面平直，便于家具和设备的安排，能充分利用室内面积，平面组合有较大的灵活性，能充分利用天然采光，经济性好。同时，矩形平面结构布置简单，便于施工，有利于统一开间、进深，有利于建筑构件标准化。矩形平面的长宽比例关系要根据使用功能来确定，一般以不超过 1∶2 为宜。

3. 房间平面尺寸的确定。

房间尺寸是指房间的开间和进深，开间常常是由一个或多个组成，在确定了房间面积和形状之后，确定合适的房间尺寸就是一个重要问题了，在同样面积的情况下，房间平面尺寸可多种多样，图 2.6 是卧室的开间和进深。

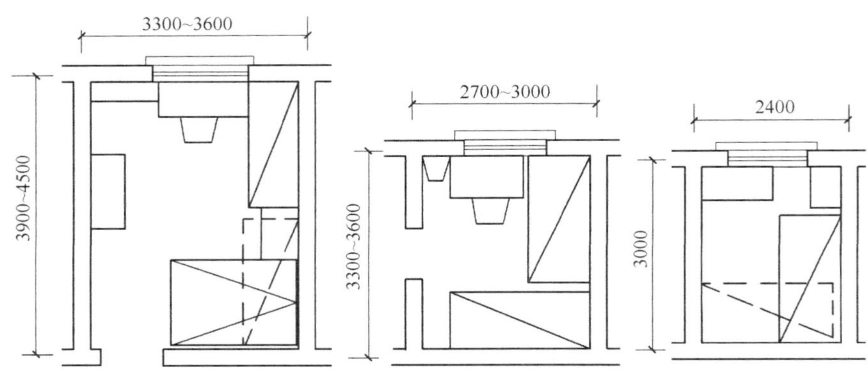

图 2.6　卧室的开间和进深

卧室的平面尺寸应考虑床的大小与家具的相互关系，提高床的布置灵活性。主卧室要求床能两个方向布置，一般开间常取 3.3～3.6m，深度方向应考虑横竖两张床中间能放一个床头柜，一般进深取 4.2～4.5m。小卧室考虑床竖放能开一扇门或床头柜，开间尺寸一般取 2.7～3.0m。

有的房间如教室、观众厅等的平面尺寸除满足家具设备布置及人们活动要求外，还应保证有良好的视、听条件，图 2.7 是教室桌椅布置示意，为使前排不致太偏，后排座位不致太远，必须根据有关要求，合理排列座位，确定合适的房间尺寸，根据示意图，并结合家具设备布置、学生活动要求，建筑模数协调统一标准规定，中学教室平面尺寸一般取 6.3m×9.0m、6.6m×9.0m、6.9m×9.0m。

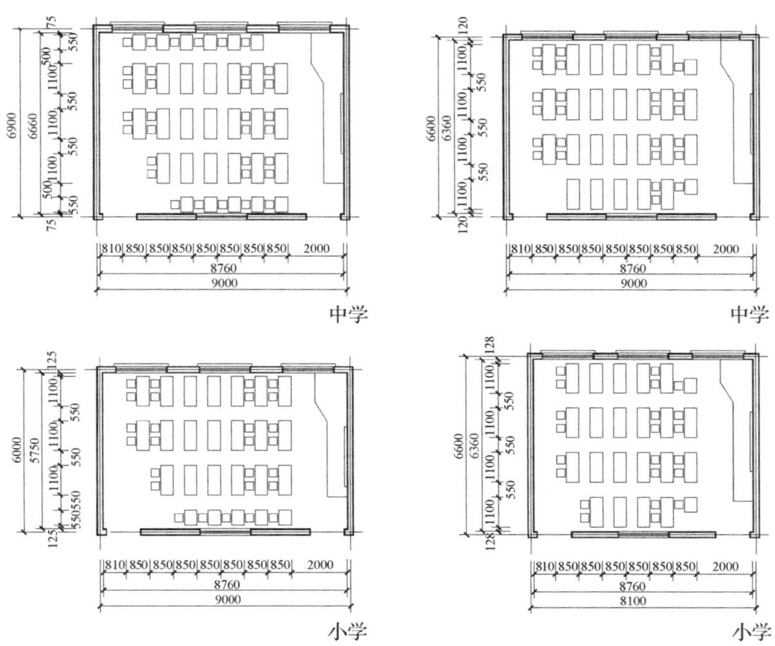

图 2.7　教室桌椅布置示意

2.1.3　使用房间中门的设计

1. 门宽度的确定

房间平面中门的最小宽度是由通过该门的人流量以及需要通过该门的家具与设备等物品的大小来决定的，一般单股人流通行最小宽度取 550～600mm，一个人侧身通行需要 300mm 宽，因此，门的最小宽度一般为 650～700mm，常用于住宅中的卫生间。

住宅中卧室、厨房、阳台的门应考虑一人携带物品通行，卧室常取 900mm，厨房可取 800mm，普通教室、办公室的门应考虑一个正面通行，另一个侧身通过，常采用 1000mm，如图 2.8 所示。

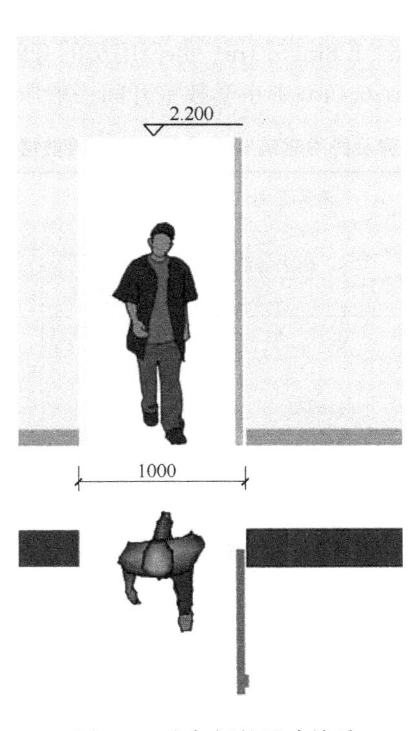

图 2.8　人与门的尺寸关系

当室内面积较大，活动人数较多时，门的宽度应增加，以满足紧急状态下安全疏散的要求，表 2.2～表 2.4 给出了国家现行规范中关于门宽度的指标疏散楼梯外门及走道除应按

学习重点

重点关注：

1. 使用房间门的确定。

分析与思考：

1. 卧室平面尺寸应考虑哪些因素？
2. 教室尺寸的确定。
3. 门的宽度确定。

百人宽度指标计算宽度外，还应满足最小净宽度的要求。

民用建筑除少数有特殊要求的房间如观众厅、录音棚等以外，绝大多数均要求有良好的天然采光。一般房间多采用单侧或双侧采光。因此，房间的进深常受到采光的限制。为保证室内采光的要求，一般单侧采光时进深不大于窗上口至地面距离的两倍，双侧采光时进深较单侧采光时可增大一倍。图 2.9 为采光方式示意图。

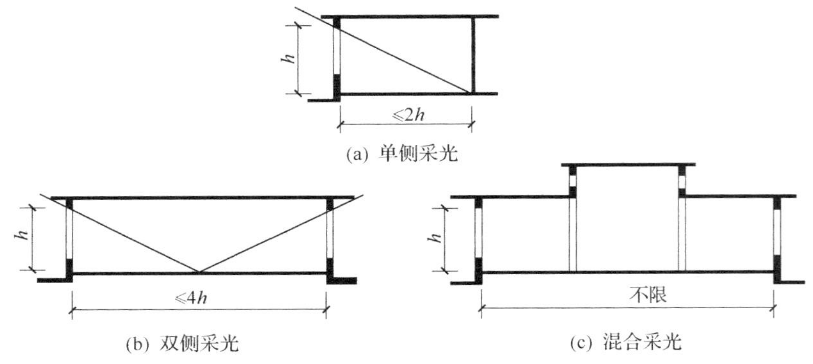

(a) 单侧采光
(b) 双侧采光
(c) 混合采光

图 2.9　采光方式示意图

确定房间尺寸，还要考虑结构布置的合理性和方便施工以及符合建筑模数协调统一标准的要求，为提高建筑工业化水平，必须统一构件类型、减少规格，房间的开间和进深尺寸尽量使构件规格化、统一化，同时使梁板构件符合经济跨度要求，对于由多个开间组成的大房间，例如教室、会议室、餐厅等，应尽量统一开间尺寸，减少构件类型，并符合 3M 要求。例如，在住宅设计中，居室开间尺寸一般取 3.0m、3.3m、3.6m，进深尺寸一般取 4.5m、4.8m、5.1m。办公用房的开间一般取 3.6m、3.9m、4.2m，进深尺寸一般取 5.1m、5.4m、6.0m，中小学教室开间一般取 9.0m，进深一般取 6.3m、6.6m、6.9m。

表 2.2　厂房及民用建筑底层疏散外门、疏散楼梯[1]和走道的宽度[2]指标（单位：m/百人）

宽度指标 / 层数 \ 建筑类别 / 耐火等级		民用建筑			厂房[4]
		一、二级	三级	四级	
单、多层[5),6),7)]	一、二层	0.65	0.75	1.00	0.60
	三层	0.75	1.00	—	0.80
	四层	1.00	1.25	—	1.00
高层[3]		1.00	—	—	—

1）每层疏散楼梯的总宽度可按本表计算，当每层人数不等时，其总宽度可分层计算，下层楼梯的总宽度按其上层使用人数最多一层的人数计算。

2）疏散楼梯和走道的宽度应为净宽。

3）当使用人数少于 50 人时，楼梯、走道和门的最小宽度可适当减小，但门的最小宽度不应小于 80cm。

4）高层建筑物各层走道的宽度应按其通过人数每 100 人不小于 1m 计算，建筑物底层外门的总宽度应按人数最多的一层每 100 人不小于 1m 计算，但外门和走道的最小宽度均不应小于本表的规定。

5）每层疏散门和走道的总宽度应按本表规定计算。

6）单、多层建筑底层外门的总宽度应按该层以上人数最多的一层人数计算，不供楼上人员疏散的外门可按本层人数计算。

7）底层外门总宽度应按该层或该层以上人数最多的一层人数计算，不供楼上人员疏散的外门可按本层人数计算。

表 2.3　观众厅疏散宽度指标（单位：m/百人）

建筑类别		影院、剧院、礼堂		体育馆		
		≤2500 座	≤1200 座	3000～5000 座	5001～10000 座	10001～20000 座
耐火等级		一、二级	三级	一、二级	一、二级	一、二级
门和走道	平坡地面	0.65	0.85	0.43	0.37	0.32
	阶梯地面	0.75	1.00	0.50	0.43	0.37
楼梯		0.75	1.00	0.50	0.43	0.37

注：1）适用于观众厅的疏散内门和观众厅外的疏散外门，为楼梯和走道的宽度。厅内疏散走道宽度应不小于 0.6m/100 人，且每一走道最小净宽度不应小于 0.8m。

2）高层建筑内的观众厅的疏散出口和厅外走道阶梯地面的总宽度不应小于 0.8m/人，平坡地面应按 0.65m/人计算，且每一走道净宽不应小于 1.4m。

3）观众厅横走道之间的座位排数不宜超过 20 排，纵走道之间每排座位不超过 22 个（体育馆每排不宜超过 26 个）。当前后排座位间的排距不小于 90cm 时，可增至 50 个（设建筑内的观众厅座位则可增至 44 个），仅一侧有纵走道时，座位数减半。

表 2.4　疏散楼梯、外门及走道的最小净宽（单位：m）

建筑类别		楼梯宽度	外门净宽	走道净宽	
				单面布置	双面布置
高层1)、2)	医院	1.30	1.30	1.40	1.50
	住宅	1.10	1.10	1.20	1.30
	其他建筑	1.20	1.20	1.30	1.40
单多层	民用建筑	1.10 3)、4)	—	—	—

1）不超过六层的单元式住宅中一边设有栏杆的疏散楼梯，其最小宽度可为 1m。

2）单面布置房间的住宅走道出垛处的净宽不应小于 0.9m。

3）疏散楼梯间和防烟前室的门，其最小净宽不应小于 0.9m。

4）厂房的楼梯宽度应大于 1.10m，外门净宽应大于 0.9m，走道净宽应大于 1.4m。

2. 门数量的确定

房间平面设计中门的数量应当根据正常情况下的使用要求以及紧急疏散的要求来确定。

公共建筑中一般房间面积不超过 $60m^2$，且人数不超过 50 人时，可设一个门，若超过该规定时，应根据《建筑设计防火规范》(GB50016—2006) 要求增设房间门；位于走道近端的房间（托儿所、幼儿园除外）内由最远一点到房门口的直线距离不超过 14m，且人数不超过 80 人时，也可设一个向外开启的门，但门的净宽不应小于 1.4m。

门的数量与门的宽度有关，设计时可以将门的总宽度分成若干小门，也可适当集中，做几个相对宽大一些的门，从而使门的数量得到调整。

3. 门位置的确定

门位置的确定应在满足交通顺畅的基本前提下，尽量考虑缩短室内交通路线，保留较为完整的活动区域和完整的供摆放家具及设备、陈设品的区域和墙面，图 2.10～图 2.12 均是用于说明上述观点的图例。

学习重点

重点关注：

1. 疏散楼梯、外门及走道的最小净宽。

分析与思考：

1. 门的数量确定。
2. 采光方式如何选择？
3. 使用房间门的数量和宽度的确定。
4. 门的位置如何确定？

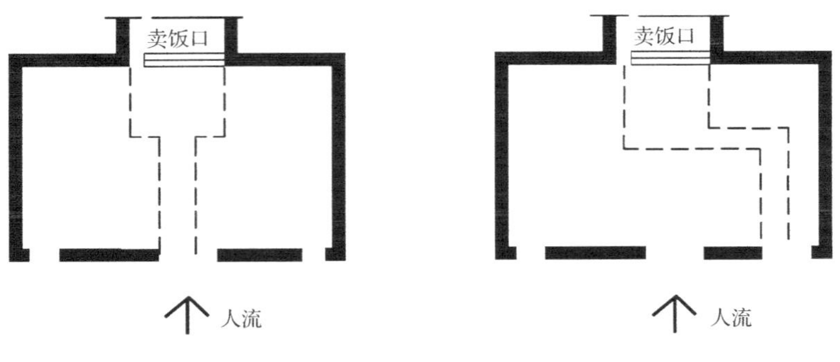

图 2.10　餐厅入口布置方案比较

图 2.11　套间居室门的布置方案比较

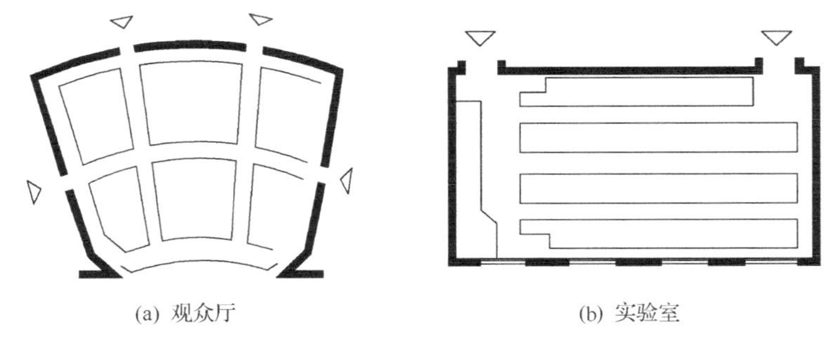

图 2.12　观众厅及实验室门的位置举例

有的房间有若干个门，门分散设置时增加了室内交通面积，破坏了使用区域的完整性，使墙面零碎，而集中设置时又容易相互妨碍和碰撞，所以需要设计时充分给予协调如图 2.13 所示。另外，用于安全疏散使用的门，在平面分布上应使疏散人流均匀通畅，两个以上的门应分设置于房间的两端，在寒冷地区，由于门的冷风渗透作用极强，因此

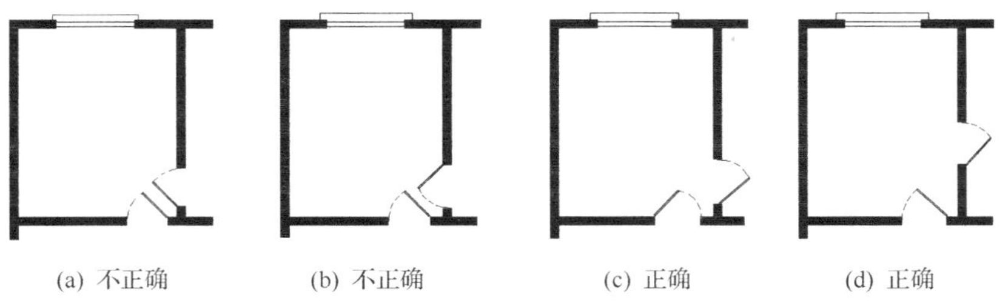

图 2.13　房间中门较集中的开启方式

应避免设置于不利朝向（如北、东北、西北向），也不应设置在漏风处，这一点与热带地区设计有些不同，应当注意。

4. 开启方式的确定

对一般民用建筑来说，门的开启方式常用的有平开、推拉、旋转等，一般有特殊要求时，常采用最经济的平开门，平开门的门扇开启后应贴向墙面，或开向较短一侧的侧墙，如果平开门的位置在墙中间时，最好使门轴置于进入方向的左侧。外开门时，使门顺时针方向开启。用于安全疏散的平开门应向疏散方向开启，并且要注意开启后的门扇不应影响疏散。没有特殊情况时，所有平开门均应方便的开启至 90°，如需要追求特殊的使用效果或为了采取使用空间而采用推拉门时，应注意它的适用范围。一般来说，推拉门不太适合频繁开关和人流量很大的地方，尤其不适合做紧急疏散门之用，转门的通行能力是很有限的，使用时必须在其相邻处设有平开门供紧急疏散和搬运物品之用。

学习重点

分析与思考

1. 寒冷地区建筑门的设置应注意什么？
2. 门的开启方式有哪些，如何确定？
3. 窗的位置如何确定？
4. 窗的大小如何确定？

2.1.4 使用房间中窗的设计

1. 窗宽的确定

在建筑物层高一定的情况下，房间的窗宽在很大程度上决定了窗的大小。

窗的大小主要根据室内采光，通风要求来考虑。采光方面，窗的大小直接影响室内照度是否满足要求。各类房间照度要求，是由室内使用程序来确定的。由于影响室内照度强弱的因素，主要是窗户面积的大小。因此，通常以窗口透光部分的面积和房间地面面积的比（即采光面积比），来初步确定或校验室面积的大小，表 2.5 是民用建筑中根据房间使用性质确定的采光系数和面积比。有特殊需要的房间，有时为了取得良好的通风效果，往往加大开窗面积。

表 2.5 民用建筑采光等级表

采光等级	视觉工作特征		房间名称	窗地面积比
	工作或活动要求精确程度	要求识别的最小尺寸/mm		
Ⅰ	极精密	<0.2	绘图室、制图室、画廊、手术室	1/3～1/5
Ⅱ	精密	0.2～1	阅览室、医务室、健身房、专业实验室	1/4～1/6
Ⅲ	中精密	1～10	办公室、会议室、营业厅	1/6～1/8
Ⅳ	粗糙	>10	观众厅、居室、盥洗室、厕所	1/8～1/10
Ⅴ	极粗糙	不作规定	储藏室、门厅、走廊、楼梯间	1/10 以下

2. 窗位置的确定

窗的平面位置主要会影响房间的采光是否均匀、是否能够组织起有效的通风、是否影响家具及设备的布置、是否对立面造型有利等几个方面。

为了使采光均匀，通常将窗居中布置于房间的外墙上，但有时这样的窗位会使两边的墙都小于摆放家具所需要的尺度，这时应灵活地布置窗位，使它偏向一边。有时为了避免眩光干扰，也会使窗偏向一边。

窗的位置对于窗内通风效果的影响十分明显，有利于组织通风的窗应与门或其他窗位相对应的位置，并应尽量通直布置，这样使室内气流通畅，如图 2.14 所示。同时，窗的位置对立面造型影响很大，在平面设计时，应充分注意到这一点，使窗的位置更利于建筑的立面造型。

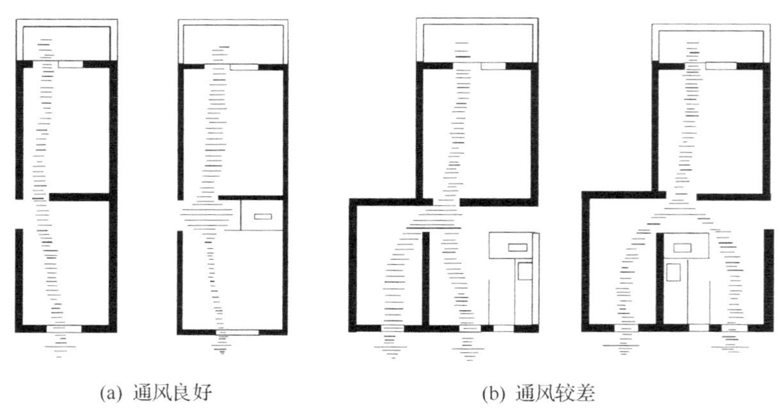

(a) 通风良好　　(b) 通风较差

图 2.14　窗相对位置对室内气流影响示意

2.2　辅助部分的平面设计

各类民用建筑中辅助房间的平面设计，和上述使用房间的设计分析方法基本相同。

2.2.1　厕所平面设计

厕所设计首先应了解各种设备及人体活动所需要的基本尺度，再根据使用人数确定所需的设备数量及房间的基本尺寸和布置形式。

1. 厕所设备及数量

厕所设备有大便器、小便器、洗手盆、污水池等。

大便器有蹲式和坐式两种，可根据建筑标准及使用习惯分别选用，一般使用频繁的公共建筑如办公楼、医院、学校、车站等应同时选用蹲式及坐式，它卫生清洁、管理方便。而标准较高，使用人数少的建筑，如旅馆、住宅等宜采用坐式便器。

小便器有小便斗和小便槽两种，较高标准及使用人数少可采用小便斗，一般厕所常用小便槽。图 2.15 为厕所设备及组合所需的尺寸。

卫生设备的数量及小便槽的长度主要取决于使用人数、使用对象以及使用特点。一般集中使用、频繁使用的建筑，卫生器具相应多一些，实际设计中，一般民用建筑每一个卫生器具可供使用的人数可参考表 2.6。

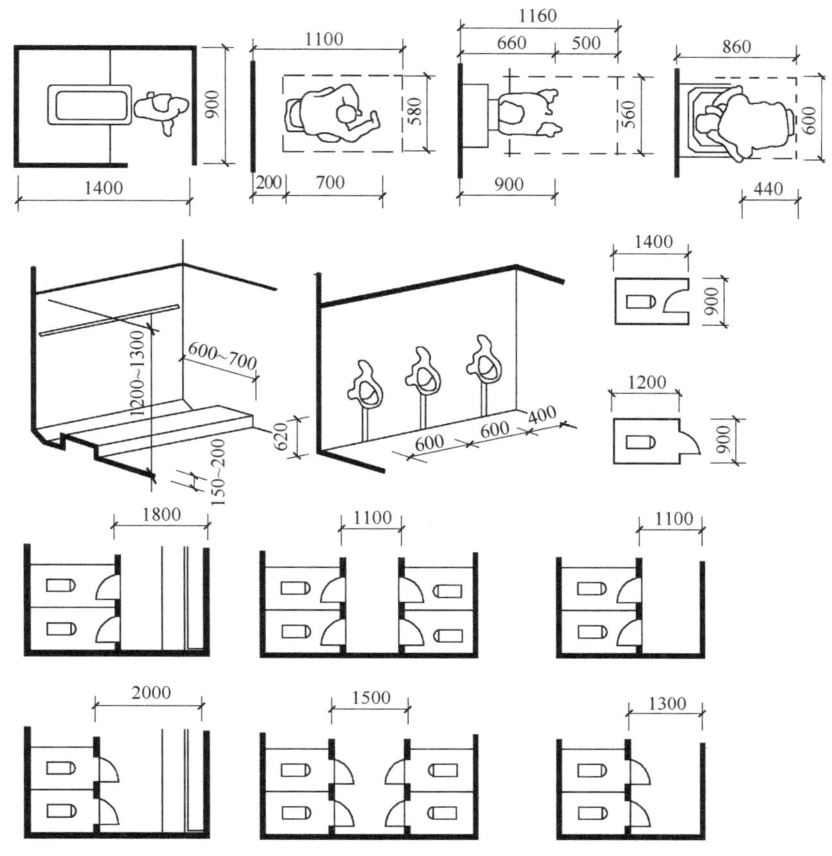

图 2.15 厕所卫生设备尺寸

学习重点

分析与思考：

1. 厕所平面设计。
2. 卫生设备如何确定？
3. 厕所如何布置？
4. 民用建筑厕所卫生设备如何确定？
5. 厕所的布置方式。

表 2.6 部分民用建筑厕所设备个数参考指标

建筑类型	男小便器/(人/个)	男大便器/(人/个)	女大便器/(人/个)	洗手盆或龙头/(人/个)	男女比例	备注
旅馆	20	20	12	—	—	男女比例按设计要求
宿舍	20	20	15	15	—	男女比例按实际使用情况
中小学	40	40	25	100	1∶1	小学数量应稍多
火车站	80	80	50	150	2∶1	
办公楼	50	50	30	50～80	3∶1～5∶1	
影剧院	35	75	50	140	2∶1～3∶1	
门诊部	50	100	50	150	1∶1	总人数按全日门诊人次计算
幼托	—	5～10	5～10	2～5	1∶1	

2. 厕所布置方式

厕所平面形式可分为两种，一种是无前室，一种是有前室。如图 2.16 所示的厕所布置形式，有前室的厕所可以改善通往厕所的走道和过厅的卫生条件。前室应有足够的深度，一般不小于 1.5m，当厕所和盥洗室组合在一起时，盥洗室可以起到前室的作用。

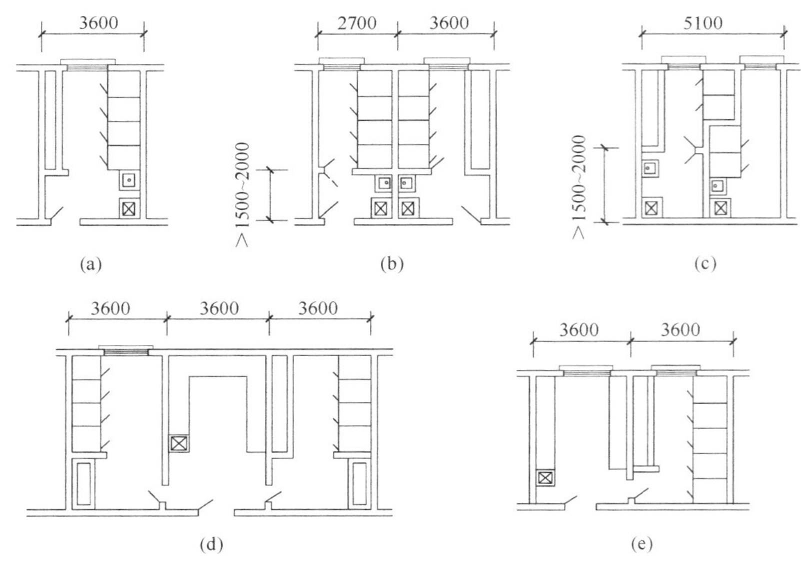

图 2.16　厕所布置举例

3. 厕所位置

厕所位置在建筑平面中应处于既方便又隐蔽的位置，并与走廊、大厅有较方便的联系。面积较大、使用人数较多的厕所应有良好的采光和通风，以保证厕所内空气清新。在确定厕所位置时，还要考虑到尽可能节约管线。在多层建筑中，厕所尽可能上下对应，在平面内也尽可能把厕所、卫生间、盥洗室等组合在一起。对居住建筑来说，厕所应尽可能和厨房邻近，以利用上下水和安装水表。

2.2.2　浴室、盥洗室平面设计

浴室、盥洗室的主要设备有洗脸盆、污水池、沐浴器等，图 2.17 为洗手盆、浴盆尺寸，图 2.18 为淋浴器布置示意。

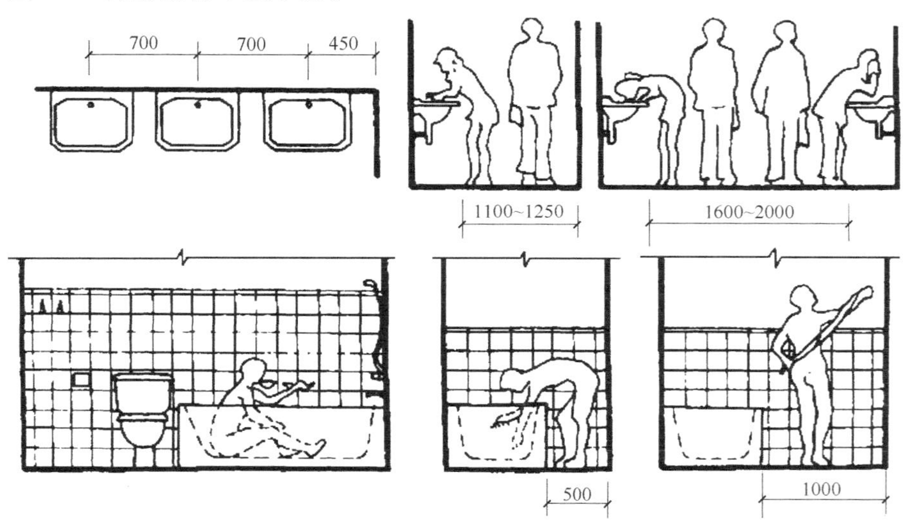

图 2.17　洗手盆、浴盆尺寸示意

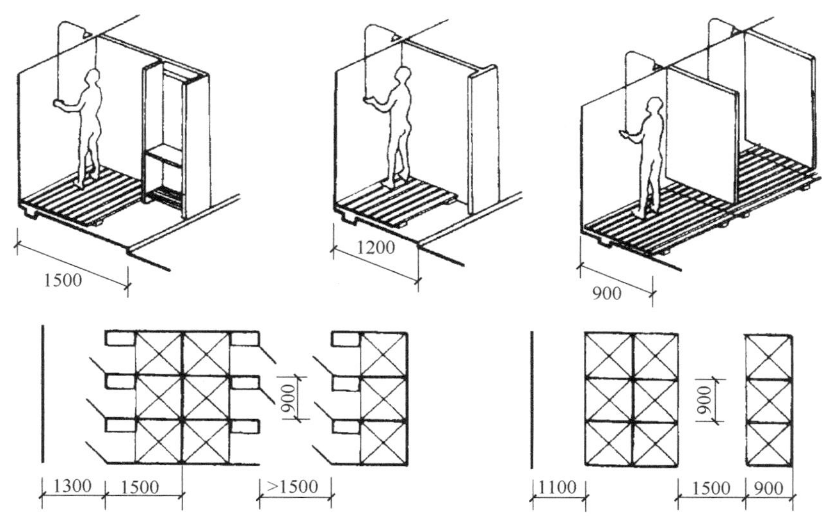

图 2.18 淋浴器布置示意

浴室、盥洗室中面盆及淋浴器数量可根据使用人数来确定，表 2.7 是盥洗室、浴室设备个数参考标准。

表 2.7 盥洗室、浴室设备个数参考标准

建筑类型	男浴器 /（人/个）	女浴器 /（人/个）	洗脸盆或龙头 /（人/个）	备注
旅馆	40	8	15	男女按比例设计
幼托	每班 2 个		2～5	

浴室、盥洗室与厕所布置在一起，称为卫生间。按使用对象不同，卫生间又可分为专用卫生间及公共卫生间，如图 2.19 所示。

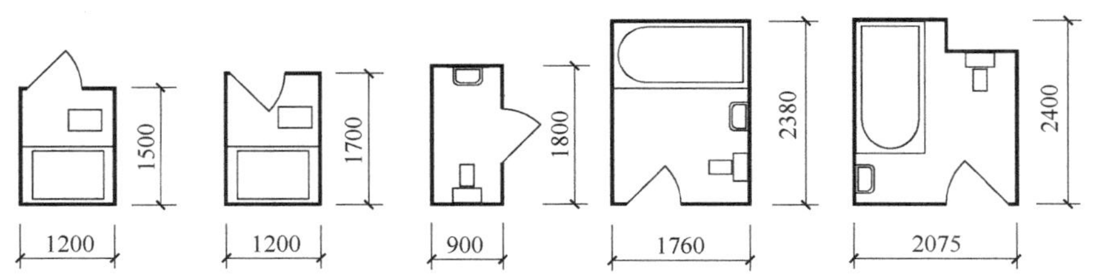

图 2.19 专用卫生间的几种平面布置

专用卫生间使用人数少，常用于住宅、标准较高的旅馆，医院等，这类房间面积小，一般均附设在房间周围。为保证主要使用房间靠近外墙，常将卫生间沿内墙布置，采用人工照明和竖直通风道通风。

2.2.3 厨房的平面设计

根据使用功能的不同，厨房可以分为家用厨房和公共服务厨房两

学习重点

分析与思考：

1. 盥洗室如何布置？
2. 盥洗室和浴室的平面设计尺寸。
3. 专用卫生间的平面布置。

大类。

家用厨房主要设于住宅、公寓之中，设计时应注意现行的有关规范，以满足最基本的使用要求，《住宅建筑设计规范》中有关厨房设计有以下规定：

（1）采用管道煤气、液化石油气为燃料的厨房不应小于 3.5m²；以加工煤为燃料的厨房不应小于 4m²；以原煤为燃料的厨房不应小于 4.5m²；以薪柴为燃料的厨房不应小于 5.5m²。

（2）厨房必须采用电能或管道煤气，并应设机械排烟装置，炉灶部分应有防火安全措施，其深度不得小于 0.5m。厨房应有外窗或开向走廊的窗户。采用原煤或薪柴做燃料的厨房以及严寒和寒冷地区采用加工煤的厨房必须设置烟囱。烟囱应防止烟气回流和串烟。厨房炉灶上方应预留排气罩位置。严寒和寒冷地区厨房内应设通风道或其他通风措施。

（3）厨房应直接采光、自然通风，并宜布置在套内近入口处。

（4）厨房应设置炉灶、洗涤池、案台、固定式碗柜等设备或预留其位置。

（5）单面布置设备的厨房净宽不应小于 1.4m，双面布置设备的厨房净宽不应小于 1.7m。

公共服务厨房一般用于提供较大型餐厅、宴会厅的饮食服务。它的设计要求远比一般家用厨房的设计复杂。

当设计条件较好时，除达到上述要求外，还应争取更有利的平面布置，图 2.20 给出了几种常用家用厨房的参考平面。图 2.21 为家用厨房常用设备尺寸。

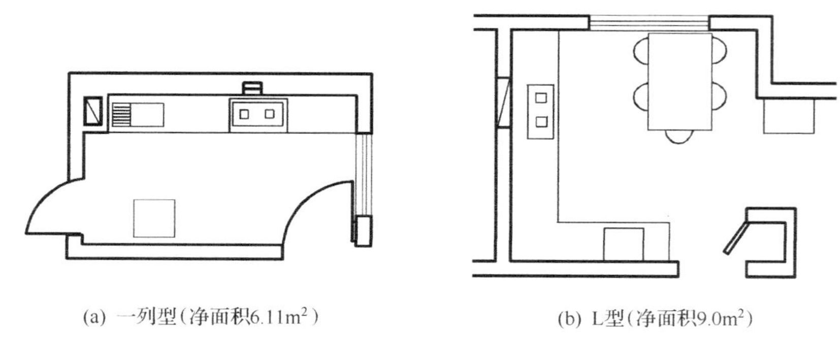
(a) 一列型(净面积6.11m²)　　(b) L型(净面积9.0m²)

图 2.20　几种常用家用厨房平面布置示意

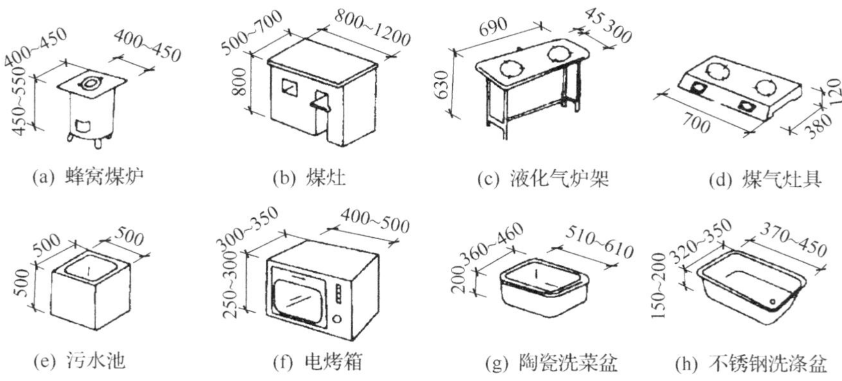

(a) 蜂窝煤炉　(b) 煤灶　(c) 液化气炉架　(d) 煤气灶具
(e) 污水池　(f) 电烤箱　(g) 陶瓷洗菜盆　(h) 不锈钢洗涤盆

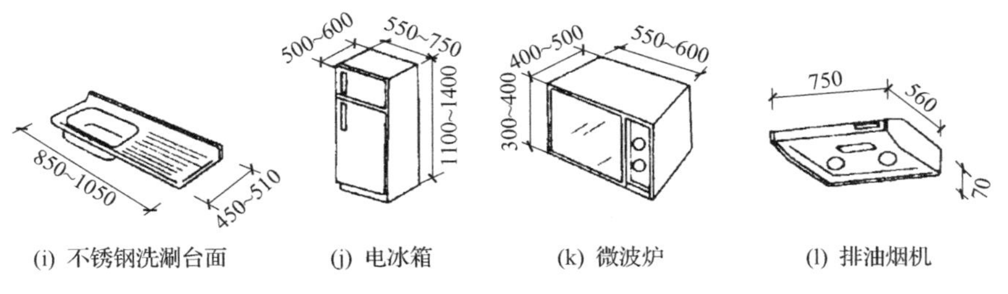

(i) 不锈钢洗涮台面　(j) 电冰箱　(k) 微波炉　(l) 排油烟机

图 2.21　家用厨房中常用设备尺寸

2.3　交通联系部分的平面设计

建筑物除了有满足使用要求的各种房间外，还需要有交通联系部分把各个房间之间以及室内外之间联系起来。建筑物内部交通联系部分包括水平交通空间(走道)、垂直交通空间(楼梯、电梯、坡道)、交通枢纽空间(门厅、过厅)等。一幢建筑物是否适用，除主要使用房间和辅助房间本身及其位置是否合适外，很大程度上取决于主要使用房间和辅助房间与交通联系部分的相互位置是否合理，以及交通联系部分使用是否方便。

对于交通联系部分的最基本设计要求包括以下几点：

(1) 交通路线简洁明确，通行顺畅。

(2) 紧急疏散时人流组织良好，安全迅速。

(3) 满足必要的采光、通风要求。

(4) 在满足使用要求前提下，尽量减少交通联系部分的面积，以节省投资。

2.3.1　走道的平面设计

走道又称走廊、过道。通常用于解决房间与房间、房间与楼梯、房间与电梯、房间与门厅、房间与过厅以及楼梯之间、楼电梯之间、门厅与过厅之间等建筑中水平方向的联系与疏散问题。按走道的使用性质不同可以分为以下三种：

(1) 完全为交通需要而设置的走道。如办公楼、旅馆等建筑走道。

(2) 主要作为交通联系，同时也兼有其他功能的走道。如教学楼中的走道，除作为学生课间休息，还可布置阵列橱窗。医院门诊部走道除作为交通联系外，可兼作候诊，如图 2.22(a)所示。

(3) 多种功能综合使用的走道，如展览馆的走道常作为走廊，可边走边看，如图 2.22(b)所示。

走道宽度主要根据人流通行、安全疏散、走道性质、空间感受以及走道侧面门的开启方向等综合因素考虑，如图 2.22(c)所示。

专为人行的走道宽度可根据人流股数并结合门的开启方向综合考虑。一般一股人流宽 550mm，两股人流宽 1100～1200mm，三股人流宽 1500～1700mm，如图 2.23 所示。

学习重点

重点关注：

1. 厨房的平面布置。
2. 交通面积设计要求。

分析与思考：

1. 厨房有几种布置方式？
2. 厨房面积如何确定？
3. 交通设计有哪些形式？
4. 走道式交通适合于哪些建筑？

(a) 某医院候诊走廊

(b) 某博物馆展示走廊

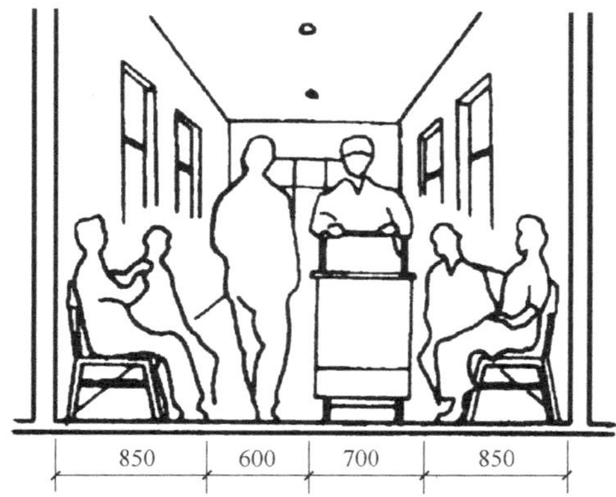

(c) 医院候诊廊基本宽度示意

图 2.22 走道形式及尺寸

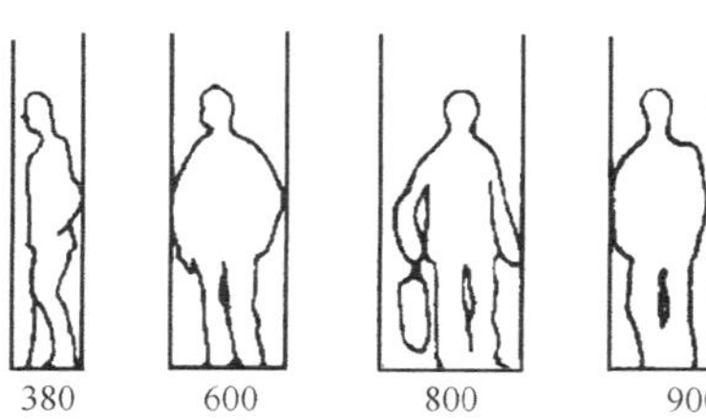

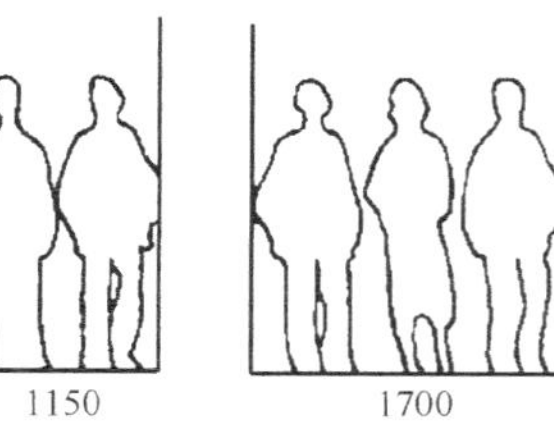

(a) 不同宽度走道的通行人流示意

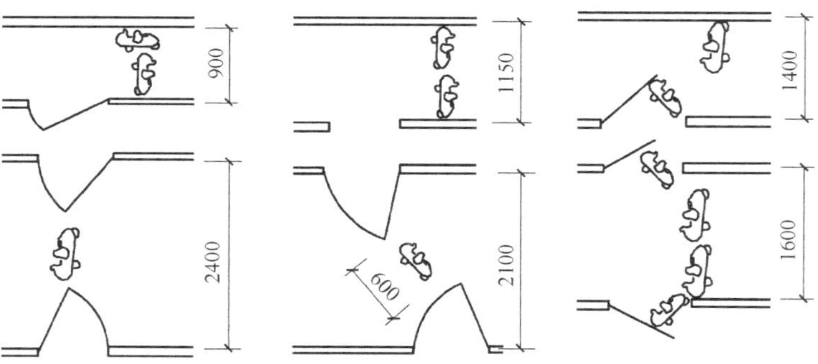

(b) 门的开启方式对走道通行人流的影响

图 2.23 走道交通部分尺寸示意图

对于以携带物品为主，有车流兼有其他功能的走道，应结合实际使用功能和使用特点来确定走道的宽度。

走道的实质除满足上述要求外，还应符合安全疏散防火规范的规定。见表 2.8 中楼梯门和走道的宽度指标。表 2.9 为房间门至外出口或封闭楼梯间的最大距离。

学习重点

重点关注：

1. 楼梯门和走道宽度的指标。
2. 走道长度如何控制？

分析与思考：

1. 楼梯宽度如何选择？
2. 走道宽度如何选择？

表 2.8　楼梯门和走道的宽度指标

宽度指标/（m/百人） 层数	耐火等级		
	一、二级	三级	四级
一、二层	0.65	0.75	1.00
三层	0.75	1.00	—
≥四层	1.00	1.25	—

注：1）每层散数楼梯的总宽度应按本表规定计算。当每层人数不等时，其总宽度可分层计算，下层楼梯总宽度按其上层人数最多一层的人数计算。

2）每层疏散门和走道的总宽度应按本表规定计算。

3）底层外门的总宽度应按该层或该层以上人数最多的一层人数计算，不供楼上人员疏散的外门，可按本层人数计算。

表 2.9　房间门至外出口或封闭楼梯间的最大距离（单位：m）

名称	位于两个外部出口或楼梯间之间的房间 L_1			位于袋形走道两侧或尽端的房间 L_2		
	耐火等级			耐火等级		
	一、二级	三级	四级	一、二级	三级	四级
托儿所、幼儿园	25	20	—	20	15	—
医院、疗养院	35	30	—	20	15	—
学校	35	30	25	22	20	—
其他民用建筑	40	35	25	22	20	15

走道的长度除了涉及建筑的经济性之外，还涉及安全疏散距离问题，图 2.24 为依据现行建筑防火设计规范而列出的关于限制走道长度的内容。

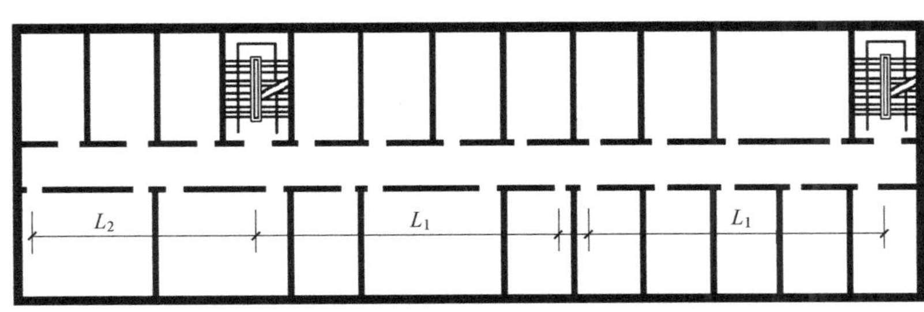

图 2.24　走道长度的控制

走道的平面设计还应满足一定的采光要求。在《民用建筑设计通则》(GB50352－2005）中规定，走道窗地比大于1/14、内廊式走道长度不超过20m时应有一端设采光口，超过20m时应两端设采光口，超过40m时应增加中间采光口。

2.3.2 楼梯的平面设计

楼梯是解决多层建筑各层之间垂直联系及高层建筑紧急疏散的工具。楼梯的平面设计主要根据使用要求确定合理的梯段宽度和休息平台宽度、选择适当的楼梯形式、考虑建筑物的楼梯数量及分布位置。楼梯宽度的确定原则与走道宽度的确定原则相似，主要根据使用性质、使用人数和防火规范来确定。2人通行最小宽度不小于1100mm，三人通行宽度取1650～1800mm，休息平台宽度要大于或等于梯段宽度，以便做到与梯段等宽和搬运家具时方便通行。图2.25为楼梯梯段及平台宽度。通向走廊的开敞式楼梯的楼层平台至少保留600mm，其余可用走廊代替。

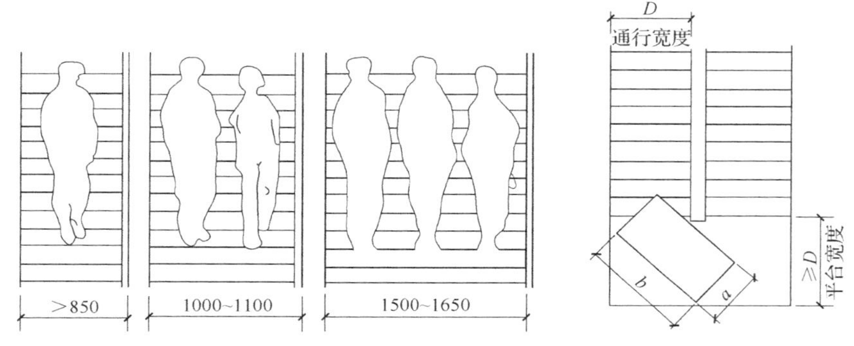

图2.25 楼梯梯段及平台宽度

楼梯平面形式的选择，应当依据其使用性质来决定。直跑楼梯有明确的方向感，空间导向明确，常给人以严肃向上的感觉。双跑楼梯是民用建筑中最常用的一种形式，它占用面积小，流线简洁，使用方便。三跑楼梯体态灵活，较开敞，特别适合楼梯间进深小的建筑。楼梯按使用性质分又有主要楼梯、次要楼梯、消防楼梯等，如图2.26所示。

建筑物的楼梯数量以及分布位置是建筑平面设计中非常重要的问题，楼梯数量主要根据楼层人数和紧急疏散的要求来决定，一般设置一部楼梯时，应满足表2.10的要求。当设置两部以上的楼梯时，楼梯的分布应使整个建筑物的人流组织均匀有序、主次分明，如图2.27所示。

表2.10 设置一个疏散楼梯的条件

耐火等级	层数	每层最大建筑面积/m^2	人数
一、二级	二、三层	400	第二层和第三层人数之和不超过100人
三级	二、三层	200	第二层和第三层人数之和不超过50人
四级	二层	200	第二层人数不超过30人

图 2.26　不同性质楼梯示意

1. 主要楼梯；2. 次要楼梯；3. 消防楼梯

一般在主入口处配置一个位置明显的主要楼梯，容纳较大的人流。在次要出入口处或建筑物的适当位置，如在建筑物走道转折处配置次要楼梯，容纳比例较小的人流，或供紧急疏散用。

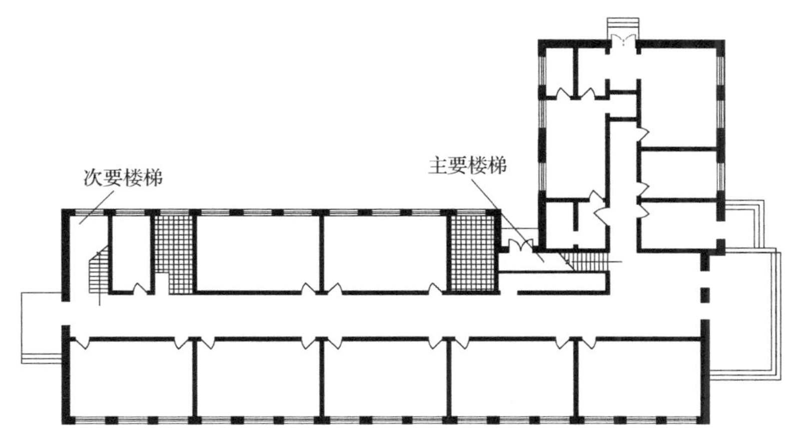

图 2.27　教学楼平面中楼梯位置示意

另外，楼梯的平面根据建筑物性质及防火规范可分为封闭式的和非封闭式的。封闭式的楼梯不如非封闭式开敞的楼梯那么容易形成装饰效果，但是，从消防安全的角度来看，封闭式楼梯的安全疏散能力明显高于非封闭式楼梯。封闭式楼梯按照不同的要求还可以设计为封闭楼梯间和更为安全的防烟楼梯间，如图 2.28 所示。

学习重点

分析与思考：

1. 楼梯平面形式如何选择？
2. 楼梯的位置如何确定？

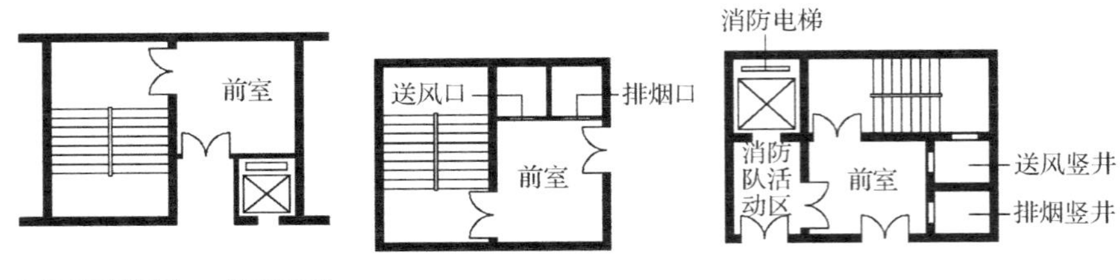

图 2.28　高层建筑防烟楼梯和消防电梯

2.3.3　电梯及自动扶梯的平面设计

随着城市高层建筑的发展，电梯已成为不可缺少的垂直交通设施，高层建筑的垂直交通以电梯为主，电梯间的平面设计主要应根据所选电梯类型与规格，解决电梯布置方式、电梯候梯厅设计、电梯机房设计等问题。

目前常用的电梯种类可分以下五类：

(1) 乘客电梯。专用于运送乘客，一般运行速度较高，运行平衡。

(2) 客货电梯。为客货兼用电梯。

(3) 载货电梯。专用于运送货物，有比较宽大的轿箱和较大的载重量。

(4) 消防电梯。消防电梯可与客梯或工作电梯兼用，但应符合消防电梯的要求。可分别设在不同的防火分区内。

(5) 杂物电梯。专用于一类物品运输之用，尺寸灵活，载重量也视用途而有所不同，设计时可以根据具体的设计任务采取相应类型的电梯。

电梯一般设置于建筑物的垂直交通联系核心处，如果需要使用多台电梯，一般这些电梯可适当集中布置，电梯成组布置的典型平面形式如图 2.29 所示，图中表格的内容用于说明电梯候梯厅的平面尺寸要求。

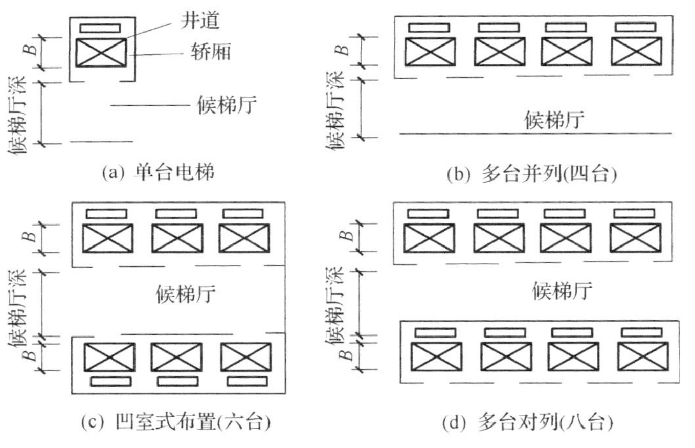

候梯厅深度尺寸(*B*为轿厢深)

电梯种类	布置形式	候梯厅深度/mm
住宅电梯	单　台	≥*B*
	多台并列	≥*B*(梯群中最大的轿厢深度值)
乘客电梯	单　台	≥1.5*B*
	多台并列	≥1.5*B* 当梯群为四台时该尺寸应≥2400
	多台对列	≥对列电梯*B*之和<4500
病床电梯	单　台 多台并列 多台对列	≥1.5*B* ≥1.5*B* ≥对列电梯*B*之和

注：1) 层站候梯厅深度尺寸至少在整个井道宽度范围内应符合上表规定。

2) 候梯厅深度尺寸未含不乘电梯人员穿越层站时的交通面积。

3) 客货电梯的候梯厅深度尺寸应取相应的乘客电梯或病床电梯的候梯厅深度尺寸。

4) 服务于残疾人的电梯另见“无障碍设计”。

图 2.29　电梯布置与候梯厅的一般要求

自动扶梯适用于具有频繁而连续人流的大型公共建筑中，如百货大楼、火车站、地铁站等。自动扶梯的平面位置应选在客流最集中的地方，以方便顾客的使用。表 2.11 为几种自动扶梯的布置形式。

表 2.11　几种自动扶梯的布置形式

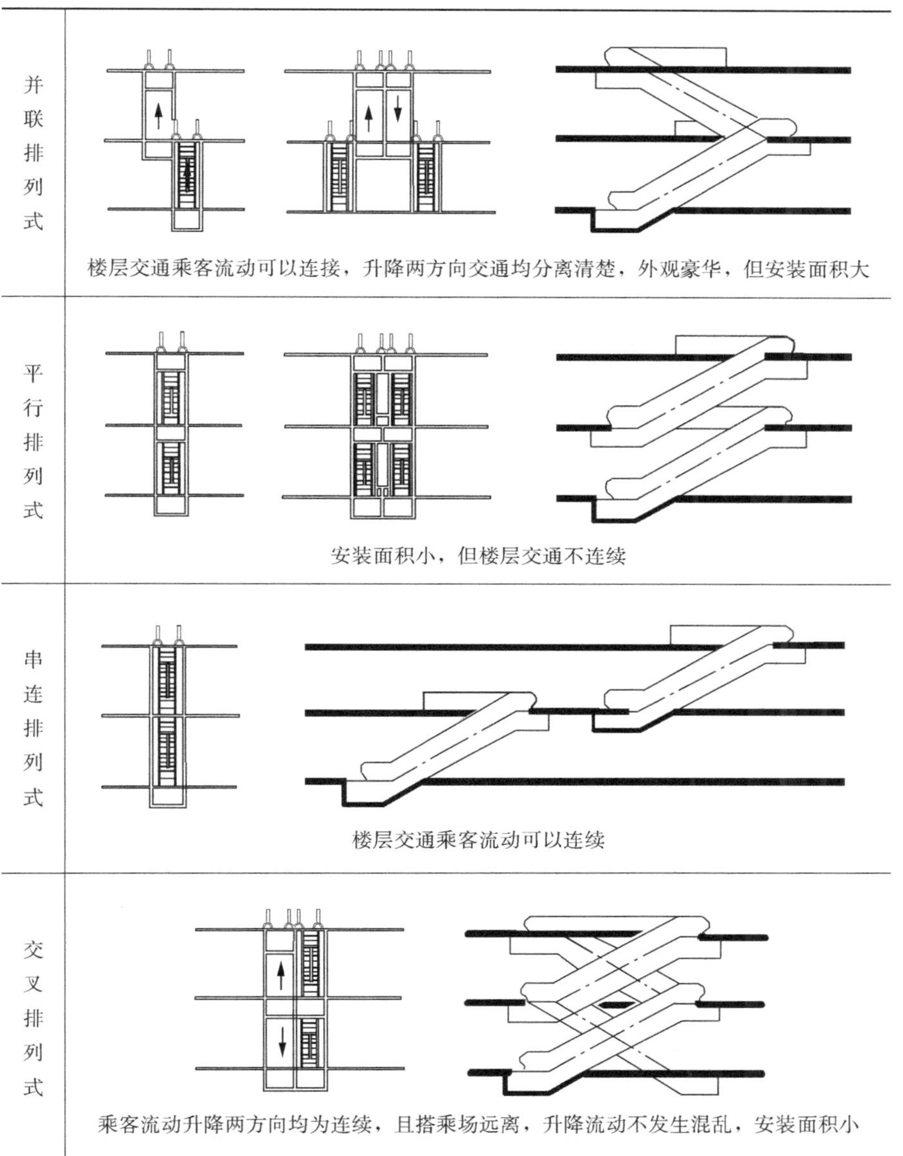

形式	特点
并联排列式	楼层交通乘客流动可以连接，升降两方向交通均分离清楚，外观豪华，但安装面积大
平行排列式	安装面积小，但楼层交通不连续
串连排列式	楼层交通乘客流动可以连续
交叉排列式	乘客流动升降两方向均为连续，且搭乘场远离，升降流动不发生混乱，安装面积小

2.3.4　门厅的平面设计

门厅是建筑物主要出入口和交通枢纽的重要空间，它除了起到内外空间的过渡及交通联系之外，往往还兼有其他功能，如旅馆门厅中的总服务台和大堂休息处、医院门厅中的挂号处和取药处、学校教学楼门厅

学习重点

重点关注：

1. 电梯及自动扶梯的平面设计。
2. 门厅平面设计要求。
3. 门厅有哪些形式？
4. 门厅形式如何选择？

分析与思考：

1. 自动扶梯如何布置？

中的布告栏等。

除此之外，门厅作为建筑物主要出入口，其不同空间处理可体现出不同意境和空间效果。

门厅的大小应根据不同建筑的使用要求、规模及质量标准等因素来确定，设计时可参考有关面积定额标准，如表 2.12 所示。

表 2.12　部分建筑门厅面积设计参考指标

建筑名称	面积定额	备注
中小学校	0.06～0.08m^2/每生	
食堂	0.08～0.18m^2/每座	包括洗手、小卖
城市综合医院	11m^2/每日百人次	包括衣帽和询问
旅馆	0.2～0.5m^2/床	
电影院	0.13m^2/每个观众	

门厅的布局有对称式和非对称式两种。对称式门厅常采用轴线的方法表示空间的方向感，将楼梯布置在主轴线上或对称布置在主轴线两侧，具有严整、端庄的气氛，如图 2.30(b)所示。

非对称门厅设有明显的轴线，布置灵活，室内空间富于变化，在建筑设计中，由于功能需要、布局的特点、建筑空间的需要等因素和影响常采用非对式门厅，如图 2.30(a)所示。

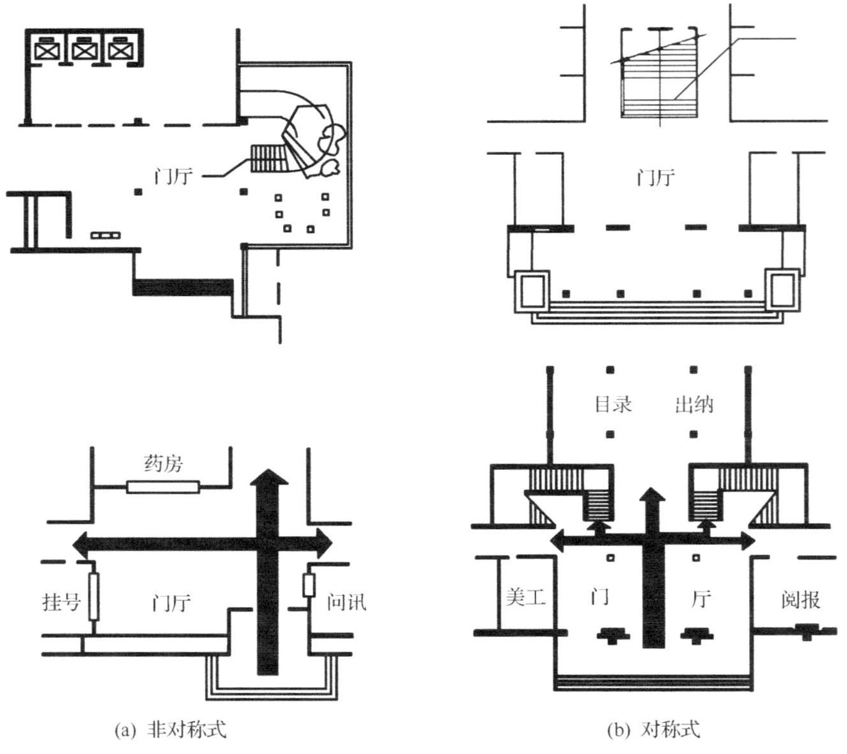

(a) 非对称式　　(b) 对称式

图 2.30　门厅的平面布置方式

门厅设计应满足以下主要要求：

（1）无论门厅采用对称式布置还是非对称式布置，在平面组合中应处于明显、居中和突出的位置，一般应面向主干道，使人流出入方便，如图2.31中的门厅在平面中心位置。

（2）门厅内部设计要有明确的导向性，同时交通流线组织简捷通畅，减少人流相互干扰。

（3）门厅应具有良好的空间效果，如良好的采光、合适的空间比例。

（4）门厅作为室内外的过渡空间，一般在入口处应设门廊、雨篷，供人们出入的暂时停留及下雨、雪天张收雨具等之用，并可防止雨雪飘入室内，同时也能达到遮阳及建筑观感上的要求。

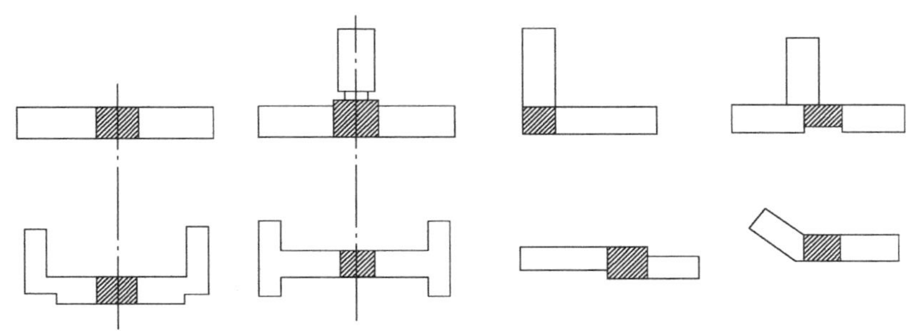

图2.31 门厅在平面中的位置

2.4 平面组合设计

平面组合设计的任务是把建筑物各组成空间依据它们之间的功能关系，遵循合理工程技术逻辑，结合周围的环境特征，组织成为一个良好的建筑整体，使之成为一个内部使用功能、结构造型、设备布置合理的有机整体，使建筑整体能反映时代特点和具有地方风格的良好形象，这就是平面组合的设计任务。

2.4.1 平面组合因素

1. 合理的使用功能

建筑由于性质不同，就有不同的功能要求。这种要求很大程度上取决于各种房间按功能要求的组合上。如学校教学楼设计中，虽然教室、办公室、实验室本身的面积大小、形状、门窗布置均满足使用要求，但它们之间的相互关系及走廊、门厅、楼梯的布置不合理，就会造成使用不便，相互干扰，影响使用。

平面组合的好坏主要体现在功能分区和流线组织。合理的功能分区是将建筑物若干部分按不同的使用要求进行分类，并根据它们之间的关系加以划分，使之分区明确，联系方便。

学习重点

重点关注：

1. 平面组合设计的形式。

分析与思考：

1. 平面组合有哪些因素？

在分析功能关系时，常借助功能分析图来分析建筑功能及各部分的相互关系。如单元式住宅，平面是由起居室、卧室、厨房、卫生间及阳台组成，这些房间在使用上要相互联系，设计时可以用不同大小的方块图形代替其位置，再用直线表示其相互关系，就形成了住宅的单元功能分析图。图 2.32 所示为住宅功能分析图及平面图。

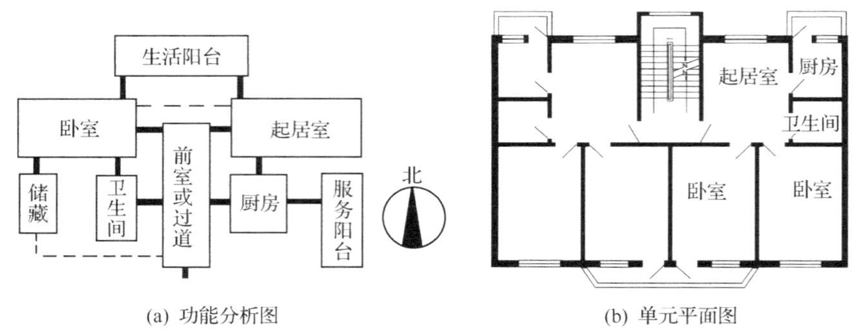

(a) 功能分析图　　(b) 单元平面图

图 2.32　住宅功能分析及平面图

围绕功能分析图，根据建筑物不同的使用特征进行以下几个方面分析。

1）主次关系

组成建筑的各部分，按使用性质必然存在着主次关系，在平面组合时分清主次、合理安排，如居住建筑中，居室和起居室由于其使用特点决定它是主要使用房间，而卫生间、厨房等是次要使用房间。教学楼中，教室是主要使用房间，办公室、厕所是次要使用房间。其他建筑如商业建筑、医院建筑都可以按主次关系进行分类。

平面组合时，要根据各个房间的使用要求，各自安排它们在平面中的位置，主要使用房间布置在朝向较好的位置，具有良好的通风采光条件，主要活动的房间，应靠近主要出入口，方便疏散，人流导向明确。次要房间可布置在条件较差的位置，如图 2.33 所示。

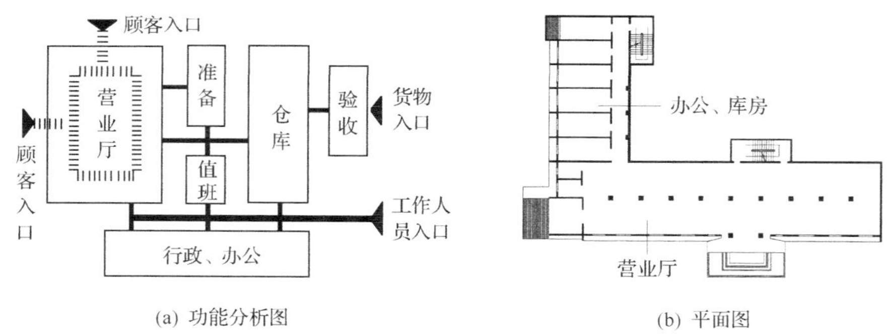

(a) 功能分析图　　(b) 平面图

图 2.33　商业建筑的主次关系

2）内外关系

建筑物各房间组成根据使用特点，可以形成明显的内外关系。那些使用时对外联系比较密切和频繁的部分，直接为外来人员服务，如食堂建筑中餐厅部分就属于“外”，而厨房部分主要起到服务和配给，并不直接供客人使用，就属于“内”。因此，在平面组合中，应尽量把餐厅布置在地段外侧，而厨房布置在地段内侧，如图 2.34 所示。

3）联系与分隔

当建筑物中房间较多、使用功能又比较复杂的时候，常根据房间的使用性质，如闹与静、洁与污等方面反映的特性进行功能分区，使其既分隔又联系。如学校建筑中普通教室与音乐教室，它们之间联系密切，但为防止声干扰，必须适当隔开。教室与办公室，为避免学生对办公室产生影响，而把教室和办公室分隔。因此，教学楼平面组合设计中，必须对以上不同功能要求进行联系与分隔处理，使其功能合理，如图 2.35 所示。

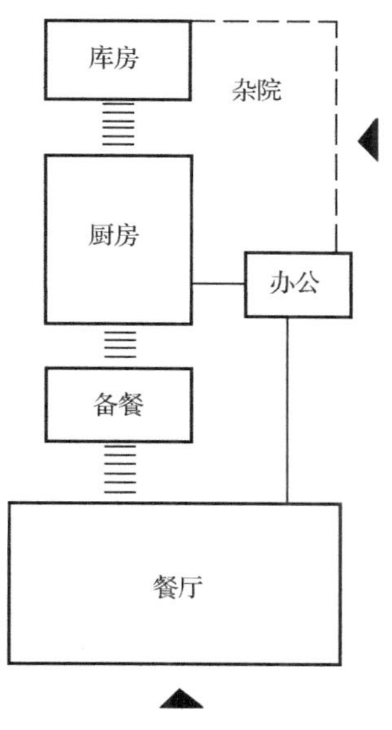

图 2.34　食堂房间的内外关系

4）使用顺序和交通流线

民用建筑中，因房间的使用性质不同，房间之间存在着明显的先后顺序，如医院建筑中“挂号→候诊→诊断→理疗→划价→交费→取药”这一组功能关系，车站建筑中的“问讯→售票→候车→检票→进入站台上车”以及“出站时经过检查出站”等，在平面设计时，要很好的考虑这些背后顺序，使建筑适合使用要求。流线组织合理与否，直接影响平面设计是否合理，当一个建筑有多种流线时，要特别注意使各种流线简洁、通畅，尽量避免相互交叉干扰，如图 2.36 所示。

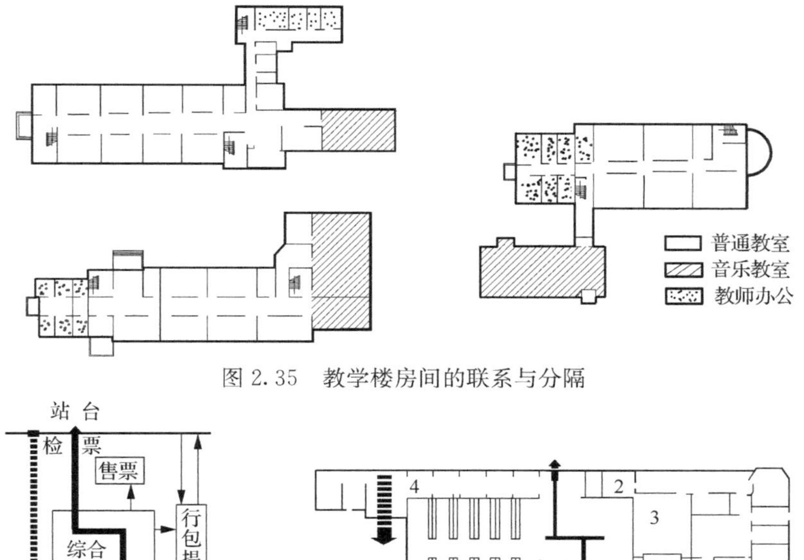

图 2.35　教学楼房间的联系与分隔

站 台
检 票
售票
综合
候车厅
行包提取
广 场
4
2
3
1

(a) 流线

(b) 平台

图 2.36　小型火车流线组织

1. 候车厅；2. 售票；3. 行李房；4. 出站口

学习重点

分析与思考：

1. 主次关系适合于哪些建筑？
2. 内外关系适用于哪些建筑？
3. 联系与分隔适合哪些建筑？

2. 合理的结构类型

在进行建筑平面组合设计时，要认真考虑结构形式对建筑组合的影响，要包括结构的合理性、安全性、经济性和结构形式带来的空间效果。

1）砖混结构

建筑物的主要承重构件有基础、墙柱、楼板等。以砖墙和钢筋混凝土承重并组成房屋的主体结构，称为砖混结构，这种结构按承重墙的布置方式不同可分为横墙承重、纵墙承重和混合承重。

横墙承重是将梁或板搭在承重墙上，如图 2.37(a)所示，纵墙仅承受自身的荷载，起分隔和围护作用。这种布置方式，由于横墙较多，建筑物整体刚度和抗震性能较好，由于横墙是承重墙，纵外墙开窗较灵活。缺点是房间开间受到楼板长度的限制，使用房间布局灵活性上受到一定的限制。这种布置方式适合于小开间的建筑，如住宅、办公楼、集体宿舍等。

纵墙承重是将梁或楼板搭在承重纵墙上，如图 2.37(b)所示，由于横墙不承重，平面布局较灵活，在保证隔声的要求下横墙可以采用轻质墙，以节约面积。但建筑的整体刚度和抗震效果较横墙承重差，必须在一定距离内加设刚性横墙。由于受板长的影响，房间进深不宜太大，外墙开窗也受到一定的影响，这种布置方式常用于教室、会议室等。

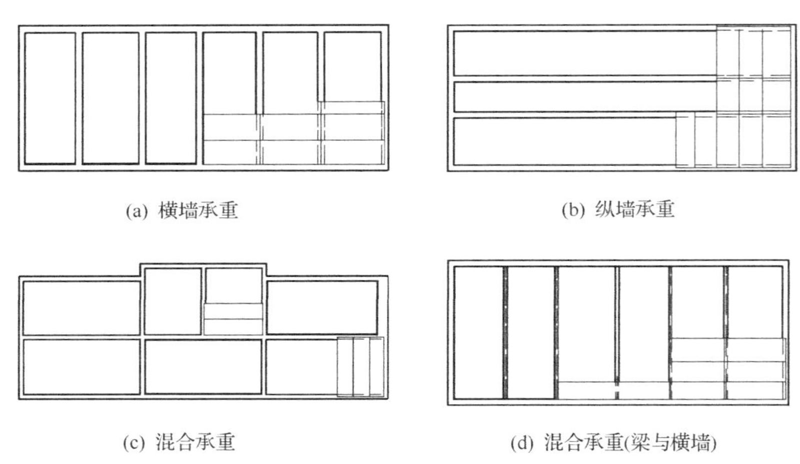

图 2.37　墙体承重的结构布置

混合承重，是指建筑中有些房间采用横墙承重，有些房间采用纵墙承重，如图 2.37(c)、(d)所示，它的优点是平面布局较灵活、建筑物整体刚度好、适应性强；缺点是增加了板型和梁的高度，从而影响了建筑的净高，这种承重方式在民用建筑中应用较为普遍，如图 2.38 所示。

在混合结构布置时，要尽量使房间进深统一，减少楼板类型，上下承重墙体要对齐，如有大房间可单独设置在顶层。同时考虑到建筑物整体刚度均匀，门窗洞口的大小要满足墙体受力要求。

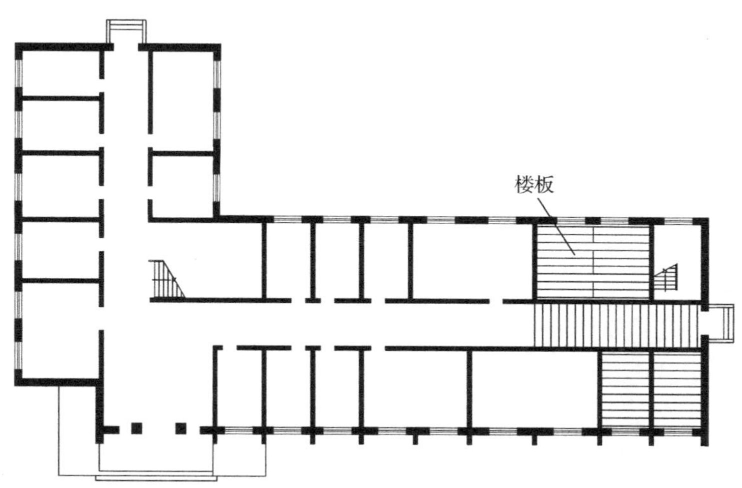

图 2.38　混合承重门诊部建筑示意

2）框架结构

框架是由梁、板、柱组成的骨架承重结构，它的特点是强度高、整体性好、刚度大、抗震性好。

结构体系本身将承重和围护构件分开，可充分发挥材料的各自性能。如围护结构可用保温性能好、自重轻的材料。框架结构使空间布局更灵活、较自由，它适用于火车站、图书馆、商场建筑，如图 2.39 所示。

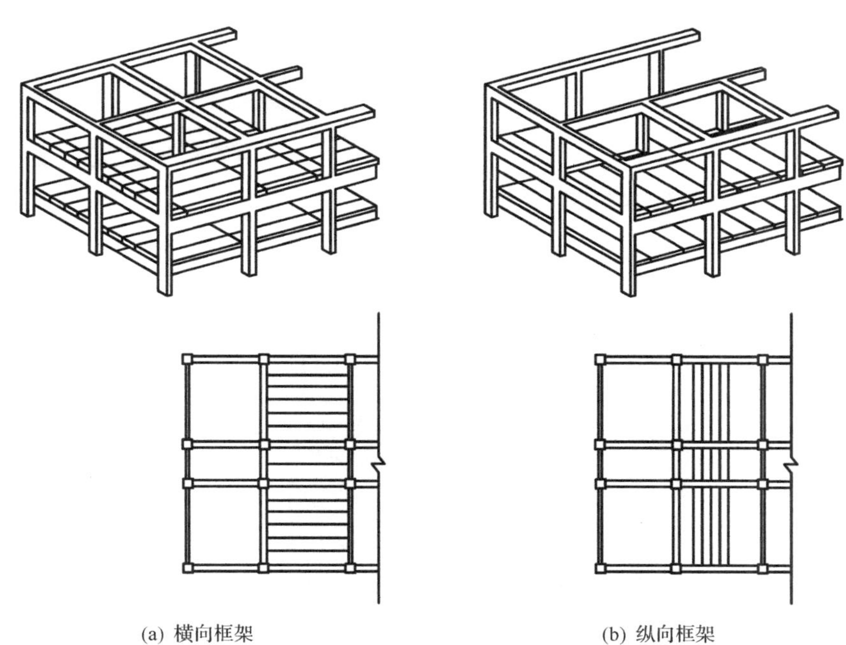

图 2.39　框架结构

学习重点

分析与思考：

1. 砖混结构适合于哪些结构？
2. 什么情况采用横墙承重？
3. 什么情况采用纵墙承重？
4. 什么情况采用混合承重？
5. 框架结构适合于哪些建筑？
6. 框架结构由哪些构件组成？

3）空间结构

随着建筑技术、建筑材料、建筑施工方法的不断发展和建筑结构理论的进步，新的结构形式——空间结构迅速发展起来，它直接解决了大跨度空间的覆盖，同时也创造出了丰富多彩的建筑形象。目前常用的空间结构形状有折板、薄壳、悬索、网架等，如图 2.40 所示。

(a) 复杂空间结构——奥运鸟巢

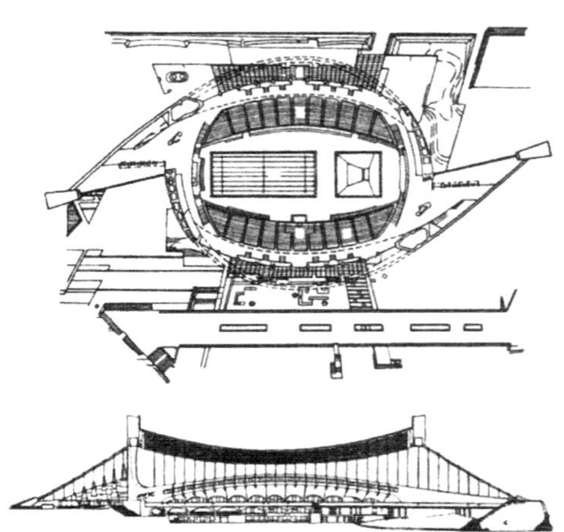

(b) 悬索结构——东京代代木体育馆

(c) 球型网架——“伊甸园”温室展厅

图 2.40　几种空间结构与建筑形态的关系

3. 设备管线

民用建筑中设备管线主要包括给排水、采暖空调、煤气、电器、通信、电视等各线。它们都占有一定的空间，平面设计时应将这些设备管线布置在建筑的合适位置，管线尽量相对集中、上下对齐，如住宅中的厨房、卫生间、旅馆建筑中的公共厕所、浴室、客房卫生间等，如图 2.41 所示。

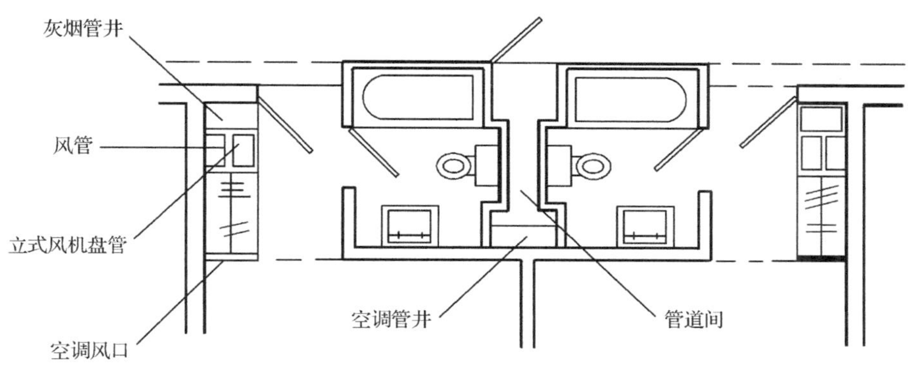

图 2.41　旅馆卫生间管道布置示意

4. 建筑造型

平面组合设计和立面设计、建筑造型设计之间互相制约、互相影响，建筑造型和立面设计一般离不开功能要求，平面组合设计为建筑造型和立面设计打下良好的基础，创造有利的条件。

2.4.2　平面组合形式

1. 走道式组合

走道式组合就是用走道把使用房间连接起来，各房间沿走道一侧或两侧布置，特点是使用房间与交通部分明确分开，各房间相对独立，房间门直接开向走道，通过走道相互联系。

走道式组合有单外廊、双外廊、单内廊、双内廊等几种形式，如图 2.42 所示。

外廊式走道基本上可以保证主要房间有好的朝向，并可获得较好的采光和通风。南走廊对房间具有遮阳作用，多用于南方地区，这种布局的缺点是不够经济。

内走道各房间沿走道两侧布置，平面紧凑，占地面积小，节约用地，外墙较短，有利于节约能源，对寒冷地区建筑有利。这种走道使走廊一侧的房间朝向较好，另一侧房间的朝向较差，但在组合中可把楼梯、卫生间、库房等房间布置在较差一侧，也不影响建筑使用。

2. 套间式组合

套间式组合是房间与房间之间相互穿套，穿套原则是按使用上的流线要求而定，其特点是将使用面积和交通面积融为一体，平面紧凑，面积利用率高，这种组合方式也称为串联式，如图 2.43 中展览馆建筑的平面组合实例。

学习重点

分析与思考：

1. 空间结构适合于哪些建筑？
2. 空间结构有哪些形式？
3. 设备管线如何布置？
4. 平面组合有哪些形式？
5. 走道式组合有哪些形式？

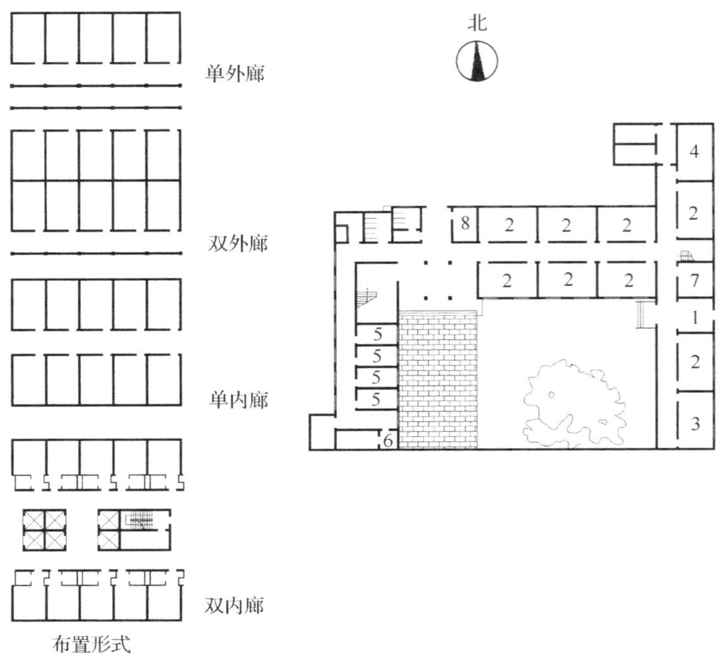

图 2.42　走道式组合

1. 门厅；2. 教室；3. 音乐教室；4. 体育器材；5. 办公室；6. 传达室；7. 储藏室；8. 锅炉房

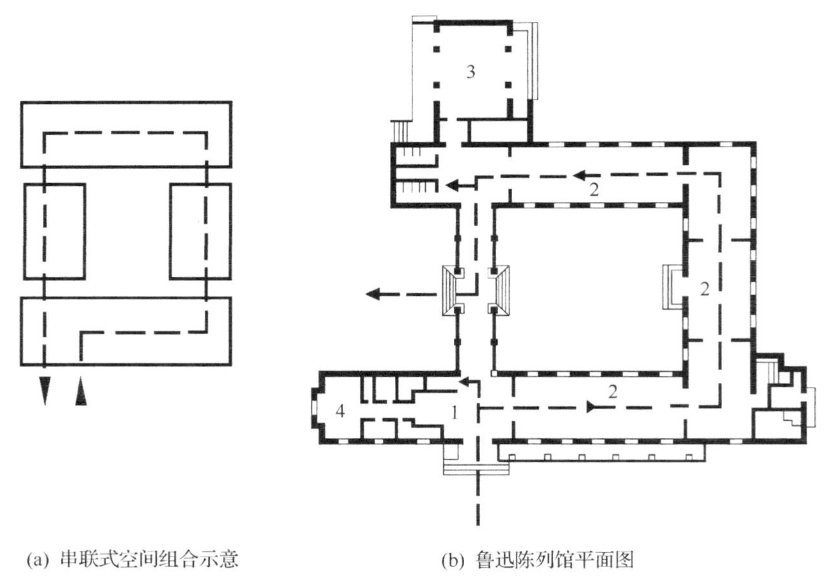

图 2.43　套间式组合示意

1. 门厅；2. 陈列室；3. 讲演厅；4. 办公室

3. 大厅式组合

大厅式组合是以公共活动的大厅为主穿插布置辅助房间，这种组合的特点是主体空间使用人数多、面积大、层高大。而其他使用房间服务于大厅，而且面积较小，但与大厅保持一定的联系，如火车站、体育馆、影剧院等，如图 2.44 所示。

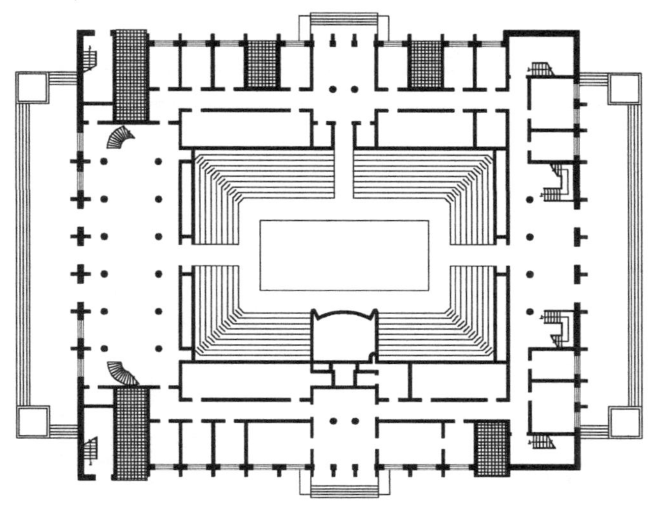

图 2.44　大厅式组合

4. 单元式组合

将关系密切的房间组合在一起，成为一个相对独立的整体，称为单元。再将几个单元按功能、环境等要求，沿水平竖直方向重复组合而成为一栋建筑便称之为单元组合。这种组合的特点是功能分区明确，单元之间相对独立、组合布置灵活、适应性强，同时减少了设计、施工工作量，如住宅、幼儿园等，如图 2.45 所示。

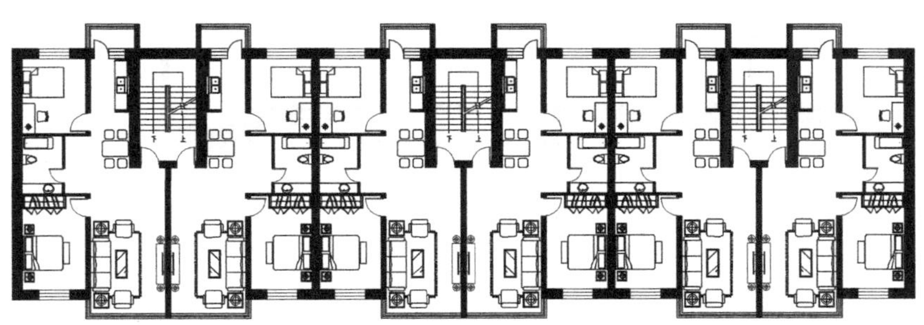

图 2.45　单元式住宅组合示意

5. 混合式组合

在民用建筑中，由于功能上的要求，往往不能局限于一种组合方式，这种组合称之为混合式组合。它具有根据实际需要、不拘于形式、注重满足使用功能、适应性强、灵活性大的特点。图 2.46 为剧院建筑混合式组合平面图，门厅和咖啡厅形成套间式组合，大厅与周边的附属建筑形成大厅式组合，后台部分演员化妆、服装、道具形成走道式组合。

学习重点

分析与思考：

1. 套间组合适合于哪些建筑？
2. 大厅式组合适合于哪些建筑？
3. 单元式组合适合哪些建筑？
4. 混合式组合适合哪些建筑？

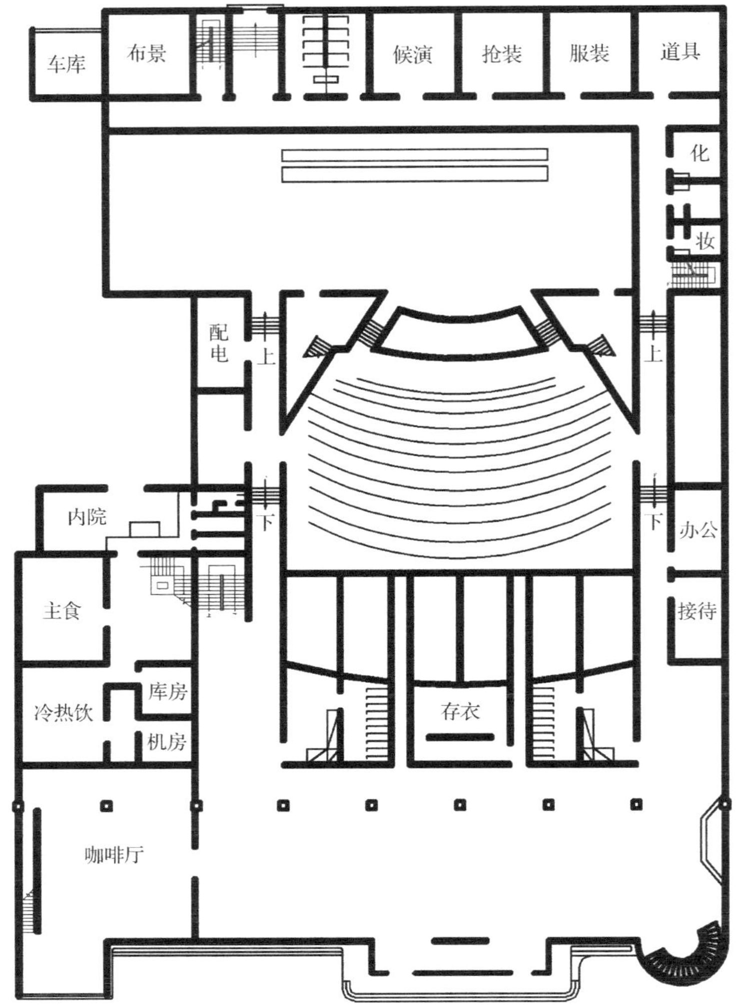

图 2.46　混合式组合

2.4.3　基地环境对平面组合的影响

1. 地形地貌对平面组合设计的影响

1）基地的大小、形状及道路走向

基地大小、形状及道路走向对房屋的平面组合、层数、入口的布置等都有直接的影响，一般情况下，当场地规整平坦时，对于规模较小、功能单一的建筑，宜采用简单、规整的矩形平面。规模较大的公共建筑，可根据使用功能要求，结合基地情况，常采用工字形、口字形等组合形式，如图 2.47 所示。当场地平面不规则或狭长时，则要根据使用性质，充分考虑基地形状，采取不规则平面布置方式。图 2.48 是某办公楼平面组合，它位于道路交叉口的梯形地段，办公楼采用梯形平面，争取了好的朝向，又照顾了街道的面貌，丰富了室内外空间。

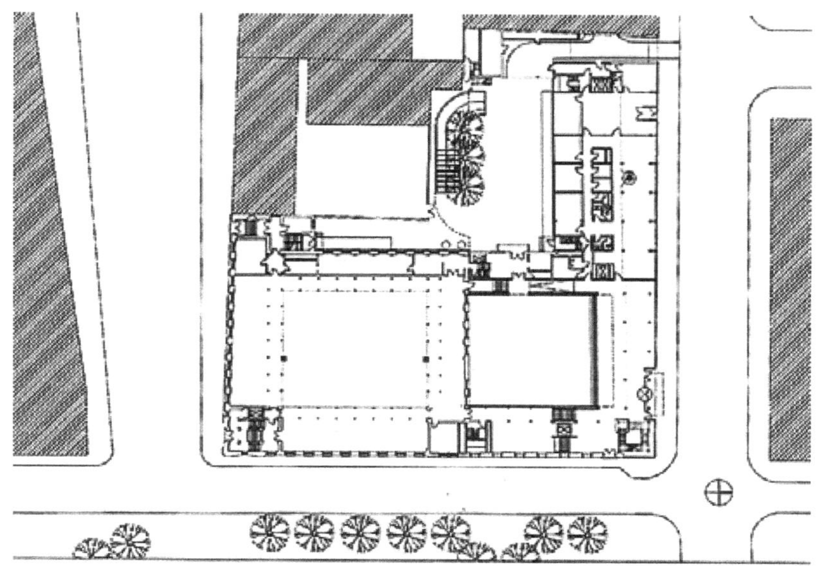

图 2.47 规则的矩形平面布置

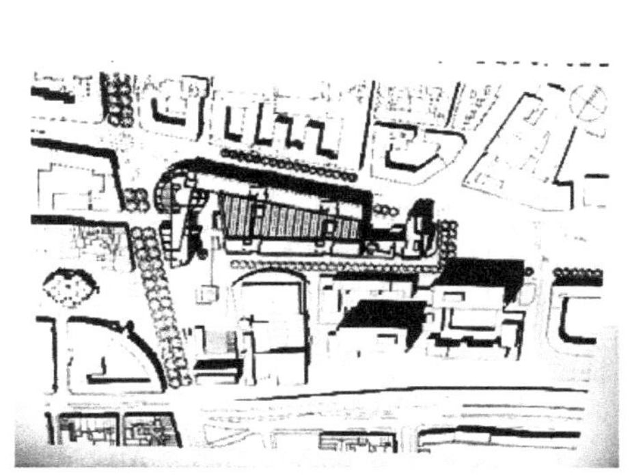

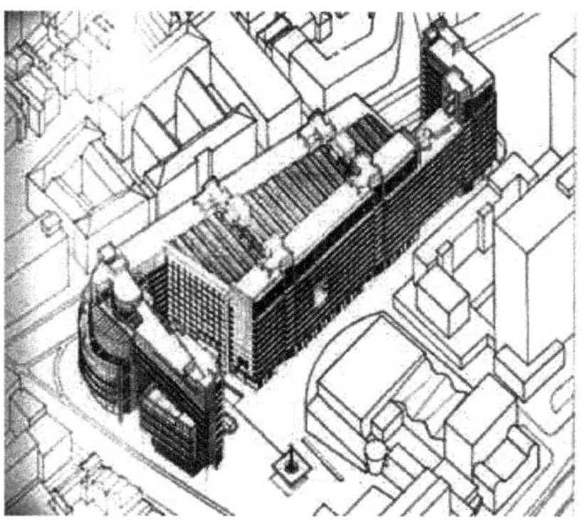

图 2.48 不规则地形平面布置

2）基地的地形地貌

当建筑物处于平坦地形时，平面组合的灵活性较大，可有多种布置方式，但在地势起伏较大，地形复杂的情况下，平面组合将受到多种因素制约，但是如果充分的结合环境、利用地形也将创作出层次分明、空间丰富的组合方式。

根据建筑物和等高线位置的关系，坡地建筑有两种布置方式：

(1) 平行于等高线。

建筑纵轴与等高线平行，建筑与地形的关系简单，是最常用的方式，适合坡度在25%以下的坡地，这种布置方式土方量小，造价经济。当坡度在10%左右时可将房屋放在同一标高上，只需将基地稍作平整即可，如图 2.49 所示。

学习重点

分析与思考：

1. 建筑物什么情况下平行等高线布置？
2. 建筑物什么情况下垂直等高线布置？

图 2.49　建筑物平行等高线布置

(2) 垂直于等高线。

建筑纵轴与等高线垂直，适合坡度大于 25％以上的坡地。建筑一般采用迭落错层布置，小坡筑台，大坡筑墙，有利于减少土方工程量，场地排水、建筑通风、采光较好，但设计及施工较复杂，建筑与道路结合较困难，如图 2.50 所示。

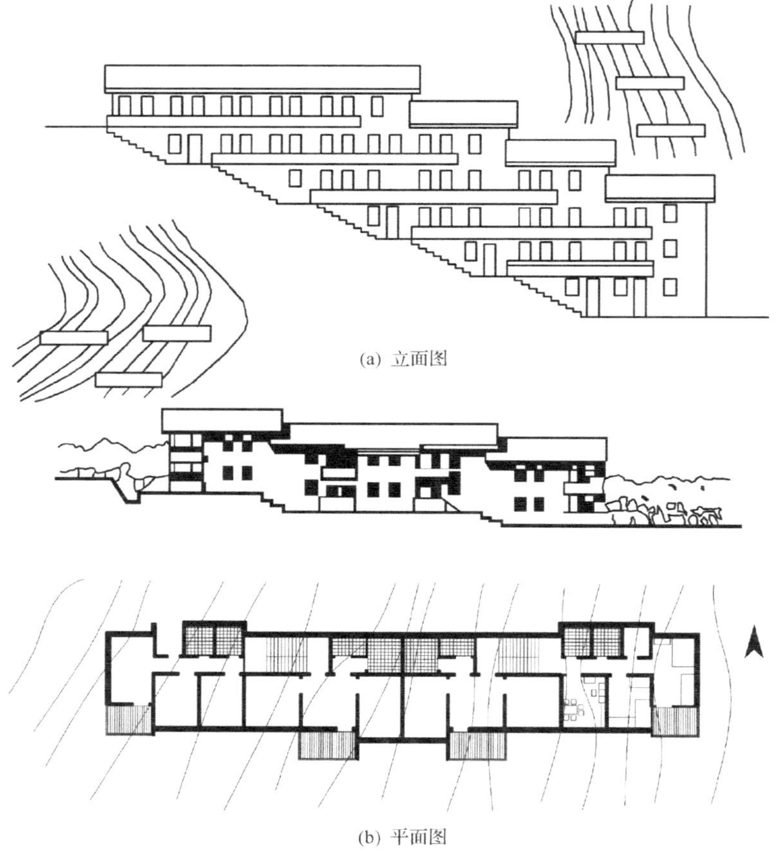

(a) 立面图

(b) 平面图

图 2.50　建筑物垂直等高线布置

2. 建筑物朝向和间距的影响

1）朝向

影响建筑物朝向的主要因素是日照、风向，不同的季节里，太阳的位置、高度都在发生规律性的变化。不同的建筑朝向，获得太阳辐射强度、日照时间也不同，太阳在天空中的位置可用高度角和方位角来确定，如图 2.51 所示。

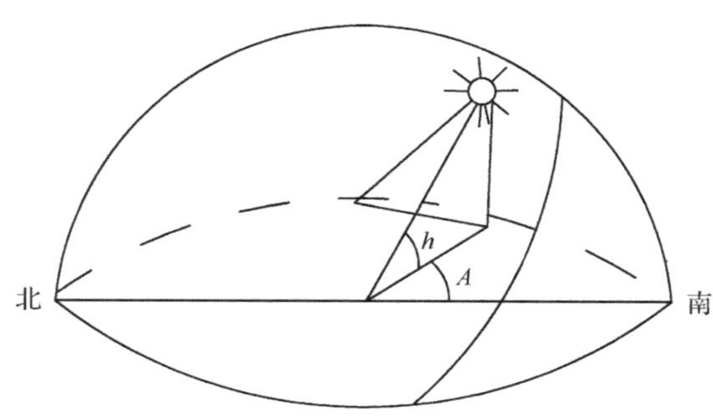

图 2.51　太阳运行轨道

太阳高度角为太阳射到地球表面的光线与地平面所成的夹角 h；方位角为太阳至地球表面的光线与南北轴线的夹角 A。

我国地处北半球，大部分地区处于夏季热、冬季冷的状态。常将建筑物的主要房间布置在南向或南偏东、南偏西少许角度，能获得良好的日照。这是因为冬季太阳高度角小，射入室内光线较多，而夏季太阳高度角大，射入室内光线少，这就有利于做到冬暖夏凉，取得良好的室内热工环境。

在考虑日照对平面组合的影响时，也不能忽视当地夏季和冬季主导风向对房间的影响。根据主导风向，调整建筑物的朝向，可改变室内气候条件，创造舒适的室内环境。

2）间距

建筑物之间的距离的确定主要应根据建筑物的日照、通风等卫生要求，建筑物防火安全要求，防视线干扰间距要求，建筑物的使用性质、规模和扩建要求，以及节约用地等的要求。一般情况下，日照间距通常是确定建筑物间距的主要因素。

日照间距的计算，一般以冬季正午 12∶00 太阳光线能直接照到底层窗台为设计依据，如图 2.52 所示。

日照间距计算式为

$$L=\frac{H}{\tan h}$$

式中：L——建筑物间距，m；

H——南向前排房屋檐口到后排房屋底层窗口的垂直高度，m；

h——当地冬至日正午的太阳高度角，(°)。

学习重点

分析与思考：

1. 建筑物间距应符合哪些要求？
2. 日照间距要符合哪些要求？

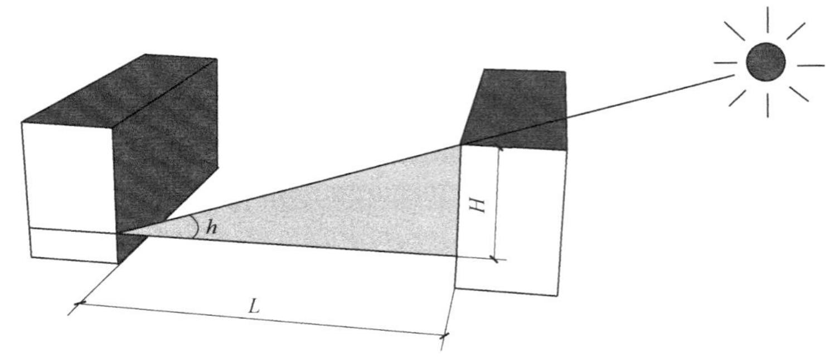

图 2.52　建筑物日照间距

在实际工作中，一般房屋间距通常是用房屋间距 L 和南向前排房屋高度 H 的比值来控制。我国大部分地区日照间距为（1.0～1.8）H。我国南方地区日照间距较小，北方地区日照间距较大。日照间距是居住建筑规划中的主要影响因素，一般来讲，法定的日照间距应满足有效日照时间冬至日满窗 1h 或大寒日满窗 2h。

防火间距是建筑物之间满足防火和疏散要求所需要的距离，由于建筑功能和高度不同，房屋间距也不同，如高层与高层之间最小间距是 13m，高层与多层之间最小间距是 9m，多层与多层之间最小间距是 6m。

视觉卫生间距是指相邻建筑布置时必须考虑视线干扰所需的距离。一般情况下，人与人之间的距离在 24m 内能辨别对方，12m 内能看清对方的容貌。比如学校教学楼，为了保证教室的采光和防止声音、视线的干扰，要求间距应大于或等于 2.5H，而最小间距不小于 12m；相邻住宅楼的最小视觉卫生间距，各地有所差异，应执行地方规定，大致在 14～20m。另外，建筑物之间的空间效果要求、绿化景观要求等因素也都影响建筑物之间的距离，具有特殊用途和工艺的建筑则需要按照工艺技术单独处理。

小　　结

（1）决定房间面积的因素有家具设备所占用的面积、人体活动所需要的面积、交通面积。

（2）房间形状在满足使用功能前提下，要充分考虑到结构、施工、建筑造型、美观等因素。

（3）房间门的宽度、数量、位置应满足使用和疏散的要求，并符合国家规范中的有关规定。

（4）走道宽度应满足使用要求，长度应满足疏散和采光要求。

（5）楼梯形式、位置、数量应满足使用和美观要求。

（6）门厅的形式和面积应根据建筑的规模和使用要求来决定。

（7）影响平面组合计算的因素是使用功能、结构选型、设备管线和建筑造型。

（8）组合设计的形式有走道式、套间式、单元式、大厅式和混合式。

第三章　建筑剖面设计

建筑剖面设计是建筑设计的基本组成部分之一，它是以建筑在垂直方向上各部分的组成关系为研究内容，如房间竖向形状和比例、房屋层数和各部分标高、房屋采光和通风方式的选择、保温、隔热、屋面排水、主体结构与围护结构方案及建筑竖向空间组合利用等（见图 3.1）。

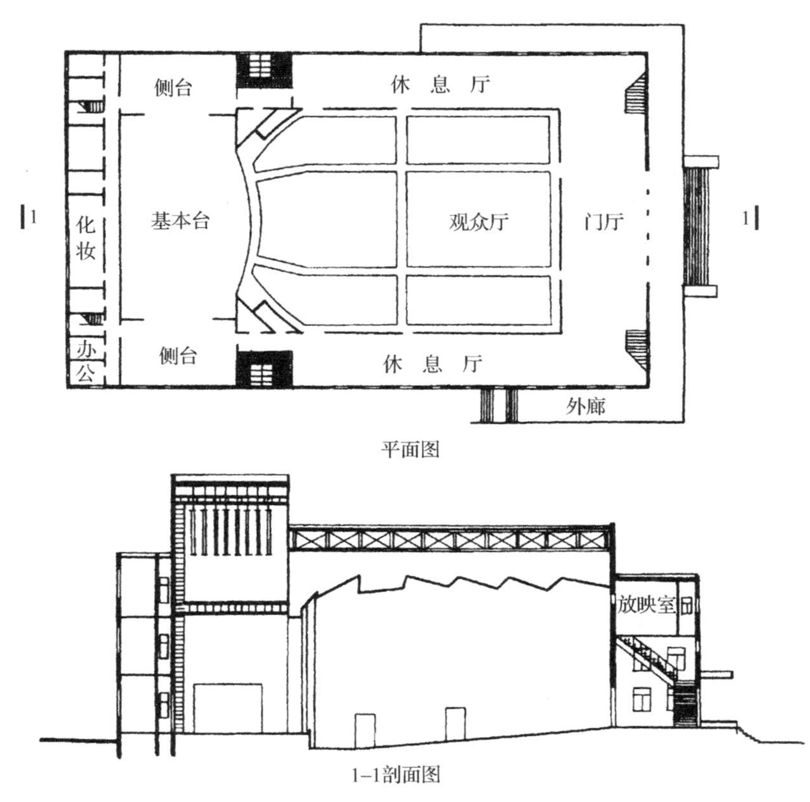

图 3.1　影剧院平、剖面图

剖面设计也涉及建筑的使用功能、技术经济条件、周围环境等方面的要求。同时应充分认识到，剖面设计、立面设计、平面设计不可能截然分开，它们是互相制约和相互影响的，只是每个方面的设计各有重点罢了。平面设计，是以解决房屋在水平方向各部分组合关系为重点，但在单个房间设计和平面组合设计中必须考虑到各单个空间的竖向形状、组合后竖向各部分空间的特点及由此而形成的建筑外部形象等。剖面设计通常是在平面设计的基础上进行，而剖面设计的要求又会对建筑平面设计产生一定的影响，在建筑设计中必须充分考虑平面与剖面之间的相

学习重点

重点关注：

1. 建筑剖面设计的研究内容有哪些？
2. 影响剖面设计的因素有哪些？
3. 房间剖面的形状如何确定？

互影响，不断调整修改，最终使两者同时满足各种要求。建筑剖面设计和竖向组合直接影响到使用功能、建筑造价、建筑用地、城市规划和城市景观。因此，建筑剖面设计要依据国家的法规和标准，在满足使用功能的同时，降低建筑造价和减少建筑用地，创造良好的内部和外部空间形象。

3.1 房间的剖面形状

房间的剖面形状主要是根据房间使用功能要求来确定的，同时建筑材料、建筑结构、建筑技术以及建筑造型等对剖面形状也都有很大影响。

3.1.1 使用要求对剖面的影响

建筑的剖面形状主要是由使用功能决定的。由于人的活动行为以及家具和设备的布置，要求地面和顶棚均以水平的平面形状最为有利，同时矩形剖面形状简单、规整，便于竖向空间组合，而且结构简单，施工方便，节约空间，有利于布置梁板。所以一般的建筑如住宅、宿舍、学校、办公楼、商店等剖面形状均采用矩形。有些对剖面形状有特殊要求的建筑，如影剧院的观众厅、体育馆比赛厅、阶梯教室和报告厅等，由于其对视听质量有特殊要求，因此，这些房间除了其平面形状、大小要满足视距和视角外，在剖面设计上也要考虑视线的遮挡和音质要求（见图 3.2）。

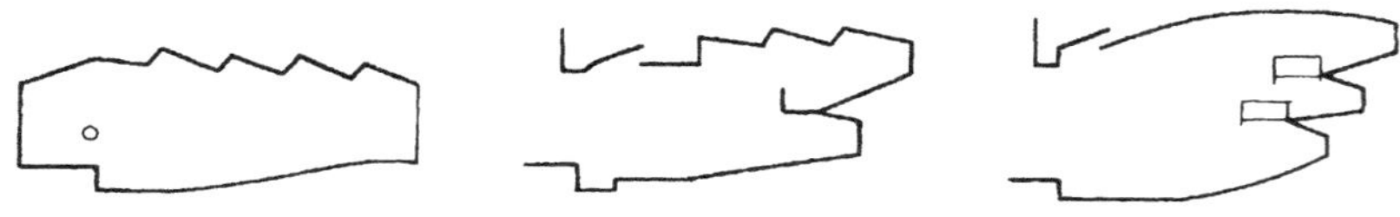

图 3.2 影剧院剖面

1. 可视性

由于使用功能的不同，设计视点的高度差别较大。设计视点与地面升起坡度、座位的排列方式、排距、视线升高值有极大关系。一般视点选择越低，地面升起坡度越大，视点选择越高，地面升起坡度就越小，视点高度的选择要满足人的视线不受遮挡为限。由于观看行为不同，设计视点高度的选择也不相同。电影院的视点高度选在银幕底边中心点，这样就可以保证人的视线能够看到银幕的全画面；体育馆常要进行多种比赛，视点选择多以较不利观看的篮球比赛为依据，视点高度选在篮球场边线上空 300～500mm 处；阶梯教室视点高度常选在讲台桌面，大约距地面 1100mm 处（见图 3.3）。剧院视点的高度一般定于大幕在舞台面上水平投影的中心点。

设计视点确定后，就要进行地面起坡计算。首先要确定每排视线升高值 C。C 值为后排观众的视线与前排观众眼睛之间的视高差，一般定为 120mm，当座位错位排列时，C 值为 60mm，这样可以保证人的视线不被遮挡（见图 3.4）。显然错位排列布置要比对位排列布置地面起坡要缓一些。

地面起坡计算通常采用图解法、分阶递加法、相似三角形法等，具体计算可参考《建筑设计资料集(4)》“剧场”部分。

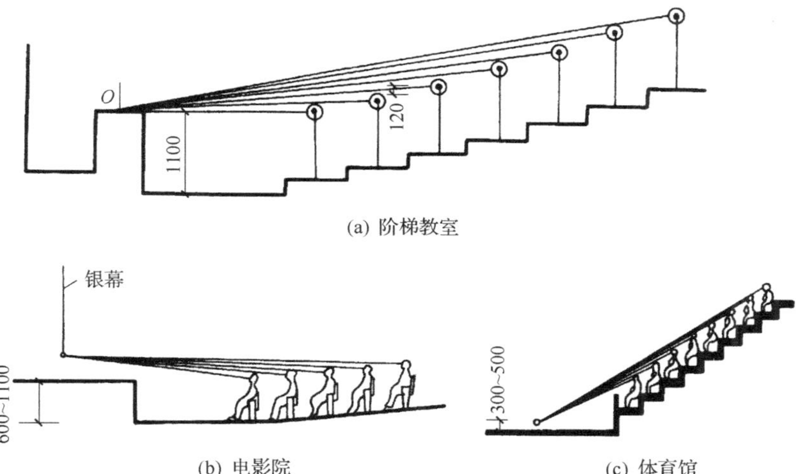

图 3.3 设计视点与地面起坡的关系

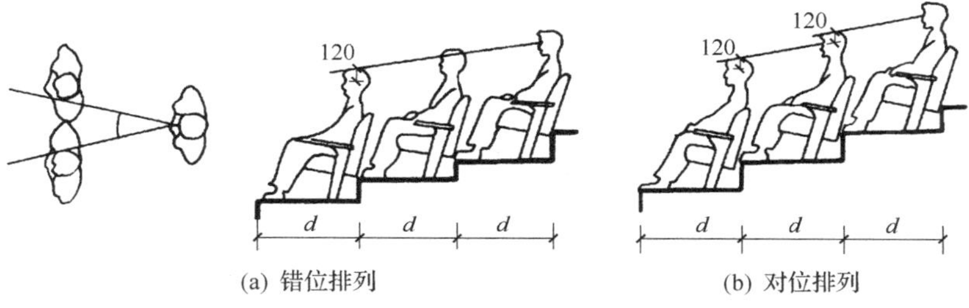

图 3.4 视觉标准与地面升起关系

学习重点

重点关注：

1. 房间剖面的形状如何确定？

2. 可听性

影剧院的观众厅对声音质量的要求较高。由于观众厅在演出时以演员自然声为主，为获得良好的声场，要加强后排反射声和前区反射声，因此要求空间有一定的高度，形成一定的容积来增加混响时间，从而获得令人满意的声场。为加强声音的均匀反射，通常把台口和天棚做成反射面。由于声音的入射角等于声音的反射角，所以天棚往往设计成平的或多个倾斜于舞台方向的平面形状而不设计成内凹的顶棚形式，前者可获得比较均匀的混响时间，后者混响时间不均匀且有声焦聚（见图 3.5）。进行反射声的组织和设计，可使整个观众厅声场分布均匀并能获得足够的混响时间，同时也就确定了影剧院顶棚不规则的剖面形状（见图 3.6）。

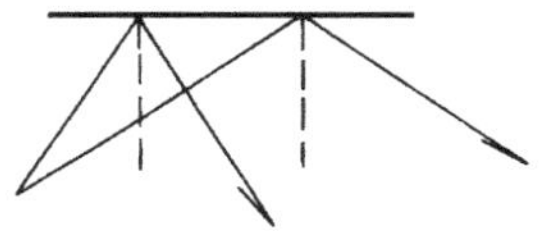

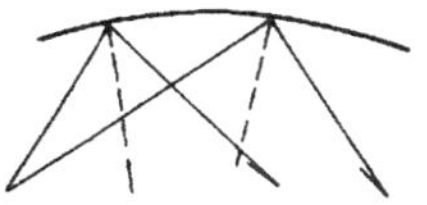

图 3.5 声音反射示意

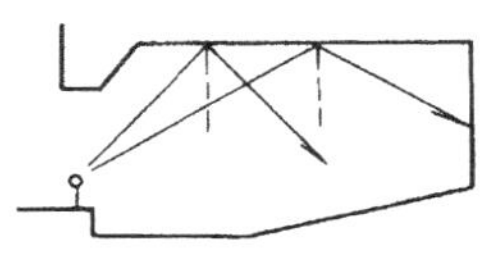

(a) 声音反射较均匀

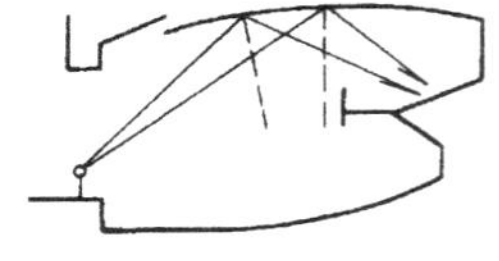

(b) 声音反射有焦聚

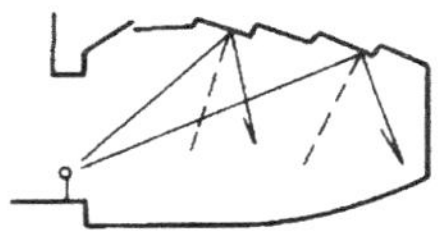

(c) 声音反射均匀

图 3.6　观众厅的几种剖面形状

3.1.2　结构形式、建筑材料和施工技术的影响

民用建筑屋顶的剖面形状一般有平屋顶、坡屋顶、曲面屋顶等。这些形状一般和构成他们的结构类型、建筑材料和建筑技术有很大关系。

1. 结构形式

钢筋混凝土梁平屋顶，由于钢筋混凝土自重较大，这种结构形式的跨度一般不会很大。而钢制屋架、桁架一般采用坡形、梯形，自重较轻，这种结构可获得较大的跨度空间，而空间钢网架由于是空间整体工作，可获得更大的跨度和空间。

拱形屋顶有圆拱和三角拱，这种屋顶形状受力比较合理，但由于拱端产生很大的侧推力，需要很大的水平反力维持平衡，故很难获得较大跨度。而设计成穹顶形成空间钢网架是比较理想的大空间屋顶形式，可获得较大的空间跨度［见图 3.7(a)］。

对于大空间建筑来说较难解决的是屋顶结构体系，由于覆盖面积很大，屋顶荷载就会很大，悬索结构体系和空间网架结构体系的出现，解决了大空间屋顶的难题。当然，屋顶就出现了抛物曲面和穹顶屋面的形式［见图 3.7(b)］。

框架结构体系、筒体结构体系，解决了一般结构体系难以增加高度的课题，使建筑的层数和高度获得了突破性的进展，高层和超高层建筑高度可达几百米，在人类建筑史上留下了辉煌的一页。

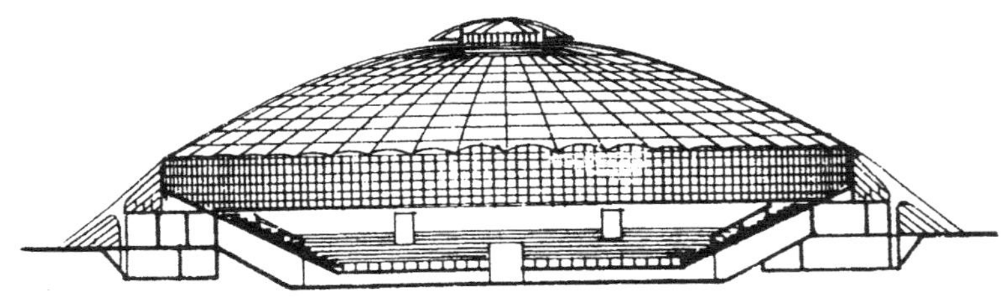

(a) 某体育馆剖面

(b) 某展览馆剖面

图 3.7　结构形式对剖面的影响

2. 建筑材料的影响

自人类营造房屋以来，始终采用随手可得的天然材料或经加工的砖石来筑造房屋，这些房屋多显得厚重、封闭，虽然稳定，但是跨度、空间和高度都受到极大限制。随着钢铁和水泥的出现，解决了材料受拉强度低的难题，人们不再用厚重的墙体平衡屋顶产生的侧推力，而采用钢和钢筋混凝土建造了大跨度、大空间高层和超高层等各种形状的建筑物。著名的法国埃菲尔铁塔和澳大利亚悉尼歌剧院独特的建筑形式至今令世人赞叹不止。当然，当人类还没有掌握计算理论和建筑技术的时候，也是无法建造这样大跨度、大空间建筑的。

3.1.3 采光、通风要求对剖面的影响

(1) 一般建筑都需要自然采光，而采光一般又都是在墙面或屋顶上开窗实现的。进深不大的房间可在单侧设窗采光，而进深较大的房间需双侧设窗采光。进深很大，两侧采光都不能满足室内照度时则需在屋顶开设天窗。当房间净高较高而采光不足时可增设高侧窗。屋顶天窗的形状也各不相同，有矩形天窗、拱形天窗、屋面点状天窗，它们都改变了建筑的屋面形状（见图3.8）。

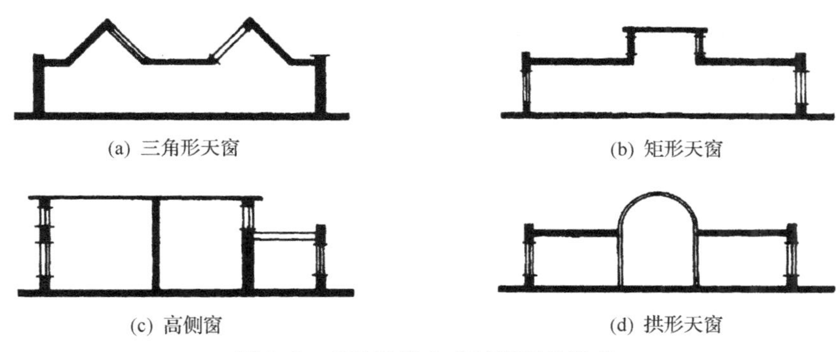

图3.8 各种采光方式对剖面的影响

(2) 房间一般都需要通风，无论是自然通风还是机械通风都需要设置出气口和进气口。一般，房间在墙的两侧设窗进行空气对流，也可一侧设窗让空气上下对流。而有特殊要求的房间或湿度较大、温度较高、烟尘较多的房间除了在墙面两侧开窗外，还须在屋顶开设出气孔，一般又以天窗的形式增加空气压差(见图3.9)，这样就改变了建筑屋顶的本来形状。

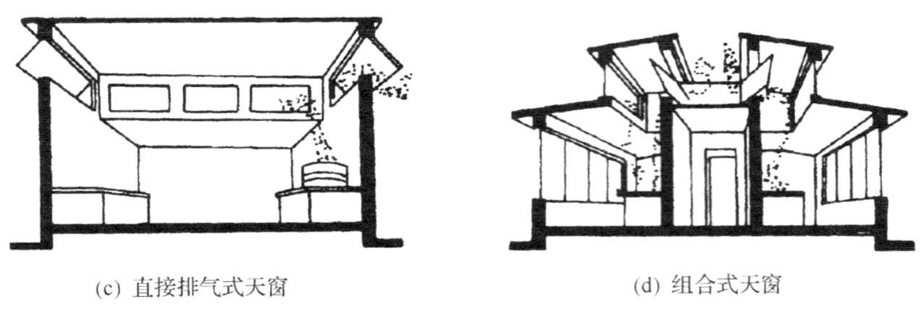

(c) 直接排气式天窗　　(d) 组合式天窗

图 3.9　不同通风方式对剖面形状的影响

3.2　房屋各部分高度的确定

房屋各部分的高度包括：层高、净高、窗台高度、室内外地面高差和建筑总高度（见图 3.10）。

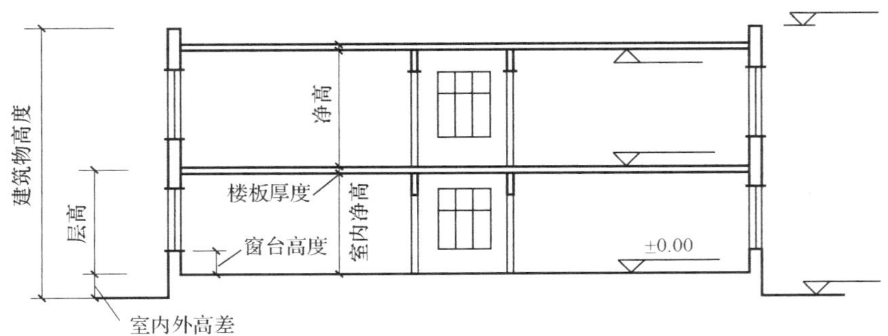

图 3.10　房屋各部分高度

3.2.1　房间净高和层高

房间的层高是指该层的楼板面或一层地坪到上一层楼板面之间的垂直距离。而净高是指该层的楼板面或地平面层到该顶棚或顶棚下突出物下表面的垂直距离，如图 3.11 所示，即层高等于净高加上楼板厚度（或包括梁高）。

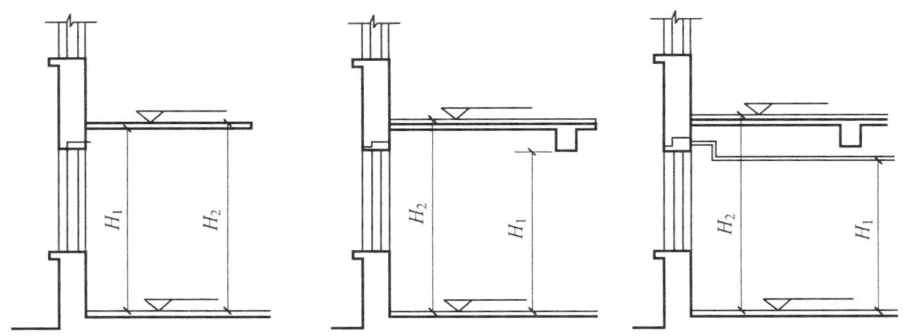

图 3.11　净高（H_1）和层高（H_2）

房间的层高一般是由净高决定的。净高是由该房间的使用功能、人体活动、室内家具设备、采光通风、照明、技术经济条件及室内空间比例等要求，综合考虑诸因素来确定的。

1. 人体活动及家具设备要求

房间的净高与人体活动行为的尺度有关。一般情况下，室内最小净高应使人举手触摸不到顶棚为宜，即不小于2200mm（见图3.12）。国家根据建筑的使用功能、人体活动尺度、室内设备及家具尺度、采光、通风、照明及卫生等因素确定了各类建筑的层高标准，设计人员要严格遵守国家的法规和标准。

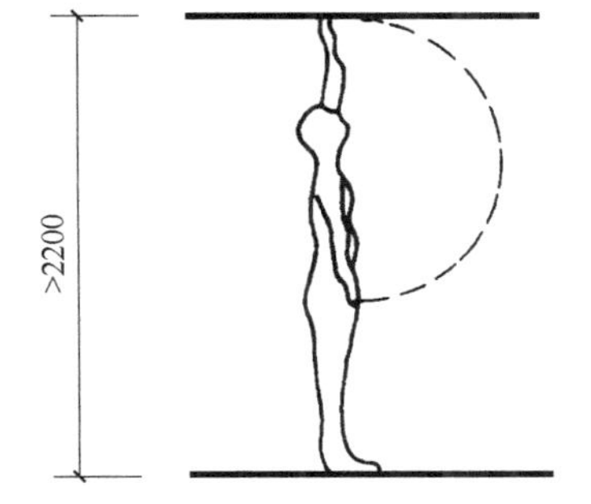

图3.12　房间最小净高

一般生活用房，如住宅的卧室、起居室，由于室内使用人数少，房间的面积也较小，人的活动行为比较安静，又没有必需的过高的家具和设备，层高可以小一些，不应高于2.8m；旅馆客房居住部分净高度一般应≥2.4m；集体宿舍在采用单层床时，其层高不应高于2.8m，采用双层床时，房间要求高一些，但也不应高于3.3m；学校的一般教室为教学用房，由于使用的人数较多，房间面积较大，需要空气的容积量较多，常取净高为3.1m（小学）和3.4m（中学）。而阶梯教室和阶梯报告厅，由于使用人数更多，且座位需要起坡（起坡的高度根据排数计算确定），则室内的净高要求更大；大型商场为公共建筑，使用人数很多，房间面积很大，层高应更大一些，一般为4.2～4.5m；体育建筑如比赛场馆，由于比赛功能要求和观众席的起坡，则要求比赛大厅有更高的净空，更大的空间，如球类比赛大厅净空要高于各种球类可能运行的最高极限；医院的治疗室，除了满足人的治疗操作高度外，还要满足医疗设备的高度（见图3.13）。

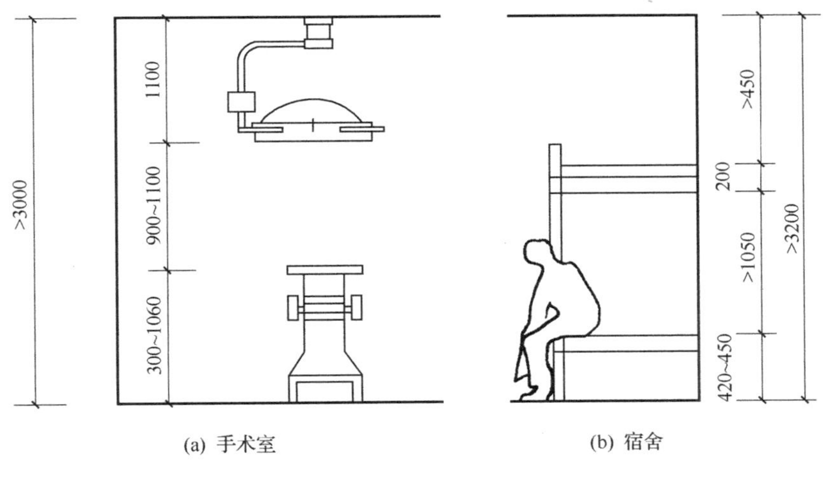

图3.13　人体活动空间、家具及设备高度对空间高度的影响

学习重点

重点关注：

1. 房间的层高和净高如何确定？

2. 采光通风的要求

房间的采光和通风要求不但影响到房间的剖面形状，还影响到房间的高度。房间的层高越大，窗口上沿越高，则射进房间内的光线越深远，所以进深较大的房间或照明要求较高的房间在不开设天窗时，必须增加房间的层高。

通风则是利用空气流动的方式把房间内污浊的空气、有害的气体、室内的粉尘带到室外，同时又不断地流进新鲜空气的过程。为保证房间内必要的空气卫生条件，除在平面设计中要组织好通风外，还要在房间的剖面设计中考虑房间内必需的空气容量。按卫生要求，中小学教室每个学生需空气容量 $3\sim5m^3$，依据该标准，根据房间内的实际人数、面积，便可以计算出符合国家卫生标准要求的房间净高度。如教室可容纳 50 名学生，每个学生需空气容量为 $4m^3$，共需 $200m^3$ 空气容量，如果教室面积是 $58m^3$，则符合国家卫生标准要求的房间净高度应为 3.4m，那么层高应该为 3.6m。一般使用人数较多，空气容量标准要求高的房间，要求房间的净高也就更大。

3. 结构高度及其布置要求

结构高度是指楼板、屋面板、梁及屋架所占的高度。层高一般等于净高加上结构层高度。因此，在确定房间的层高时，不仅要考虑人体活动的净高要求、室内设备的高度、必需的室内空气容量高度，还应考虑结构可能占的高度。在结构安全可靠的前提下，减少结构高度会增加房间的净高和降低建筑造价。因此，合理地选择、布置结构承重方案就显得非常有意义了。一般开间、进深小的房间，可直接利用墙体承重，将楼板搭在承重墙上，结构所占的高度最小；开间、进深较大的房间，一般要设置梁，楼板搭在梁上，这样就增加了结构层的厚度，应尽量避开这种承重方案。如避不开这种承重方案，也要尽可能使楼板的厚度包含在梁的高度内，可以做成梁板合一的整浇式或花篮梁形的装配式。大跨建筑、大空间建筑屋顶往往采用薄腹梁、屋架、空间网架等结构形式，结构所占的高度更大，截面高度可达几米，因此，如何减少结构的高度是设计人员在剖面设计时必须要考虑的问题。

4. 建筑经济效益要求

房间的层高设计和楼层的竖向组合对建筑造价影响较大，进行剖面设计时在满足使用功能要求的前提下，应降低层高和室内外地面高差。降低层高，首先减少了建筑材料的用量及施工量，同时减少了墙体自身的荷载，因此又减少了基础的宽度。其次是降低了建筑物的总高度，从而缩小房屋的间距，节约建筑用地。

5. 室内空间比例要求

空间的尺度对人的心理行为影响很大，在确定房间净高时，要考虑室内空间的尺度，即室内的高度与宽度、长度应有适当的比例。房间尺度的比例不同，给人的感觉也不相同。在宽而低的空间内，使人感觉压抑、沉闷，在高而窄的空间内，使人感觉局促、不安，在宽而高的空间内一人独居，又使人感觉空旷、冷清、迷茫。而众多人在高而大的空间内聚会，又使人感觉兴奋、开敞、激动。这就是限定空间给人心理的奇妙感受。一般来说，稍低而较小的空间使人感觉温馨、亲切、宁静、安全。因此，在确定房间净高时，应根据空间的使用功能要求，利用各种空间比例和空间限定，给人创造不同心理感受的优良空间环境。一般民用建筑的空间尺度，高宽比在 1∶1.5～1∶3 之间较为适宜（见图 3.14）。

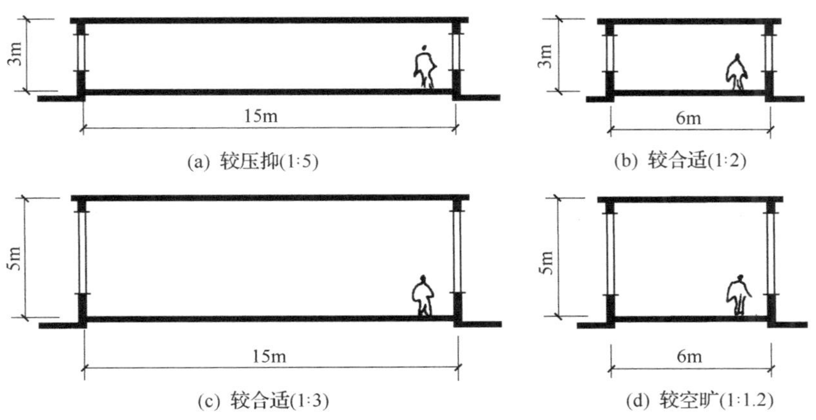

图 3.14　不同的空间尺度比例

3.2.2　窗台高度

窗台的高度一般与使用要求、设备家具布置等有关。一般窗台的高度应满足人的活动行为，适应人的生理行为和心理行为。高度在人的坐姿视点以下，保证人的坐姿工作、学习面的照度，同时又具有对窗外的可视性。窗台高度过低或变成落地窗、在二层以上的窗口都将限制人的活动行为和在心理上产生不安全感。在严寒地区对保温节能和窗下安装采暖设备不利。窗台过高，远高于工作面，则工作面照度不足，形成工作面上阴影区，不能满足采光的基本要求，也限制了人对窗外的可视性，也就不具备了观赏功能。

一般书桌面的高度常取 800mm，为使窗内开不受限制，往往确定窗台的高度为 900mm，窗台高出桌面 100mm 左右，保证了工作面的照度，又低于人坐姿的视点高度（见图 3.15）。

有特殊要求的房间，如展览建筑中的展室、陈列室，因为这些展览空间沿墙面布置展板，为避免眩光，人的站立视点高度一般不设窗，而在视点高度以上开设高侧窗或天窗，根据窗台到陈列品的距离要有 14°的保护角，故把窗台设高些。卫生间窗台提高到人的站立视点以上可以方便洗浴（见图 3.15）。

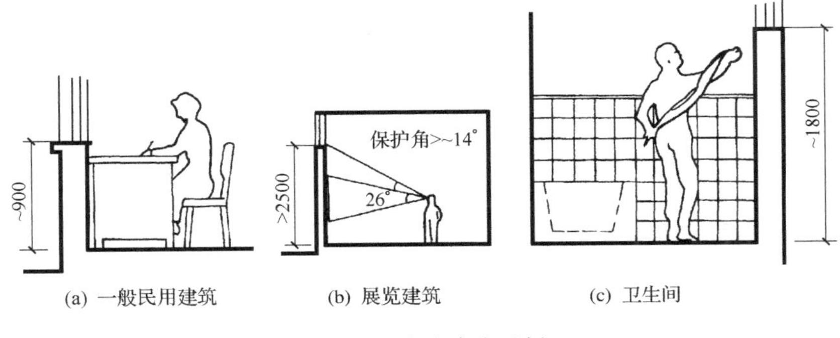

图 3.15　窗台高度示例

学习重点

重点关注：

1. 窗台高度如何确定？

3.2.3 室内外地面高差

为了防止室外雨水流入建筑物室内、建筑底层地面潮湿，以及防止由于建筑物的沉降而使室外地面高于室内地面等，在设计时，往往把室内底层地面设计得高于室外自然地面，一般要大于150mm，常取300～600mm，有些重要建筑物则取得更高。室内外高差过大，不利于室内外的联系，同时也会增加建筑造价。

室内外地面高差是指建筑物入口处室内地面到室外自然地面的垂直高度。对一些有特殊要求的建筑，室内外高差要根据使用要求、建筑物性质来确定，如仓库、工业建筑一般要求室内外联系要方便，常有车辆出入，高差要小一些，入口处不设台阶只做坡道；一些重要性建筑和纪念性建筑，为强调其严肃性，增加庄严、雄伟的气氛，常借助于室内外高差值的增大手法来增加建筑物基座的高度以获得效果。有些山地、坡地建筑则常结合地形、地貌确定室内外高差。

3.3 房屋层数的确定

确定房屋的层数要考虑的主要因素有：房屋的使用性质、要求；总建筑面积和允许占地面积的关系；城市设计和城市规划对建筑层数和高度的限制；建筑造价对房屋层数的影响；建筑结构形式和材料对层数的影响，以及建筑防火、建筑造型等对房屋层数的要求。

3.3.1 使用要求对层数的影响

建筑物的使用性质，对房屋的层数有一定的要求。例如体育馆、影剧院、游乐厅等大型公共建筑，具有较大的面积、空间，集聚的人数多，地面荷载很大，且又要求室内外联系方便和安全快速疏散，往往建造单层、低层；托儿所、幼儿园、敬老院等建筑，为了便于儿童和老人经常的户外活动联系和使用安全，其建筑层数不宜超过三层；医院、学校建筑为了使用方便和人员相对集中管理，一般不宜建造高层；而一般住宅、办公楼等建筑，使用人数相对较少，房间层高低，使用较分散，这一类建筑采用多层建筑为好；宾馆、贸易大厦等建筑，人员活动相对独立、集中，区域活动性较强，且此类建筑多建造于市区繁华地段，土地造价极高，不宜在地面水平伸展，只能向高处垂直延伸。经济实体较强者，为展示经济实力往往也希望其建筑越高越大越好，同时在城市繁华地区的建筑在高度上既有中心的导向性，又有良好的可视性和观赏性，所以常建为高层公共建筑；某些公寓式建筑也常由于所在地点和允许占地面积受限，而建为高层建筑；当然，就居住建筑来说，考虑到人对自然的亲情和室内外活动方便，宜选择低层，如别墅建筑。

3.3.2 城市设计和规划的要求

城市设计和城市规划对建筑层数和建筑高度都有明确要求，特别是位于城市主要街道两侧、广场周围、风景区和历史建筑保护区的建筑，必须重视与环境的关系，建筑物之间还要满足日照间距的要求。

3.3.3 建筑防火的要求

建筑防火对房屋层数的限制，按照《建筑设计防火规范》(GB50016—2006）的规定，建筑层数应根据建筑性质和耐火等级来确定。如符合一、二级耐火等级的建筑，层数原则上不受限制；三、四级耐火等级最多允许层数分别是五层或二层（见表 3.1）。

表 3.1 民用建筑的耐火等级、层数、长度和面积

耐火等级	最多允许层数	防火分区间		备注
		最大允许长度 /m	每层最大允许建筑面积 /m^2	
一、二级	按本规范第 1.0.3 条规定	150	2500	1. 体育馆、剧院、展览馆等的观众厅、展览厅的长度和面积可以根据需要确定 2. 托儿所、幼儿园的儿童用房及儿童游乐厅等儿童活动场所不应设置在四层及四层以上或地下、半地下建筑内
三级	五层	100	1200	1. 托儿所、幼儿园的儿童用房及儿童游乐厅等儿童活动场所和医院、疗养院的住院部分不应设置在三层及三层以上或地下、半地下建筑内 2. 商场、学校、电影院、剧院、礼堂、食堂、菜市场不应超过二层
四级	二层	60	600	学校、食堂、菜市场、托儿所、幼儿园、医院等不应超过一层

注：摘自《建筑设计防火规范》(GB50016—2006)。

3.3.4 建筑造价对层数的影响

建筑层数直接影响到建筑造价。大量性民用建筑，如住宅，在多层建筑范围内，增加房屋层数，可以降低造价。以砖混结构为例，在建筑平面不变的情况下，占地面积不变，随着层数的增加，建筑面积将成倍地增加，而土地、基础、屋盖等的费用相对减少，单方造价就明显降低。但到了一定层数以上，由于荷载较大，结构的受力发生很大变化，设备要求也提高了，建筑材料用量增多，层数的增加使建筑单方造价明显上升。一般砖混结构建造三～六层比较经济（见图 3.16）。

层数与建筑造价的关系还体现在群体组合中。一般建筑的层数越多，用地越经济。建筑面积相同，层数越少，占地面积越大；层数越多，占地面积相对越少。把一幢五层房屋与五幢单层平房比较，在保证同样日照间距的条件下，用地面积要相差近两倍（见图 3.17）。可见，增加建筑层数是减少建筑用地面积的主要途径。

学习重点

重点关注：

1. 室内外高差如何确定？
2. 确定房屋层数的影响因素有哪些？

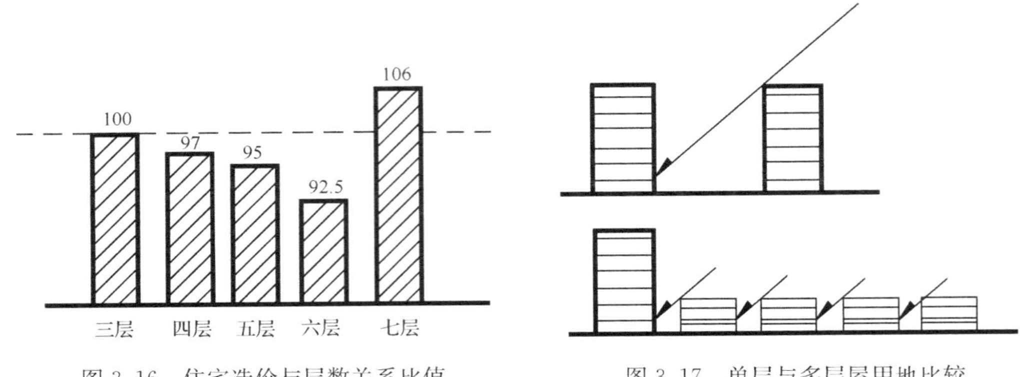

图 3.16　住宅造价与层数关系比值　　　　图 3.17　单层与多层屋用地比较

3.3.5　建筑结构、材料对层数的影响

建筑结构类型和材料是影响房屋层数的主要因素。如一般砖混结构的建筑，由于墙身自重大，墙体强度较钢筋混凝土强度低，整体性差，常用于建造七层及七层以下的大量性民用建筑。如多层住宅、中小学教学楼、办公楼建筑和医院建筑等。八层以上的高层建筑，由于自身的垂直荷载较大，又受到水平风荷载及地震荷载的影响，要求建筑物既要有足够的强度，又要有较大的刚度和稳定性。一般较薄砖墙的强度已不能满足强度要求，要么再加大墙身厚度，减少使用面积，要么采用钢筋混凝土墙柱。由于高层和超高层建筑的出现，也就出现了相应的结构形式，如钢筋混凝土的框架结构、框架剪力墙结构及筒体结构等。目前世界各国建造的高层宾馆、高层办公楼、高层住宅等都是采用这些结构类型，而建筑材料又都是钢及钢筋混凝土。

由钢及钢筋混凝土等材料构成的结构类型不仅解决了高层建筑的结构体系和建筑材料，同时也突破了难以解决的大空间、大跨度的难题。悬索结构、空间网架壳体、折板结构等是大空间、大跨度屋盖的主要结构体系，这种结构体系适用于单层、低层大跨度建筑，如影剧院、体育馆等。

综上所述，在确定房屋层数时，要综合考虑各方面的影响因素，满足建筑物的使用要求，确定经济、合理、安全、可靠的结构类型及层数。

3.4　建筑空间的组合和利用

3.4.1　空间的组合

1. 高度相同或高度相近的房间组合

由于人的活动行为相同或相近，一幢建筑中常常有许多高度相同、使用性质相近的房间，如教学楼中的普通教室和实验室、住宅中的卧室和起居室、办公楼中的各类办公室等。使用性质相同、联系紧密的房间，可以相近或相接组合在同一层。使用性质不同、联系不多的房间可以组合在上下层，用楼梯相互联系，构成水平和垂直相交的空间。这种组合是普遍采用的，有利于统一各层标高，结构布置也合理。联系紧密、层高不同的房间，在满足使用要求前提下，调整少数房间高度，使之层高相同。如住宅中的厨房、卫生间等，教学楼中的教室、实验室与厕所、储藏间等，从使用要求上需要组合在同一层，因此，把这些房间调整到同一高度。教学楼中的办公室由于开间、进深都较小，层高也比较低，而且又有一定的数量，组合中把全部办公室分离出来组合在一起，办公室和教学活动区的层高高差通过走道中的踏步来调整。教学楼中的阶梯大教室，由于层高和普通教室、办公室不相同，相差较大，很难组合在一起，故采用单独处理的方式，如单层附建于教学楼一端一侧。音乐教室层高虽然与普通教室相同，但属于闹环境，从使用功能分区上宜把它组合在主体建筑尽端。这样的空间组合方式，能满足各房间的使用要求，结构布置也比较合理，同时也比较经济(见图 3.18)。

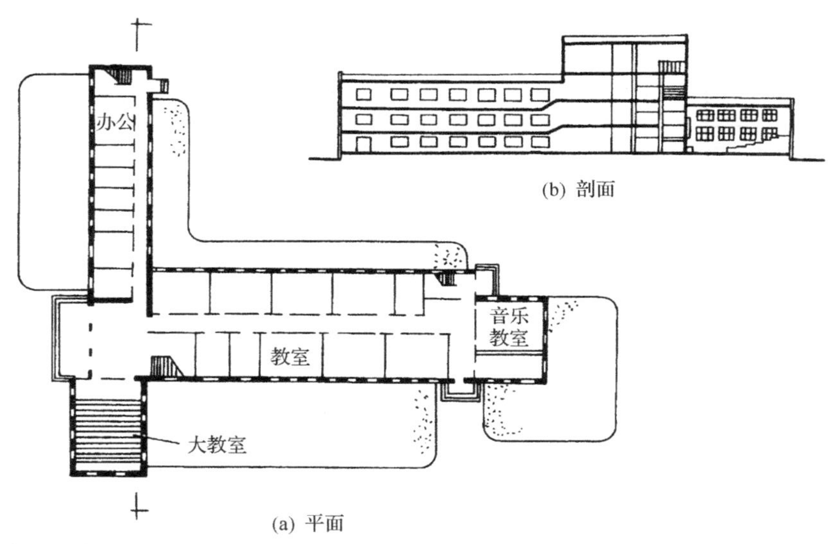

图 3.18　中学教学楼空间组合示例

2. 高差相差较大的房间组合

高度相差较大的房间，在单层房间组合时，可按各排各部分房间的使用要求确定层高，以联系方便、使用合理、互不干扰为原则，不一定非要相同层高（见图 3.19)。

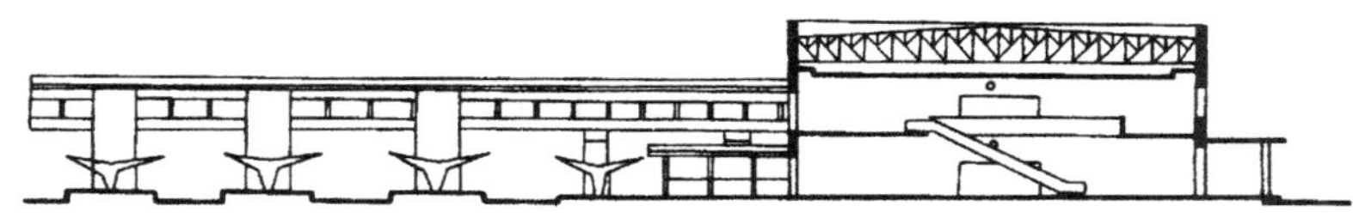

图 3.19　单层剖面组合

在多层建筑中，高度相差较大的房间组合，常采取把层高较大的房间布置在底层、顶层或主体建筑一端，如住宅底层的商店、车库，办公楼中的大会议室设在一端或顶层，学校中的阶梯教室设置主体建筑一端等（见图 3.20)。

学习重点

重点关注：

1. 建筑空间组合的方式有哪些?

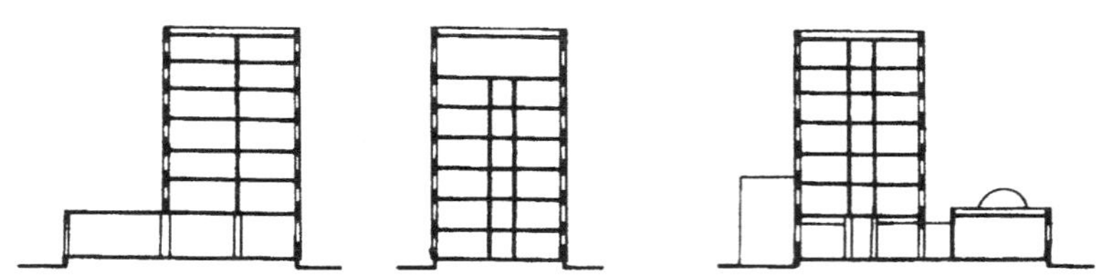

图 3.20　层高相差较大的房间组合

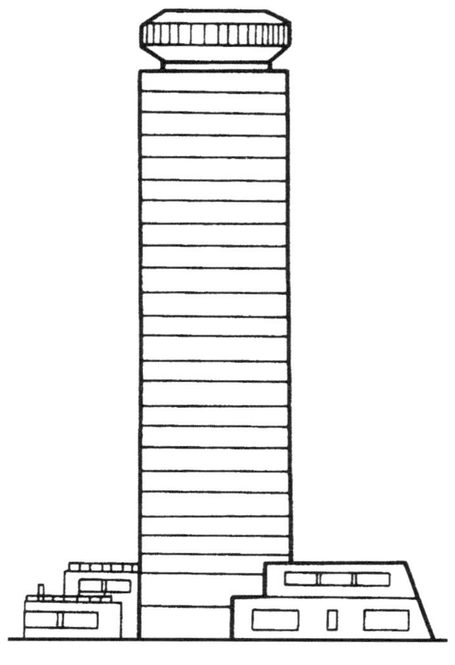

图 3.21　有裙房的高层建筑

在高层建筑中，高度相差较大的房间的组合，常把层高较大、使用率较高的房间布置在底层，如大厅、接待室、会客厅、歌舞厅等；把层高较大而使用率相对不高的属于静环境的房间放在建筑物的顶层，如会议厅、旋转舞厅等；也常把层高较大、使用率较高、人流多且振动声较大的歌厅、舞厅、餐厅等放在主体建筑周围的裙房中。这样分隔、联系的空间组合，既能满足功能要求，又联系方便、合理（见图 3.21）。

有些房间高度相差特别大，如体育馆、影剧院、火车站、航空港等大空间建筑，这些大空间建筑空间组合的特点是：①大空间内包括小空间；②小空间围合大空间。如体育馆的比赛大厅观众席下面及其周围，围合着几层不同层高的办公室、休息室、器材室等；又如影剧院的观众厅周围围合着不同层高的休息厅、舞台、放映室、办公室、化妆室、卫生间等，又如火车站和航空港的候车、候机厅内又包含着办公室、售票间、检查室等。合理的组合大厅和周围房间的交通联系，合理地设计各房间的位置、大小和高度是空间组合设计的重要工作。

综上所述，无论是简单的空间组合还是复杂的空间组合，都应考虑以下几点：

(1) 进深相同的房间要尽量组合在一起，有利于简化结构，有利于上下层的空间组合。

(2) 空间组合上，上下承重结构要对齐，尤其是承重墙体和外墙体，使之承重更趋合理。

(3) 上下层用水空间要尽量对齐，避免上下水管道转弯、打折，节省了管线又有利于下水管道的畅通。

3.4.2　建筑空间的利用

充分利用建筑内部的空间，实际上是在建筑占地面积和平面布置基本不变的情况下，获得扩大使用面积、充分发挥房屋投资的经济效果。

（1）夹层空间的利用，如图 3.22 所示。

图 3.22　阅览室中利用夹层空间设置开架书库

（2）房间上部空间的利用，如图 3.23 所示。

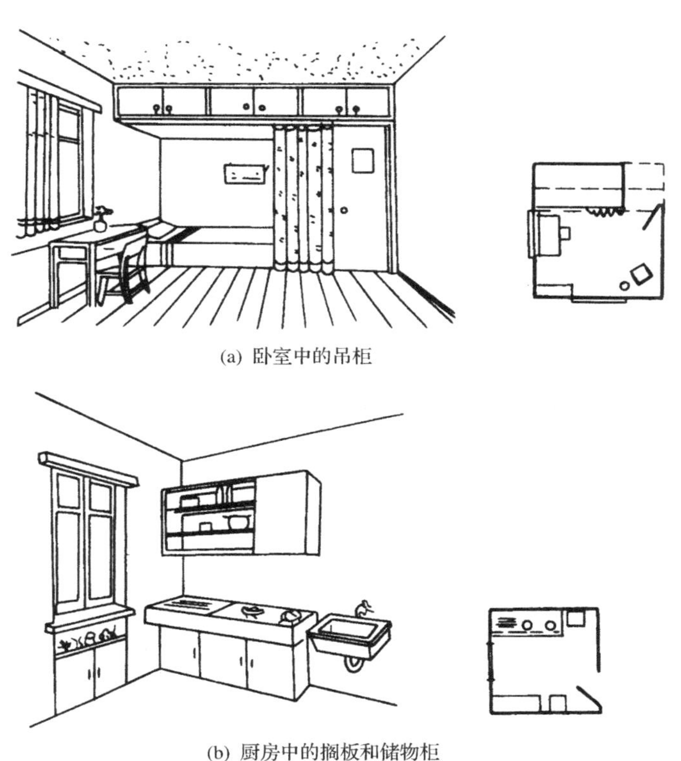

(a) 卧室中的吊柜

(b) 厨房中的搁板和储物柜

图 3.23　住宅内空间的利用

(3) 结构空间的利用，如图 3.24 所示。

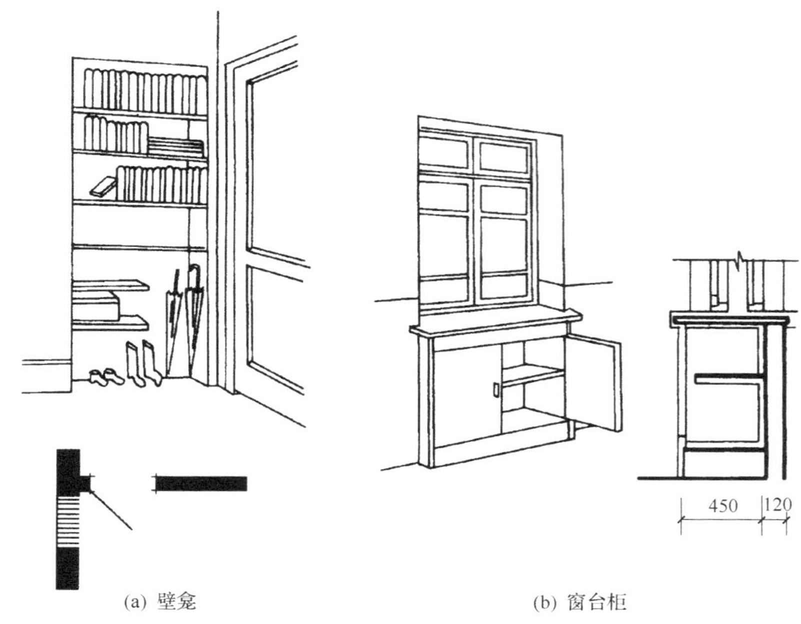

(a) 壁龛

(b) 窗台柜

图 3.24 利用墙体、空间设壁龛、窗台柜

(4) 楼梯间及走道空间的利用，如图 3.25 所示。

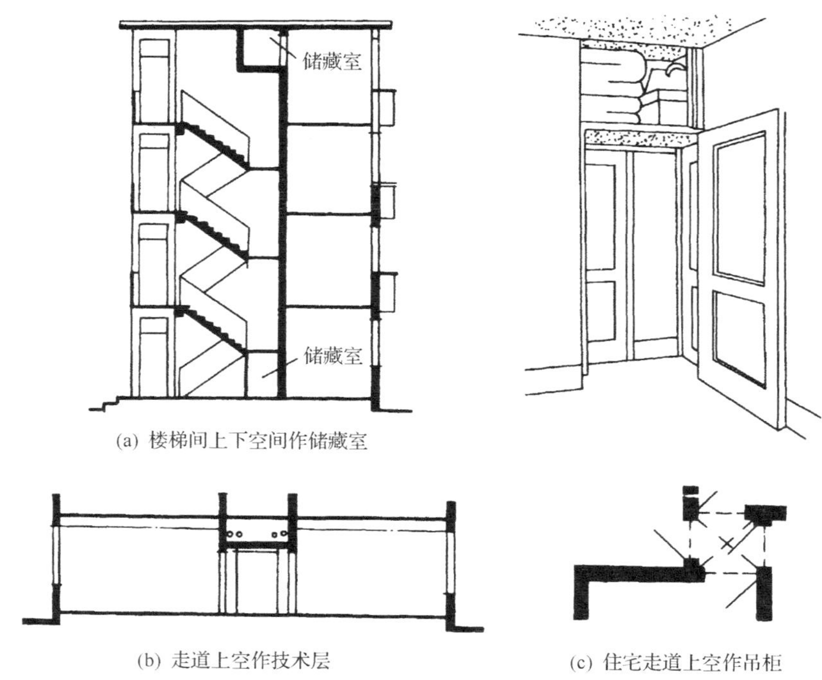

(a) 楼梯间上下空间作储藏室

(b) 走道上空作技术层

(c) 住宅走道上空作吊柜

图 3.25 走道及楼梯间空间的利用

小　　结

（1）剖面设计包括房间剖面形状、层高、各部分高度和房屋层数的确定、建筑空间的组合与利用等内容。

（2）建筑物层数的确定，要考虑使用功能、结构、材料和施工等要求，以及城市规划、基地环境、建筑防火、建筑经济等方面的影响。

（3）选择房间的剖面形状，要考虑使用功能、结构类型、采光通风等影响因素。多数房间选择矩形，是因为矩形的形状规整，使用方便，结构、施工、建筑工业化和建筑经济性等要求均以矩形为宜。

（4）建筑空间的组合，应根据使用性质和特点，将房间在垂直方向进行合理分区，对于不同类型的建筑应采取与其相适应的组合方式。

第四章　建筑体型和立面设计

建筑物既是技术产品，也是艺术品，因此它不仅要满足人们的生活、工作、娱乐、生产等物质功能要求，而且要满足人们精神、文化方面的需要。建筑的美观问题，在一定程度上反映了社会的文化生活、精神面貌和经济基础。不同类型的建筑对艺术方面的要求不同，有些建筑物（具有纪念意义、象征性的建筑物）的形象和艺术效果常常起着决定性的作用，成为主要因素。正是建筑的这种物质和精神的双重功能属性，使建筑的体型及立面设计才显得十分重要。

建筑外部形象的设计包括体型设计和立面设计两个部分，其主要内容是研究建筑物群体关系、体量大小、组合方式、立面及细部比例关系等。建筑物的外部形象是设计者运用建筑构图法则，使坚固、适用、经济和美观等要求不断统一的结果。在本章以下各节，我们将逐一介绍如何创造出丰富的建筑外部形象。

4.1　影响建筑体型和立面设计的因素

4.1.1　建筑功能和建筑类型特征

建筑是为供人们生产、生活、工作、娱乐等活动而建造的房屋，这就要求建筑设计首先要从功能出发，不同的功能要求形成了不同的建筑空间，而不同的建筑空间所构成的建筑实体又形成建筑外形的变化，因而产生了不同类型的建筑外观。与此同时，建筑的外观形象又反映出建筑的性质、类型。形式服从功能是建筑设计遵循的原则。一般一个优秀的建筑外部形象必然要充分反映出室内空间的要求和建筑物的不同性格特征，达到形式与内容的辩证统一，由此产生建筑类型特征（见图 4.1）。

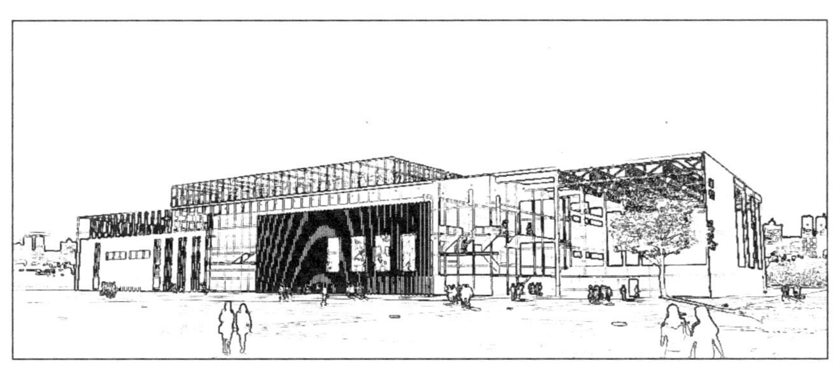

(a) 影剧院建筑

(b) 住宅建筑

图 4.1　不同建筑类型的外形特征

分析与思考：

1. 影响建筑体型和立面设计的因素有哪些？

4.1.2　材料、结构和施工要求

建筑是运用大量的建筑材料，通过一定的技术手段建造起来的，可以说，没有将建筑设想变成现实的物质基础和工程技术，就没有建筑艺术。因此它必然在很大程度上受到物质和技术条件的制约。

不同的结构形式由于其受力特点不同，反映在体型和立面上也截然不同。如砖混结构，由于外墙要承受结构的荷载，立面开窗就受到严格的限制，因而其外部形象就显得厚重；而框架结构由于其外墙不承重，则可以开大窗或带形窗，外部形象就显得开敞、轻巧；空间结构不仅为大型活动提供了理想的使用空间，同时各种形式的空间结构又赋予建筑极富感染力的独特的外部形象。图 4.2 是不同结构类型形成的建筑外部形象。

此外，不同装修材料的运用，其艺术表现效果明显不同，在很大程度上影响到建筑作品的外观和效果（见图 4.3）。

(a) 混合结构点式住宅建筑

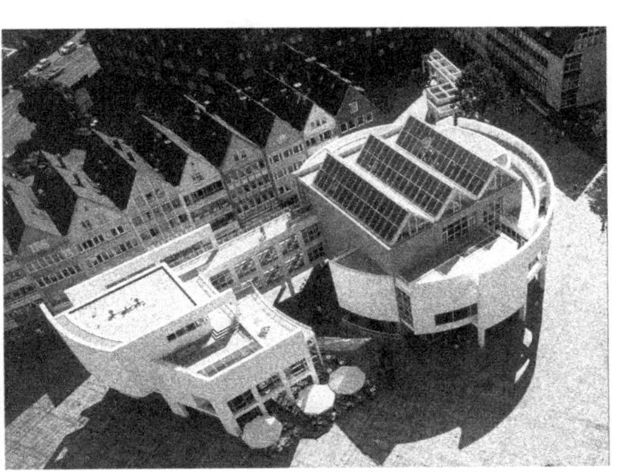

(b) 框架结构建筑

(c) 薄壳结构建筑

图 4.2　不同结构类型的建筑

(a) 玻璃幕墙建筑

(b) 石墙建筑

图 4.3　不同墙面材料的建筑

4.1.3　建筑规划与环境

图 4.4　某商业组群建筑

单体建筑是规划群体的一个局部，群体建筑是更大的群体或城市规划的一部分，所以拟建房屋无论是单体或群体的体型、立面，还是建筑内外空间组合以及建筑风格等方面，都要认真考虑和规划建筑群体的配合，同时还要注意与周围道路、原有建筑呼应配合，考虑与地形、绿化等基地环境协调一致，使建筑与室外环境有机融合在一起，达到和谐统一的效果，如图 4.4 所示。

如在山区或坡地上建房，就要顺应地势的起伏变化来考虑建筑的布局和形式，往往会取得高低错落的变化，从而产生多变的体型，如图 4.5 所示。

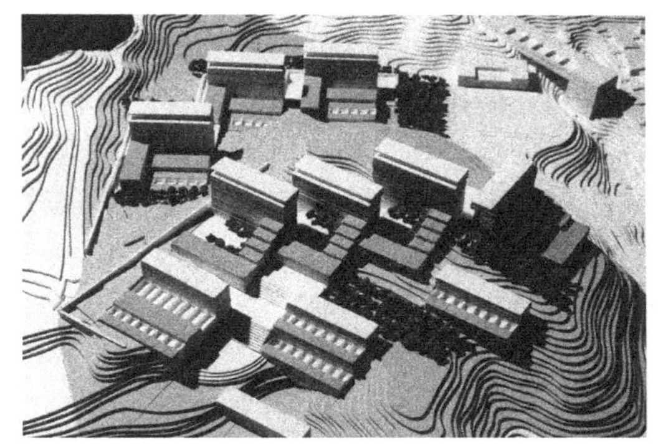

图 4.5　某山区建筑

此外，气候、朝向、日照、常年风向等因素也都会对建筑的体型和立面设计产生十分重要的影响。图 4.6 是气候条件不同的地区的建筑形式。

(a) 北方建筑体型紧凑、界面封闭

(b) 南方建筑体型舒展、界面开放

图 4.6　气候条件不同的地区的建筑示例

4.1.4　建筑标准与经济因素

房屋建筑在国家基本建设投资中占有很大的比例，因此设计者应严格执行国家规定的建筑标准和相应的经济指标，在设计时要区别对待大型公共建筑和大量民用建筑，既要防止滥用高级材料造成不必要的浪费，同时也要防止片面节约、盲目追求低标准而造成使用功能不合理及破坏建筑形象。同时，设计者应提高自身设计修养、水平，在一定经济条件下，合理巧妙地运用物质技术手段和构图法则，努力创新，设计出适用、合理、经济、美观的建筑来。

4.1.5 精神与审美

建筑的外观形象还要考虑到人们对于建筑所提出的精神和审美方面的要求。

有史以来，建筑作为一种巨大的物质财富，总是掌握在统治阶级手中，它不仅要满足统治阶级对它提出的物质功能要求，而且还必须反映一定社会占统治地位的意识形态。无论是我国气势磅礴的紫禁城和长城还是古埃及建筑，都以其特有的建筑空间和体型的艺术效果抽象地表达着统治阶级的威严和意志。高耸入云的教堂，所采用的细而高的比例与竖向线条的装饰尖拱、尖塔等形式，也无不表现了人们对宗教神权的无限向往和崇拜。对于教堂、寺庙、纪念碑等此类建筑，决定其外部形式的与其说是物质功能，不如说是精神方面的要求，如图 4.7 所示。

(a) 庄严、宏伟的明清故宫

(b) 巴黎凯旋门：象征胜利的纪念性建筑

(c) 哈尔滨圣·索菲亚教堂

图 4.7 象征性、纪念性较强的建筑示例

此外，在同一时代的建筑之所以风格迥异，是与不同国家、民族、地区的特点与审美观及设计流派无不相关的。

4.2 建筑体型和立面设计的一般规律及设计方法

4.2.1 建筑体型和立面设计的一般规律

建筑构图规律是历代建筑师在长期的实践中通过自身的认识和经验总结出来的精

华，这些规律来源于实践又用之于实际设计中，因此对于设计者来说，掌握、研究并充实完善这些规律是很重要的。

1. 统一与变化

统一与变化（即统一中求变化）是形式美的根本规律。形式美的其他方面如韵律、节奏、主从、对比、比例、尺度等实际上是统一与变化在各方面的体现。

统一与变化缺一不可。建筑如果有统一而无变化就会产生呆板、单调、不丰富的感觉；反过来有变化而无统一，又会使建筑显得杂乱、繁琐、无秩序。两者皆无美可言。要创造美的建筑，就要学习掌握恰当地运用统一与变化这个美的最基本的法则。图 4.8 是统一与变化处理较好的范例。

图 4.8　某建筑外观

2. 主从与重点

在建筑设计实践中，从平面组合到立面处理，从内部空间到外部体型，从细部装饰到群体组合，为了达到统一，都应当处理好主与从、重点与一般的关系。一幢建筑如果没有重点或中心，不仅使人感到平淡无奇，而且还会由于松散以至失去有机统一性。

设计者可采取的手法有很多。对于由若干要素组合而成的整体，如果把作为主体的大体量要素置于中央突出地位，而把其他次要要素从属于主体，这样就可以使之成为有机统一的整体。同时，充分利用功能特点，有意识地突出其中的某个部分，并以此为重点或中心，而使其他部分明显地处于从属地位，同样可以达到主从分明、完整统一的效果，如图 4.9 所示。

图 4.9　主从分明、重点突出的建筑示例

学习重点

重点关注：

1. 建筑体型与立面设计的一般规律。

分析与思考：

1. 建筑构图中的统一与变化的含义是什么？用图例加以说明。

3. 均衡与稳定

均衡与稳定是人们在长期实践中形成的观念，从而被人们当做一种建筑美学的原则来遵循。所谓均衡是指建筑物各体量在建筑构图中的左右、前后相对轻重关系；稳定是指建筑物在建筑构图上的上下轻重关系。

均衡可以分为两大类：一类是对称形式的均衡；另一类是不对称形式的均衡，如图 4.10和图 4.11 所示。前者较严谨，能给人以庄严的感觉，后者较灵活，给人以轻巧和活泼的感觉。究竟采取哪一种形式的均衡，则要综合地看建筑物的功能要求、性格特征以及地形、环境等条件。

图 4.10　对称均衡式建筑示例

图 4.11　非对称均衡式建筑

物体的上小下大能形成稳定感的概念早为人们所接受。但随着现代新结构、新材料、新技术的发展，丰富了人的审美观，传统的稳定观念逐渐改变，底层架空甚至上大下小的某些悬臂结构为人们所接受、喜爱，如图 4.12 和图 4.13 所示。

图 4.12　上小下大稳定感的建筑

图 4.13　新材料、新技术使上大下小的建筑同样可获得稳定感

学习重点

分析与思考：

1. 建筑构图中主从与重点、均衡与稳定的含义是什么？用图例加以说明。
2. 建筑构图中对比与微差的含义是什么？用图例加以说明。

4. 对比与微差

对比指的是要素之间显著的差异，在建筑设计上存在许多对比要素，如体量大小、高低，线条曲直、粗细、水平与垂直，虚与实，以及材料质感、色彩等；微差指的是不显著的差异，它反映出一种性质向另一种性质转变的连续性，如由重逐渐转变为次重和较轻。就形式美而言，这两者都是不可缺少的。对比可以借彼此之间的烘托陪衬来突出各自的特点以求得变化；微差则可以借相互之间的共同性求得和谐。没有对比会使人感到单调，过分地强调对比以至失去了相互之间的协调一致性，则可能造成混乱。只有把这两者巧妙地结合在一起，才能达到既变化多样又和谐统一，如图 4.14 和图 4.15 所示。

图 4.14 运用虚实对比处理手法的建筑

图 4.15 巴黎圣母院

（门窗的对比与微差，使立面和谐统一又富有变化）

5. 韵律与节奏

韵律与节奏是建筑构图最重要的手段之一。韵律美和节奏感在建筑中的体现极为广泛，有人把建筑比做“凝固的音乐”，原因就在于此。

韵律是最简单的重复形式，它是在均匀交替一个或一些要素的基础上形成，在建筑的外貌上表现为窗、窗间墙、门洞等按韵律的布置，如图 4.16 和图 4.17 所示。

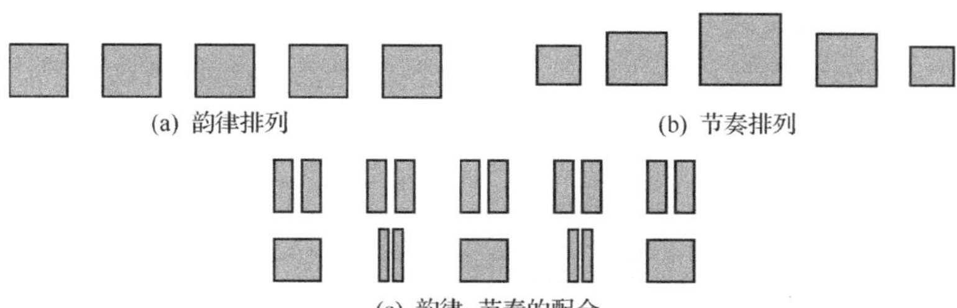

(a) 韵律排列　(b) 节奏排列

(c) 韵律-节奏的配合

图 4.16　组成因素的韵律布置和节奏布置图示

(a) 荷兰某住宅

(b) 泰国胡玛雍陵

图 4.17　韵律布置与节奏布置在建筑中的体现

学习重点

分析与思考：

1. 建筑构图中韵律与节奏的含义是什么？用图例加以说明。

节奏是较复杂的重复。它不仅是简单的韵律重复，常常伴有一些因素的交替。节奏中包括某些属性的有规律的变化，即它们数量、形式、大小等的增加或减少。有明显构图中心的建筑物，常常有节奏的布置，如图 4.16 和图 4.17 所示。

6. 比例与尺度

比例是建筑艺术中用于协调建筑物尺寸的基本手段之一，是指局部本身和整体之间的关系。任何建筑，都存在着长、宽、高三个方向之间的大小关系，比例所研究的正是这三者之间的理想关系。良好的比例可以给人典雅舒适、和谐的感受，如图 4.18 所示。

图 4.18　帕提农神庙

[从柱式到门廊都是经过精心研究而确定的，门廊呈黄金分割比例（m_1/M_1，m_2/M_2）的划分使建筑显得典雅、舒适、和谐]

尺度所研究的是建筑物的整体或局部给人感觉上的大小印象和其真实大小之间的关系问题。在设计中，利用一些尺寸保持恒定不变的构件，如栏杆、扶手、踏步等去和建筑物的整体或局部作比较，将有助于获得正确的尺度感。图 4.19 是以人的正常高度与建筑物高度比较所获得的不同尺度感。尺度正确和比例协调，是使立面完整统一的重要方面。

图 4.19　建筑物的尺度感示例

4.2.2 建筑体型和立面设计方法

1. 建筑体型组合方法

体型组合是立面设计的先决条件。建筑体型各部分体量组合是否恰当，直接影响到建筑造型。如果建筑体型组合比例不好，即使对立面装修加工也是徒劳的。

1) 体型组合方式

(1) 单一体型。所谓单一体型是指整个建筑基本上是一个较完整的简单几何体型，它造型统一、完整，没有明显的主次关系，在大、中、小型建筑中都有采用（见图 4.20）。

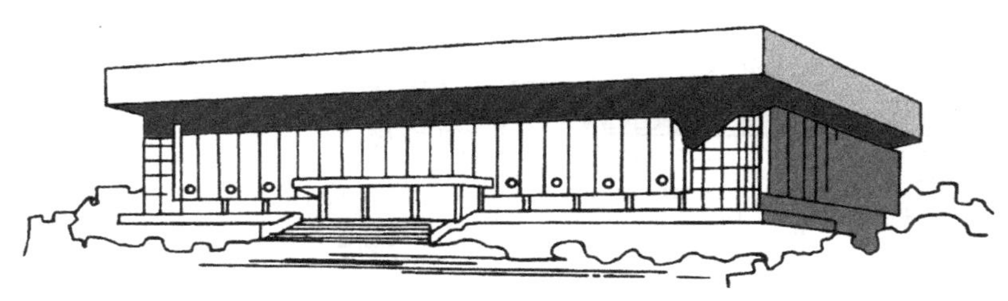

图 4.20　单一体型建筑示例

(2) 组合体型。由于建筑功能、规模和地段条件等因素的影响，很多建筑物不是由单一的体量组成，往往是由若干个不同体量组成较复杂的组合体型，并且在外形上有大小不同、前后凹凸、高低错落等变化。组合体型一般又分为两类：一是对称式，另一类是非对称式。对称式体型组合主从关系明确，体型比较完整统一，给人庄严、端正、均衡、严谨的感觉；非对称体型组合布局灵活，能充分满足功能要求并和周围环境有机结合在一起，给人以活泼、轻巧、舒展的感觉，如图 4.21～图 4.23 所示。

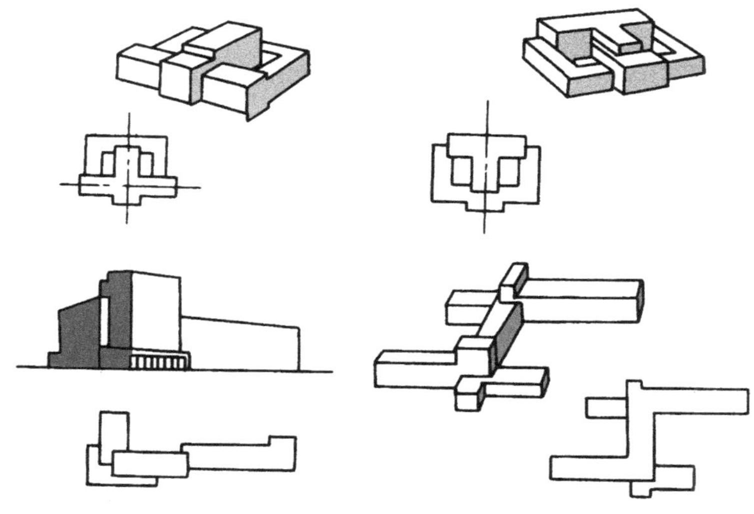

图 4.21　体型组合示例

学习重点

分析与思考：

1. 建筑构图中比例与尺度的含义是什么？用图例加以说明。
2. 体型组合有几种方式？各有什么特点？

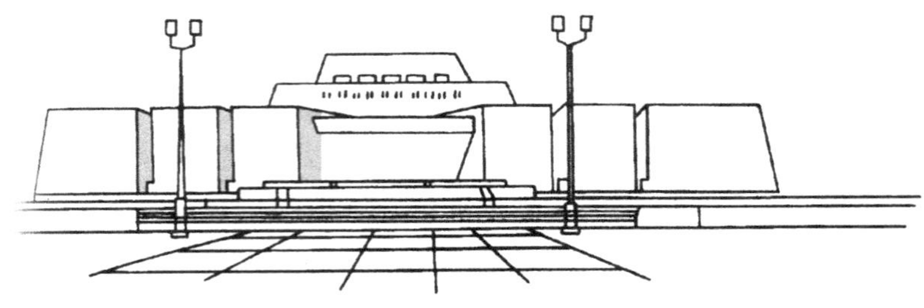

图 4.22　对称式组合建筑示例

图 4.23　非对称式组合建筑示例

2）体量的联系与交接

体型组合中各体量之间的交接如何，直接影响到建筑的外部形象，在设计中常采用直接连接、咬接及以走廊为连接体相连的交接方式，如图 4.24 所示。

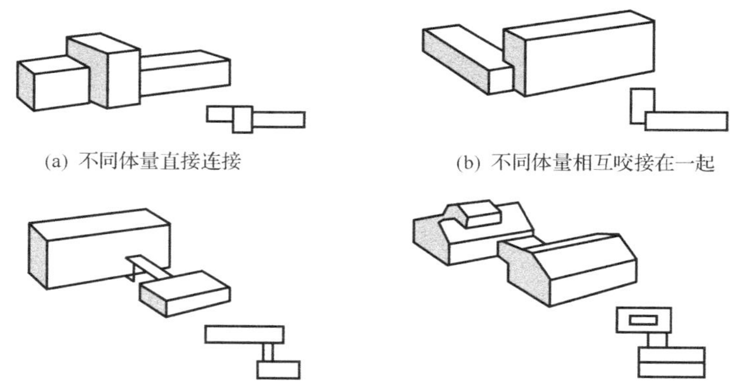

(a) 不同体量直接连接　(b) 不同体量相互咬接在一起

(c) 不同体量之间靠走廊连接在一起　(d) 采用较小的体量来作为较大体量之间的连接体

图 4.24　体量交接的几种方式示例

无论哪一种形式的体型组合都首先要遵循构图法则，做到主从分明、比例恰当、交接明确、布局均衡、整体稳定、群体组合、协调统一。此外体型组合还应适应基地地形、环境和建筑规划的群体布置，使建筑与周围环境紧密地结合在一起，如图 4.25 所示。

图 4.25　著名的“流水别墅”

2. 建筑立面设计

建筑立面是由门、窗、墙、柱、阳台、雨篷、檐口、勒脚以及线角等部件组成，根据建筑功能要求，运用建筑构图法则，恰当地确定这些部件的比例、尺度、位置、使用材料与色彩，设计出完美的建筑立面，是立面设计的任务。

立面处理有以下几种方法：

1）立面的比例与尺度

建筑物的整体以及立面的每一个构成要素都应根据建筑的功能、材料结构的性能以及构图法则而赋予合适的尺度，比例协调，尺度正确，是使立面完整统一的重要因素。建筑物各部分的比例关系以及细部的尺度对整体效果影响很大，如果处理不好，即使整体比例很好，也无济于事。这就要求设计者借助于比例尺度的构图手法、前人的经验以及早已在人们心目中留下的某种确定的尺度概念，恰当地加以运用从而获得完美的建筑形象。如图 4.26 所示，不同的划分给人的感觉是不一样的。

图 4.26　建筑划分对建筑物尺度和大小感觉方面的作用

学习重点

分析与思考：

1. 简述立面设计的处理方法。

2）立面的虚实与凹凸

虚与实、凹与凸是设计者在进行立面设计中常采用的一种对比手法。在建筑立面构成要素中，窗、空廊、凹进部分以及实体中的透空部分，常给人以轻巧、通透感，故称之为“虚”；而墙、垛、柱、栏板等给人以厚重、封闭的感觉，称之为“实”，由于这些部件通常是结构支撑所不可缺少的构件，因而从视觉上讲也是力的象征。在立面设计中虚与实是缺一不可的，没有实的部分整个建筑就会显得脆弱无力；没有虚的部分则会使人感到呆板、笨重、沉闷。只有结合功能、结构及材料要求恰当地安排利用这些虚实凹凸的构件，使它们具有一定的联系性、规律性，就能取得生动的轻重明暗的对比和光影变化的效果（见图 4.27）。

(a) 沙特阿拉伯利雅得银行

(b) 华盛顿国家美术馆

图 4.27　立面虚实关系处理示例

3）立面的线条处理

建筑立面上客观存在着各种各样的线条，如檐口、窗台、勒脚、窗、柱、窗间墙等，这些线条的不同组织可以获得不同的感受。如横向线条使人感到舒展、平静、亲切感；而竖线条则给人挺拔、向上的气氛；曲线有优雅、流动、飘逸感。具体采用哪一种形式应视建筑的体形、性质及所处的环境而定，墙面线条的划分应既要反映建筑的性格，又应使各部分比例处理得当，如图 4.28 所示。

(a) 水平线条的某宾馆建筑

(b) 竖直线条的某办公建筑

(c) 利用曲线的悉尼歌剧院

图 4.28　立面中线条处理示例

4）立面的色彩与质感

色彩与质感是材料的固有特性，它直接受到建筑材料的影响和限制。一般来说，不同的色彩给人的感受是不同的，如暖色使人感到热烈、兴奋、扩张；冷色使人感到宁静、收缩；浅色给人明快；深色又使人感到沉稳。运用不同的色彩还可以表现出不同的建筑性格、地方特点及民族风格。

立面色彩处理时应注意以下问题：第一，色彩处理要注意统一与变化，并掌握好尺度。在立面处理中，通常以一种颜色为主色调，以取得和谐、统一的效果。同时局部运用其他色调以达到统一中求变化、画龙点睛的目的。第二，色彩运用要符合建筑性格。如医院建筑宜采用给人安定、洁净感的白色或浅色调；商业建筑则常采用暖色调，以增加其热烈气氛。第三，色彩运用要与环境有机结合，既要与周围建筑、环境气氛相协调，又要适应各地的气候条件与文化背景。

材料的质感处理包括两个方面：一方面可以利用材料本身的固有特性来获得装饰效果，如未经磨光的天然石材可获得粗糙的质感，玻璃、金属则可获得光亮与精致的质感；另一方面是通过人工的方法创造某种特殊质感，如图 4.29 所示。在立面设计中，历代建筑大师常通过材料质感来加强和丰富建筑的表现力，从而创造出光彩夺目的建筑形象，镜面玻璃建筑充分说明了材料质感在建筑创造中的重要性。随着建材业的不断发展，利用材料质感来增强建筑表现力的前景是十分广阔的。

(a) 光彩夺目的镜面镀膜玻璃建筑

(b) 不同质感的组合处理

图 4.29　立面材料质感处理示例

5）重点与细部处理

立面设计中的重点处理，目的在于突出反映建筑物的功能使用性质和立面造型上的主要部分，它具有画龙点睛的作用，有助于突出表现建筑物的性格。

建筑立面需要重点处理的部位有建筑物出入口、楼梯、转角、檐口等，重点部位不可过多，否则就达不到突出重点的效果。重点处理常采用对比手法，如采用高低、大小、横竖、虚实、凹凸等对比处理，以取得突出中心的效果，如图 4.30 所示。

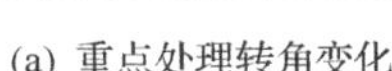

(a) 重点处理转角变化

(b) 重点处理建筑顶部

图 4.30　建筑重点部位处理示例

立面的细部主要指的是窗台、勒脚、阳台、檐口、栏杆、雨篷等线脚以及门廊、大门和必要的花饰，对这些部位做必要的加工处理和装饰是使立面达到简而不陋，从简洁中求丰富的良好途径。细部处理时应注意比例协调、尺度宜人，在整体形式要求的前提下，统一中有变化，多样中求统一，如图 4.31 所示。

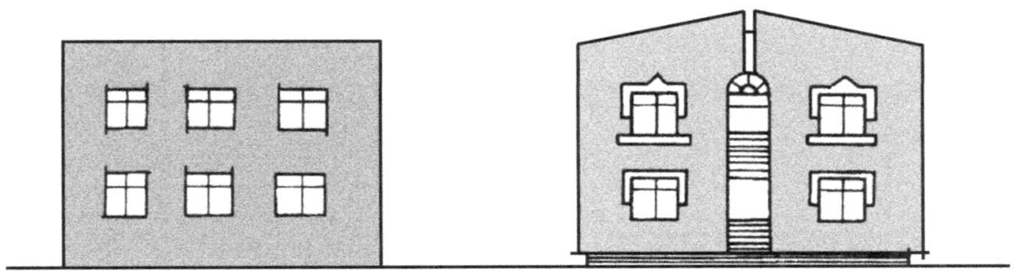

图 4.31　同一体型、同一基本构成要素的不同立面处理可获得不同的建筑形象

小　结

(1) 影响建筑体型与立面设计的主要因素为：①建筑功能和建筑类型特征；②材料、结构和施工要求；③建筑规划与环境；④建筑标准与经济因素；⑤精神与审美。

（2）建筑体型和立面设计应遵循统一与变化、主从与重点、均衡与稳定、对比与微差、韵律与节奏、比例与尺度的构图法则。

（3）建筑体型组合方式有单一体型和组合体型。无论哪一种组合方式，都应做到主从分明、比例恰当、交接明确、布局均衡、整体稳定、群体组合、协调统一。

（4）立面设计中，应注意比例与尺度、虚实与凹凸、色彩与质感、重点与细部等。

第五章　民用建筑构造概论

5.1 概　　述

5.1.1 建筑构造研究的对象及其任务

建筑构造是一门综合性工程技术科学，是专门研究建筑物各组成部分以及各部分之间的构造方法和组合原理的科学，它阐述了建筑构造的基本理论和应用等问题。

建筑构造设计是建筑设计的一个组成部分，是建筑平、立、剖面设计的继续和深入。建筑构造具有实践性强和综合性强的特点，它涉及建筑材料、建筑结构、建筑物理、建筑设备、建筑施工等有关知识。只有全面地、综合地运用好这些知识，才能在设计中提出合理的构造方案和措施。

建筑构造研究的主要任务在于根据建筑物的功能要求，提供符合适用、安全、经济、美观的构造方案，以作为建筑设计中综合解决技术问题及进行施工图设计的依据。

解剖一座建筑物不难发现，它是由许多部分所组成，而这些组成部分在建筑工程上被称为构件或配件。因此，建筑构造原理就是综合多方面的技术知识，根据多种客观因素，以选材、选型、工艺、安装为依据，研究各种构、配件及其细部的组合关系及构造的合理性（包括适用、安全、经济、美观），以便能更有效地满足建筑的使用功能。

而构造方法则是在构造原理的指导下，进一步研究如何运用各种材料，有机地组合各种构配件，并提出解决各构、配件之间相互连接的方法和这些构、配件在使用过程中的各种防范措施。

5.1.2 建筑物的组成及各组成部分的作用与要求

一幢建筑物一般是由基础、墙、楼板层、地坪层、楼梯、屋顶和门窗等几大部分所组成，如图 5.1 所示。它们在不同的部位发挥着各自的作用。

1）基础

基础是建筑物最下部的承重构件，它承受建筑物的全部荷载，并将荷载传给地基。基础必须具有足够的强度和稳定性，同时应能抵御土层中各种有害因素的作用。

2）墙和柱

墙是建筑物的竖向围护构件，在多数情况下也为承重构件，承受屋

学习重点

重点关注：

1. 建筑物的组成及其作用与要求。

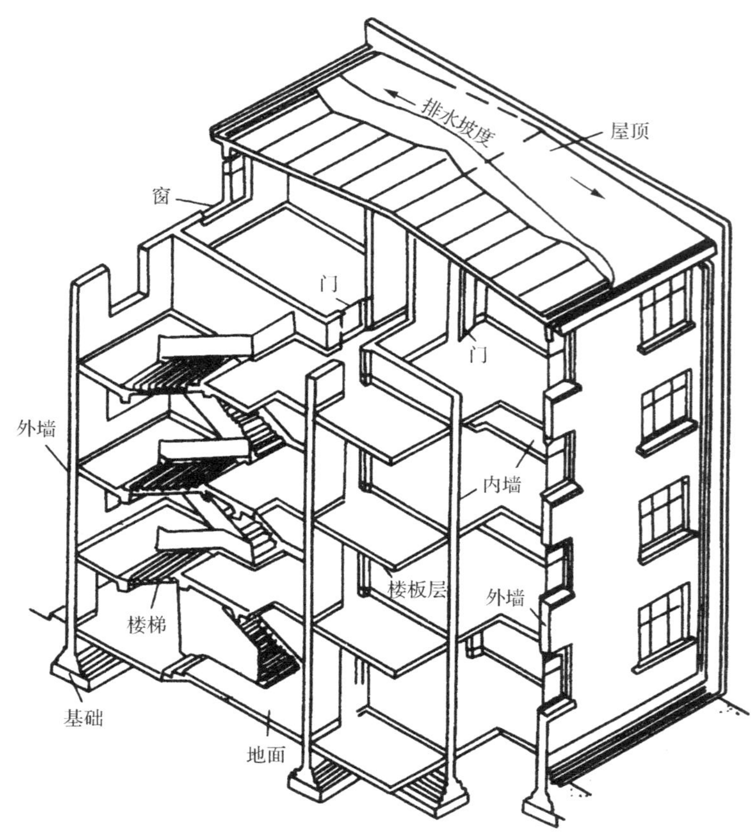

图 5.1　建筑物的基本组成

顶、楼层、楼梯等构件传来的荷载，并将这些荷载传给基础。外墙分隔建筑物内外空间，抵御自然界各种因素对建筑的侵袭；内墙分隔建筑内部空间，避免各空间之间的相互干扰。根据墙所处的位置和所起的作用，分别要求它具有足够的强度、稳定性以及保温、隔热、节能、隔声、防潮、防水、防火等功能，且具有一定的经济性和耐久性。

为扩大空间，提高空间的灵活性，也为了结构的需要，有时以柱代墙，起承重作用。

3）楼地层

楼层和地层是建筑物水平方向的围护构件和承重构件。楼层分隔建筑物上下空间，并承受作用其上的家具、设备、人体、隔墙等荷载及楼板自重，并将这些荷载传给墙或柱。楼层还起着墙或柱的水平支撑作用，以增加墙或柱的稳定性。楼层必须具有足够的强度和刚度。根据上下空间的特点，楼层尚应具有隔声、防潮、防水、保温、隔热等功能。地层是底层房间与土壤的隔离构件，除承受作用其上的荷载外，应具有防潮、防水、保温等功能。

4）楼梯

楼梯是建筑物的垂直交通设施。供人们上下楼层、疏散人流及运送物品之用。它应具有足够的通行宽度和疏散能力，足够的强度和刚度，并具有防火、防滑、耐磨等功能。

5）屋顶

屋顶是建筑物顶部的围护构件和承重构件。它抵御自然界的雨、雪、风、太阳辐射等因素对房间的侵袭，同时承受作用其上的全部荷载，并将这些荷载传给墙或柱。因此，屋顶必须具备足够的强度、刚度以及保温、隔热、防潮、防水、防火、耐久、节能等功能。

6）门窗

门的主要功能是交通出入、分隔和联系内部与外部或室内空间，有的兼起通风和采光作用。门的大小和数量以及开关方向是根据通行能力、使用方便和防火要求等因素决定的；窗的主要功能是采光和通风透气，同时又有分隔与围护作用，并起到空间之间视觉联系作用。门和窗均属围护构件，根据其所处位置，门窗应具有保温、隔热、隔声、节能、防风砂、防雨雪、防火等功能。

一栋建筑物除上述基本构件外，根据使用要求还有一些其他构件，如阳台、雨篷、台阶、烟道与通风道以及垃圾道等。

5.1.3 影响建筑构造的因素及其设计原则

1. 影响建筑构造的因素

建筑物处于自然环境和人为环境之中，受到各种自然因素和人为因素的作用。为提高建筑物的质量和耐久年限，在建筑构造设计时必须充分考虑各种因素的影响，并根据其影响程度采取相应的构造方案和措施。影响建筑构造的因素大致分为以下几个方面：

1）有关法规、标准及方针政策

建筑类法规及规范是我国建筑界常用的标准的表达形式。它是以建筑科学、技术和实践经验的综合成果为基础，经有关方面认定，由国务院有关部委批准颁发，作为全国建筑界共同遵守的准则和依据，设计人员在设计过程中必须遵守各种规范、标准与方针政策。

2）自然条件

建筑物的构造设计要受到自然条件包括温湿度、日照、雨雪、风力等气候条件及地形、地质条件以及地震烈度等的限制和制约。我国幅员辽阔，南北东西气候差别悬殊，因此建筑构造设计应与各地的气候特点相适应。表0.2是按照气温划分的建筑热工设计分区及其建筑设计要求，表0.3是我国北方部分城市的降雨量、积雪与冻土深度。在构造设计时，必须掌握建筑物所在地区的自然条件，明确影响性质和程度，对建筑物各部位采取相应的措施。如对于寒冷地区，应满足保温、防寒、防冻、防止冷风渗透等要求，且外窗的大小、层数及墙体的材料与厚度受到一定的限制。炎热地区的建筑，则应保证通风、隔热等要求。此外，构造设计还应考虑到自然界的风、地震等自然灾害，必须采取相关措施以防止建筑产生严重破坏，确保建筑的安全和正常使用。

学习重点

分析与思考：

1. 影响建筑构造的主要因素有哪些？

3）建筑使用性质

不同的建筑由于其使用性质不同，对建筑物的构造要求也不同。一些特殊使用性质的建筑会产生如机械振动、化学腐蚀、噪声、各种辐射等有损于建筑使用的问题；而有的建筑（如冷库、广播室等）则有保温、隔声等特殊要求。因此在建筑构造设计时，应针对性地采取相应的构造措施，以保证建筑物的正常使用。

4）外力的影响

外力的大小和作用方式决定了结构的形式以及构件的用料、形状和尺寸，而构件的选材、形状和尺寸与建筑物构造设计有着密切的关系，是构造设计的依据。风力对高层建筑构造的影响不可忽视，地震对建筑产生严重破坏，必须采取措施确保建筑的安全和正常使用。

5）物质技术条件

物质技术条件是实现建筑设计的物质基础和技术手段，是使建筑物由图纸付诸实施的根本保证。建筑材料、结构、设备和施工技术条件是构成建筑的基本要素之一，建筑构造受它们的影响和制约。随着建筑事业的发展，新材料、新结构、新设备以及新的施工方法不断出现，建筑构造要解决的问题越来越多、越来越复杂。建筑工业化的发展也要求构造技术与之相适应。

6）经济条件

基本建设的投资相当大，建造一幢建筑物需要耗费大量的人力、物力和财力，因此经济因素始终是影响建筑设计的重要因素。建筑设计应根据建筑物的等级与国家制定的相应的经济指标及建造者本身的经济能力来进行，脱离经济因素的建筑设计只能是纸上谈兵。建筑构造设计是建筑设计中不可分割的一部分，也必须考虑经济效益。在确保工程质量的前提下，既要降低建造过程中的材料、能源和劳动力消耗，以降低造价，又要有利于降低使用过程中的维护和管理费用。同时，在设计过程中要根据建筑物的不同等级和质量标准，在材料选择和构造方式上给予区别对待。

2. 建筑构造设计原则

1）满足建筑物的各项使用功能要求

在建筑设计中，由于建筑物的功能要求和某些特殊需要，如保温、隔热、隔声、吸声、防辐射、防腐蚀、防振等，给建筑设计提出了技术上的要求。为了满足使用功能的需求，在构造设计时，必须综合有关技术知识，进行合理的设计、计算，并选择经济合理的构造方案。

2）有利于结构安全

建筑物除根据荷载大小、结构的要求确定构件的必须尺度外，在构造上需采取措施，以保证构件与构件之间的连接，使之有利于结构的安全和稳定。

3）适应当地的施工技术水平

建筑构造设计必须与当地的生产力发展水平、施工技术水平相适应，否则难以实现。

4）适应建筑工业化的需要

为确保建筑工业化的顺利进行，在构造设计时，应大力推广先进技术，选择各种新型建筑材料，采用标准设计和定型构件，为制品生产工厂化、现场施工机械化创造有利条件。

5）做到经济合理

造价指标是构造设计中不可忽视的因素之一。在构造设计时，应厉行节约，尽量利用工业废料，要从我国国情出发，做到因地制宜、就地取材。

6）注意美观

构造方案的处理是否精致和美观，都会影响建筑物的整体效果，因此，亦需事先予以充分研究。

总之，在构造设计中，应全面贯彻“适用、安全、经济、美观”的建筑方针，并考虑建筑物的使用功能、所处的自然环境、材料供应情况以及施工条件等因素，进行分析、比较，确定最佳方案。

5.2 建筑物的结构类型

结构是建筑物的承重骨架，是建筑物赖以存在的主要条件。建筑材料和建筑技术的发展决定着结构形式的发展；而建筑结构形式的选用对建筑物的使用以及建筑形式又有着极大的影响。

大量性民用建筑的结构形式，依建筑物使用性质、规模、体形，构件所用材料及受力情况的不同而异。

依建筑物本身使用性质和体形的不同，可分为单层、多层、高层和大跨建筑。在这些建筑中，单层及多层建筑的主要结构形式又可分为墙承重结构、框架承重结构。墙承重结构是指由墙体来作为建筑物承重构件的结构形式。而框架结构则主要是由梁、柱、板作为承重构件的结构形式；高层建筑常见的结构形式有框架结构、现浇剪力墙结构、框架-剪力墙结构、框架-筒体结构、筒中筒及成束筒结构等；大跨建筑常见的结构形式有拱结构、桁架结构以及网架、薄壳、折板、悬索等空间结构形式。

依结构构件所使用材料的不同，目前有混合结构、钢筋混凝土结构和钢结构之分。混合结构是指在一座建筑中，其主要承重构件分别采用多种材料所构成，如砖与木、砖与钢筋混凝土、钢筋混凝土与钢等。这类建筑中，目前以砖与钢筋混凝土居多，由于它主要以砖墙为主体，故习惯上又称为砖混结构，它是多层建筑的主要结构形式。其特点是可根据各地情况，因地制宜，就地取材，降低造价。

钢筋混凝土结构是指建筑物的主要承重构件均采用钢筋混凝土材料构成。由于钢筋混凝土的骨料亦可就地取材，耗钢量少，加之水泥原料丰富，造价较便宜，防火性能和耐久性能好，而且混凝土构件既可现浇，又可预制，为构件生产的工厂化和机械化提供了条件。所以钢筋混凝土结构是发展较广的一种结构形式，也是我国目前高层建筑所采用的主要结构形式。

钢结构则是指建筑物的主要承重构件用钢材制作的结构。它具有强度高、构件重量轻、平面布局灵活、抗震性能好、施工速度快等特点。

学习重点

重点关注：

1. 建筑构造设计原则。

分析与思考：

1. 多层建筑常见的结构类型有哪些？
2. 大跨建筑常见的结构类型有哪些？
3. 高层建筑常见的结构类型有哪些？

由于我国钢产量不多，且造价高，因此目前主要用于大跨度、大空间以及高层建筑中。随着钢铁工业的发展，今后钢结构在建筑上的应用将会逐步扩大。此外，目前由于轻型冷轧薄壁型材及压型钢板的发展，也使得轻钢结构在低层以及高层建筑的围护结构中得以广泛应用。

5.3 建筑保温与防热

5.3.1 建筑保温

建筑保温是寒冷地区建筑设计十分重要的内容之一，建筑构造设计是保证建筑物保温质量的重要环节。合理的设计不仅能保证建筑的使用质量，而且能节约能源，降低采暖、空调设备的投资和使用时的维持费用。

为提高围护结构的保温性能，通常采取下列措施：

1）提高建筑外围护结构的热阻

在寒冷季节里，热量通过建筑物外围护结构（墙、屋顶、门窗等）由室内高温一侧向室外低温一侧传递，使热量损失，室内变冷，如图 5.2 所示。热量在传递过程中将遇到阻力，这种阻力称为热阻，其单位是 $(m^2 \cdot K)/W$。热阻越大，通过围护结构传出的热量越少，说明围护结构的保温性能越好；反之，热阻越小，围护结构的保温性能越差，热量损失就越多。

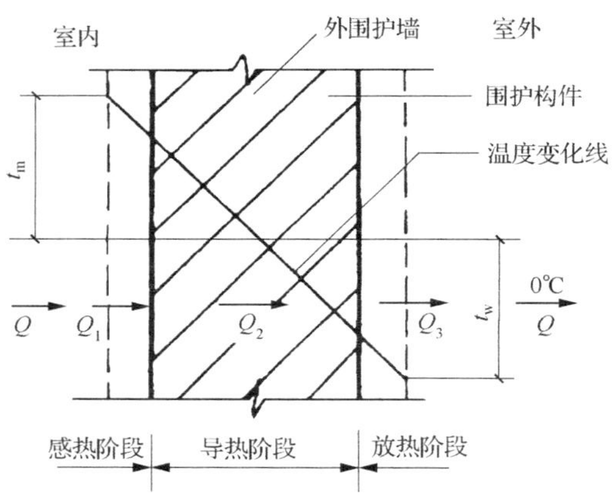

图 5.2 围护结构传热的物理过程

单一材料层的热阻按下式计算：

$$R = \frac{\delta}{\lambda_c}$$

式中：R——材料层的热阻，$(m^2 \cdot K)/W$；

δ——材料层的厚度，m；

λ_c——材料的导热系数，$W/(m \cdot K)$。

由上式可知，围护结构热阻与其厚度成正比，与其材料的导热系数成反比。因此，增加围护结构厚度可其提高热阻，即提高抵抗热流通过的能力；同时，选用导热系数小的轻质材料，同样可以提高围护结构的热阻。

2）合理选材及确定构造形式

在建筑工程中，一般将导热系数小于 0.3W/(m·K) 的材料称为保温材料。导热系数的大小说明材料传递热量的能力，选择容量轻、导热系数小的材料，如聚苯乙烯泡沫塑料、岩棉、玻璃棉、膨胀珍珠岩及其制品、加气混凝土、浮石混凝土、陶粒混凝土以及膨胀蛭石为骨料的轻混凝土等可以提高围护构件的热阻。其中轻混凝土具有一定强度，可做成单一材料保温构件，这种构件构造简单、施工方便；也可采用复合保温构件提高热阻，它是将不同性能的材料加以组合，各层材料发挥各自不同的功能。通常用聚苯板、岩棉、玻璃棉、膨胀珍珠岩等容重轻、导热系数小的材料起保温作用，而用强度高、耐久性好的材料，如砖、混凝土等作承重或护面层，如图 5.3 所示。

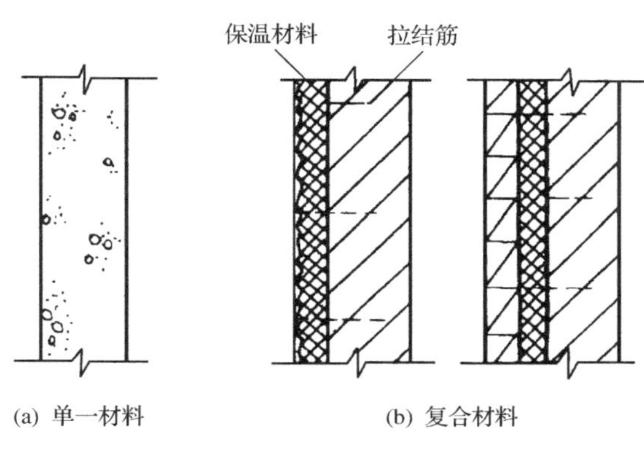

图 5.3　保温复合墙

3）防潮防水

冬季由于建筑外围护结构两侧存在温度差，导致室内高温一侧水蒸气分压力高于室外，室内水蒸气因此向室外低温一侧渗透，在此过程中，当遇冷达到露点温度时就会凝结成水，使构件受潮。此外雨水、使用水、土壤潮气等也会侵入构件，使构件受潮、受水。

建筑围护结构表面受潮、受水会使室内装修变质损坏，严重时会发生霉变，影响人体健康。围护结构内部受潮、受水会使多孔的保温材料充满水分，导热系数增高，降低围护结构的保温效果。在低温下，水分在冰点以下冰晶，进一步降低保温能力，并因冻融交替而造成冻害，严重影响建筑物的安全和耐久性。

为防止构件受潮、受水，除应采取排水措施外，在靠近水和潮气一侧应设置防水层、隔气层和防潮层。组合构件一般在受潮一侧布置密实材料层。

4）避免热桥

由于结构要求，外围护结构经常设有导热系数较大的嵌入构件，如外墙中的钢筋混凝土过梁及圈梁、柱、阳台板、雨篷板、挑檐板等。这

学习重点

分析与思考：

1. 为提高建筑物外围护结构的保温性能，常采取哪些措施？

些部位的保温性能比主体部位差，热量容易从这些部位传递出去，其内表面温度也就较低，当低于露点温度时将出现凝结水。这些部位通常叫做围护结构中的“热桥”，如图 5.4(a)所示。为了避免和减轻热桥的影响，首先应避免嵌入构件内外贯通，其次应对这些部位采取局部保温措施，如增设保温材料等，以切断热桥，如图 5.4(b)所示。

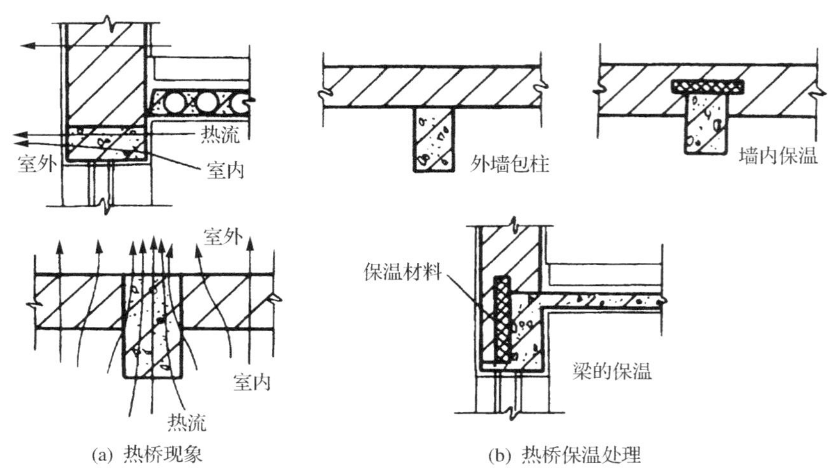

图 5.4　热桥构造

5）防止冷风渗透

当围护结构两侧空气存在压力差时，空气将从高压一侧通过围护结构流向低压一侧，这种现象称为空气渗透。空气渗透可由室内外温度差（热压）引起，也可由风压引起。在寒冷的冬季由热压引起的渗透是热空气由温度高的室内流向温度低的室外，室内热量损失；风压则使室外的冷空气向室内渗透，使室内变冷。为避免冷空气渗入和热空气直接散失，应尽量减少外围护结构构件的缝隙，如墙体砌筑砂浆应饱满，改进门窗加工和构造，提高安装质量，缝隙采取适当的构造措施等。

5.3.2　建筑防热

我国南方地区，夏季气候炎热，高温持续时间长，太阳辐射强度大，相对湿度高。建筑物在强烈的太阳辐射和高温、高湿气候的共同作用下，通过围护结构将大量的热传入室内，室内生活和生产也产生大量的余热。这些从室外传入和室内自生的热量，使室内气候条件变化，引起过热现象，影响生活和生产。为减轻和消除室内过热现象，可采取设备降温，如设置空调和制冷等，但费用大。对一般建筑，主要依靠建筑措施来改善室内的温湿状况。建筑防热的途径可简要概括为以下几个方面：

1）降低室外综合温度

室外综合温度是考虑太阳辐射和室外温度对围护结构综合作用的温度。室外综合温度的大小，关系到通过围护结构向室内传热的多少。在建筑设计中降低室外综合温度的方法主要是采取合理的总体布局、选择良好的朝向、尽可能争取有利的通风条件、防止西晒、绿化周围环境、减少太阳辐射和地面反射等。对建筑物本身来说，采用浅色外饰面或采取淋水、蓄水屋面或西墙遮阳设施等有利于降低室外综合温度，如图 5.5(a)所示。

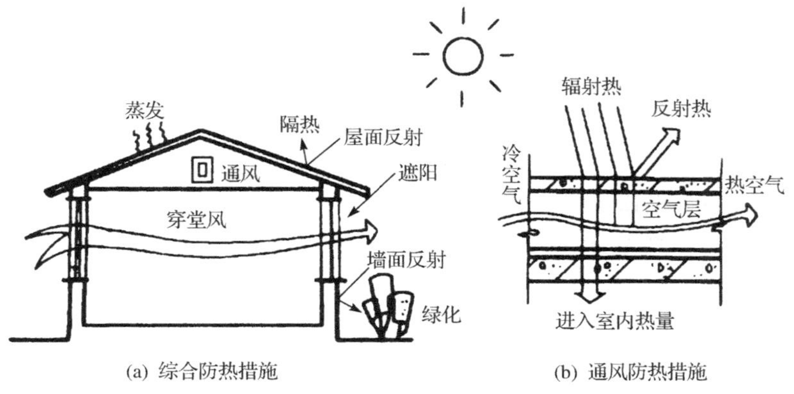

(a) 综合防热措施　　(b) 通风防热措施

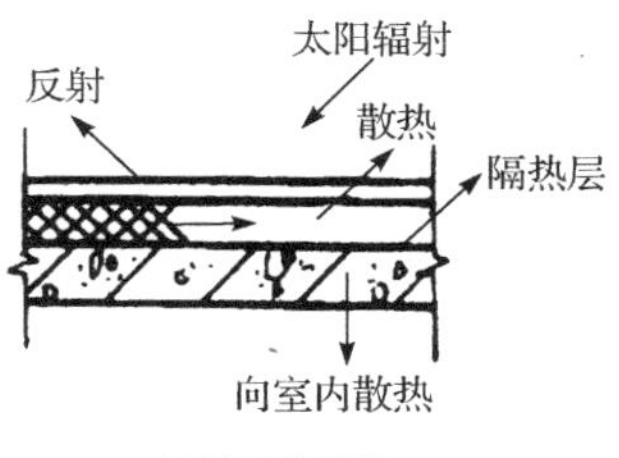

(c) 材料隔热措施

图 5.5　隔热措施

2）提高外围护结构的防热和散热性能

炎热地区外围护结构应能尽可能减少室外热量传入室内，同时当太阳辐射减弱或室外气温低于室内气温时，围护结构应能迅速散热，这就要求合理选择外围护结构的材料和构造形式。

带通风间层的外围护结构既能隔热也有利于散热。在炎热的夏季，当热量从室外向室内传递时，由于通风的作用，一部分热量可通过通风间层被带走，如图 5.5(b)所示。在围护构件中增设导热系数小的材料也有利于隔热，如图 5.5(c)所示。利用表层材料的颜色和光滑度能对太阳辐射起反射作用，对防热、降温有一定的效果。另外，利用水的蒸发，吸收大量汽化热，可大大减少通过屋顶传入的热量。

5.4　建筑节能

能源危机是威胁人类社会可持续发展的重大问题。在全世界日益增长的能源消耗中，无论是工业发达国家还是发展中国家，建筑能耗都是国家总能耗中比重很大的一项。因而，发展和推广使用建筑节能技术可有效缓解全球能源危机，有助于减轻大气污染，降低经济增长对能源的依赖，对社会和经济发展有重要的意义。无论在发达国家或发展中国家，建筑节能都被视为节能工作和能源政策的重要部分，并且是实现可持续发展的关键之一。我国是发展中国家，资源人均占有率低，能源使用效

学习重点

分析与思考：

1. 绘图说明如何避免和减轻外围护结构中热桥的影响。
2. 建筑防热的主要途径有哪些？

率低，发展建筑节能对我国经济建设尤其具有重大意义。目前，随着我国经济的不断发展，建筑物能耗的总量和其占总能耗的比例均不断上升，建筑节能更加成为我国经济建设中的又一重大课题。

所谓能源问题，就是指能源开发和利用之间的平衡即能源生产和消耗之间的关系。我国能源供求平衡一直是紧张的，能源缺口很大，是亟待解决的突出问题。解决能源问题的根本途径是开源节流，即增加能源和节约能源并重，而在相当长的一段时间内节约能源是首要任务，是我国一项基本国策。在我国制定的能源建设总方针中就规定着："能源的开发和节约并重，近期要把节能放在优先地位，大力开展以节能为中心的技术改造和结构改革"。事实上，世界各国已经把节能提高到是煤、石油、天然气、太阳能、核能之后的第六种能源。

建筑能耗大，占全国能源耗量的 1/4 以上，它的总能耗大于任何一个部门的能耗量，而且随着生活水平的提高，它的耗能比例将有增无减。因此，建筑节能是整体节能的重点。建筑的总能耗包括生产用能、施工用能、日常用能和拆除用能等方面，其中以日常用能最大。因此，减少日常用能是建筑节能的重点。

5.4.1 节能途径

建筑物的总得热包括采暖设备供热、太阳辐射得热和建筑物内部得热（包括炊事、照明、家电和人体散热）。这些热量再通过围护结构的传热和通过门窗缝隙的空气渗透向外散失。建筑物的总失热包括围护结构的传热热损失（占 70%～80%）和通过门窗缝隙的空气渗透热损失（占 20%～30%）。当建筑物的总得热和总失热达到平衡时，室内温度得以保持。因此，对于建筑物来说，节能的主要途径应是在充分利用太阳辐射得热和建筑物内部得热的同时，尽可能地减少建筑物总失热，最终达到节约采暖供能的目的。

5.4.2 节能设计要点

（1）选择有利于节能的建筑朝向，充分利用太阳能。

（2）设计有利于节能的建筑平面和体型。在体积相同的情况下，建筑物的外表面积越大，采暖制冷负荷也越大。因此，尽可能取最小的外表面积。

（3）改善外围护构件的保温性能，并尽量避免热桥。这是建筑设计中的一项主要节能措施，节能效果明显。

（4）改进门窗设计。通过提高门窗的气密性，采用适当的窗墙面积比，增加窗玻璃层数，采用百叶窗帘、窗板等措施来提高门窗的保温隔热性能。

（5）重视日照调节与自然通风。理想的日照调节是夏季在确保采光和通风的条件下，尽量防止太阳热进入室内，冬季尽量使太阳热进入室内。

（6）采暖系统的节能。

城市供暖实行城市集中供暖和区域供暖，可以大大提高热效率。在管网系统中，安设平衡阀，可以使管网系统达到水力平衡，与未安平衡阀的不平衡系统相比，在保证所有房间满足规定室温的条件下，可以相对的降低所供暖区域的平均室内温度，从而节约能源。

除以上几种措施外，我们更提倡发展高新节能技术，例如：

(1) 利用可再生能源和清洁燃料能源，如太阳能等的利用。

(2) 运用高技术成果开发高效节能的建筑设备，如高效供冷供热装置、高效电光源、高效介质输送设备、确保高效运行的节能调控设备等。

建筑节能是一项系统工程。在策划、实施及取得实效的长时间过程中涉及规划、设计、施工、调试、运行、维修等诸多环节。作为设计人员，在对建筑进行节能设计的同时，应根据当地资源条件，因地制宜，就地取材，合理利用。并且应建立寿命周期成本观念，同时更应重视综合设计过程，统筹考虑相互影响，寻求合理的解决方案。

学习重点

分析与思考：

1. 简述建筑设计中有利于节能的主要措施。
2. 简述建筑围护构件的隔声措施。

5.5 建筑隔声

5.5.1 噪声的危害与传播

噪声一般是指一切对人们生活、工作、学习和生产有妨碍的声音。随着社会和经济的发展，各种机电设备、运输工具大量增加，功率越来越大，转速越来越高，噪声声源的数量和强度都大大增加，噪声已成为一种公害。强烈或持续不断的噪声轻则影响休息、学习和工作，对生理、心理和工作效率不利，重则引起听力损害，甚至引发多种疾病。控制噪声须采取综合治理措施，包括消除和减少噪声源、减低声源的强度和必要的隔声与吸声措施。围护结构的隔声是噪声控制的重要内容。

声音从室外传入室内，或从一个房间传到另一个房间主要有两种途径。

1) 空气传声

在空气中发生并传播的，称为空气传声。空气传声主要通过以下途径：

(1) 通过围护构件的缝隙直接传声。噪声沿敞开的门窗、各种管道与结构所形成的缝隙和不饱满砂浆灰缝所形成的孔洞在空气中直接传播。

(2) 通过围护构件的振动传声。声音在传播过程中遇到围护构件时，在声波交变压力作用下，引起构件的强迫振动，将声波传到另一空间。

2) 撞击传声

通过围护构件本身来传播物体撞击或机械振动所引起的声音，称为撞击传声或固体传声。这种声音主要沿结构传递，如关门时产生的撞击声、楼层上行人的脚步声和机械振动声等均属此类。

虽然声音最终都是通过空气传入人耳，但是这两种噪声的传播特性和传播方式不同，所采取的隔声措施也就不同。

5.5.2 围护结构隔声途径

1. 对空气传声的隔绝

根据空气传声的传播特点，围护结构的隔声可以采取下列措施：

1）增加构件重量

从声波激发构件振动的原理可以知道，构件越轻，越易引起振动，越重则越不易引起振动。因此，构件的重量越大，隔声能力就越高，设计时可以选择面密度（kg/m^2）大的材料。双面抹灰的60mm厚砖墙，其空气传声隔声量为32dB；双面抹灰的240mm厚砖墙的隔声量为45dB。

2）采用带空气层的双层构件

双层构件的传声是由声源激发起一层材料的振动，振动传到空气层，然后再激起另一层材料的振动。由于空气的弹性变形具有减振作用，所以提高了构件的隔声能力。但是，应注意尽量避免和减少构件中出现“声桥”。所谓声桥是指空气间层内出现的实体连接。

3）采用多层组合构件

多层组合构件是利用声波在不同介质分界面上产生反射、吸收的原理来达到隔声的目的。它可以大大减轻构件的重量，从而减轻整个建筑的结构自重。

2. 对撞击声的隔绝

由于一般建筑材料对撞击声的衰减很小，撞击声常被传到很远的地方，它的隔绝方法与空气声的隔绝有很大区别。厚重坚实的材料可以有效地隔绝空气传声，但隔绝撞击声的效果却很差。相反，多孔材料如毡、毯、软木、岩棉等隔绝空气声的效果不大，但隔绝撞击声的传透却较为有效。因此，改善构件隔绝撞击声的能力可以从以下几方面着手：

1）设置弹性面层

在构件面层上铺设富有弹性的材料，如地毡、地毯、软木板等，构件表面接收撞击时，由于面层的弹性变形，减弱了撞击能量。

2）设置弹性夹层

在面层和结构层或两结构层之间设置一层弹性材料，如刨花板、岩棉、泡沫塑料等，将面层和结构层或两结构层完全隔开，切断了撞击声的传递路线，在构造处理上应尽量避免声桥的产生。

3）采用带空气层的双层结构

这里利用隔绝空气声的办法来降低撞击声，是利用空气弹性变形具有减振作用的原理来提高隔绝撞击声的能力。

5.6 建筑防震

5.6.1 地震震级与地震烈度

地震的强烈程度称为震级，一般称里氏震级，它取决于一次地震释放的能量大小。地震烈度是指某一地区地面和建筑遭受地震影响的强烈程度。它不仅与震级有关，且与震源的深度、距震中的距离、场地土质类型等因素有关。一次地震只有一个震级，但有不同的烈度区，我国地震烈度表中将烈度分为12度。7度时，一般建筑物多数有轻微损坏；8～9度时，大多数损坏至破坏，少数倾斜；10度时，则多数倾倒。过去我国一直以7度作为抗震设防的起点，但近数十年来，很多位于烈度为6度的地区发生了较大地震，甚至特大地震。因此，现行建筑抗震规范规定以6度作为设防起点，6～9度地区的建筑物要进行抗震设计。

学习重点

分析与思考：

1. 建筑设计时采取哪些措施以降低地震对建筑物的影响？

5.6.2 建筑防震设计要点

建筑物防震设计的基本要求是减轻建筑物在地震时的破坏、避免人员伤亡、减少经济损失。其一般目标是当建筑物遭到本地区规定的烈度的地震时，允许建筑物部分出现一定的损坏，经一般修复和稍加修复后能继续使用，而当遭到极少发生的高于本地区烈度的罕遇地震时，不至倒塌和发生危及生命的严重破坏，即贯彻“小震不坏、大震不倒”的原则。在建筑设计时一般遵循下列要点：

(1) 宜选择对建筑物防震有利的建设场地。

(2) 建筑体型和立面处理力求匀称。建筑体型宜规则、对称；建筑立面宜避免高低错落、突然变化。

(3) 建筑平面布置力求规整。如因使用和美观要求必须将平面布置成不规则时，应用防震缝将建筑物分割成若干结构单元，使每个单元体型规则、平面规整、结构体系单一。

(4) 加强结构的整体刚度。从抗震要求出发，合理选择结构类型、合理布置墙和柱、加强构件和构件连接的整体性、增设圈梁和构造柱等。

(5) 处理好细部构造。楼梯、女儿墙、挑檐、阳台、雨篷、装饰贴面等细部构造应予以足够的注意，不可忽视。

小　结

(1) 一幢建筑物，一般是由基础、墙、楼板层、地坪层、楼梯、屋顶和门窗等几大部分所组成，它们在不同的部位发挥着各自的作用。

(2) 影响建筑构造的因素主要有：①有关法规、标准及方针政策；②自然条件；③建筑使用性质；④外力的影响；⑤物质技术条件；⑥经济条件。

(3) 建筑构造设计应遵循“满足建筑物的各项使用功能要求，有利于结构安全，适应其所处的自然环境，适应当地的材料供应情况与施工技术水平，适应建筑工业化的需要，做到经济合理、注意美观”等原则。

(4) 提高外围护结构的保温性能主要采取以下措施：增加热阻、合理选材及确定构造形式、防潮防水、避免热桥、减少空气渗透等。

(5) 建筑防热的主要途径有：①采取合理的总体布局和良好的朝向，尽可能争取有利的通风条件，绿化周围环境等措施以降低室外综合温度；②提高外围护构件的防热和散热性能。

(6) 建筑节能的主要措施为：合理选择建筑朝向、建筑平面和体型；改善外围护构件的保温性能，尽量避免热桥；改进门窗设计，尽可能将窗面积控制在合理范围内，重视日照调节与自然通风。

(7) 围护构件的隔声可以采取增加构件重量，采用带空气层的双层构件以及多层组合构件等措施。

(8) 改善构件隔绝撞击声的能力应采取：设置弹性面层及弹性夹层，采用带空气层的双层结构等措施。

(9) 为贯彻“小震不坏、大震不倒”的原则，在建筑设计时应遵循下列要点：①宜选择对建筑物防震有利的建设场地；②建筑体型和立面处理力求匀称；③建筑平面布置力求规整；④加强结构的整体刚度；⑤处理好细部构造。

第六章　基础与地下室

6.1　地基与基础概述

6.1.1　地基与基础的关系

基础，是建筑物的重要组成部分，是位于建筑物地面以下的承重构件，承受着建筑物的全部荷载，并将这些荷载连同自重传给地基。

地基，是基础下面承受建筑物总荷载的土壤层，不是建筑物的组成部分。地基承受建筑物荷载而产生的应力和应变是随着土层的深度增加而减小，在达到一定深度以后可以忽略不计，地基、基础与荷载传递如图 6.1 所示。

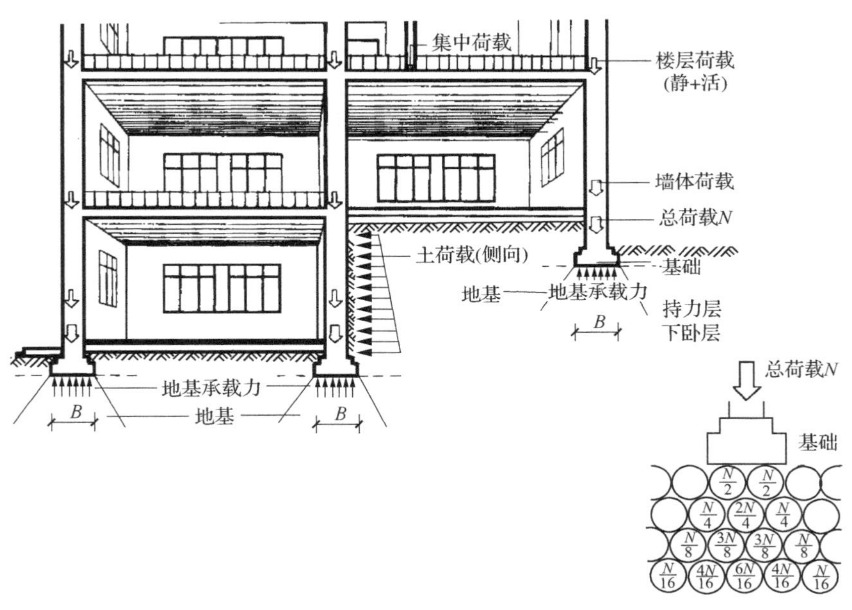

图 6.1　地基、基础与荷载传递

地基承受荷载的能力有一定的限度，地基每平方米所承受的最大压力，称为地基的允许承载力（也叫地耐力）。允许承载能力主要应根据地基本身土（石）的特性确定。当基础对地基的压力超过允许承载能力时，地基将出现较大的沉降变形，甚至地基土会滑动挤出而破坏。地基和基础共同作用，来保证建筑的稳定、安全及坚固耐久。要满足基础底面的平均压力不超过地基的允许承载力，即满足下列不等式：

$$F \geqslant N/R$$

学习重点

重点关注：

1. 地基与基础的关系。

分析与思考：

1. 地基与基础的定义。

式中：F——基础底面积；

N——建筑物总荷载；

R——地耐力。

从上式可以看出，当地基承载力不变时，建筑物总荷载越大，基础底面积也要求越大；或者说当建筑物总荷载不变时，地基承载力越小，基础底面积将越大。

6.1.2 地基与基础的设计要求

1）地基强度的要求

建筑物的建造地址尽可能选在地基土的地耐力较高且分布均匀的地段，如岩石、碎石类等，应优先考虑采用天然地基。

2）地基变形方面的要求

要求地基有均匀的压缩量，以保证有均匀的下沉。若地基土质不均匀，会给基础设计增加困难。若地基处理不当将会使建筑物发生不均匀沉降，从而引起墙身开裂，甚至影响建筑物的使用。

3）地基稳定方面的要求

要求地基有防止产生滑坡、倾斜方面的能力。必要时（如有较大的高差）应加设挡土墙，以防止滑坡变形的出现。

4）基础强度与耐久性的要求

基础是建筑物的重要承重构件，对整个建筑的安全起保证作用。因此，基础所用的材料必须具有足够的强度，才能保证基础能够承担建筑物的荷载并传递给地基。另外，基础是埋在地下的隐蔽工程，在土中受潮、浸水，建成后检查和加固都很困难，所以在选择基础的材料和构造形式等问题时应与上部结构的耐久性相适应。

5）基础工程应注意经济问题

基础工程占建筑总造价的10%～40%，降低基础工程的投资是降低工程总投资的重要一环。因此，在设计中应选择较好的土质地段，对需要特殊处理的地基和基础尽量选用地方材料，并采用恰当的形式及构造方法，从而节约工程投资。

6.1.3 地基概况

1）地基土的分类

《建筑地基基础设计规范》(GB50007－2002）中规定，作为建筑地基的土层分为：

(1) 岩石。根据其坚固性可分为硬质岩石（花岗岩、玄武岩等）和软质岩石（页岩、黏土岩等)；根据风化程度可分为微风化岩石、中等风化岩石和强风化岩石等。岩石承载力的标准值 f_k 为 200～4000kPa。

(2) 碎石土。碎石土为粒径大于 2mm 的颗粒含量超过全重的 50%的土。根据颗粒形状和粒组含量又分为漂石或块石（粒径大于 200mm)、卵石或碎石（粒径大于60mm)、圆砾或角砾（粒径大于 2mm)。碎石土承载力的标准值 f_k 为 200～1000kPa。

(3) 砂土。砂土为粒径大于 2mm 的颗粒含量不超过全重的 50%，粒径大于0.075mm 的颗粒含量超过全重的 50%的土。砂土根据粒组含量又分为砾砂、粗砂、中砂、细砂、粉砂。砂土承载力的标准值 f_k 为 140～500kPa。

(4) 粉土。粉土为塑性指数 $I_p \leqslant 10$ 的土。其性质介于砂土与黏性土之间。粉土的承载力的标准值 f_k 为 105～410kPa。

(5) 黏性土。黏性土为塑性指数 $I_p > 10$ 的土，按其塑性指数 I_p 值的大小分为黏土（$I_p > 17$）和粉质黏土（$10 < I_p \leqslant 17$）两大类。黏性土承载力的标准值 f_k 为 105～475kPa。

(6) 人工填土。根据其组成和成因可分为素填土、压实填土、杂填土、冲填土。素填土为碎石土、砂土、粉土、黏性土等组成的填土；经过压实或夯实的素填土为压实填土；杂填土为含有建筑垃圾、工业废料、生活垃圾等杂物的填土；冲填土为水力冲填泥砂形成的填土。人工填土的承载力的标准值 f_k 为 65～160kPa。

2) 地基的分类

地基分为天然地基和人工地基。

天然地基，指具有足够承载能力的天然土层，可直接在天然土层上建造基础。岩石、碎石、砂石、黏性土等，一般均可作为天然地基。

人工地基，指天然土层的承载力较差，或土层质地较好，但由于层数或结构类型的因素不能满足荷载的要求，为使地基具有足够承载能力，应对土层进行加固。这种为提高地基承载力，改善其变形性质或渗透性质而采取人工处理的地基叫人工地基。

学习重点

重点关注：

1. 地基与基础的设计要求。
2. 地基的分类。
3. 基础的埋置深度。

分析与思考：

1. 确定基础埋置深度的原则。

6.1.4 确定基础埋置深度的原则

基础埋置深度指从室外设计地坪到基础底面的距离如图 6.2 所示。

室外地坪分为自然地坪和设计地坪。自然地坪指施工地段的现有地坪，而设计地坪指按设计要求工程竣工后室外场地经整平的地坪。

确定基础埋深应遵循以下原则：

1) 建筑物的特点及使用性质的影响

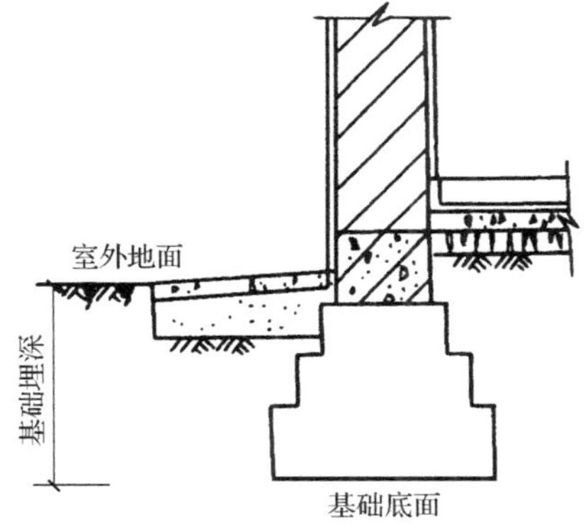

图 6.2　基础埋置深度

应根据建筑物是多层建筑还是高层建筑、有无地下室、设备基础、建筑的结构类型等确定基础埋置深度。一般来说，高层建筑的基础埋深是地上建筑物总高度的 1/18～1/15，而多层建筑则依据地下水位及冻土深度等来确定埋深尺寸。

2) 工程地质条件的影响

当地基的土层较好、承载力高，基础可以浅埋，但基础最少埋置深度不宜小于 0.5m。如果遇到土质差、承载力低的土层，则应该将基础深埋至合适的土层上，或结合具体情况另外进行加固处理。

3）水文地质条件的影响

地基土含水量的大小对承载力的影响很大，所以地下水位的高低直接影响地基承载力。如黏性土遇水后，因含水量增加体积膨胀，使土的承载力下降。而含有侵蚀性物质的地下水，对基础会产生腐蚀，故基础应争取埋置在地下水位以上，如图 6.3(a)所示。

当地下水位较高，基础不能埋置在地下水位以上时，应将基础底面埋置在最低地下水位 200mm 以下，不应使基础底面处于地下水位变化的范围之内，以降低和避免地下水的浮力等的影响，如图 6.3(b)所示。

埋在地下水位以下的基础，其所用材料应具有良好的耐水性能，如选用石材、混凝土等。当地下水含有侵蚀性物质时，基础应采取防腐蚀措施。

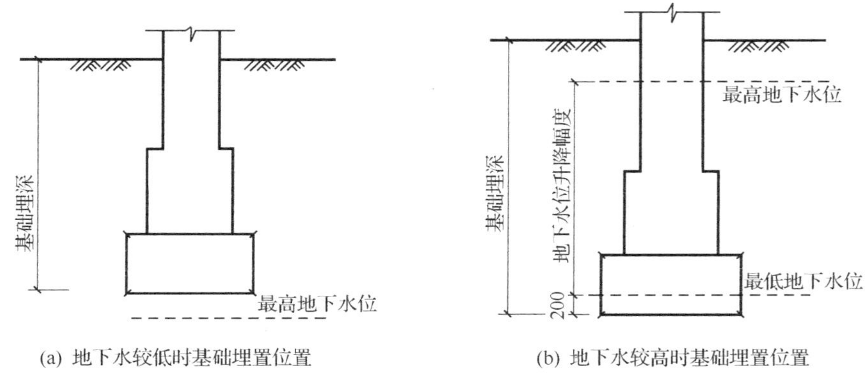

图 6.3　地下水位与基础埋置

4）土的冻结深度的影响

地面以下的冻结土与非冻结土的分界线称为冰冻线。土的冻结深度取决于当地的气候条件。如北京地区为地下 0.8～1.0m，哈尔滨为地下 2.0m。冬季，土的冻胀会把基础抬起；春季，气温回升土层解冻，基础会下沉，使建筑物同期性地处于不稳定状态。由于土中各处冻结和融化并不均匀，建筑物会产生变形，如墙身开裂、门窗变形等情况。

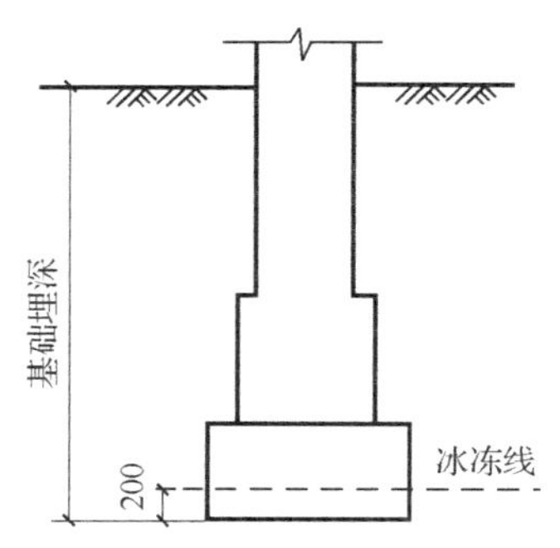

图 6.4　冻胀深度对基础埋置的影响

土壤冻胀现象及其严重程度与地基土的颗粒粗细、含水量、地下水位高低等因素有关。碎石、卵石、粗砂、中砂等土壤颗粒较粗，颗粒间孔隙较大，水的毛细作用不明显，冻而不胀或冻胀轻微，其埋深可不考虑冻胀的影响。粉砂、轻亚黏土等土壤颗粒细，孔隙小，毛细作用显著，具有冻胀性，此类土壤称为冻胀土。冻胀土中含水量越大，冻胀就越严重；地下水位越高，冻胀就越强烈。因此，对于有冻胀性的地基土，基础应埋置在冰冻线以下 200mm 处，如图 6.4 所示。

5）相邻建筑物基础的影响

当新建房屋的基础埋深小于或等于相邻原有房屋的基础埋深时，可不考虑相互影响；当新建房屋的基础埋深大于相邻原有房屋的基础埋深时，应考虑相互影响，如图 6.5 所示。具体做法应满足下列条件：

$$h/L \leqslant 0.5 \sim 1 \quad \text{或} \quad L = 1.0h \sim 2.0h$$

式中：h——新建与原有建筑物基础底面标高之差；

L——新建与原有建筑物基础边缘的最小距离。

当上述要求不能满足时，应采取分段施工，设临时加固支撑，打板桩或地下连续墙等施工措施，或加固原有建筑地基。

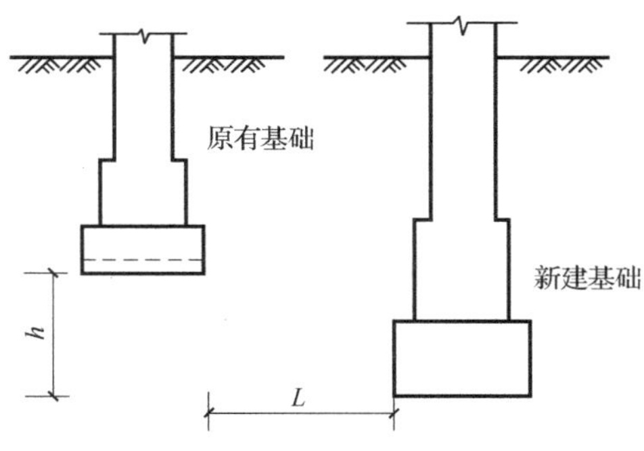

图 6.5　相邻基础的埋置位置

6.2　基础的类型与构造

基础的类型很多，划分方法也不尽相同。从基础的材料及受力来划分，可分为无筋扩展基础（刚性基础）和扩展基础（柔性基础）；从基础的构造形式划分，可分条形基础、独立基础、筏形基础、箱形基础、不埋基础等。

6.2.1　按所用材料及受力特点分类

1. 无筋扩展基础

无筋扩展基础：又称为刚性基础，指用砖、灰土、混凝土、三合土、毛石等受压强度大、受拉强度小的刚性材料建成的基础。由于刚性材料的特点，这种基础只适合于受压而不适合于受弯、拉和剪力，因此基础剖面尺寸必须满足刚性条件的要求。

由于地基承载力的限制，上部结构通过基础将其荷载传给地基时，为使其单位面积所传递的力与地基承载力设计值相适应，以台阶的形式逐渐扩大其传力面积，这逐渐扩大的台阶称为大放脚。根据试验得知，刚性材料建成的基础在传力时只能在材料允许的范围内控制，这个控制范围的夹角称为刚性角，以 α 表示，即控制基础挑出长度 b 与 H 之比（通常称宽高比）。如图 6.6 所示，在刚性角控制范围内，基础底面不会

学习重点

重点关注：

1. 基础埋置深度的影响因素。
2. 基础的类型。

分析与思考：

1. 地下水位与基础埋深的关系。
2. 冰冻线与基础埋深的关系。
3. 无筋扩展基础定义。
4. 刚性角定义。
5. 无筋扩展基础的受力特点。

产生拉应力，基础不会破坏。如果基础底面宽度超过刚性角控制范围内，即 B^0 增大为 B，这时，从基础受力方面分析，挑出的基础相当于一个悬臂梁，基础底面将受拉。当拉应力超过材料的抗拉强度时，基础底面将因受拉而开裂，并由于裂缝扩展使基础破坏。所以，刚性基础宽度的增大要受到刚性角的控制，不同材料的刚性角是不同的，参见表 6.1。例如：砖基础的宽高比为 1∶1.50，刚性角通常为 26°～33°，混凝土基础的宽高比为 1∶1，刚性角则小于 45°。

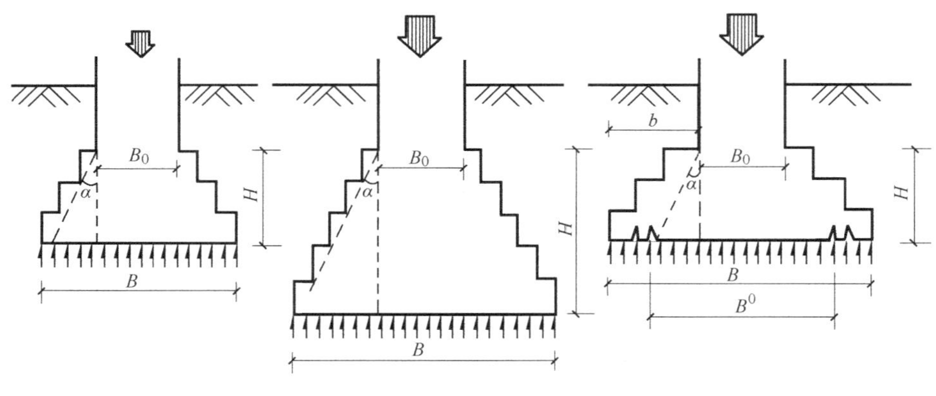

(a) 基础在刚性角范围内　　(b) 基础底面超出刚性角的范围

图 6.6　无筋扩展基础的受力、传力特点

表 6.1　无筋扩展基础台阶宽高比的允许值

基础材料	质量要求	台阶宽高比的允许值		
		$P_k \leqslant 100$	$100 < P_k \leqslant 200$	$200 < P_k \leqslant 300$
混凝土基础	C15 混凝土	1∶1.00	1∶1.00	1∶1.25
毛石混凝土基础	C15 混凝土	1∶1.00	1∶1.25	1∶1.50
砖基础	砖不低于 MU10，砂浆不低于 M5	1∶1.50	1∶1.50	1∶1.50
毛石基础	砂浆不低于 M5	1∶1.25	1∶1.50	—
灰土基础	体积比为 3∶7 或 2∶8 的灰土，其最小干密度： 粉土 1.55t/m³ 粉质黏土 1.50t/m³ 黏土 1.45t/m³	1∶1.25	1∶1.50	—
三合土基础	体积比 1∶2∶4～1∶3∶6（石灰∶砂∶骨料），每层约虚铺 220mm，夯至 150mm	1∶1.50	1∶2.00	—

注：1）P_k 为荷载效应标准组合基础底面处的平均压力值（kPa）。
2）阶梯形毛石基础的每阶伸出宽度，不宜大于 200mm。
3）当基础由不同材料叠合组成时，应对接触部分作抗压验算。
4）基础底面处的平均压力值超过 300kPa 的混凝土基础，尚应进行抗剪验算。

无筋扩展基础常用于建筑物荷载较小、地基承载力较好、压缩性较小的地基上。

（1）砖基础。

砌筑砖基础的普通黏土砖，其强度等级要求在 MU7.5 以上，砂浆强度等级一般不低于 M5。砖基础采用逐级放大的台阶式，为了满足刚性角的限制，其台阶的宽高比应小于 1∶1.50，一般采用每 2 皮砖挑出 1/4 砖或每 2 皮砖挑出 1/4 砖与每 1 皮砖挑出 1/4 砖相间的砌筑方法，如图 6.7 所示。砌筑前基槽底面要铺 20mm 砂垫层或灰土垫层。

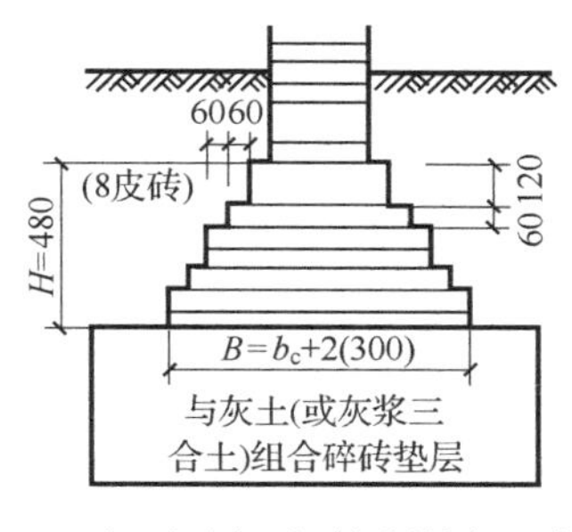

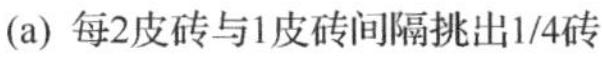

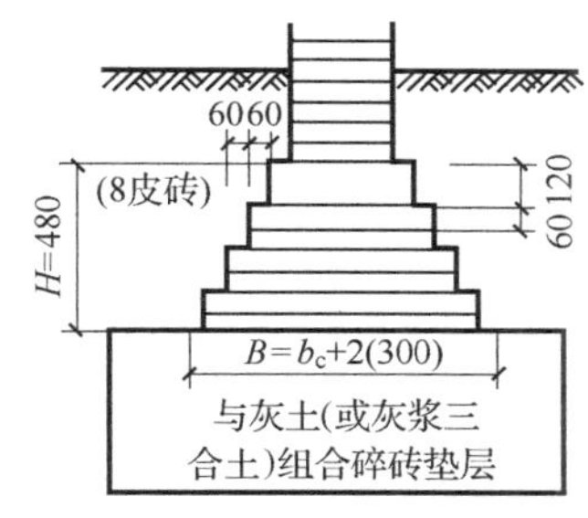

(b) 每2皮砖挑出1/4砖

图 6.7　砖基础构造

砖基础具有取材容易、价格低廉、施工方便等特点，由于砖的强度及耐久性较差，故砖基础常用于地基土质好、地下水位较低、五层以下的砖混结构中。

（2）毛石基础。

毛石基础是由石材和不小于 M5 砂浆砌筑而成。毛石是指开采未经雕凿成型的石块，形状不规则。由于石材抗压强度高、抗冻、抗水、抗腐蚀性能均较好，所以毛石基础可以用于地下水位较高、冻结深度较大的底层或多层民用建筑，但整体性欠佳，有震动的房屋很少采用。

毛石基础的剖面形式多为阶梯形，如图 6.8 所示。基础顶面要比墙或柱每边宽出 100mm，基础的宽度、每个台阶挑出的高度均不宜小于 400mm，每个台阶挑出的宽度不应大于 200mm，为满足刚性角的限制，其台阶的宽高比应小于 1∶1.25～1∶1.50，当基础底面宽度小于 700mm 时，毛石基础可做成矩形截面。

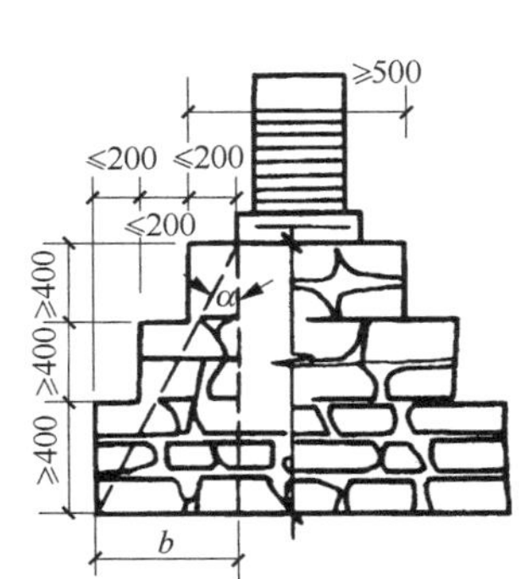

图 6.8　毛石基础构造

学习重点

重点关注：

1. 基础的类型与构造做法。

分析与思考：

1. 砖基础的适用条件。
2. 毛石基础的特点及适用条件。

(3) 灰土与三合土基础。

灰土基础是由粉状的石灰与松散的粉土加适量水拌和而成，用于灰土基础的石灰与粉土的体积比为 3∶7 或 4∶6，灰土每层均需铺 220mm 厚，夯实后厚度为 150mm。由于灰土的抗冻、耐水性差，灰土基础适用于地下水位较低的低层建筑。三合土是指石灰、砂、骨料（碎石、碎砖或矿渣），按体积比 1∶3∶6 或 1∶2∶4 加水拌和而成。三合土基础的总厚度 $H>300$mm，宽度 $B>600$mm。三合土基础广泛用于南方地区，适用于四层以下的建筑。与灰土基础一样，应埋在地下水位以上，顶面应在冰冻线以下，灰土与三合土基础如图 6.9 所示。

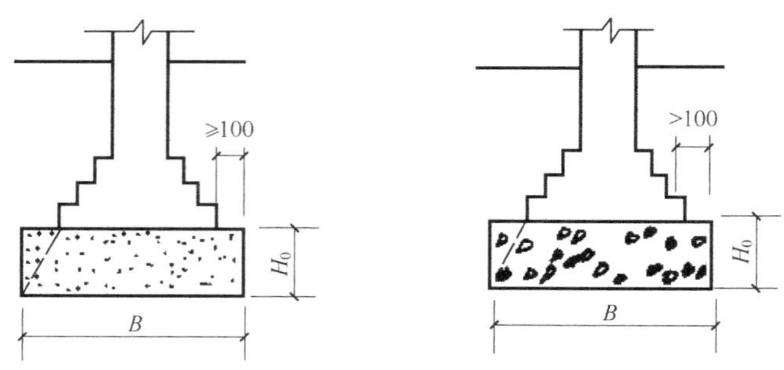

图 6.9 灰土与三合土基础

(4) 混凝土基础。

混凝土基础具有坚固、耐久、耐腐蚀、耐水等特点，与前几种基础相比刚性角较大，可用于地下水位较高和有冰冻的地方。由于混凝土可塑性强，基础断面形式可做成矩形、阶梯形和锥形。为了方便施工，当基础宽度小于 350mm 时，多做成矩形；大于 350mm 时，多做成阶梯形；当基础底面宽度大于 2000mm 时，还可做成锥形，锥形断面能节约混凝土，从而减轻基础自重。

混凝土基础的刚性角 α 为 45°，阶梯形断面宽高比应小于 1∶1.0 或 1∶1.5。

混凝土标号为 C7.5～C10，混凝土基础如图 6.10 所示。

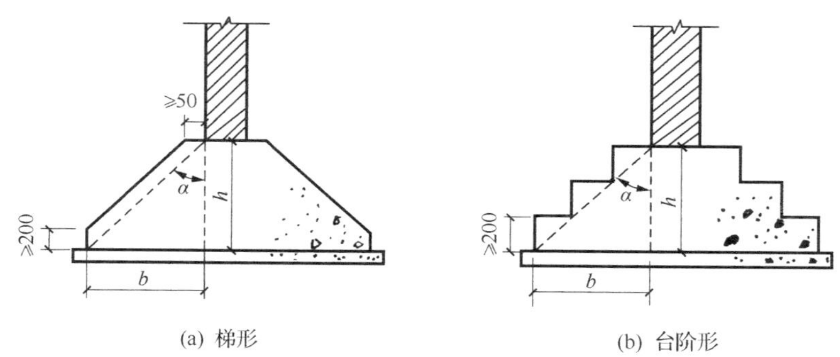

图 6.10 混凝土基础

(5) 毛石混凝土基础。

为了节约水泥用量，对于体积较大的混凝土基础，可以在浇注混凝土时加入20%～30%的粒径不超 300mm 的毛石，这种基础叫毛石混凝土基础。所用毛石尺寸应小于基础宽度的1/3，且毛石在混凝土中应分布均匀。当基础埋深较大时，也可将毛石混凝土做成台阶形，每阶宽度不应小于400mm。如果地下水对普通水泥有侵蚀作用时，应采用矿渣水泥或火山灰水泥拌制混凝土。

2. 扩展基础

扩展基础原称为柔性基础，一般指钢筋混凝土基础，如图6.11所示。当建筑物的荷载较大，地基承载力较小时，基础底面 B 必须加宽。如果仍采用砖、混凝土等刚性材料作基础，将加大基础的深度。这样既增加了土方工程量，又增加了材料的用量。特别是基础遇到有软弱土层而不宜深埋时，应充分利用持力层好土的承载力。如果在混凝土基础的底部配以钢筋，利用钢筋来承受拉应力，使基础底部能够承受较大的弯矩，这时，基础宽度的加大不受刚性角的限制，故称钢筋混凝土基础为扩展基础。

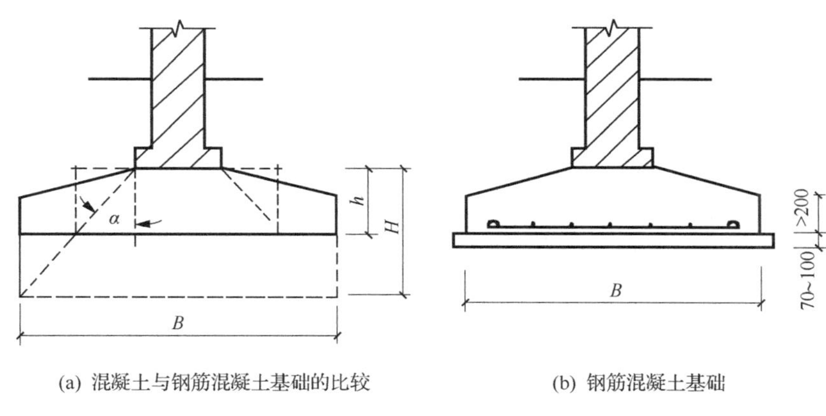

(a) 混凝土与钢筋混凝土基础的比较　　(b) 钢筋混凝土基础

图6.11　钢筋混凝土基础

钢筋混凝土基础可尽量浅埋，这种基础相当于一个受均布荷载的悬臂梁，所以它的截面高度向外逐渐减少，最薄处的厚度应≥200mm，受力钢筋的数量应通过计算确定，但钢筋直径不宜小于8mm，混凝土强度等级不宜低于C15。为使基础底面均匀传递对地基的压力，常在基础底面用C7.5或C10的混凝土做垫层，其厚度宜为70～100mm。有垫层时，钢筋距基础底面的保护层厚度不宜小于35mm；不设垫层时，钢筋距基础底面不宜小于70mm，以保护钢筋免遭锈蚀。

6.2.2　按基础的构造形式分类

基础形式的确定是根据建筑物上部结构形式、荷载大小及地基允许承载力情况而定。常见有以下几种：

1. 条形基础

当建筑物为砖或石墙承重时，承重墙下一般采用通长的长条形基础，具有较好的纵向整体性，可减缓局部不均匀下沉，这种基础称为条形基础或带形基础，如图6.12所示。一般中、小型建筑常采用砖、混凝土、

学习重点

重点关注：

1. 基础的类型与构造做法。

分析与思考：

1. 灰土与三合土基础的特点及适用条件。
2. 混凝土基础的特点及适用条件。
3. 毛石混凝土基础特点及做法。
4. 扩展基础定义。
5. 绘图扩展基础示意。
6. 基础的构造类型。
7. 条形基础的特点。

石或三合土等材料的无筋扩展条形基础。当建筑物为框架结构柱承重时，若柱间距较小或地基较弱，也可采用柱下条形基础，将柱下的基础连接在一起，使建筑物具有良好的整体性。柱下条形基础还可以有效地防止不均匀沉降。

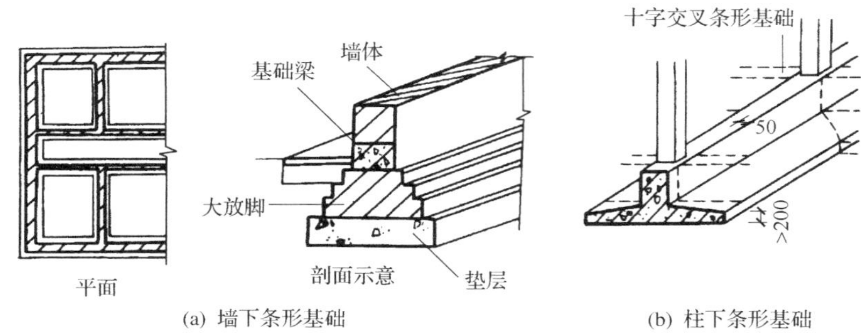

(a) 墙下条形基础　　(b) 柱下条形基础

图 6.12　条形基础

2. 独立基础

当建筑物为框架结构或单层排架结构承重时，且柱间距较大，基础常采用方形或矩形的独立基础，称为独立基础或柱墩式基础，如图 6.13 所示。常用的断面形式有阶梯形、锥形、杯形等，其优点可减少土方工程量，便于管道穿过，节约材料。但独立基础间无构件连接，整体性较差，因此，适用于土质均匀、荷载均匀的框架结构建筑。当柱采用预制构件时，则基础做成杯口形，柱插入并嵌固在杯口内，故又称为杯形基础，如图 6.14(a)所示。有时考虑到建筑场地起伏、局部工程地质条件变化以及避开设备基础等原因，可降低个别柱基础底面，做成高杯口基础，或称长颈基础，如图 6.14(b)所示。

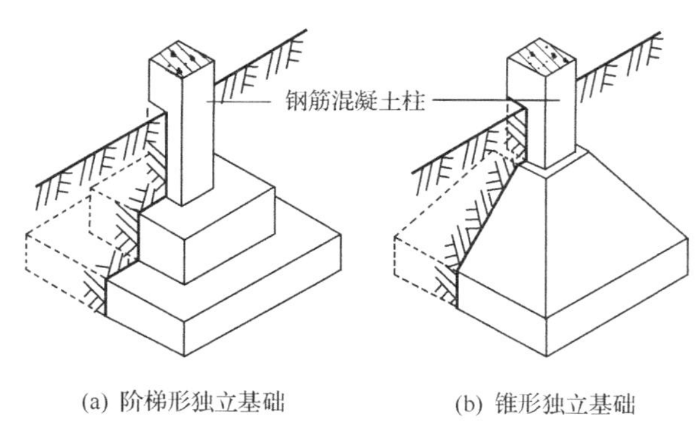

(a) 阶梯形独立基础　　(b) 锥形独立基础

图 6.13　独立基础

3. 井格基础

当框架结构处于地基条件较差或上部荷载较大时，为了提高建筑物的整体刚度，避免不均匀沉降，常将独立基础沿纵横向连接在一起，形成十字交叉的井格基础，如图 6.15 所示。

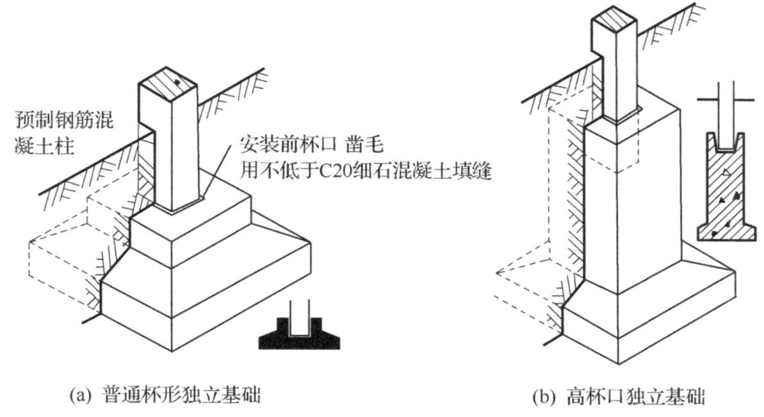

图 6.14 杯形独立基础

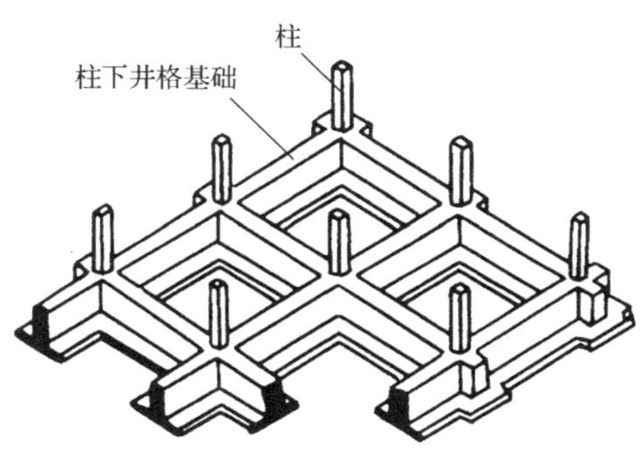

图 6.15 井格基础

4. 满堂基础

满堂基础包括筏形基础和箱形基础。

(1) 筏形基础。

当地基条件较弱或建筑物的上部荷载较大，如简单条形基础或井格基础不能满足要求时，常将墙或柱下基础连成一片，使建筑物的荷载承受在一块整板上，成为筏形基础。筏形基础有平板和梁板式两种，前者板的厚度大，构造简单，后者板的厚度较小，但增加了双向梁，构造较复杂，图 6.16 为梁板式筏形基础。

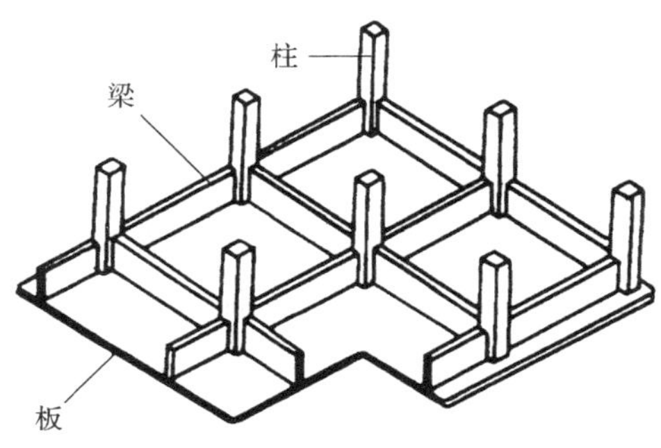

图 6.16 梁板式筏形基础

学习重点

重点关注：

1. 基础的类型与构造做法。

分析与思考：

1. 独立基础的特点及构造做法。
2. 井格基础的特点及适用条件。
3. 满堂基础的特点及适用条件。

不埋板式基础是筏形基础的另一种形式，是在天然地表面上，用压路机将地表土碾压密实，在较好的持力层上浇注钢筋混凝土基础，在构造上使基础如同一只盘子反扣在地面上，以此来承受上部荷载。这种基础大大减少了土方工程量，且适宜于较弱地基，特别适宜于五、六层整体刚度较好的居住建筑，但在冻土深度较大地区不宜采用，故多用于南方，如图 6.17 所示。

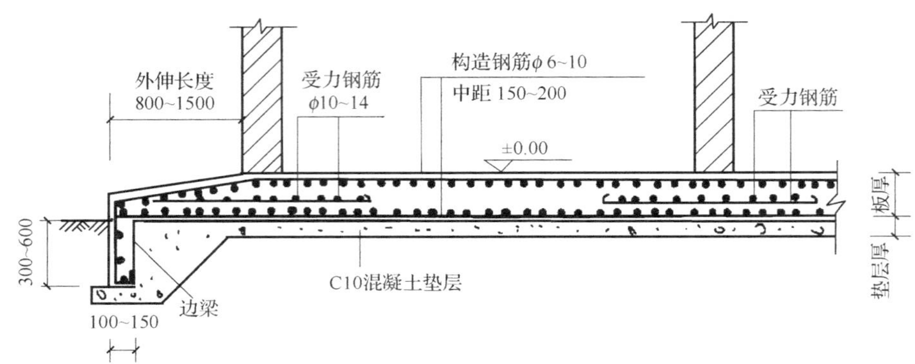

图 6.17　不埋板式基础

(2) 箱形基础。

当地基条件较差，建筑物的荷载很大或荷载分布不均而对沉降要求甚为严格时，可采用箱形基础。箱形基础是由底板、顶板、侧墙及一定数量的内墙构成的刚度较好的钢筋混凝土箱形结构，是高层建筑的一种较好的基础类型，人防地下室的基础类型一般为箱形基础，造价较高。箱形基础的内部空间可作为地下室的使用房间，如图 6.18 所示。在确定高层建筑的基础埋置深度时，应考虑建筑物的高度、体型、地基土质、抗震设防烈度等因素，并应满足抗倾覆和抗滑移的要求。抗震设防区天然土质地基上的箱形和筏形基础，其埋深不宜小于建筑物高度的 1/15。

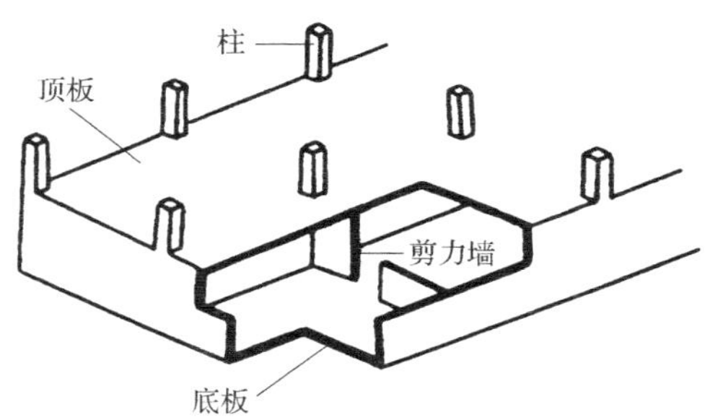

图 6.18　箱形基础

5. 桩基础

桩基础是一种常用的处理软弱地基的基础形式，属于应用最为广泛的基础之一。当建筑物荷载大、层数多、高度高、地基承载力差，浅基础不能满足要求，而沉降量又过大或地基稳定性不能满足建筑物规定时，常采用桩基础。桩基础具有承载力高、沉降速率低、沉降量小且均匀等特点。桩基础由基桩和连接于桩顶的承台共同组成，如图 6.19 所示。

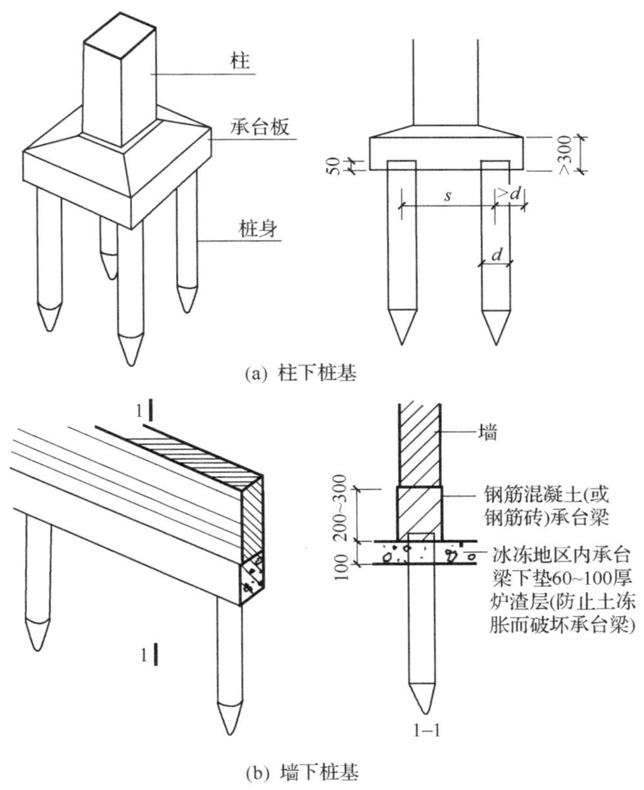

图 6.19　桩基础的构成

6.3　地　下　室

地下室是建筑物处于室外地面以下的房间，或称为建筑物底层以下的房间。随着建筑向地面上空不断发展，从建筑结构安全考虑，建筑物埋入地下的深度也随之加大，地下室的深度和层数也进一步增加。地下室在满足结构要求的同时，也为建筑的某些功能提供了足够的空间，如地下车库、地下设备用房、地下商场、人防地下室等。地下室设计应做到布置合理、结构设计安全、合理选用材料、施工工艺先进。

6.3.1　地下室的分类

1）按使用性质分

地下室分为普通地下室和人防地下室。

2）按埋入地下深度分

全地下室：指地下室地平面低于室外地坪面的高度超过该房间净高的1/2。

半地下室：指地下室地平面低于室外地坪面的高度超过该房间净高的1/3 且不超过 1/2。

学习重点

重点关注：

1. 基础的类型与构造做法。

分析与思考：

1. 绘图说明不埋板式基础的构造做法。
2. 箱形基础的特点。
3. 桩基础的特点。

3）按建造类型分

单建式：指地下室单独建造，地上部分仅留出入口或完全封闭的地下空间。

附建式：指地下室利用主体建筑基础作为建筑的地下空间。

6.3.2　地下室的防潮防水

1. 地下室防潮防水设计原则

地下室的围护结构常年受到潮气及各种水的侵蚀，实际工程因地下室墙体处理不当而出现渗漏的情况很多，防潮、防水是地下室构造处理的重要问题。地下室属于隐蔽工程，如果在使用过程中出现漏水现象，后果将不堪设想，因而地下室的防水工程就显得尤为重要和突出。特别是地下室的防水设计，应全面考虑各种自然因素及使用要求，定级准确、方案可靠、选材适当、施工简便、经济合理。

1）合理确定防水等级

地下室因使用功能不同，重要性的不同，其对防水的要求也不一样。地下工程的防水等级，应根据工程的重要性和使用中对防水的要求确定［见《地下工程防水技术规范》（GB50108－2001）中相关规定］，可按表 6.2 选定。对地下工程的防水等级，国家按围护结构允许渗漏水量划为四级（见表 6.3），合理选择地下室围护结构材料及防水材料。

表 6.2　地下工程防水等级标准

防水等级	标　　准
一级	不允许渗水，结构表面无湿渍
二级	不允许漏水，结构表面可有少量湿渍 工业与民用建筑：总湿渍面积不应大于总防水面积（包括顶板、墙面、地面）的 1/1000；任意 $100m^2$ 防水面积上的湿渍不超过 1 处，单个湿渍的最大面积不大于 $0.1m^2$ 其他地下工程：总湿渍面积不应大于总防水面积 6/1000；任意 $100m^2$ 防水面积上的湿渍不超过 4 处，单个湿渍的最大面积不大于 $0.2m^2$
三级	有少量漏水点，不得有线流和漏泥砂 任意 $100m^2$ 防水面积上的漏水点数不超过 7 处，单个漏水点的最大漏水量不大于 2.5L/d，单个湿渍的最大面积不大于 $0.3m^2$
四级	有漏水点，不得有线流和漏泥砂 整个工程平均漏水量不大于 $2L/(m^2 \cdot d)$；任意 $100m^2$ 防水面积的平均漏水量不大于 $4L/(m^2 \cdot d)$

注：本表摘自《地下工程防水技术规范》（GB50108－2001）。

表 6.3　地下工程各不同防水等级的适用范围

防水等级	适 用 范 围
一级	人员长期停留的场所；因有少量湿渍会使物品变质、失效的储物场所及严重影响设备正常运转和危及工程安全运营的部位；极重要的战备工程
二级	人员经常活动的场所；在有少量湿渍的情况下不会使物品变质、失效的储物场所及基本不影响设备正常运转和工程安全运营的部位；重要的战备工程
三级	人员临时活动的场所，一般战备工程
四级	对渗漏水无严格要求的工程

注：本表摘自《地下工程防水技术规范》（GB50108－2001）。

2）合理确定防潮、防水设计方案

地下室浸水的主要来源是地表滞水和地下水。地表滞水主要是降雨（雪）、生活用水和生产废水的滞留，它与土的性质有关。如砂类土的透水性好，不易存在滞水；黏性土的透水性差，具有滞水的可能。地下水位以下土中的地下水具有一定压力，离地面越深，其静水压也越大。地下水通过建筑围护结构渗入室内，不仅影响地下室的使用，且当地下水含有酸、碱等化学成分时，还会使结构遭到破坏。因此，地下室应采取有效的防潮、防水措施，以保证其正常使用。

地下室防水设计方案主要有：隔水法、降排水法和综合法。

（1）隔水法，是利用各种材料的不透水性隔绝地下室外围水及毛细管水的渗透，通常采用地下室外围做防水层或地下室外墙做整体式混凝土自防水结构（可多道防线），此方式应用广泛且效果可靠，如图6.20所示。

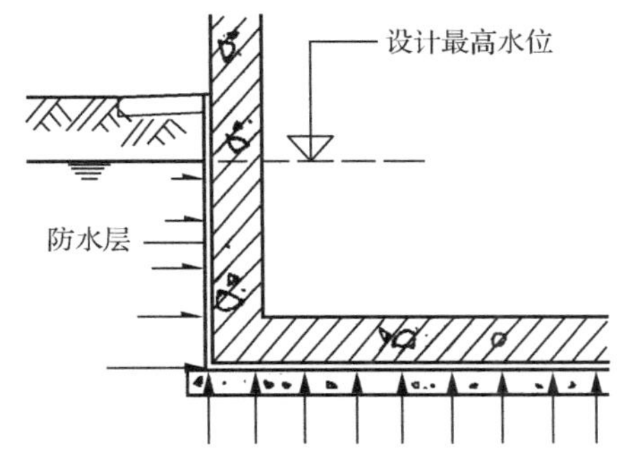

图6.20　隔水法示意

（2）降排水法，是用人工降低地下水位的办法来消除地下水对地下室的影响，降排水法又分为外排法和内排法。外排法是当地下水位较高时，设置永久性排水措施，使水位降低至底板以下，以减少或消除地下水影响。外排法适用于地下水位高于地下室底板，且不宜采用隔水法的建筑，同时在地形、地质、经济、功能上有条件时采用，如图6.21(a)所示。内排法是将渗入地下室的水通过永久性自流排水系统排至集水坑再排至室外管道，如图6.21(b)所示。内排法适用于当水位高、水量大，难以采用外排法，或常年水位虽低于底板，但丰水期高于底板且水位小于500mm时。

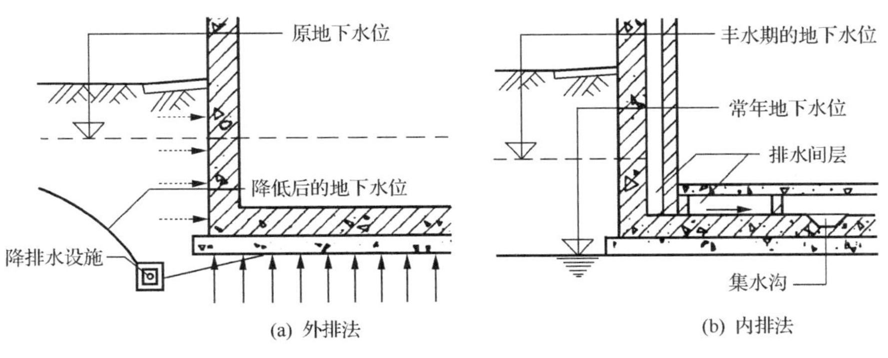

图6.21　排水法示意

（3）综合法，是同一工程中采用多种措施，以达到防水要求，提高防

学习重点

重点关注：

1. 地下室的防水等级及防潮防水设计原则。
2. 地下室的防水等级及防潮防水设计原则。
3. 地下室防潮防水设计原则。

分析与思考：

1. 简述地下室的防潮和防水设计原则。
2. 简述地下室的防水等级标准。
3. 简述地下室防水设计方案及其适用情况。

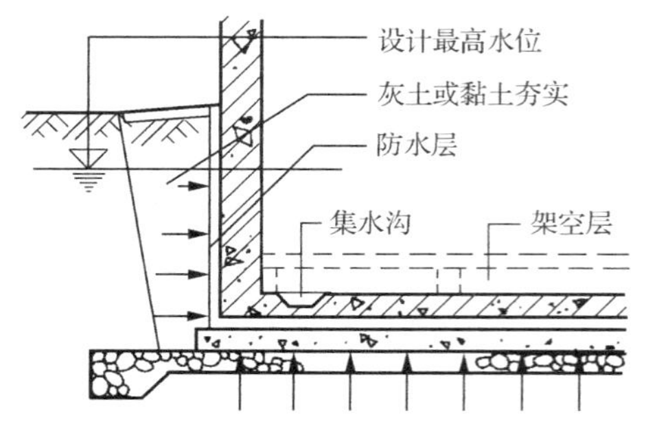

图 6.22 综合法示意

水可靠性，如图 6.22 所示。采用综合法应分清主次，以降排为主，隔水为辅；或以隔水为主，降排为辅。通常当地下室的防水要求较高时，必须确保防水的可靠性，并在有效高度允许情况下采用综合法。

3）合理确定设防高度

地下室宜根据城市总体规划及排水体系进行合理布局，并确定工程标高。设计应考虑各种类型水作用下最不利的情况，使地下室防水措施有足够的保证。除考虑潜水（在地面下第一个有自由表面的地下水）及承压水等作用外，尚应考虑地表水、上层滞水和由于地下水而产生的毛细水的影响。

（1）当潜水水位在地下室底板以上，且地下室周围的土层属于强透水性的土，渗透系数每昼夜大于 1m 及有裂隙的坚硬岩石层，无滞水存在时，应设防水层至潜水水位以上 1m，防水层以上做防潮层到地面，如图 6.23(a)所示。

（2）当潜水水位在地下室底板以下，且地下室周围的土层属于强透水性的土，渗透系数每昼夜大于 1m 及有裂隙的坚硬岩石层，无滞水存在时，可以考虑在毛细管带区以上设一般防潮层到地面，如图 6.23(b)所示。

（3）当地下室周围的土层属于弱透水性的土，为渗透系数每昼夜小于 0.001m 的黏土、重黏土及密实的块状坚硬岩石时，无论潜水水位在地下室底板以下还是以上，都有潜水或滞水存在的可能，应设防水层到地面，如图 6.23(c)所示，同时防水层应按有水压考虑。

（4）当潜水水位在地下室底板以上，地下室周围的土层属于一般性地基，渗透系数为每昼夜 0.001～1m，如黏土、亚黏土及裂隙小的坚硬岩石时，有潜水或滞水存在的可能，应设防水层到地面，如图 6.23(d)所示，同时防水层应按有水压考虑。

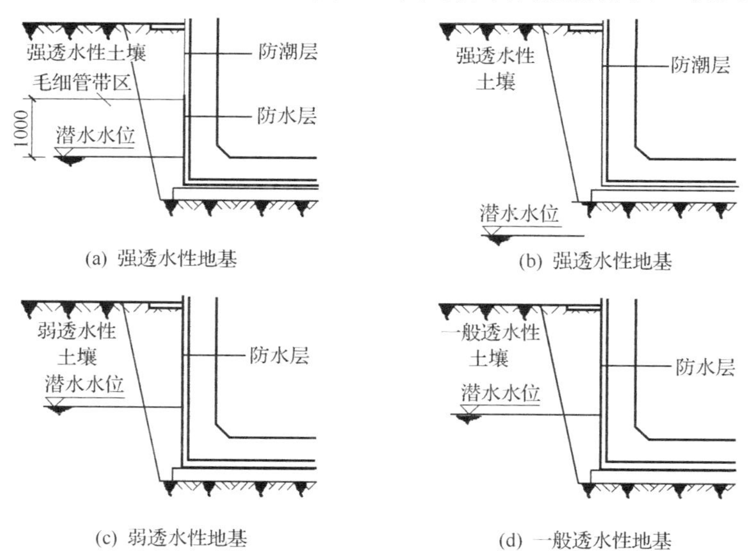

图 6.23 防潮、防水设防高度的确定示意

此外，由于人为因素引起的附近水文地质的改变，往往在防水设计中被忽略而导致地下室渗漏，在确定工程标高时，应予以充分考虑。

2. 地下室防潮构造

当地下水的常年水位和最高水位都在地下室地坪标高以下时，砌体必须用水泥砂浆砌筑，墙外侧抹防水砂浆或涂防水涂料，对混凝土墙体可不必另作处理。然后回填低渗透性的土壤，如黏土、灰土等，并逐层夯实。这部分回填土的宽度约为500mm。此外，垂直防潮层须做到室外散水以上。地下室所有的墙体都必须设两道水平防潮层，一道设在地下室地坪附近，一般设置在内、外墙与地下室地坪交接处；另一道设在距室外地面散水以上150～200mm的墙体中，以防止土层中的水分因毛细管作用沿基础和墙体上升，导致墙体潮湿和增大地下室及首层室内的湿度。防潮做法如图6.24所示。

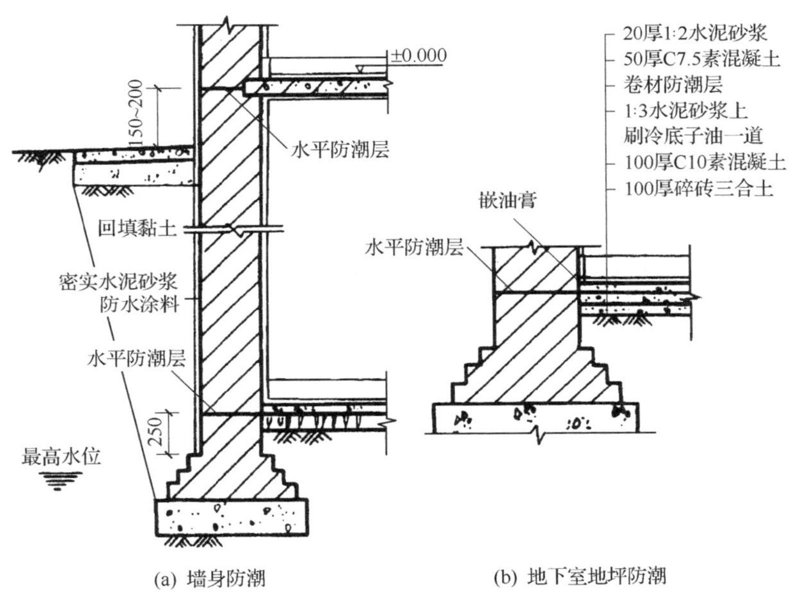

图6.24 地下室防潮做法

3. 地下室防水构造

地下室防水做法按选用材料的不同，主要有刚性防水、柔性防水、涂膜防水、钢板防水等几种。

1）刚性防水

刚性防水采用较高强度和无延伸防水材料，如防水砂浆、防水混凝土所构成的防水层。防水混凝土是依靠材料自身的密实性起防水作用，耐久性强，刚度和整体性好，有较高的抗渗性，能同时起承重、围护和防水作用。它比柔性防水层造价低，施工方便，但施工质量不易保证。防水混凝土质量好坏，不仅取决于混凝土材质本身及其配比，还取决于施工质量。在施工过程中的搅拌、运输、浇筑、振捣、养护、细部构造

学习重点

重点关注：

1. 地下室防潮、防水构造。
2. 地下室防水构造。

分析与思考：

1. 如何确定地下室防潮、防水方案及设防高度？
2. 绘图说明地下室的防潮、防水设防高度如何确定？
3. 地下室防潮构造。
4. 刚性防水构造。
5. 柔性防水构造。

等工序对防水混凝土的防水效果有极大影响。这些环节应采取严密措施，保证质量，以免造成混凝土渗漏等后患。刚性防水构造做法如图 6.25 所示。

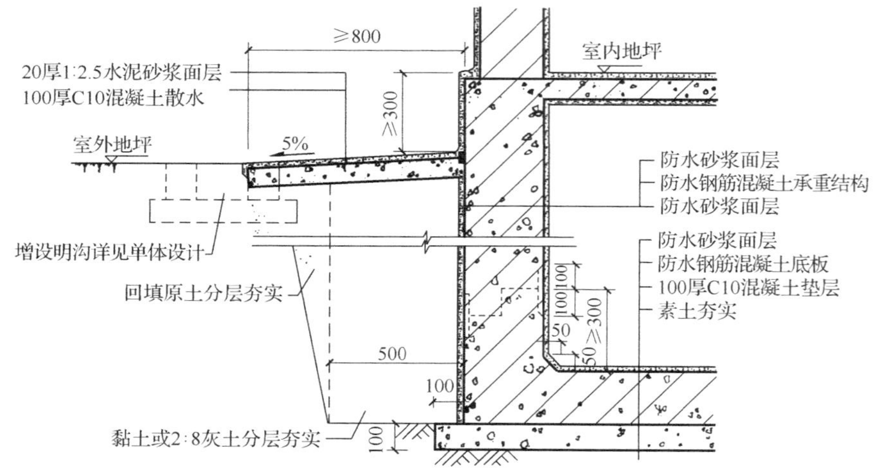

图 6.25　刚性防水构造做法示例

2）柔性防水

地下工程卷材防水适用于在混凝土结构或砌体结构迎水面铺贴，能适应结构微量变化和抗一般地下水化学侵蚀，效果比较可靠。一般采用外防外贴和外防内贴两种施工方法。由于外防外贴法的防水效果优于外防内贴法，所以在施工场地和条件不受限制时一般均采用外防外贴法，只有在修缮工程中才做于内侧。卷材防水构造做法，如图 6.26 所示。

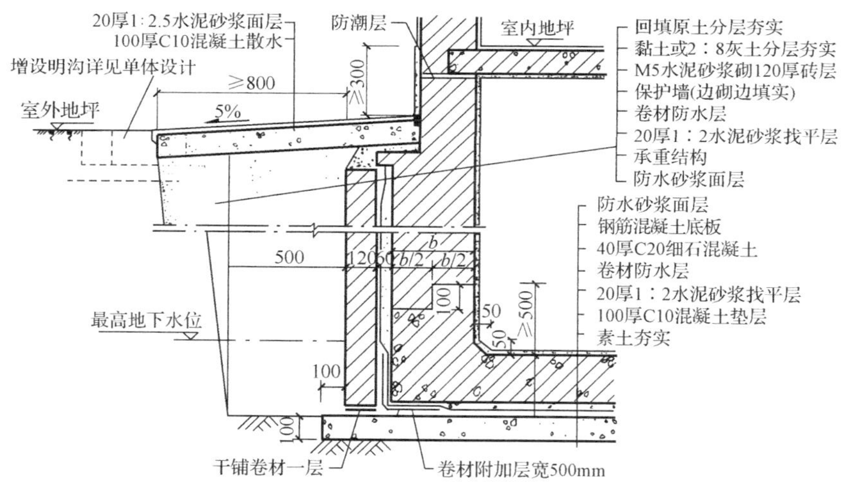

图 6.26　卷材防水构造做法示例

3）涂膜防水

涂膜防水泛指在施工现场（混凝土墙体或砖砌体的找平层表面）以刷涂、刮涂、滚涂等方法将液态涂料在适宜温度下涂刷于地下室主体结构外侧或内侧的一种防水方法。

涂料固化后形成一层无缝薄膜，能防止地下有压水及无压水的侵入。适用于新建砖石或钢筋混凝土结构的迎水面作专用防水层或新建防水钢筋混凝土结构的迎水面作附加防水层，加强防水、防腐能力；或已建防水或防潮建筑外围结构的内侧，作补漏措施。不适用或慎用于含有油脂、汽油或其他能溶解涂料的其他地下环境。且涂料和基层应有很好的黏结力，涂料层外侧应做砂浆或砖墙保护层。

防水涂料可分为无机防水涂料和有机防水涂料，有机防水涂料主要包括合成橡胶类、合成树脂类和橡胶沥青类。氯丁橡胶防水涂料、SBS改性沥青防水涂料等聚合物乳液防水涂料，属挥发固化型；聚氨酯防水涂料属反应固化型。无机防水涂料主要包括聚合物改性水泥基防水涂料和水泥基渗透结晶型防水涂料。有机防水涂料固化成膜后最终是形成柔性防水层，与防水混凝土主体组合为刚性、柔性两道防水。无机防水涂料是在水泥中掺有一定的聚合物，不同程度地改变水泥固化后的物理力学性能，但是与防水混凝土主体组合仍应认为是刚性两道防水设防，不适用于变形较大或受振动部位。

防水涂料按其液态类型可分为水乳型、溶剂型及反应型。由于涂膜防水材料施工固化前是一种无定型的黏稠状液态物质，对于任何形状的复杂管道的纵横交叉部位都易于施工，特别在阴阳角、管道根部以及端部收头处便于封闭严密，形成一个无缝整体防水层，而且施工工艺简单，对环境污染较小。防水层有一定的弹性和延伸能力，对基层伸缩或开裂等有一定的适应性。

涂膜防水层要求基层要平整，涂膜厚度要均匀，宜设在迎水面，如设在背水面必须做抗压层。涂膜防水层一般由底涂层、多层涂料防水层及保护层组成。底涂层是做与涂料相适应的基层涂料一道，使涂层与基层黏结良好。多层涂料防水层一般分2～3层进行涂敷，使防水涂料形成多层封闭的整体涂膜。为保证涂料防水层在工序进行中或涂膜完成后不受破坏，应采取相应的临时或永久性保护措施，如水泥砂浆保护层、120厚砖墙保护层、聚苯板保护层等。

4）金属板防水

金属板防水适用于抗渗性能要求较高的地下室。金属板包括钢板、铜板、铝板，合金钢板等。金属板防水有内防水和外防水之分。当为内防水时，防水层是预先设置的，防水层应与结构内的钢筋焊牢，并在防水层底板上预留浇捣孔，以保证混凝土浇筑密实，待底板混凝土浇筑完后再补焊严密。当金属防水层为外防水时，金属板应焊在混凝土的预埋件上，如图6.27所示。金属防水板之间的接缝为焊缝，焊缝必须密实。一般适用于工业厂房地下烟道、热风道等高温高热的地下防水工程以及振动较大、防水要求严格的地下防水工程。

学习重点

重点关注：

1. 地下室的防水构造做法。

分析与思考：

1. 涂膜防水的构造要求。
2. 防水涂料的分类。
3. 金属板防水构造。

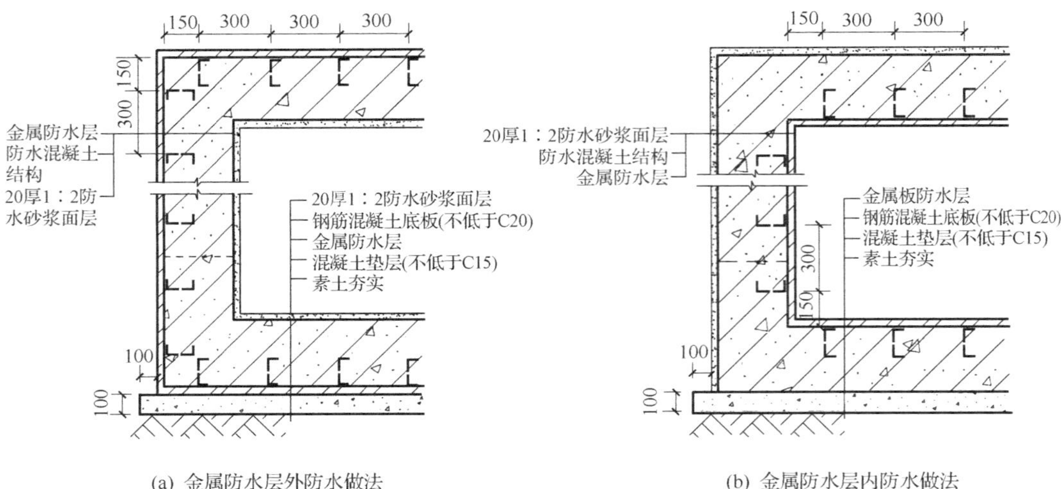

图 6.27　金属板防水做法示例

小　　结

本章主要内容为基础及地下室两大部分，结合新规范及工程实际做法，前一部分介绍了地基基础的关系、基础埋置深度的影响因素、基础的材料及构造类型、各类基础的构造做法及适用条件。后一部分介绍了地下室的分类、地下室防潮防水设计原则及地下室防水防潮构造。学习过程中应着重掌握以下问题：

（1）地基与基础的关系。

（2）确定基础埋置深度的原则。

（3）不同形式的基础分类。

（4）地下室的防水等级分类。

（5）地下室的防潮防水设计原则。

（6）各类地下室防水构造做法及适用范围。

第七章　墙

墙体是建筑的竖向联系组成部分，主要作用是围护分隔和结构承重。传统建筑以砖石砌筑为主，围护结构与承重结构是合二为一的，墙体既自承重同时也承担荷载，因此建筑形态受到一定的制约；现代建筑以框架体系为主，围护结构与承重结构是分离的，墙体只是围合空间界面，不再承受荷载，因此建筑形态获得解放，开窗更加灵活，界面自由，悬挑、扭转、曲面、倾斜的墙体使建筑形态极大地丰富。建筑外墙类似人体的表皮系统，起到建筑与外界环境的空气、光线、能量和热工交换，同时也是建筑形态的主要视觉载体，因此在建筑设计中，墙体对创作的技术与艺术交融性有着较高的要求。

学习重点

重点关注：

1. 墙体的设计要求。
2. 墙体的类型。

分析与思考：

1. 墙体有几种类型？
2. 墙体有哪些作用？

7.1　概　　述

7.1.1　墙体的设计要求

1）强度和稳定性方面的要求

墙体的强度是指墙体承受荷载的能力，它与墙体采用的材料、墙体尺寸、墙体构造和施工方式有关。墙体的稳定性与墙的厚度、高度和长度有关，当墙身的高度、长度确定后，通常可通过增加墙体厚度，增设墙垛、壁柱、圈梁等方法增强墙体稳定性。

2）保温和隔热等热工方面的要求

作为围护的外墙，对热工的要求十分重要，在寒冷地区要求外围护结构具有良好的保温性能，以减少室内热量的损失，同时还应防止在围护结构内表面出现凝结水现象。在炎热地区要求外围护结构具有一定的通风隔热措施，以防止夏季室内温度过高。

3）隔声和防潮方面的要求

作为房间围护构件的墙体，必须具有足够的隔声功能，以符合有关隔声标准的要求，同时根据需要，墙体还应具有防潮、防水的能力。

4）防火要求

墙体材料及墙身厚度应符合防火规范中相应的燃烧性能和耐火极限的要求，必要时还应设置防火墙、防火门等。

5）适应工业化生产的要求

使墙体适应新的墙体材料，是建筑工业化的一项改革内容。可为工业化生产及机械化施工创造条件，从而降低工人劳动强度和提高施工速度。

7.1.2 墙体类型

根据墙体在平面图中所处的位置不同，有内墙和外墙之分。外墙是建筑物的外围护结构，起着挡风、隔雨、保温、隔热等作用。内墙是指建筑物内部墙体，主要起分隔房间的作用。墙体有纵墙、横墙之分，凡沿建筑物短轴方向布置的墙称横墙，横向外墙又称山墙。而沿建筑物长轴方向布置的墙称纵墙。在一片墙上，窗与窗或门与窗之间的墙称窗间墙，窗洞下部的墙体称窗肚墙。墙体各部分名称如图 7.1 所示。

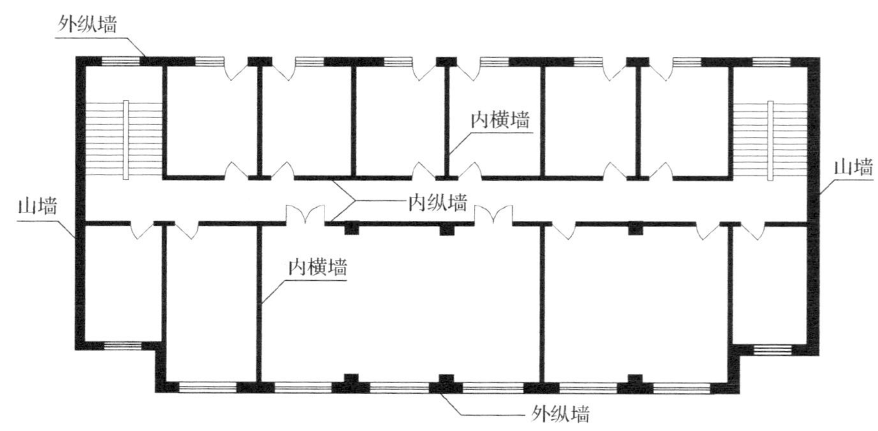

图 7.1 墙体各部分名称

根据墙体结构受力情况不同，有承重墙和非承重墙之分。凡直接承受楼板和屋顶传来荷载的墙称承重墙，不承受这些外来荷载的墙称非承重墙。非承重墙包括隔墙、填充墙和幕墙。凡作为分隔空间不承受外力的墙称隔墙，框架结构中的墙称框架填充墙，悬挂于外部骨架的轻质外墙称幕墙，它包括金属幕墙、玻璃幕墙等。

根据墙体的材料不同，可分为土墙、砖墙、石墙、混凝土墙和利用工业废料的各种砌块墙。砖是传统的建筑材料，应用很广。黏土砖的取材需占用大量农田，破坏生态环境。近年来，我国一些大城市已开始限制黏土实心砖的使用。石墙多在产石地区应用，有很好的经济价值。土墙是就地取材、造价低廉的地方性做法，混凝土墙可现浇、可预制，在高层建筑中广泛应用。利用工业废料发展各种墙体材料，是对墙体改革的重要措施，目前得到了积极的推广和应用。

根据墙体的构造加工形式，可分为实体墙、板筑墙和装配式板材墙。实体包括实砌砖墙，借手工和小型机具砌筑而成。板筑墙则是施工时，直接在墙体部位竖立模板，然后在模板内夯筑或浇注材料捣实而成的墙体，如夯土墙、灰土墙等。装配式板材墙是以工业化方式在预制构件厂生产的大型板材构件，在现场进行安装的墙体。这种墙体机械化程度高、施工速度快、工期短、不受气候的影响，是建筑工业化的发展方向。

根据墙体构造材料的工艺不同，又可以分为砌筑墙体和悬挂幕墙，其中悬挂幕墙是当代建筑外饰面做法中比较普及的一种做法。按照幕墙的饰面材料可以分为玻璃幕墙、金属幕墙和石材幕墙等，按照幕墙的工艺可以划分为干挂法和湿贴法。干挂法又名空挂法。该方法以金属挂件将饰面材料直接吊挂于墙面或空挂于钢架之上，不需再灌浆粘贴。

图 7.2 所示为几种材料的干挂幕墙。玻璃幕墙按照工艺做法主要可以分为点式连接、明框式连接、隐框式连接。

(a) 玻璃幕墙　(b) 石材幕墙　(c) 金属幕墙

图 7.2　各种材料的建筑幕墙

7.2 砌 体 墙

砌块一般用水泥、石灰、石膏等胶结料，与煤矸石、砂石、煤渣等骨料混合，经原料处理加压或冲击、振动成型，再以干或湿热养护而制成的砌墙块材。由于不需进窑焙烧，故单块体积较砖大，其规格介于砖和大型墙板之间，施工时可采用简单机具吊装和砌筑，生产简单，砌筑效率较高，且整体刚度和抗震性能较好。

7.2.1 砌体墙的材料

1. 砌块的类型与规格

砌块与砖的区别在于外形尺寸比砖大，砌块按不同尺寸分为大型砌块，中型砌块和小型砌块。系列中规格的高度大于 115mm 而又小于 380mm 的称为小型砌块，高度为 380～980mm 的称为中型砌块，高度大于 980mm 称为大型砌块，使用中以中小型砌块居多。

砌块按构造方式可分为实心砌块和空心砌块，空心砌块有单排方孔、单排圆孔和多排扁孔三种；其中多排扁孔对保温有利，如图 7.3 所示。

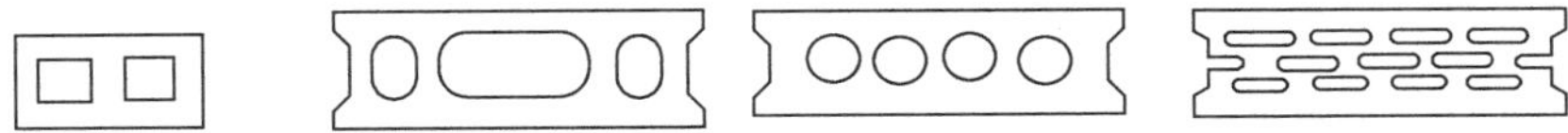

图 7.3　砌块中孔洞的类型

1）砖

砖墙是用砂浆将一块块砖按一定规律砌筑而成的砌体。其主要材料是砖和砂浆。

2）硅酸盐砌块

硅酸盐砌块是利用工业废料（炉渣和煤矸石）材料经过加工处理而制成，强度比实心砖低。使用这种砌块的好处是，综合利用了废料，节

学习重点

构造设计要点：

1. 足够的强度和稳定性。
2. 保温、隔热。
3. 防潮、防水。
4. 隔声。
5. 防火。
6. 适应工业化生产的要求。

分析与思考：

1. 砖墙由哪些材料组成？

省了能源和土地，改善了环保条件。

砌块的规格有 390mm×190mm×190mm、290mm×190mm×190mm、190mm×190mm×190mm、90mm×190mm×190mm。

3）陶粒混凝土空心砌块

陶粒混凝土空心砌块是由水泥、陶粒加水制成，有竖向方孔和扁孔空心砌块，陶粒混凝土空心砌块外形尺寸常见的有 190mm×190mm×190mm、90mm×190mm×190mm、290mm×190mm×190mm。其特点是砌块尺寸大、重量轻、砌筑速度快、保温性能良好。陶粒混凝土空心砌块一般强度比实心砖低，多用于非承重隔墙和框架结构的填充墙。

4）加气混凝土砌块

加气混凝土砌块是含硅材料（如砂、粉煤灰、尾矿粉等）和钙质材料（如水泥、石灰等）加水并加适量的发气剂和其他外加剂，经混合搅拌、浇筑发泡、胚体静停与切割后，在经蒸压或常压蒸气养护制成。加气混凝土制成的气块具有容重轻、可承重和保温的性能。

（1）加气混凝土砌块的分类。

加气混凝土砌块按原材料分，主要有水泥、矿渣、砂、石灰、粉煤灰等材料制成的加气混凝土砌块。按强度分级有：10 级、25 级、35 级、50 级、75 级（强度 50 级的含义是立方体抗压强度平均值大于 500MPa）；按密度分级有：03 级、04 级、05 级、06 级、07 级、08 级（密度 05 级含义是密度小于 500kg/m^3）；按尺寸偏差密度范围分有：优等品、一等品、合格品三种。

（2）加气混凝土砌块的规格。

加气混凝土砌块的规格尺寸有两个系列：

系列一：600mm×100mm×200mm、600mm×150mm×200mm
600mm×100mm×250mm、600mm×150mm×250mm
600mm×75mm×250mm、600mm×200mm×200mm

系列二：600mm×60mm×240mm、600mm×120mm×240mm
600mm×180mm×240mm、600mm×240mm×240mm
600mm×60mm×300mm、600mm×120mm×300mm

5）混凝土空心砌块

混凝土空心砌块是由水泥、砂、石子加水制成。

（1）混凝土空心砌块的分类。

混凝土空心砌块按原材料分有：普混凝土砌块、工业废渣骨料混凝土砌块、天然轻骨料混凝土砌块和人造轻骨料混凝土砌块等；按砌块型体尺寸分有：小型砌块和中型砌块；按承重性能分有：承重砌块和非承重砌块。而在每类砌块中各有不同的强度等级。

普通混凝土空心砌块一般可分为：MU3.5、MU5、MU7.5、MU10、MU15。工业废渣骨料混凝土空心砌块一般可分为：MU3.0、MU5、MU7、MU10。轻骨料混凝土空心砌块一般可分为：MU2.5、MU3.5、MU4.5。由于强度等级不同，可用于不同的房屋建筑工程部位。

（2）混凝土空心砌块的规格。

混凝土空心砌块的规格尺寸如下：390mm×190mm×190mm，如图 7.4 所示。

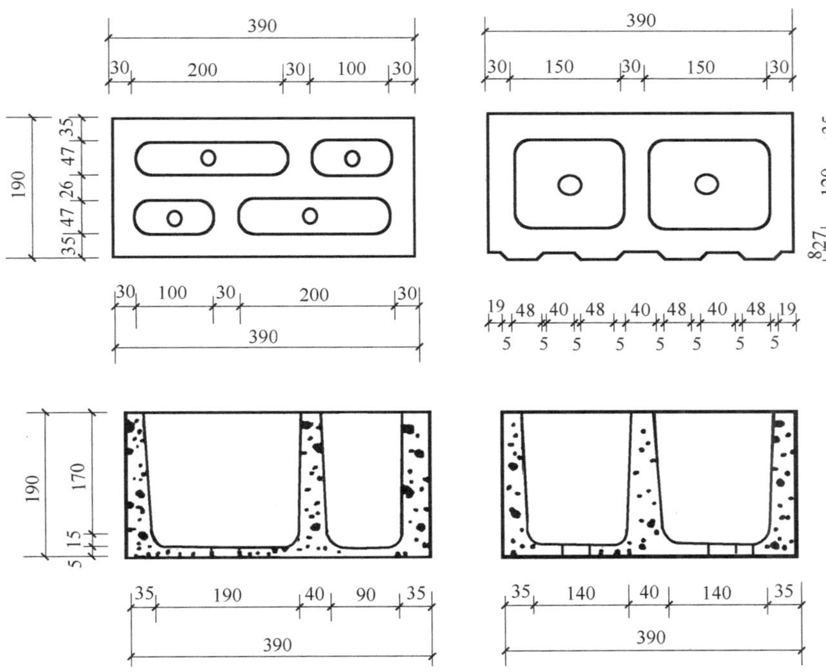

图 7.4　砌块的尺寸规格

混凝土空心砌块分小型砌块和中型砌块，同一种砌块又分为标准块、1/2 标准块、3/4 标准块、1/4 标准块，不同的砌块构造不同，如图 7.5 所示。

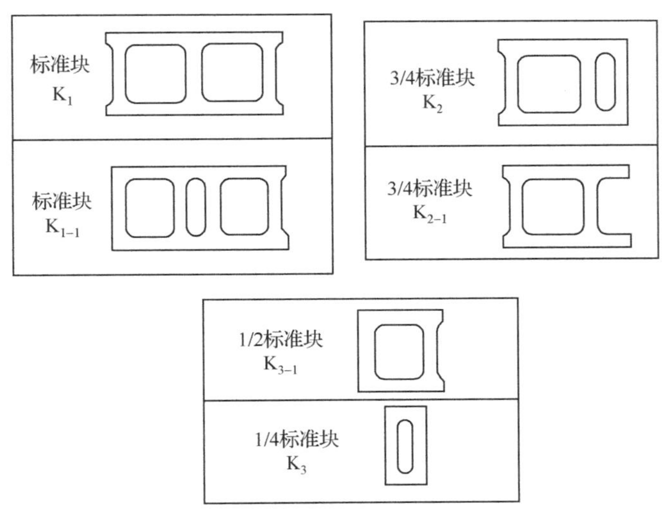

图 7.5　砌块的标准块和分标准块

2. 砂浆

砂浆是砌体的黏结材料，它将砖胶结成为整体，并将砖块之间的空隙填实，便于使上层砖块所承受的荷载能逐层均匀的传至下层砖块，以

学习重点

重点关注：

1. 砌块的类型与规格。

分析与思考：

1. 砌块墙的特点。
2. 何为砂浆？砌筑墙体常用的砂浆有哪几种？
3. 砂浆的强度等级分为几级？

保证砌体的强度。砌筑墙体常用的砂浆有水泥砂浆、石灰砂浆和混合砂浆三种。水泥砂浆是由水泥、砂和水按一定比例拌和而成，它属水硬性材料，强度高，较适合于砌筑潮湿环境的砌体；石灰砂浆是由石灰、砂和水拌和而成，它属气硬性材料，强度不高，多用于砌筑一般次要的民用建筑中地面以上的砌体；混合砂浆是由水泥、石灰膏、砂加水拌和而成，这种砂浆强度较高，和易性和保水性好，常用于砌筑地面以上的砌体。

砂浆的强度等级划分七个级别，有 M15、M10、M7.5、M5、M2.5、M1 及 M0.4。常用的砌筑砂浆是 M1～M5 级砂浆。

7.2.2 砌体墙构造

用砌块墙砌筑墙体时也必须将砌块彼此交错搭接砌筑，以保证墙体和房屋有一定的整体性。但也有与砖墙不同的地方，砌块的尺寸比砖大，光靠砂浆黏结不可能保证砌体的整体性，必须采取加固措施。另一方面，由于砌块为配合组砌具有多种规格，而不是像砖一样在统一一种规格的基础上任意砍断，为了适应砌筑的需要，必须在多种规格间进行砌块的排列设计。

1. *砌块墙的组砌方法*

砌块墙应事先做排列设计，也就是把不同规格的砌块在墙体中的具体安放位置用平面图和立面图加以表示。砌块排列设计应满足下列要求：上下皮砌块应错缝搭接，排列整齐有规律，尽量减少通缝，使砌块墙具有足够的整体性和稳定性，内外墙的交接处和转角处应依砌块彼此搭接优先选用大规格砌块，如图 7.6 所示，使主砌块的总数量在 70%以上。为减少砌块的规格，允许在砌筑中用少量的砖来镶砌填缝。当采用混凝土空心砌块时，上下皮砌块应孔对孔、肋对肋，使上下皮砌块间有足够的接触面以扩大受压面积砌块的排列组合，如图 7.7 所示。

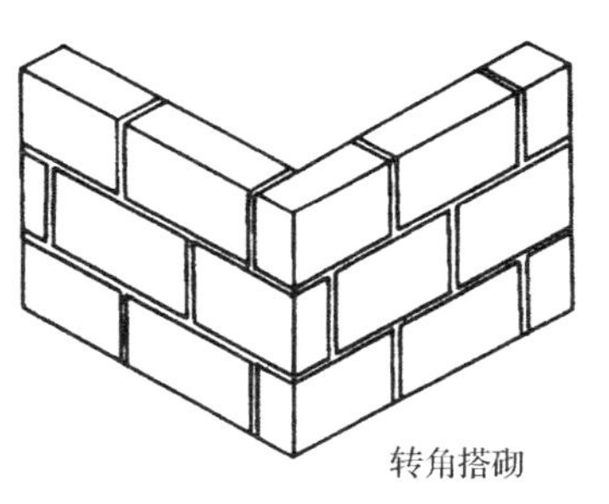

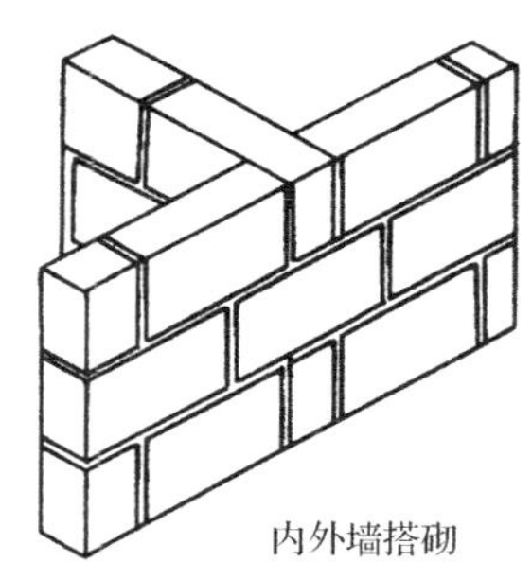

图 7.6 砌块的转角搭接

2. *墙的加固*

如墙的长度和高度大于规范规定，墙身稳定性较差，因而需要加固时，可采用以下措施：

(1) 加墙墩。墙墩为柱状突出部分，通常为一直到顶，承受上部梁及屋架的荷载，并增加墙身强度及稳定性。

(2) 加扶壁。扶壁与墙墩的主要不同点在于扶壁主要是增加墙的稳定性，并不考虑承担荷载。

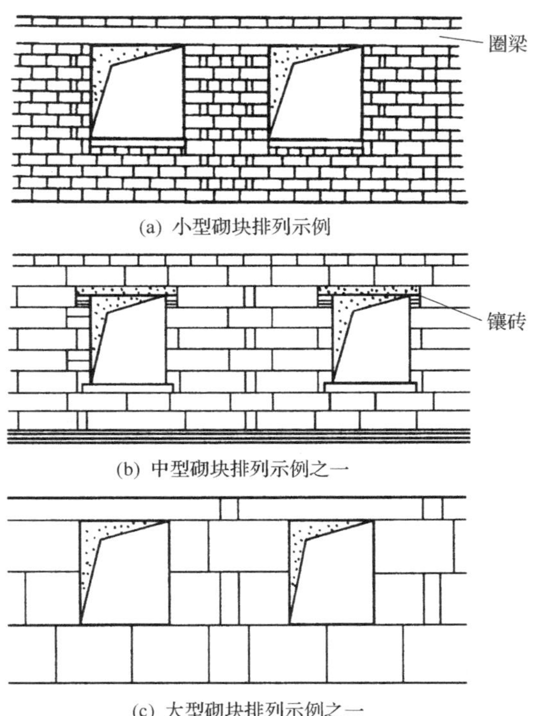

(a) 小型砌块排列示例

(b) 中型砌块排列示例之一

(c) 大型砌块排列示例之一

图 7.7　不同规格砌块组合

(3) 加圈梁。圈梁又称腰箍，是沿外墙四周及部分内隔墙设置的连续闭合的梁。圈梁配合楼板的作用可提高建筑的空间刚度和整体性，增强墙体的稳定性，减少由于地基不均匀沉降而引起的开裂。对抗震设防地区，利用圈梁加固墙身尤为重要。圈梁宜设在楼板标高处，尽量与楼板结构连成整体，也可设在门窗洞口上部，兼起过梁作用。

圈梁有钢筋砖圈梁和钢筋混凝土圈梁两种，钢筋砖圈梁多用于非抗震地区，结合钢筋砖过梁使其沿外墙兜圈而成。钢筋混凝土圈梁的宽度一般与墙同厚，但在寒冷地区，由于钢筋混凝土导热系数较大，其宽度则不应贯通砌体整个厚度，并应局部做保温处理。高度一般不小于120mm，常见的为 180mm、240mm。当遇到门窗洞口使圈梁不能闭合时。应在洞口上部设置一道不小于圈梁截面的附加圈梁。附加圈梁与圈梁的搭接长度应不小于 $2h$，亦不小于 1000mm，如图 7.8 所示。

(4) 设构造柱。由于砖砌体系脆性材料，抗震能力较差，因此在地震设防区，对砖石结构建筑的高度、横墙间距、圈梁设置以及墙体的局部尺寸都提出了一定的限制和要求，必须按抗震设计规范考虑。此外，为增强建筑物的整体刚度和稳定性，还要求提高砌体砌筑砂浆的强度以及设置钢筋混凝土构造柱。钢筋混凝土构造柱是从构造角度考虑设置的，一般设在建筑物的四角、内外墙交接处、楼梯间、电梯间及较长的墙体中，如图 7.9 所示。

学习重点

重点关注：

1. 墙身加固的主要措施。

分析与思考：

1. 块材墙如何拼接？
2. 圈梁的类型、作用位置与构造。
3. 构造柱的作用与构造。

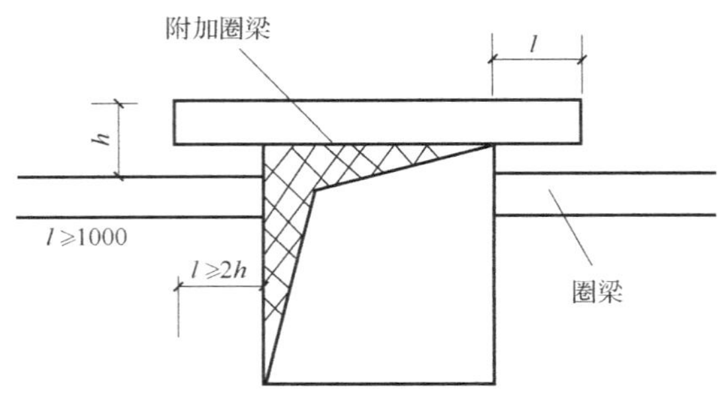

图 7.8　附加圈梁

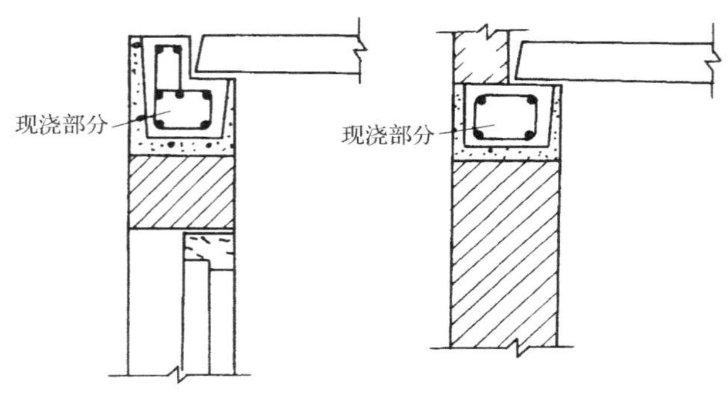

图 7.9　砌块凹槽内配筋

构造柱必须与圈梁及墙体紧密连接，使整个建筑物形成空间骨架，从而增强建筑物的整体刚度，提高墙体的应变能力，使墙体由脆性变为延性较好的结构，做到裂而不倒。构造柱下端应锚固于钢筋混凝土基础或基础梁内。柱截面应不小于 180mm×240mm。主筋一般采用 4ϕ12 或 4ϕ14，箍筋采用 ϕ6，间距不大于 250mm，墙与柱之间应沿墙高每 500mm 设 2ϕ6 钢筋连接，每边伸入墙内不少于 1000mm，施工时先砌墙，把墙砌成马牙状，随着墙体的上升而逐段现浇混凝土柱身，如图 7.10 所示。构造柱的设置应与结构设计统一考虑。

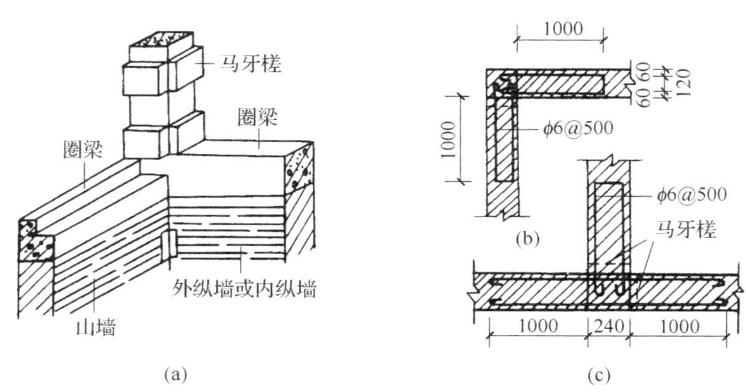

图 7.10　砖砌体中的构造柱

3. 防火墙

为防止火灾的发生、蔓延、扩大，除建筑设计时考虑到防火分区分隔、选用难燃和不燃烧材料制作构件、增加消防设施之外，在墙体构造上，尚需注意防火墙的设置。防火墙的作用在于截断火源，防止火势蔓延。

根据防火规范规定，防火墙的耐火极限应不小于 4.0h，防火墙上不应开设门窗洞口，如必须开设时，应采用甲级防火门窗，并应能自动关闭；防火墙内不应设置排气道，民用建筑如必须设置时，其两侧的墙身截面厚度均不应小于 120mm；防火墙应截断燃烧体或难燃烧体的屋顶结构，并应高出非燃烧体屋面不小于 400mm，高出燃烧体或难燃烧体屋面不小于 500mm，如图 7.11 所示。建筑物内的防火墙不应设在转角处。如设在转角附近，内转角两侧上的门窗洞口之间最近的水平距离不应小于 4m；紧靠防火墙两侧的门窗洞口之间最近的水平距离不应小于 2m，如装有耐火极限不低于 0.9h 的非燃烧体固定窗扇的采光窗（包括转角墙上的窗洞），可不受距离的限制。有关防火墙的具体构造要求，参见《建筑设计防火规范》(GB50016－2006)。

图 7.11　防火墙的设置

4. 过梁与圈梁

当墙体上开设门窗洞口时，为了支撑洞口上部砌体传来的各种荷载，并将这些荷载传给窗间墙，常在门窗洞口上设置横梁，被称为过梁。过梁的形式较多，可直接用砖砌筑，也可用钢筋混凝土、木材和型钢制作。砖砌过梁和钢筋混凝土过梁采用较广。

钢筋混凝土过梁一般不受跨度（L）的限制，过梁宽度一般同墙厚，高度与砖的皮数相适应。常为 120mm、180mm、240mm。过梁伸入两侧支座处不少于 240mm，钢筋混凝土过梁分为现浇和预制两种类型，预制钢筋混凝土过梁具有施工方便、速度快、省模板和便于窗洞口上挑出装饰线条等优点，应用较广。钢筋混凝土过梁是砌体中导热系数最大的嵌入体，在寒冷地区不应贯通砌体整个厚度，应做局部保温处理以避免冷桥，如图 7.12 所示。

过梁是砌块墙的重要构件之一，既起连系梁和承受门窗洞口上荷载的作用，同时又是一种可调砌块。层高和砌块出现差异时，过梁高度的变化可起调解作用，从而使砌块的通用性更大。

学习重点

重点关注：

1. 窗台的作用。

分析与思考：

1. 防火墙的设置。
2. 砌块墙的缝型、通缝如何处理？
3. 窗台有几种构造做法。

砌块建筑每层应设圈梁，用以加强砌块墙的整体性，当圈梁与过梁位置接近时，往往圈梁与过梁合二为一。圈梁有现浇和预制两种，现浇圈梁整体性强，对加固墙身较为有利，但施工麻烦，故不少地区采用U形砌块代替模板，然后在凹槽内配置钢筋，再现浇混凝土。

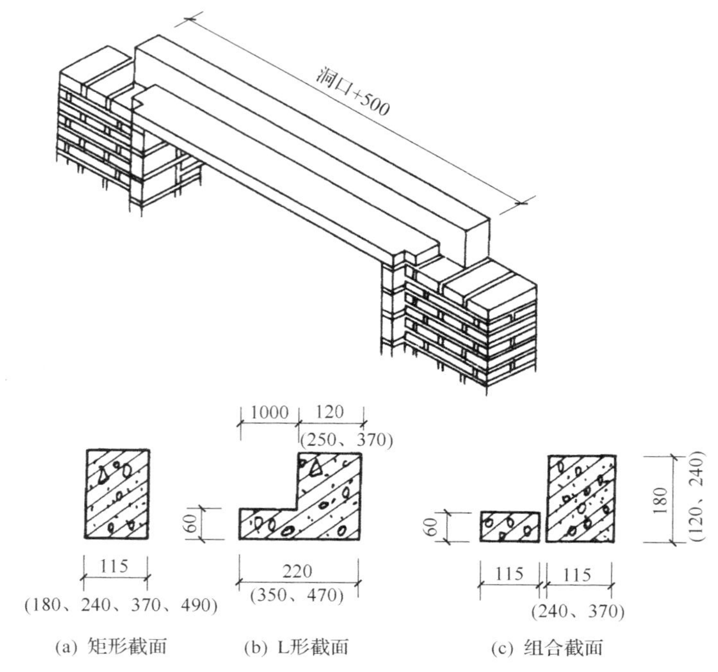

图 7.12　钢筋混凝土过梁

5. 窗台

为避免顺窗面淌下的雨水聚集窗洞下部或沿窗下框与窗洞之间的缝隙向室内渗流，也为了避免污染墙面，应在窗沿下靠室外一侧设置窗台。窗台有悬挑窗台、不悬挑窗台两种，常见做法是将砖侧立斜砌，凸出外面约60mm，然后上表面抹水泥砂浆或用水泥砂浆嵌缝，如图7.13(a)所示，也可将砖平砌如图7.13(b)所示，再用水泥砂浆抹成斜面，以利排水。窗台下边必须抹滴水槽，避免水污染墙面。但也有不少建筑取消了悬挑窗台，采用在上表面抹水泥砂浆斜面的窗台，如图7.13(c)所示，此种做法不可避免的将出现尿墙现象。

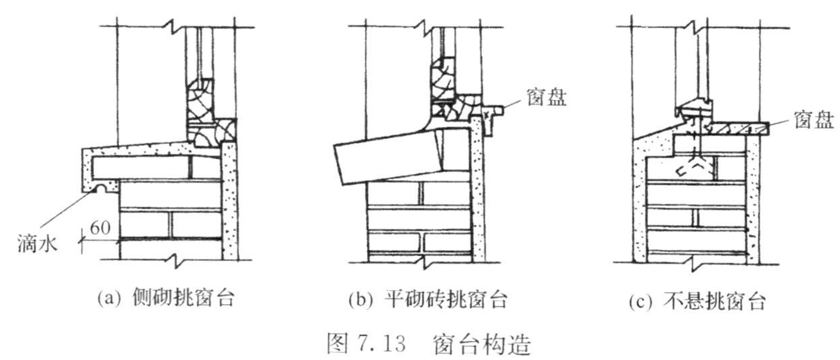

图 7.13　窗台构造

6. 勒脚

外墙与室外地面接近部位称为勒脚，它经常遭受雨水的浸溅，同时由基础吸收土壤中的水分，上升到地面以上的墙体内，这些水分造成墙身风化，墙面潮湿，滋生霉菌，粉刷脱落，冻融破坏，影响建筑的坚固、耐久、使用、美观，须采取相应的措施加以防范。

1）勒脚种类

（1）石砌勒脚。

采用较坚固的材料（如用石块）进行砌筑，标准较高的建筑可用斩假石或以石板贴面进行保护，如图 7.14(a)、(b)所示。

（2）抹灰勒角。

在勒角部位用 1∶2.5 水泥砂浆或水刷石外抹，这种做法简单经济，得到了广泛的应用，如图 7.14(c)、(d)所示。

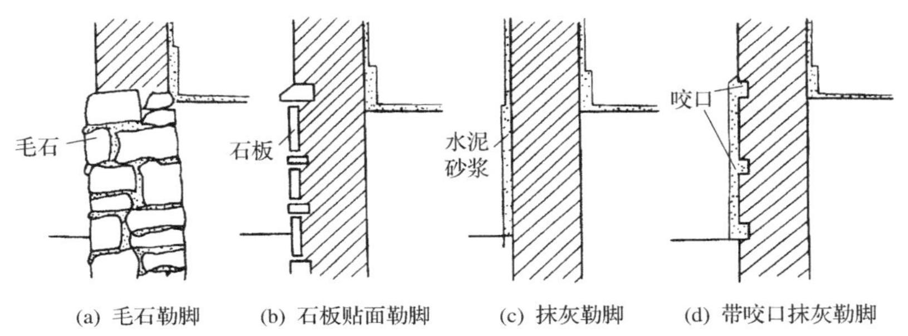

图 7.14　勒角示意图

2）勒角的防潮

除雨、雪的侵袭外，地表水和土壤潮气很容易侵入勒角，由于砌体的毛细作用，水分不断上升，严重时可高达二层楼。墙身受潮影响建筑物的使用质量、人体健康和建筑物的耐久性，如图 7.15 所示，因此在构造上，须采取防潮措施，通常是设置水平防潮层和垂直防潮层。

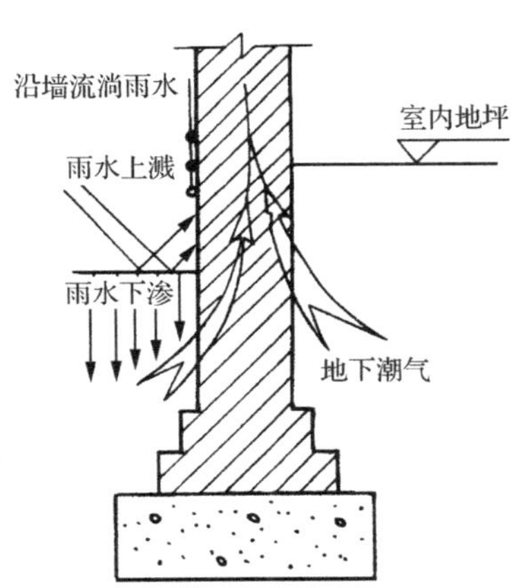

图 7.15　墙身受潮示意

（1）水平防潮层：水平防潮层一般是指建筑物墙体内靠室外地坪附近沿水平方向设置的防潮层，以隔绝地潮等对墙身的影响。水平防潮层根据材料的不同，有油毡防潮层、防水砂浆找平层和配筋细石混凝土防潮层，如图 7.16 所示。

学习重点

重点关注：

1. 勒角构造设计。

分析与思考：

1. 勒角的位置和作用。
2. 勒角通常有几种构造设计方法？

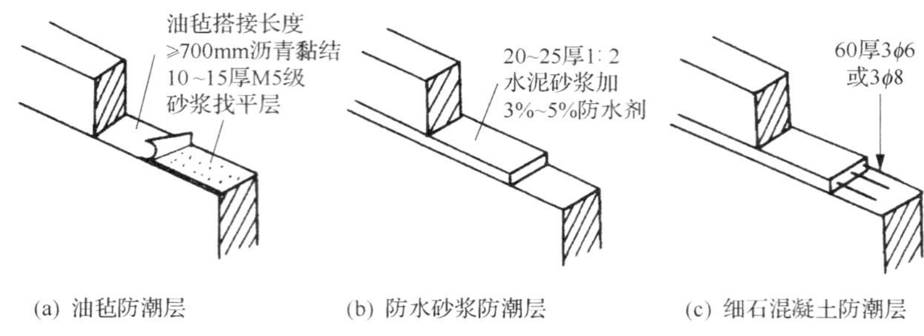

图 7.16　墙身水平防潮层

油毡防潮层具有一定的韧性、延伸性和良好的防潮性。在铺油毡前，铺设一层10～15mm 厚的砂浆找平层，然后将比墙厚宽 10～20mm 的油毡铺上，油毡之间的搭接长度不小于 70mm。由于油毡层降低了上下砖砌体之间的黏结力，故油毡防潮层不宜用于下端按固定端考虑的砌体和有抗震设防要求的建筑中。油毡的使用年限一般只有 20 年，因此，长期使用也极为不利。

砂浆防潮层是在需要设置防潮层的部位铺设防水砂浆或用防水砂浆砌筑 2～3 皮砖。防水砂浆是在水泥砂浆中加入 3%～5%防水剂制成。防潮层厚 20～25mm。防水砂浆防潮层克服了油毡防潮层的缺点，故特别适用于抗震地区。但由于砂浆系脆性材料，易开裂，故不适于地基会产生变形的建筑中。

为了提高防潮层的抗裂性能，常采用 60mm 厚的钢筋细石混凝土防潮层，内配 2～3 根 ϕ6 或 ϕ8 钢筋。由于它抗裂性能好，且能与砌体结合为一体，故适用于整体刚度较高的建筑中。水平防潮层应设置在距室外地面 150mm 以上的勒角砌体中，以防止地表水溅渗。同时考虑到建筑物室内地坪层填土或垫层的毛细作用，故将水平防潮层设置在底层地坪混凝土结构层之间的砖缝中（标高为－0.060m），使其更有效地起到防潮作用，如图 7.17 所示。

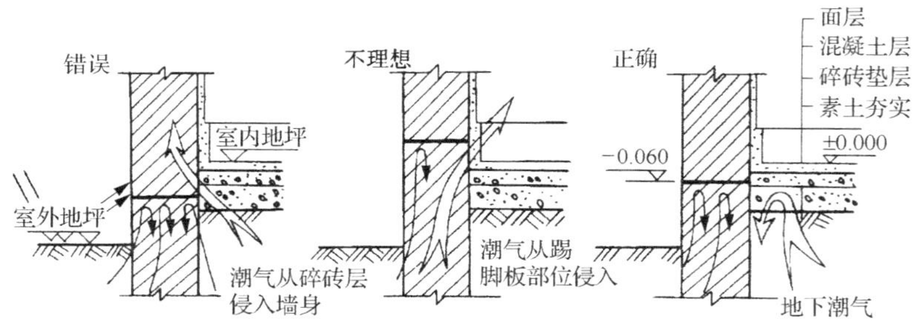

图 7.17　水平防潮层的设置位置

（2）垂直防潮层：当室内地坪出现高差或室内地坪低于室外地面时，对墙身不仅要求按地坪高差的不同设置两道水平防潮层，而且为了避免高地坪房间填土中的潮气侵入低地坪房间的墙面，对有高差部分的垂直墙面也要采取防潮措施。其具体做法是：在高地坪填土前，在两道水平防潮层之间的垂直墙面上，先用水泥砂浆抹灰 15～20mm，然后再刮热沥青两道，如图 7.18 所示。

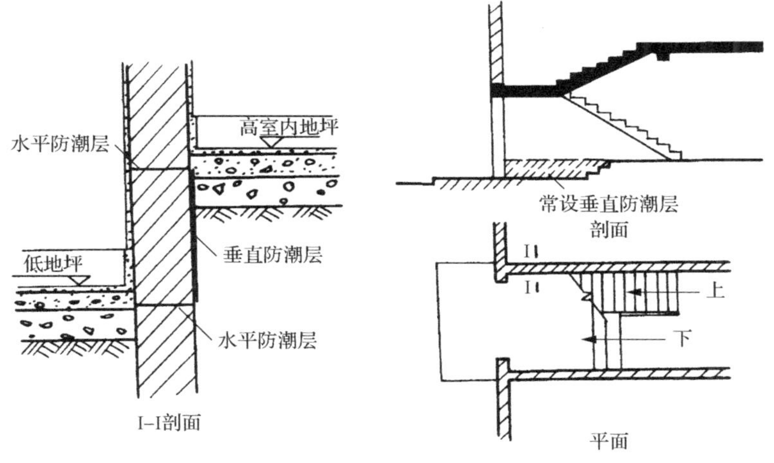

图 7.18　垂直防潮层

7. 明沟和散水

1）明沟

明沟是设置在外墙四角、将屋面落水有组织的导向地下排水集井的排水沟，其主要目的在于保护外墙墙基。明沟材料一般用素混凝土现浇，外抹水泥砂浆，或用砖砌筑，水泥砂浆抹面，如图 7.19 所示。

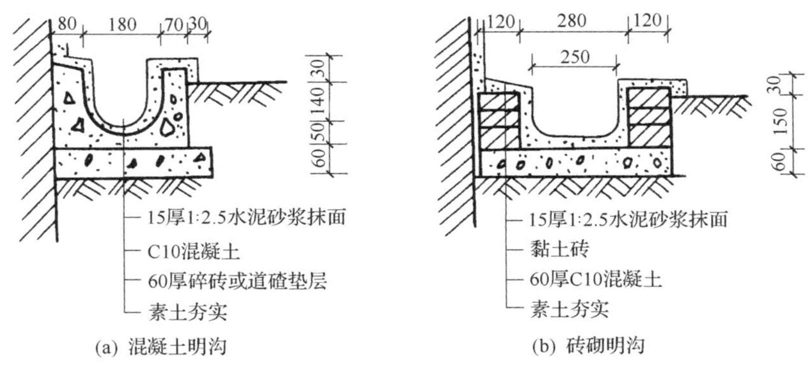

图 7.19　明沟构造

2）散水

为保护墙基不受雨水的侵蚀，常在外墙四周将地面做成向外倾斜的坡面，以便将屋面雨水排至远处，这一坡面称散水。散水所用材料与明沟相同，如图 7.20 所示。散水坡度约 5%，宽度一般为 600～1000mm。当屋面排水方式为自由落水时，要求其宽度比屋檐长 200mm。

学习重点

重点关注：

1. 墙身水平防潮层构造设计。
2. 散水构造设计。

分析与思考：

1. 墙身水平防潮层的作用、位置和做法。
2. 墙身水平防潮层通常有几种构造做法？
3. 墙身垂直防潮层的作用、位置和做法。

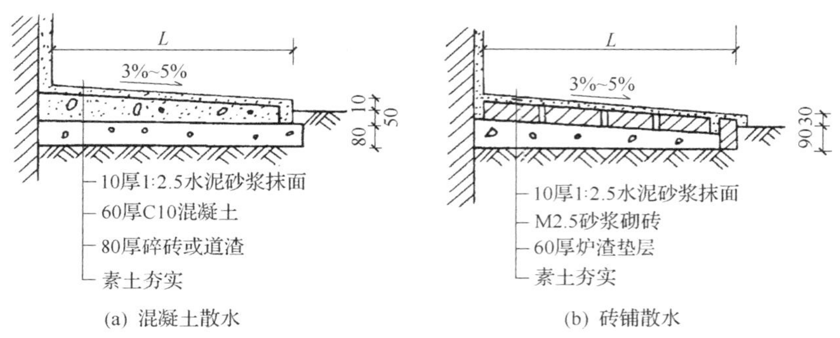

图 7.20　散水构造

7.2.3　复合墙

我国北方采暖地区，为改变建筑采暖能耗大、热环境质量差的状况，按国家节约能源政策，依据国家建筑部颁发的《民用建筑节能设计标准》，可采用复合墙。利用不同性能的材料进行组合，构成既承重又可保温的复合墙体。在这种结构中，轻质材料起保温作用，黏土砖负责承重。让不同性质的材料各自发挥其功能作用。在这种结构中，保温材料设置的位置是构造设计中必须考虑的问题。

按保温材料的设置，复合墙分为外保温墙、内保温墙和夹芯墙。

外保温墙是将保温材料设置室外低温一侧，将容重大、质地密实的砖砌体设于室内一侧，如图 7.21(a)所示。这时墙体的表面温度波动小，当供热不均匀或室外温度变化大时，可保证墙的内表面温度不会急剧下降。保温材料设于低温一侧，减少了保温材料内部产生凝结水的可能性，也避免了墙体内出现热桥。但是目前多数保温材料不能防水，且耐久性差，必须在其外侧增设保护层和防雨措施，增加了构造的复杂性和造价。

保温材料设在室内高温一侧的墙称内保温墙，如图 7.21(b)所示。它施工简单，造价较低，但室内的热稳定性差，保温材料内部容易产生凝结水，墙体中的热桥也不易消除。一般用于室内温度不高的原有建筑外墙保温改造，且须做好隔气层。

夹层保温砖墙是将保温材料放在两层砖砌体中间，如图 7.21(c)所示。保温材料常用膨胀珍珠岩及其制品、苯板、岩棉板等。设计时应注意内外两层砖砌之间的可靠拉结，并在勒角、窗台等处另加处理，以免保温层受潮，降低保温性能和墙的耐久性。

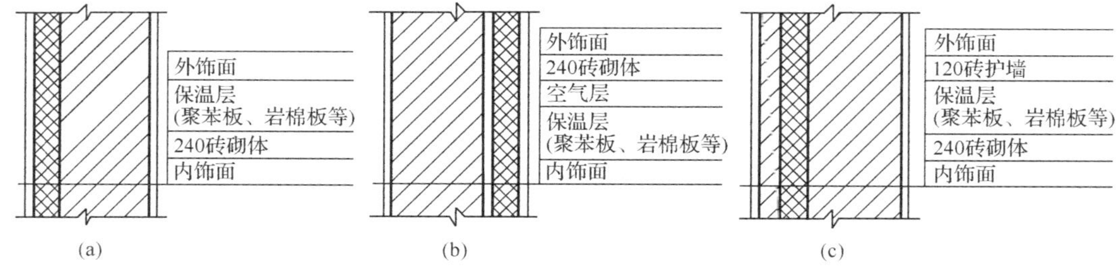

图 7.21　复合墙的构造

7.3 板　材　墙

7.3.1 压型钢板墙

压型钢板是用0.5～1.5mm厚的镀锌钢板、冷轧钢板或铝合金板，经辊压或冷弯成各种不同形状的板材，见表7.1，应用于建筑的外墙面。它具有质轻、强度高、刚度大、防火、抗震、美观和施工方便等优良性能和良好的综合技术经济指标。

表7.1　压型钢板的板型及零件

型号	断面形状	有效宽度/mm	有效利用系统/%	展开面积/mm²
V-115	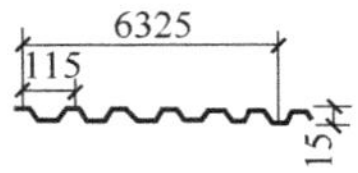 6325；115；15	6325	63	1000
V-115	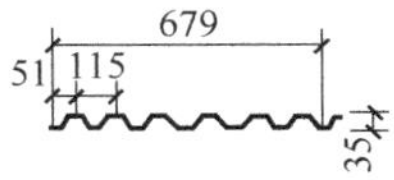 679；51；115；35	677	74	914
V-125	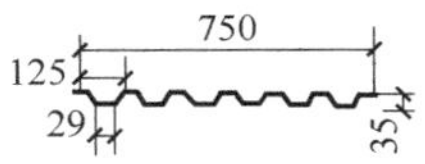 750；125；29；35	750	75	1000
V-220	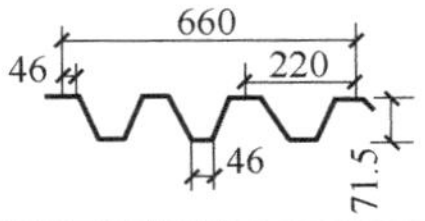 660；46；220；46；71.5	660	70	943
W-550	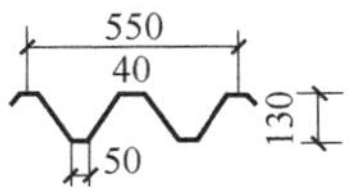 550；40；130；50	550	60	914
S-60	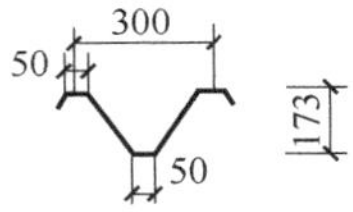 300；50；173；50	300	49	610
开花螺栓	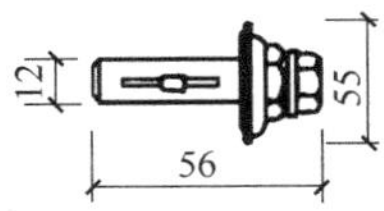 12；55；56	自攻螺丝	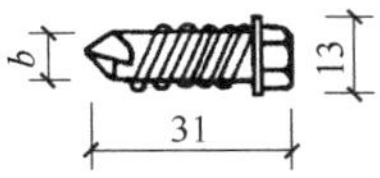 b；13；31	
膨胀铆钉	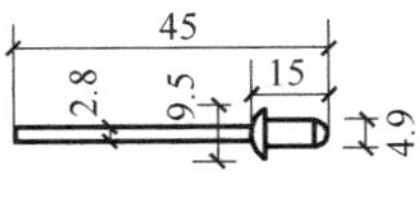 45；2.8；9.5；15；4.9	挂钩螺栓	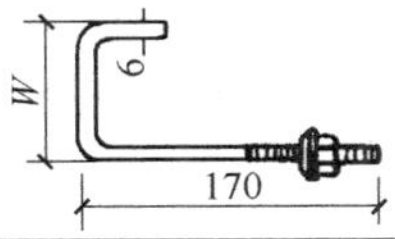 W；6；170	
墙头板	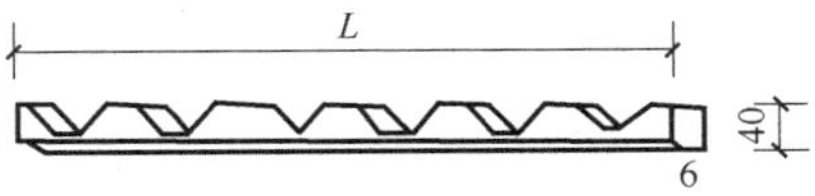 L；40；6			

重点关注：

1. 复合墙的特点与构造。

分析与思考：

1. 复合墙的类型及其优缺点。
2. 压型钢板墙如何匿定？
3. 压型钢板墙的边接方式。

压型钢板墙板是靠固定在柱上的水平梁固定的，墙梁与连系梁相似，但采用型钢制作，墙梁的间距随墙板的大小而定，墙梁与柱的连接有焊接和螺栓连接两种，如图 7.22 所示。压型钢板墙的构造力求简单、施工方便、与墙梁连接可靠，墙板在墙上的接缝应越少越好，这不仅施工简单，且能减少透风的缝隙。压型钢板的铺设从边部开始，由下而上依次进行，转角和泛水等各细部都应有足够的搭接长度，以利防水和防风。

压型钢板与墙梁的连接，是在压型钢板上钻 $\phi 6.5$ 的孔洞，然后用 M6 挂钩螺柱固定在墙梁上，亦可用电钻打孔及木螺丝式膨胀铆钉固定，如图 7.23 所示。对外墙转角和有伸缩缝处的细部构造如图 7.24 所示。

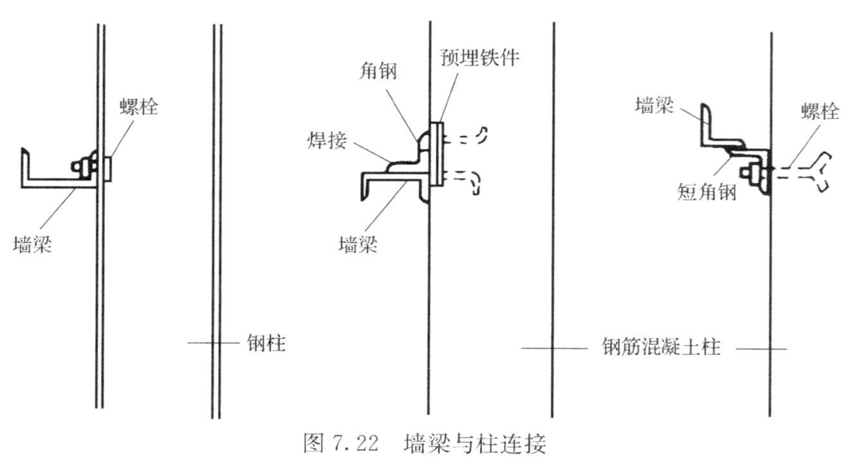

图 7.22　墙梁与柱连接

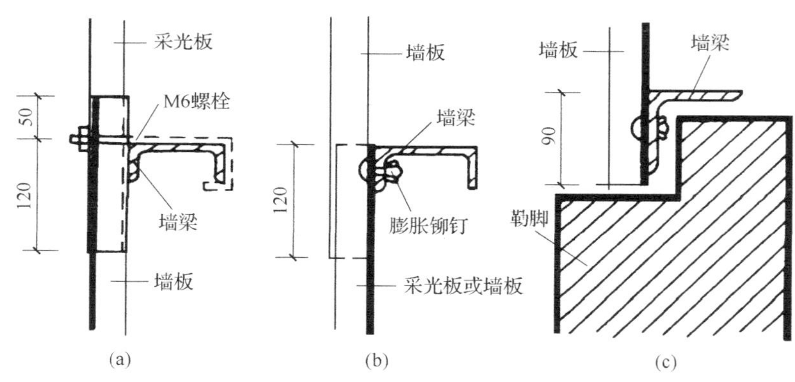

图 7.23　压型钢板上下搭接

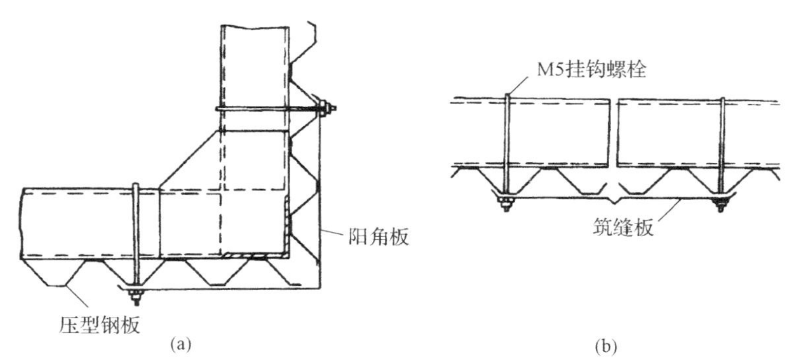

图 7.24　压型钢板墙板转角和伸缩缝处理

7.3.2 保温复合板材墙

1）压型钢板保温复合墙

压型钢板保温复合墙是由压型钢板与保温材料复合而成的新型板材墙，它具有较高的强度、较好的隔热性能与防水性能。此外，还具有自重较轻、外观平整、耐久性较好等特点。其广泛用于大型工业厂房、轻体建筑、冷库、移动房屋、展馆、体育馆、购物中心、机场、电厂、别墅、医院、办公楼等领域。

按照与压型钢板复合的保温材料来分，保温复合板材墙主要有：硬质聚氨酯保温板材墙、玻璃棉夹芯保温板材墙、岩棉夹芯保温板材墙等。

2）模塑聚苯乙烯（EPS）板材墙

模塑聚苯乙烯（EPS）板材墙是由 EPS 板、特种聚合胶泥、耐碱玻璃纤维网格布和饰面材料按照一定方式复合在一起，设置于建筑物外表，对建筑物起隔热、保温、防水、防火、装饰和保护作用的新型建筑构造体系。该技术将保温材料置于建筑物外墙外侧，不占用室内空间，保温效果明显。

EPS 是可发性聚苯乙烯板的简称。是原料经过预发、熟化、成型、烘干和切割等制成。它既可以制成不同密度、不同形状的泡沫制品，又可以生产出各种不同厚度的泡沫板材。EPS 泡沫板是一种热塑性材料，每立方米体积内含有 300 万～600 万个独立密闭气泡，内含空气的体积为 98%以上，由于空气的热传导性很小，且又被封闭于泡沫塑料中而不能对流，所以 EPS 是一种隔热保温性能非常优良的材料。目前为适应国家建筑节能要求，已经广泛用于建筑外墙外保温、冷库、室内地板采暖、建筑房顶保温隔热、电器电子包装、轻质隔热耐火砖等行业。

7.4 幕　　墙

建筑幕墙一般由结构体系与饰面板材组成，是不承担主体结构荷载与作用的建筑外围护结构。建筑幕墙不同于填充墙，它具有以下的特点：

（1）它是由面板和支承结构组成的完整的结构系统。

（2）它在自身平面内可以承受较大的变形或相对于主体结构有足够的位移能力。

（3）它不分担主体结构所受的荷载和作用。

幕墙通常由面板（玻璃、铝板、石板、陶瓷板等）和后面的支承结构（铝横梁立柱、钢结构、玻璃肋等）组成。这个外墙系统支撑在主体结构上，通常包封主体结构。由于面板之间有宽缝，面板与横梁立柱的连接有活动能力，所以幕墙在平面内，可以承受 1/100 的大变形。幕墙如果采用螺栓、摇臂、弹簧机构与主体结构连接，则可以在两者之间产生大的相对位移，甚至当主体结构侧移达到 1/60 时，幕墙也不会破坏。按照材料和市场应用情况，目前主流的建筑幕墙有玻璃幕墙、金属幕墙和石材幕墙三种。

学习重点

重点关注：

1. 建筑幕墙面的分类。

分析与思考：

1. 玻璃幕墙的分类。

7.4.1 玻璃幕墙

玻璃幕墙是当代的一种新型墙体，它将建筑美学、建筑功能和建筑结构等因素有机地统一起来。它由支承结构体系与玻璃组成，可相对主体结构有一定位移能力，不分担主体结构所受的荷载。建筑物从不同角度呈现出不同的色调，随阳光、月色、灯光的变化给人以动态的美。在世界各大洲的主要城市均建有宏伟华丽的玻璃幕墙建筑，如纽约世界贸易中心、芝加哥石油大厦、西尔斯大厦都采用了玻璃幕墙。香港中国银行大厦、北京长城饭店和上海联谊大厦也相继采用。但玻璃幕墙也存在着一些局限性，例如，光污染、能耗较大等问题。此外，玻璃幕墙光洁透明的表皮却并不耐污染，尤其在大气含尘量较多、空气污染严重、干旱少雨的北方地区，玻璃幕墙极易蒙尘纳垢，这对城市景观而言，非但不能增“光”，反而丢“脸”。所用材质低劣，施工质量不高，出现色泽不均匀、波纹各异，由于光反射的不可控制性，导致了光环境的杂乱。但这些问题随着新材料、新技术的不断出现，正逐步纳入到建筑造型、建筑材料、建筑节能的综合研究体系中。

玻璃幕墙有单层、两层和三层之分，单层、两层中空玻璃由两层玻璃加密封框架，形成一个夹层空间；三层玻璃则是由三层玻璃构成两个夹层空间，具有隔音、隔热、防结霜、防潮、抗风压、强度大等优点。夏天阳光可以透过玻璃幕墙，但晒在身上不会感到炎热。使用的房间可以做到冬暖夏凉，极大地改善了生活环境。

1. 明框玻璃幕墙

如图 7.25 和图 7.26 所示，明框玻璃幕墙是金属框架构件显露在外表面的玻璃幕墙。它以特殊断面的铝合金型材为框架，玻璃面板全嵌入型材的凹槽内。其特点在于铝合金型材本身兼有骨架结构和固定玻璃的双重作用。

图 7.25 明框玻璃幕墙的外观和内部效果

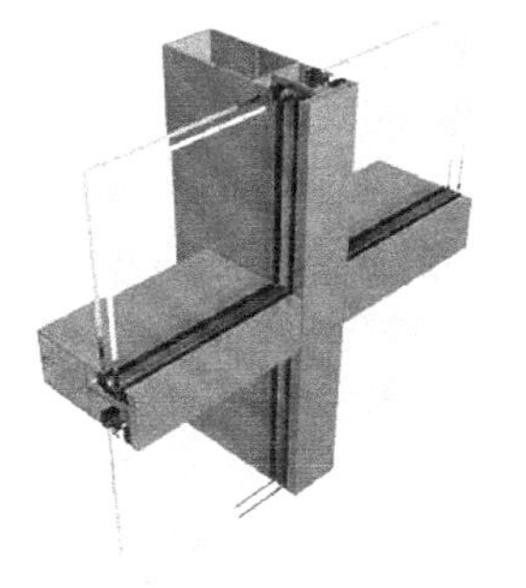

图 7.26 明框玻璃幕墙的固结

2. 隐框玻璃幕墙

如图 7.27～图 7.29 所示，隐框玻璃幕墙的金属框隐蔽在玻璃的背面，室外看不见金属框。隐框玻璃幕墙又可分为全隐框玻璃幕墙和半隐框玻璃幕墙两种，半隐框玻璃幕墙可以是横明竖隐，也可以是竖明横隐。隐框玻璃幕墙的构造特点是：玻璃在铝框外侧，用硅酮结构密封胶把玻璃与铝框黏结。幕墙的荷载主要靠密封胶承受。

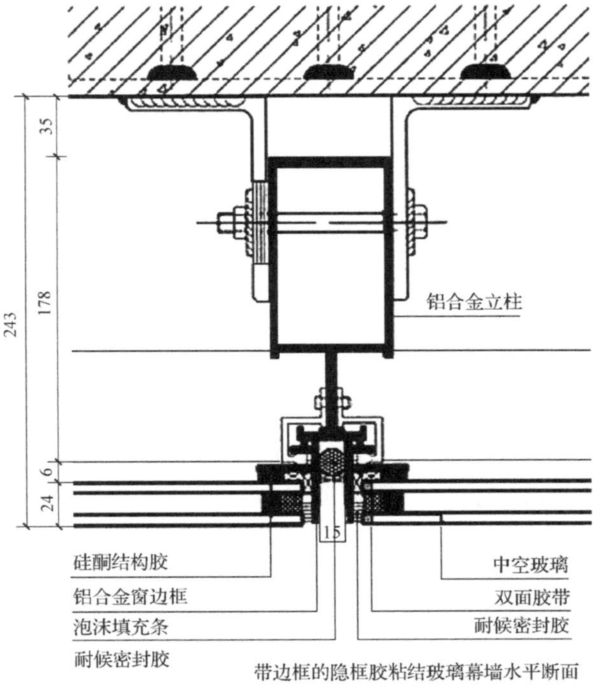

35
178
243
6
24
15
铝合金立柱
硅酮结构胶
铝合金窗边框
泡沫填充条
耐候密封胶
中空玻璃
双面胶带
耐候密封胶
带边框的隐框胶粘结玻璃幕墙水平断面

图 7.27　隐框玻璃幕墙水平连接构造

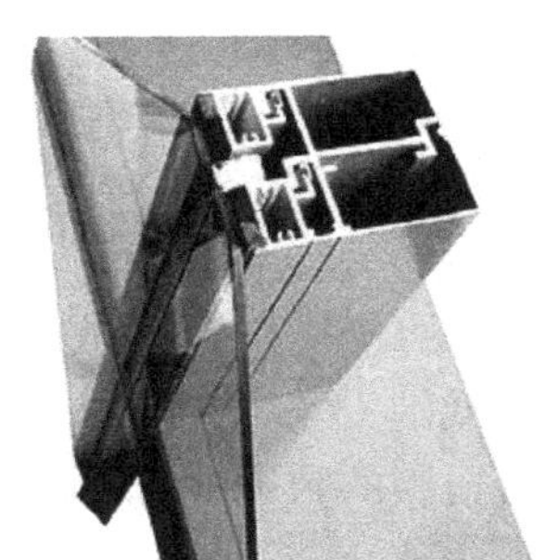

图 7.28　隐框玻璃幕墙的固结

35
178
6
24
24
15
铝合金盖板
L形固定件
铝合金横梁
硅酮结构胶
双面胶带
泡沫填充条
耐候密封胶
铝合金窗边框
中空玻璃
带边框的隐框胶黏结玻璃幕墙竖向断面

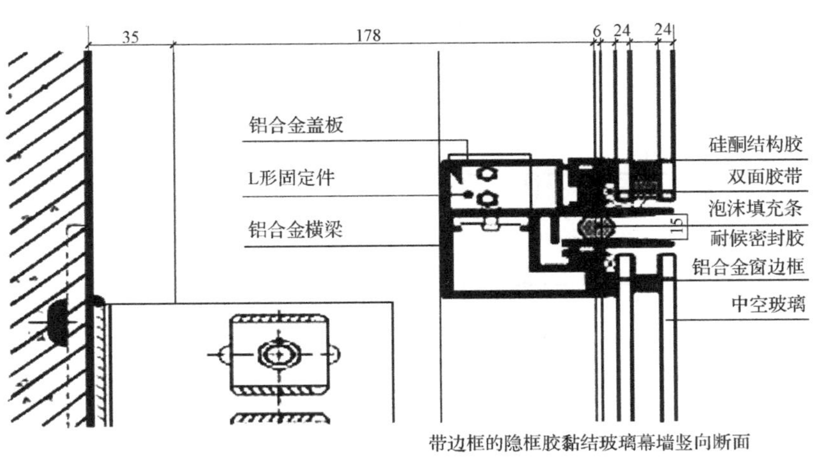

图 7.29　隐框玻璃幕墙竖向连接构造

学习重点

重点关注：

1. 点式玻璃幕墙的构造。

3. 点支式玻璃幕墙

点支式玻璃幕墙是近年来新出现的一种支承方式。一经出现，发展迅速。下面对这种较新型的支承方式作一介绍。

1）点式玻璃幕墙的分类

按照支承结构的不同方式，点式玻璃幕墙在形式上可分为以下几种：

（1）金属支承结构点式玻璃幕墙是目前采用最多的一种形式，它是用金属材料做支承结构体系，通过金属连接件和紧固件将玻璃牢固地固定在它上面，十分安全可靠。充分利用金属结构的灵活多变以满足建筑造型的需要，人们可以透过玻璃清楚地看到支承玻璃的整个结构体系。玻璃的晶莹剔透和金属结构的坚固结实，体现了“美”与“力”，增强了“虚”、“实”对比的效果。

（2）全玻璃结构点式玻璃幕墙通过金属连接件及紧固件将玻璃支承结构（玻璃肋）与玻璃连成整体，成为建筑围护结构。施工简便造价低，玻璃面和肋构成开阔的视野，使人赏心悦目，建筑物室内、外空间达到最大程度的视觉交融。

图 7.30　拉杆（索）结构点式墙

（3）拉杆（索）结构点式玻璃幕墙采用不锈钢拉杆或用与玻璃分缝相对应拉索做成幕墙的支承结构。玻璃通过金属连接件与其固定。在建筑中充分运用机械加工的精度，使构件均为受拉杆件，因此，施工时要加以预应力，这种柔接可降低震动时玻璃的破损率，如图 7.30 所示。

2）点式玻璃幕墙的组成

（1）支承体系。支承体系是将玻璃所受的各种荷载直接传递到建筑主体结构上，因此，它是主要受力构件。一般根据承受荷载的大小和建筑造型来确定结构形式和材料，如玻璃肋、不锈钢立柱、铝型材柱或加上适当的防腐、防面处理的钢桁架、钢立柱及不锈钢拉杆（索）等，如图 7.31 和图 7.32 所示。

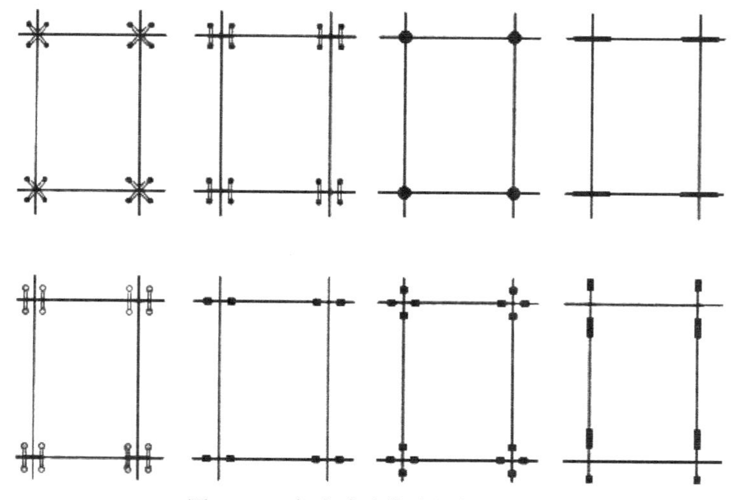
图 7.31　点式玻璃幕墙的锚点方式

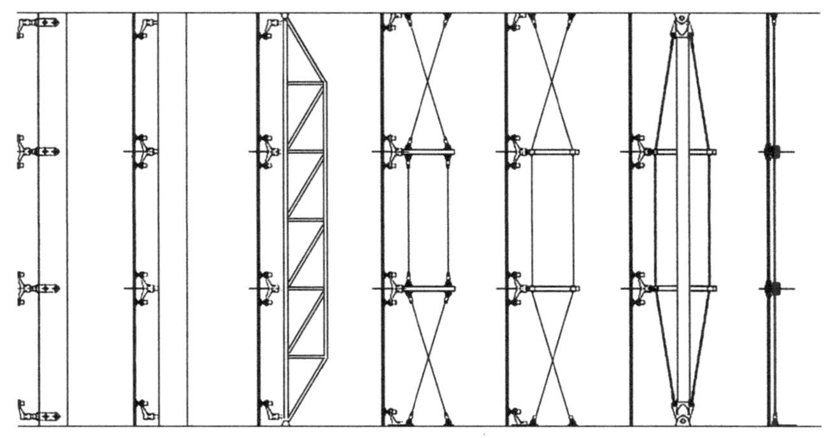

图 7.32　玻璃与不同支撑构件的连接构造

(2) 金属连接件。金属连接件包括固定件（俗称爪座和爪子）和扣件。固定件通常用不锈普通钢铸造而成，而扣件则是不锈钢机加工件。考虑到金属相容性，爪座必须采用与支承体系相同的材质，或使用机械固定，如图 7.33 所示。金属连接件是建筑点式技术的精华所在。它把面玻璃固定在支承结构上，不仅产生玻璃孔边缘附加应力，而且能够允许少量的位移来调节由于建筑安装带来的施工误差，同时还有减震措施以提高抗震能力，因此设计时考虑的因素是多方面的。

图 7.33　点式玻璃幕墙连接件

(3) 金属连接件还产生显著的装饰效果，因此它除满足功能上的要求之外，还要有优美的造型设计和精细的加工制造，起“画龙点睛”的作用。

3) 点式玻璃幕墙的选材

建筑点式玻璃幕墙所用的玻璃，由于钻孔而导致孔边玻璃强度降低约 30%，因此建筑点式玻璃幕墙必须采用强度较高的钢化玻璃（钢化玻璃的抗冲击强度是浮法玻璃的 3.5 倍，抗弯强度是浮法玻璃的 2.5 倍)，钢化玻璃另一个重要特性是使用安全，在遇到较大外力而破坏时产生无锐角的细小碎块（俗称“玻璃雨”)，不易伤人。

当地处北方的建筑物或对保温隔热有较高要求的建筑物，往往采用中空玻璃，它是在两片玻璃之间有一干燥的空气层或惰性气体层，中空玻璃能大幅度提高保温隔热性能的原因是玻璃的传热系数 K 值为

学习重点

重点关注：

1. 玻璃幕墙的优缺点。

0.8W/(m^2·K)，而空气的 K 值为 0.03W/(m^2·K)，惰性气体就更低了。另外，中空玻璃防结露和隔音性能都比较好。

在人流比较大或采光顶这类对安全性能要求高的场合，往往选用夹胶玻璃，即在两层玻璃之间夹入聚乙烯醇缩丁醛（PVB）胶片，使碎片与 PVB 胶片粘在一起，避免玻璃掉落而造成人员伤害或财产损失。

4）点式玻璃幕墙的密封材料

玻璃与玻璃之间采用耐候硅酮胶密封，玻璃与金属结构之间采用结构硅酮胶黏结。建筑点式玻璃技术中密封胶只起密封作用，不必进行强度计算。在使用前必须进行胶与接触材料的相容性试验，性能检测合格，并且在有效期内使用，严格遵守操作规程，以确保施工质量。

此外，国外还有双层表皮的玻璃幕墙技术。这是一种把生态技术融入到建筑材料中的节能措施，其大幅度地降低了对不可再生能源的利用，成功地把美学、技术以及功能有机地结合在一起，从而形成了自己独特的创作风格。比如，德国的埃森 RWE 办公大楼（见图 7.34）。整个圆形的大楼外表被“双层皮”幕墙包裹，用于有效的太阳热能储备；内层设置可开启的无框玻璃窗，可使办公室空气自然流通。每层楼板处有形状如“鱼嘴”的金属构件水平划分外立面，自然风可以由“鱼嘴”吸入和呼出，在“双层皮”幕墙的夹缝中穿行，内层的窗户可以根据需要打开（见图 7.35）。整个大楼 70%通过自然的方式进行通风，热能节约在 30%以上。

图 7.34　双层皮玻璃幕墙外观

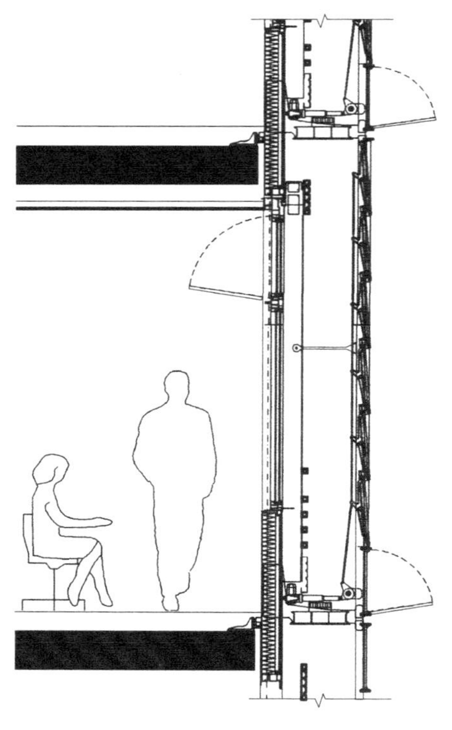

图 7.35　双层皮玻璃幕墙构造

7.4.2 金属幕墙

1. 金属幕墙的发展概述

由金属结构与板材组成，不承担主体结构荷载与作用的建筑外围护结构。从笨重性走向更轻型的板材和结构，比如天然石材厚度为25mm，而新型金属材料最薄达到6mm。由品种少逐步走向多类型的板材且具有更丰富的色彩。目前有铝板、钛板和铜板以及塑铝板、陶瓷板、高压层板、水泥纤丝维板、玻璃、无机玻璃钢等近60种板材应用在外墙。金属幕墙具有更高的安全性能（从钢销式发展到背栓式，连接方式简单，安全系数高）、更灵活方便快捷的施工技术、更高的防水性能，更长的使用寿命（从封闭式幕墙发展到开放式幕墙），且环保节能等特点（天然石材具有放射性、不耐酸碱、抗污性差），如图7.36～图7.38所示。

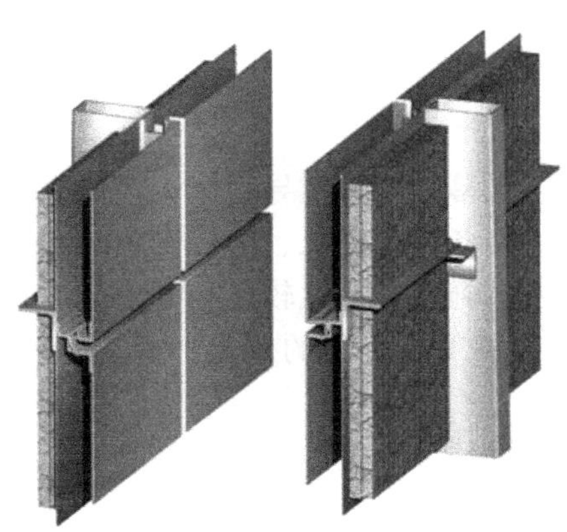

图7.36 干挂金属板与墙面

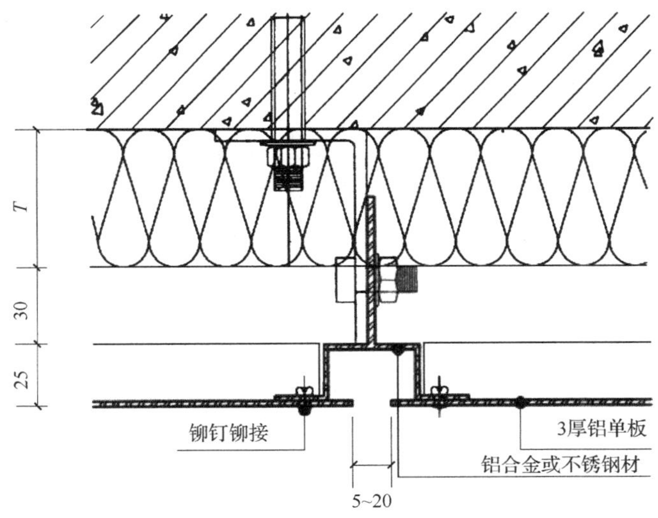

图7.37 单层铝板露明铆钉开缝式构造

学习重点

重点关注：

1. 金属幕墙面的特点。

分析与思考：

1. 金属幕墙的构造要求。

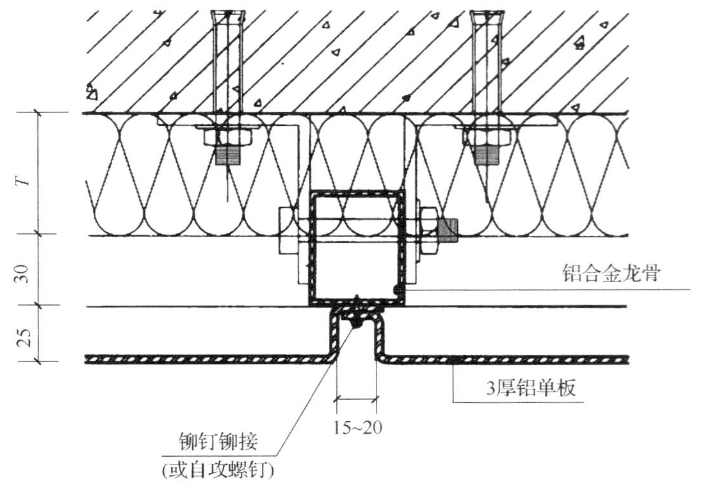

图 7.38　单层铝板开缝式构造

1）优点

金属幕墙中的铝板幕墙一直在金属幕墙中占主导地位，轻量化的材质，减少了建筑的负荷，为高层建筑提供了良好的选择条件；防水、防污、防腐蚀性能优良，保证了建筑外表面持久长新；加工、运输、安装施工等都比较容易实施，为其广泛使用提供强有力的支持；色彩的多样性及可以组合加工成不同的外观形状，拓展了建筑师的设计空间；较高的性能价格比、易于维护、使用寿命长，符合业主的要求。因此，金属幕墙作为一种极富冲击力的建筑形式，备受青睐。如中国国家大剧院就选用了钛合金板的金属幕墙，如图 7.39 所示。

图 7.39　国家大剧院的钛金属幕

2）缺点

金属幕墙造价偏高，比如已经在建筑中应用的钛金属板，过高的造价使其并不能普及使用。金属幕墙施工工艺要求高，对防火、防锈蚀要求高，在空气中容易氧化，板之间的接缝容易出现浸渗而影响建筑外观效果。

2. 金属幕墙的构造要求

(1) 幕墙系统的抗变形能力。

必须对幕墙系统的每个重要部位进行科学的力学计算，考虑风压、自重、地震、温度等作用对幕墙系统的影响，对埋件、连接系统、龙骨系统、面板及紧固件进行仔细校核，确保幕墙的安全性。

（2）板块是否采用浮动连接。

浮动式连接保证了幕墙变形后的恢复能力，保证幕墙的整体性，不会使幕墙因受作用力而造成变形，避免幕墙表面鼓凸或凹陷情况的发生。

（3）板块的固定方式。

板块的固定方式对板块的安装平整度起着决定性作用。板块各个固定点的受力不一致会造成面材的变形，影响外饰效果，所以板块的固定方式必须采用定距压紧的固定方式，保证幕墙表面的平整度。

（4）复合型面板材料拆边处应有补强措施。

因复合型面板材料的拆边只保留了正面板材厚度，厚度变薄，强度降低，所以拆边必须有可靠的补强措施。

（5）板背面应合理设置加强筋，以增加板面的强度和刚度。

加强筋的布置距离以及加强筋本身的强度和刚度，均必须满足要求，以保证幕墙的使用功能及安全性。

（6）选择防水密封方式。

防水密封方式很多，结构防水、内部防水、打胶密封，不同的密封方式价格也不尽相同，选择合适的密封方式用于工程中，保证幕墙的功能及外饰效果。

（7）选用材料应满足规范、标准及设计要求。

7.5 隔　　墙

非承重的内墙称为隔墙，起着分隔房间的作用。作为隔墙，根据所处条件不同，应分别满足自重轻、隔声、防潮、防水等不同的要求。常见的有块材隔墙、轻骨架隔墙、板材隔墙、玻璃隔断等。

7.5.1 块材隔墙

块材隔墙系指利用普通砖、空心砖、多孔砖、实心砌块以及各种轻质砌块等砌筑的墙体。

1. 普通砖砌隔墙

普通砖砌隔墙为120mm厚砖砌隔墙和60mm厚隔墙。

60mm厚砖砌隔墙，由于是标准砖侧砌，墙的自身稳定性较差。其高度一般不应超过2.8m，长度不超过3.0m，用M5.0以上砂浆砌筑，多用于住宅厨房与卫生间之间的分隔。

120mm厚砖砌隔墙，应采用M2.5砂浆砌筑，其高度不超过3.6m，长度不超过5m。当采用M5.0级砂浆砌筑时，高度不超过5m，长度不超

学习重点

构造设计要求要点：

1. 足够的强度和稳定性。
2. 防潮、防水。
3. 隔声。
4. 防火。
5. 自重轻。

重点关注：

1. 块材隔墙构造。

分析与思考：

1. 砌块隔墙常用的砌块种类、特点与构造。

过 6m。否则在构造上除砌筑时应与承重墙或柱固结外，还应在墙身每隔 1.2m 处加 2ϕ6 拉结钢筋予以加固，如图 7.40 所示。

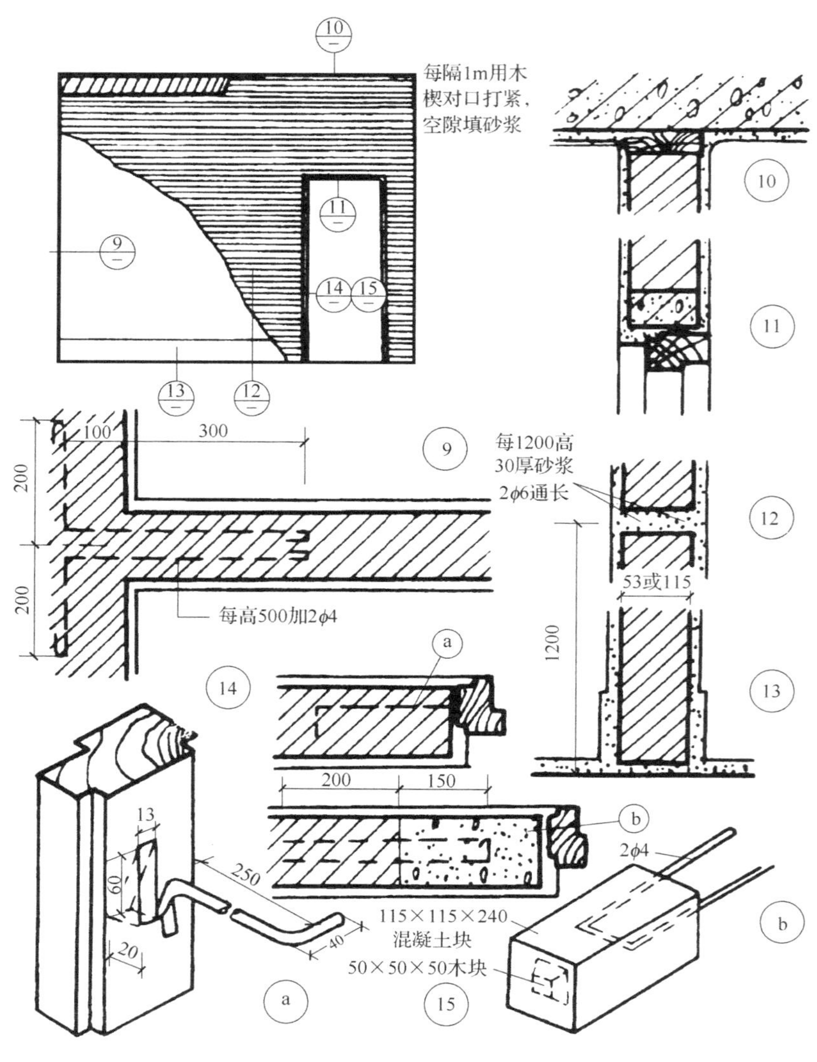

图 7.40　砖隔墙

2. 多孔砖、空心砖及砌块墙

多孔砖或空心砖作隔墙多采用立砌，厚度在 90mm、60mm 和 120mm 厚砖墙之间，其加固措施可以参照以上两种隔墙进行构造处理。在接合处如果无半块砌块时，可采用普通砖填嵌空隙。砌块隔墙多采用粉煤灰硅酸盐、加气混凝土、陶粒混凝土、水泥煤渣制成的实心或空心砌块砌筑而成。墙厚由砌块尺寸定，一般为 150～200。由于墙体稳定性较差，需要对墙身加固处理。一般沿墙水平方向配以钢筋，如图 7.41 和图 7.42 所示。

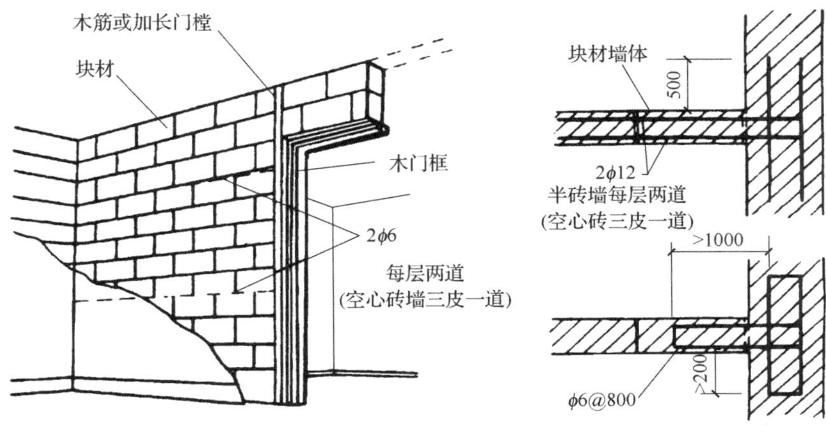

图 7.41　砌块隔墙

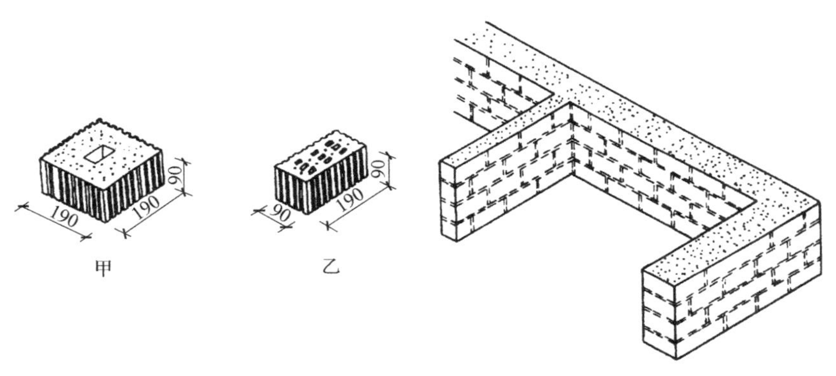

图 7.42　多孔砖的规格及墙的砌结

7.5.2　轻骨架隔墙

轻骨架隔墙有木筋骨架隔墙和轻钢骨架隔墙。

1. 木筋骨架隔墙

木筋骨架隔墙根据饰面材料的不同有灰板条隔墙、装饰板隔墙和镶板隔墙等。由于它们自重轻、构造简单，因而应用较广。

1) 木骨架

木骨架由上槛、下槛、墙筋、斜撑及横档等构成，如图 7.43 所示，墙筋靠上下槛固定。上下槛及墙筋断面一般为 50mm×70mm 或 50mm×100mm。墙筋之间沿高度每隔 1.2m 左右设斜撑一道，当表面为铺钉面板时，斜撑改为横档。斜撑或横档的断面与墙筋相同，墙筋与横档的间距由饰面材料规格而定，通常取 400mm、600mm。一般灰板条饰面取 400mm，胶合板、纤维板饰面取 600mm。

学习重点

构造设计要点：

1. 木骨架隔墙由哪些构件组成？

分析与思考：

1. 木骨架隔墙的特点及构造。
2. 木骨架隔墙饰面由哪些材料组成？

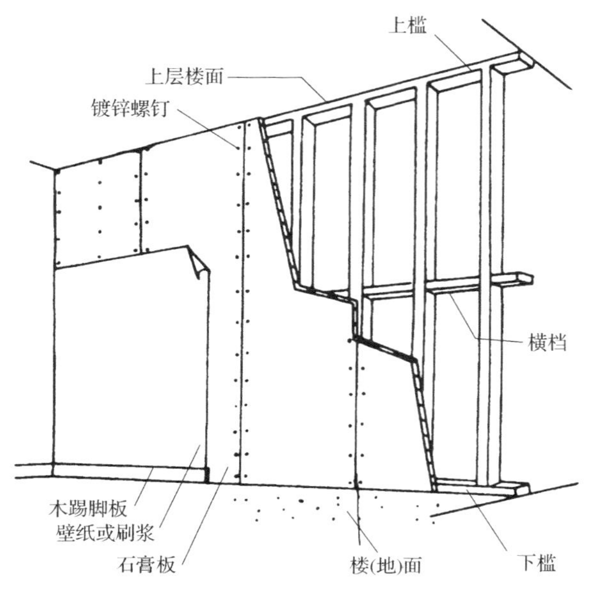

图 7.43　木筋骨架隔墙

2）隔墙饰面

隔墙饰面系在木骨架上铺饰各种饰面材料包括灰板条抹灰、装饰吸声板、钙塑板、纸面石膏板、水泥刨花板、水泥石膏板纤维板和胶合板，如图 7.44 所示。

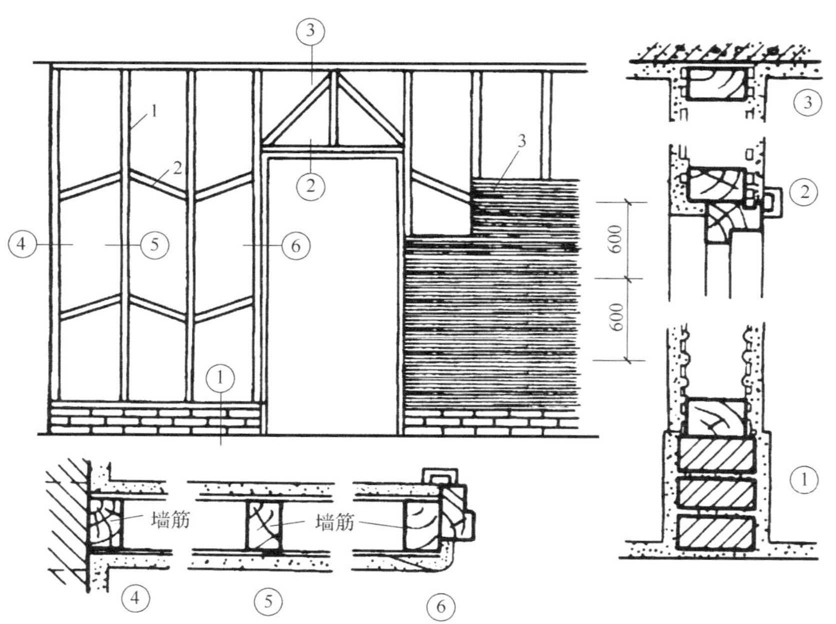

图 7.44　灰板条抹灰隔墙

1. 墙筋；2. 斜撑；3. 板条

灰板条抹灰隔墙系在墙筋上钉灰板条，然后抹灰。灰板条尺寸一般为 6mm×30mm×1200mm，钉在墙筋上，其间隙为 9mm，以便让底灰挤入板条间隙的里边，咬住灰板条。钉板条时，一根灰板条搭接三个墙筋间距或两个间距。为避免因板条搭接接缝在一根墙筋上过多，导致外部抹灰开裂、脱落，当板条搭接接缝达 600mm 时，必须使接缝位置错开，如图 7.44 所示。

2. 金属骨架隔墙

金属骨架隔墙是在金属骨架外铺钉面板而制成的隔墙，它具有重量轻、强度高、刚度大、结构整体性好等特点。骨架由各种形式的薄壁型钢加工而成，如图 7.45 所示。

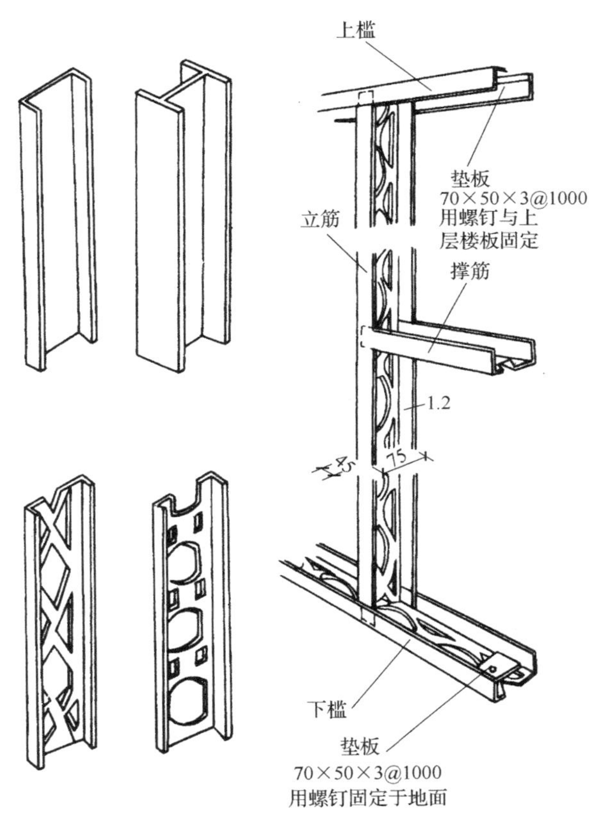

图 7.45　金属骨架

钢板厚 0.6～1.5mm，经冷成型为槽钢断面，其尺寸为 100mm×50mm×(0.6～1.5)mm。骨架包括上槛、下槛、墙筋和横档，骨架与楼板墙、柱等构件相接时，多用螺栓或螺钉固结。螺钉间距为 300～600mm，螺钉用射钉枪射入。墙筋横档等各种配件相互连接，墙筋间距由面板尺寸而定，一般为 400～600mm。面板多为胶合板、纤维板、纸面石膏板和石棉水泥板，以及各种新型饰面材料等难燃或不燃材料，面板用镀锌螺钉、自攻螺钉、膨胀螺钉或金属夹子固定在骨架上，如图 7.46

学习重点

重点关注：

1. 木骨架隔墙构造。
2. 金属骨架隔墙构造。

分析与思考：

1. 灰板条隔墙的构造做法。
2. 金属骨架隔墙有哪些优缺点？

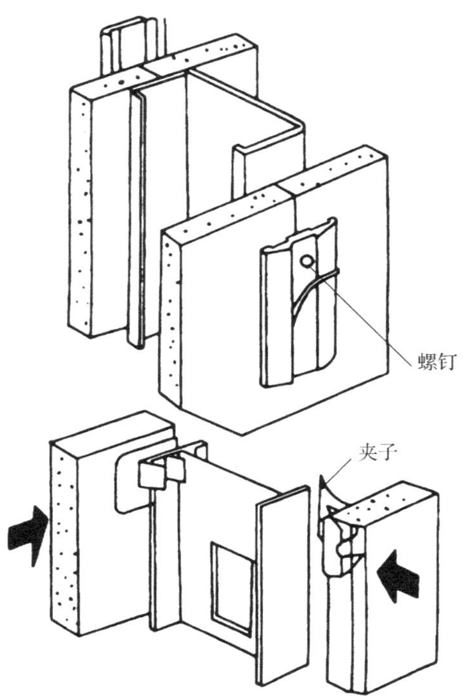

图 7.46　金属骨架与面板的固结方式

所示。详细内容将于装修构造中论述。

7.5.3　板材隔墙

板材隔墙系指采用各种轻质材料制成的各种预制薄型板材安装而成的隔墙。常用的板材有加气混凝土条板、石膏条板、碳化石膏板、石膏珍珠岩板以及各复合板等。这些条板自重轻，安装方便。条板的安装、固定主要靠各种黏结砂浆或黏结剂进行黏结，待安装完毕，再于表面进行装修，如图 7.47 所示。

7.5.4　钢丝网架苯板墙

钢丝网架苯板墙又叫做泰铂板墙。是由 14 号钢丝焊接成钢丝网片，中间填充 50mm ×57mm 聚苯乙烯泡沫塑料条构成的轻质板材，然后在现场安装并双面抹灰喷涂水泥砂浆而组成的复合墙体，如图 7.48 所示。

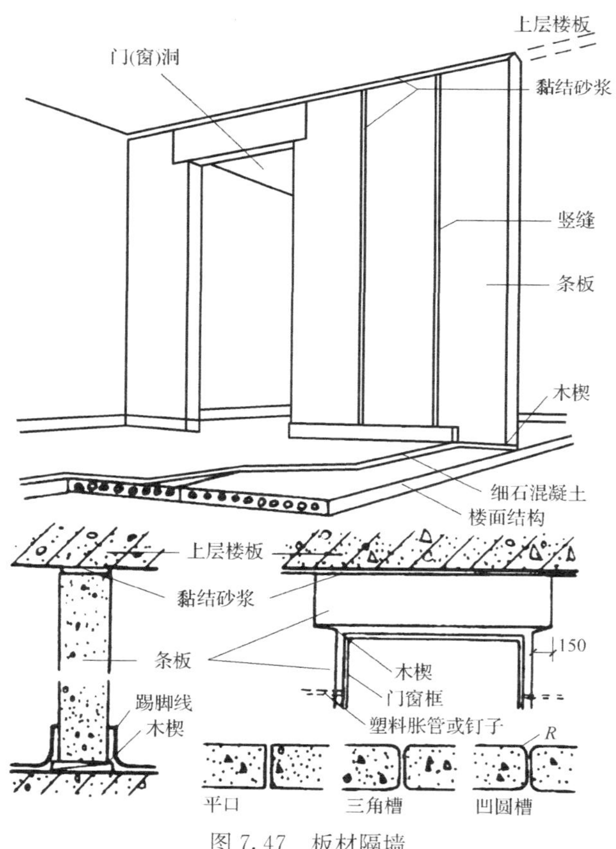

图 7.47　板材隔墙

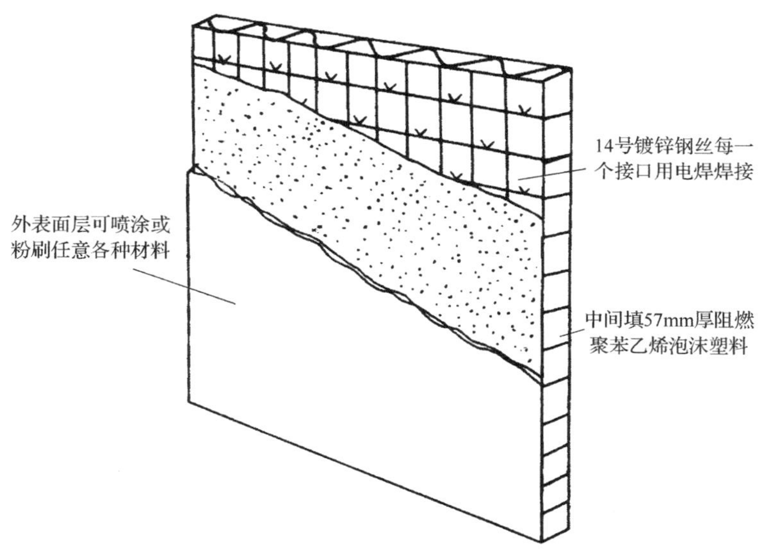

图 7.48　泰柏板隔墙

泰柏板厚 70～75mm，宽 1220～1400mm，长 2140～2740mm。它自重轻（3.8～4.0kg/m^2）、强度高（轴向抗压允许荷载≥74kg/m，横向抗折允许荷载>2.0kg/m）具有一定隔声能力（隔声指数为 40dB），和防火性能（耐火极限为 1.22h）。故广泛用作工业与民用建筑的内、外墙和轻型屋面等。同时在高屋建筑和旧房的加层改造中，亦是可用的墙体材料。泰柏板墙体与楼、地坪的固结如图 7.49(c)、(d)所示。墙体转角及 T 形墙处的构造如图 7.50(c)、(d)所示。

由于泰柏板的填芯材料系聚苯乙烯原料，在高温下能挥发出有害气体，对消防不利，故泰柏板在用作内走廊两侧内墙时，应慎重采用。

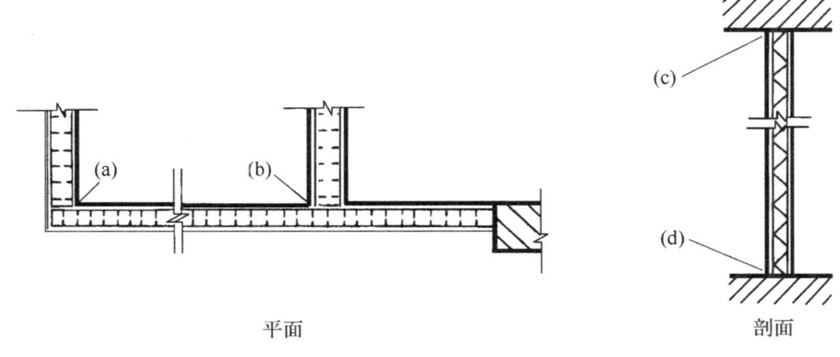

图 7.49　泰柏板隔墙构造（一）

学习重点

分析与思考：

1. 金属骨架隔墙的组成。
2. 金属骨架隔墙的饰面材料。
3. 板材隔墙常用的种类。

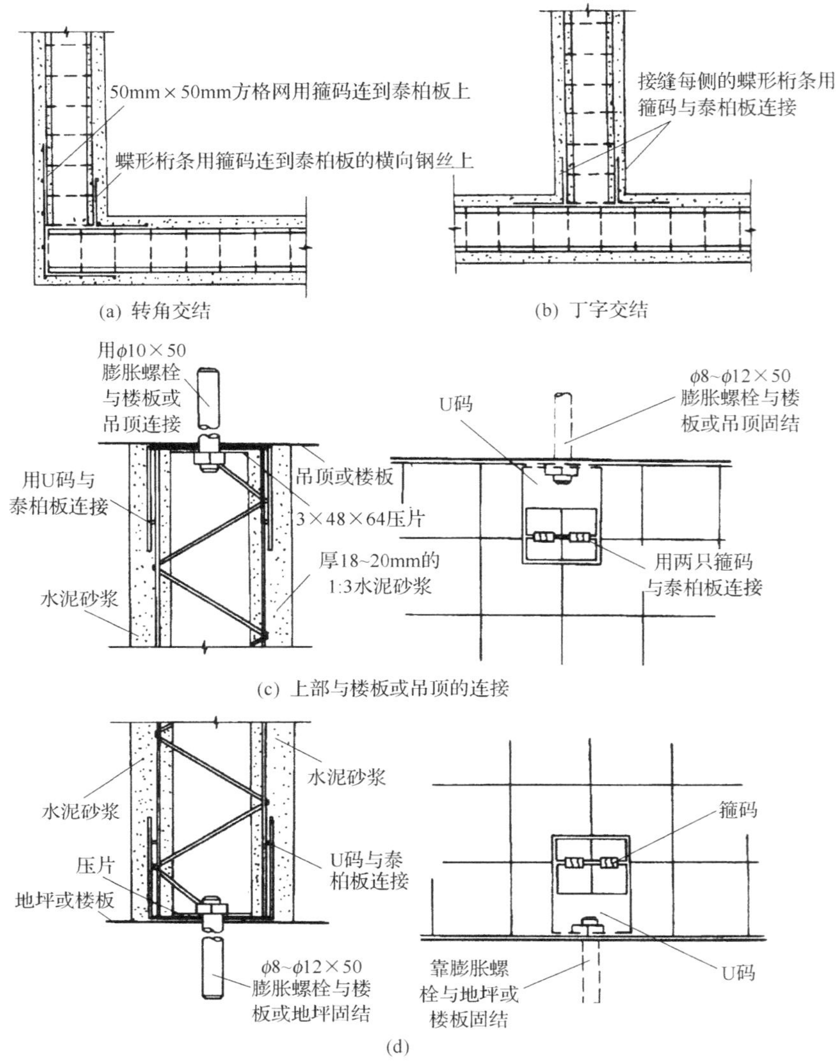

图 7.50　泰柏板隔墙构造（二）

7.5.5　玻璃隔断

玻璃隔断有玻璃砖隔断和空透式隔断两种。玻璃砖隔断是采用玻璃砖砌筑而成，即分隔空间，又透光，常用于公共建筑的接待室、会议室等，如图 7.51 所示。

透空玻璃隔断采用普通平板玻璃、磨砂玻璃、刻花玻璃、压花玻璃以及各种颜色的有机玻璃等嵌入木框或金属框的内架中，具有透光性。当采用普通玻璃时，还具有可视性，它主要用于幼儿园医院病房、精密车间走廊以及仪器仪表控制室等处。当采用彩色玻璃、压花玻璃或彩色有机玻璃时，除遮挡视线外，还具有丰富的装饰性，可用于餐厅、会客室、会议室等，如图 7.52 所示。

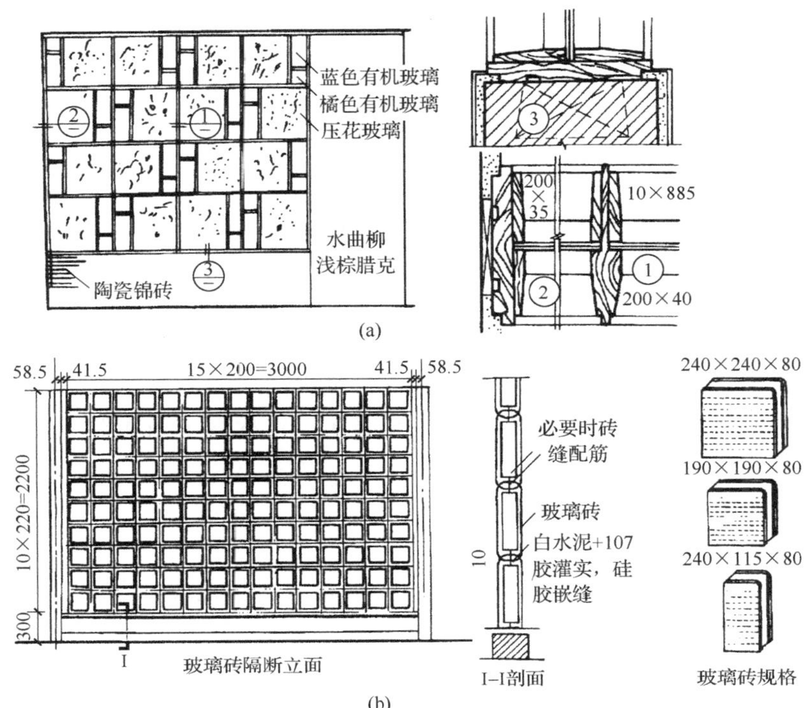

图 7.51 玻璃隔断

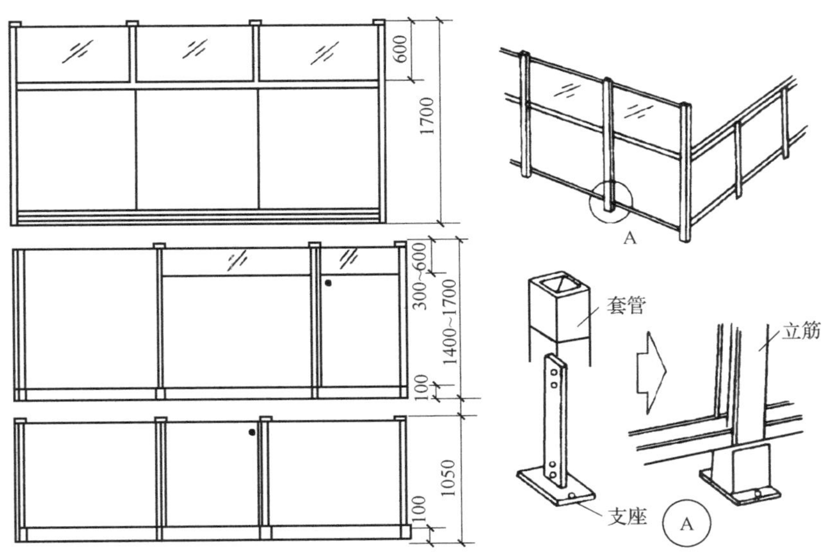

图 7.52 屏风式隔断

7.6 墙面装修

7.6.1 墙面装修的作用

墙面装修是墙体构造不可缺少的组成部分，其主要作用是保护墙体和提高墙体的使用功能。墙面装修可以保护结构免遭风、霜、雨、雪的直接侵袭，提高墙体抗风化的能力，从而增强了墙体的坚固性和耐久性。

墙面装修对改善建筑物内外的清洁卫生条件，提高墙体热工性能，声响、光照等物理环境以及创造良好的生活和生产空间起到十分明显的作用。

墙面装修可美化建筑环境，提高艺术效果，是建筑空间艺术处理的重要手段之一，墙面的色彩、材料的质感效果、线角的处理等都在一定程度上改善建筑的内外形象。

7.6.2 墙面装修的分类

由于材料和施工方式的不同，常见的墙面装修做法可分为抹灰类、贴面类、涂料类、裱糊类和铺钉类等五类。

7.6.3 墙面装修构造

墙面装修分为外墙装修和内墙装修。外墙装修主要是为了保护外墙体不受风、霜、雨、雪的侵袭，提高墙体的防潮、防水、保温、防热的能力，同时也美化了建筑艺术效果。

内墙装修是为了改善室内的卫生条件，提高采光和声响的效果，增加室内的美观。

1. 抹灰类

抹灰类墙面一般是指用石灰砂浆、混合砂浆、水泥砂浆以及纸筋灰、麻刀灰等作为饰面层的装修做法。它的优点是材料来源广泛，施工方便，造价低廉。但也存在着现场湿作业量较大、易开裂、耐久性差、工效低、劳动强度大等缺点。

为保证抹灰平整、牢固、不脱落、不裂缝等，在构造上需分层。抹灰装修层由底层、中层和面层组成，如图 7.53 所示。

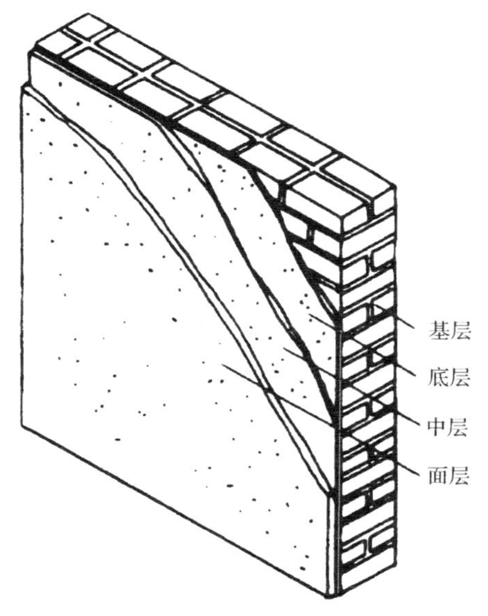

图 7.53　分层墙面抹灰

普通装修标准的墙面一般是只做底层和面层。各层抹灰不宜过厚，总厚度为 15～25mm。底层主要与基层黏结，同时起到找平作用，厚度为 6～10mm。底层灰浆用料视基层材料而定：普通砖墙常采用石灰砂浆和混合砂浆；混凝土墙应采用水泥砂浆；对木板条墙由于与灰浆黏结力差，抹灰容易开裂、脱落，应在石灰砂浆和混合砂浆中掺入适量纸筋和麻刀。中层主要起找平作用，其所用材料与底层基本相同，厚度一般为 6～8mm。面层主要起装饰作用，要求表面平整、色泽均匀、无裂纹等。根据面层所用材料，抹灰装修有很多类型，如表 7.2 所示。

表 7.2　常用抹类做法说明

抹灰名称	做法说明	适用范围
纸筋灰墙面	1. 喷内墙涂料 2. 2 厚纸筋灰罩面 3. 8 厚 1∶3 石灰砂浆 4. 13 厚 1∶3 石灰砂浆打底	砖基层的内墙
混合砂浆墙面	1. 喷内墙涂料 2. 5 厚 1∶0.3∶3 水泥石灰混合砂浆面层 3.15 厚 1∶1∶6 水泥石灰混合砂浆打底找平	内墙
水泥砂浆墙面	1. 6 厚 1∶2.5 水泥砂面罩面 2. 9 厚 1∶3 水泥砂浆刮平扫毛 3. 10 厚 1∶3 水泥砂浆找底扫毛或划出纹道	砖基层的外墙或有防水要求的内墙
水刷石墙面	1. 8 厚 1∶1.5 水泥石子（小八厘）或 10 厚 1∶1.25 水泥石子（中八厘）罩面 2. 刷 2 厚素水泥浆一道（内掺水重的 3%～5% 107 胶） 3. 12 厚 1∶3 水泥砂浆打底扫毛	砖基层外墙
斩假石墙面（剁斧石）	1. 斧剁斩毛两遍成活 2. 10 厚 1∶1.25 水泥石子（米粒石内掺 30%石屑）罩面赶平压实 3. 刷素水泥浆一道（内掺水重的 3%～5% 107 胶） 4. 12 厚 1∶3 水泥砂浆打底扫毛或划出纹道	外墙
水磨石墙面	1. 10 厚 1∶1.25 水泥石子罩面 2. 刷素水泥浆一道（内道水重 3%～5% 107 胶） 3. 12 厚 1∶3 水泥砂浆打底扫毛	墙裙、踢脚等处

在人群活动频繁，易受碰撞或有防水、防潮要求的墙面，常做墙裙对墙身作以保护。墙裙高度一般为 1.5m，个别做到 1.8m，如图 7.54 所示。

对易于碰撞的内墙阳角，还需做护角保护，如图 7.55 所示。

外墙抹灰面积较大，为防止面层开裂和便于操作，或立面处理的需要，常将抹灰面层作线脚分隔处理，面层施工前设置不同形式的塑料引条，即形成线脚，如图 7.56 所示。

学习重点

重点关注：

1. 墙面装修的作用。

分析与思考：

1. 墙面装修有哪些类型？
2. 抹灰类墙面有哪些做法？

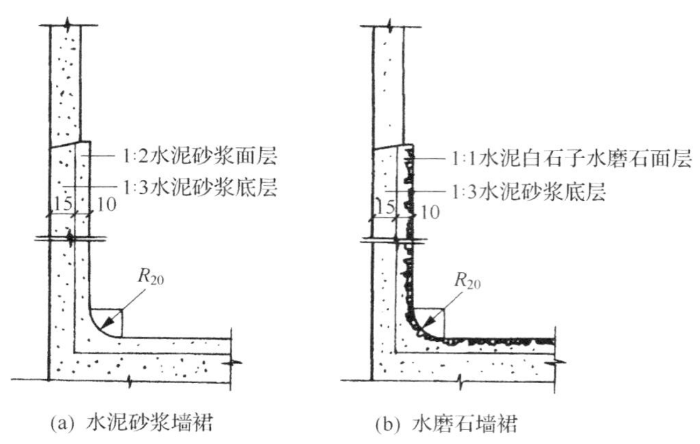

图 7.54 水泥砂浆墙裙

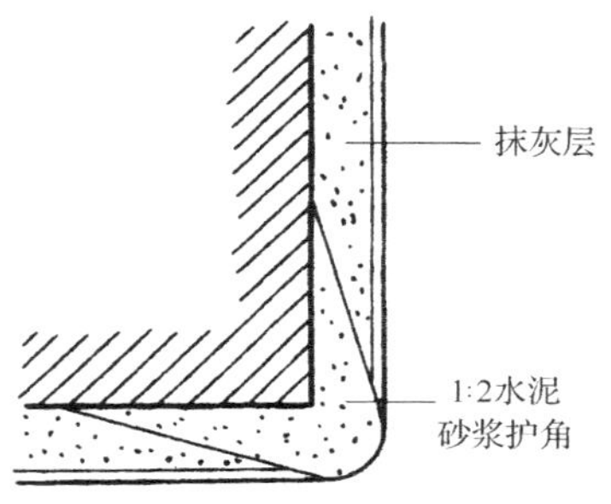

图 7.55 护角做法

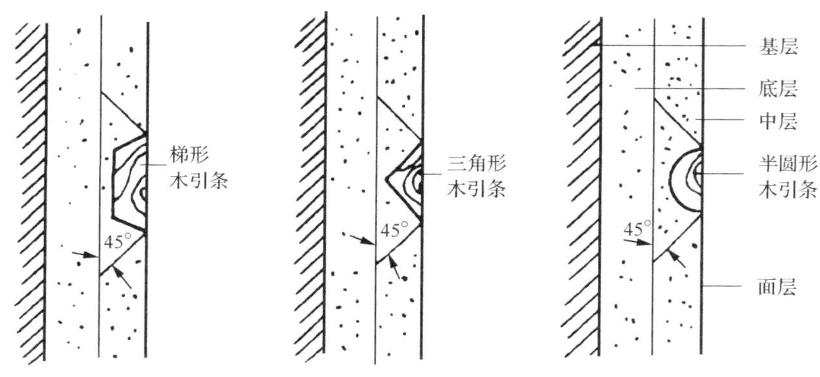

图 7.56 墙面凹线脚做法

2. 贴面类

贴面类装修是利用各种人造石板和天然石板、块等，通过绑、挂和直接粘贴于基层表面的饰面做法，它具有装饰性强、耐久性好、施工方便、容易清洗等优点。常用的贴面材料有面砖、瓷砖、锦砖等陶瓷和玻璃制品，水磨石板和剁斧石板等水泥制品以及花岗岩板和大理石板等天然石板。一般质感细腻、耐候性差的材料常用于室内装修，如瓷砖、大理石板等。而质感粗犷、耐候性好的材料，如陶瓷面砖、马赛克、花岗岩板等用于外墙装修。

1）陶瓷面砖、马赛克装修

陶瓷面砖是以陶土为原料，经压制成型煅烧而成的饰面砖。面砖又称为釉面砖，色彩和规格多种多样。面砖质地坚硬、防冻、耐腐蚀，常用的规格有 240mm × 60mm、113mm × 77mm、145mm × 113mm、233mm×113mm、265mm×113mm 等多种，厚度 5～9mm。

面砖的安装用 1∶3 水泥砂浆打底并刮毛，后用 1∶0.3∶3 水泥石灰砂浆或掺水泥用量 5%～10%107 胶的 1∶2 水泥砂浆薄刮于面砖背面，其厚度不小于 10mm，然后将面砖贴于墙上。目前也可采用专用粘贴剂粘贴，厚度 3～5mm 即可。

一般面砖背面有凹凸纹路，有利于面砖粘贴牢固。此时，贴于外墙的面砖，常常在面砖之间留有 10mm 左右的缝隙，以增加材料的透气性，并用 1∶1 水泥砂浆勾缝。

马赛克是以优质陶土烧制而成的小块瓷砖，有挂釉和不挂釉之分，常用的规格有 18.5mm × 18.5mm × 5mm、39mm × 39mm × 5mm、39mm×18.5mm×5mm 等，有方形、长方形和其他不规则形。马赛克一般用于内墙面，也可以用于外墙面装修。马赛克具有造价低、耐腐蚀、耐磨、不吸水、美观、易清洗等特点。马赛克一般按设计图案要求，在工厂反贴在标准尺寸为 325mm×325mm 的牛皮纸上，施工时将纸面朝外整块粘贴在 1∶1 水泥砂浆上，用木板压平，待砂浆硬结后，洗去牛皮纸即可。

近年来，出现一种玻璃马赛克外墙饰面材料，应用亦较广泛，其施工方法及特点与以上面砖相同。

2）天然石板及人造石板装修

常见的天然石板有花岗岩板、大理石板等，它们具有强度高、结构致密、色彩丰富、不易被污染等优点，但由于施工复杂、价格较高，故多作高级装修用。

人造石板一般由白水泥、彩色石子、颜料等配制而成，具有强度高、表面光洁、色彩多样、造价较低等优点，有水磨石板、仿大理石板等。

这类贴面材料的平面尺寸有 500mm×500mm×20mm、600mm×600mm×20mm、600mm×800mm×20mm 等。由于每块板重量大、面积大，不能用砂浆直接粘贴，而多采用绑或挂的做法。

天然石板墙面的构造做法，一般在墙体结构中预埋 $\phi6$ 钢筋头或 U 形铁件，中距 500mm 左右，上绑 $\phi6$ 或 $\phi8$ 纵横向钢筋，形成钢筋网，网格大小视石材尺寸而定，用镀锌铁丝或铜丝穿过石板上下边预凿的小孔，将石板绑于钢筋网架上或用 $\phi6$ 钢筋勾住。上下右板用 Z 形钢丝或 $\phi6$ 钢筋锚件钩牢。石板与墙之间保留 30mm 宽的缝隙，缝中灌 1∶3 水泥砂浆，使石板与基层连接紧密，如图 7.57 所示。

学习重点

分析与思考：

1. 水刷石墙面的构造做法。
2. 斩假时墙面的构造做法。
3. 墙护角的作用。
4. 外墙线角的做法。

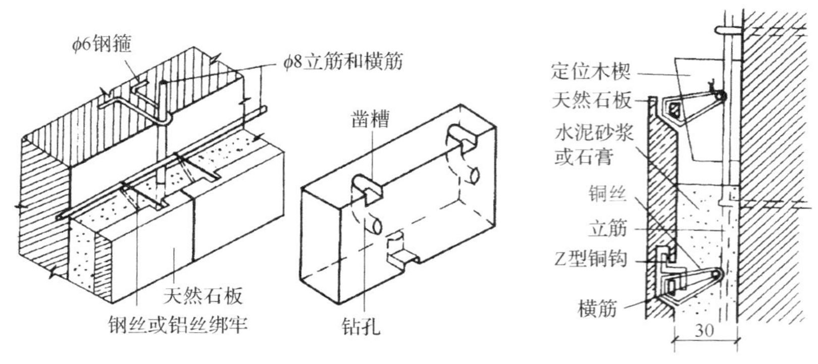

图 7.57　大理石板墙面装修

人造石板墙面装修构造与天然石板相同，但不必在板上钻孔，而是利用板背面预留的钢筋挂钩，用镀锌铁丝铜丝将其绑扎在水平钢筋上，就位后再用砂浆填缝，如图 7.58 所示。

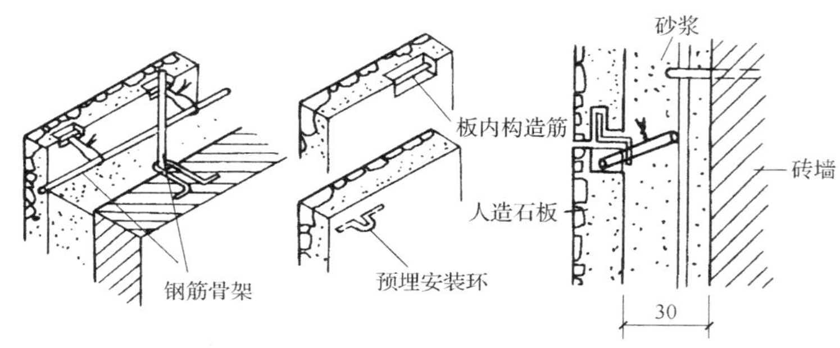

图 7.58　人造石板墙面装修

3. 涂料类

涂料类墙面装修是将各种涂料敷于基层表面，形成完整牢固的膜层，从而起到保护墙面和美观的一种装饰做法。

建筑内外墙面用涂料作饰面是饰面做法中最简便的一种方式。与传统的墙面相比，尽管大多数涂料的使用年限较短，但由于省工、省料、工期短、工效高、自重轻、更新方便以及经济等特点，是一种很有前途的装饰材料。

建筑涂料品种繁多，应根据建筑的使用功能、墙体所处环境、施工和经济条件等，尽量选择附着力强、无毒、耐久、耐污染、装饰效果好的涂料。

涂料按其成膜物的不同分为无机涂料和有机涂料两大类。无机涂料包括石灰浆、水泥浆及各种无机高分子涂料等，如 JH80-1 型、JHN84-1 和 F832 型等。有机涂料依其稀释剂的不同，分溶剂型涂料、水溶性涂料和乳胶涂料等，如 812 建筑涂料、106 内墙涂料 PA-1 型乳胶涂料等。设计中，应充分了解涂料的性能特点，合理、正确的选用。

4. 裱糊类

裱糊类装修是将各种装饰性壁纸、墙布等卷材用黏结剂裱糊在墙面上的一种饰面做法。材料和花色品种繁多，主要有塑料壁纸、纸基涂塑壁纸、纸基织物壁纸、玻璃纤维印花墙布、无纺墙布等。

粘贴壁纸墙布要求墙面基层有一定强度，表面平整光洁，不松散掉灰。当墙面基层有局部麻面缺陷时，需用腻子刮平，可采用聚醋酸乙烯乳液滑石粉腻子和石油腻子等。

粘贴壁纸墙布的粘贴接剂多采用 107 胶，因其黏结力强、耐老化、防潮、耐碱和防毒性均较好，价格亦较低。

5. 铺钉类

铺钉类装修是将各种天然或人造薄板镶钉在墙面上的饰面做法，其构造与骨架隔墙相似，由骨架、面板两部分组成。

（1）骨架。骨架有木骨架和金属骨架之分。木骨架可借埋在墙上的木砖固定在墙身上，金属骨架（轻钢龙骨）可借埋入墙内的膨胀螺栓固定，而目前多用更为简单的射钉枪固定方法，用钢钉直接将木或金属龙骨射钉在砖或混凝土墙上。为防止受潮使骨架和面板受损或变形，可在墙基层上涂刷热沥青两道作防潮层。

（2）面板。装饰面板种类很多，如硬木条、纸面石膏板、胶合板、装饰吸声板等。

纸面石膏板为常用的室内墙面装修材料，具有轻质、变形小，施工时可钉、可粘贴等优点。其规格主要有 3000mm×800mm×12mm、3000mm×800mm×9mm、600mm×600mm×10mm。

纸面石膏板与骨架的固接主要靠木螺丝、自攻螺丝，亦可用黏结剂粘贴，如图 7.59 所示。

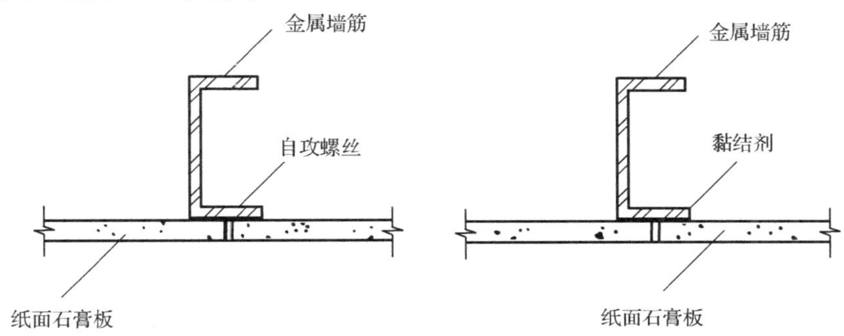

图 7.59　石膏板与骨架的固结方式

（3）石膏板与骨架的固结方式。胶合板、纤维板等均借无钉或木螺丝与墙筋和横档固定。为保证面板有微量伸缩，在钉面板时，在板与板之间留出 5～8mm 的缝隙，缝可用木压条或金属压条嵌固，如图 7.60 所示。

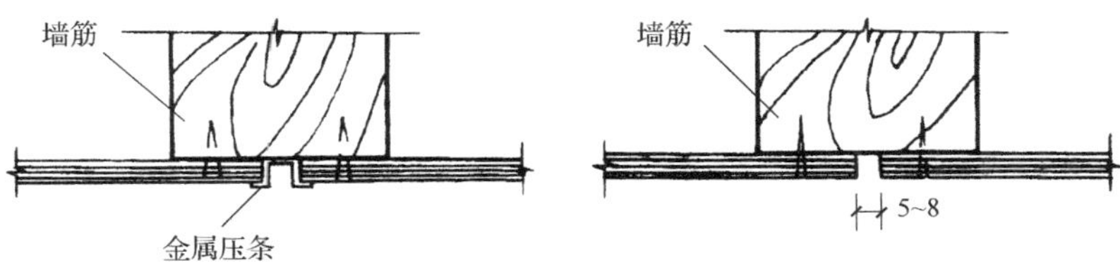

图 7.60　人造板缝处理

学习重点

重点关注：

1. 裱糊墙面的构造做法。

分析与思考：

1. 大理石构造做法。
2. 涂料类构造做法。
3. 铺钉类墙面的构造组成。
4. 铺钉墙面有哪些面板？

小　　结

（1）墙体是房屋的重要承重结构，同时也是建筑的主要围护结构，由于墙体在建筑中的位置不同，功能和作用也不同，设计要求也不同。墙体应具有足够的强度和稳定性，满足保温、隔热等方面的要求，满足防潮、防水要求，满足隔声要求，满足防火要求以及适应工业化生产的要求。

（2）墙体根据结构受力情况不同，有承重墙和非承重墙之分。非承重墙包括隔墙、填充墙和幕墙。

（3）外墙身构造主要包括门窗洞口、墙脚及墙身加固等。

（4）墙面可分为抹灰类、贴面类、涂料类、裱糊类、铺钉类。

（5）建筑幕墙的类型。

第八章　楼板层、地层

8.1　概　　述

楼板层也称为楼层，是分隔建筑空间的水平承重构件。它把作用于其上面的各种荷载（人、家具等）传递给承重的墙或梁、柱，同时对墙体（或梁、柱）起水平支撑和加强结构整体性的作用。

地层是指建筑物底层室内地面与土壤相接触的构件，它把作用于其上面的各种荷载直接传给地基。

由于它们所处的位置及受力状况等不同，因此对其结构、构造有不同的设计要求。

8.1.1　楼板层和地层的设计要求和类型

1. 楼板层、地层的设计要求

1）楼板层的设计要求

（1）安全方面的要求。楼板层结构应具有足够的强度以保证在各种不同荷载作用下安全可靠而不破坏，同时应具有足够的刚度以保证在允许荷载作用下不发生超过规定的变形，所以在结构、构造设计及材料选择等方面要满足上述要求，以保证建筑物和使用者的安全。

（2）功能方面的要求。楼板层应满足防火、隔声、防水、保温、隔热、耐久等基本使用功能，以及室内环境的舒适性及安全、卫生。

（3）经济方面的要求。楼板层结构的跨度确定应在结构构件的经济合理范围内，以免造成结构层厚（高）度过大，造成不必要的浪费，同时还应注意结合实际正确选择结构形式和材料。

2）地层的设计要求

地层是受压构件，应满足在其上面各种荷载作用下而不破坏、不变形的要求，此外还应满足防水、防潮以及热工方面的设计要求，以保证保温、隔潮的良好效果。

无论楼层还是地层，其面层设计要求基本相同，在材料选择上主要是满足耐磨、保暖、防滑、易清洗、美观及装饰性等要求。

2. 楼板层与地层的类型

1）楼板层的类型

楼板的分类一般是按主要承重构件结构材料来划分的。民用建筑中常见的有以下几种类型：

（1）钢筋混凝土楼板层。这种楼板层是我国目前应用量最大的一种，

学习重点

楼地层构造设计要点：

1. 足够的强度和刚度。
2. 防火。
3. 隔声。
4. 耐久。
5. 特殊部位需防潮防水、保温隔热。
6. 卫生、耐磨、美观。
7. 满足工业化的要求。

分析与思考：

1. 何为楼板层？何为地层？
2. 楼板层的设计要求是什么？

也是使用效果好、造价相对较低的一种，它具有强度大、刚度好、耐久、防火、防潮、施工方便、材料易获得等特点，根据其施工方式不同有预制和现浇两种做法，如图 8.1(a)、(b)所示。

(2) 压型钢板式楼板层。这种做法的楼板层主要用于纯钢结构的建筑中，是采用压型钢板为底衬模，再于其上现浇钢筋混凝土形成整体性非常好的楼板层，但造价相对要高些，如图 8.1(c)所示。

(3) 木楼板层。这种楼板层具有自重轻、构造及施工简单等特点，但其耐久性、防火、防腐等性能较差，且木材耗量过大而不利于环保，故除少量用于新建或维修改建的纯木结构建筑外，一般采用较少。

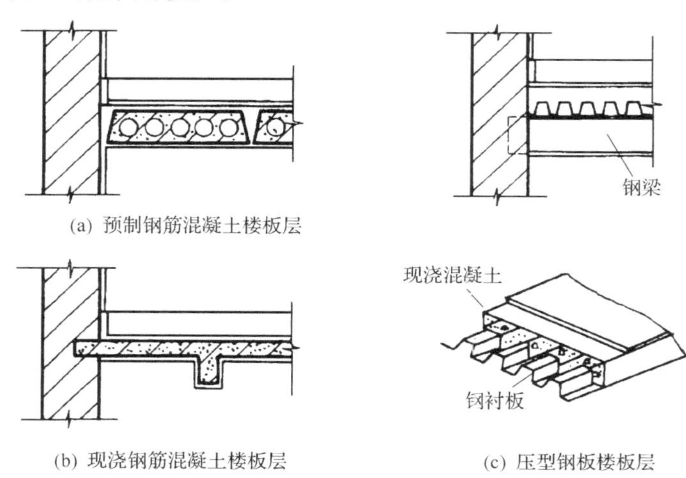

(a) 预制钢筋混凝土楼板层

(b) 现浇钢筋混凝土楼板层

(c) 压型钢板楼板层

图 8.1　楼板层的类型

(4) 其他材料楼板层。除上述三种主要类型的楼板层外，尚有一些组合式楼板层的做法，如现浇钢筋混凝土空心楼板层、钢筋混凝土空心模壳楼板层等。

2) 地层的类型

(1) 空铺类地层。这种类型的地层一般是先在夯实的地基土层上砌筑地垅墙或砖墩，再于其上搭钢筋混凝土薄板或带木龙骨的木地板，在地层面层与土壤间形成架空层，详细做法在后面地层构造中讲到。

(2) 实铺类地层。这种类型的地层一般是在夯实的地基土层上直接做三合土或素混凝土垫层（可做一层或两层），再于其上做饰面层。根据不同的使用要求可增加附加构造层次。

8.1.2　楼板层与地层的组成

1. 楼板层的组成

如图 8.2 所示，楼板层由若干层次组成，各层所起作用如下：

1) 面层

主要起满足使用功能要求和装饰的作用，同时对结构层有保护作用。面层还可分为饰面层和找平层。

2) 结构层

这是楼板层的承重部分，它将作用于其上面的各种荷载传递给承重墙或柱，是楼板层中的核心层次。

3）顶棚层

这是楼板层底面的构造部分，它对室内空间的装饰性及改善功能和技术协调有良好的效果，同时对结构层也起到一定的保护作用。

4）附加层

对有特殊要求的室内空间，楼板层应增加一些附加的构造层次，以保证在基本构造层次在不能完全满足使用功能要求时的一些特殊要求，如增设的隔声防振层、保温层、防水层、浮筑层等。

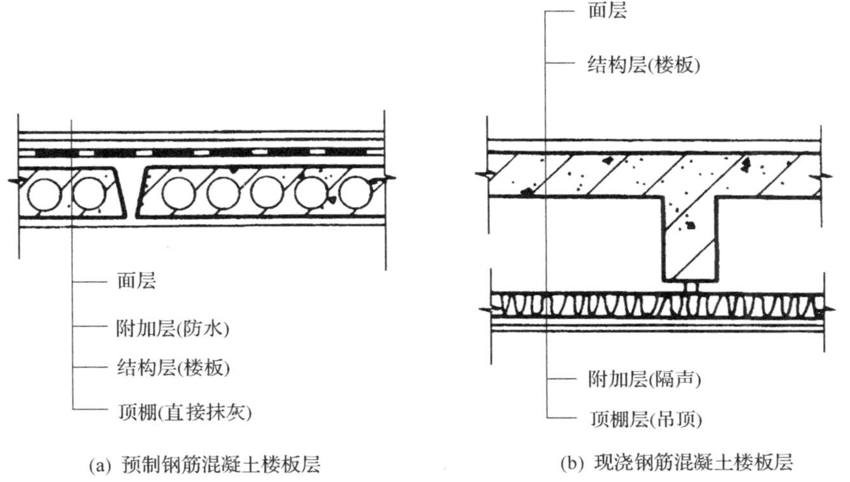

图 8.2　楼板层的组成

2. 地层的组成

地层也是由若干层次组成的，各层所起的作用如下：

1）面层

地层面层的做法和作用与楼板层面层基本相同。

2）垫层

这是地层中起承重作用的主要构造层次，依建筑物所处地域及使用要求的不同，垫层可采用一层或两层做法，通常为三合土、素混凝土、毛石混凝土、碎石（砖）灌浆等材料。

3）基层

基层是直接支承垫层的土壤，也可称地基。一般无特殊要求和土层条件较好的民用建筑，基层都采用素土直接夯实的做法。

4）附加层

与楼板层一样，对有特殊要求的地层也增加一些特殊附加的构造层次，以满足使用功能要求，如防潮层、防水层、保温层等。地层的组成如图 8.3 所示。

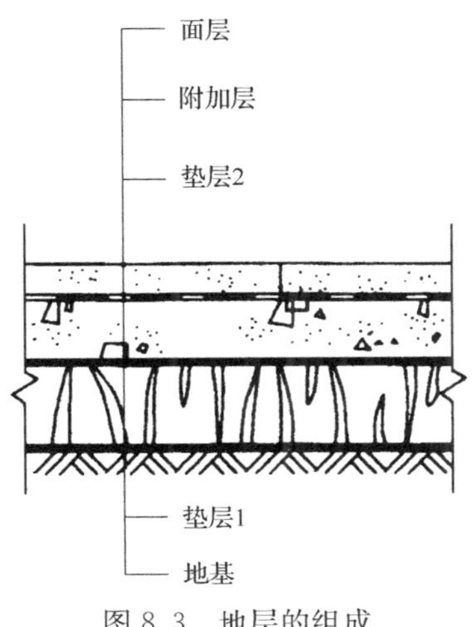

图 8.3　地层的组成

学习重点

分析与思考：

1. 楼板层由哪些层次组成？各层的作用是什么？
2. 地层由哪些层次组成？各层的作用是什么？

8.2 钢筋混凝土楼板层

8.2.1 现浇整体式钢筋混凝土楼板层

1. 板式楼板层

现浇钢筋混凝土板式楼板层因支承方式不同有两种情况：墙承式和柱承式楼板层。

1）墙承式（或主梁式）楼板层

这种楼板层的做法是板的四边由承重墙支承，其上面的荷载由板直接传递给墙体或主梁。这种楼板层结构具有整体性好、房间内板底面平整、隔水性好等特点，多用于居住建筑中的居室、厨房、卫生间、走廊等小跨度的空间内。

楼板依其受力特点和支承情况有单向板和双向板之分，如图 8.4 所示。

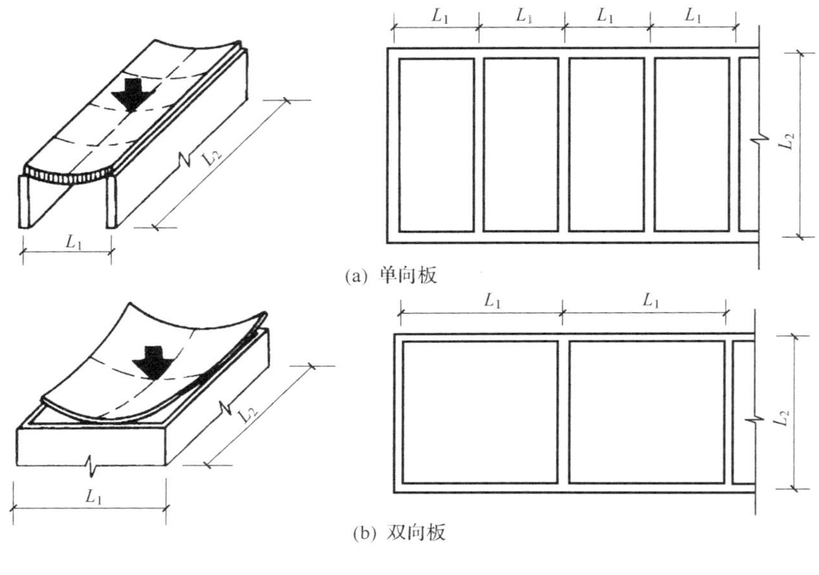

图 8.4

当板的边长 $L_2/L_1 \geqslant 2$ 时，由于作用于板上的荷载主要是沿板的短向传递的，此时板的两个短边起的作用很小，因此称之为单向板；当 $L_2/L_1 < 2$ 时，作用于板上的荷载是沿板的双向传递的，此时板的四边均发挥作用，因此称之为双向板。可以看出，双向板的受力状态比单向板要好，另外连续板比简支板的受力状态要好。板的厚度要依上部荷载及板跨度的不同由结构计算和构造要求决定，通常为 60～150mm。单向板的最大跨度一般不宜超过 4m，双向板的最大跨度一般不宜超过 8m。若施加预应力，则板的跨度可达 12m，但板的厚度要相应增加至 200mm。板厚度过大，则自重加大，经济性较差。

2）柱承式楼板层

这种楼板层是楼板结构直接由柱子支承的一种形式，亦称无梁楼板层或无梁楼盖。

由于直接支承楼板，为防止与柱接触的楼板局部剪切破坏并减小板的跨度，要增大柱子与楼板的接触面积，通常要在柱的顶部设置柱帽和托板。无梁楼板层柱网的布置应为方形或接近方形，柱距在7m左右为好，板厚不宜小于120mm。这种楼板结构天棚平整，室内净高大，采光通风好，通常用于商场、仓库、展厅等大型空间中，如图8.5所示。

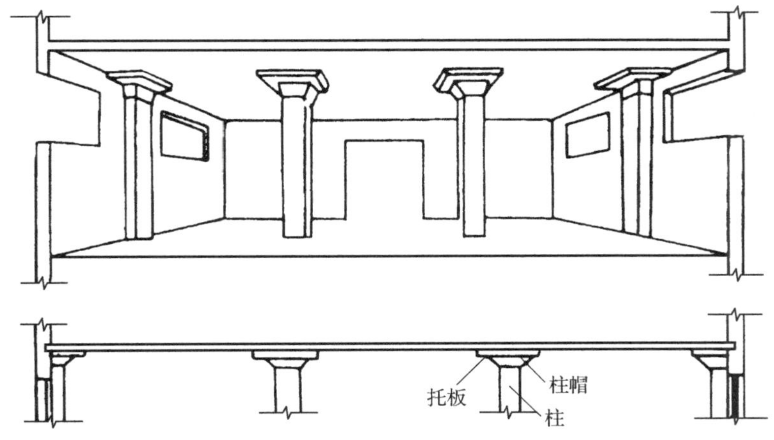

图8.5　无梁楼板层

2. 梁板式楼板层

当房间平面尺寸较大时，仅靠板做楼板层难以满足结构要求（不经济也不合理），要设置梁作为板的中间支点来减小板的跨度，以免板厚过大。这时作用于楼板上的荷载传递方式为板传递给梁，再由梁传递给承重墙或柱。这种楼板层称为梁板式楼板层。依梁的布置及尺寸等不同，有以下几种形式的梁板式楼板层。

1）主次梁式楼板层

这种形式常用于面积较大的空间中，楼板层的具体做法是：主梁沿房间的短跨方向或承重框架方向布置，置于承重墙或柱上，次梁置于主梁上，板置于次梁上，梁板柱整浇在一起。主梁的经济跨度通常为6～8m，梁高为跨度的1/14～1/8，梁宽为梁高的1/3～1/2；次梁的经济跨度为4～6m，梁高为跨度的1/18～1/12，梁宽为梁高的1/3～1/2。板的经济跨度为2.1～3.6m，板厚一般为板跨的1/40～1/35，常为60～120mm。

若施加预应力，则梁的跨度可以达到20m，梁高为跨度的1/22～1/18，如图8.6所示。也有一些特殊的情况，为降低层高进而降低建筑物总高度，而又要满足室内净高的最低要求，有时采用“宽梁”以降低梁高，即梁的宽度超过了梁的高度。“宽梁”一般都施加预应力。

2）井格式楼板层

这种形式的楼板层常用于房间平面尺寸较大并接近正方形无柱或少柱的空间，做法是沿房间两个方向布置高度相同的梁，再与楼板整浇在

> **学习重点**
>
> **重点关注：**
> 1. 现浇钢筋混凝土楼板构造。
>
> **分析与思考：**
> 1. 钢筋混凝土楼板有哪些种类型？各有什么特点？
> 2. 现浇钢筋混凝土楼板的类型、特点及适用范围。
> 3. 现浇钢筋混凝土梁式楼板各构件的经济尺寸如何？

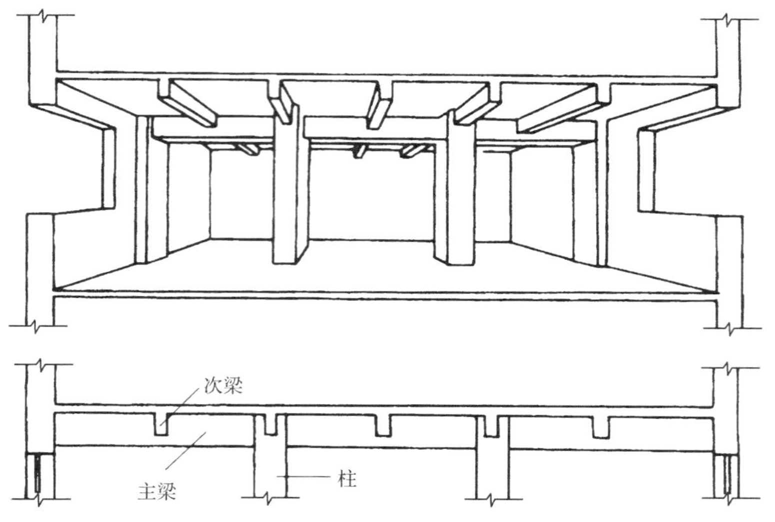

图 8.6　主次梁式楼板层

一起形成井格式楼板层。井格的布置形式有正交正放、正交斜放、斜交斜放等，使楼板下部自然形成有韵律的图案。井格尺寸一般在 2.4m 左右，这种楼板层常用于门厅或其他大厅中，如图 8.7 和图 8.8 所示。

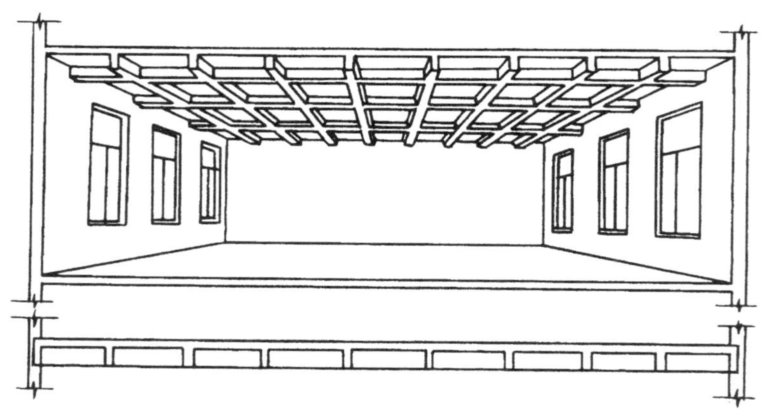

图 8.7　井格式楼板层

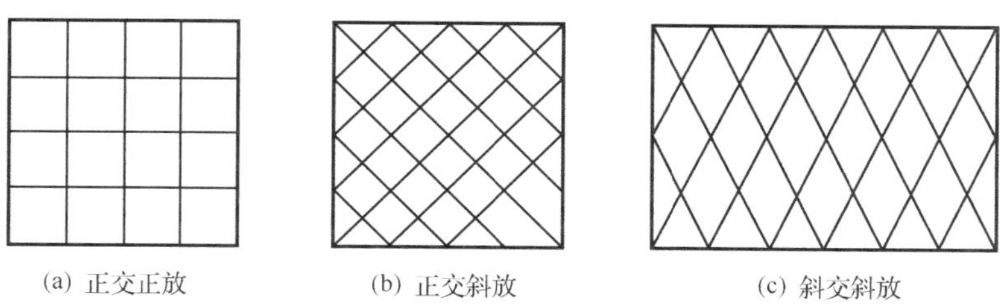

图 8.8　井格的布置形式

3）密肋式楼板层

这种楼板层的做法是把梁的间距和截面尺寸变小，使梁成为“肋”。由于梁（肋）的数量增加，每个梁（肋）所承担的荷载相应减少，所以在保证梁（肋）高相对稳定的情况下适当加大梁（肋）的跨度（可做到7m以上）。此种类型的楼板层较适用于跨度大且不宜设大梁的房间，尤其适用于跨度较大、平面形状又狭长的建筑空间中。

密肋式楼板层要求板伸入墙内不小于110mm，梁（肋）高为跨度的1/25～1/20，梁（肋）间距为700mm左右。当跨度大于6m时，须加模肋。设备穿管仅限在肋高中间1/3内，如图8.9所示。

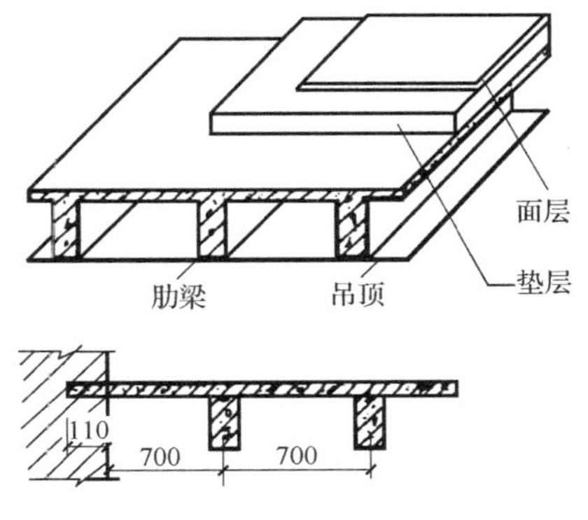

图8.9　密肋式楼板层

3. 压型钢板式楼板层

这种楼板层做法是用截面为凹凸型的压型钢板作为底衬模板（与钢梁有抗剪栓连接），上现浇钢筋混凝土面层组合形成整体性很强的一种楼板结构。

压型钢板的作用既为面层混凝土的模板，又起结构作用，从而增加楼板的侧向和竖向刚度。此种楼板层具有现浇钢筋混凝土楼板层的一切优点，并且还可以利用压型钢板肋间的空腔敷设电力、通信等管线。

压型钢板楼板层是由钢梁、压型钢板、现浇钢筋混凝土、连接件等部分组成，如图8.10所示。由于压型钢板式楼板层相对用钢量较大，造价偏高，目前我国还没有大量在工程中采用，仅在多、高层钢结构建筑中应用较多。

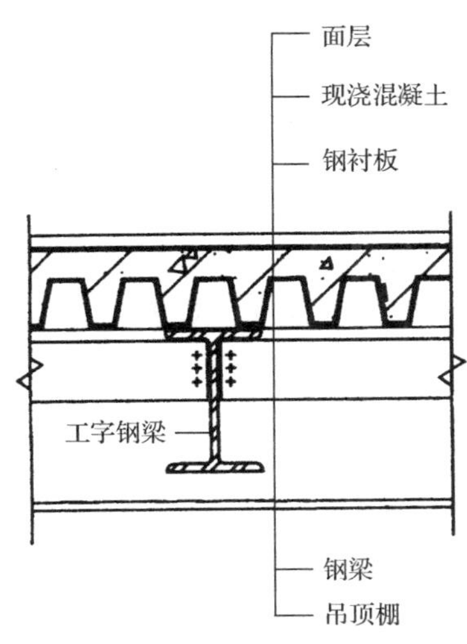

图8.10　压型钢板基本组成

4. 模壳型现浇钢筋混凝土楼板层

这种楼板层是较新型的一种楼板结构，具体做法是在楼板层支模时，将预先设计好的模壳（通常为合成材料）按不同楼板层类型置于模板上，模壳之间形成的空隙部分现浇钢筋混凝土与模壳整浇在一起而成为楼板层，因模壳形式不同（常用的有管形和箱形），可做成现浇钢筋混凝土空心楼板或现浇钢筋混凝土井格式、密肋式楼板层，由于模壳的采用，此种楼板层能充分发挥钢筋混凝土的性能，降低了自重，所以可适应较大的结构跨度，可以达到20m。其较明显的优点是节约了普通模板、施工较方便，缺点是结构层厚度（或称高度）偏大、模壳造价偏高。

现浇钢筋混凝土楼板层因整体性好、抗震性能高、施工方便，而大量应用于工程实践中。

8.2.2 装配式及装配整体式钢筋混凝土楼板层

1. 装配式钢筋混凝土楼板层

楼板层类型主要有预制实心板、预制空心板、预制T形板、预制槽型板等。这种楼板层抗震性能较差、板间及板端部细部构造处理要求较高，目前在工程实践中各种预制式楼板均较少采用，民用建筑中预制实心板有少量应用，工业建筑中预制槽型板有少量应用。

2. 装配整体式钢筋混凝土楼板层

主要类型为叠合式楼板层，即预制楼板层吊装就位后再于其上现浇一层钢筋混凝土叠合层与预制板形成整体楼板层。它兼有现浇和预制楼板层的双重特点，但由于施工复杂，工程实践中较少采用。

8.3 混凝土地层

地层是指建筑物底层与土壤直接相接或接近土壤的那部分水平构件，它承受作用其上的荷载，并将荷载均匀地传给土壤或通过地垅墙传给土壤。

地层按其与土壤的关系分实铺地层和空铺地层两类。对地层的要求基本与楼层相仿，即也要符合坚固、卫生、造价低廉等要求。同时，由于地层的特殊位置，它还应具有防潮及保温作用，尤其在寒冷地区。通常混凝土对防潮、防水有一定作用，地层浸在地下水位以下时应采取防水处理。对于江南梅雨季节地层表面产生凝结水的问题，应采取改善通风、控制室内湿度的办法。

8.3.1 实铺地层

1. 基层

基层为地层的承重层，一般为土壤。当地层上荷载较小，且土壤条件好时，则采用原土夯实或填土分层夯实；当地层上的荷载较大时，则需对土壤进行换土或夯入碎石、砾石等。

2. 垫层

垫层为承重层和面层之间的填充层，一般起找平和传递荷载的作用。地层的垫层一般采用C10混凝土做80～100mm厚度，垫层应具有足够的强度和刚度，以保证能够承受其上荷载并能均匀地传给地基。

3. 面层

面层是地层中人与家具、设备等直接接触的表面层，对室内起装饰作用。由于室内使用和装饰要求不同，面层所用材料和做法也各不相同。

对特殊要求的地层，还在垫层和面层之间加设一些附加层，如防水层、保温层及为埋置管线而设的层次等。

8.3.2 空铺地层

为避免建筑物底层受潮，影响地层的耐久性和房间的使用质量，或为满足某种特定的使用要求（如舞台、体育馆比赛场等要求地层有较好的弹性），有时将地层架空，形成空铺地层。地层与土壤之间的空间具有组织通风，带走地潮的功能。空铺地层的基本做法是在夯实土或混凝土垫层上布置地垅墙或墩垛架梁，在墙上或梁上铺设钢筋混凝土预制板或在墙、梁上设木龙骨，然后做木地面，如图8.11所示。

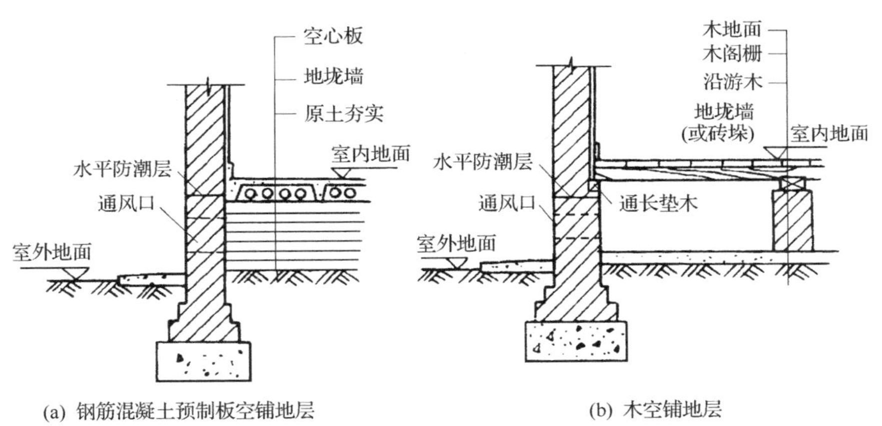

(a) 钢筋混凝土预制板空铺地层　　(b) 木空铺地层

图8.11 空铺地层

8.4 楼地面构造

楼板和地层基层上面的装修层分别称为楼面和地面，它们的类型、设计要求与构造基本是相同的。

8.4.1 楼地面的设计要求

楼地面是室内重要的装修层，起到保护楼层、地层结构、改善房间使用质量和增加美观的作用。与墙面装修不同的是，它与人、家具、设

学习重点

重点关注：

1. 混凝土地层构造。
2. 楼地面的设计要求。

分析与思考：

1. 地层的种类及其特点。
2. 实铺地层的构造组成及各部分的作用。

备等直接接触，承受荷载并经常受到磨损、撞击和洗刷，应满足下列要求：

(1) 具有足够的坚固性，即要求在外力作用下不易破坏和磨损。

(2) 表面平整、光洁、不起尘、易于清洁。

(3) 有良好的热工性能，保证寒冷季节脚部舒适。

(4) 具有一定的弹性，使人驻留或行走其上有舒适感；弹性大的楼地面对隔绝撞击声也有益。

(5) 对于特殊房间应具有防潮、防水、防火、耐腐蚀等性能。对有水房间如浴室、厕所等要求能抗潮湿、不透水；对遇火房间如厨房、锅炉房等，要求防火、耐燃烧；对有酸碱作用的房间，则要求具有耐腐蚀的能力等。

8.4.2 楼地面的类型及构造

根据面层材料和施工方法不同可分为以下类型：

(1) 现浇类地面，包括水泥砂浆、水磨石、细石混凝土地面等。

(2) 镶铺类地面，包括陶瓷地砖、人造石板、天然石材等。

(3) 卷材类地面，包括橡胶地毡、塑料地毡、及地毯等。

(4) 涂料类地面，包括各种高分子合成涂料所形成的地面。

(5) 木地面，包括各种拼木和条木地面等。

1. 现浇类地面

1) 水泥砂浆地面

水泥砂浆地面又称水泥地面，具有构造简单、坚固、防潮、防水、造价低廉等特点，并且在其上面较容易改做成其他材料的面层，应用较广泛。但该地面表面冷硬、易起尘，有时产生反潮现象。

水泥砂浆地面有单层和双层做法。单层做法是先在垫层上抹水泥浆结合层一道，直接抹15～20mm厚1∶2或1∶2.5水泥砂浆，抹平后待其终凝前用铁抹压光。双层做法一般是以10～15mm厚1∶3水泥砂浆打底、找平，再以5～10mm厚1∶1.5或1∶2的水泥砂浆抹面、压光。双层做法虽然增加了施工程序，但可以保证质量。

2) 细石混凝土地面

一般做法是在混凝土垫层上直接做40mm厚C20细石混凝土，表面撒1∶1水泥细砂，随打随抹，压实赶光。其主要优点是经济、施工简单、不易起尘。

3) 水磨石地面

水磨石地面具有表面光洁、整体性好、不易起尘、防水、防潮等特点，常用于公共建筑中的大厅、走道等处，与水泥砂浆、细石混凝土地面相比，施工复杂、造价高，且更冷硬。

水磨石面层做法通常是在混凝土垫层上用15mm厚1∶3水泥砂浆打底、找平，再用玻璃条或铜（铝）条按设计的图案分格，采用1∶1水泥砂浆临时固定，面层用10～15mm厚1∶1.5或1∶2水泥石子浆抹平，浇水养护，待达到70%强度时用磨石机加水磨光，磨好后过草酸打蜡铺锯末进行养护即可，如图8.12所示。

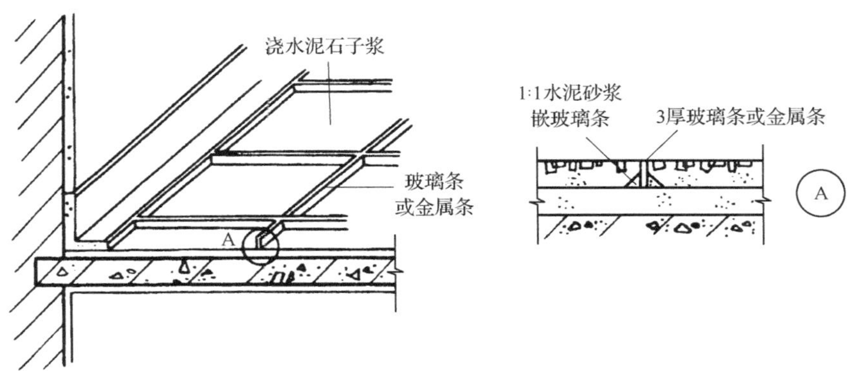

图 8.12　水磨石地面

水泥石子浆中的石子用坚硬可磨的石子（白云石、大理石等），粒径为 4～12mm。水磨石分普通水磨石和美术水磨石两种，普通水磨石采用灰水泥和白石子，玻璃条分格；美术水磨石则采用白水泥加色和彩色石子，铜条分格。分格的作用是减少开裂的可能，也便于维修，不同的图案分格同时也增加了地面美观。

2. 镶铺类地面

凡利用各种预制块材和天然石材（板）镶铺在混凝土垫层上的面层做法均称镶铺地面，其面层材料通常有人造石材（板）、天然石材（板）、陶瓷地砖、锦砖、缸砖等。这类地面花色品种繁多，经久耐用，易保持清洁，主要用于人流大、耐磨损、清洁要求高或较潮湿的场所。

1）人造石材、天然石材地面

这类地面主要包括人造水磨石材、人造大理石材、天然大理石及花岗岩板材。其构造做法如图 8.13 所示。

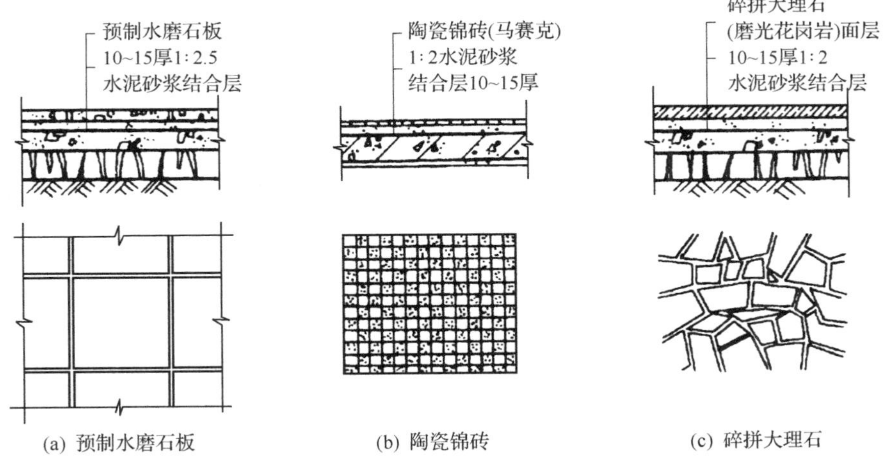

(a) 预制水磨石板　(b) 陶瓷锦砖　(c) 碎拼大理石

图 8.13　块材地面构造

学习重点

重点关注：

1. 楼地面的类型及构造。

2）陶瓷地砖、缸砖地面

其做法基本与人造、天然石材相同。

3）陶瓷锦砖地面

陶瓷锦砖又称马赛克，是一种小尺度瓷砖镶铺而成的地面，根据其花色品种不同可拼成各种图案，故名锦砖。这种砖质地坚实、经久耐用、色泽多样、耐酸、耐碱、耐火、耐磨、不透水、易清洗、抗压强度大、吸水率低，可做浴厕、化验室、精密工作间等处地面，尤其适用有找坡要求的地面，其单个小砖的形状有正方形、矩形、六角形以及对角、斜长等不规则形状，可拼成各种图案，砖背面有凹槽便于与基层结合。正方形尺寸一般为 39mm × 39mm、23.6mm × 23.6mm、18.5mm × 18.5mm、15.2mm × 15.2mm，厚为 4.5mm 或 5mm，在工厂制作时预先拼成 300mm×300mm、600mm×600mm 大小，以牛皮纸贴于正面，并保证块与块之间留至少 1mm 的缝隙。施工时，在混凝土垫层上铺 20mm 厚 1∶3 水泥砂浆找平层，再用 10mm 厚 1∶1 水泥细砂浆贴马赛克，待粘贴牢固后，用水洗去牛皮纸，露出正面。最后进行校正，并用素水泥浆擦缝即成，如图 8.13(b)所示。此外，尚有碎拼大理石及黏土砖地面等，如图 8.13(c)所示。

3. 粘贴类地面

塑胶地板块、塑料地毡、橡胶地毡、地毯等地面通常做法是用专用胶粘贴于 1∶3 或 1∶2 水泥砂浆层上，这类地面具有整体性好、表面平整、感觉舒适，美观大方、隔声、绝缘等特点。

4. 涂料类地面

涂料类地面通常是为改善水泥砂浆或细石混凝土地面在质量上的不足，如易开裂、易起尘和不美观等，对地面进行表面处理的一种做法。常见的涂料有醋酸乙烯厚质涂料 SJ82-1 地面涂料、聚乙烯醇缩甲醛水泥地面涂层、环氧树脂厚质地面涂层以及 804 彩色水泥地面涂层、聚乙烯醇缩丁醛涂料、H80 环氧树脂涂料、环氧树脂厚质地面涂层以及聚氨醇厚质地面涂层等。这些涂料的突出特点是无缝、易于清洁，具有良好的耐磨、抗冲击、耐酸、耐碱等性能。

5. 木地面

木地面系指表面由木板铺钉或胶合而成的地面。具有弹性好、导热系数小、不起灰、易清洁等特点，常用于住宅、宾馆、剧场、舞台、办公等建筑中。木地面主要为条木板地面。

木板地面面层有单层和双层两种。单层木板面层是在木搁栅上直接钉企口板；双层木地面是在木搁栅上先钉一层毛地板，再钉一层企口板。木搁栅有空铺和实铺两种形式，空铺式木地面消耗木材多、防火差，除特殊房间外已很少采用。

实铺式木地面是直接在实体基层上铺设的地面。将木搁栅直接放在结构层上，截面一般为 50mm×50mm，中距为 400mm，搁栅预埋在结构层内，用 U 形铁件嵌固或镀锌铁丝扎牢。底层地面为了防潮，须在结构层上涂刷冷底子油和热沥青各一道，如图 8.14(a)、(b)所示。为保证搁栅层通风干燥，常采取在踢脚板处开设通风口的办法解决。实铺式木地面也可直接粘贴在结构层或垫层的找平层上，施工方便，造价低，粘贴剂可用沥青玛蹄脂、环氧树脂、乳胶等，如图 8.14(c)所示。

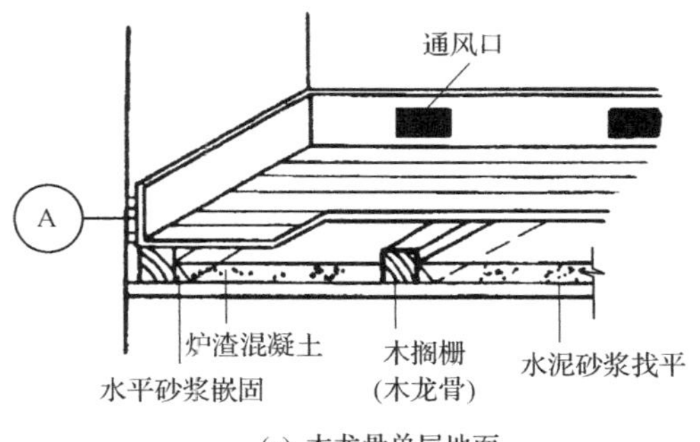

(a) 木龙骨单层地面

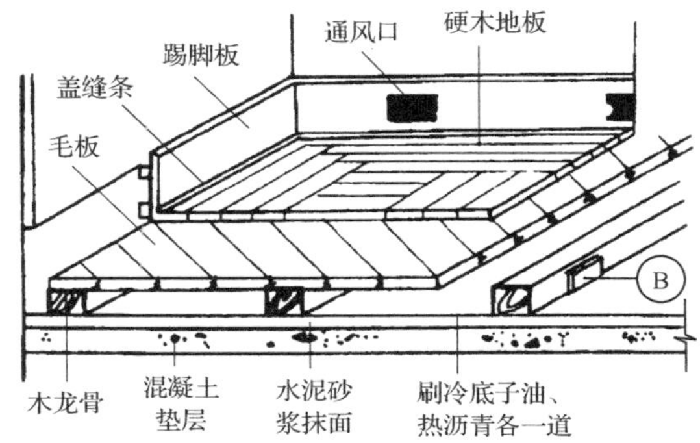

(b) 木龙骨双层地面

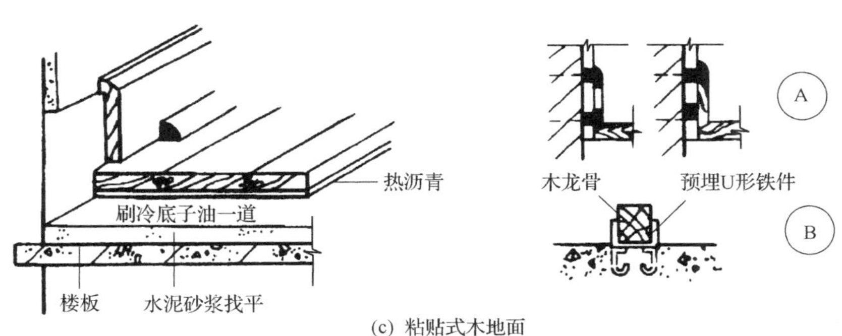

(c) 粘贴式木地面

图 8.14 木地面

8.4.3 踢脚板

踢脚板也称踢脚线，是地面的延伸部分，其主要作用是遮盖地面与墙面的接缝，保护近地部分墙面。它的材料与楼地面材料基本相同，高度一般为 120～150mm。构造亦按分层制作，通常比墙面抹灰突出 4～6mm，如图 8.15 所示。近年来为二次装修方便，也有不做踢脚线抹灰而采用素水泥浆或涂料刷踢脚线的做法。

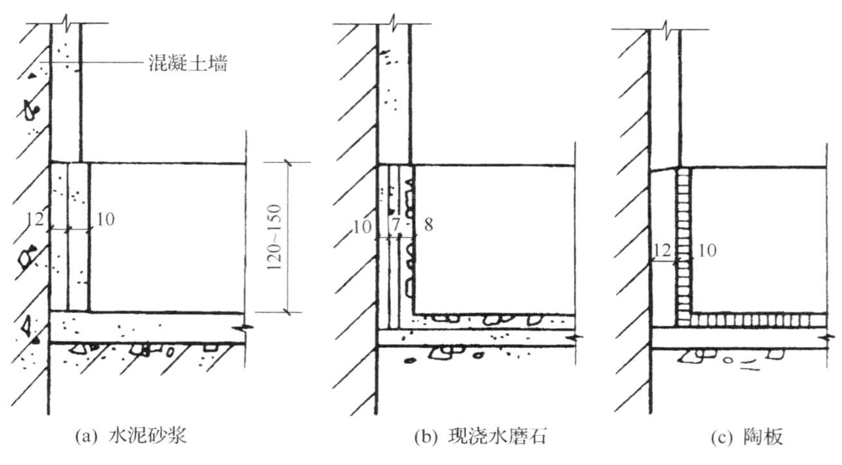

图 8.15　踢脚板构造

8.5　顶棚构造

顶棚又称天棚或天花板，是楼层下面的装饰层。作为普通房间的顶棚，其下表面常常是平面的，所以要求它表面平整、光洁，能起一定反射光照的作用，以改善室内的亮度。对某些特殊要求的房间，还要求顶棚具有隔声、防火、保温、隔热、隐蔽管线等功能。顶棚依其构造方式不同可分为直接顶棚和吊顶棚两种。吊顶棚则根据室内使用要求设计为不同的剖面形式，以满足不同的设计需要。

8.5.1　直接顶棚

直接顶棚是指直接在钢筋混凝土楼板下喷刷、抹或粘贴装修材料而成的顶棚。这种顶棚构造简单、施工方便。

1. 直接喷、刷涂料顶棚

当楼板底面够平整，室内装饰要求不高时，直接在楼板底面喷或刷石灰浆、大白浆或白色、浅色涂料，以改善室内卫生环境和增加顶棚的光线反射能力。

2. 抹灰顶棚

当楼板底面不够平整，室内装饰要求较高时，可在板底进行抹灰装修。抹灰分水泥砂浆或混合砂浆抹灰和纸筋灰抹灰两种。

水泥砂浆（混合砂浆）抹灰先将板底打毛，而后抹 10～15mm 厚 1∶2 水泥砂浆，可以一次成活，亦可分两次抹灰。纸筋灰抹灰先以 10mm 厚混合砂浆打底，再以 3mm 厚纸筋灰罩面，如图 8.16(a)所示。

3. 贴面顶棚

对某些有装饰、保温、隔热、吸声要求的房间，可在楼板底面直接粘贴装饰墙纸、泡沫塑料板、铝塑板等，如图 8.16(b)所示。

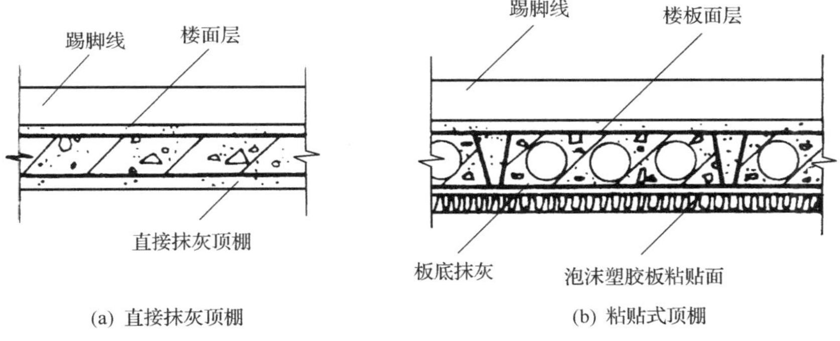

(a) 直接抹灰顶棚　　(b) 粘贴式顶棚

图 8.16　直接式顶棚

8.5.2　吊顶棚

当楼板底部需隐蔽管道，或有特殊的功能（如声学、光学）要求、艺术处理要求，或只为降低局部顶棚高度时，常将天棚悬吊于楼板下一定距离，形成吊顶。

吊顶按骨架所用材料不同分木骨架吊顶和金属骨架吊顶。

1. 木骨架吊顶

木骨架吊顶是在楼板下吊挂木骨架，在木骨架下铺钉各种面板而成的悬挂式天棚。木骨架由主龙骨和次龙骨组成，主龙骨截面为 45mm×45mm 或 50mm×50mm，借助楼板内预留的金属锚栓通过螺杆或木吊筋吊挂，吊筋间距一般为 900～1200mm。主龙骨下钉次龙骨，截面为 40mm×40mm，间距视面层类型和规格而定，如图 8.17 所示。

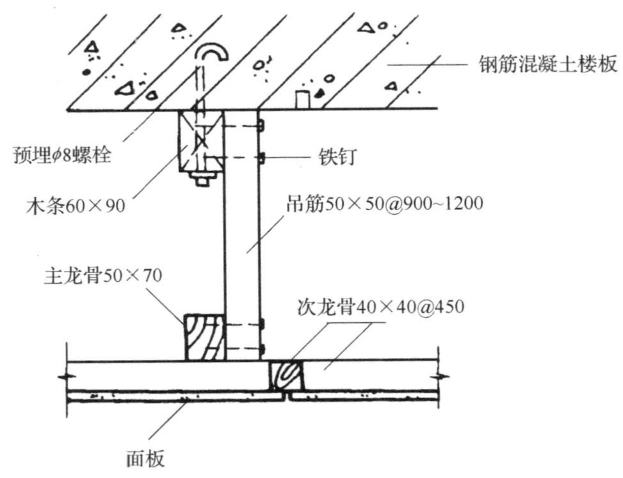

图 8.17　木骨架吊顶

木骨架吊顶耗用大量木材，且可燃，不利防火，目前已很少采用。

学习重点

分析与思考：

1. 直接顶棚构造。
2. 吊顶棚构造。

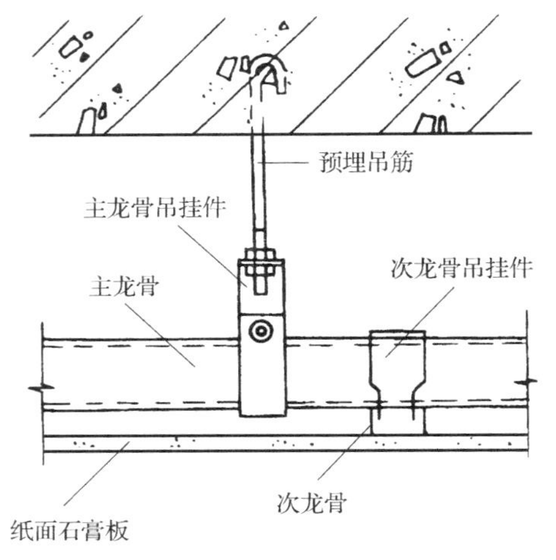

图 8.18 金属骨架吊顶

2. 金属骨架吊顶

金属骨架吊顶是在楼板下悬挂金属骨架，在金属骨架下固定各种面板而成的顶棚，如图 8.18 所示。金属骨架由主龙骨、次龙骨和横撑组成。

吊筋一般采用 $\phi6$ 钢筋或 8 号铁丝或 $\phi8$ 螺栓等，中距为 900～1200mm。它与钢筋混凝土楼板的固定方式有预埋式、钉入式和吊装式，如图 8.19 所示。吊筋下端悬挂主龙骨，主龙骨下挂次龙骨。为铺、钉装饰面板，应在龙骨间增设横撑，间距视面板类型及规格而定。最后在次龙骨和横撑上铺、钉装饰面板。

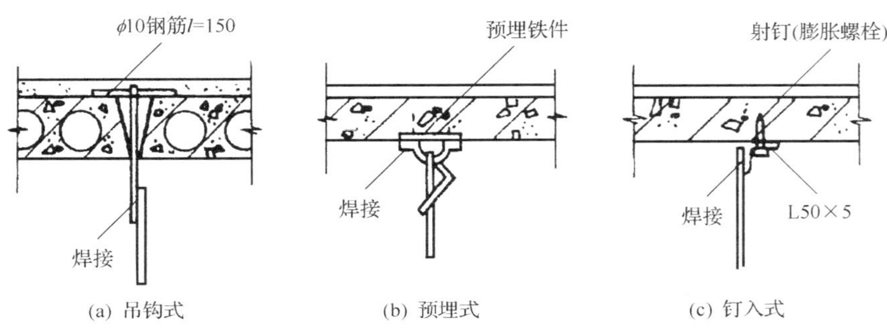

图 8.19 吊顶的固定

装饰面板有人造板和金属板，人造板有纸面石膏板、水泥石棉板、矿棉板及铝塑板等，可借自攻螺钉固定在龙骨上，如图 8.20(a)所示，亦可放置在倒 T 形龙骨的翼缘上，如图 8.20(b)所示。

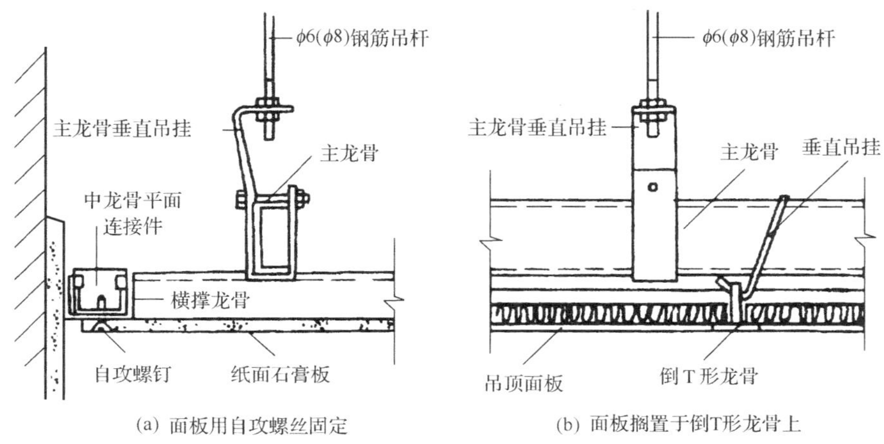

图 8.20 金属骨架吊顶构造

8.6　楼地层的保温、隔声与防潮、防水

8.6.1　地层的防潮、保温

1. 地层的防潮

地层与土壤直接接触，土壤中的潮气易浸湿地层，所以必须对地层进行防潮处理。通常对无特殊防潮要求的地层构造，在垫层中采用一层C13素混凝土60mm厚即可；面对有较高防潮要求的地层，则采用二道热沥青或二布三涂防水层等做法，如图8.21所示。

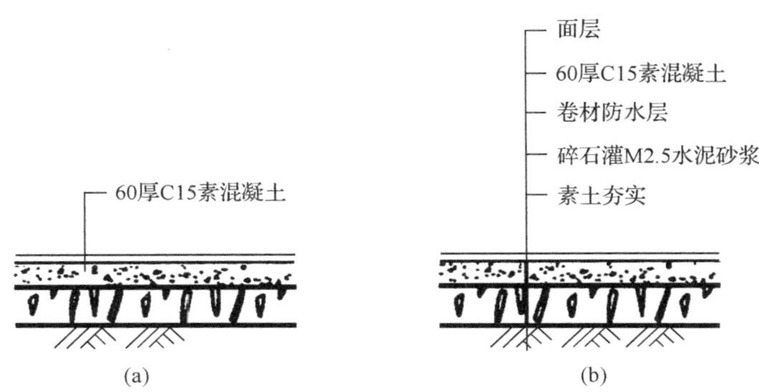

图8.21　地层的防潮

2. 地层的保温

对无特殊要求的地层，通常不做保温处理，而随着我国建筑节能政策的深入贯彻执行，以及人们对室内热环境的要求不断提高，地层的保温设计也开始引起人们的重视。建议采用以下两种方法：其一是在建筑物靠室内一侧四周垫层以下采用宽深500mm炉渣保温。其二是在第一个垫层上满铺（或在距外墙内侧2m范围内）一层保温材料（如30～50mm厚的高密度聚苯板），再于其上铺钉一层钢板网，然后现浇第二素混凝土垫层，最后做面层饰面，如图8.22所示。

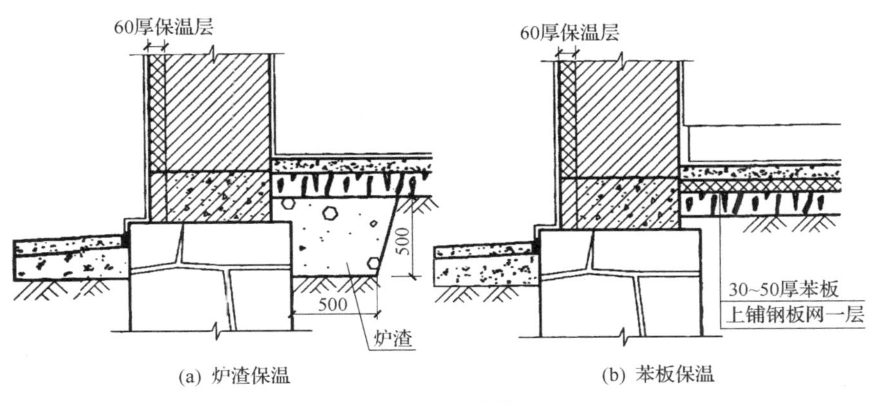

(a) 炉渣保温　　(b) 苯板保温

图8.22　地层的保温

学习重点

分析与思考：

1. 地层的防潮构造。
2. 地层的保温构造。

8.6.2 楼层的防潮、防水、保温

1. 楼层的防潮、防水

对于无特殊防潮、防水要求的楼层，通常采用C18细石混凝土垫层40mm厚，再于其上做面层即可。对于有防潮、防水要求的楼层其构造做法有二：其一，对于只是有普通防潮、防水要求的楼层，采用C18细石混凝土，从四周向地漏处找坡0.5%（最薄处不少于30mm厚）即可；其二，对于防潮、防水要求高的楼层（如卫生间），应在垫层或结构层与面层之间设防水层。常见的防水材料有卷材、防水砂浆、防水涂料等。为防止房间四周墙体受水，应将防水层四周卷起150mm高，门口处铺出300mm宽，如图8.23所示。

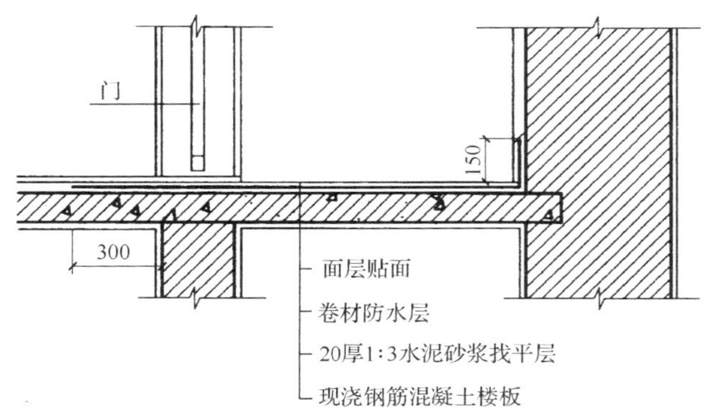

图8.23 地面防水层构造

2. 楼层的保温

楼层的上下通常均为室内环境，所以通常情况下不需要特殊的保温处理。但对于悬挑出去的楼层或穿过建筑物门洞处的上部楼板以及封闭凹阳台的底板等，在北方寒冷地区则必须做好保温处理。一般将高密度聚苯板粘贴于挑出部分的楼板下面再做饰面抹灰处理即可，如图8.24所示。

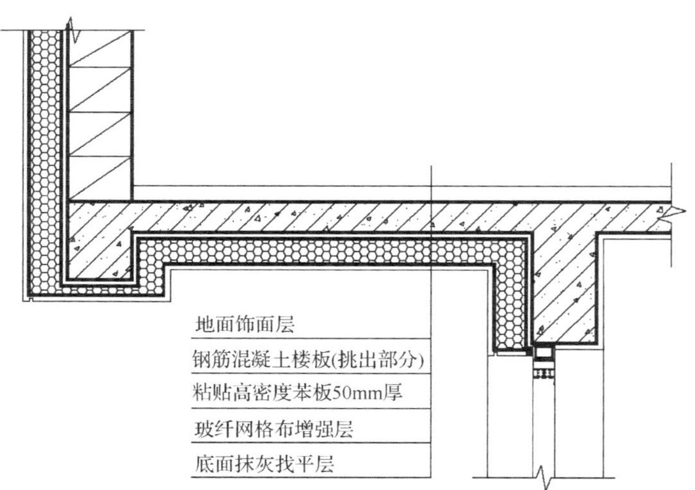

图8.24 悬挑楼板层的保温处理

8.6.3 楼层的隔声

对楼层的隔声处理通常是两条途径：一是面层处理，采用弹性面层或浮筑层，二是吊顶棚以增加隔声效果。下面仅就面层隔声处理举两例：其一是在楼板层结构上铺 20～30mm 厚挤塑板，然后现浇 40mm 厚混凝土层，再做面层于其上；其二是在楼板结构层上加橡胶垫一类的弹性垫层，再于其上设置龙骨，龙骨上另做木地板，如图 8.25 所示。

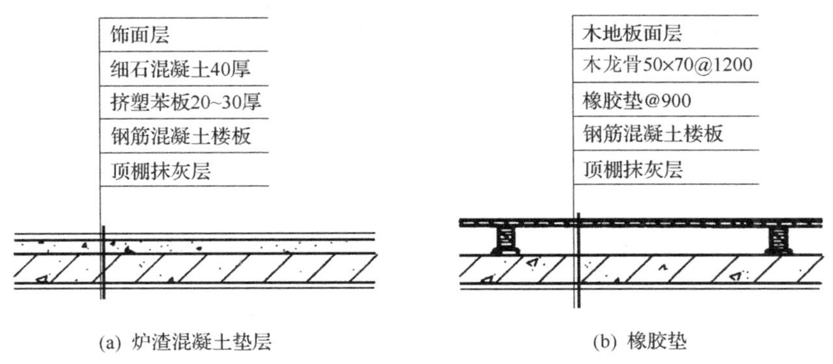

(a) 炉渣混凝土垫层　　(b) 橡胶垫

图 8.25　楼板层隔声

学习重点

分析与思考：

1. 楼层的防潮、防水构造。
2. 楼层的保温构造。
3. 楼层的隔声构造。
4. 阳台的类型。
5. 设计阳台时主要考虑哪些因素？

8.7　阳台与雨篷

8.7.1 阳台

阳台是室内和室外接触的平台，人们可以在阳台上休息、眺望、晾晒衣物或从事其他家务活动，是多、高层住宅建筑中不可缺少的部分。

1. 阳台的类型及设计要求

1）阳台的类型

按阳台平面与建筑外墙的相对关系可分为凸阳台、凹阳台、半凸凹阳台、带两侧墙的阳台、假阳台等，如图 8.26 所示。

2）阳台的设计要求

阳台是建筑物中较特殊的构配件，所以设计时应考虑以下要求：对于阳台的安全性来说，主要是要保证阳台底板及阳台栏板（或栏杆）的安全可靠。如果是凸阳台，一般为悬挑结构，应保证阳台在施加荷载的情况下不致发生倾覆。阳台的挑出深度应考虑结构的安全，但也应考虑适用。对于凹阳台或带两侧墙的阳台来说，阳台底板为简支结构，按一般现浇钢筋混凝土楼板考虑即可。对阳台栏板（栏杆）的安全性要求主要有两方面，一是栏板（栏杆）高度要保证满足规范要求的最低尺度；二是栏板（或栏杆）要与阳台底板有可靠的连接构造。阳台栏板（或栏杆）的高度不宜过低，对低、多层房屋来说，一般不宜低于 1.05m，对

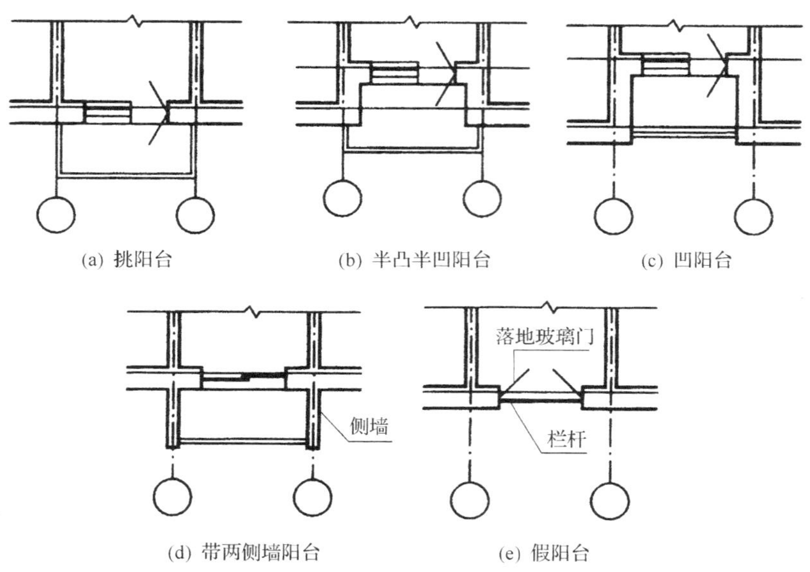

图 8.26 阳台的类型

高层房屋来说，一般不宜低于 1.10m，以保证阳台上人员的安全及心理不产生恐惧感。如果阳台栏板（或栏杆）上设有花盆架，应有防坠措施。关于栏板（或栏杆）与阳台底板的连接构造后面将谈到。

阳台的功能要求主要是保证阳台的使用方便及环境良好，所以阳台的尺度是设计中优先考虑的问题。一般阳台的宽度多与房屋开间相一致，深度以 1.2～1.5m 较适宜。另外北方寒冷地区为保证冬季时阳台的环境较好，常采用保温的阳台栏板，并且对阳台进行封闭，如图 8.27 所示。

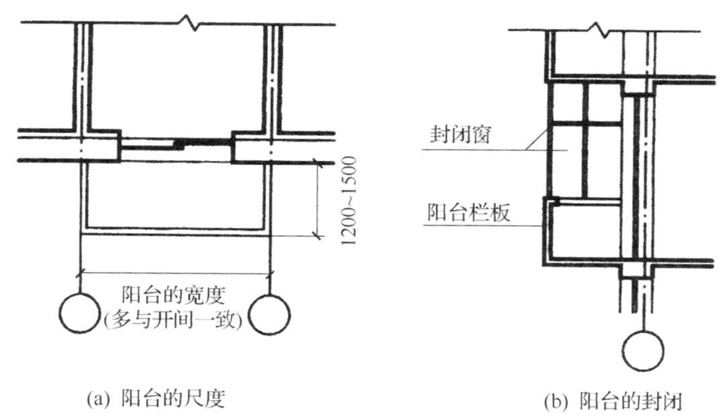

图 8.27 阳台的尺度及封闭

2. 阳台的结构布置

阳台的结构布置按其受力及结构形式的不同，主要有搁板式和悬挑式，而悬挑式中又有挑板式和挑梁式之分。

1）搁板式

搁板式一般适合于凹阳台或带两侧墙的凸阳台，它是将阳台底板（现浇或预制）支承于两侧凸出的承重墙上，阳台底板和尺寸与楼板一致，施工方便。这种阳台的进深尺寸可以做得较大些，使用较方便，如图 8.28(a)所示。

2）挑板式

这种结构布置方式有两种做法：一种是利用现浇或预制的楼板延伸外挑而形成挑出的阳台底板，此时平衡挑出的阳台底板是靠与之成为一体的室内这部分楼板的重量及压在两板端的横墙，如图 8.28(b)所示；另一种是将阳台底板与过梁、圈梁整浇在一起，借助梁的重量来平衡挑出的阳台底板，也可以将过梁室内一侧做成凹槽，将第一块预制板压住过梁这样抗倾覆效果更好。这种挑板式阳台的挑出长度一般宜在 1.0m 以内。

3）挑梁式

这种做法是从横墙上外挑梁，梁上置板而成。挑梁与板通常整浇在一起，以平衡挑梁靠两侧置于梁上的横墙重量。由于是梁挑出，所以阳台的挑出长度可稍大些，但挑梁式在阳台立面上可以看到两梁端头，不够美观也对阳台封闭不利，因此可增设边梁解决这一问题，但边梁会对室内采光有一定影响，如图 8.28(c)所示。

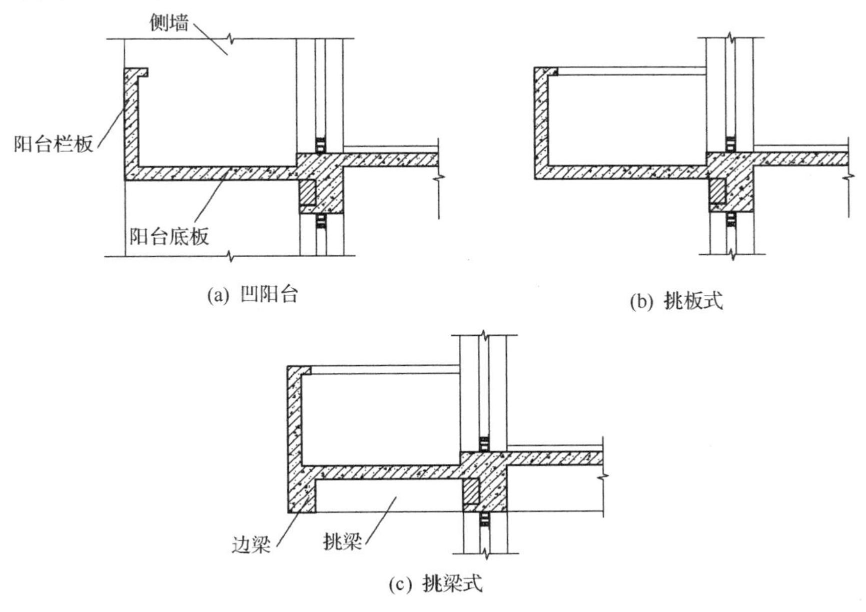

图 8.28　阳台的结构布置

3. 阳台的构造

1）阳台的栏杆（栏板）和扶手

阳台栏杆（栏板）是阳台的围护构件，它起着保障阳台上人的安全及装饰作用。从外观上看，有镂空的栏杆和实心栏板，如图 8.29 所示；

学习重点

分析与思考：
1. 阳台的结构布置。
2. 阳台构造。

从材料上看，有金属及钢筋混凝土栏杆、砌砖及钢筋混凝土栏板、其他材料的栏板。

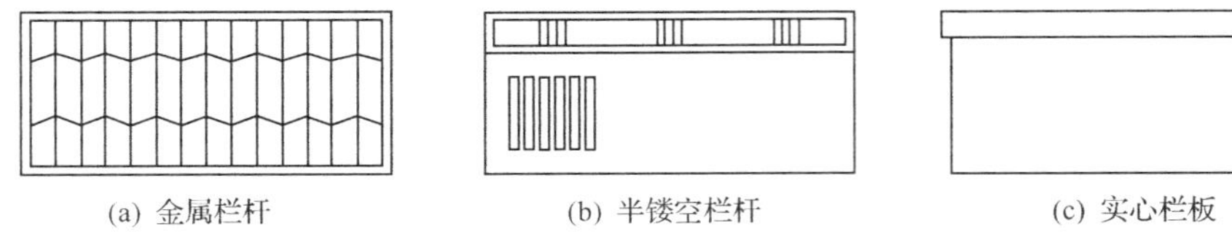

(a) 金属栏杆　　(b) 半镂空栏杆　　(c) 实心栏板

图 8.29　阳台立面举例

镂空栏杆一般由金属或预制钢筋混凝土构件构成，金属栏杆多为竖向的圆钢或方钢，它们与阳台板周边预埋的通长扁钢焊牢或直接埋入阳台边周边的预留洞内，如图 8.30(a)所示；预制钢筋混凝土栏杆则采用插入预留槽内再现浇钢筋混凝土的办法解决，为装饰也可在竖向栏杆上增加一些花饰。镂空栏杆在南方炎热地区应用较为广泛，北方寒冷地区目前已极少采用。

现浇钢筋混凝土栏板的做法是将预埋于阳台底板的钢筋扶起，按设计要求绑扎好再整浇混凝土栏板及扶手，如图 8.30(b)所示。

其他材料的阳台栏板还有泰柏板栏板、预制钢丝网水泥薄板、玻璃和其他复合材料的栏板。

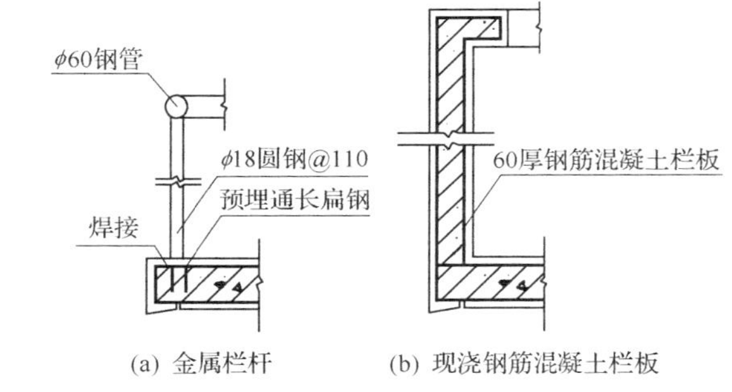

(a) 金属栏杆　　(b) 现浇钢筋混凝土栏板

图 8.30　阳台栏杆、栏板构造举例

2）阳台的保温

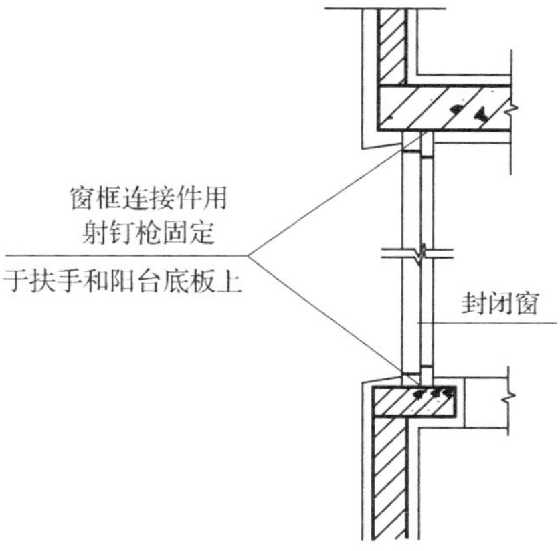

近年来，为改善阳台空间的热环境和提高其空间利用率，阳台作为接触室外空气的楼板为满足建筑节能新标准的要求，北方寒冷地区居住建筑必须对阳台进行保温处理。保温处理主要有三个环节：一是采用保温的阳台栏板材料或对不保温的阳台栏板进行保温处理；二是对阳台进行封闭处理，即用玻璃窗（最好为单框双玻璃窗）将阳台包围起来。北向封闭阳台可以阻挡冷风直灌室内，改善阳台空间及其相邻房间的热环境，有利于建筑节能。为通风排气，封闭阳台的窗应有一定数量的可开启窗扇。阳台栏板及封闭阳台窗构造举例如图 8.31 所示；其三，底层阳台

窗框连接件用射钉枪固定于扶手和阳台底板上

封闭窗

图 8.31　阳台封闭窗构造

的钢筋混凝土底板，及顶层阳台的钢筋混凝土顶板是形成热桥的主要部位之一，北方寒冷地区宜采取措施避免或减少热桥作用，可以采取在阳台底、顶板上下分别做保温处理，即贴苯板保温吊顶的做法，构造举例如图 8.32 所示。

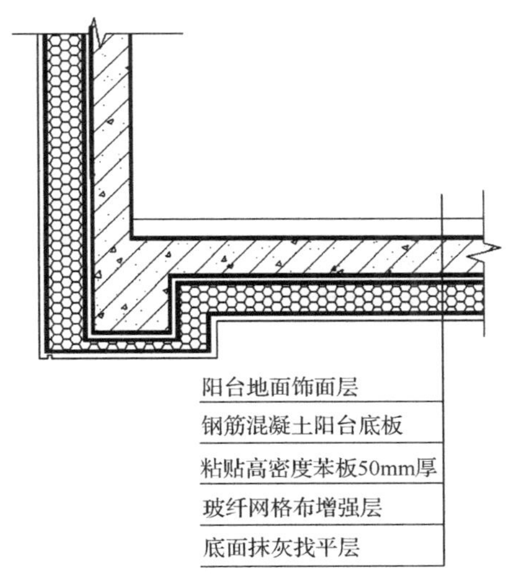

图 8.32　阳台板下保温

3）阳台的排水

对于外露的阳台，阳台板面排水应顺畅，所以阳台地面一般要低于室内地面 20～50mm，并向排水口处找 0.5%～1%的排水坡，以利雨水的迅速排除和防止雨水倒灌入室内。

学习重点

分析与思考：
1. 北方地区阳台如何进行保温处理？其构造如何？
2. 雨篷构造。

阳台的排水有两种做法：其一是利用“水舌”直接排除，如图 8.33(b)所示；其二是通过雨水管排除阳台的雨水，如图 8.33(a)所示。前一种做法是采用镀锌钢管或工程塑料管预埋于阳台的角部，管径通常为 $\phi 40$～$\phi 60$，水舌管口向外出挑至少 80mm，以防排水时（特别是平时冲洗阳台时）水溅到下层阳台扶手上；后一种做法是将雨水引向外墙边的雨水管内排至地面，此种做法多用于雨水较多地区的高层建筑或临街的建筑中。

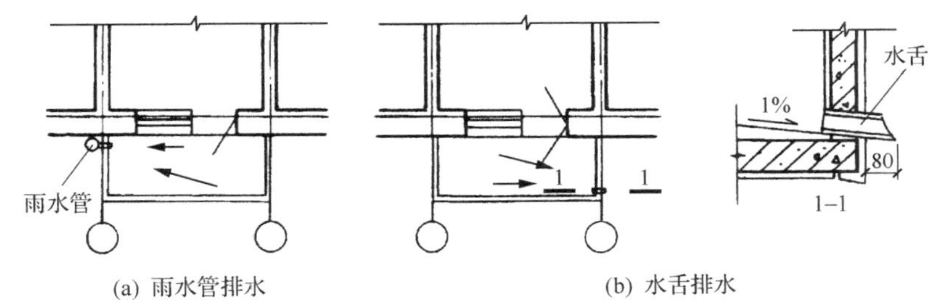

(a) 雨水管排水　　(b) 水舌排水

图 8.33　阳台的排水

8.7.2　雨篷

雨篷是建筑物入口处和顶层阳台上部用以遮挡雨水、保护外门免受雨水侵蚀和人们进出时不被滴水淋湿及空中落物砸伤的水平构件。雨篷多采用钢筋混凝土悬挑，大型雨篷常设立柱支承而形成门廊。

1. 小型雨篷

这里所说的小型雨篷特指无柱支承的悬挑式雨篷。常见的悬挑式钢筋混凝土雨篷有板式和梁板式两种。雨篷挑出较小时采用挑板式，挑出长度通常为 1～1.5m；挑出较大时，一般做成梁板式，梁从雨篷两侧的横墙或室内进深梁直接挑出。为使雨篷板底平整，可将梁上反或在板下做吊顶处理；为防止雨篷倾覆常将雨篷与入口处过梁整浇在一起，如图 8.34 所示。

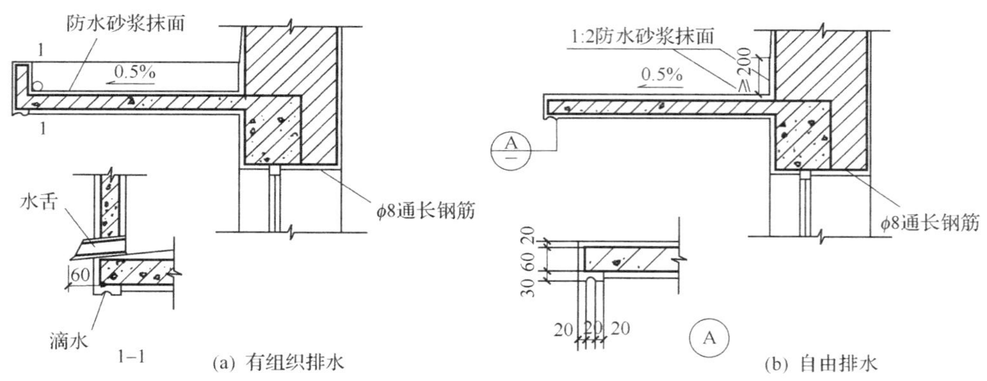

图 8.34　小型雨篷构造

由于雨篷承受的荷载较小，因此雨篷板的厚度较薄，常做成梯形截面形式，板上沿厚度为 50～70mm。雨篷顶面应做防水砂浆抹面处理，并做出排水坡度。为防止雨水沿墙边渗透，应将防水砂浆沿墙身抹至墙面上至少 200mm 处，形成泛水，如图 8.34 所示。

有些小型雨篷采用玻璃-钢结构组合式的做法，这种雨篷常采用钢斜拉杆以抵抗雨篷的倾覆，玻璃采用钢化玻璃，与钢结构常采用点式连接方式，如图 8.35 所示。还有在钢结构骨架外包铝塑板的雨篷做法。

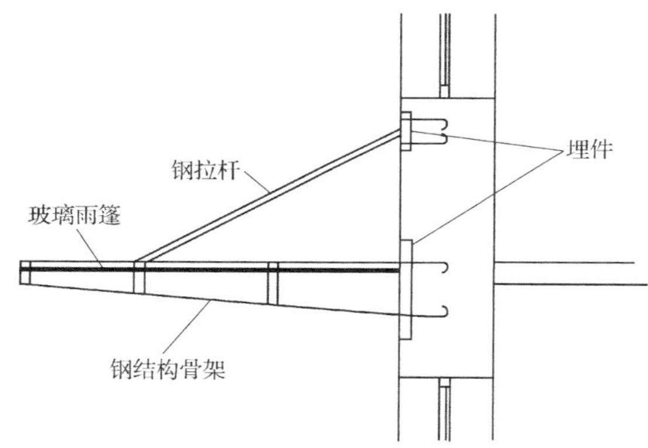

图 8.35　玻璃-钢组合雨篷示意

2. 大型雨篷

这里所说的大型雨篷是指有立柱支承的雨篷。采用这种雨篷多是大型或高层建筑的主要入口，为与主体建筑相协调做出外伸较大的雨篷，此时应有立柱支承，立柱除起结构支承作用外，尚有强调入口的装饰作用。

立柱支承式的大型雨篷结构处理较小型雨篷复杂，一般有三种情况：一是立柱及支承的雨篷与主体建筑脱开，柱子有单独的基础可以自由沉降，如图 8.36(a)所示；二是立柱与主体建筑连成一体，二者均采用桩基础，使二者沉降量均得到控制，不至于因沉降不均将二者拉裂，如图 8.36(b)所示；三是立柱的基础与主体建筑的基础连成一体，这样可使二者同步沉降，如图 8.36(c)所示。

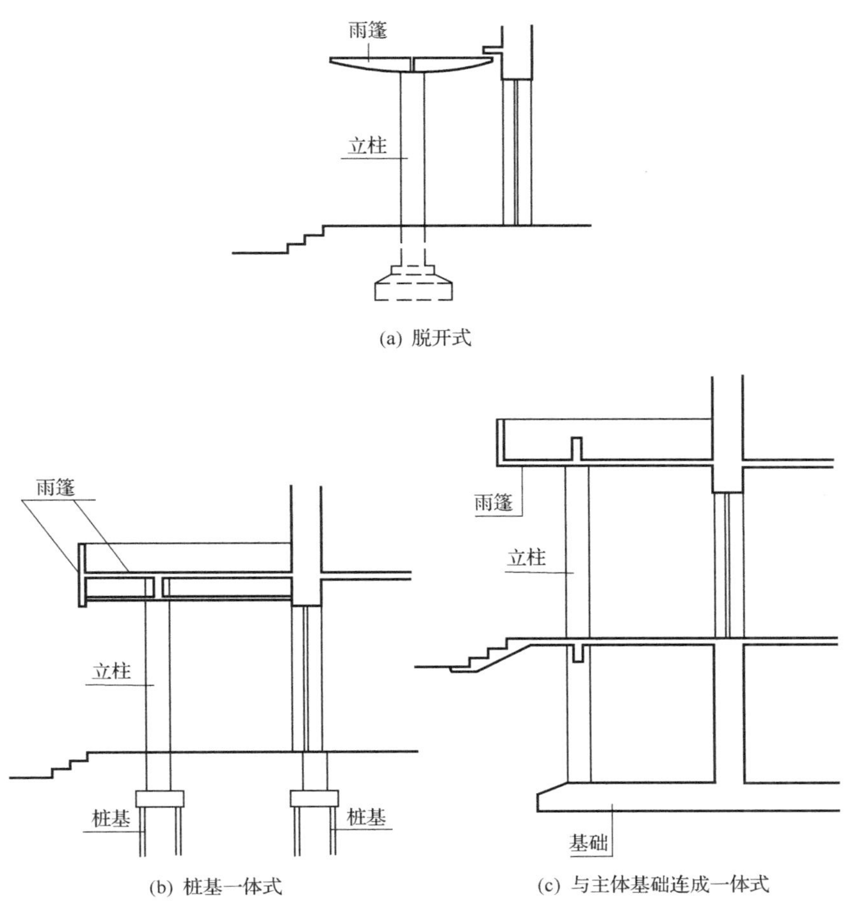

图 8.36　雨篷示例

由于立柱式雨篷面积较大，所以通常雨篷顶面均须做防水处理，并根据雨篷面积的大小设置雨水斗或水舌。

雨篷结构一般采用钢筋混凝土梁板式，也有采用钢网架结构上置玻璃或阳光板的做法。

小　　结

本章主要讲述民用建筑楼、地层以及阳台和雨篷的常见类型、基本构造和设计要求，其重点是现浇钢筋混凝土楼板层的构造和结构概念设计。在学习过程中应注意以下几方面：

(1) 现浇钢筋混凝土楼板按受力和传力情况分板式楼板、梁板式楼板、压型钢板楼板等。

(2) 装配式钢筋混凝土楼板类型有实心板、空心板、槽型板、T 形板等。

(3) 装配整体式钢筋混凝土楼板常见的做法有叠合式楼板层和密肋填充式楼板层。

(4) 地层按其与土壤之间的关系分实铺地层和空铺地层两类。

(5) 根据楼板所处的部位，需采取相应的防潮、防水、保温、隔声等措施。

(6) 楼地面构造分为现浇类、镶铺类、卷材类、涂料类和木地面等类型，顶棚构造主要为直接顶棚和吊顶棚。

(7) 阳台和雨篷设计应考虑功能、安全和美观要求。

第九章　楼梯、电梯、台阶、坡道

学习重点

重点关注：

1. 楼梯的设计要求。

建筑内部各楼层之间的垂直交通联系，是依靠楼梯、电梯、自动扶梯、爬梯、台阶和坡道等交通设施实现。本章重点介绍楼梯、电梯、台阶、坡道等的设计要求、设计尺度、组成和类型，其中以讲解钢筋混凝土楼梯的形式、特点、构造及细部构造处理为主，了解室外台阶和坡道的构造做法及电梯和自动扶梯的基本知识。

9.1　楼　　梯

楼梯是建筑各楼层间的主要交通设施，除交通联系功能之外，还是紧急情况下安全疏散的主要通道，因此楼梯既要满足使用功能要求，也要确保使用安全需要。

9.1.1　概述

1. 楼梯的设计要求

楼梯的设计应满足以下几方面的要求：

(1) 为满足使用功能，楼梯要求通行顺畅，行走舒适，楼梯的数量、位置、楼梯段的宽度以及整个建筑物楼梯的总宽度都应满足一些基本的规定。主要楼梯应与主要出入口近邻，位置明显，同时还应避免垂直交通与水平交通在交接处的拥挤堵塞。楼梯间内必须有良好的自然采光。

(2) 符合结构、构造、施工、防火等方面要求。楼梯属承重结构，除承受自重，还承担使用中产生的较大的活荷载，并且楼梯是整个建筑中刚度较薄弱的部分，因此楼梯应具有足够的强度、刚度及稳定性，并适当地考虑楼梯间的位置，采用一定的加强措施，以保证结构的坚固、安全。选择合适的材料和合理的构造方案，使施工简单、经济合理。民用建筑的室内疏散楼梯宜设置楼梯间。楼梯间在受火灾时又起竖向井筒的烟囱作用，因此，要具有一定的防火能力，符合国家防火规范的规定。从防火、防烟的角度看，楼梯间可分为开敞式楼梯间、封闭式楼梯间和防烟楼梯间几种形式。供疏散用的楼梯间，除一、二、三级耐火等级的公共建筑和六层以下的单元住宅建筑外，其余如医疗、影剧院、体育类建筑，以及超过五层以上的其他民用建筑，均应设置封闭楼梯间。此外，高层建筑中一类建筑和高度超过 32m 的二类建筑（单元式和走廊式住宅除外），以及塔式住宅，均应设防烟楼梯。

(3) 注意美观。楼梯也是建筑装饰、装修设计的重要部分之一，尤其是公共建筑的主要楼梯，楼梯的形式、栏杆的式样、细部处理都要考虑建筑环境空间的艺术效果。

2. 楼梯的组成和类型

1）楼梯的组成

楼梯一般由楼梯段、楼梯平台和栏杆、扶手三部分组成（见图 9.1）。

（1）楼梯段：是指设有若干踏步供层间上下行走的通道段落，也称梯段或梯跑。是楼梯联系两个不同标高平台的倾斜构件，也是楼梯主要使用和承重部分。为减少人们上下楼梯时的疲劳和适应人们的习惯，一般楼梯段的踏步数最好不超过 18 级，最少不少于 3 级。

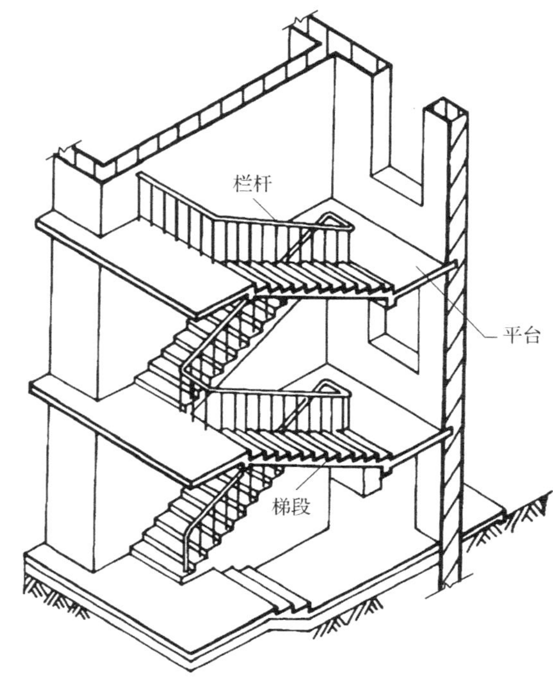

图 9.1 楼梯的基本组成

（2）平台：是指两楼梯段间的水平板，起缓解行人疲劳和改变行进方向的作用。楼层之间的平台让人们在连续上楼时可稍加休息，故也称中间平台或休息平台。与楼层地面标高相同的平台还有用来缓冲、分配从楼梯到达各楼层的人流的功能，称楼层平台。

（3）栏杆（栏板）和扶手：是指楼梯段及平台边缘的安全保护构件，并有上下楼梯时倚扶之用，要可靠、坚固并有足够的安全高度。当楼梯宽度不大时，可只在梯段临空面设置。当楼梯宽度较大时（大于 1.4m），非临空面也应加设扶手，当楼梯宽度很大时（大于 2.2m），还应在梯段中间加设扶手。

实心的称栏板，镂空的称栏杆。栏杆、栏板上部供人们倚扶的配件称为扶手。

2）楼梯的类型

楼梯的类型、形式选择，主要根据建筑物的使用性质、楼层高度、楼梯的位置，楼梯间的平面形状、材料的提供、人流的多少与缓急等因素综合考虑。

按材料分类：木楼梯、钢筋混凝土楼梯、金属楼梯等。

按使用性质分类：

(1) 主要楼梯，一般布置在建筑门厅内明显的位置或靠近主入口的位置。

(2) 辅助楼梯，在建筑次要出入口或建筑适当的位置设置，如建筑走道转折处，容纳比较小的人流，或仅供紧急疏散用。

(3) 消防楼梯等，专为防火使用。

当建筑内部楼梯的数量与位置未满足防火要求时，经常在建筑的端部设置开敞式疏散楼梯。

按外形分类（见图 9.2)：

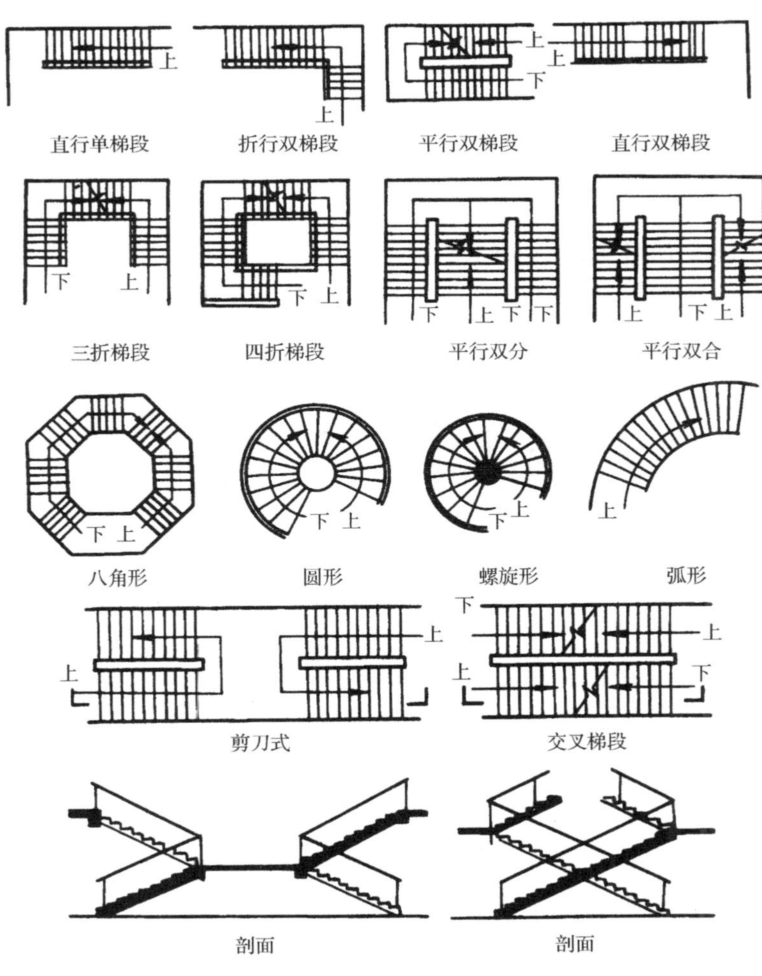

图 9.2 楼梯形式示意图

(1) 单跑楼梯。直行单跑楼梯多用在层高不大或楼梯较陡的建筑中。造型优美、丰富建筑空间的弧形单跑楼梯和螺旋楼梯，具有很好的装饰性，但其受力复杂施工难度较大，因此使用受到限制，尤其是螺旋楼梯，坡度较陡，不宜作为疏散楼梯。对人流较大和防火要求较高的多层公共

学习重点

重点关注：

1. 楼梯的基本组成，各部分的作用。
2. 楼梯的形式分类，各种类型的使用特点。

建筑应考虑使用交叉楼梯。

（2）双跑楼梯。平行双跑楼梯是一般建筑物中常见的，平面形状和尺寸与一般房间相近，便于平面组合的楼梯形式；直行双跑楼梯适用于人流很大、楼层很高的大厅内主楼梯，导向性较强；折行双跑楼梯适用小住宅、过厅等。另外还有常用于公共建筑主要楼梯的双分式、双合式楼梯和剪刀式楼梯、交叉楼梯等。

（3）三跑楼梯。将层高分成三个梯段，并围成较大尺寸的楼梯井。一般在层高较大、楼梯间接近方形时采用，也常用于结合楼梯井设置电梯时采用。

此外，有些公共建筑中也采用四跑或多跑楼梯。

3. 楼梯的尺度

1）梯段宽度与平台宽度

楼梯的宽度应满足疏散要求，从确保安全角度出发，楼梯宽度主要由通过该梯段的人流数来确定的，还应考虑建筑的类型、耐火等级、层数及通过的居住或工作人数等因素。一般按每股人流宽为 0.55＋(0～0.15) m 的尺寸确定，每部楼梯应不少于两股人流，尺寸（0～0.15m）为人流在行进中人体的摆幅，人流较多的公共建筑中应取上限值。一般单股人流通行梯段宽 0.85m，双股人流通行梯段宽为 1.1～1.4m，三股人流通行时梯段宽 1.65～2.1m，如图 9.3(a) 所示。

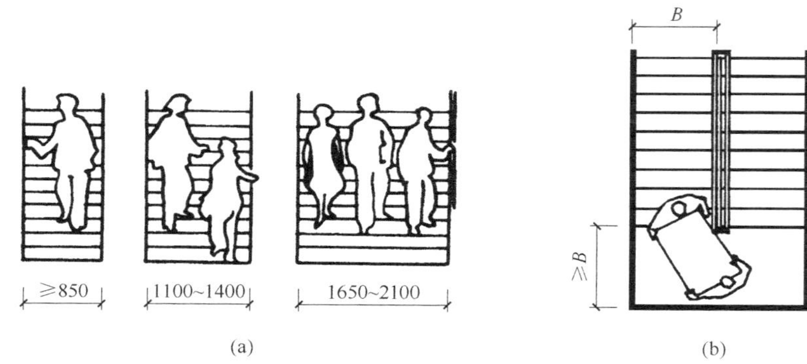

图 9.3　楼梯的宽度与平台宽度

楼梯平台的净宽度不得小于梯段的净宽度，以确保通过楼梯段的人流和货物也能顺利地在楼梯平台上通过，避免发生拥挤堵塞［见图 9.3(b)］。当需要搬运大型物件时，应再适量加宽。

2）楼梯的坡度与踏步的尺寸

楼梯的坡度是指梯段的斜率，一般用斜面与水平面的夹角表示，也可用斜面在垂直面上的投影高与在水平面的投影宽之比表示。坡度小时，行走舒适，但占地面积大，增加造价。反之可节约面积，但行走吃力。一般楼梯的坡度范围在 25°～45°之间，室内楼梯坡度常用 26°～35°为宜。小于 20°应采用坡道，大于 45°采用爬梯（见图 9.4）。

楼梯的坡度还应根据各种房屋使用性质的不同而进行设计，如人流量大的公共建筑中楼梯应较平坦，其坡度一般采用 1∶2；人流量小的居住建筑的户内楼梯或辅助楼梯可较陡，最高可达 45°，但专供老人和幼儿使用的楼梯则需平坦些。

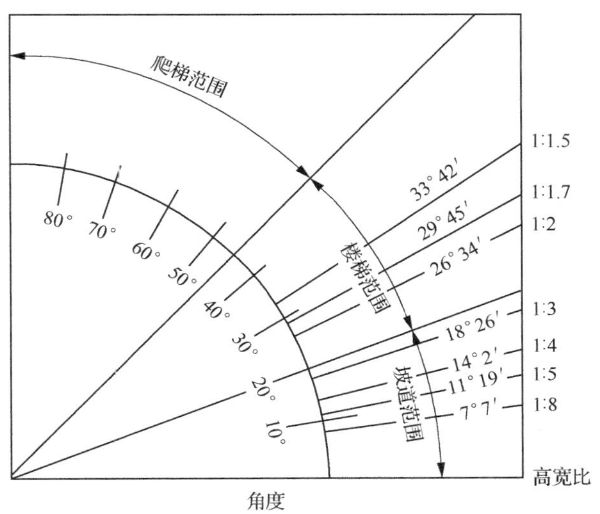

图 9.4 楼梯坡道爬梯的坡度范围

踏步的高宽比构成楼梯的坡度，一般以 h 表示踏步高，b 表示踏步宽。踏步尺寸与人们的步幅有关，通常用下列经验公式表示：

$$2h+b=600\sim620\text{mm} \quad 或 \quad h+b\approx450\text{mm}$$

式中 600～620mm 表示一般人的步幅。

民用建筑中楼梯踏步的最小宽度和最大高度的限值如表 9.1 所示。

表 9.1 一般楼梯踏步尺寸

名称	住宅	学校办公楼	影剧院会堂	医院（病人用）	幼儿园
踏步高/mm	150～175	140～160	120～150	150	120～150
踏步宽/mm	300～280	340～280	350～300	300	280～250

踏步由踏面（踏步宽度）和踢面（踏步高度或踢板）组成（见图 9.5），为了适应人在上楼梯时脚的活动情况，踏面应适当放宽，在不增加楼梯间进深的情况下可加踏口或将踢面做倾斜，使踏面宽度增大。踏口长度挑出踢面 20～40mm，楼梯越陡，则踏口出挑应越大，这样也能解决楼梯间深度受到限制，致使踏面宽度不足最小尺寸的情况。

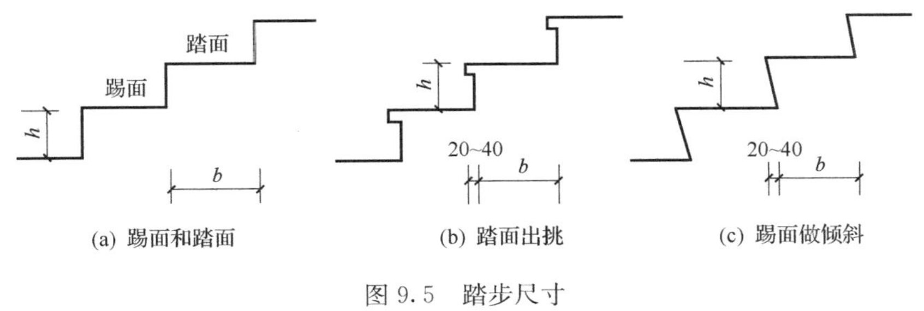

图 9.5 踏步尺寸

学习重点

重点关注：

1. 楼梯尺度的确定依据。
2. 几个常用的梯面和踏面的尺寸。

分析与思考：

1. 楼梯的坡度和踏步尺寸如何确定？在不改变梯段长度的情况下如何加宽踏面？

3）栏杆、扶手的高度

扶手高度是指自踏步前缘线至扶手顶面的垂直距离。扶手的高度与楼梯坡度、楼梯的使用要求有关，很陡的楼梯扶手高度大些。一般扶手高度为900mm，托幼建筑应符合儿童身材，扶手高度一般为600mm。楼梯顶层水平扶手及靠楼梯井一侧水平扶手超过500mm长时，其高度宜为1000mm以上（见图9.6）。

4）楼梯净空高度

指楼梯是平台下或梯段下通行人或物件时应需要的竖向净空高度，平台下净高一般应大于2.00m，梯段下净高应大于2.20m。对于楼梯的净空高度，设计时应特别注意楼梯平台构件所需的高度（见图9.7）。

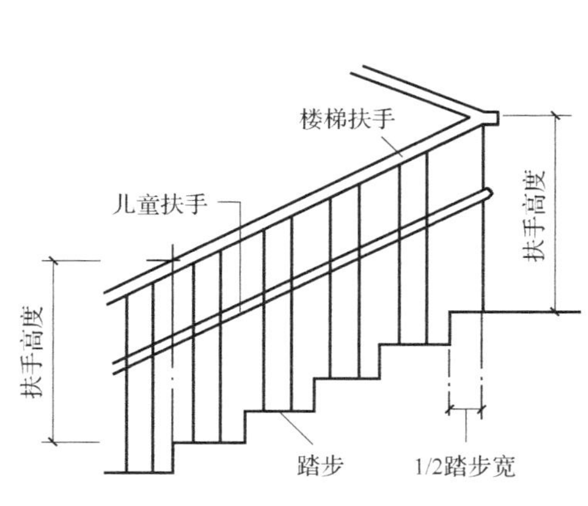

图9.6　楼梯栏杆的高度

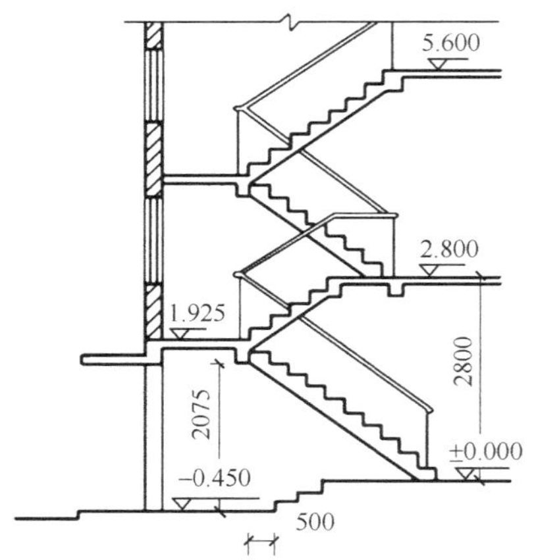

图9.7　楼梯的净高设计

底层楼梯间平台下的出入过道，净高应不小于2.00m。

当楼梯平台下做通道或出入口时，为满足净高的要求，在楼梯间进深较大、底层平台较宽的条件下，可采用将底层首跑加长，形成长短跑的办法解决［见图9.8(a)］；也可利用建筑物的室内外高差，梯段长度不变，降低入口处平台下地面的标高，使平台下净高达到要求。为防雨水内溢，平台下应比室外高至少一级台阶［见图9.8(b)］，这种方法的楼梯梯段构造简单。综合上述两种方法，既采取长短跑梯段，又降低平台下的地坪标高，以满足净空要求，这是一种常用的手法［见图9.8(c)］。也可底层用直行单跑或直行双跑楼梯直接从室外上到二楼［见图9.8(d)］，南方多使用这种方式。

5）楼梯梯段尺寸

楼梯梯段尺寸包括梯段宽度、梯段长度和梯段高度。

(1) 梯段宽度。是指梯段边缘或墙面之间垂直与行走方向的水平距离。若楼梯间的开间已定，应按开间确定梯段宽度，如双跑楼梯的梯段宽度 B_1 为

$$B_1 = \frac{B - B_2}{2}$$

式中：B——楼梯间的净宽；

B_2——梯井宽度。

梯井宽度是指上下两梯段内侧之间缝隙的水平距离。考虑梯段的施工，应有一定的梯井宽度，一般为60～200mm。

梯段宽度应采用基本模数的整数倍，必要时可采用1/2模数的整数倍。

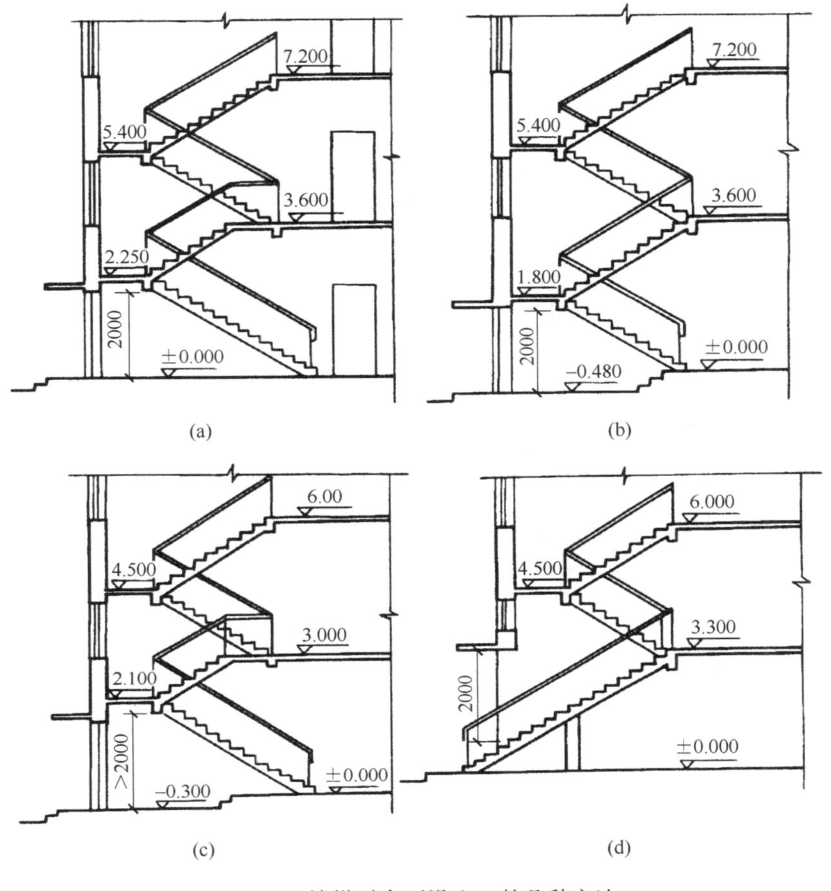

图 9.8　楼梯平台下设入口的几种方法

(2) 梯段长度。是指梯段始末两踏步前缘线之间的水平距离。梯段长度 (L) 与踏步宽度 (b) 及该梯段的踏步数量 (N) 有关。

梯段的踏步数量与该梯段所在楼层的高度 (H) 和踏步高度 (h) 有关。若为双跑楼梯，且两个梯段为等跑，则梯段的踏步数量为 $N = H/2h$。由于梯段上行的最后一个踏步面的标高与平台一致，在计算梯段长度时，应减去一个踏步宽度梯段长度，为 $L = (N-1)b$。

(3) 梯段高度。与梯段的踏步高度和数量有关，楼梯各部分尺寸如图 9.9 所示。

例如：某住宅层高 2.80m，楼梯间开间 2700mm，进深 5400mm，一梯两户，入户门宽 900mm，门侧墙垛 120mm。室内外高差 0.6m。设计一平行双跑楼梯，要求平台板下做出入口。

梯段宽度为 $B_1 = (2700-2\times120-60)\div2=1210$mm (120mm 为半砖墙厚，60mm 为梯井尺寸)，中间休息平台宽应不小于 B_1。

根据层高 H 确定每层楼梯踏步高度 h 和步数 N。按关系式 $h = H/2N$，采用等跑梯段，$h=2800/(2\times8)=175$mm，$h=2800/(2\times9)=155.6$mm，

学习重点

重点关注：

1. 栏杆扶手高度的确定。
2. 楼梯平台深度。
3. 平台下做出入口时净空高度的规定。
4. 确定楼梯梯段尺寸的示例。

分析与思考：

1. 楼梯底层休息平台下做通道而平台净空高度不满足要求时，常采取哪些办法？
2. 如何确定楼梯梯段尺寸？

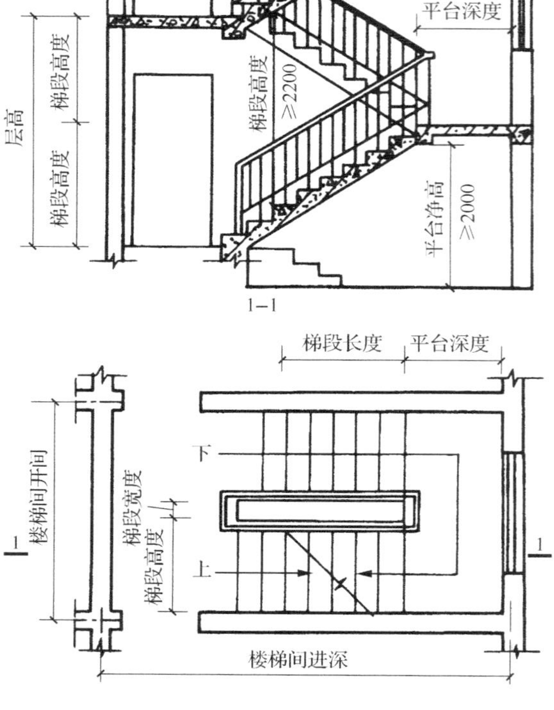

图 9.9　楼梯各部尺寸

16 步和 18 步的踏步高度 h 都在正常范围，考虑住宅建筑的性质，确定 $N=8$ 步，$h=175\text{mm}$。又根据 $2h+b=600\sim620\text{mm}$，则有：$b=600-2\times175=250\text{mm}$。根据规范规定住宅踏步宽度应大于 260mm，故取 $b=260\text{mm}$，标准层梯段长度 $L=(N-1)b=(8-1)\times260=1820\text{mm}$。

为了平台板下做出入口，根据所给条件，采用长短跑和降低平台板下地坪相结合的办法。楼梯间和室外地面留一级 150mm 高台阶，则平台板下地坪标高－0.45m。首层第一跑楼梯加长到 11 步，则首层中间平台标高为 1.925m，该平台梁下净高为 1925＋450－250（平台梁高）＝2125mm。满足大于 2m 的要求。

9.1.2　钢筋混凝土楼梯

由于钢筋混凝土的耐火耐久性能均比其他材料好，并且具有较高的强度和刚度，因此在一般建筑中采用最为广泛。它有现浇式（又称整体式）和预制装配式两种。为加强楼梯间的整体性能，现大多采用现浇式钢筋混凝土楼梯，亦有采用装配整体式楼梯，较少采用预制装配式楼梯。

1. 现浇式钢筋混凝土楼梯

现浇式钢筋混凝土楼梯是指楼梯段、楼梯平台等整浇在一起的楼梯。它整体性好，刚度大，对抗震有利。但模板耗费多，施工速度慢，故多用于工程比较大、抗震设防要求高或形状复杂的楼梯形式。现浇式钢筋混凝土楼梯有板式楼梯和梁板式楼梯两种。

1）板式楼梯

板式楼梯是指楼梯段作为一块整板搁在楼梯梁上，是以板的受力方式承受荷载，两个平台梁的距离就是板式梯段的跨度［见图 9.10(a)］。若平台梁影响其下部空间高度或认为视觉不美观，可取消平台梁，将梯段与楼梯平台形成一块整体折板，但这样会增加楼梯段板的计算跨度，增加板厚［见图 9.10(b)］。板式楼梯底面平整、外形简洁、支模容易。

学习重点

重点关注：

1. 现浇钢筋混凝土楼梯的几种结构形式。各自有何特点？

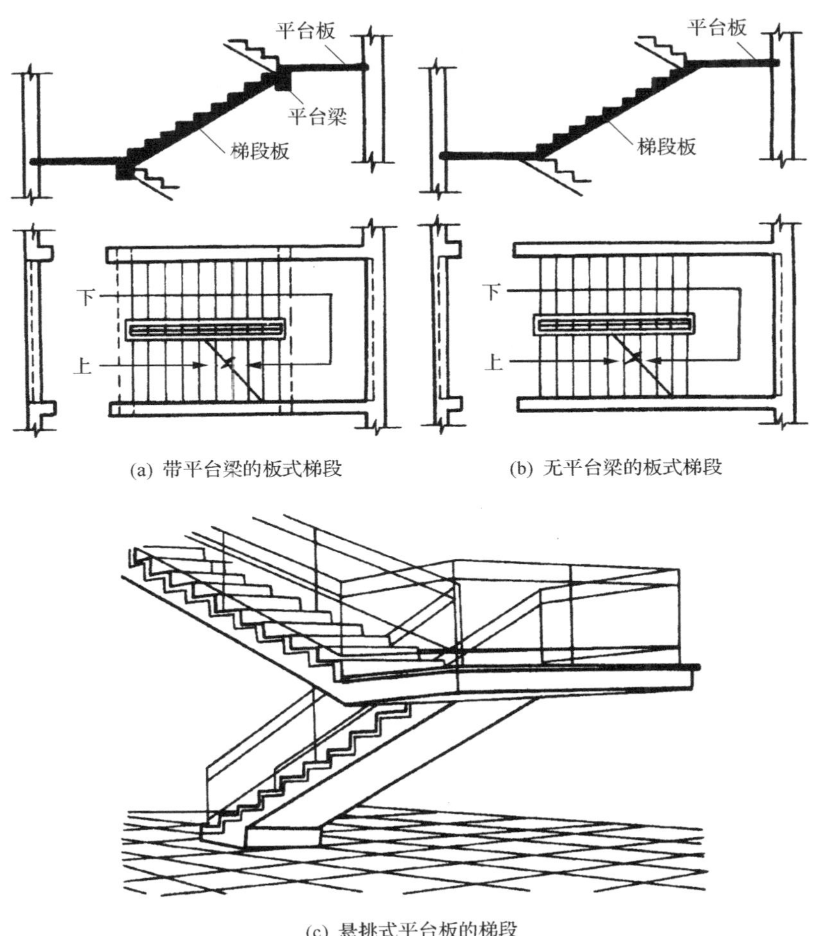

(a) 带平台梁的板式梯段　(b) 无平台梁的板式梯段

(c) 悬挑式平台板的梯段

图 9.10　现浇钢筋混凝土板式楼梯

公共建筑和庭园建筑的外部楼梯也较多的采用悬臂板式楼梯，其特点是梯段和平台均无支承，完全靠梯段与平台组成空间板式结构与上下层楼板结构共同受力，造型新颖、空间感好［见图 9.10(c)］。

板式楼梯梯段上踏步的三角形截面不能起结构作用，板厚和混凝土耗量较大。因此，宜在梯段长度的水平投影不大于 3.6m 时使用。

2）梁板式楼梯

当楼梯段较宽或负荷较大时，采用板式楼梯往往不经济，这时增加梯段斜梁，以承受板的荷载并将荷载传给平台梁，这种梯段称为梁板式楼梯。这种形式能减小板的跨度，从而减小板的厚度，节省用料，结构合理。缺点是模板比较复杂，当楼梯斜梁截面尺寸较大时，造型显得比较笨重。梁板式楼梯在结构布置上有双梁布置和单梁布置两种。

双梁式梯段系将梯段斜梁布置在梯段踏步的两端，这时踏步板的跨度便是梯段的宽度。这样板跨小，对受力有利［见图 9.11(a)、(b)］。梯梁在板下部的称正梁式梯段，也称明步楼梯。有时为了让梯段底表面平整或避免洗刷楼梯时污水沿踏步端头下淌，弄脏楼梯，常将楼梯斜梁上反，梯段下表面平整，这种形式称为反梁式梯段，也称暗步楼梯。

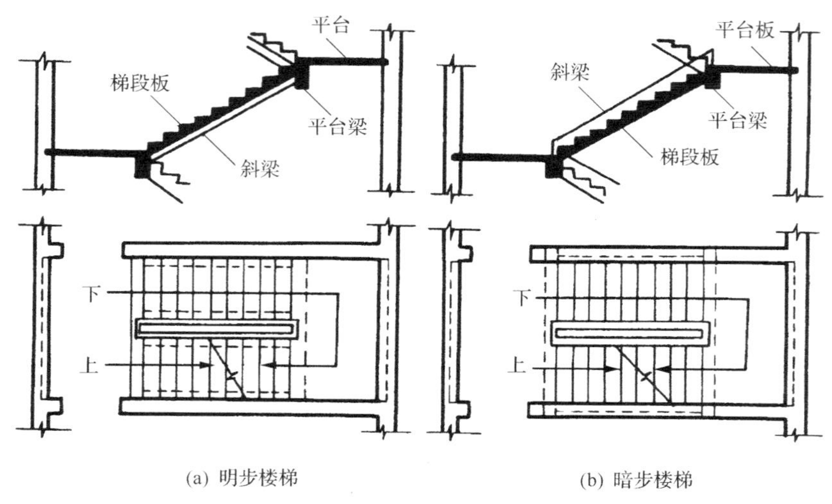

(a) 明步楼梯　　(b) 暗步楼梯

图 9.11　现浇钢筋混凝土梁板式楼梯

在梁板式结构中，单梁式楼梯的每个梯段由一根梯梁支承踏步。梯梁布置有两种方式，一种是将梯段斜梁布置在踏步的一端，而将踏步的另一端向外挑出做成单梁悬臂式挑板楼梯［见图 9.12(a)］；另一种是将梯段斜梁布置在梯段踏步的中间，让踏步从梁的两侧悬挑，称为单梁挑板式楼梯。单梁楼梯受力复杂，梯梁不仅受弯，而且受扭，特别是单梁悬臂式楼梯，更为明显。但这种楼梯外形轻巧、美观，常为建筑空间造型所采用。

单梁挑板楼梯受力较单梁悬臂式楼梯合理，其梯梁的支承方式有两种：一是将双跑梯的两根梯梁组合成一刚架，支承在与楼层同高的平台或立柱上，而中间平台部分与梯梁刚接［见图 9.12(b)］；另一种则在中间平台处设平台梁，由平台梁支承梯梁，并将荷载传到平台梁下的立柱上。

也有靠墙的梯段，在踏步板的一端设斜梁，而踏步板的另一端则搁置在楼梯间的承重墙上，或将踏步板的一侧插入墙体，另一侧悬空形成悬臂式楼梯。有时将暗步楼梯的斜梁减薄加高，结合栏板设计，形成栏板梁式楼梯，将建筑要求与结构形式有机结合。

2. 装配式钢筋混凝土楼梯

装配式钢筋混凝土楼梯是将梯段、平台等构件单独预制，现场装配的楼梯。这种形式的楼梯，工业化程度高，施工速度快，现场湿作业少，不受季节性施工限制。根据生产、运输、吊装和建筑体系的不同，一般可分为中小型构件装配式楼梯和大型构件装配式楼梯两类。

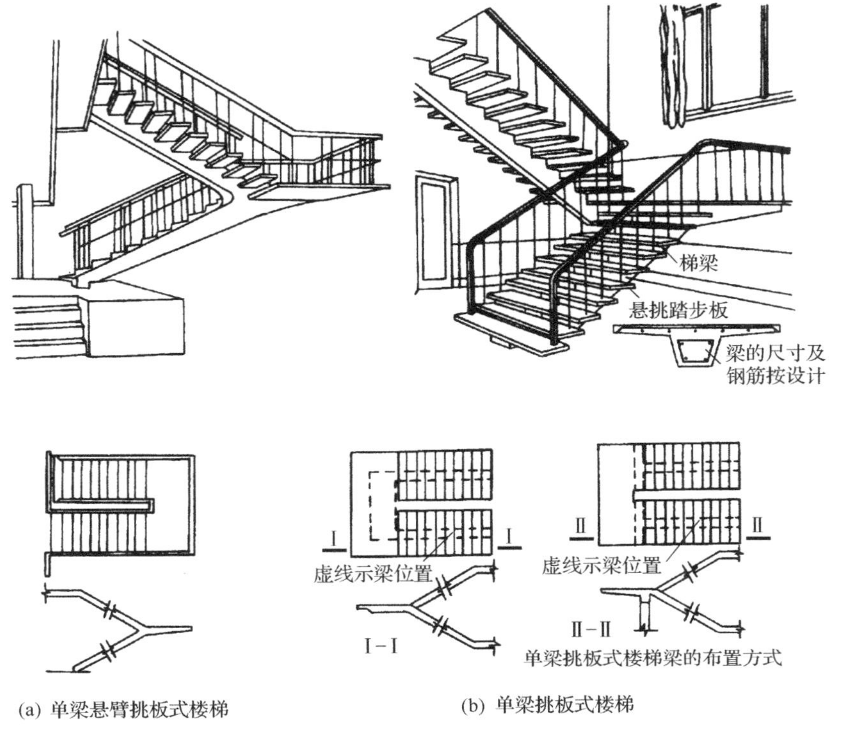

(a) 单梁悬臂挑板式楼梯　　(b) 单梁挑板式楼梯

图 9.12　现浇钢筋混凝土单梁式楼梯

中、小型构件有基本预制一字形、L形和三角形踏步以及预制矩形、L形平台梁和平台板等构件，是由预制斜梁支撑预制踏步板所构成的楼梯。楼梯斜梁的两端搁置在平台梁上，平台梁搁置在两侧墙上，平台板大多搁在横墙上，也有的一端搁在平台梁上，而另一端搁在纵墙上（见图 9.13）。

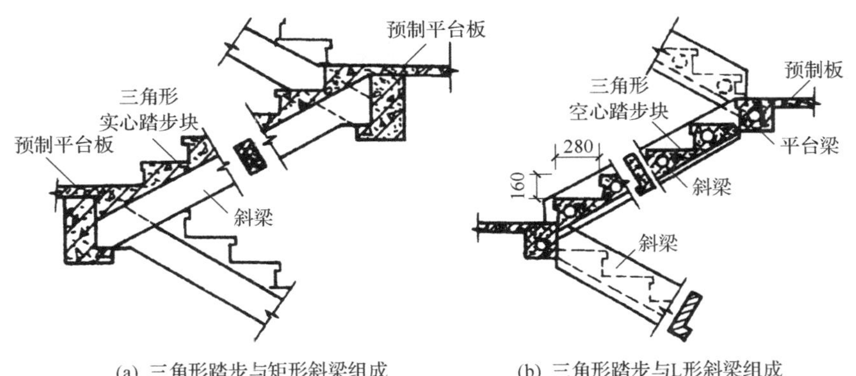

(a) 三角形踏步与矩形斜梁组成　　(b) 三角形踏步与L形斜梁组成

学习重点

重点关注：

1. 预制踏步墙承式、梁承式和悬挑式楼梯特点和适用范围及其构造要点。

分析与思考：

1. 小型预制构件装配式楼梯的预制踏步有哪几种断面形式和支撑方式？
2. 中型构件装配式楼梯的预制梯段和平台各有哪些形式？
3. 预制梯段的搁置构造要点是什么？

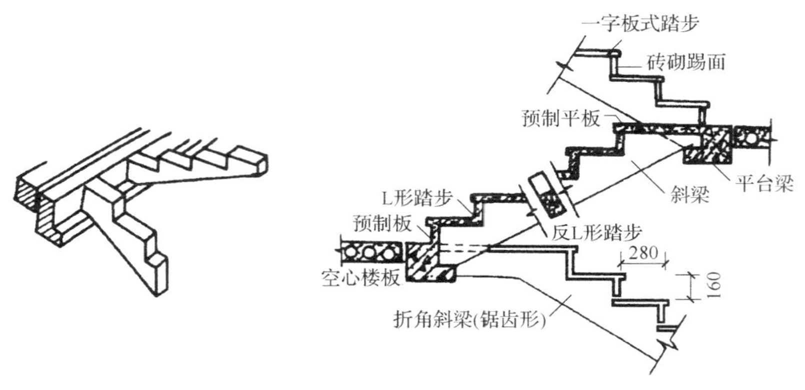

(c) 锯齿形斜梁与L形平台梁　　(d) 正反L形或一字踏步与锯齿形斜梁组成

图 9.13　中小型预制楼梯构造

大型预制构件装配式楼梯是由实心、空心断面的楼梯梯段和槽形板、空心板的楼梯平台各为一个单独构件装配而成（见图 9.14）。也有楼梯梯段连平台预制楼梯共同预制构件（见图 9.15）。

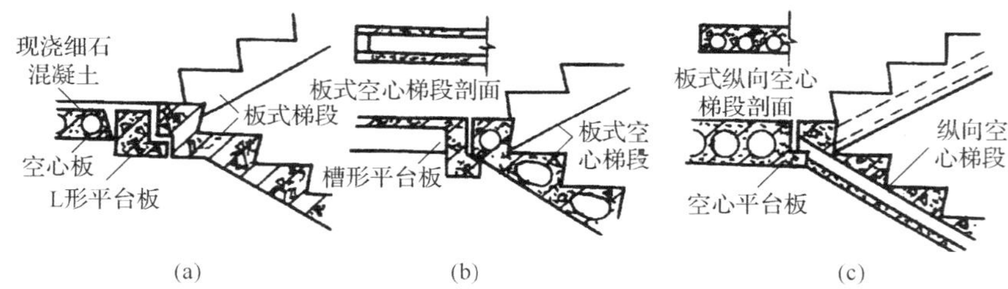

图 9.14　大型预制楼梯构造

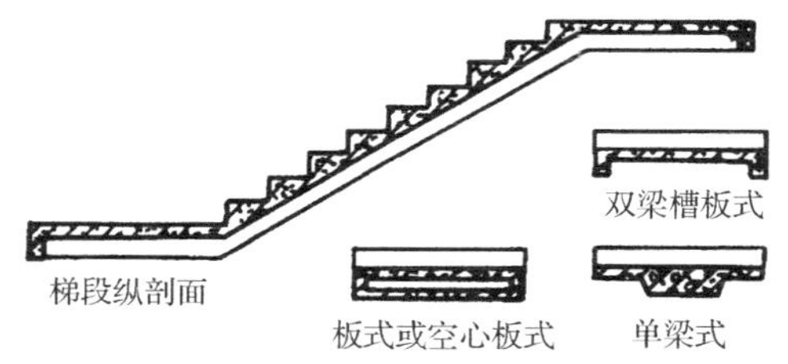

图 9.15　梯段连平台预制楼梯

9.1.3　楼梯的细部

1. 踏步

1）踏步的面层

楼梯踏步的踏面应耐磨、防滑、耐冲击、易于清扫。常采用水泥砂浆面层、水磨石面层、缸砖面层及石材面层等。在有些高级或特殊要求的建筑中尚有木面层及铺设地毯做面层（见图 9.16）。

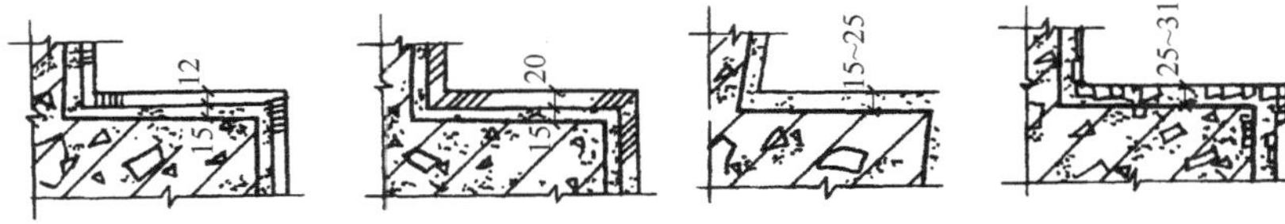

图 9.16　踏步面层构造

2）踏步的防滑构造

为防止行人在上下楼梯时滑倒，尤其是人流较集中拥挤的楼梯中，踏步表面应做防滑和耐磨处理。一般是在踏步近踏口处用不同于面层的材料，如水泥铁屑、金刚砂、金属条、马赛克、橡塑条等，做出略高出踏面的防滑条；也可用带有槽口的陶土块或金属板包住踏口，做成防滑包口（见图 9.17）。

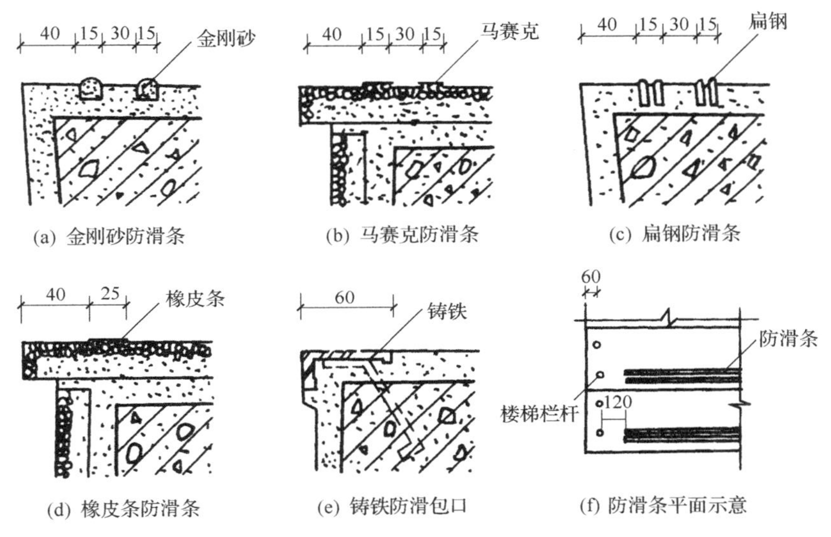

(a) 金刚砂防滑条　(b) 马赛克防滑条　(c) 扁钢防滑条

(d) 橡皮条防滑条　(e) 铸铁防滑包口　(f) 防滑条平面示意

图 9.17　踏步的防滑构造

2. 栏杆（栏板）扶手

楼梯的栏杆是防护措施，应安全、坚固、耐久和造型美观。

1）栏杆

(1) 透空式栏杆。栏杆多采用方钢、圆钢、钢管或扁钢等材料，并可焊接或铆接成各种图案，既有防护作用又起装饰作用。方钢截面的边长与圆钢的直径一般为 15～25mm，扁钢截面不大于 6mm×40mm。栏杆钢条花格的间隙对居住建筑或儿童使用的楼梯均不宜超过 110mm，在儿童使用的建筑楼梯中，为防止儿童攀爬，应不宜设水平横杆栏杆。也有用铝合金、木材制作的栏杆（见图 9.18）。

栏杆与梯段、踏步、平台的连接方式有锚接、焊接和栓接三种。锚接是在梯段或平台上预留孔洞，孔宽 50mm×50mm，深至少 80mm，将栏杆插入孔内，用水泥砂浆或细石混凝土嵌固。焊接则是在梯段平台预

学习重点

分析与思考：

1. 楼梯踏面如何做防滑构造？
2. 楼梯栏杆有哪些形式？
3. 栏杆与梯段、扶手如何连接？

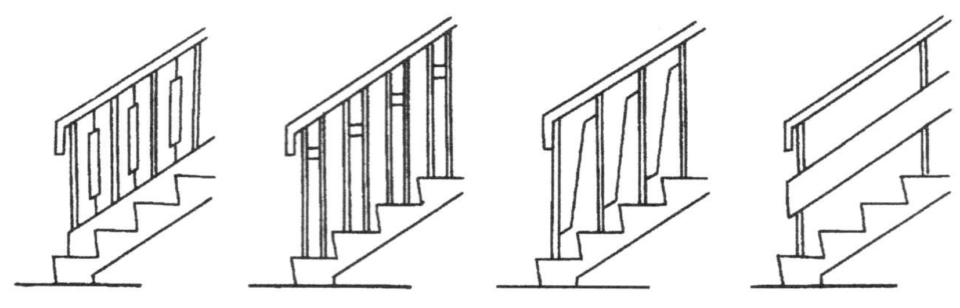

图 9.18 空花栏杆

埋铁件与栏杆焊接。在折板式楼梯中宜采用栓接，利用螺栓将栏杆固定在踏步上（见图9.19）。

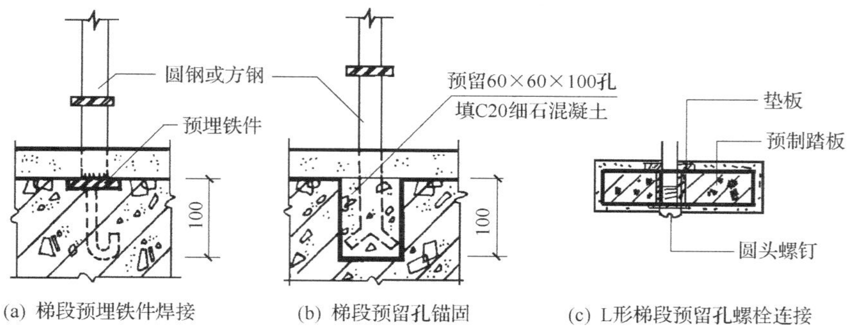

图 9.19 栏杆与梯段的连接构造

（2）栏板。栏板多采用钢筋混凝土、加筋砖砌体以及用钢丝网水泥板制作。也可用透明的钢化玻璃或有机玻璃镶嵌于栏杆立柱之间，把栏板做得通透简洁。砖砌栏板常做立砖砌筑，侧部用钢筋网加固，或在栏板内每隔 1000～1200mm 设竖向小构造柱，并与现浇钢筋混凝土扶手连成整体［见图 9.20(a)、(b)］。

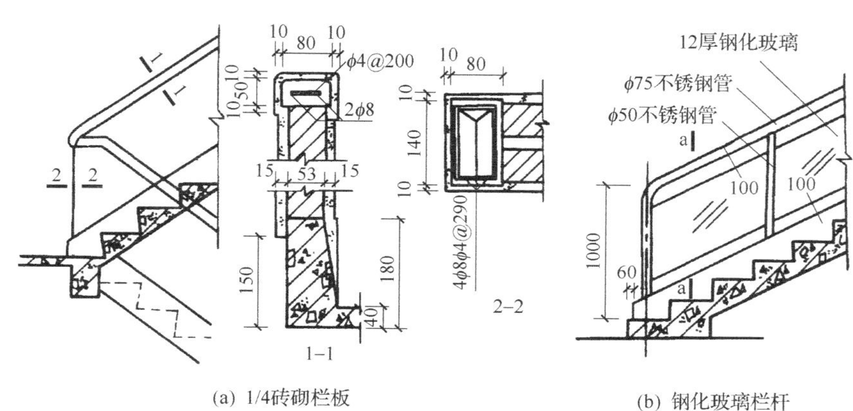

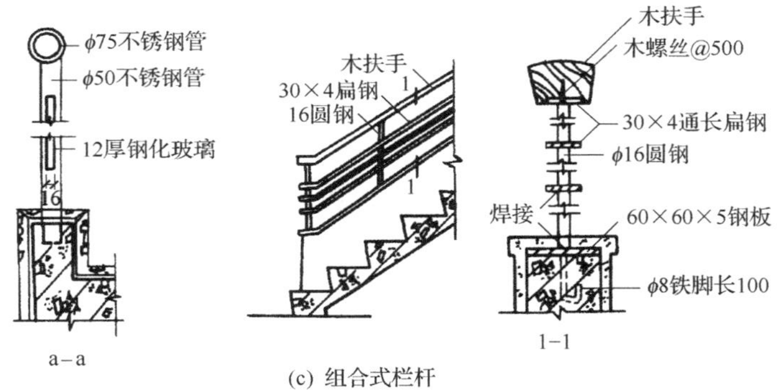

(c) 组合式栏杆

图 9.20　栏板式、组合式栏杆构造

(3) 组合式栏杆。是将空花栏杆和栏板结合在一起构成的一种栏杆形式，栏板部分采用砖、钢筋混凝土、钢丝水泥板等，也可采用木板、玻璃金属板等轻质美观的材料［见图 9.20(c)］。

2) 扶手

扶手位于栏杆顶部，是供人们上下楼梯倚扶之用，扶手一般用硬木制作，也有金属扶手、塑料扶手、水磨石扶手、天然或人造石材扶手等。按构造分有空花栏杆扶手、栏板扶手和靠墙扶手等。

3) 栏杆扶手的连接构造

(1) 栏杆与扶手的连接。木扶手靠木螺丝通过一通长扁铁与空花栏杆连接，扁铁与栏杆顶端焊接并每隔 300mm 左右开一小孔，穿过木螺丝固定；金属扶手是通过焊接的方法连接；塑料扶手是利用其弹性卡在扁钢带上；靠墙扶手则是靠预埋开叉扁铁用木螺丝来固定。栏板上的扶手多采用水磨石或用水泥砂浆黏结的石材、面砖扶手（见图 9.21）。

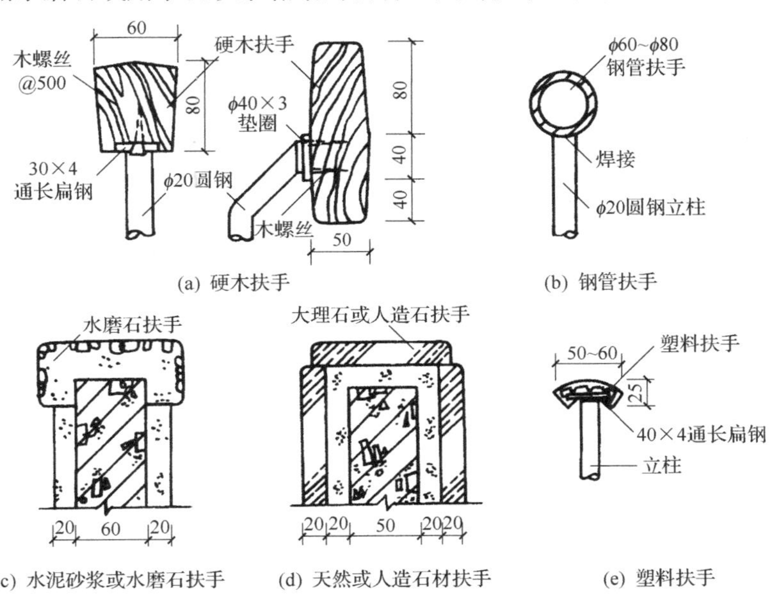

(a) 硬木扶手　(b) 钢管扶手

(c) 水泥砂浆或水磨石扶手　(d) 天然或人造石材扶手　(e) 塑料扶手

图 9.21　扶手形式及扶手与栏杆的连接构造

(2) 栏杆扶手与墙、柱的连接。靠墙扶手以及楼梯顶层的水平栏杆扶手应与墙、柱连接。可以在砖墙上预留孔洞，将栏杆扶手铁件插入洞内并嵌固；也可以在混凝土柱相应的位置上预埋铁件，再与栏杆扶手的铁件焊接（见图 9.22）。

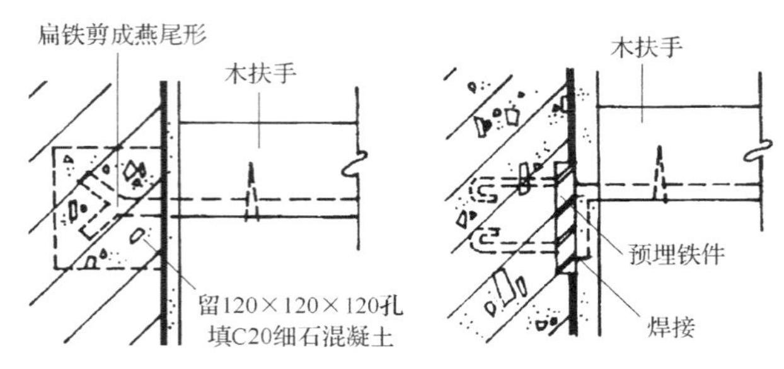

(a) 顶层扶手与墙柱的连接

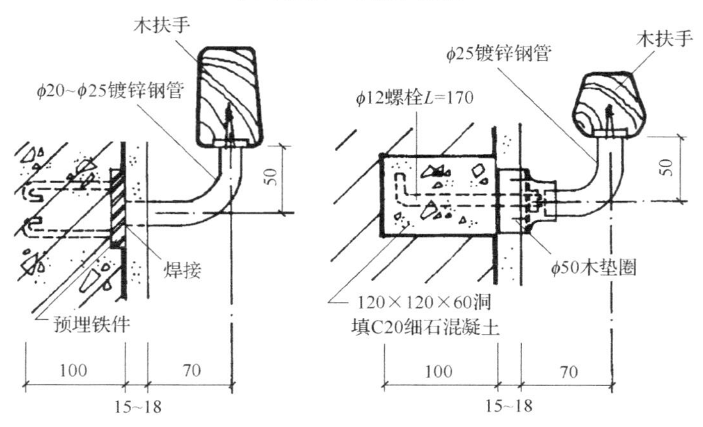

(b) 中间各层扶手与墙柱的连接

图 9.22 栏杆扶手与墙柱的连接构造

4) 楼梯转折处扶手处理

在平行双跑楼梯的平台转折处，当上行楼梯和下行楼梯的第一个踏步口设在一条线上时，如果平台栏杆紧靠踏步口设置，则栏杆扶手的顶部高度会出现高差，这时可以将楼梯扶手进行处理，做成一个较大的弯曲线，以解决扶手的高差变化，即鹤颈扶手。也可以将平台处栏杆移至距踏步口约半步的地方，或将上下行梯段的第一步踏步口错开一步布置，这样扶手连接较为顺畅，但减小了平台的有效宽度；还可将上下行扶手在转折处断开各自收头，因扶手断开，栏杆的整体性受到影响，需在结构上互相联系（见图 9.23）。

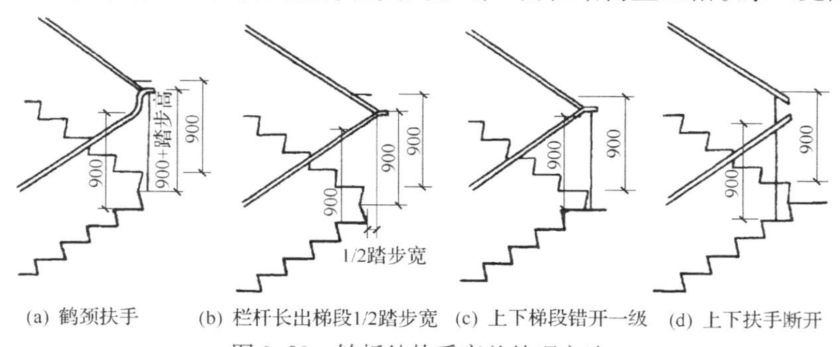

(a) 鹤颈扶手 (b) 栏杆长出梯段1/2踏步宽 (c) 上下梯段错开一级 (d) 上下扶手断开

图 9.23 转折处扶手高差处理方法

9.2 电　　梯

当房屋的层数较多（如超过 6 层以上的住宅或最高住户入口层楼面距底层室内地面的高度在 16m 以上的住宅）或高层建筑中，使用楼梯上下楼需消耗较大的体力并且需要花费很多时间，因此要设置电梯作为垂直交通工具。另外有些建筑虽然层数不多，但建筑级别较高或有特殊需要（如宾馆、医院），或经常有较重的货物要运送（如商店多层仓库工厂）时常设电梯。

学习重点

分析与思考：

1. 栏杆扶手在平行楼梯的平台转弯处如何处理？
2. 电梯的设计要求。
3. 常用电梯有哪几种？

9.2.1 电梯的设计要求

电梯不能作为建筑垂直交通的安全出口，设置电梯的建筑物仍应按防火规范规定的安全疏散距离设置疏散楼梯，电梯最好不被楼梯围绕布置。在以电梯为主要垂直交通的建筑中，每栋建筑物内或建筑物内每个服务区，乘客电梯的台数不应少于 2 台；单侧排列的电梯不应超过 4 台；双侧排列的电梯不应超过 8 台，且不应在转角处紧邻布置。电梯的候梯厅的深度应满足表 9.2 的规定。

表 9.2　电梯候梯厅深度

电梯类别	布置方式	候梯厅深度
住宅电梯	单台	$\geqslant B$
	多台单侧排列	$\geqslant B^*$
乘客电梯	单台	$\geqslant 1.5B$
	多台单侧排列	$\geqslant 1.5B$ 当电梯群为 4 台时≥2.40m
	多台双侧排列	≥相对电梯 B 之和且<4.50m
病房电梯	单台	$\geqslant 1.5B$
	多台单侧排列	$\geqslant 1.5B$
	多台双侧排列	≥相对电梯 B 之和

注：1）B 为轿箱深度，B^* 为电梯群中最大轿箱深度。
　　2）本表规定的深度不包括穿越候梯厅的走道宽度。

9.2.2 电梯的种类及构成

1. 电梯的种类

电梯的种类按其功能可分为：乘客电梯、载货电梯、病床电梯和小型杂物电梯等（见图 9.24）。

2. 电梯的构成

电梯是由轿箱、电梯井道及机械设备等三部分构成。电梯轿箱是直接做载人或载货之用，其内部造型用材应美观、经久耐用，并易于清洗。现今轿箱常用金属框架结构，内部用光洁有色钢板壁面，或有色有孔钢

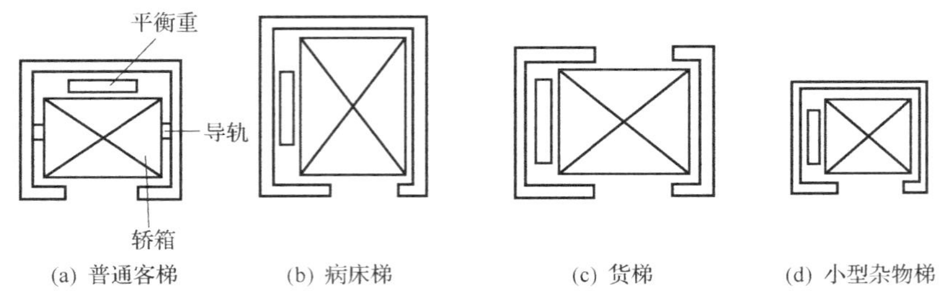

图 9.24　电梯的类型与井道平面

板壁面、花格钢板地面、荧光灯局部照明以及不锈钢操纵板等，入口处采用钢板铝材制成的电梯门槛。电梯井道是电梯运行的垂直通道，应按其种类的不同而设计平面形式、尺寸，并具有足够的强度和刚度。

9.2.3　电梯的设计及有关细部构造

为使电梯正常安全地使用，应设置电梯井道、电梯门套和电梯机房等。

1. 电梯井道的设计

电梯井道内设有电梯轿箱、电梯出入口以及导轨、导轨撑架、平衡重和缓冲器等（见图 9.25）。

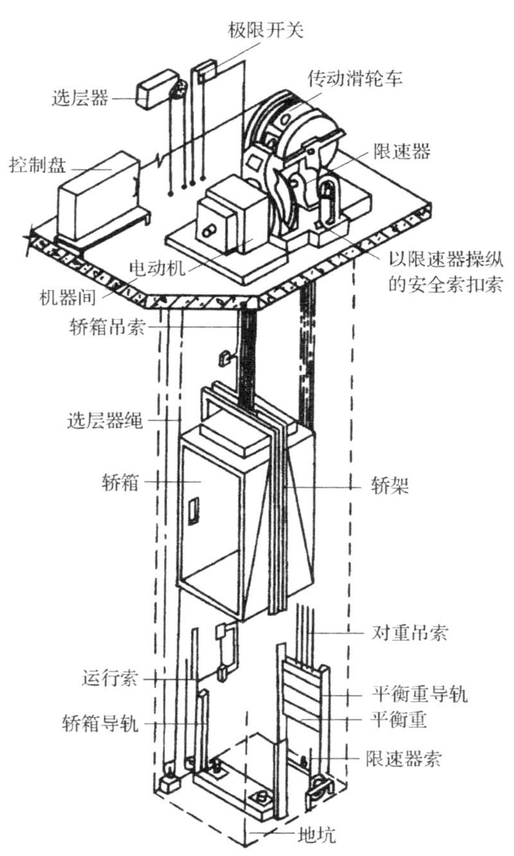

图 9.25　电梯井道内部示意

1）井道的尺寸

应根据电梯的型号、机器设备的大小和检修的需要来确定井道的平面尺寸。一般井道净尺寸为1800mm×2100mm、1900mm×2300mm、2200mm×2200mm、2400mm×2300mm、2600mm×2300mm、2600mm×2600mm等。

2）井道的防火

井道是在高层建筑中穿通各层的垂直通道，在火灾中将加速火焰及烟气的漫延，因此井道和机房四周的围护结构必须具备足够的防火性能，其耐火极限不低于该建筑物耐火等级的规定，一般采用钢筋混凝土墙或砖墙。当井道内超过两部电梯时，须用防火围护结构隔开。

3）井道的通风

为有利于通风和一旦发生火警时，能迅速将烟和热气排出室外，井道的顶层和中部适当位置（高层时）及坑底处设置不小于300mm×600mm或其面积不小于井道面积的3.5%的通风口，并且通风口总面积的1/3应经常开启。通风管道可在井道顶板上或井道壁上直接通往室外。

4）井道的隔声

为了减轻机器运行时对建筑物产生振动噪声，应采取适当的隔声措施。一般在机房机座下设置弹性垫层隔振。当电梯运行速度超过1.5m/s时，除设弹性垫层外，还应在机房与井道间设隔声层，高度为1500～1800mm（见图9.26）。

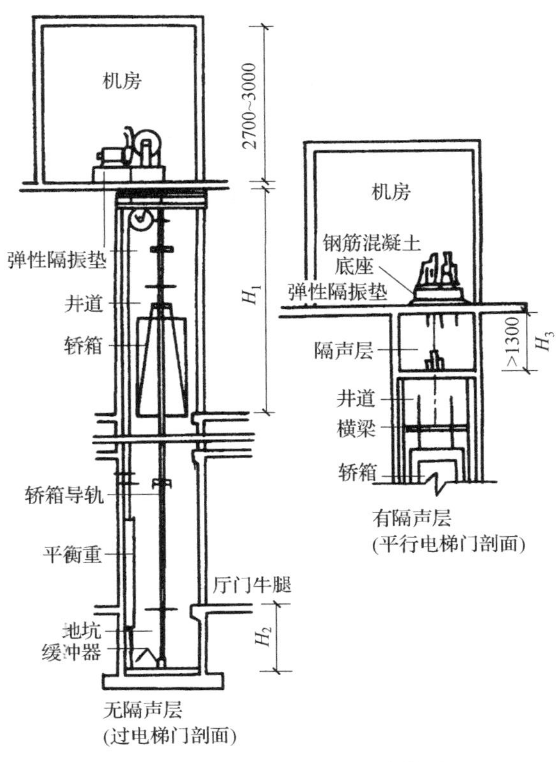

图9.26　电梯机隔振、隔声构造

学习重点

重点关注：

1. 电梯的设计要求。
2. 电梯候梯厅的常用尺寸。
3. 电梯井道和机房各自的设计要求。
4. 电梯井道和机房的构造要求和做法。

电梯井道外侧应避免作为居室，否则应注意设置隔声措施，最好楼板与井道壁脱离开，另做隔声层，也可只在井道外加砌混凝土块衬墙。

5）井道的检修

井道内为了安装检修和缓冲，井道的上下均应留有必要的空间，尺寸与运行速度有关，如表 9.3 所示。

表 9.3　井道顶层及底坑尺寸

<table>
<tr><th>额定速度/（m/s）</th><th>顶层高 H_1</th><th>坑底深 H_2</th><th>隔声层高度 H_3</th></tr>
<tr><td>0.5；0.75；1.0</td><td>4500</td><td>1400</td><td>—</td></tr>
<tr><td>1.5</td><td>5000</td><td>1800</td><td rowspan="2">1500</td></tr>
<tr><td>1.75</td><td rowspan="2">5300</td><td rowspan="2">2200</td></tr>
<tr><td>2</td><td rowspan="3">1800</td></tr>
<tr><td>2.5</td><td>5700</td><td>2500</td></tr>
<tr><td>3</td><td>6000</td><td>3000</td></tr>
</table>

注：1）货梯 $H_1 \geqslant 4500, H_2 = 1400$。

2）隔声层高度 H_1、H_3 见图 9.26。

井道底、坑壁及底须做防水处理，坑底设排水设施。为便于检修，须考虑坑壁设置爬梯和检修灯槽。坑底位于地下室时，宜从侧面开检修小门。坑内预埋件按电梯要求确定。

2. 细部构造

1）电梯门套

电梯间的厅门即井道各层的出入口。由于电梯间门是人流或货流频繁经过之处，要坚固、适用、美观，因此在厅门洞口上部和两侧装上门套。电梯间门套构造做法应与电梯厅的装修统一，可采用水泥砂浆抹面，水磨石、大理石及硬木板或金属板贴面。除金属板为电梯厂定型产品外，其余材料均为现场制作或预制（见图 9.27）。

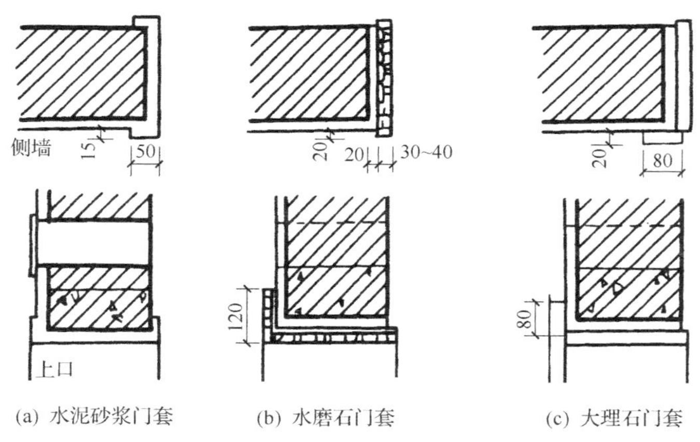

(a) 水泥砂浆门套　(b) 水磨石门套　(c) 大理石门套

图 9.27　电梯厅门门套构造

2）电梯厅门地面

在电梯出入口处的地面，应在电梯门洞下缘的位置向井道内挑出一牛腿，作为乘客进入轿箱的踏板。牛腿出挑长度随电梯规格而定，通常由电梯厂提供数据。牛腿一般为钢筋混凝土现浇或预制构件（见图 9.28）。

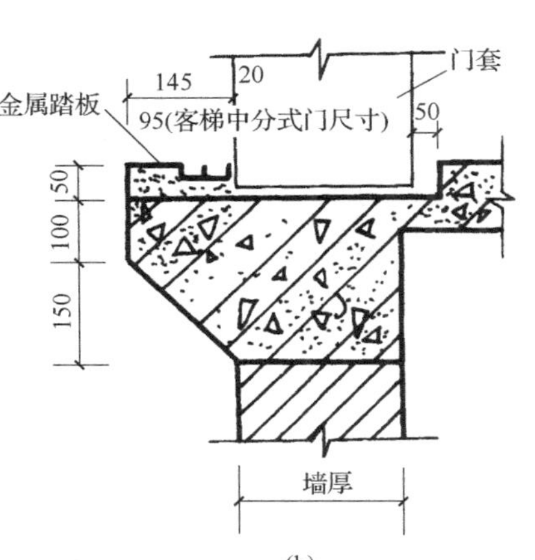

图 9.28　门厅牛腿构造

3）电梯导轨的固定

导轨撑架与井道内壁的连接构造可采用锚接、栓接和焊接（见图 9.29）。

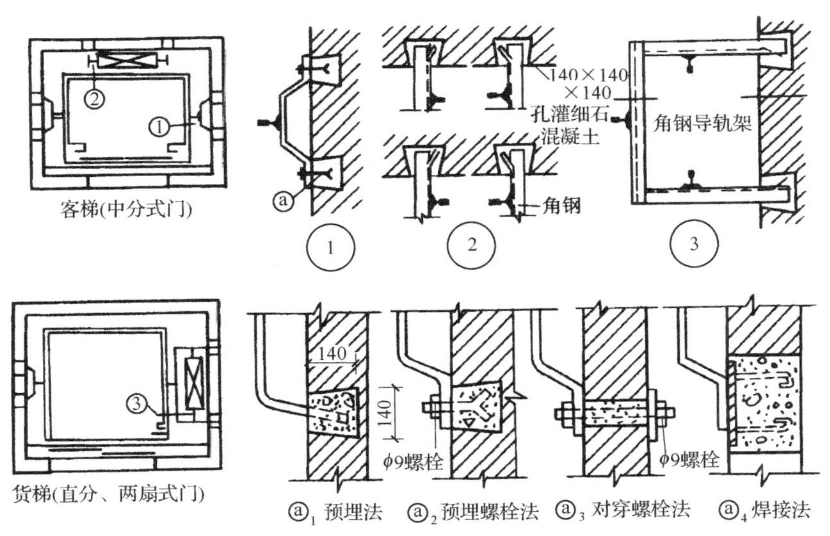

图 9.29　导轨撑架固定构造

4）电梯机房

电梯机房一般设在电梯间的顶部。机房的平面尺寸须根据机械设备尺寸的安排和管理维修等需要来确定。常用平面尺寸有 1800mm×3600mm、1900mm×3900mm、3800mm×3600mm、4000mm×3900mm、2400mm×3900mm、5000mm×3900mm、2600mm×4000mm、5400mm

学习重点

重点关注：

1. 电梯门套、牛腿和导轨撑架固定的构造方法。

×4000mm。

3. 自动扶梯

自动扶梯是一种在一定方向上能大量、连续输送客流的装置。它具有结构紧凑、重量轻、耗电省、安装维修方便等优点，多用于持续有大量人流上下，并且使用要求较高的建筑物，如机场、大型商店、火车站、展览馆、地铁站等，其位置应设在大厅的明显位置。自动扶梯可以正逆方向运行，既可作提升，又可作下降使用。在机械停止运转时，可作临时性的普通楼梯使用，但自动扶梯不得计作安全出口（见图 9.30）。

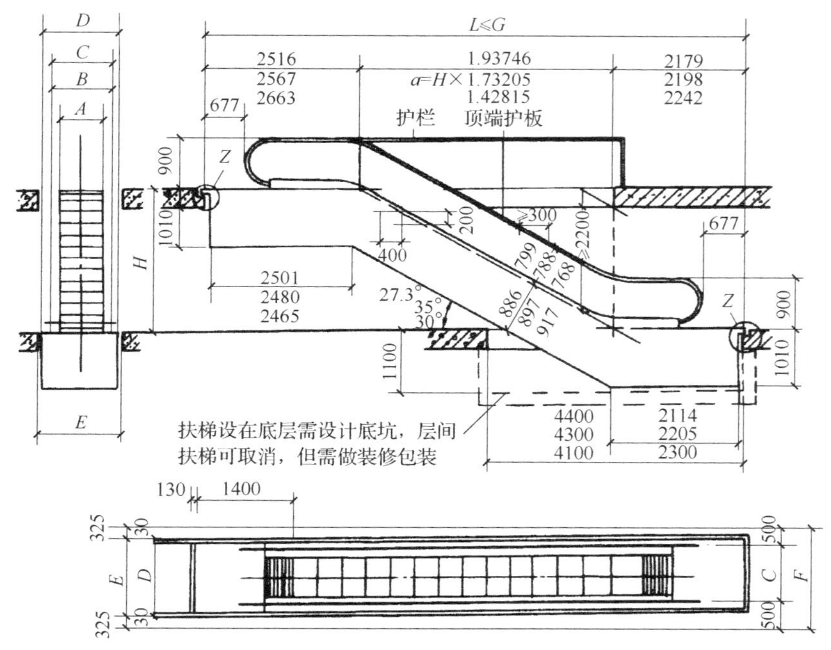

图 9.30　自动扶梯

自动扶梯的布置形式有平行排列、交叉排列、连贯排列、集中交叉式。

自动扶梯的坡度一般采用30°，按运输能力分单人和双人两种型号，如表 9.4 所示。宽度为 600mm（单人）、800mm（单人携物）、1000mm、1200mm（双人）。

表 9.4　自动扶梯型号规格（倾斜角为 30°）

梯型	输送能力 /（人/h）	提升高度 /m	速度 /（m/s）	扶梯宽度	
				净宽 B/mm	外宽 B/mm
单人	5000	3～10	0.5	600	1350
双人	8000	3～8.5	0.5	1000	1750

在大型交通建筑中（如火车站），可采用自动人行道，这是一种可连续输送乘客的装置，安全可靠，运输效率高。一般是水平式，特殊需要时最大倾斜角为 12°，通常设置在室内，可单台、双台、多台并联或交叉布置。

由于电梯、自动扶梯的型号不同，生产厂家的区别，规格和数据各不相同，设计时必须依据具体的资料进行。

9.3 台阶与坡道

台阶与坡道多是设置在建筑物出入口处的辅助构件，根据使用要求的不同在形式上有所区别。一般民用建筑中，只在车辆通行及专为残疾人使用的特殊情况下才设置坡道，有时在走廊内为解决小尺寸高差时也用坡道。台阶和坡道在入口处对建筑物的立面还具有一定的装饰作用，因而设计时既要考虑实用，还要注意美观。

9.3.1 室外台阶

台阶有室内台阶和室外台阶之分，室内台阶主要用于室内局部之间的高差联系，室外台阶主要用于联系室内外地面。由于室外台阶使用较多，本节仅介绍室外台阶。

为防潮、防水，一般要求首层室内地面至少要高于室外地坪 150mm，这部分高差要用台阶联系。

1. 台阶的形式

台阶由踏步和平台组成，其形式有单面踏步式、两面踏步式和三面踏步式等（见图 9.31）。台阶坡度较楼梯平缓，每级踏步高为 100～150mm，踏面宽为 300～400mm，当台阶高度超过 1m 时，宜设有护栏。在出入口和台阶之间设平台，平台应超出门侧边不小于 300mm，并与室内地坪有一定高差，一般为 40～50mm，且表面应向外倾斜1%～3%坡度，避免雨水流向室内。

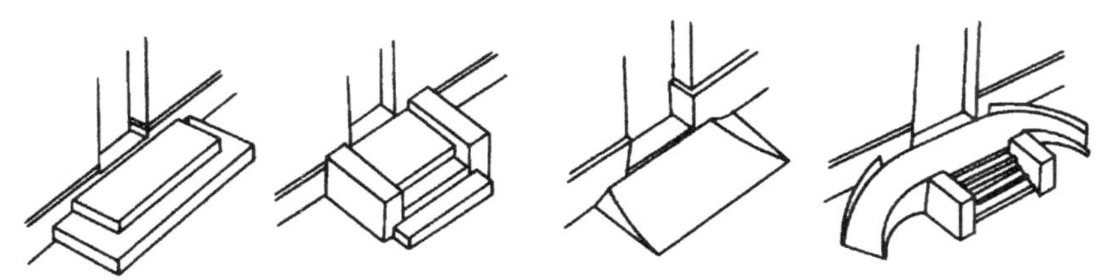

图 9.31　台阶与坡道的形式

2. 台阶的构造

台阶构造是由面层、结构层和基层构成（见图 9.32）。

面层应具有耐磨、光洁、易于清扫等功能，一般采用耐磨、抗冻材料。常见有水泥砂浆、水磨石、缸砖以及天然石板等。水磨石在冰冻地区容易造成滑跌，应慎用，如使用，必须采取防滑措施。缸砖、天然石板等多用于大型公共建筑大门出入口处，但也应慎用光滑表面的材料。

结构层承受作用在台阶上的荷载，应采用抗冻、抗水性能好，且质地坚实的材料，常见有黏土砖、混凝土、天然石材等。普通黏土砖抗冻、抗水性能较差，砌做台阶整体性也不好，容易损坏，即使做了面层也会

学习重点

重点关注：

1. 室外台阶的组成和作用。
2. 台阶和坡道的形式。
3. 台阶的构造要求和做法。

分析与思考：

1. 台阶在寒冷地区如何处理抗冻问题？
2. 如何解决台阶和建筑主体沉降不一致的情况？

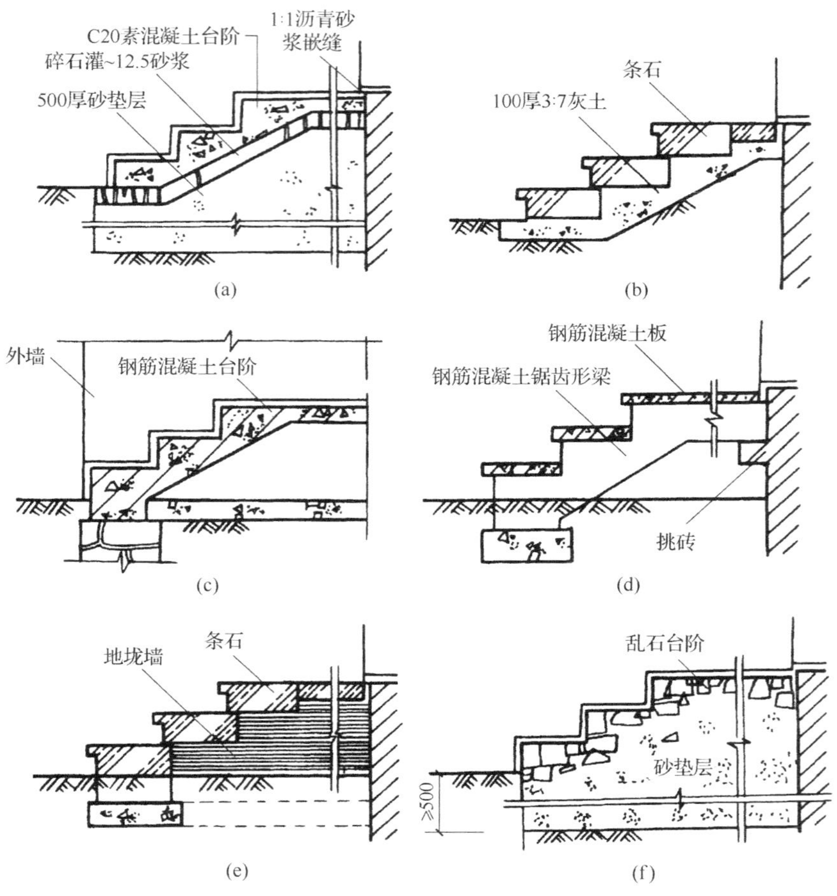

图 9.32　台阶的构造类型

剥落，故除次要建筑或临时性建筑中使用外，一般很少用。大量的民用建筑多采用混凝土台阶。

基层为结构层提供良好均匀的持力基础，一般较为简单，只要挖去腐殖土做一垫层即可。在严寒地区如台阶下为冻胀土（黏土或亚黏土），可采用换土法（砂土）来保证台阶基层的稳定。

为预防建筑物主体结构下沉时拉裂台阶，应将建筑主体结构与台阶分开，并待主体结构有一定沉降后，再做台阶；或者把台阶基础和建筑主体基础做成一体，使二者一起沉降，这种情况多用于室内台阶或位于门洞内的台阶；也有将台阶与外墙连成整体，做成由外墙挑出式的结构。

9.3.2　坡道

在室外门前有车辆通行及特殊的情况下，要求设置坡道。如医院、宾馆、幼儿园、行政办公楼以及工业建筑的车间大门等处。坡道多为单面坡形式。有些大型公共建筑，为考虑车辆能在出入口处通行，常采用台阶与坡道相结合的形式。有残疾人轮椅车通行的建筑门前，应在有台阶的地方增设坡道，以方便出入。坡道的坡度一般在 1∶8～1∶12。

室内坡道不宜大于1∶8；室外坡道不宜大于1∶10；供轮椅使用的坡道不应大于1∶12。当坡度大于1∶8时须做防滑处理，一般做锯齿状或做防滑条（见图9.33）。

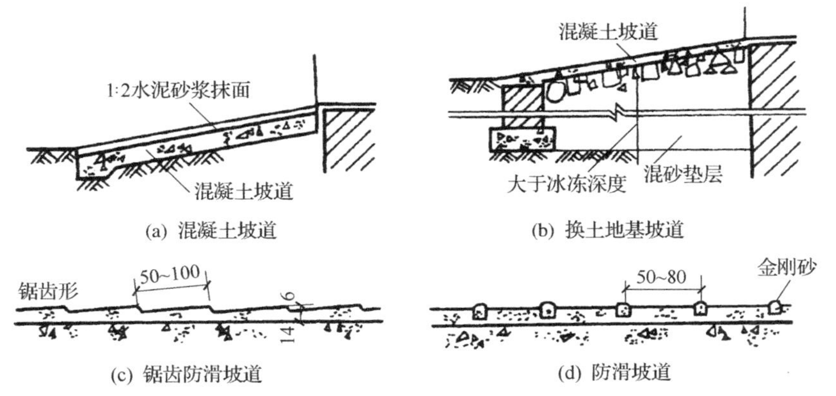

(a) 混凝土坡道　(b) 换土地基坡道

(c) 锯齿防滑坡道　(d) 防滑坡道

图9.33　坡道的构造

坡道也是由面层结构层和基层组成，要求材料耐久性、抗冻性好，表面耐磨。常见结构层有混凝土或石块等，面层以水泥砂浆居多，基层也应注意防止不均匀沉降和冻胀土的影响。

小　　结

楼梯是建筑中楼层间的垂直交通联系的构件，应满足交通和疏散要求，还应符合结构、施工、防火、经济和美观等方面的要求。楼梯由梯段、平台、栏杆及扶手组成。

本节应重点掌握以下几个方面：

(1) 有关楼梯设计方面的知识，包括楼梯组成、功能、形式等，另外楼梯段的宽度、坡度及楼梯有关的净空高度等必须掌握，楼梯的坡度既要便于通行，又要节省面积，一般不宜超过38°。踏步尺寸与楼梯坡度、人脚长度、人的步距等有关。楼梯平台深度不应小于梯段宽度，梯段净高不应小于2200mm，平台净高不应小于2000mm。楼梯底层中间平台下做通道而平台净高不满足要求时，可采取降低梯间地坪、增加第一梯段的踏步数量或两者结合的办法解决。

(2) 有关钢筋混凝土楼梯构造要求，包括现浇钢筋混凝土楼梯的特点及结构形式，预制装配式钢筋混凝土楼梯的构造特点与要求，以及楼梯的细部处理等都必须重点掌握。现浇钢筋混凝土楼梯有板式、单梁式和双梁式几种结构形式；预制钢筋混凝土楼梯的预制构件有小型、中型和大型。平台梁和平台板可预制成一个构件，也可分开预制。预制梯段与平台梁应有可靠的连接。楼梯踏步面层应耐磨，便于行走且易于清洁，踏面通常应做防滑处理。楼梯栏杆与踏步以及与扶手应有可靠的连接，

学习重点

重点关注：

1. 坡道的构造要求和做法。

分析与思考：

1. 坡道如何进行防滑处理？

并应做好扶手转弯处理。

（3）电梯和自动扶梯都是用电作为动力的垂直交通设施。电梯是由轿箱、电梯井道及运载设备等三部分组成。电梯应注意井道的防火、通风、防潮或防水以及机房的隔声、防火防水和保温隔热等构造。其细部构造包括厅门的门套装修、厅门牛腿的处理、导轨与井壁的固结处理。自动扶梯应掌握其排列方式、适用坡度及使用宽度。

（4）室外台阶和坡道均为建筑物入口处连接室内外不同标高地面的构件，本节主要掌握台阶和坡道的类型和构造，台阶和坡道应坚固耐磨，具有较好的耐久性、抗冻性和抗水性。

第十章　屋　顶

屋顶是房屋的重要组成部分，也是建筑构造的重点章节之一。本章根据屋顶的使用功能介绍了屋顶的设计要求、尺度和类型及屋顶排水方式和排水组织设计，重点介绍了平屋顶、坡屋顶和大跨建筑屋顶的特点，屋顶的防水、排水、保温、隔热的构造原理和常用构造方法及细部构造。

10.1　概　述

10.1.1　屋顶的设计要求

屋顶是房屋最上层的水平围护结构，主要功能是能抵御雨雪、日晒等自然界的影响，以使屋顶下的空间有一个良好的使用环境，其中防水、排水是屋顶首要解决的问题，根据地区的不同，保温或隔热是屋顶设计中必须解决的主要内容。屋顶也是房屋的承重结构，承担自重及风、雨、雪荷载，施工荷载及上人屋面的荷载，并对房屋上部起水平支撑作用，所以应具有足够的强度和刚度，且应防止因结构变形引起的屋面防水层开裂漏雨。另外屋顶的形式对建筑造型有重要影响，连同细部设计都是屋顶设计中不可忽视的内容。

10.1.2　屋顶的组成与类型

1. 屋顶的组成

屋顶主要由屋面和支承结构组成，屋面应根据防水、保温、隔热、隔声、防火、是否作为上人屋面等功能的需要，而设置不同的构造层次，从而选择合适的建筑材料，另外在屋顶的下表面考虑各种形式的吊顶。

2. 屋顶的类型

1）根据屋面防水材料的不同分类

（1）柔性防水屋面。用防水卷材或制品做防水层，如沥青油毡、橡胶卷材、合成高分子防水卷材等，这种屋面有一定的柔韧性。

（2）刚性防水屋面。用细石混凝土等刚性材料做防水层，构造简单，施工方便，造价低，但这种做法韧性差，屋面易产生裂缝而渗漏水，在寒冷地区应慎用。

（3）瓦屋面。用黏土瓦、小青瓦、筒板瓦等按上下顺序排列做防水层。这种屋面防水材料一般尺寸不大，需要有一定的搭接长度和坡度才能使雨水排除，排水坡度常在50%左右。

（4）波形瓦屋面。有石棉水泥波瓦、镀锌铁皮波瓦、铝合金波瓦、

学习重点

重点关注：

1. 屋顶类型的分类方式各种类型的特点。

分析与思考：

1. 屋顶设计应满足哪些要求？

玻璃钢波瓦及压形薄钢板波瓦等。它们尺寸稍大，一般宽度为600～1000mm。由于每张瓦的覆盖面积较大，排水坡度比瓦屋面小些，一般为25％～40％。

（5）金属薄板屋面。用镀锌铁皮、涂塑薄钢板、铝合金板和不锈钢板等做屋面，常采用折叠接合，使屋面形成一个密闭的覆盖层。该屋面的坡度可小些，为10％～20％之间。可用于曲面屋顶。

（6）涂料防水屋面。屋面板采用涂料防水，板缝用嵌缝材料防水的一种屋面。

（7）粉剂防水屋面。是用一种憎水、松散粉末状防水材料做防水层的屋面，具有良好的耐久性和应变性。

（8）玻璃屋面。采用有机玻璃、夹层玻璃、钢丝网玻璃、钢化玻璃等作为防水屋面，屋顶具有采光的功能。

2）根据屋顶的外形和坡度分类（见图10.1）

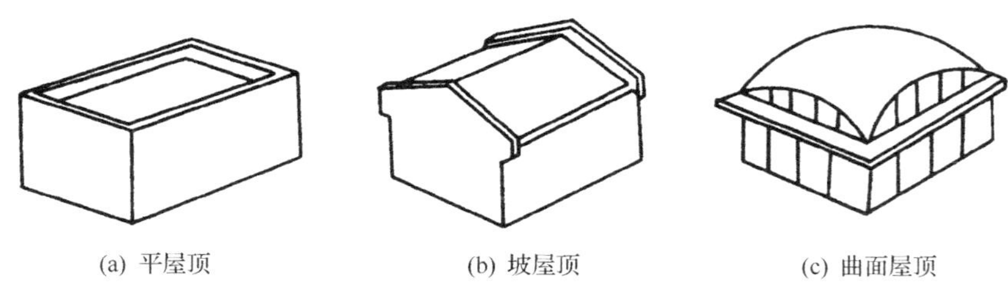

(a) 平屋顶　　(b) 坡屋顶　　(c) 曲面屋顶

图10.1　屋顶的形式

（1）平屋顶。指屋面坡度小于10％的屋顶，常用坡度2％～5％。优点是节约材料，屋面可以利用，如做成露台、活动场地、屋顶花园，甚至游泳池等，应用极为广泛。

（2）坡屋顶。屋面坡度大于10％的屋顶，由于坡度较大，防水、排水性能较好，坡屋顶在我国历史悠久，选材容易，应用很广。

（3）曲面屋顶。随着建筑事业发展，建筑大空间的需要，出现许多大跨度屋顶的结构形式。例如拱结构屋顶、薄壳结构屋顶、悬索结构屋顶、篷布结构屋顶、充气建筑屋顶等，这些建筑的屋顶造型各异、各具特色，使建筑屋顶的外形更加丰富。

10.1.3　屋顶的坡度

1. 形成坡度的原因

屋顶是建筑的围护结构，在有降雨时，屋面应具有防水的能力，并应尽快在短时间内将雨水排出屋面，以免发生漏水，因此屋面应具有一定的坡度。坡度的确定受多种因素影响，坡度太小易漏水，反之会浪费材料和空间，必须根据采用屋面的防水材料和当地降水量以及结构形式、建筑造型、经济条件等因素等来考虑。

2. 影响坡度的因素

1）屋面防水材料与坡度的关系

屋面防水材料接缝较多的，漏水可能性大，应采用大坡度，使排水速度加快，减少漏水机会，所以瓦屋面常采用较陡的屋面形式。整体的防水层接缝较少，屋面坡度可以小一些，如卷材屋面和混凝土防水屋面常用平屋顶形式。恰当的坡度既能满足防水要求，又做到经济适用。图10.2所示为各种屋面材料与坡度大小的关系。

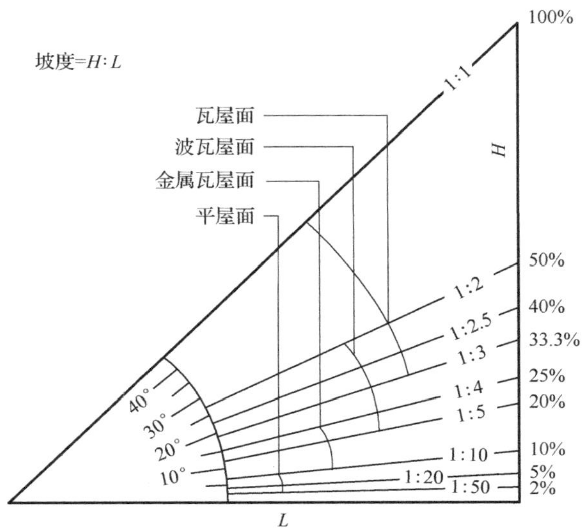

图 10.2　屋顶常用坡度范围

2）降雨量大小与坡度的关系

降雨大的地区，为防止屋面积水过深、水压力增大引起渗漏，屋顶坡度应大些，以便雨水迅速排除。降雨小的地区，屋顶坡度可小些。我国南方地区年降雨量较大，一般在 1000mm 以上，北方地区较小，一般在 700mm 以下。小时降雨量各地也不一样，有的地区达到 100mm 以上，有的仅 5mm，一般在 20～90mm。

3）建筑造型与坡度的关系

使用功能决定建筑的外形，结构形式的不同也体现在建筑的造型上，最终主要体现在建筑屋顶形式上。如上人屋面，坡度就不能太大，否则使用不方便。结构选型的不同，可决定建筑屋顶形成较大坡度甚至反坡等。如拱结构建筑常采用较大的屋顶坡度，悬索结构建筑甚至可以形成反坡。

3. 坡度形成的方法

屋顶的坡度形成有结构找坡和材料找坡两种方法：

(1) 结构找坡。指屋顶结构自身有排水坡度。一般采用上表面呈倾斜的屋面梁或屋架上安装屋面板，也可采用在顶面倾斜的山墙上搁置屋面板，使结构表面形成坡面，这种做法不需另加找坡材料，构造简单，不增加荷载，其缺点是室内的天棚是倾斜的，空间不够规整，有时须加设吊顶。某些坡屋顶、曲面屋顶常用结构找坡。

(2) 材料找坡。是指屋顶坡度由垫坡材料形成，一般用于坡度较小的屋面。垫坡材料通常选用炉渣等，找坡保温屋面也可根据情况直接采用保温材料找坡。

学习重点

重点关注：

1. 各种屋顶形式的特点和适用范围。
2. 屋顶坡度形成的各种方法及优缺点。

分析与思考：

1. 屋顶的外形有哪些形式？
2. 影响屋顶坡度的因素有哪些？

4. 屋顶常用坡度范围及表示方法

各种屋面的坡度，由各种因素决定。屋面材料、地理气候、屋顶结构形式、施工方法、构造组合方式、建筑造型要求以及经济等方面的影响都有一定的关系。

不同的防水材料具有各自排水坡度的范围，屋面坡度常采用脊高与相应水平投影长度的比值来表示，如1∶2、1∶2.5等，较大坡度也用角度法来表示如30°、45°等；较平坦的坡度常用百分比法，如2%、5%等来表示（见图10.2）。

10.2 平屋顶

10.2.1 平屋顶的特点、组成及排水

1. 平屋顶的特点

平屋顶的支撑结构常采用钢筋混凝土梁板，构造简单，建筑外观简洁。如果采用预制钢筋混凝土构件，可提高预制安装程度，加快施工速度，降低造价等。但平屋顶坡度较小，排水慢，屋面积水机会多，易产生渗漏现象，因此屋面排水和防水是平屋顶的主要设计内容。

2. 平屋顶的组成

平屋顶设计中主要解决防水、排水、保温、隔热和结构承载等问题，一般做法是结构层在下，防水层在上，其他层次位置视具体情况而定。

1）平屋顶的支承结构

平屋顶的结构层要承担屋面上的全部荷载，应具有足够的强度和刚度。现在主要采用钢筋混凝土结构，分现浇和预制两种，屋面板的结构形式与楼板通常相同。

2）平屋顶的防水层

现在常采用的防水层主要有刚性防水屋面和柔性防水屋面两大类，在寒冷地区以柔性防水屋面居多，现在研制出的新的防水材料，在其形式与施工方法上都有所改善，使屋面防水效果更好。

3）平屋顶的保温层

在寒冷地区屋顶须设保温层，以使室内有一个便于人们生活和工作的环境。保温层有铺于结构层上或吊于结构层下等不同构造方法，其厚度按热工计算而定。保温材料应选用轻质材料。屋面的找坡可利用保温层进行找坡，也可以另设其他轻质材料。

3. 平屋顶的屋面排水

1）排水方式的选择

平屋顶的屋面排水方式分为无组织排水和有组织排水两大类。

（1）无组织排水。

指雨水经檐口直接落至地面，屋面不设雨水口、天沟等排水设施，也称自由落水。该排水形式节约材料，施工方便，构造简单，造价低。但建筑物高或降雨多的地区不宜采用。

(2) 有组织排水。

指屋面设置排水设施，将屋面雨水进行有组织地疏导引至地面或地下排水管内的一种排水方式，这种排水方式构造复杂，造价高，但雨水不侵蚀墙面和影响人行道交通。有组织排水分内排水、女儿墙内檐沟排水和挑檐沟外排水。

① 内排水。大面积、多跨、高层以及特殊要求的平屋顶常做成内排水方式，雨水经雨水口流入室内落水管，再排到室外排水系统［见图10.3(a)］。

② 外排水。雨水经雨水口流入室外排水管的排水方式。

a. 女儿墙内檐排水。设有女儿墙的平屋顶，在女儿墙里面设内檐沟或垫坡。落水管可设在外墙外面，将雨水口穿过女儿墙［见图10.3(b)］。

b. 挑檐沟外排水。设有檐沟的平屋顶，檐沟内垫出的纵向坡度，将雨水引向雨水口，进入落水管［见图10.3(c)］。

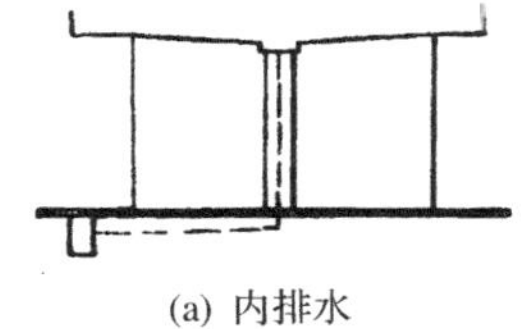
(a) 内排水

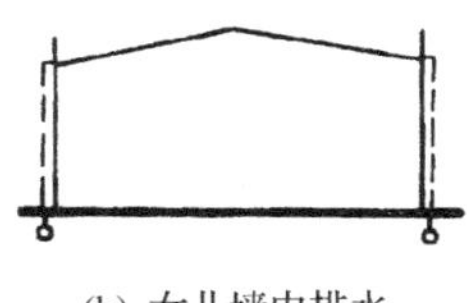
(b) 女儿墙内排水

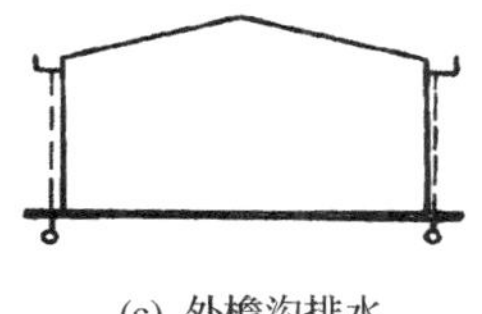
(c) 外檐沟排水

图10.3　有组织排水

2) 排水的设计

平屋顶的排水组织设计就是为使屋面排水路线简捷顺畅，快速将雨水排出屋面。设计方法是：使雨水管负荷均匀，把屋面划分为若干排水区，一般按一个雨水口负担150～200m²（屋面水平投影面积）。排水坡面取决于建筑的进深，进深较大时采用双坡排水或四坡排水，进深较小的房屋和临街建筑常采用单坡排水。合理设置天沟，使其具有汇集雨水和排除雨水的功能，天沟的断面尺寸净宽应不小于200mm，分水线处最小深度应大于80mm，沿天沟底长度方向设纵向排水坡，称天沟纵坡，沟内最小纵坡：卷材防水面层大于10‰；自防水面层大于3‰；砂浆或块材面层大于5‰。雨水管常用直径75～100mm，间距不宜超过24m。雨水管有铸铁、镀锌铁皮、石棉水泥、塑料和陶土等几种。镀锌铁皮易锈蚀，不宜在潮湿地区使用，石棉水泥性脆，不宜在严寒地区使用（见图10.4）。

10.2.2　柔性防水平屋顶

柔性防水平屋顶是用柔性防水卷材以胶结材料粘贴在屋面上，形成一个大面积封闭的防水覆盖层。它具有一定延伸性，能较好地适应结构温度变形，因此称柔性防水屋面，也叫卷材防水屋面。

学习重点

重点关注：

1. 各种屋顶的坡度适用范围。
2. 屋顶坡度的表示方法。
3. 平屋顶的特点。
4. 平屋顶的组成。
5. 平屋顶的基本构造层次。
6. 有组织排水和无组织排水的优缺点和适用范围。
7. 屋顶排水设计的内容与要求。
8. 如何确定屋顶排水坡面的数目？如何确定天沟或檐沟断面大小和天沟纵坡值？如何确定雨水口与雨水管的数目和尺寸大小？

分析与思考：

1. 什么是有组织排水和无组织排水？
2. 常见的平屋顶有组织排水方案有哪几种？各适用于何种条件？

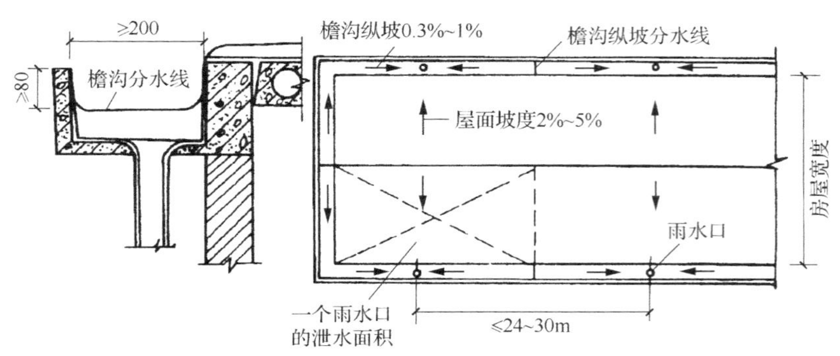

图 10.4　屋面排水组织设计

1. 柔性防水屋面的材料

多年来，我国一直沿用石油沥青油毡为屋面的主要防水材料，它是由特制纸胎在热沥青中经两遍浸渍而成。这种防水屋面造价低，但须热施工，低温脆裂，高温流淌，常需重复维修，在寒冷地区这种材料已很少使用。现在推广采用了一批新的卷材或片材防水材料，近年来广泛使用的一种合成高分子防水卷材，是以合成橡胶、合成树脂或两者共混体为基料，加入适量化学助剂和填充料经塑炼混炼、压延或挤出成型，具有拉伸强度高、断裂伸长率大、耐老化及冷施工等优越性能。如三元乙丙橡胶、氯化聚乙烯、聚氯乙烯、铝箔塑胶、橡塑共混等高分子防水卷材。这些材料能冷施工、弹性好、寿命长。另外还有一种新型的高聚物改性沥青防水卷材，即用改性的沥青做基料，用高密度聚氯乙烯膜、无纺聚酯毡或玻纤毡做胎体，聚乙烯薄膜覆盖面，经滚压水冷成型的卷材，如S型和XS型热融油毡防水卷材就是用纤维布为主胎体，橡胶、塑料等改性石油沥青为基料成型的卷材。这些新型防水材料与沥青卷材相比，具有高温不流淌、低温不脆裂、拉伸强度高、延伸率大、抗老化、黏结力强、施工方便的优点，特别适合寒冷地区的防水屋面。

目前三元乙丙橡胶防水卷材得到广泛的推广应用，这里主要论述其屋面构造方法。

2. 柔性防水屋面的防水构造

1）柔性防水屋面的基本构造（见图 10.5）

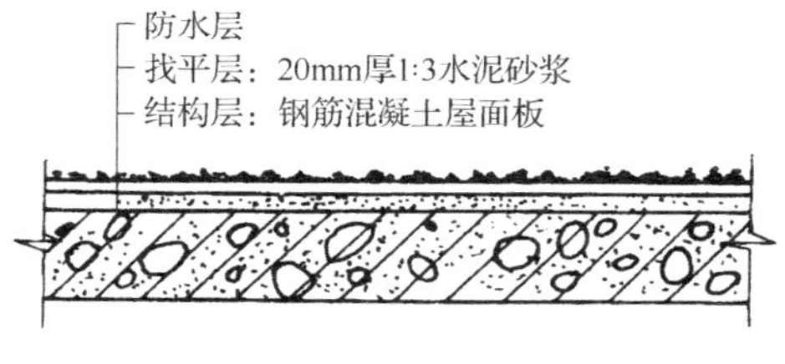

图 10.5　柔性防水屋面

（1）找平层和结合层。

找平层的作用是保证防水层的基层表面平整。一般用 1∶3 或 1∶2.5 水泥砂浆做找平层，厚 20mm，抹平收水后应二次压光。在找平层上面均匀地涂刷一层与三元乙丙橡胶卷材配套的胶粘剂，作为结合层。

（2）防水层。

采用氯化聚乙烯、三元乙丙橡胶共混防水卷材作为防水层，一般选用一层设防，在屋面易漏水的部位如天沟、泛水、雨水口与屋面阴阳角等处凸凹部位均须附加一层同类卷材。在做防水层时应注意，防水卷材要干燥，铺卷材之前，必须保证找平层干透，如果找平层含有一定水分，做上防水层后，在太阳的照射下，水就会变成水蒸气，当上面受到防水层的阻挡，水蒸气无法派出，就聚集形成一定的体积，使屋面防水层鼓泡，易造成防水层破裂，使屋面漏水（见图 10.6）。因此为在防水层和找平层之间有一个能让水蒸气扩散流动的场所和渠道，常将防水层采用点铺或条铺，俗称花铺法。当屋面坡度小于 3%时，卷材宜平行于屋脊铺贴；屋面坡度大于 3%时，卷材可平行或垂直于屋脊铺贴。满铺搭接缝宽度不少于 80mm，空铺、点铺、条铺时，搭接缝宽度为 100mm。

（3）保护层。

对于非上人屋面，由于防水层是氯化聚乙烯、三元乙丙共混防水卷材，均为非硫化型材料，强度较好，屋面可以不铺设保护层。

上人屋面可在防水层上浇筑 30～40mm 厚细石混凝土面层，为防止屋面变形保护层开裂，每 2m 左右留一分格缝，并用配套油膏嵌缝。也可用预制 30mm 厚 490mm×490mm 混凝土板或缸砖做面层，铺在 20mm 厚的水泥砂浆上或砂结合层上，并用水泥砂浆嵌缝（见图 10.7）。

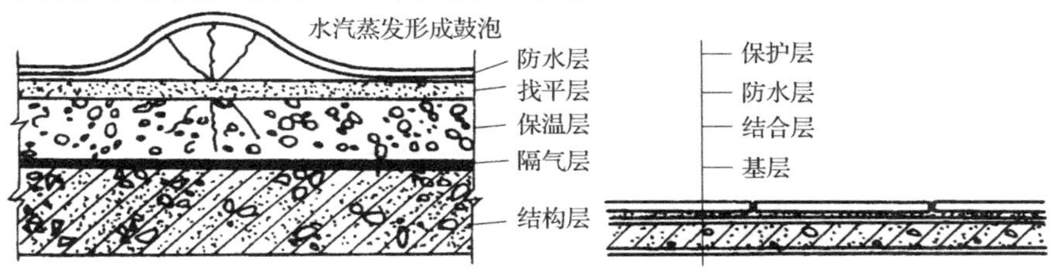

图 10.6　防水层鼓泡形成　　图 10.7　柔性卷材上人屋面

2）柔性防水平屋面的细部构造

（1）泛水构造。

泛水指屋面防水层与垂直墙交接处的构造。例如伸出屋面的女儿墙、烟囱、变形缝等凸出物，当它们穿过防水层时，与屋面交界处容易漏水，必须将屋面防水层延伸到这些凸出物的立墙上，并加铺一层防水卷材，形成立铺的防水层。泛水高度不应小于 250mm，转角处应将找平层做成半径不小于 20mm 的圆弧或 45° 斜面，使防水卷材紧贴其上。贴在墙上的卷材上口易脱离墙面或张口，导致漏水，因此上口要做收口和挡水处理，收口一般采用钉木条、压铁皮、嵌砂浆、嵌配套油膏和盖镀锌铁皮等处理方法。还有在泛水上口挑出 1/4 砖用以挡水，须抹水泥砂浆斜口和滴水（见图 10.8）。

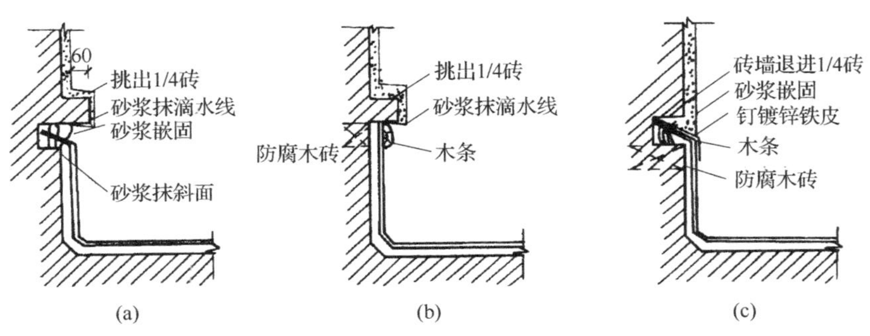

学习重点

重点关注：

1. 柔性卷材防水屋面构造层。
2. 各层的作用及构造特点。
3. 防水层的铺置施工方法。
4. 卷材柔性防水屋面泛水的构造要点。

分析与思考：

1. 何谓柔性卷材防水屋面？
2. 卷材防水屋顶出现开裂起鼓流淌的原因是什么？如何采取构造措施加以防止？
3. 平屋顶上人的和不上人屋面构造上有哪些不同？

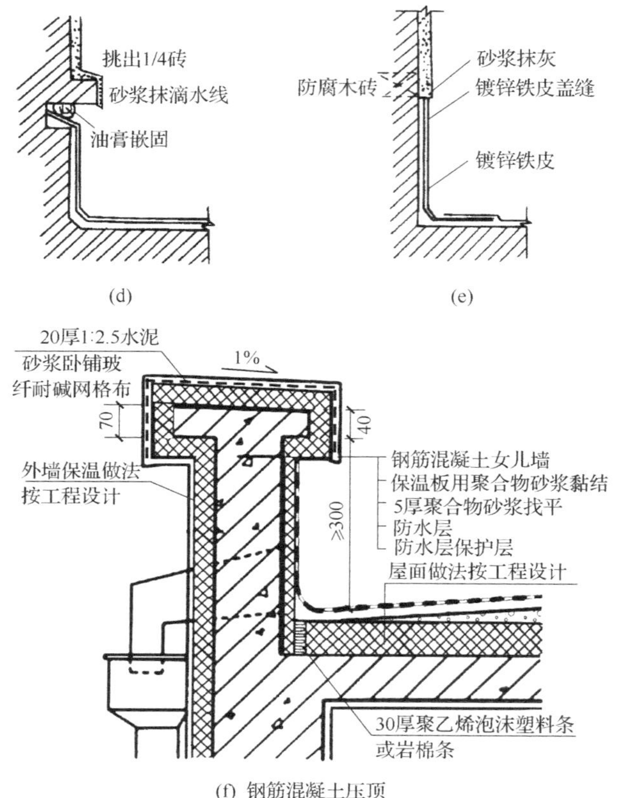

(d)

(e)

(f) 钢筋混凝土压顶

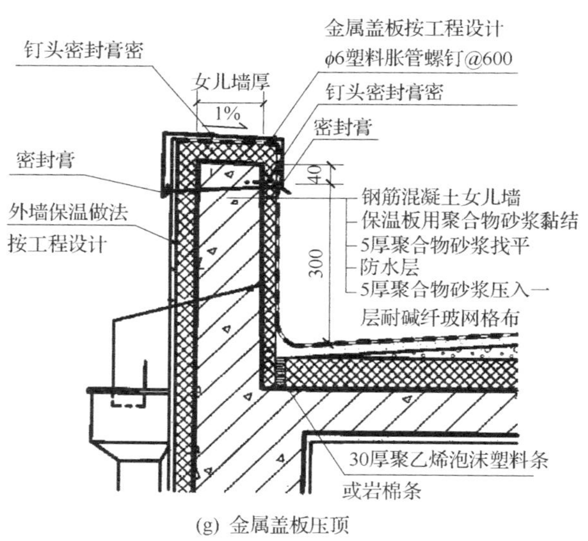

(g) 金属盖板压顶

图 10.8　柔性卷材屋面泛水构造

（2）檐口构造。

檐口构造有自由落水挑檐、挑檐沟、女儿墙外排水等多种。自由落水檐口的卷材收头极易开裂渗水，应采用配套油膏嵌缝［见图 10.9(a)］。挑檐沟的檐口在檐沟处要多加一层卷材，可以采用空铺的方法，沟口处的卷材收头一般采用嵌油膏或插铁卡住等方法，其中嵌配套油膏较为合理，且施工方便［见图 10.9(b)、(c)］。天沟、檐沟内用轻质材料做出不小于 1%的纵向坡度。女儿墙外排水一般直接利用屋顶倾斜坡面在靠近女儿墙屋面最低处做成排水沟，也可采用专用的槽板做成矩形天沟。天沟内防水层应铺设到女儿墙上形成泛水，天沟内做纵向排水坡度［图 10.9(d)］。新型檐口的卷材收头要嵌油膏，坡面要用 1∶3 水泥砂浆抹 20mm 厚［见图 10.9(e)］。

学习重点

重点关注：

1. 卷材柔性防水屋面檐口的构造要点。
2. 卷材柔性防水屋面雨水口等细部构造要点。

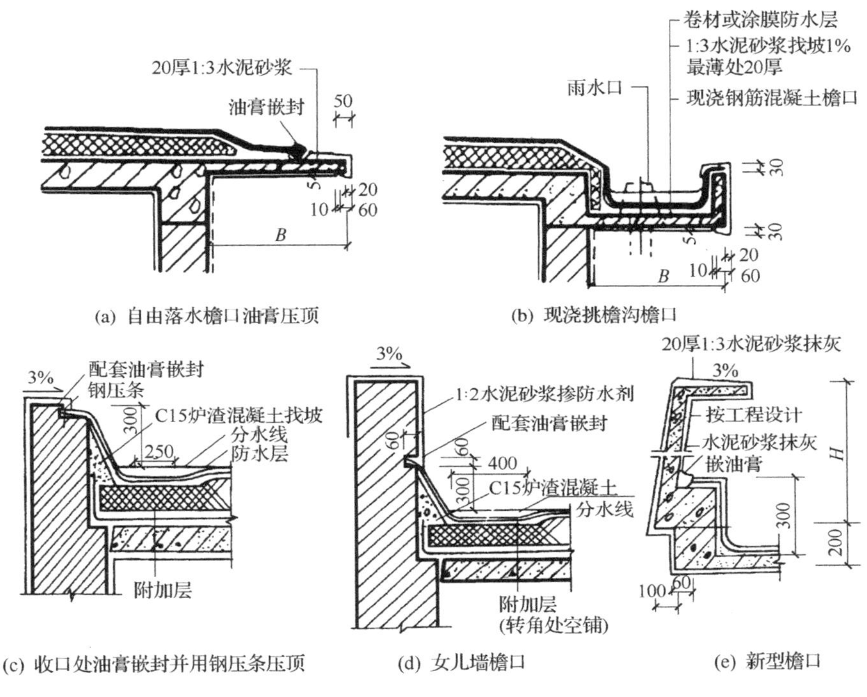

图 10.9　柔性卷材防水屋面檐口构造

(3) 雨水口。

雨水口是屋面雨水排至落水管的连接构件，通常为定型产品，多用铸铁、钢板制作。雨水口分直管式和弯管式两大类。直管式用于内排水中间天沟、外排水挑檐等，弯管式只适用女儿墙外排水天沟。

直管式雨水口是根据降雨量和汇水面积选择型号。套管呈漏斗型，安装在挑檐板上，防水卷材和附加卷材均粘在套管内壁上，再用环形筒嵌入套管内，将卷材压紧，嵌入深度不小于 100mm，环形筒与底座的接缝须用油膏嵌缝。雨水口周围直径 500mm 范围内坡度不小于 5%，并用密封材料涂封，其厚度不小于 2mm。雨水口套管与基层接处应留宽 20mm、深 20mm 的凹槽，并嵌填密封材料［见图 10.10(a)］。

弯管式雨水口呈 90°弯状，由弯曲套管和铸铁篦两部分组成。弯曲套管置于女儿墙预留的孔洞中，屋面防水卷材和泛水卷材应铺到套管的内壁四周，铺入深度至少 100mm，套管口用铸铁篦遮挡，防止杂物堵塞水口［见图 10.10(b)］。

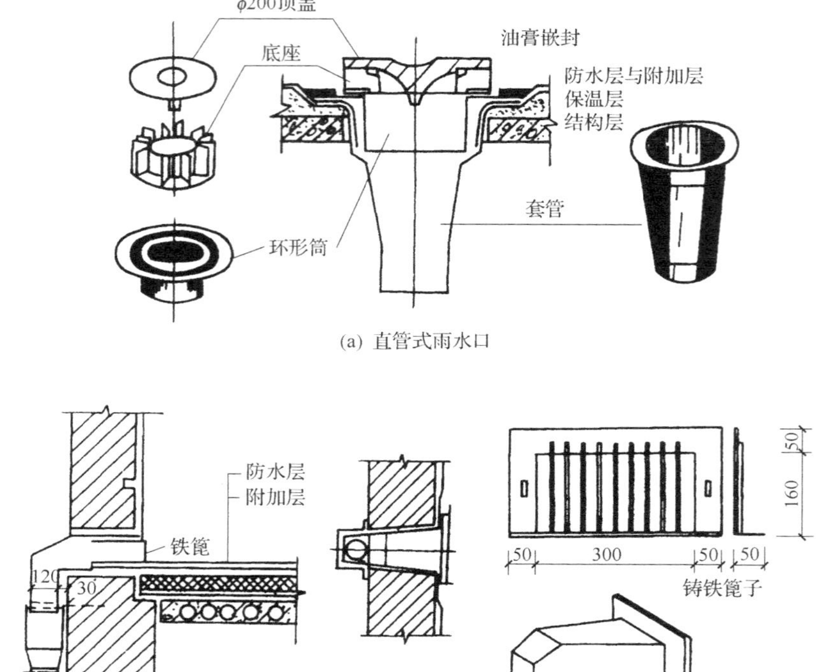

(a) 直管式雨水口

(b) 弯管式雨水口

图 10.10 柔性卷材屋面雨水口构造

10.2.3 刚性防水平屋顶

刚性防水平屋顶是用刚性防水材料设置的屋面防水层，这种屋面具有价格便宜、耐久性好、屋面材料容易提供、构造简单、维修方便、便于施工等优点，但容易开裂，尤其对温度变化和结构变形较为敏感，所以刚性防水屋面多用于南方地区。

1. 刚性防水平屋顶的材料

刚性防水屋面主要采用防水砂浆抹面或密实混凝土浇捣而成的刚性材料做屋面防水层。坡度宜为 2%～3%，并应采用结构找坡。这种防水材料受温差变化影响大，容易开裂。南方地区虽然比北方气温高，但日温差相对比北方小，混凝土开裂的程度也比较小一些，因此这种方法很少用于北方。另外，混凝土刚性防水屋面也不宜用在有高温、有振动和基础有较大不均匀沉降的建筑中。

2. 刚性防水平屋面的防水构造

1）刚性防水平屋面防水基本构造（见图 10.11）

（1）结构层。一般采用钢筋混凝土现浇或预制屋面板。

（2）找平层。结构层采用预制钢筋混凝土板时，应做找平层，用1∶3水泥砂浆，厚20mm，采用现浇钢筋混凝土整体结构时，可以不做找平层。

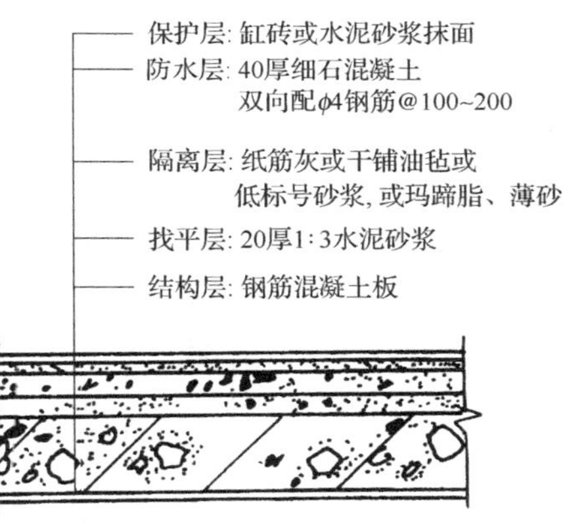

图 10.11　刚性防水屋面构造

(3) 隔离层。结构层在荷载作用下产生挠曲变形，在温度变化时产生胀缩变形，结构层较防水层厚，其刚度相应比防水层大，当结构产生变形时必然会将防水层拉裂，所以在结构层和防水层之间设置隔离层，以使防水层和结构层之间有相对的变形，防止防水层开裂。隔离层常采用纸筋灰、低标号砂浆、干铺一层油毡或沥青玛蹄脂等做法。若防水层中加膨胀剂，其抗裂性能有所改善，也可不做隔离层。

(4) 防水层。指用防水砂浆抹面防水层、普通细石混凝土防水层、补偿收缩混凝土防水层、块体刚性防水层等铺设的屋面。细石混凝土强度不应低于 C20，厚度不小于 40mm，在其中双向配置 ϕ4 ～ ϕ6 钢筋，间距为 100～200mm，以控制混凝土收缩后产生裂缝，保护层厚度不小于 10mm。应在水泥砂浆和细石混凝土防水层中掺入外加剂，这是由于防水层在施工时用水量超过水泥在水凝过程中所需的用水量，多余的水在硬化过程中，逐渐蒸发形成许多孔隙和互相连贯的毛细管网。另外过多的水分在砂石骨料的表面形成一层游离水，相互之间也会形成毛细通道，这些毛细通道都是造成砂浆或混凝土收水干缩时表面开裂和屋面渗水的主要原因。加入外加剂可改善这些情况，如掺入膨胀剂使防水层在硬结时产生微膨胀效应，抵抗混凝土原有的收缩性以提高抗裂性。加入防水剂使砂浆或混凝土与之生成不溶性物质，堵塞毛细孔道，形成憎水性壁膜，以提高密实性。

2) 刚性防水平屋面的细部构造

(1) 分格缝。是刚性防水层的变形缝，也称分仓缝。即在大面积整体现浇混凝土防水层，为防止因受温度变化影响或屋面板产生挠曲变形而引起刚性防水层开裂而设置。分格缝应设在装配式屋面板的支承端、屋面的转折处、泛水上端与立墙交接处，与板缝对齐，其纵横间距不宜大于 6m，服务面积为 15～25m^2。当建筑进深在 10m 以内时，在屋脊处应设一道纵向分格缝；当建筑进深超过 10m 时，应在屋顶坡面中的某一

学习重点

重点关注：

1. 绘出几种常见的典型构造。
2. 刚性防水屋面其构造层。
3. 各层的作用和构造特点。

板缝上再设一道纵向分格缝。为防止缝处漏水，分格缝由浸过沥青的木丝板填塞，防水层内的钢筋网片在分格缝处应断开，缝口应嵌填密封材料，外表用防水卷材盖缝条盖住（见图 10.12）。

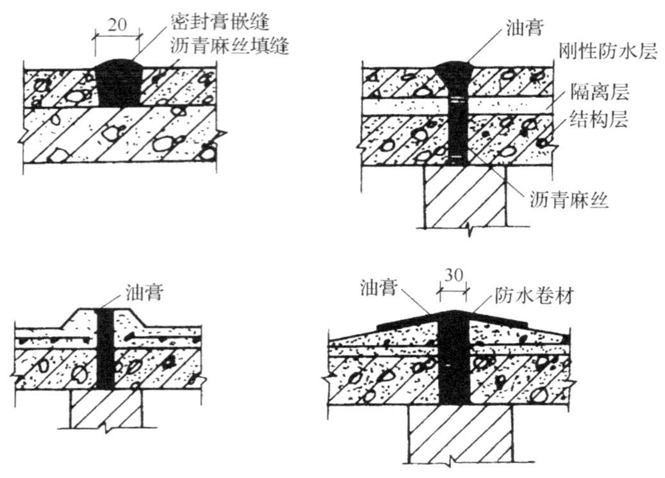

图 10.12　刚性防水屋面分格缝构造

（2）泛水构造。刚性防水屋面泛水构造与柔性防水屋面原理基本相同，一般做法是将细石混凝土防水层直接延伸到墙面上，细石混凝土内的钢筋网片也同时上弯。泛水应有足够的高度，转角外做成圆弧或 45°斜面，与屋面防水层应一次浇成，不留施工缝，上端应有挡雨措施，一般做法是将砖墙挑出 1/4 砖，抹水泥砂浆滴水线。刚性屋面泛水与墙之间必须设分格缝，以免两者变形不一致，使泛水开裂漏水，缝内用弹性材料充填，缝口应用油膏嵌封或铁皮盖缝（见图 10.13）。

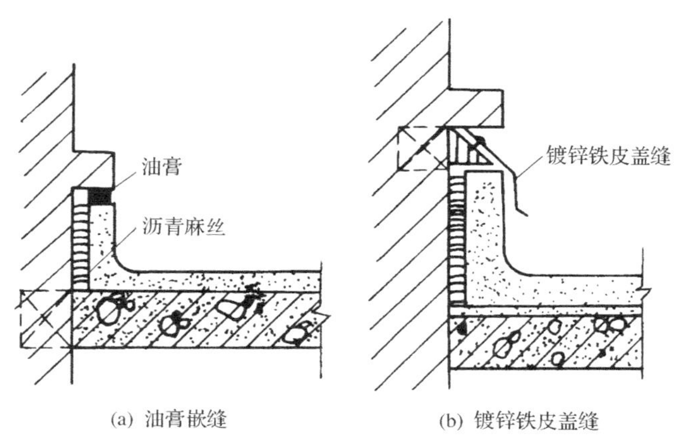

(a) 油膏嵌缝　　(b) 镀锌铁皮盖缝

图 10.13　刚性防水屋面泛水

（3）檐口构造。常用的檐口形式有自由落水挑檐、有组织外排水挑檐沟及女儿墙外排水檐口。自由落水挑檐可用挑梁铺屋面板，将防水层做到檐口，注意在收口处做滴水线［见图 10.14(a)］。挑檐沟有现浇和预制两种，可将屋面防水层直接做到檐沟，并挑出屋面，做出滴水线［见图 10.14(b)］。女儿墙外排水檐口处常做成矩形断面天沟，做法与前面女儿墙泛水相同，天沟内需铺设纵向排水坡［见图 10.14(c)］。

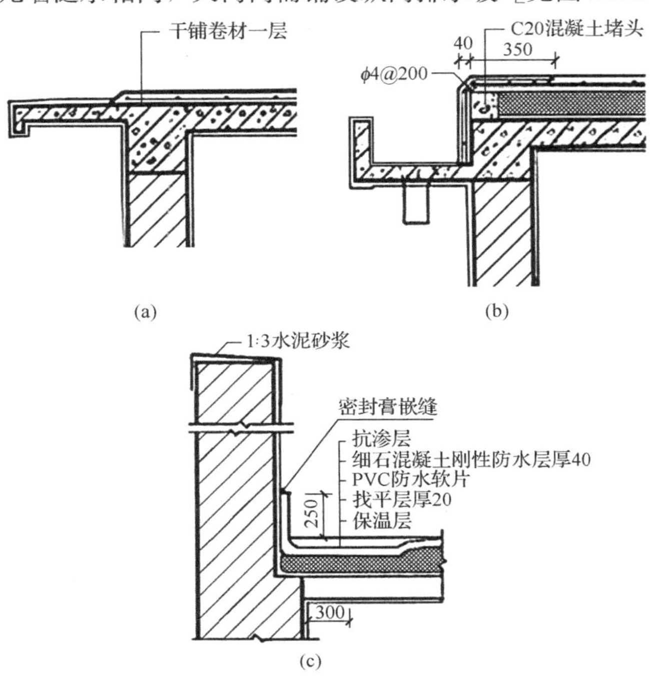

图 10.14 刚性防水屋面檐口

（4）雨水口。刚性防水屋面雨水口的规格和类型与前述柔性防水屋面所用雨水口相同（见图 10.15）。安装直管式雨水口为防止雨水从套管与沟底接缝处渗漏，应在雨水口四周加铺柔性卷材，卷材应铺入套管的内壁。檐口内浇筑的混凝土防水层应盖在附加的卷材上，防水层与雨水口相接处用油膏嵌封。安装弯式雨水口前，下面应铺一层柔性卷材，然后再浇筑屋面防水层，防水层与弯头交接处用油膏嵌封。

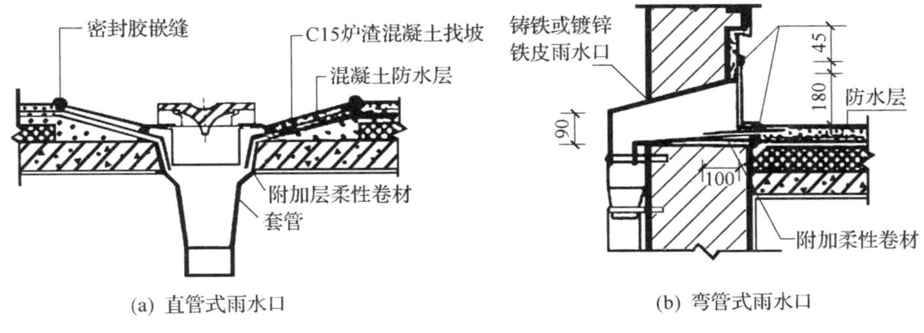

(a) 直管式雨水口　　(b) 弯管式雨水口

图 10.15 刚性防水屋面雨水口构造

10.2.4 平屋顶的保温和隔热

1. 平屋顶的保温构造

1）柔性防水保温平屋顶的基本构造

我国地域辽阔，气温差别很大。北方地区冬季寒冷，需要采暖，室

学习重点

重点关注：

1. 将刚性防水屋面和柔性防水屋面的泛水、天沟、雨水口等细部构造进行比较，找出它们之间的异同点，绘出典型的构造图。

分析与思考：

1. 刚性防水屋面构造为何要设隔离层？隔离层常采用哪些材料？
2. 刚性防水屋面容易开裂的原因是什么？可以采取哪些构造措施预防开裂？
3. 何谓分格缝？作用是什么？其位置及构造做法怎样？

内温度比室外高，为了不使热量散失太快，外围护构件需按保温要求设计，所以屋顶须设保温层。

(1) 保温材料的选择。

保温材料要根据使用要求、气候条件、屋顶结构形式、当地资源、工程造价等综合考虑，必须是容重轻、导热系数小的多孔材料，一般分为散料、块材和板材三种材料。散料有炉渣、矿渣、膨胀珍珠岩、膨胀蛭石等，这种材料由于在使用过程中问题太多，如在风较大时不宜施工，炉渣、矿渣重量较大等，并且如果上面做卷材防水层，必须在散状材料上抹水泥砂浆找平层，再铺防水卷材，以保证防水层有一个较好的基层，目前已较少使用。块材有沥青膨胀珍珠岩、沥青膨胀蛭石、水泥膨胀珍珠岩、加气混凝土块等，施工时先在保温层上面抹水泥砂浆找平层，再铺橡胶防水层。这几种保温材料做保温层时可与找坡层结合。板材有预制膨胀珍珠岩板、膨胀蛭石板以及加气混凝土板、聚苯乙烯、泡沫塑料板和岩棉板等轻质材料，同样上面先做找平层再铺防水层。某些块材和板材可采用散料和水泥、石灰、水玻璃等胶结材料现场预制。现大多使用聚苯乙烯、泡沫塑料板等保温材料。

(2) 保温层的设置。根据保温层在屋顶构造中位置可分为两种：

① 保温层设在防水层下（见图 10.16）。这种做法是常用的构造做法，其构造层次从上至下为：防水层、保温层、结构层，即保温层包覆在结构层的上面。保温层厚度根据热工计算确定。这种做法能有效降低外界温度变化对结构的影响，而且结构受力合理，施工方便。由于室内水蒸气能透过结构层进入保温层，产生凝结水，从而降低保温材料的保温性能。另外凝结水受热膨胀还可使防水层起鼓破坏，导致防水层失效。为防止这种现象产生，除前面介绍的，在防水层铺设时采用花铺法之外，还应采用在保温层下做隔气层的方法，一般用和橡胶卷材配套的防水涂料涂刷 2mm 厚，或采用在保温层上加一层砾石或陶粒作为透气层，在其上做找平层和卷材防水［见图 10.17(a)］，也可在保温层中间做排气通道［见图 10.17(b)］。保温层中设透气层并要留通风口，通风口一般留在檐口和屋脊处（见图 10.18）。后两种方法因构造复杂，很少采用。

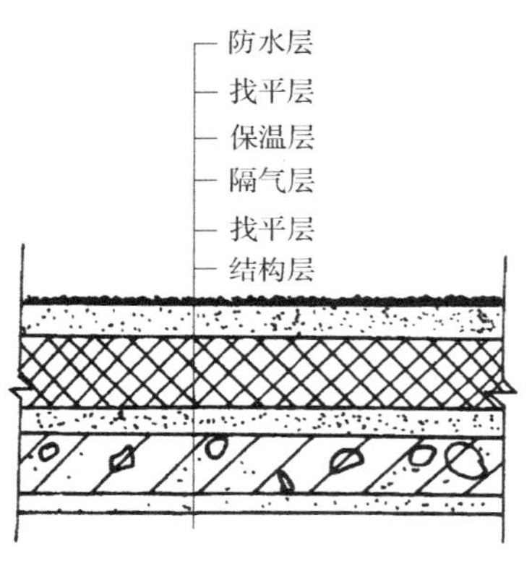

图 10.16 防水层在上保温层在下的保温屋面

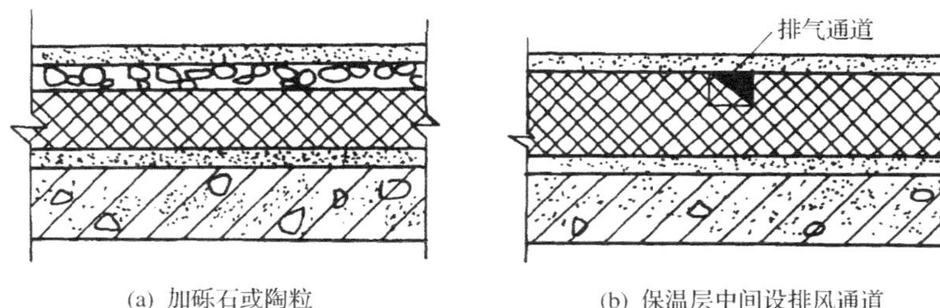

(a) 加砾石或陶粒

(b) 保温层中间设排风通道

图 10.17 保温层设透气层做法

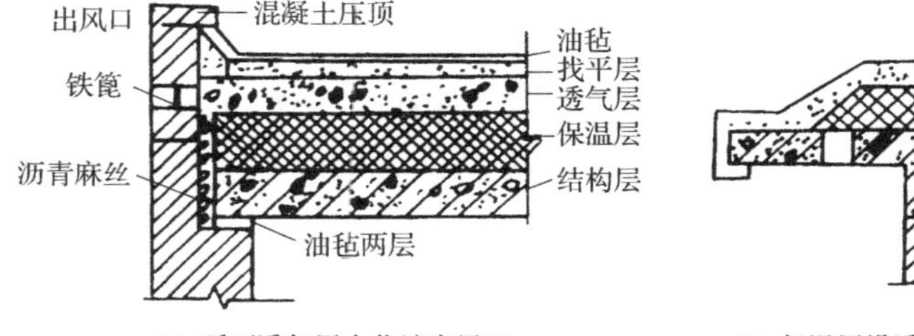

(a) 砾石透气层女儿墙出风口

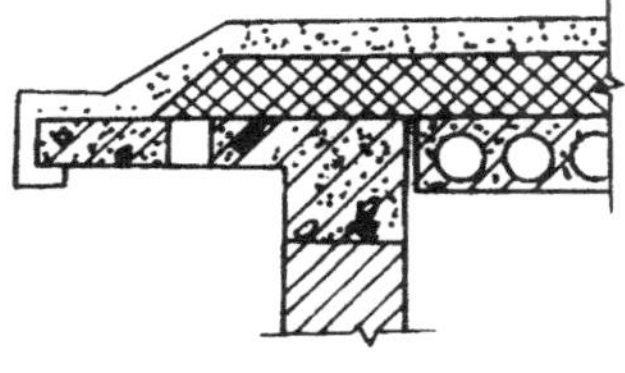

(b) 保温层设透气层檐下出风口

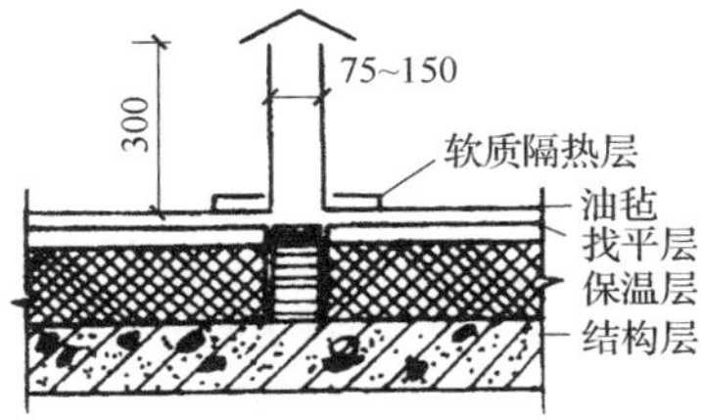

(c) 保温层设透气层镀锌铁皮出风口

图 10.18　保温层中透气层通风口构造

在有保温要求的屋面檐口部分一般也增加保温材料以保证屋面的保温性能（见图 10.19）。

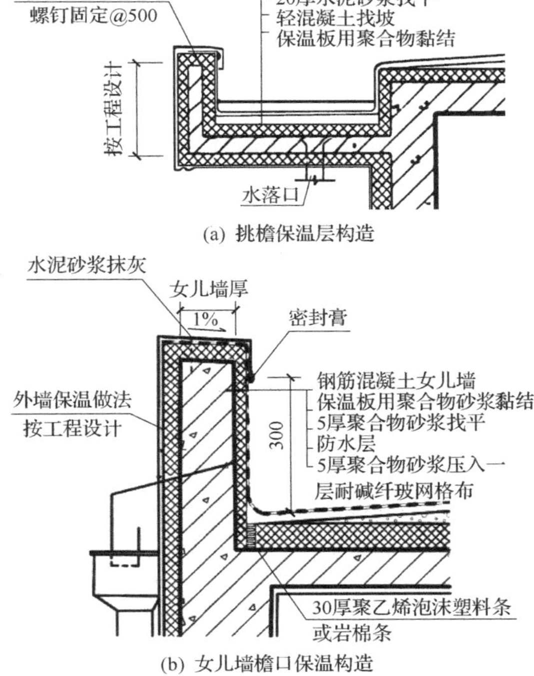

(a) 挑檐保温层构造

(b) 女儿墙檐口保温构造

图 10.19　保温层正铺法檐口构造

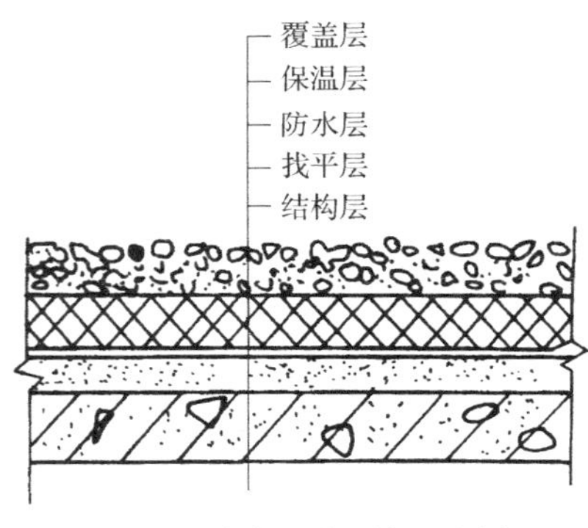

图 10.20　防水层在下保温层在上

② 保温层设在防水层上。构造层次为：保温层、防水层、结构层（见图 10.20）。由于保温层的位置和通常的设置相反，所以也叫倒铺保温屋面。这种做法的优点是防水层不受外界气候的影响，不受外界的破坏。必须采用吸湿低、耐候性强的憎水保温材料，如聚氨酯和聚苯乙烯泡沫材料等，而且上面须用较重的覆盖层压住。如混凝土块、卵石、砖等。是一种有发展前途的构造方式。在有保温层面檐口部分也采用保温构造（见图 10.21）。

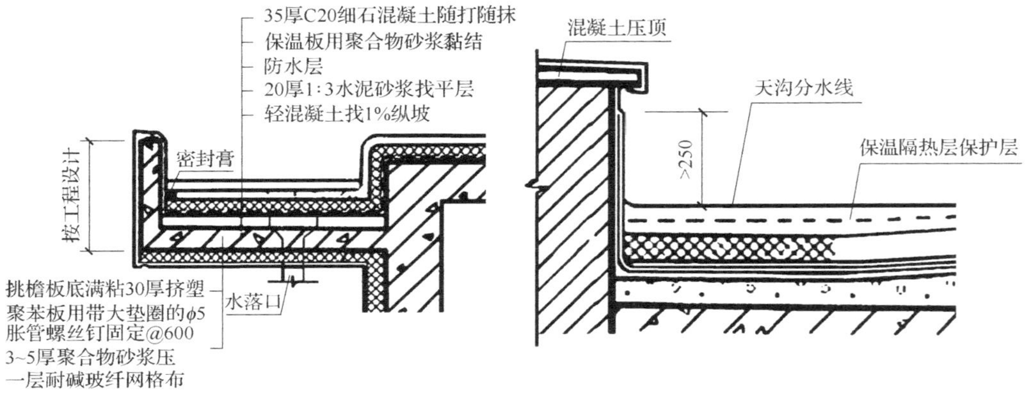

图 10.21　保温层倒铺法檐口构造

2）刚性防水保温平屋顶的构造

刚性防水保温平屋顶的保温构造与柔性防水保温平屋顶的构造方式基本相同（见图 10.22）。

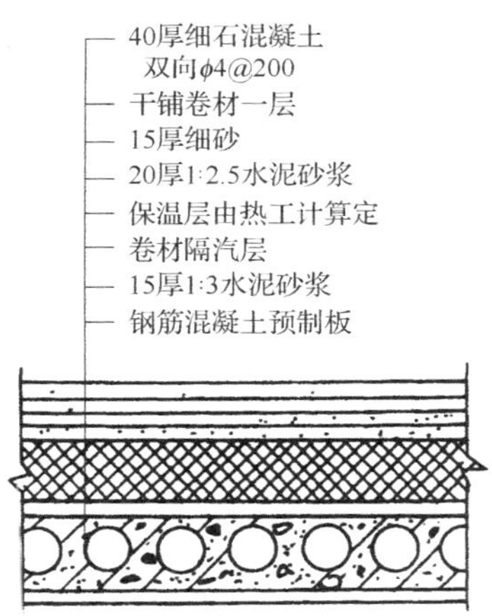

图 10.22　刚性防水保温屋面构造

2. 平屋顶的隔热构造

炎热地区夏季太阳辐射使屋顶温度剧烈升高，为减轻高温对室内的影响，平屋顶须设降温隔热层或采取降温措施。构造做法有以下几种：

1）实体材料隔热屋面

利用材料的蓄热性、热稳定性和传导时间的延迟性来做隔热屋顶。这种屋顶在太阳的辐射下，内表面出现高温比外表面延迟 3～5h。由于这种材料的蓄热系数大，晚间气温降低后，屋顶蓄存的热量开始向室内散发，所以这种方法只适用于夜间少用的房间（见图 10.23）。

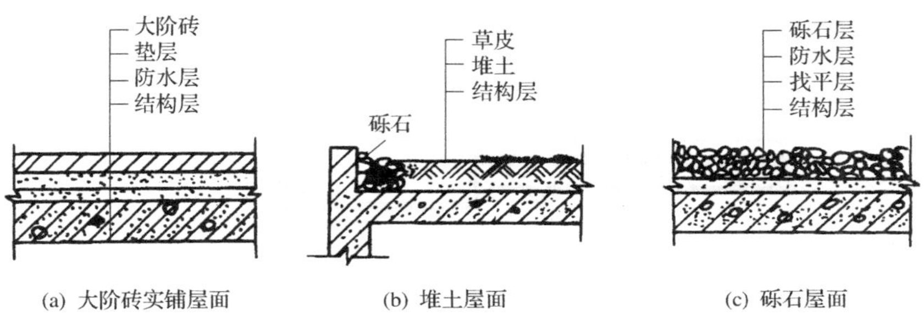

(a) 大阶砖实铺屋面　　(b) 堆土屋面　　(c) 砾石屋面

图 10.23　实体材料隔热屋面

2）蓄水屋面

蓄水屋面不宜在寒冷地区、地震区和震动较大的建筑物上使用，屋面的坡度不宜大于0.5%，屋面应划分不大于10m的蓄水区，长度超过40m的蓄水屋面应做横向伸缩缝一道。屋面的蓄水深度宜为150～200mm。蓄水屋面溢水口的上部应距分仓缝顶面100mm，排水孔设在分仓缝底部，排水管与落水管相连。屋面应设置人性通道（见图10.24）。

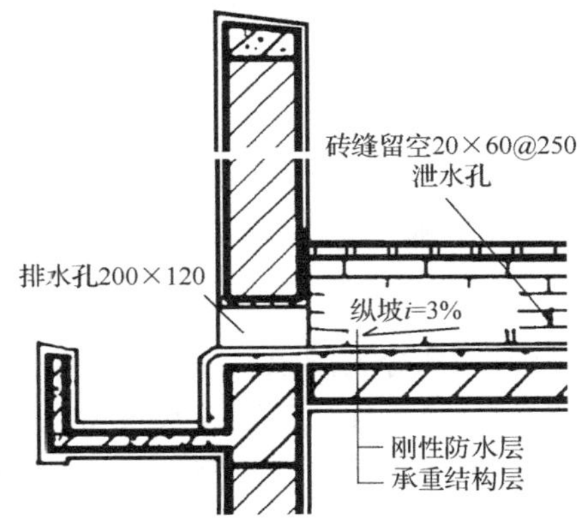

图 10.24　蓄水屋面

3）种植屋面

种植屋面隔热性能好且具有冬季保温性能，有利于增加防水层的耐久性，也利于美化环境。在种植屋面上应设置人行通道，四周应设置围护墙及泄水孔、排水管，屋面为柔性防水层时，上部应设置刚性保护层。种植屋面的种植介质主要为使用炉渣与土混合的有土种植和使用蛭石、珍珠岩、锯末等的无土种植（见图10.25）。

4）通风降温屋面

在屋顶设置通风的空气间层，利用空气的流动带走热量。一般分两种做法：一种通风层设结构层下面，做成顶棚通风层；另一种是通风层设在结构层上面，采用架空大阶砖或预制板的方式（见图10.26）。

学习重点

重点关注：

1. 保温层倒铺法构造的特点和要求。

分析与思考：

1. 保温屋顶为何要设隔气层？卷材防水屋顶为何要考虑排气措施？如何构造？
2. 平屋顶的隔热措施有哪些？其特点如何？

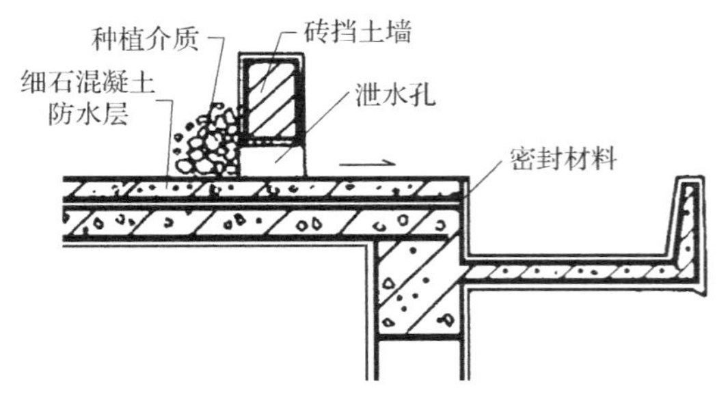

图 10.25　种植屋面

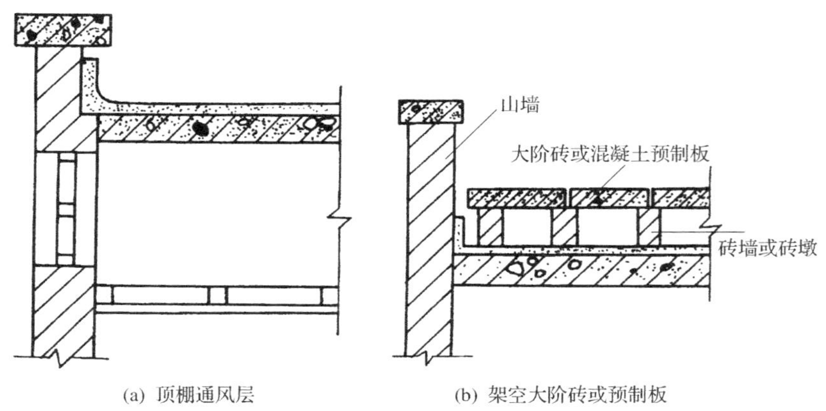

图 10.26　通风降温屋面

5）反射蒸发降温屋面

屋顶表面涂成浅色，利用浅色反射一部分太阳辐射热，以达到降温的目的。如铺浅色砾石、刷银粉等，或做镀锌铁皮屋面，也可在屋顶装设水管喷嘴，白天气温较高时进行人工喷淋，或采用蓄水屋面、种植屋面，利用水吸热蒸发或植物的光合作用的原理吸收热量，降低屋面温度。

10.3　坡　屋　顶

10.3.1　坡屋顶的形式、排水、屋面材料及其坡度

坡屋顶是排水坡度较大的屋顶形式，由承重结构和屋面两个基本部分组成，根据使用功能的不同，有些还须设保温层、隔热层和顶棚等（见图 10.27）。坡面组织由房屋平面和屋顶形式决定，屋顶坡面交接形成屋脊、斜沟、檐口等（见图 10.28），对屋顶的结构布置和排水方式及造型均有一定影响。

1. 坡屋顶的形式（见图 10.29）

（1）单坡屋顶。房屋宽度很小或临街时采用。

（2）双坡屋顶。房屋宽度较大时采用，可分为悬山屋顶、硬山屋顶。硬山是指两端山墙高出屋面的屋顶形式；悬山是指屋顶两端挑出山墙外的屋顶形式。

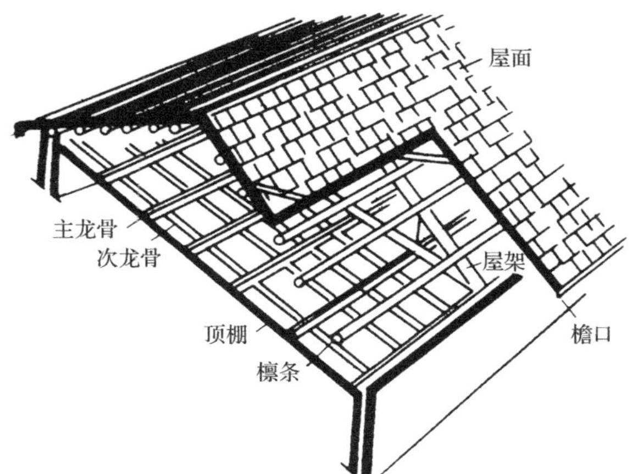

图 10.27　坡屋顶的组成

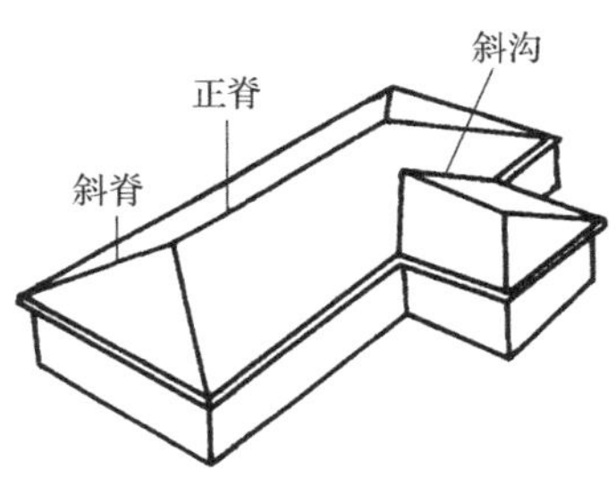

图 10.28　坡屋顶的名称

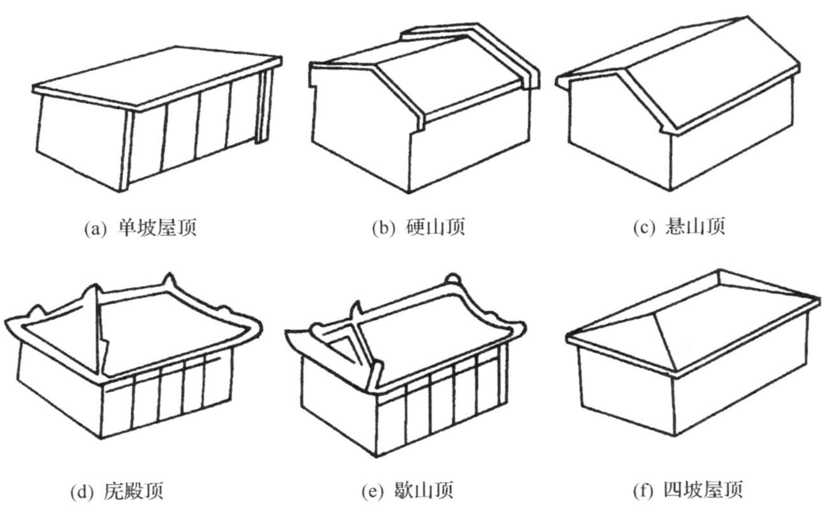

图 10.29　坡屋顶的形式

(3) 四坡屋顶。也叫四坡落水屋顶。古代宫殿庙宇常用的庑殿顶和歇山顶都属于四坡屋顶。

学习重点

分析与思考：

1. 坡屋顶的形式有哪些？
2. 坡屋顶的基本组成有哪些？其作用如何？

2. 坡屋顶的排水方式

坡屋顶的排水方式也分为无组织排水和有组织排水两种。

1）无组织排水

雨水少的地区或房屋较低采用无组织排水，这种排水方式构造简单，造价低［见图 10.30(a)］。

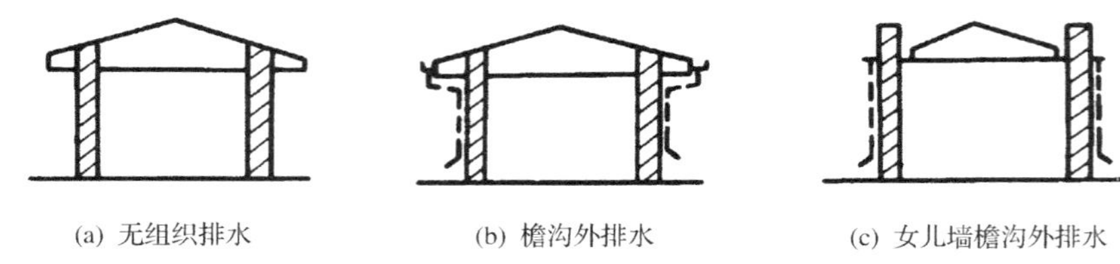

(a) 无组织排水　　(b) 檐沟外排水　　(c) 女儿墙檐沟外排水

图 10.30　坡屋顶排水示意

2）有组织排水

分为檐沟外排水和女儿墙檐沟外排水两种。

(1) 檐沟外排水。在坡屋顶挑檐处挂檐沟，雨水经檐沟雨水管排至地面，雨水管和檐沟通常采用镀锌铁皮或石棉水泥轻质耐锈材料制作［见图 10.30(b)］。

(2) 女儿墙外排水（女儿墙檐沟外排水）。屋顶四周设檐沟，檐沟外设女儿墙，雨水经过檐沟、雨水口、雨水管排至地面［见图 10.30(c)］。檐沟一般用镀锌铁皮或钢筋混凝土制成，水斗、雨水管采用镀锌铁皮、铸铁管、石棉水泥、缸瓦管和玻璃钢管。镀锌铁皮雨水管、檐沟规格如表 10.1 所示。

表 10.1　镀锌铁皮落水管、檐沟规格

水落管				檐沟		
断面形式	断面尺寸/mm	展开宽度/mm	净面积/cm²	断面形式	展开宽度/mm	适用跨度
矩形	80×60 93×67 99×73 128×90	300 333 360 450	48.0 62.3 72.2 115.1	ϕ120	225	跨度<6m
				110 100 100 70	400	6～15m
圆形	ϕ65 ϕ90	225 300	33.2 70.8	140 120 120 10	450	跨度>15m

注：1）表列规格系按 900×1800；1000×2000 的 24 号镀锌铁皮裁剪。

2）本表摘自《建筑设计资料集》第八册。

3）白铁皮容易锈蚀，需经常刷油漆，一般 10～15 年就要更换。

3. 屋面材料及其坡度

坡屋顶的屋面防水材料有弧瓦（称小青瓦）、平瓦、波形瓦、金属瓦、琉璃瓦、玻璃屋顶、构件自防水及草顶、黄土顶等。使用坡度一般大于 10%（见图 10.2）。

10.3.2 坡屋顶的支承结构

坡屋顶支承结构常用的有横墙承重和屋架承重两类。房屋开间较小的建筑，如住宅、宿舍、常采用横墙承重；在要求有较大空间的建筑中，如食堂、礼堂、俱乐部等采用屋架承重。

1. 横墙承重

按屋顶要求的坡度，横墙上部砌成三角形。在墙上直接搁置檩条，承受屋面重量，这种承重方式叫横墙承重，也叫硬山架檩。这种结构节约木材和钢材，做法简单、经济，房间之间隔声、防火均好。但平面布局受到一定的限制（见图 10.31）。

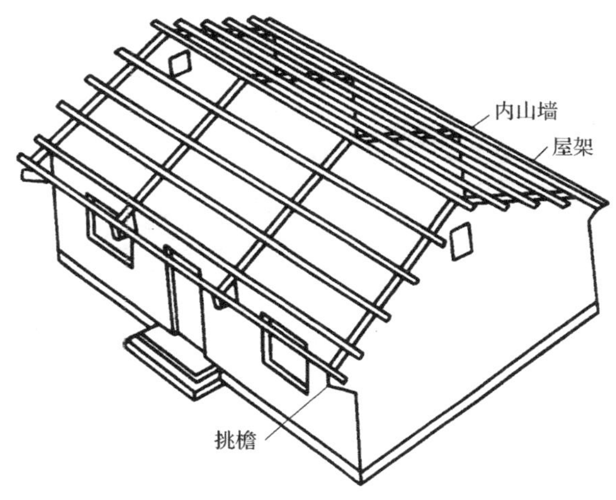

图 10.31 横墙承重

横墙的间距，即檩条的跨度尽可能一致，檩条常用木材和钢筋混凝土制作。木檩条跨度在 4m 以内，截面为矩形或圆形；钢筋混凝土檩条跨度最大可达 6m，截面为矩形、L 形、T 形。檩条截面尺寸须经结构计算确定。檩条间距与屋面板的厚度或椽子截面尺寸有关。

设置檩条应预先在横墙上搁置木块或混凝土垫块，使荷载分布均匀。木檩条端头须涂刷沥青以防腐。

2. 屋架承重

屋架搁置在建筑物外纵墙或柱上，屋架上设檩条，传递屋面荷载，使建筑物内有较大的使用空间（见图 10.32）。屋架间距通常为 3～4m，一般不超过 6m。

屋架是用木、钢木、钢筋混凝土和钢等材料制作，其高度和跨度的比值应与屋面的坡度一致。常用三角形屋架，构造简单，施工方便，适用于各种瓦屋面（见图 10.33）。

当坡屋顶垂直相交时，屋架结构布置有两种方法，在插入屋顶跨度不大时，把插入屋顶的檩条搁在原来房屋檩条上，另一种做法是，将斜

学习重点

重点关注：

1. 坡屋顶的承重结构系统种类？各自的特点及适用范围。根据不同的屋顶形式进行承重结构的布置？

分析与思考：

1. 坡屋顶的排水方式有哪些？适应范围是什么？
2. 坡屋顶的屋面材料有哪些？

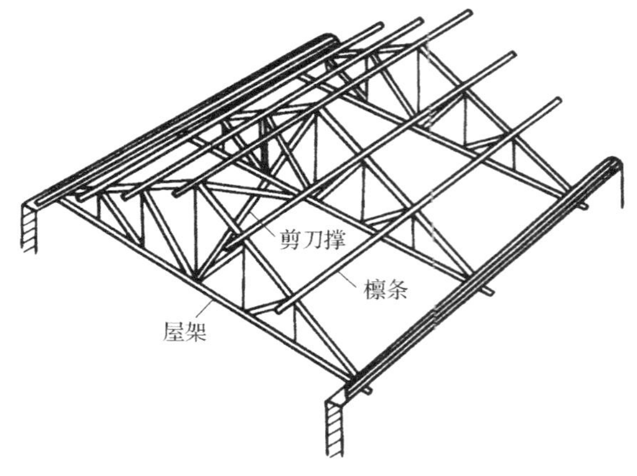

图 10.32　屋架承重

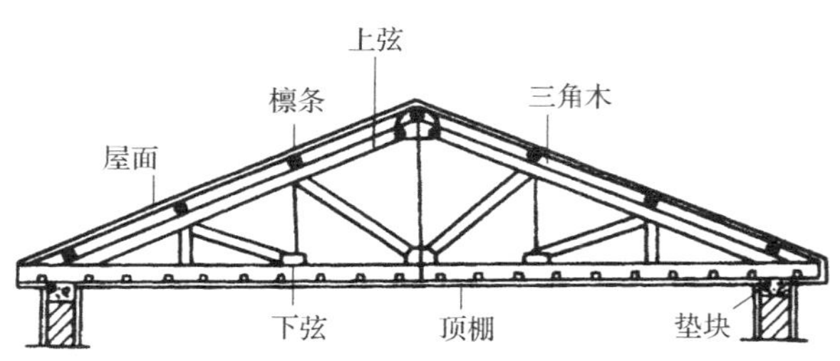

图 10.33　三角形屋架组成

梁或半屋架的一端搁在转角墙上，另一端搁在屋架上。其他转角和四坡屋顶的端部屋架布置基本上按此原则（见图 10.34）。

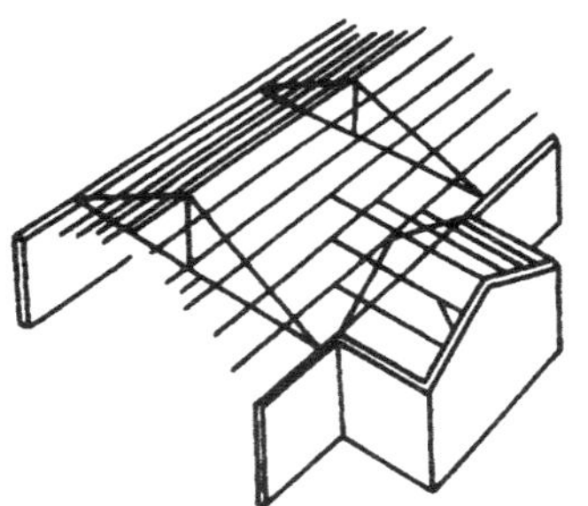

(a) 屋顶直角相交，檩条上搁檀条

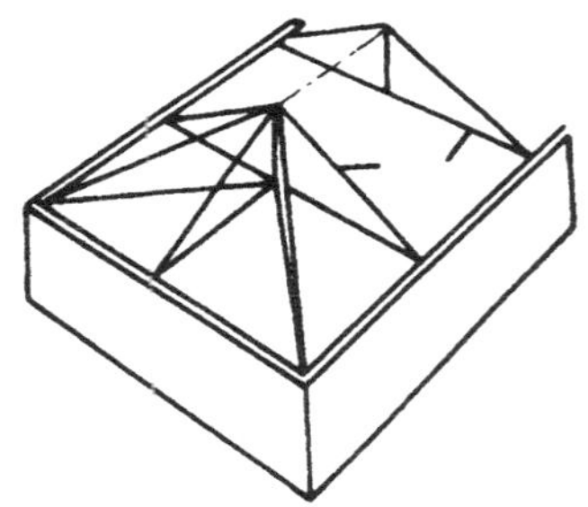

(b) 四坡顶端部，半屋架搁在梯形屋架上

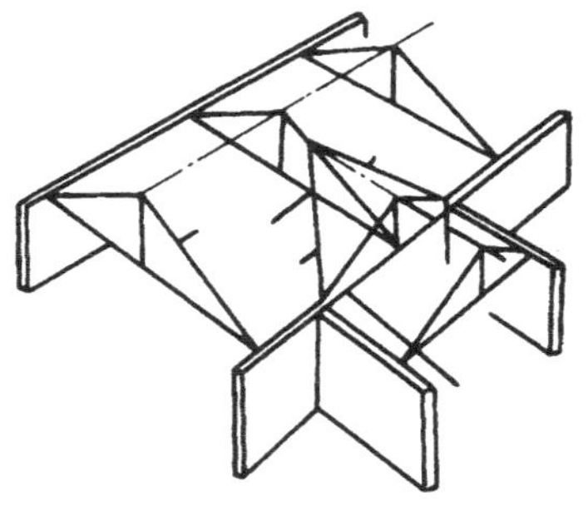

(c) 屋顶直角相交，斜梁搁在屋架上

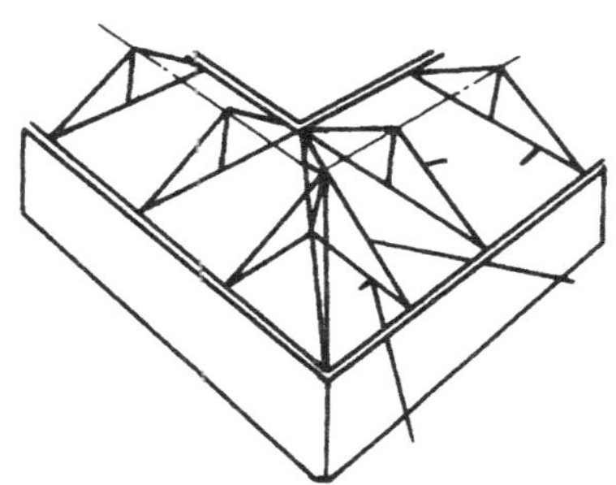

(d) 屋顶转角处，半屋架搁在全屋架上

图 10.34　屋架布置示意

10.3.3　坡屋顶屋面构造

1. 平瓦坡屋面的构造

平瓦即黏土瓦（见图 10.35），也叫机平瓦，是用黏土模压制成凸凹楞纹后焙烧而成，一般尺寸为长 380～420mm，宽 240mm，厚 20mm。瓦设有挂钩，可以挂在挂瓦条上防止下滑，中间突出部位穿有小孔，风速大的地区可以用铅丝将瓦绑扎在挂瓦条上。水泥瓦、硅酸盐瓦只是形状尺寸稍有变化，但仍属此类。

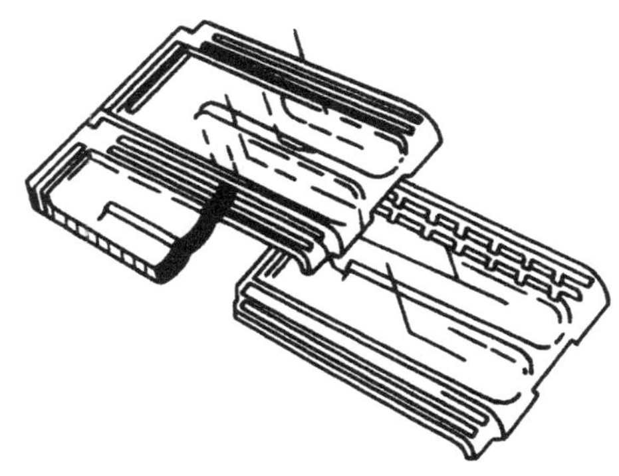

图 10.35　平瓦

1）基本构造

(1) 冷滩瓦屋面，是平瓦屋面中最简单的做法，也叫空铺平瓦屋面，即在椽子上钉挂瓦条后直接挂瓦（见图 10.36）。挂瓦条尺寸视椽子间距而定。这种方法构造简单、经济，但雨雪易飘入。

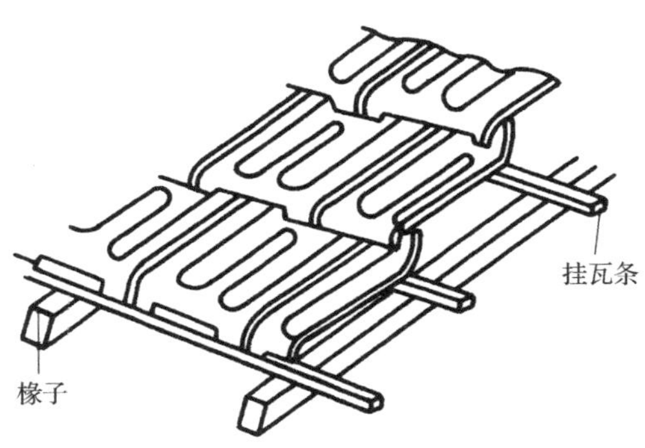

图 10.36　冷滩瓦屋面

(2) 实铺瓦屋面。是在檩条或椽条上铺屋面板，屋面板上面挂瓦。屋面板是木板的叫木望板瓦屋面，其构造方法是：采用 20mm 厚的平毛木板，板间留 10～20mm 的缝。在板上平行屋脊从檐口到屋脊铺一层卷材，上用 30mm×10mm 的板条垂直屋脊方向钉牢，称顺水条或压毡条。油毡搭接长度不小于 80mm。然后在顺水条上钉挂瓦条，上面挂瓦［见图

学习重点

重点关注：

1. 平瓦屋面的具体构造做法。
2. 实铺瓦屋面的望板常使用的材料？

分析与思考：

1. 平瓦屋面有几种构造方式？

10.37(a)]。这种做法使从瓦缝飘入的雨水被挡在卷材之外，雨水通过挂瓦与卷材之间的空隙排出。这种方法不仅增强屋面的防水性能，而且加强保温隔热性能，但耗用木材多，造价偏高，适用于大量建筑中防水严格的建筑。望板也可采用钢筋混凝土屋面板，这种瓦屋面构造方法与木望板瓦屋面构造基本相同，现使用较多［见图 10.37(b)］。

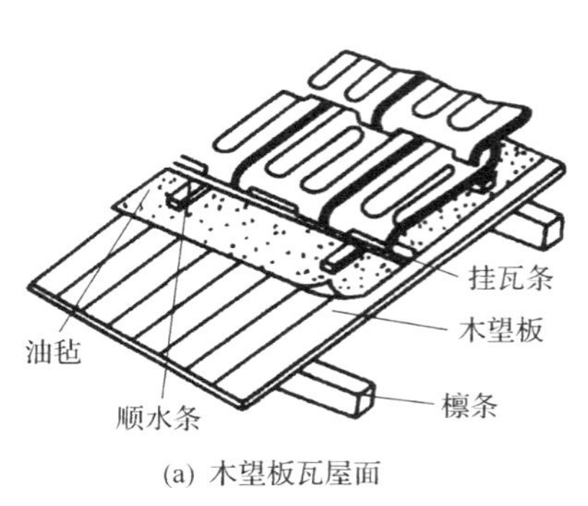

(a) 木望板瓦屋面

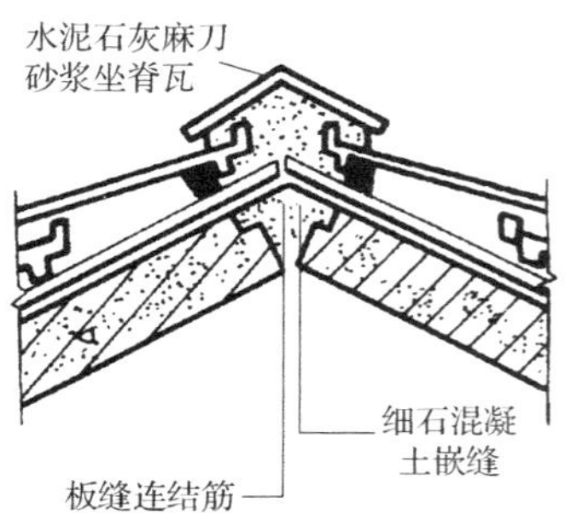

(b) 钢筋混凝土望板瓦屋面

图 10.37　实铺瓦屋面

(3) 钢筋混凝土挂瓦板平瓦屋面。用钢筋混凝土挂瓦板代替实铺平瓦屋面的檩条、望板、挂瓦条等的功能，将其直接搁置在山墙或屋架上，上面挂瓦，挂瓦板屋面坡度不小于 1∶2.5。挂瓦板两端预留小孔套在砖墙或屋架上的预埋钢筋头上加以固定，并用 1∶3水泥砂浆填实（见图 10.38）。这种方法的缺点是在挂瓦板的板缝处容易渗水，必须注意板缝的防水处理。

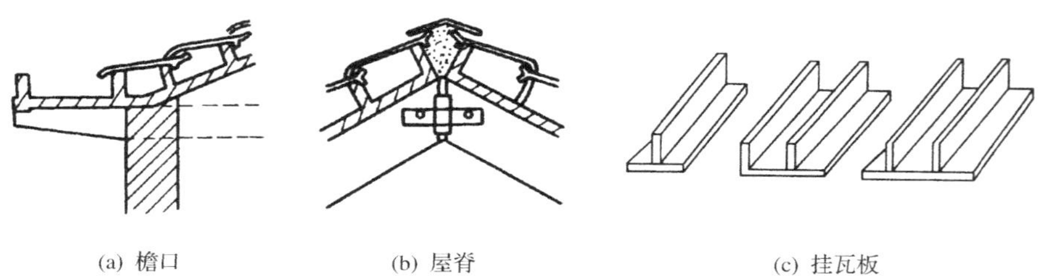
(a) 檐口　(b) 屋脊　(c) 挂瓦板

图 10.38　钢筋混凝土挂瓦板坡屋面

2）细部构造

(1) 山墙檐口。可分为山墙挑檐和山墙封檐两种：

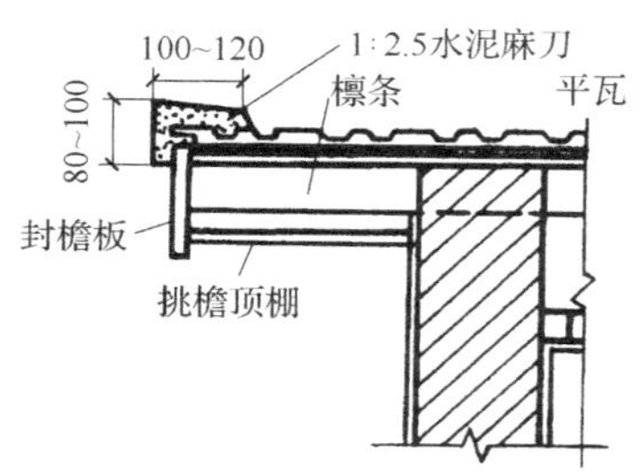

图 10.39　山墙挑檐构造

① 山墙挑檐。也称悬山，将檩条外挑形成悬山，檩条端部钉木封檐板。沿山墙挑檐的一行瓦，应用 1∶2.5水泥麻刀砂浆抹成转角封边（见图 10.39）。

② 山墙封檐。有硬山和出山两种。硬山做法是屋面和山墙齐平，或挑出一皮砖用水泥砂浆抹边瓦出线（见图 10.40）。出山做法是将山墙砌出屋面，在山墙和屋面交界处做泛水，常见构造有挑砖砂浆抹灰泛水、小青瓦坐浆泛水、镀锌铁皮泛水（见图 10.41）。

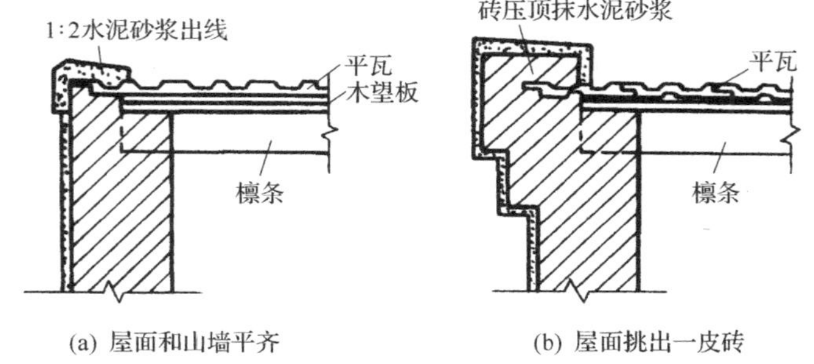

(a) 屋面和山墙平齐　　(b) 屋面挑出一皮砖

图 10.40　硬山封檐构造

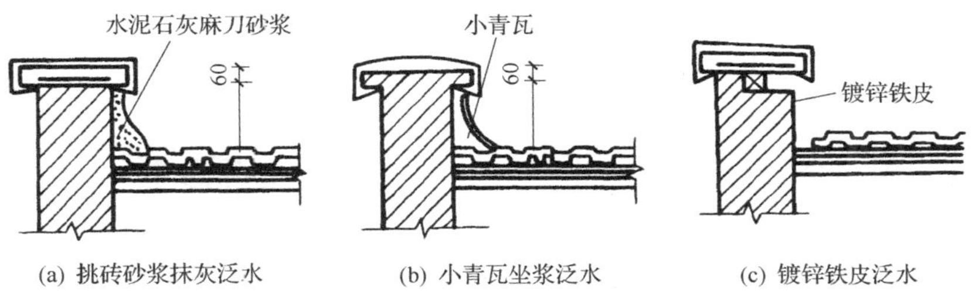

(a) 挑砖砂浆抹灰泛水　　(b) 小青瓦坐浆泛水　　(c) 镀锌铁皮泛水

图 10.41　出山封檐构造

(2) 纵墙檐口。有挑檐和包檐两种：

① 挑檐。屋面挑出外墙，对外墙有保护作用，南方多雨出挑大，北方雨少出挑小。当出挑小时可用比较简单的砖砌挑檐，每皮砖出挑 1/4 砖，约 60mm。一般挑出的总长不大于墙厚的 1/2［见图 10.42(a)］。当出挑较大时，有三种构造方法：

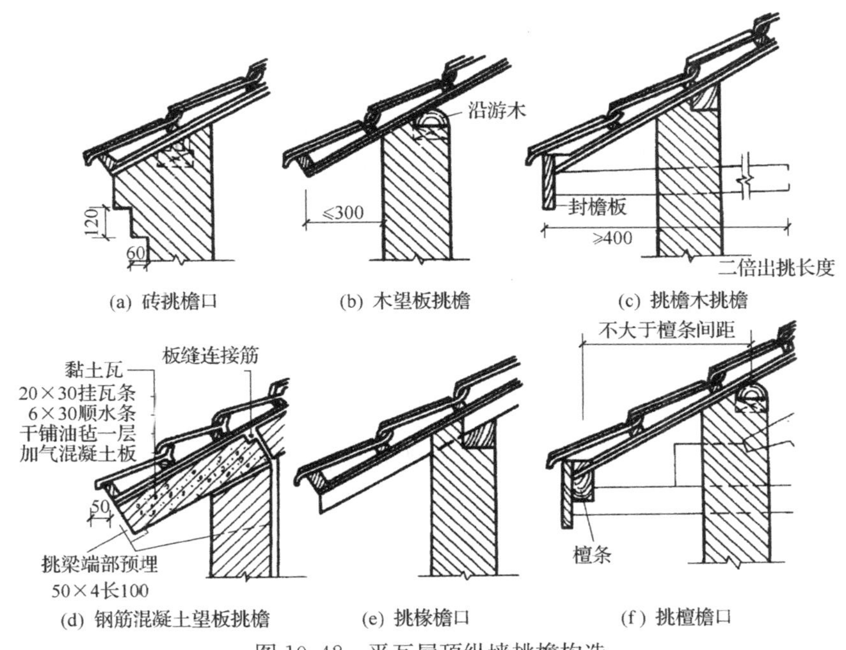

(a) 砖挑檐口　　(b) 木望板挑檐　　(c) 挑檐木挑檐
(d) 钢筋混凝土望板挑檐　　(e) 挑椽檐口　　(f) 挑檀檐口

图 10.42　平瓦屋顶纵墙挑檐构造

学习重点

重点关注：

1. 钢筋混凝土挂瓦板平瓦屋面的板缝处理。
2. 平瓦屋面山墙檐口的构造做法。
3. 平瓦屋面纵墙檐口的构造做法。

a. 屋面板出挑檐口。望板较薄，出挑长度不宜300mm。若能利用屋架托木或在横墙砌入挑檐木与望板封檐板结合，出挑长度可适当加大［见图10.42(b)～(d)］。

b. 挑椽檐口。当出挑长度大于300mm时，可利用椽子出挑，檐口处可将椽子外露或钉封檐板［见图10.42(e)］。

c. 挑檩檐口。利用屋架下弦的托木或横墙砌入的挑檐木作为支托，檐口墙外另一檩条做成挑檩檐口［见图10.42(f)］。

木挑檩构造可做成檐口顶棚，基本构造做法是在靠外墙一边砌入木砖，钉一条顶棚龙骨，靠封檐板一边，利用托木、挑木或挑椽再钉一条顶棚龙骨，在两龙骨间钉露缝板条或抹灰；也可用硬质纤维板、板条抹灰等构造（见图10.43）。挑檐做成檐沟外排水时，其构造是挑檐封檐板处挂镀锌铁皮或石棉水泥檐沟和雨水管（见图10.44）。

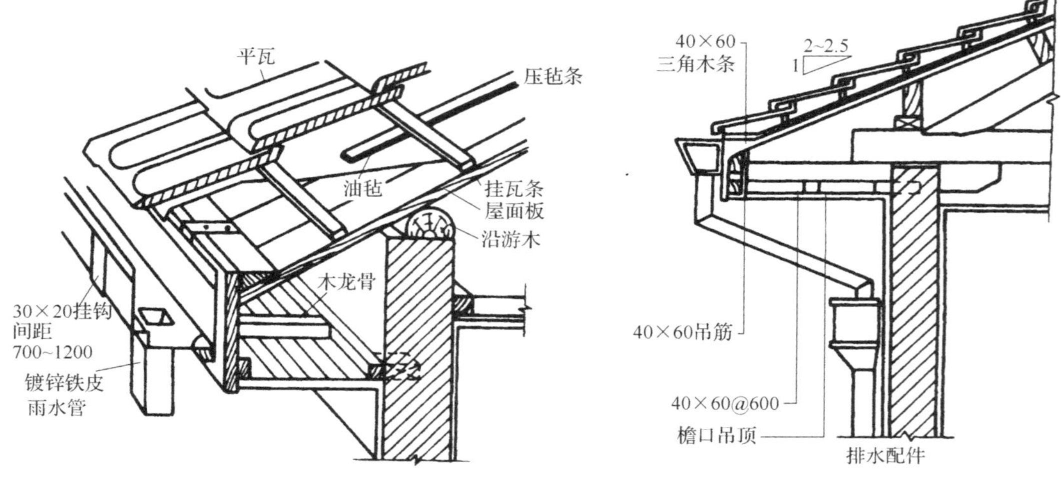

图10.43 纵墙檐口顶棚构造

图10.44 纵墙檐口有组织排水构造

② 包檐。包檐口处墙出屋面将檐口包住，也叫女儿墙封檐。屋架与女儿墙相接处必须设天沟。常用做法是用镀锌铁皮放在木底板上，铁皮靠墙一边做成泛水，泛水高度大于250mm，天沟一边伸入屋面油毡层底下（见图10.45）。也可采用钢筋混凝土预制天沟板，沟内铺油毡防水层。

(3) 斜天沟。一般用镀锌铁皮，铁皮下铺二层油毡，天沟应有足够截面积起到防止溢水的作用。也可以采用弧形瓦或缸瓦铺到斜天沟，搭接处要用麻刀灰坐牢（见图10.46）。

(4) 烟囱泛水。

采用檩条或木望板时，为防火木檩条和木望板距烟囱内壁大于370mm，烟囱外壁做出挑。屋面与烟囱四周交接均须做泛水，一般做镀锌铁皮泛水或挑砖、石灰麻刀砂浆泛水。镀锌铁皮泛水做法是在烟囱泛水与相交屋面上方的铁皮插入瓦下，而下方的铁皮盖在瓦上（见图10.47）。

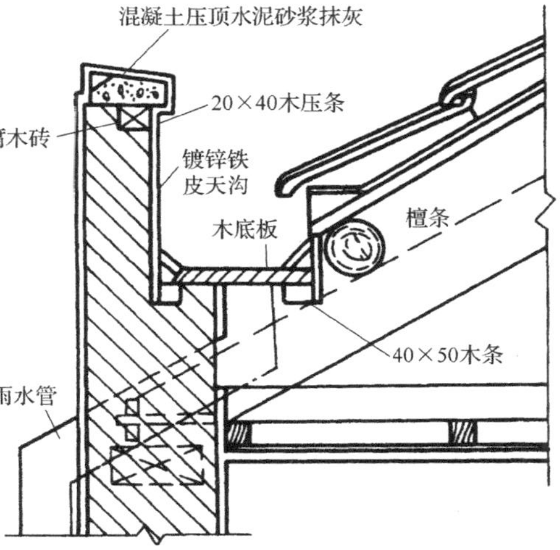

图 10.45　包檐檐口构造

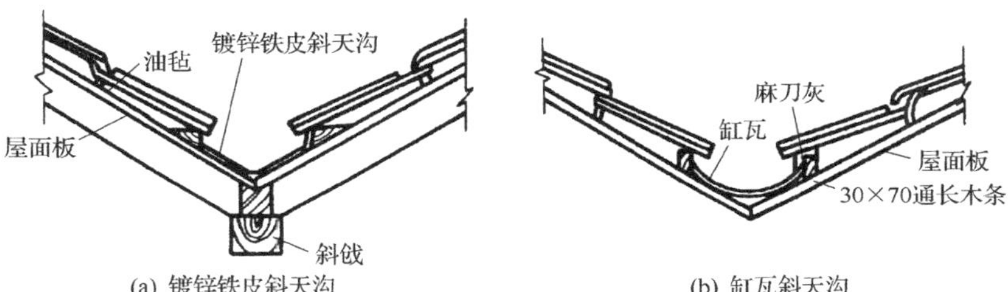

图 10.46　斜天沟构造

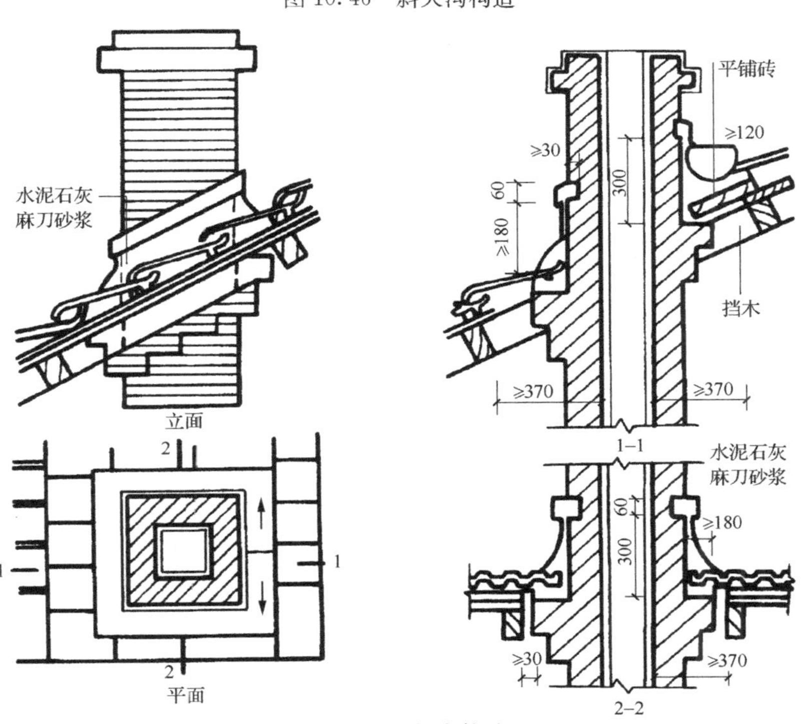

图 10.47　烟囱构造

学习重点

分析与思考：

1. 平瓦屋顶的檐口天沟及泛水烟囱等细部构造要点是什么？

2. 波形瓦屋面

这种瓦具有质轻、有一定刚度、块大、构造简单等优点，但易脆裂、保温隔热性能差，多用于不需保温隔热的建筑中。

1）瓦的种类

石棉水泥波形瓦和镀锌瓦楞铁最常用，石棉水泥波形瓦分为大波、中波、小波三种，如表 10.2 所示。波形瓦还有塑料波形瓦、玻璃钢波形瓦等品种，它们不但质轻，而且强度高、透光性好，可兼做采光天窗。另外金属瓦质轻、延性好，目前已在工业建筑中大量使用。

表 10.2 石棉水泥波形瓦规格

瓦材名称	规格					
	长/mm	宽/mm	厚/mm	弧高/mm	弧数/个	重量/(kg/块)
石棉水泥大波瓦	2800	994	8	50	6	48
石棉水泥中波瓦	1800	745	6	33	7.5	14.2
石棉水泥小波瓦	1800	720	8	14～17	11.5	20
石棉水泥脊瓦	850	180×2	8	—	—	4
石棉水泥平瓦	1820	800	8	—	—	40～50

2）波形瓦屋面构造

构造做法是直接将瓦钉在檩条上，檩条间距视瓦长而定，每张瓦至少三个固定点，固定瓦时应考虑温度变化而引起的变形，故钉孔直径应比钉直径大 2～3mm，并加装防水垫，孔设在波峰上，石棉水泥瓦上下搭接长度大于 100mm，左右两张之间，大波、中波瓦至少搭接半个波，小波瓦至少搭接一个波。瓦之间只能搭接而不能一钉二瓦（见图 10.48）。

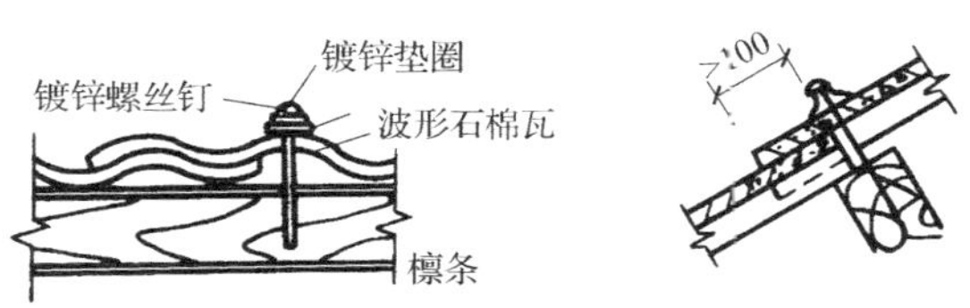

图 10.48 石棉水泥瓦屋面构造

3. 小青瓦

在我国旧民居建筑中常用小青瓦（板瓦、蝴蝶瓦）做屋面。小青瓦端面呈弓形，一头较窄，尺寸规格不一，宽度为 165～220mm。有俯铺、仰铺两种铺瓦方式，俯盖成陇，仰铺成沟。盖瓦搭设底瓦 1/3 左右，上、下两皮瓦搭接长度在少雨地区为搭六露四，多雨地区为搭七露三。露出长度不宜大于瓦长的 1/2。一般在木望板或芦席、苇箔上铺灰泥，然后铺瓦。在檐口瓦的尽头处铺滴水瓦。小青瓦块小，易漏雨，需经常维修，现除旧房维修及少数民族地区民居外已不使用（见图 10.49）。

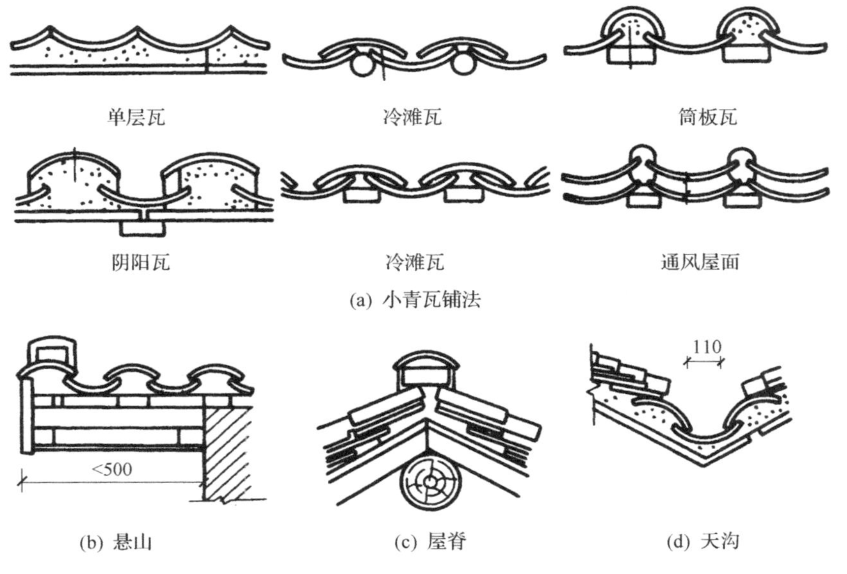

图 10.49　小青瓦屋面构造

4. 钢筋混凝土大型屋面板屋面

钢筋混凝土大型屋面板多用于工业建筑中，大型公共建筑也有采用的。屋面板跨度有 6m、12m 等，一般直接搭在钢或钢筋混凝土屋架上。在大量的民用建筑中尚有钢筋混凝土槽板、F 形板等。槽形板垂直于屋脊方向单层或双层铺设，下面用檩条支撑。单层铺放时槽口向上，两块板肋之间的缝用脊瓦盖住，以防板缝漏水；双层铺设时将槽板正反搁置互相搭盖，板面多采用防水砂浆或涂料防水。正反两块板之间形成通风孔道从檐口进风，屋脊处设出风口成为通风屋顶，在南方气候炎热地区常采用此种屋顶。F 形板也可直接搭在屋架或檩条上，板按顺水方向互相搭接，板缝用砂浆嵌填（见图 10.50）。

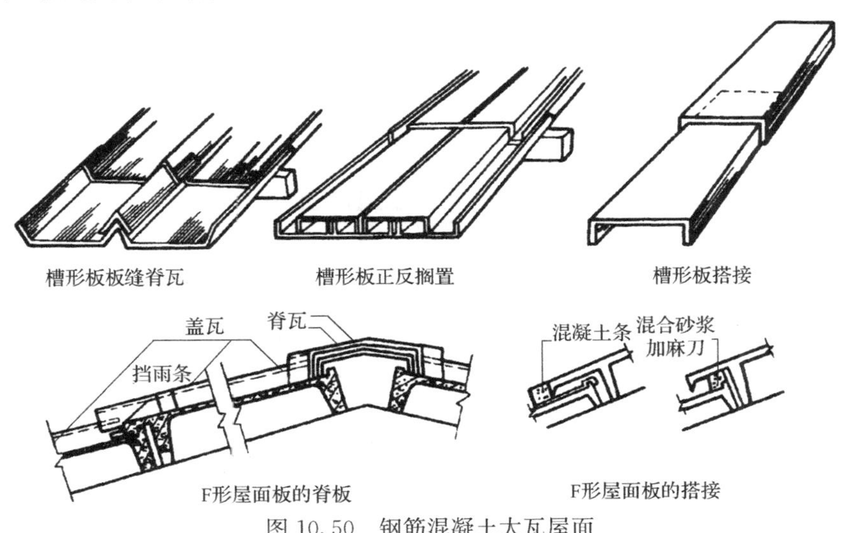

图 10.50　钢筋混凝土大瓦屋面

学习重点

重点关注：

1. 波瓦屋面的构造时瓦钉的钉法。

5. 涂膜防水平屋面

涂膜防水屋面是板面采用涂料防水，板缝采用嵌缝材料防水的一种防水屋面。这种屋面适用坡度大于25%的坡屋面，其优点是不用在屋面板上另铺卷材或混凝土防水层，仅在板缝和板面采取简单的嵌缝和涂膜措施，也称油膏嵌缝涂料屋面。这种做法构造简单，节约材料，降低造价。通常用于不设保温层的预制屋面板结构，在有较大振动的建筑物或寒冷地区不宜采用。

1）材料的选择

防水涂料是用以沥青为基料配制而成的水乳型或溶剂型的防水涂料和以石油沥青为基料，用合成高分子聚合物对其改性，加入适量助剂配制的防水涂料，或以合成橡胶或合成树脂为原料，加入适量的活性剂、改性剂、增塑剂、防霉剂及填充料等制成的单组分或双组分防水涂料。

2）基本构造做法

(1) 结构层。采用刚度大的预制钢筋混凝土屋面板，减小屋面变形。屋面板的板缝处采用细石混凝土灌缝，留凹槽嵌填油膏并做保护层。油膏常用聚氯乙胶泥和建筑防水油膏，保护层采用贴卷材或油膏上洒绿豆砂。

(2) 找平层。作为防水层的基层，采用1∶3水泥砂浆找平。板端易变形开裂对防水层不利应设分格缝，间距不宜大于6m，缝宽宜为20mm，内嵌密封材料，并应增设宽200～300mm带胎体增强材料的空铺附加层。

(3) 防水层。采用在板面上涂刷防水涂料，或防水涂料与玻璃纤维布交替铺刷。一般采用一布二油、二布六油或三遍涂料的做法。对容易开裂和渗水的部位，应留凹槽嵌密封材料，并增设一层或一层以上带胎体增强材料的附加层。水落管周围与屋面交接处，应做密封处理，并加铺两层有胎体增强材料的附加层，涂膜深入雨水口不小于50mm。

(4) 保护层。为防止涂膜防水层受到破坏，屋面应设保护层。保护层的材料可采用细砂、云母、蛭石、浅色涂料、水泥砂浆或块材等。采用水泥砂浆或块材时，在涂膜和保护层之间设置隔离层。水泥砂浆保护层厚度不小于20mm。

3）细部构造

涂料防水屋面在泛水处、女儿墙檐口、板缝处都需进行特殊的细部构造处理（见图10.51）。

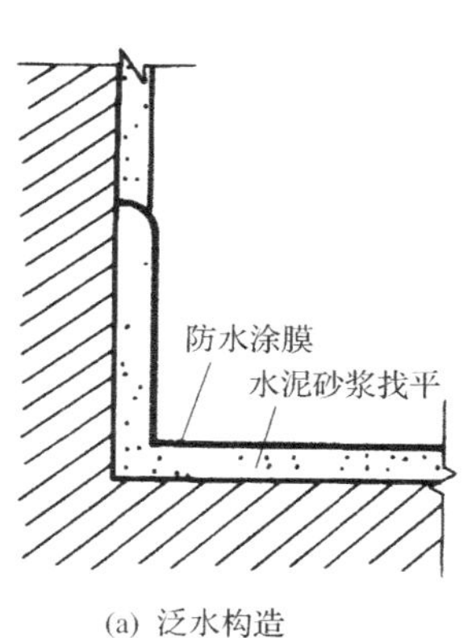

(a) 泛水构造

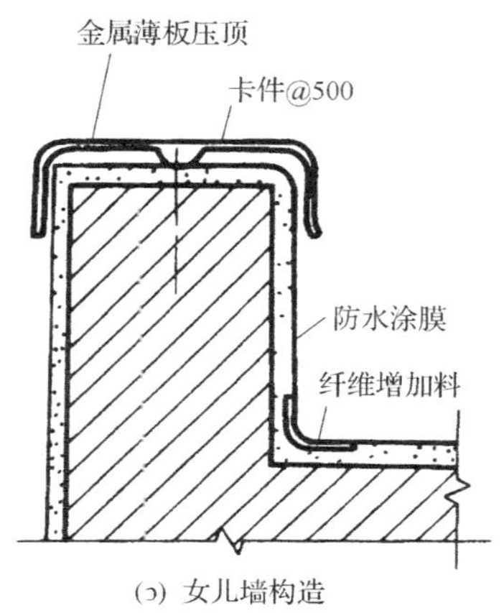

(b) 女儿墙构造

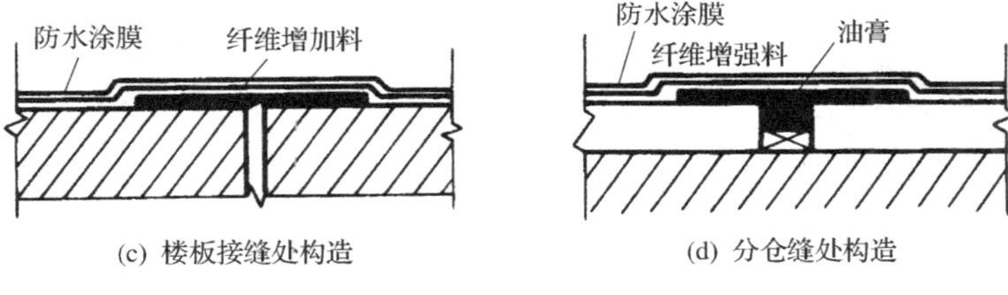

图 10.51　涂膜防水屋面的节点构造

10.3.4　坡屋顶顶棚的保温与隔热

顶棚也叫天棚、天花。平整的顶棚能加强反射室内光线的作用，还能增加室内美观，顶棚上还可设置保温隔热材料，起到保温隔热作用。

坡屋顶的顶棚构造通常选用吊顶棚，即在屋架下弦用木吊筋或铁件吊木方，称为主搁栅，为防止主搁栅挠曲变形，常在主搁栅中间用一或二道吊筋吊在檩条上，主搁栅间距为 1.2～1.5m；在主搁栅下固定与其垂直方向的次搁栅，当面层采用板条抹灰或钢丝网水泥砂浆抹灰时，次搁栅间距一般为 400mm，若采用板材面层，间距视板材规格而定。沿墙的主搁栅或次搁栅可直接钉在墙上的预埋防腐木砖上，或用钢钉、射钉直接钉在墙上（见图 10.52）。顶棚主、次搁栅也可采用型钢或铝合金等材料。

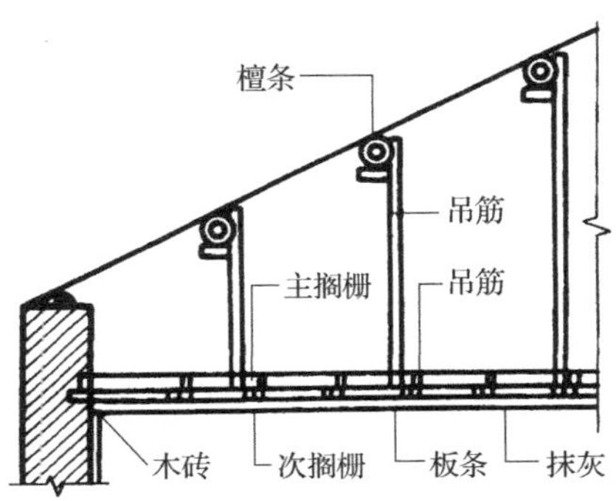

图 10.52　平吊顶构造

若顶棚是倾斜的，则通常在檩条底面钉次搁栅，再做面板（见图 10.53）。

1. 坡屋顶的保温

坡屋顶的保温有屋面保温和顶棚保温两种。

1）屋面保温

草顶、麦秸泥青灰顶、柴泥窝瓦顶都属于屋面保温，这些都是传统的简易做法，就地取材、比较经济，但不耐久（见图 10.54 ）。另外也有在檩条或椽条下设保温层的方法。

学习重点

重点关注：

1. 涂膜防水屋面的特点及适用范围。
2. 涂膜防水的构造方法。

分析与思考

1. 设计坡屋顶的顶棚构造应满足哪些要求？
2. 顶棚由哪几部分组成？构造做法怎样？
3. 坡屋顶面保温有哪些构造做法？

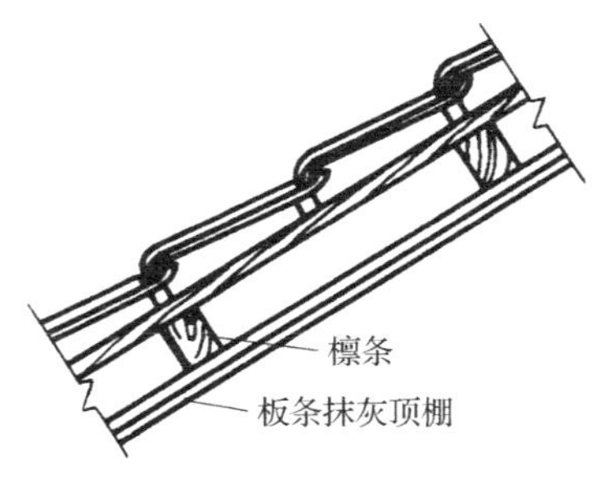

图 10.53　斜吊顶棚构造

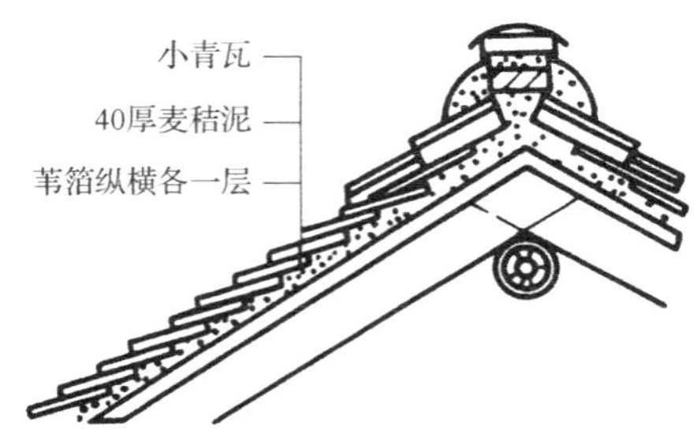

图 10.54　小青瓦保温屋面构造

2）顶棚保温

在设有吊顶的坡屋顶，常将保温层设在顶棚上面，保温材料可选散状材料，如石灰锯末、膨胀珍珠岩等。为防止蒸汽渗透，保温材料下面用油毡或油纸做一层隔气层［见图 10.55(a)、(b)］。

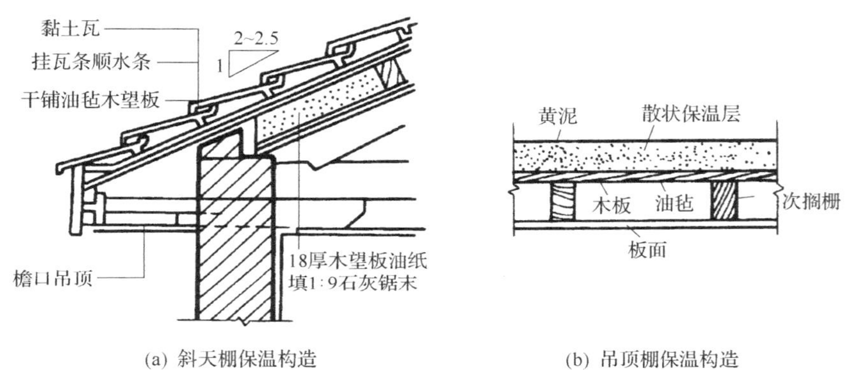

(a) 斜天棚保温构造　(b) 吊顶棚保温构造

图 10.55　天棚保温屋面构造

2. 坡屋顶的隔热

炎热地区坡屋顶中设进气口，用屋顶内外热压差和迎背风面的压力差，组织空气对流，形成屋顶内的自然通风，可以把屋面的太阳辐射热带走，使瓦底面的温度降低（见图 10.56）。

图 10.56　顶棚通风隔热屋面

1）气窗、老虎窗通风

气窗常设于屋脊处，上面加盖小屋面。窗扇多采用百叶窗，也可做成能采光的玻璃窗。小屋面支撑在屋顶的屋架或檩条上（见图 10.57）。

利用坡屋顶建筑内上部的空间作为阁楼供居住或储藏用，为了室内采光与通风在屋

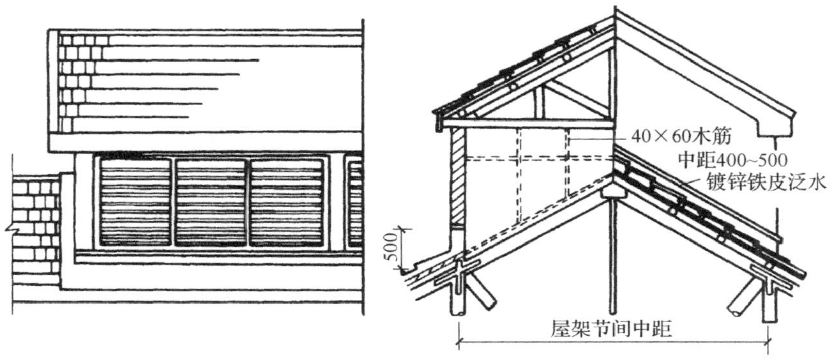

图 10.57　气窗通风构造

顶开口架设立窗，称为老虎窗。老虎窗支撑在屋顶檩条或椽条上，一般是在檩条上立小柱，柱顶架梁，然后盖老虎窗的小屋面（见图 10.58）。

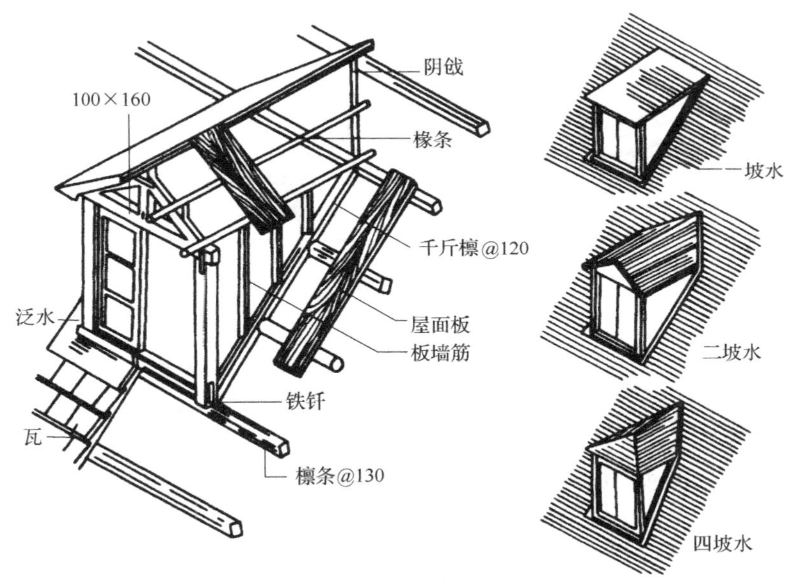

图 10.58　老虎窗构造

2）山墙上百叶窗通风

在房屋山墙的山尖部分，或歇山屋顶的山花处常设百叶通风窗（见图 10.59）。百叶窗后可钉纱窗，也可用砖砌成花格或预制混凝土花格装于山墙顶部做通风窗。

另外也可采用其他方式的通风构造，如檐口通风洞通风、双层瓦屋顶通风等（见图 10.60）。

学习重点

分析与思考：

1. 坡屋顶的通风隔热方式有哪些？各自如何构造？
2. 坡屋顶的隔热有哪些构造做法？

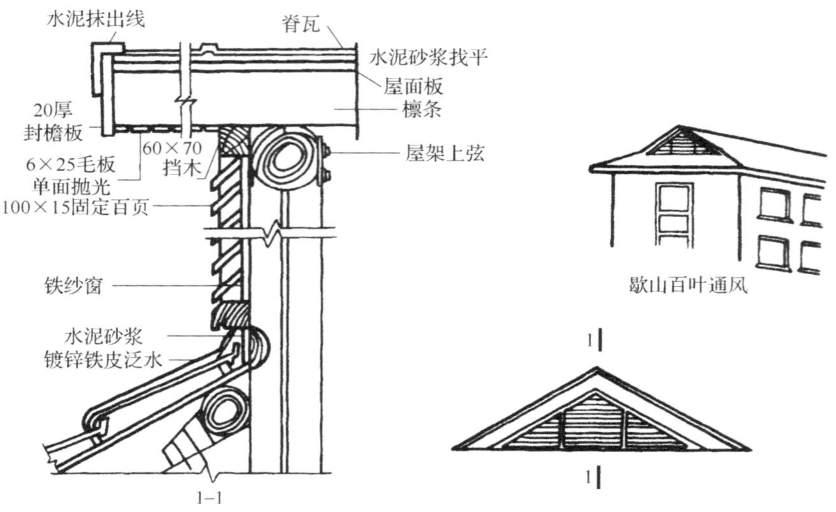

图 10.59　歇山百叶通风窗

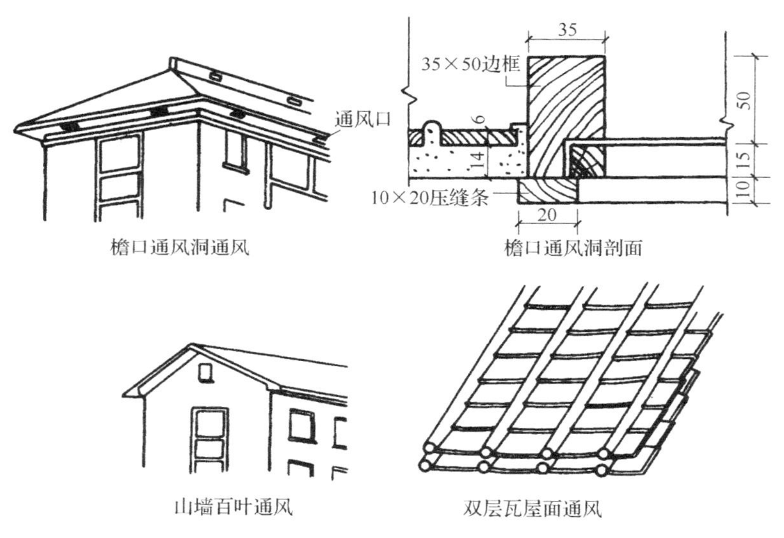

图 10.60　其他通风形式

小　　结

（1）屋顶是建筑物的承重和围护构件，由防水层、结构层和保温层等组成。

（2）屋顶按其外形分为坡屋顶、平屋顶和曲面屋顶等。坡屋顶坡度一般大于 10%，平屋顶坡度小于 5%，曲面屋顶的坡度随外形变化，形式多样。按屋面防水材料分有柔性防水屋面、刚性防水屋面、粉剂防水屋面、涂膜防水屋面、瓦屋面等。柔性防水屋面、刚性防水屋面最常用。

(3) 平屋顶的排水方式主要有无组织和有组织排水两大类。有组织排水又分内排水和外排水，平屋顶的坡度形成主要是材料垫坡的方法。平屋顶的防水按材料性质不同分为刚性防水和柔性防水。刚性防水是指用防水水泥砂浆或细石混凝土做成的，这类防水屋面受热胀冷缩或挠曲变形的影响，常使刚性防水层出现裂缝，使屋面产生漏水，所以构造上要求对这种屋面做隔离层或分格缝。柔性防水常选用高分子合成卷材、塑橡共混卷材等铺设和粘接而成，这类屋面主要应做好檐口、泛水和雨水口等处的细部构造处理。

(4) 平屋顶的保温材料常用多孔、轻质的材料，如膨胀珍珠岩及其制品、苯板等，其位置一般布置在结构层上或结构下；平屋顶的隔热措施主要有通风隔热、实体屋面隔热、植被隔热、蓄水隔热、反射屋面隔热等。

(5) 坡屋顶的屋面坡度是采用结构找坡的方法，它的承重结构系统有山墙承重、屋架承重和屋架梁承重等；屋面防水层常采用平瓦、波形瓦、小青瓦等；平瓦屋面有冷滩瓦、实铺瓦屋面以及挂瓦板挂瓦等做法；瓦屋面的檐口、山墙、天沟及泛水等应做好细部构造处理；坡屋顶的保温材料有铺设在望板上和屋架下顶棚吊顶上两种方法，常采用通风隔热的方式。

第十一章　门　　窗

11.1　概　　述

11.1.1　门窗的设计要求

(1) 防风雨、保温、隔声。

(2) 开启灵活、关闭紧密。

(3) 便于擦洗和维修方便。

(4) 坚固耐用、耐腐蚀。

(5) 符合《建筑模数协调统一标准》(GBJ2—86) 的要求。

11.1.2　门窗的类型

1. 门的开启形式

门的开启方式主要是由使用要求决定的，通常有以下几种方式：

(1) 平开门：水平开启的门，有单扇、双扇、有内开和外开之分，平开门的制作特点是构造简单、开启灵活、制作安装和维修方便，如图 11.1(a) 所示。

(2) 弹簧门：其门制作简单、开启灵活，采用弹簧铰链或地弹簧构造，开启后能自动关闭，适用于人流出入较频繁或有自动关闭要求的场所，如图 11.1(b) 所示。

(3) 推拉门：优点是制作简单、开启时所占空间较少，但五金零件较复杂，关开灵活性取决于五金的质量和安装的好坏，适用于多种大小洞口的民用及工业建筑，如图 11.1(c) 所示。

(4) 折叠门：优点是开启时占用空间少，但五金零件较复杂，安装要求高，适用于各种大小洞口，如图 11.1(d) 所示。

(5) 转门：为三扇式四扇门连成风车形，在两个固定弧形门套内旋转的门。对防止内外空气的对流有一定的作用，可作为公共建筑及有空气调节房屋的外门，如图 11.1(e) 所示。其他还有上翻门、升降门、卷帘门等，一般适用于需要较大活动空间的场所，如车间、车库及某些公共建筑的外门。

2. 窗的开启形式

(1) 固定窗。窗扇不能开启，一般将玻璃直接安装在窗框上，作用是采光、照明，如图 11.2(a) 所示。

(2) 平开窗。将窗扇用铰链固定在窗框侧边，有外开、内开之分，平开窗构造简单、制作方便、开启灵活，广泛应用于各类建筑中，如图 11.2(b) 所示。

(3) 旋窗。按窗的开启方式不同，分为三种：①上旋式：窗轴位于窗扇上方，外开时防雨好，但通风较差，如 11.2(c) 所示；②中旋式：构造简单、制作方便、通风较好，多用于厂房侧窗，如图 11.2(d) 所示；③下旋窗：此类型窗不能防雨，开启时占

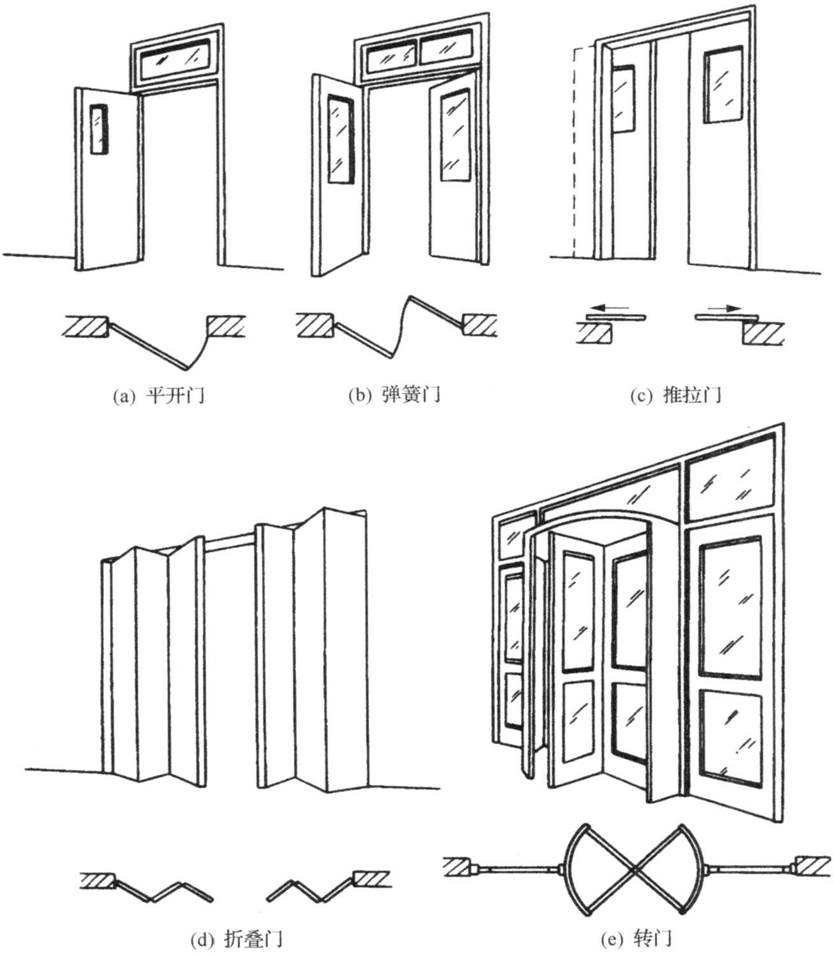

(a) 平开门　　(b) 弹簧门　　(c) 推拉门

(d) 折叠门　　(e) 转门

图 11.1　门的开启方式

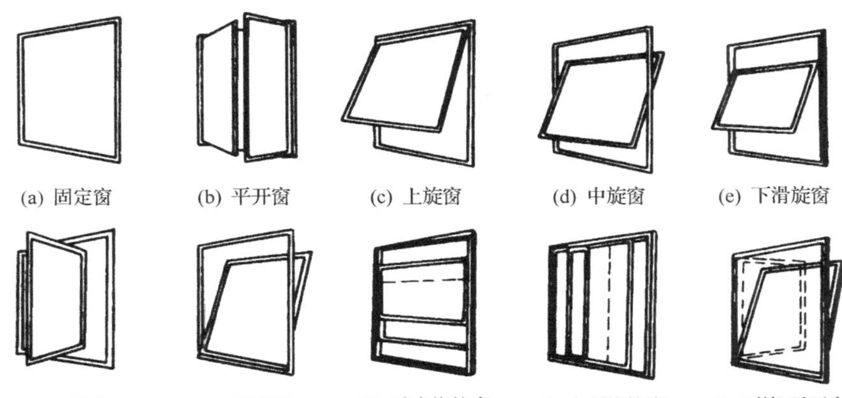

图 11.2　窗的开启方式

学习重点

重点关注：

1. 门窗的设计要求。
2. 窗的分类。

分析与思考：

1. 门窗的开启方式及特点。
2. 门的分类。

用室内空间，只能用于特殊房间，如图 11.2(e) 所示。

(4) 立转窗。有利于通风与采光，防雨及封闭性较差，多用于有特殊要求的房间，如图 11.2(f) 所示。

(5) 推拉窗。分垂直推拉和水平推拉两种，开启时不占室内外空间，窗扇可较平开窗扇大，有利于照明和采光，尤其适用于铝合金及塑钢窗，如图 11.2(g) 所示。

(6) 百叶窗扇。具有遮阳、防雨、通风等多种功能，但采光较差，如图 11.2(i) 所示。

11.2 平开木窗构造

11.2.1 木窗的组成和一般尺寸

窗主要由窗框和窗扇组成，窗扇有玻璃窗扇、纱窗扇、百叶窗扇等。在窗扇和窗框之间为了开启，采用各种铰链、风钩、插销、拉手以及导轨、滑轮等五金零件连接，窗框由上框、下框、中横档、边梃、中竖梃组成，窗扇由上冒头、下冒头、窗芯、玻璃组成，如图 11.3 所示。

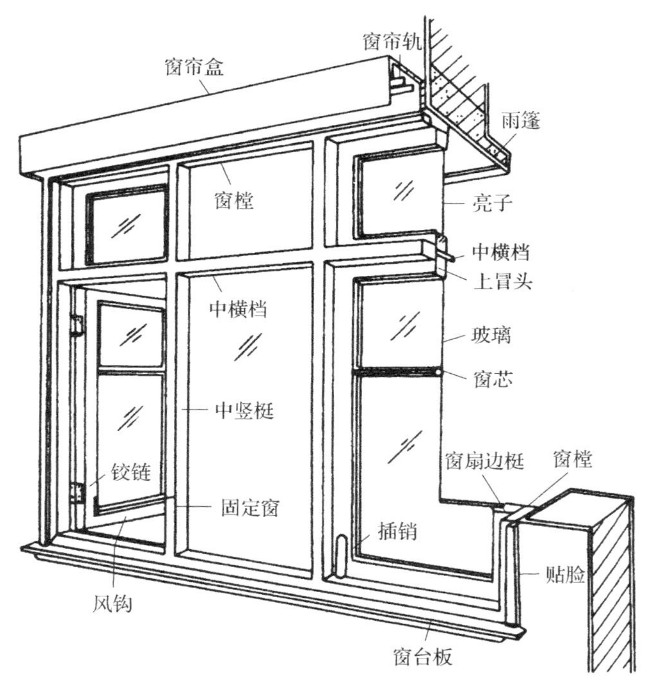

图 11.3 窗的组成

窗的尺度一般根据采光通风要求、结构构造要求和建筑造型等因素决定，同时应符合 300mm 的扩大模数要求。窗洞口常用尺寸要求为，宽度：1200mm、1500mm、1800mm、2100mm、2400mm；高度：1500mm、1800mm、21000mm、2400mm。窗扇宽度为 400～600mm，高为 800～1500mm，如图 11.4 所示。

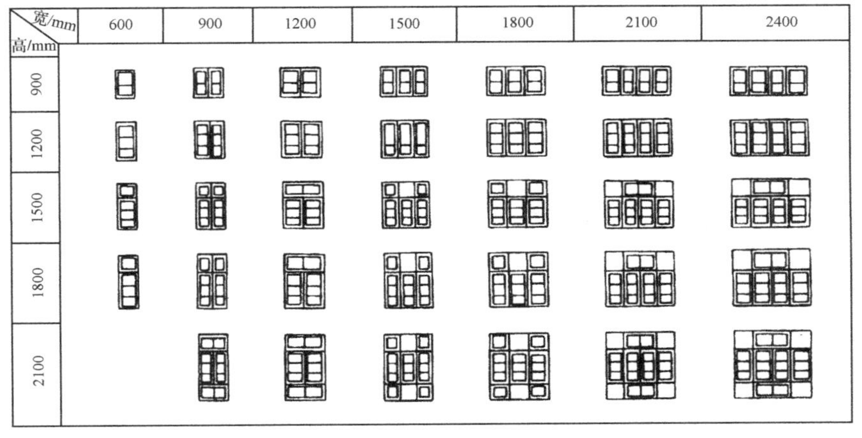

图 11.4　平开木窗尺寸

平开木窗可为单层也可为双层玻璃窗。为防止蚊蝇还可以加设纱窗。

11.2.2　窗框

1. 窗框的安装

窗框是墙与窗扇之间的联系构件，施工时安装方式一般有立框法和塞框法。

1）立框法

立框法又称立口，施工时先将窗框立好后再砌窗间墙，为加强窗框与墙的拉结，在窗框上下各档伸出半砖长的木段，同时在边框外侧400～600mm 设一木拉砖或铁角砌入墙身。这种做法的优点是窗框与墙的连接紧密，缺点是施工不便，窗框及临时支撑易被碰撞，有时会产生移位、破损。现采用较少，如图 11.5 所示。

2）塞框法

塞框法又称塞口，是在砌墙时先留出窗洞，在抹灰前将窗框安装好，为了加强窗框与墙的连接，砌墙时应在窗框两侧每隔 400～600mm 砌入一块半砖的防腐木砖。窗洞每侧不少于 2 块木块，安装窗框时用木螺丝将窗框钉在木砖上。这种安装方法的优点是，墙体施工与窗框安装分开进行，避免相互干扰，墙体施工时窗框未到现场，也不影响施工进度。缺点是，为了安装方便，一般窗洞净尺寸应大于窗框外包尺寸 20～30mm。故窗框与墙体之间缝较大。若窗洞口较小，则会使窗框安装不上，所以施工时洞口尺寸要留准确，如图 11.6 所示。

2. 窗框的断面形式和尺寸

窗框的断面尺寸为经验尺寸，除考虑刚度和强度外，要考虑窗框接榫牢固，一般尺度的单层窗四周窗框的厚度为 40～50mm，宽度为 70～95mm，中竖框双面窗扇需加厚一个铲口的深度 10mm。中横档除加厚 10mm 外，若要加做坡水，一般还要加宽 20mm。以上二者可加钉 10mm

学习重点

构造设计要点：

1. 防风雨、保温、隔声。
2. 开启灵活、关闭紧密。
3. 便于擦洗和维修方便。
4. 坚固耐用、耐腐蚀。

重点关注：

1. 窗框的安装方式。

分析与思考：

1. 木窗的组成和一般尺寸。
2. 窗杠有几种安装方式，其特点是什么？

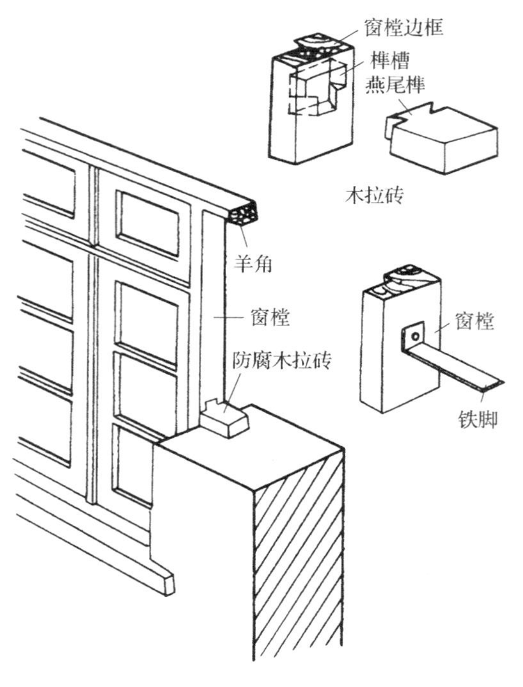

图 11.5　窗框立口

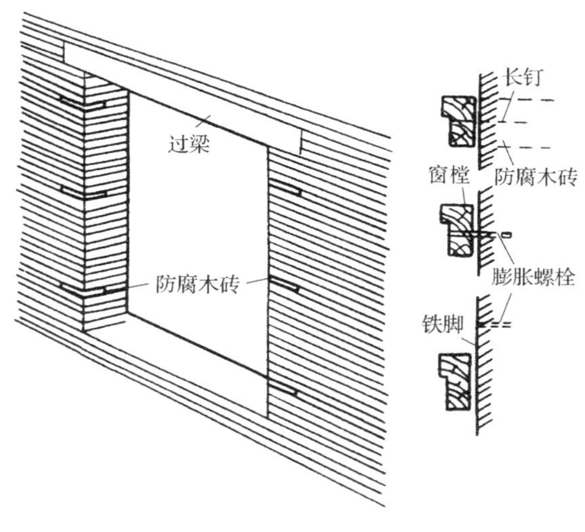

图 11.6　窗框塞口

厚的铲口条子而不用加厚窗框木料的方法，断面尺寸指净尺寸。当一面刨光时，应将毛料的厚度减去 3mm，两面刨光时，将毛料厚度减去 5mm，如图 11.7 所示。常见窗框木料尺寸如表 11.1 所示。

(a) 单层窗窗樘　(b) 双层窗窗樘　(c) 单层外开窗中横档　(d) 双层窗中横档

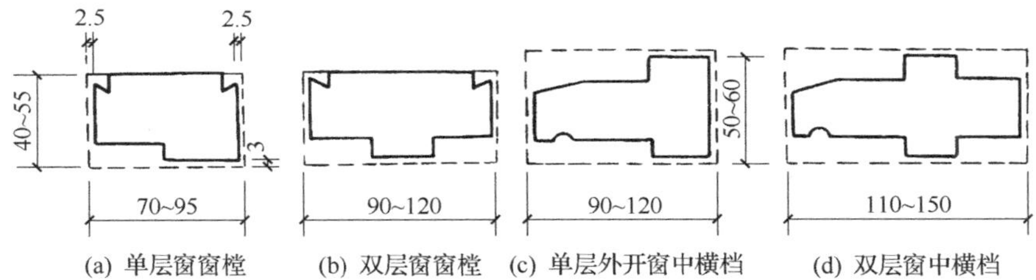

图 11.7　窗框的断面尺寸

表 11.1　木窗樘及窗扇用料尺寸

种　　类	名　　称	常用尺寸/mm
玻璃窗窗框	窗　框　子	(40～55) × (70～95)
	中　竖　梃	(50～65) × (70～95)
	中　横　档	(50～65) × (90～120)
带纱窗窗框	窗　框　子	(40～55) × (90～120)
	中　竖　梃	(50～65) × (90～120)
	中　横　档	(50～65) × (110～150)
窗　　扇	上冒头、边梃	(35～42) × (50～60)
	下　冒　头	(35～42) × (60～90)
	芯　　　子	(35～42) × (27～40)

3. 窗框与墙的关系

塞框法的窗框每边应比窗洞小 10～20mm，窗框与墙之间的缝需进行处理。为了抗风雨，外侧需用砂浆嵌缝。寒冷地区为了保温和防止灌风，窗框与墙之间的缝需用毛毡、矿棉等填塞。木窗框靠墙一侧易受潮变形，常在窗框外侧开槽，并做防腐处理，以减少木材伸缩变形造成的裂缝，如图 11.8 所示。

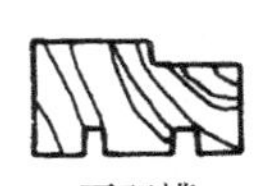

开双槽　开宽槽

图 11.8　窗框处理

11.2.3　窗扇

玻璃窗的窗扇一般由上梃、下梃及边梃榫接而成，中间有窗芯。边框尺寸一般为(30～40)mm×(50～60)mm，窗芯为 30mm×40mm，多适用红松，与窗框选材一致。为了镶嵌玻璃，在窗的上下梃、边梃及窗芯上均做铲口，铲口宽 10～12mm，深度视玻璃厚度而定，一般为 12～15mm，不超过窗扇厚的 1/3。铲口的位置一般在窗的外侧，镶好玻璃后用油灰嵌固，这样有利于窗的密封。两扇窗的接缝处为防止透风雨、加强保温性能，可做成高低缝，并加盖缝条，如图 11.9 所示。

玻璃窗在一般情况下选用 3mm 厚的平板玻璃，当窗格尺寸较大时，可考虑选用 5mm 厚的平板玻璃，如需要遮挡视线时，可选用磨砂玻璃和压花玻璃。

学习重点

分析与思考：

1. 如何解决窗框的受潮变形问题？
2. 铲口的作用、尺寸、位置。

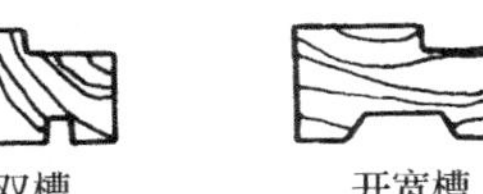

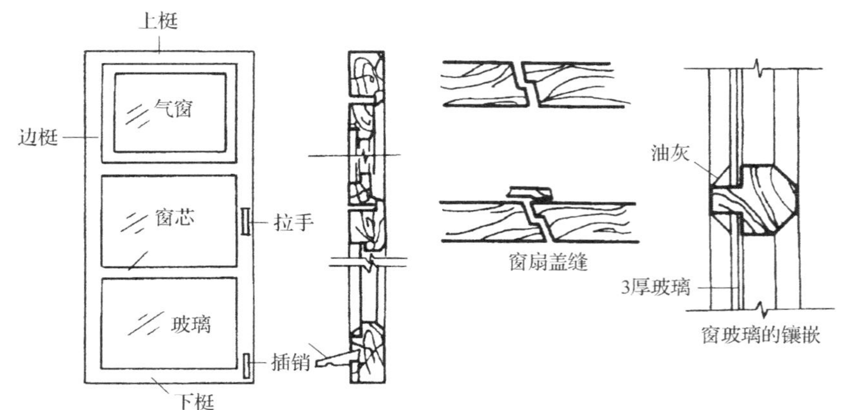

图 11.9 窗扇构造

1. 平开窗的几种形式

1）单层窗

单层窗主要用于南方建筑，在寒冷地区，只用在内窗或是不采暖建筑，如仓库、部分厂房等。单层窗的构造简单、经济。窗的开启可以外开，也可以内开，如图 11.10（a）所示。

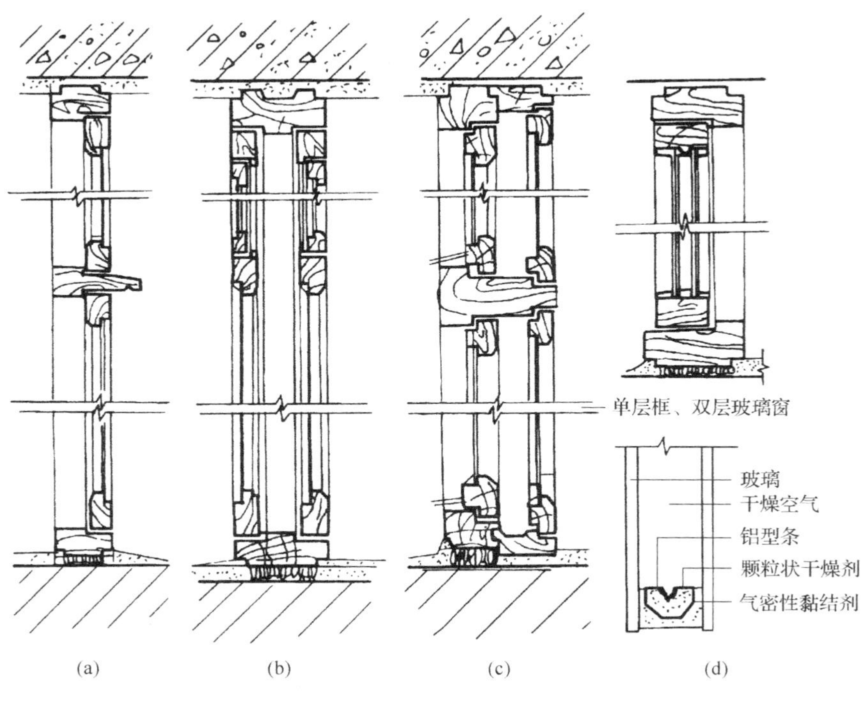

图 11.10 木窗的形式

2）双层窗

寒冷地区的建筑外窗普遍采用双层窗，双层窗的开启可以分为内外开和双内开两种方式。在南方地区则有一玻一纱的双层窗。

（1）内外开木窗。

双层窗内外开木窗的窗框在内侧与外侧均做铲口，内层向内开启，外层向外开启，构造安装合理，如图 11.10(b) 所示。这种窗内外窗扇基本相同，开启方便。如果需要，可将层窗取下，换成纱窗。

（2）双内开木窗。

双层双内开窗的两层窗扇同时向内开启，外层窗扇较小，以便通过内层窗框。双层内开窗的窗框可以是一个，也可分开为两个，单窗框的双内开窗窗框用料大，以便于铲成高、低双口，或采用拼合木框以减少木材的损耗。双窗框的窗、外框各边可均比内框小一点，窗框之间的间距一般在 60mm 以上。为了防止雨水渗入，外层窗的窗下冒头要加设披水板，如图 11.10(c) 所示。

双层双内开窗的特点是开启方便、安全，有利于保护窗扇免受风袭击，便于擦窗，但构造复杂，结构所占面积较大，采光净面积有所减少。这种窗在我国严寒地区仍广泛应用。

3）单框双玻璃

在一层窗扇上，镶装两层玻璃，玻璃的间距为 6～15mm，该窗具有一定的保温能力。两层玻璃间通过设置夹条以保持间距，这种窗的密闭程度对窗的保温与夹层内部的积尘有很大的关系。如采用成品密封中空玻璃，效果更好，但造价较高。中空玻璃目前一般采用的形式是在双层玻璃中间的边缘处夹以铝型条，内装专用干燥剂，并采用专用的气密性黏结剂密封，玻璃间充以干燥空气式惰性气体。玻璃的厚度一般采用 3mm，面积较大的采用 5mm，其间距视气候条件的不同多采用 6mm、9mm，如图 11.10(d) 所示。

2. 旋窗

1）上、下旋窗

上旋窗与下旋窗在构造上基本相同，因其五金配件的位置而区分的不同开启方式。上旋窗大多向外开，防雨效果好，可依重力自动关闭。下旋窗适用于内开窗，通风好，挡雨较差。

2）中旋窗

中旋窗通过窗边梃上的中轴，装在边框的中央，窗框上半部分在外侧设铲口，而下半部分的铲口在内侧，开启时如图 11.11 所示。中旋木窗开启对通风、挡雨都有利，但经常用于内窗，外窗多用金属材料制成。

3）立转窗

立转窗是将窗轴安装在上下窗梃的中央，开启时一侧向内，另一侧向外。窗框的铲口也是一半在内，另一半在外，立转窗对防水较为不利，但适合于一些特殊形状的窗洞，如圆形、棱形等，如图 11.11 所示。

学习重点

分析与思考：

1. 平开窗有几种形式？简述其特点与适用范围。
2. 平开木窗构造。
3. 双层双内开木窗与双层内外开窗在构造上有什么不同？

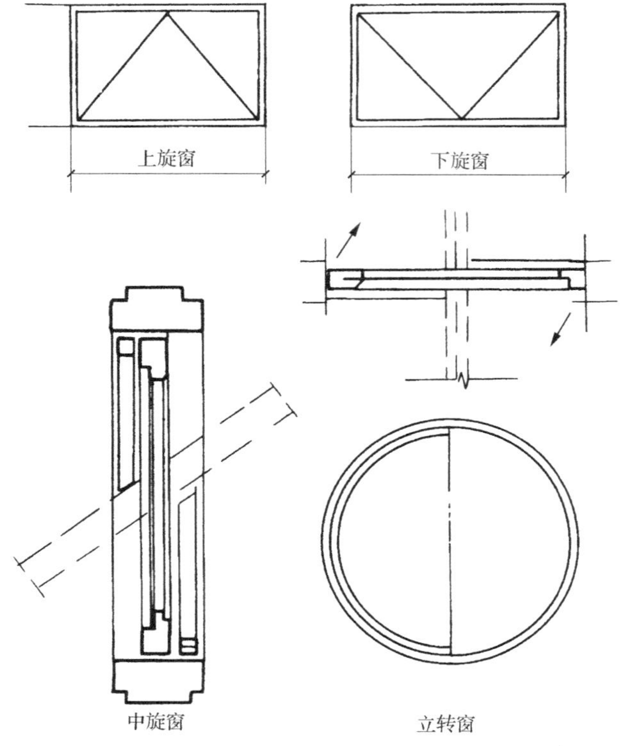

图 11.11　旋窗构造

11.3　平开木门构造

11.3.1　木门的组成与尺寸

门主要由门框、门扇、亮窗和五金配件等部分组成。

门通常有玻璃门、镶板门、夹板门、拼板门等，亮窗又称亮子，在门的上方，可供通风、采光用。形式上可固定、可开启。亮窗是为走道、暗厅提供采光的一种主要方式。五金配件常用的有合页、门锁、插销、拉手等。

门的尺寸主要根据通行、疏散以及立面造型的需要设计的，并应符合国家颁布的门窗洞口尺寸系列标准，在一般的民用建筑中，门的宽度为：单扇门 800～1000mm；双扇门 1200～1800mm；次要的房间门，如厨房、卫生间等可以为 650～850mm。门扇的高度一般为 1900～2100mm。个别的门如储藏、管井维修可根据实际情况减小。亮窗的高度一般为 300～600mm。对于有特殊需要的门，则应根据实际需要扩大尺寸设计。

11.3.2　平开木门构造

1. 门框

门框一般由上框和边框组成，如果门上设有亮窗则应设中横框；当门扇较多时，需设中竖框；外门及有特殊需要的门有些还设有下槛，可作防风、防尘、防水以及保温、隔声之用。

门框的断面形状与窗框基本相同，断面尺寸为（50～70）mm×（100～500）mm（毛料尺寸），门框与墙或混凝土接触的部分应满涂防腐油。为使抹灰与门框嵌牢，门框需铲灰口，如图 11.12 所示，抹灰必须嵌入灰口中，为了防止弯曲开裂，常于背年轮方向开浅槽 1～2 道。

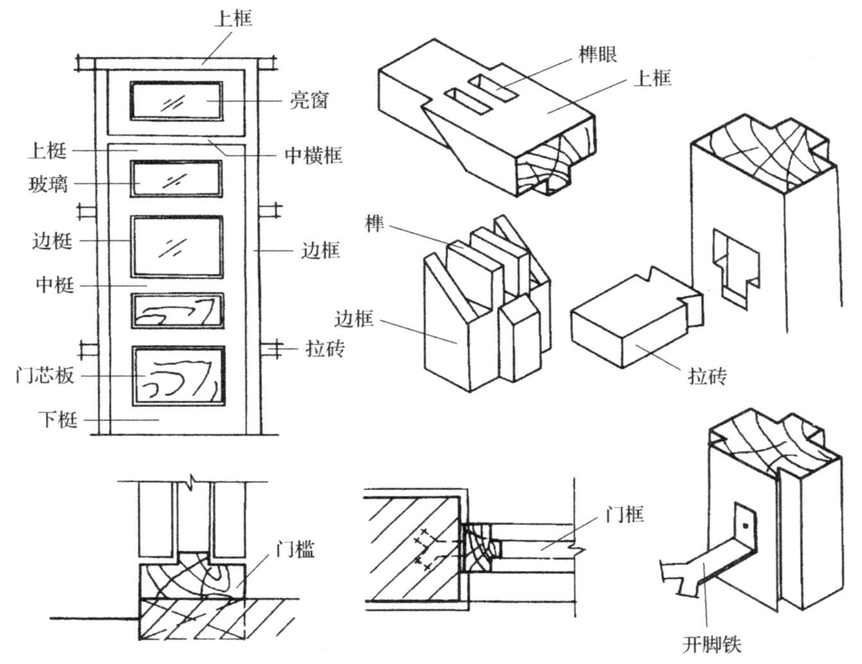

图 11.12　门框构造

2. 门扇

传统门扇也叫镶板门或者框樘门，主要骨架由上下横梃和两边边梃组成框子，中间镶嵌门芯板。由于门芯板的尺寸限制及造型的需要，还需设几根中横框或中竖梃，如图 11.13 所示。

门芯板厚 15～25mm，过去用木板拼接，常见的断面形式为中间凸出，四边较薄，而且铲线角进行装饰。古典式门样中，对门板及压缝条线脚做了多种装饰性处理，比较常用。现在系使用人造板，但人造板容易变形，油漆也易开裂，所以很少用作外门。镶板门的构造如图 11.13 所示。镶板中的门芯板换成其他材料，即成为纱门、玻璃门、百叶门等。玻璃门可以整块独扇，也可以半块镶玻璃、半块镶门芯板。还有的将整扇门镶多块玻璃形成一定图案与造型，构造上基本相同。

门扇的另一种做法还有夹板门，由中间轻型骨架组成框格，表面钉或粘贴薄板，如图 11.14 所示。夹板门的骨架用料较小，外框用料一般为 35mm×(50～70)mm，可根据门扇大小、五金配件需要决定，内框用料的宽度同外框料的厚度通常一致，或减少 2 倍面板厚度。而厚度可以

学习重点

重点关注：

1. 平开木门构造。

分析与思考：

1. 木门的组成。
2. 木门的尺寸。
3. 木门与木窗构造的相同点与不同点。

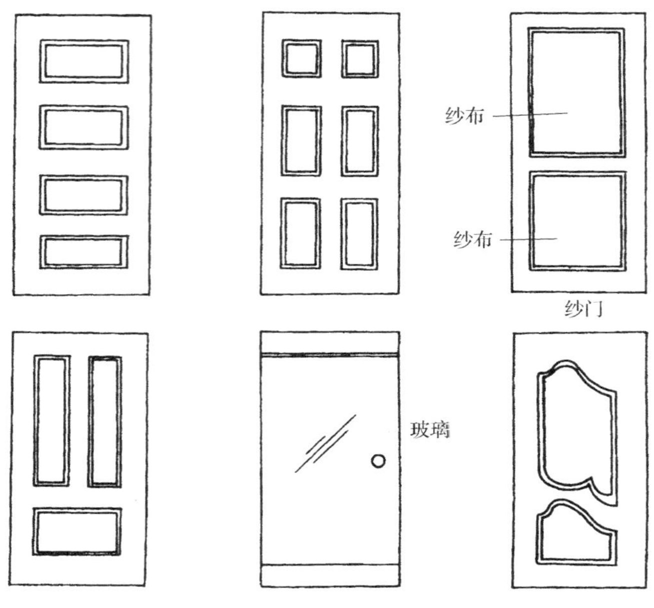

图 11.13 镶板门

更薄一些，可以使用短料拼接，在钉面板之后，整扇门即可获得足够的刚度。为了不使门内因温度变化产生内应力，保持内部干燥，应做透气孔贯穿上下框格。夹板门的面板一般采用胶合板、硬质纤维板或塑料板，这些面板不宜暴露于室外，因而夹板门不宜用于外门。面板与外框平齐，因为开关门时碰撞等容易碰坏面板，也可以采用硬木条嵌边或木线镶边等措施保护面板。

夹板门的特点是用料省、重量轻、表面整洁美观、经济，框格内如果嵌填一些保温、隔声材料，能起到较好的保温、隔声效果。在实际工程中，常将夹板门表面刷防火漆料，外包镀锌铁皮，可以达到二级防火门的标准，常用于住宅建筑中的分户门。因功能需要，夹板门上可镶嵌玻璃或百页等，需将镶嵌处四周做成木框并铲口，镶玻璃时，一侧或两侧用压条固定玻璃。

3. 弹簧门构造

弹簧门是用普通镶板门或夹板门改用弹簧合页，开启后能自动关闭。

弹簧门使用的合页有单面弹簧、双面弹簧和地弹簧之分。单面弹簧门常用于需有温度调节及气味要遮挡的房间，如厨房、卫生间等。双面弹簧合页或弹簧的门常用于公共建筑的门厅、过厅以及出入人流较多、使用较频繁的房间门。弹簧门不适于幼儿园、中小学出入口处。地弹簧的轴安装在地下，顶面与地面一平，只剩下铰轴与铰辊部分，开启时也较隐蔽。

为避免人流出入时碰撞，弹簧门上须安装玻璃门。

弹簧的开关较频繁，受力也较大，因而门框断面的尺寸也比一般镶板门大。通常上框及边框的宽度为 100～120mm，下框宽为 200～300mm，门扇厚度为 40～60mm，门芯板厚为 15mm。弹簧门的门边框与门应做成弧形断面，其圆弧半径为门厚的 1～1.2 倍，门扇边也应将边框做成弧形，半径可以适当放大。为防止开关时碰撞，弹簧门边框

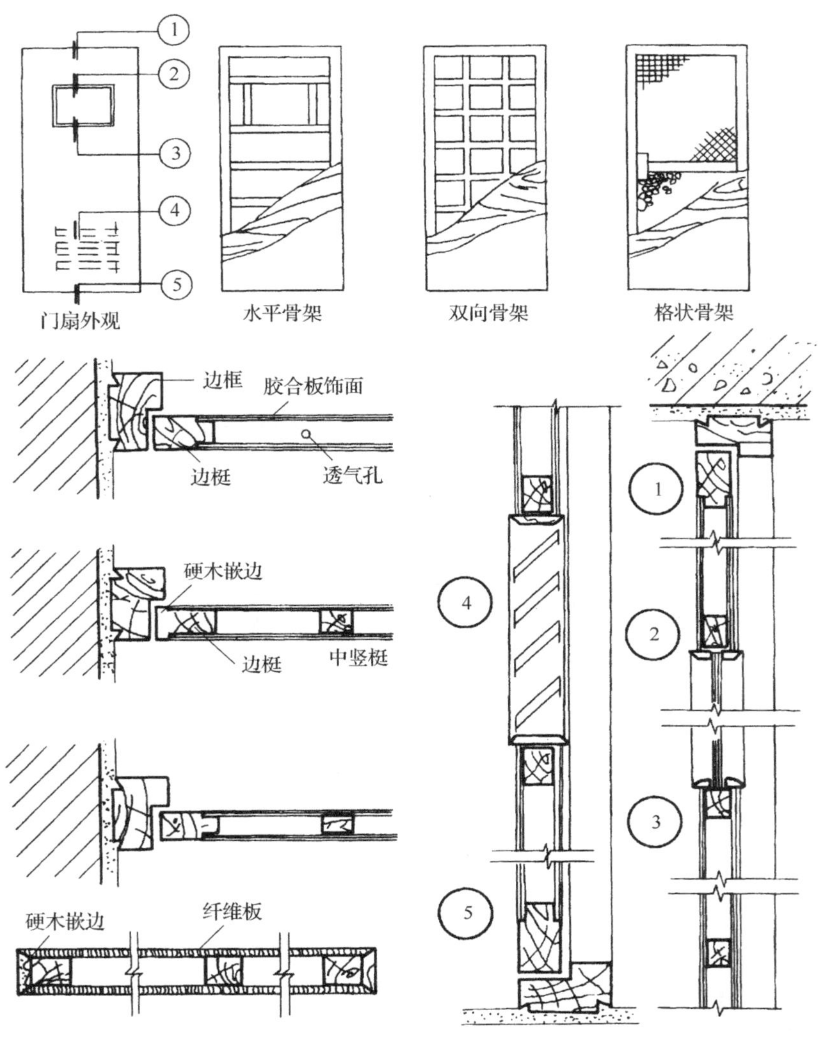

图 11.14　夹板门

之间应留有一定缝隙，但缝隙太大又会造成漏风、保温不好等不利因素，寒冷地区在门边框上钉橡胶等弹性材料以满足保温要求，如图 11.15 所示。

4. 门口装饰构造

门的组成部件中还有一部分属于装饰性附件，如贴脸板、筒子板等，这些装饰性附件在许多建筑中都是与门一同设计、施工的。

1）贴脸板

贴脸板是在门洞四周所钉的木板，其作用是掩盖门框与墙的接缝，也是由墙到门的过渡，如图 11.17 所示，贴脸板常用厚 20mm、宽 30～100mm 的木板。为节省木材，现在也采用胶合板、刨花板等，或多层板、硬木饰面板替代木板。

学习重点

分析与思考：

1. 弹簧门的构造形式。
2. 弹簧门的适用范围。
3. 何为贴脸板？
4. 何为筒子板？

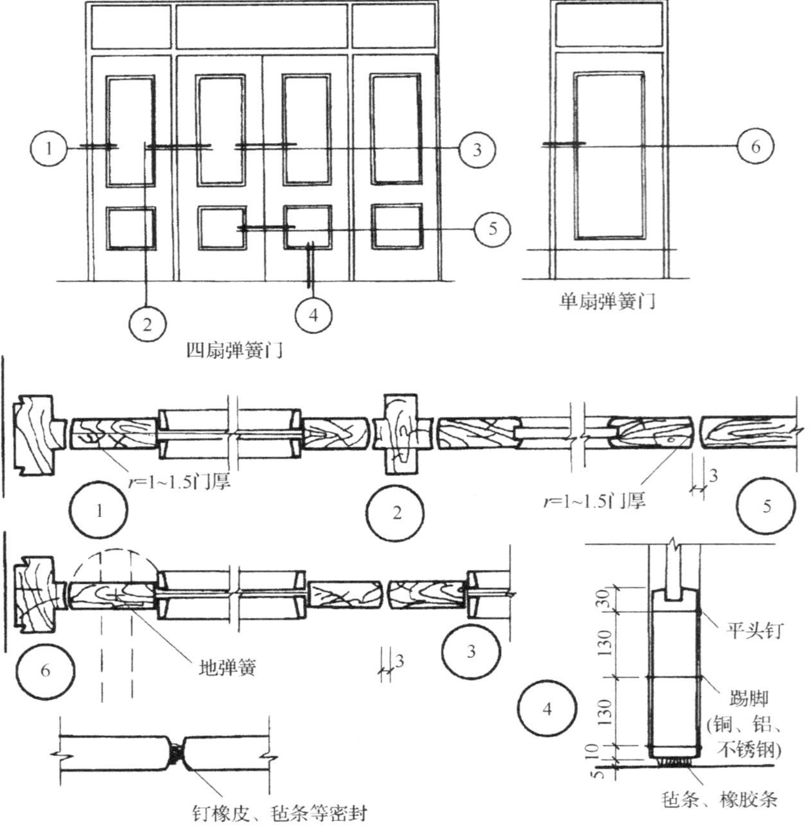

图 11.15　弹簧门构造

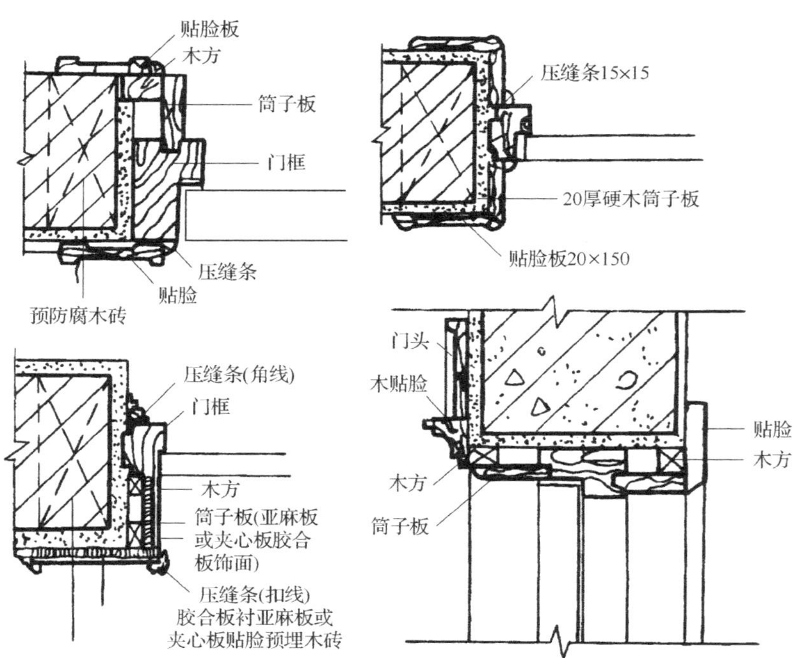

图 11.16　门口装饰构造

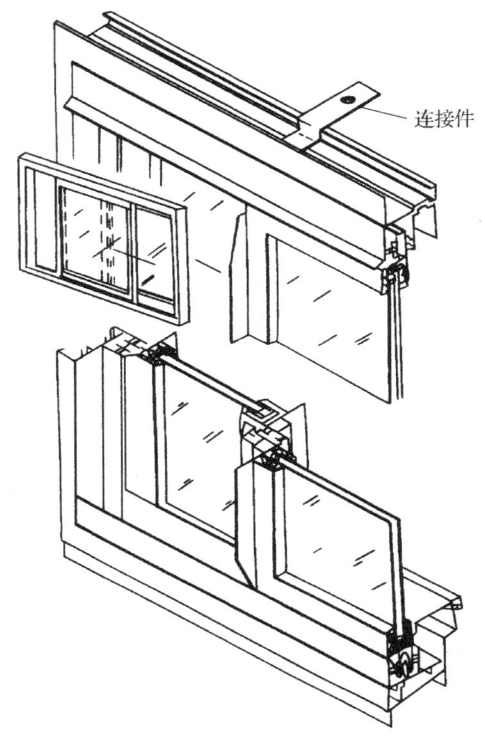

图 11.17　铝合金推拉窗

分析与思考：

1. 铝合金门窗的优缺点。
2. 铝合金推拉窗构造。

2）筒子板

当门框的一侧或两侧均不靠墙面时，除了将抹灰嵌入门框边的铲口内或者同压缝条盖住与墙的接缝外，也往往包钉木板（称为筒子板），如图 11.16 所示。

贴脸板、筒子板门框之间应连接可靠，高标准建筑中，贴脸板与筒子板均依照设计铲线角，或用木线嵌压。

11.4　新型材料门窗

随着现代技术的不断发展，建筑对门窗的要求也越来越高，木门窗已经远远不能适应大面积、高质量的隔声，防火，防尘，保温，隔热等要求，因此其他材料的门窗以其各自的优点，在不同类型的建筑中，得到了广泛的应用，如铝合金门窗和塑料门窗。下面仅这两种门窗的构造特点及优缺点作一般性介绍。

11.4.1　铝合金门窗

铝合金门窗轻质高强，具有良好的气密性，对有隔声、保温、隔热、防尘等特殊要求的建筑以及受风沙、受暴雨、受腐蚀性气体环境地区的建筑尤为适用。由于优点较多，发展迅速。用铝合金制成的门窗具有光洁、美观的外表。由于强度高，可以有较大的分格，显得更加通透、明亮，铝合金门窗的耐久性和抗腐蚀性能优越于钢木门窗，用成品铝合金型材组装门窗工艺简单、方便，可以现场装配。

铝合金门窗的施工方式是塞口方式。通过特制的钢质锚固件将门窗框与墙、柱、梁等结构连接。具体连接为采用自攻螺钉或拉锚钉将框与钢锚件连接，安装时，将锚件与墙内或钢筋混凝土内预埋的铁件焊接，施工简单方便。制作大面积铝合金门窗时，须加中竖框和中横框，常采用铝合金方管。

图 11.18　铝合金平开窗

铝合金门窗玻璃尺寸较大，常采用较厚的玻璃。使用玻璃胶或铝合金弹性压条加橡胶或橡胶密封条固定。铝合金门窗多用推拉式开启，而推拉式门窗的密闭性较差；平开式铝合金玻璃门多采用地弹簧与门的上下梃连接，但框料须加强。铝合金推拉窗的构造，如图 11.17 所示。

铝合金型材由于导热系数大，因此普通铝合金门窗的热桥问题十分突出，新式的热隔断铝型材可以切断热桥。此外铝合金门窗的价格昂贵，而且铝材用途较广，不能大量用于建筑门窗和民用建筑中，如图 11.18 和图 11.19 所示。

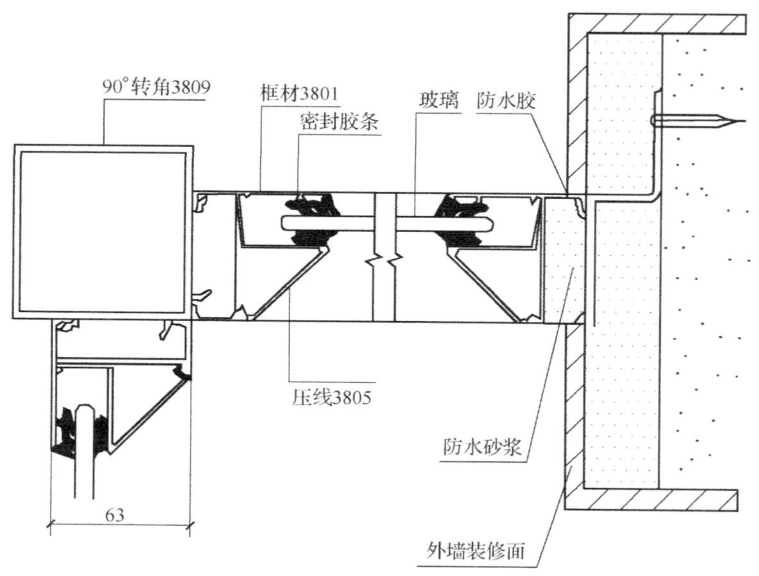

图 11.19　铝合金窗构造

11.4.2 塑钢门窗

塑料门窗是近几年发展起来的一种新型门窗，它具有轻质、耐腐蚀、密闭性好、美观新颖、有足够的耐久性，现已大量应用于各种建筑中。其缺点是刚度较差、造价较高。如图 11.20 所示，塑料门窗的料型断面为空腹、多空腔式。其开启方式有平开、推拉等。门可以做成折叠门，五金配件多采用配套的专用配件，如图 11.20 所示。

图 11.20　塑钢窗的开启扇与窗框

当门窗面积较大时，常做成推拉开启的方式。为了改善刚度、强度，在塑料型材空腹内加设薄壁型钢（称为塑钢门窗），如图 11.21 所示。塑钢门窗的所有缝隙都嵌有橡胶或橡胶密封条及毛条，具有良好的气密性和水密性，如图 11.22 和图 11.23 所示。

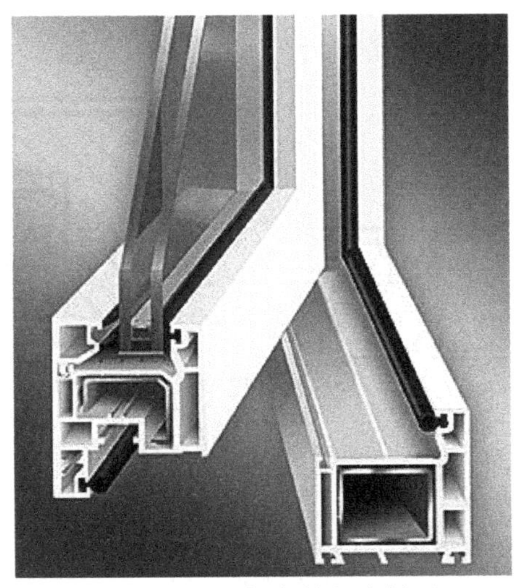

图 11.21　塑钢窗的空腔断面

学习重点

分析与思考：

1. 塑料门窗有哪些优缺点？
2. 塑钢门窗构造。

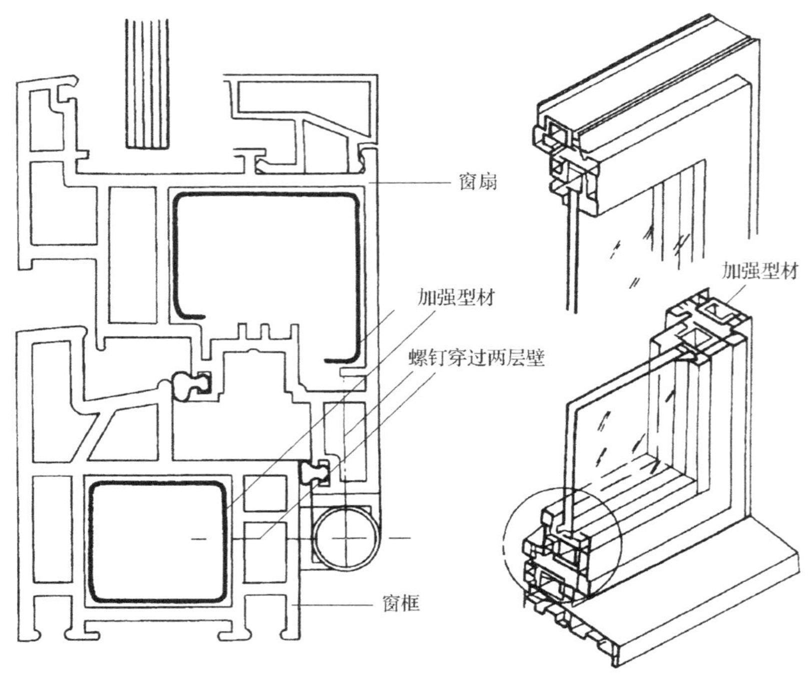

图 11.22　塑钢窗节点构造

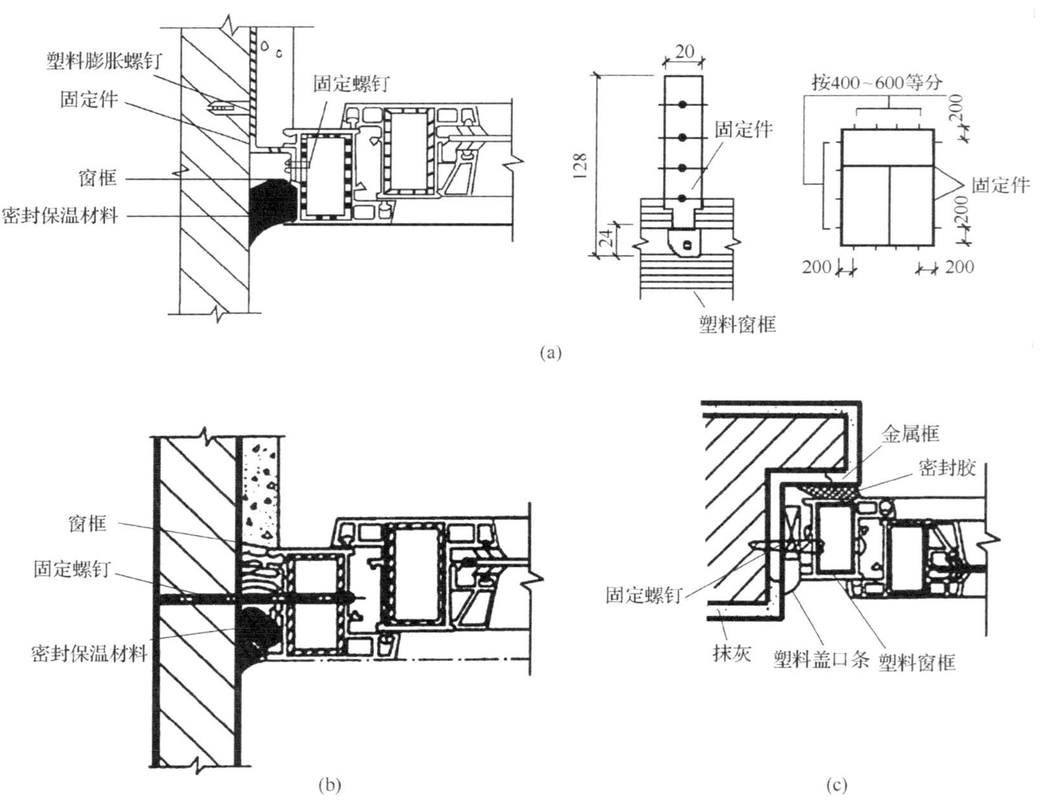

图 11.23　塑钢窗与墙体的连接构造

塑钢门窗的发展十分迅速，同铝合金门窗相比，保温效果好、造价经济，单框双玻璃窗的传热系数小于双层铝合金窗的传热系数，而造价为其一半左右，但是运输、储存、加工要求严格。塑料门窗将来有可能成为主要的门窗类型之一。

11.4.3 新型节能门窗

门窗是建筑节能、绿色建筑和可持续建筑设计中的重要组成部分。我国的门窗发展经历了大致五个阶段：最初较早的是第一代木门窗，持续时间较漫长；第二代为20世纪80年代盛行的钢制门窗，热工和卫生效果不能适应建筑发展的要求；第三代为20世纪90年代起开始流行的铝合金门窗，同样因为热工和造价问题没能够全面普及；第四代为20世纪90年代中期走进千家万户的塑钢门窗；第五代就是目前以复合新材料、新技术为特点的新型门窗，包括铝塑铝复合门窗、玻璃钢（FRP纤维增强塑料）型材门窗、铝木复合门窗等。

1. 铝塑铝复合门窗

全新的铝塑铝复合门窗为外面两侧是铝合金型材，中间隔热体是改性多腔PVC型材。其优点是既有铝合金的高强度，又有塑料隔热的特点，具有非常好的隔热节能效果。铝塑铝复合门窗是多腔的断面设计，采用外面是铝合金型材，中间是改性PVC型材的结构和中空玻璃，同时采用三道软密封设计和水气腔室设计，具有良好的水密性、气密性。这种新型门窗比普通门窗热量散失减少一半，降低取暖费用约30%，隔声量达35分贝以上。铝塑铝复合门窗的隔热性、抗风压性、隔声性、水密性和气密性等指标，均比以往的门窗大大提高，如图11.24所示。

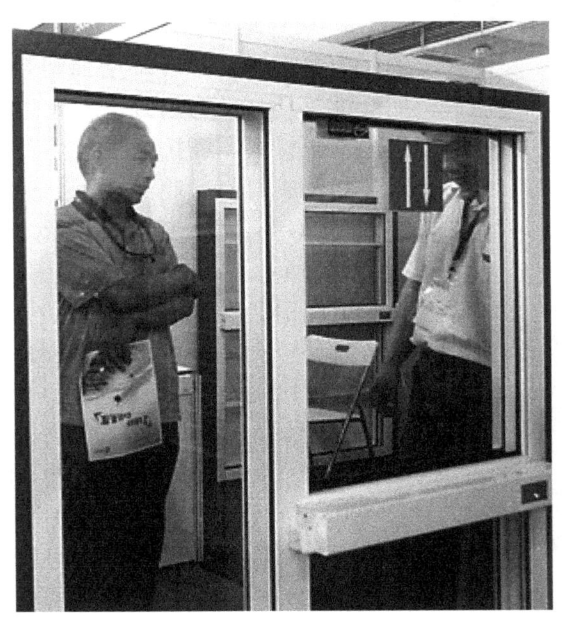

图11.24 新型铝塑铝复合窗

学习重点

分析与思考：

1. 门窗保温节能的措施有哪些？
2. 遮阳有哪些作用？
3. 遮阳有几种形式？

铝塑铝复合门窗具有以下优点：

（1）保温性提高：铝塑铝复合门窗中的改性多腔 PVC 型材导热系数低，隔热效果比铝材优 1250 倍。占整个成窗面积 80%左右的中空玻璃可以实现两层玻璃间的距离在 16mm 以上，K 值可达到 2.0W/(m^2·K）以下，在寒冷的地区，尽管室外零下几十度，室内却是另一个世界，节能效果明显。

（2）隔音性增强：其结构精心设计，接缝严密，试验结果显示其隔声量大于等于 35dB。

（3）耐冲击性好：由于外表面两侧为铝合金型材，因此它比塑钢窗型材的耐冲击性强得多。门窗成品抗风压性可达 7 级。

（4）气密性好：铝塑铝复合门窗各缝隙处均装有独特的三道软密封设计，有良好的气密性，可充分发挥空调效应，并节约 50%能源。空气渗透性达 5 级以上。

（5）水密性好：铝塑铝复合门窗设计有防雨水结构，科学的水气腔室设计，将雨水完全隔绝于室外，门窗成品水密性可达 4 级以上。

（6）防火性好：铝合金为金属材料，不燃烧。中间的 PVC 型材加有阻燃剂，不自燃，是公认的阻燃材料。

（7）耐久性好：铝塑铝复合型材不易受酸碱侵蚀，不会变黄褪色，几乎不必保养。脏污时，可用水加清洗剂擦洗，清洗后洁净如初。

（8）外表面两侧的铝合金型材采用静电喷涂、阳极氧化、电泳喷漆、氟炭喷涂等着色技术工艺，绚丽的色彩可匹配任何个性化的建筑。

图 11.25　新型玻璃钢复合窗

（9）简捷易行的加工性能：铝塑铝复合门窗采用铝合金门窗组角工艺进行生产，现有的铝合金门窗加工厂家都可以加工，为该节能门窗的普及提供了可能。

2. 玻璃钢门窗

玻璃钢（FRP 纤维增强塑料）型材是以玻璃纤维及其制品为增强材料，以不饱和聚酯树脂为基础材料，经拉挤工艺生产出型材并经过组装制作成门窗。业界表示，玻璃钢门窗有望担纲“第五代”门窗的新材料时代，如图 11.25所示。

玻璃钢门窗具有以下优点：

（1）轻质高强：玻璃钢型材的密度在 1.7 左右，它比钢轻 4～5 倍，而强度却很大，其拉伸强度为 350～450MPa，与普通碳钢接近，弯曲强度为 388MPa，弯曲弹性模量为 20 900MPa，因而不需用钢衬加固。

（2）节能保温：玻璃钢型材导热系数为 0.39W/(m·K)，只有金属的 1/1000～1/100，是优良的绝热材料。而且，玻璃钢型材为空腹结构，所有的缝隙均有胶条、毛条密封，因此隔热保温效果显著。

（3）密封性能佳：玻璃钢门窗在组装过程中，角部处理采用胶粘加螺接工艺，同时全部缝隙均采用橡胶条和毛条密封，加之特殊的型材结构，因此密封性能好。

（4）健康，绿色环保，节能效果显著。

（5）隔音效果好：经国家建筑工程质量监督检验中心检测，玻璃钢双玻和三玻窗空气声计权隔声量 RW 分别达到 36dB 和 39dB，隔声性能等级为 4 级。

（6）耐腐蚀：玻璃钢是优良的耐腐蚀材料，对酸、碱、盐及大部分有机物，海水以及潮湿都有较好的抵抗能力，对微生物的作用也有抵抗性能。其具有的这种特性尤其适合使用于多雨、潮湿和沿海地区，以及有腐蚀性介质的场所。

（7）尺寸稳定性好：玻璃钢型材的线膨胀系数为 7.3×10^{-6}/℃，低于钢和铝合金，是塑料的 1/15。因而，玻璃钢门窗尺寸稳定性好，温度的变化不会影响门窗的正常开关功能。

（8）耐温性好：玻璃钢属热固性塑料，树脂交联后即形成三维网状分子结构，变成不溶不熔体，即使受热也不会熔化。玻璃钢型材热变形温度在 200℃以上，耐高温性能好，且耐低温性能更佳。

（9）绝缘性能好：玻璃钢是良好的绝缘材料，它不受电磁波影响，不反射无线电波，透微波性好，能够承受高电压而不损坏。因此，玻璃钢门窗对野外临时建筑物及通信系统的建筑物具有特殊的用途。

（10）减震性能好：玻璃钢型材的弹性模量为 20 900MPa，用它制成的门窗具有较高的减震频率，玻璃钢中树脂与纤维界面的结合，具有吸震和抗震能力，避免了结构构件在工作状态下共振引起的早期破坏。

（11）色彩丰富：玻璃钢型材硬度高，可用各种涂料进行涂装，制成各种颜色的门窗，以适应不同风格及档次的建筑物外立面效果。

3. 铝木复合门窗

铝包木门窗是铝木复合窗的一种，它不同于普通铝木窗在纯木门窗外层增加铝合金保护层，而是利用特殊的铝木连接方式由精密五金配件连接而成。它满足了建筑物内外侧门窗材料的不同要求，既保留了纯木门窗的隔热、隔声、天然装饰等特性和功能，同时也保留铝合金门窗优良的耐候性。外层铝合金便于保养，且对门窗起到了保护作用，同时外层可以进行多种颜色的喷涂处理，增加建筑物的整体协调，如图 11.26和图 11.27 所示。

学习重点

分析与思考：

1. 新型节能门窗的特点是什么？

图 11.26　新型铝木复合玻璃门窗

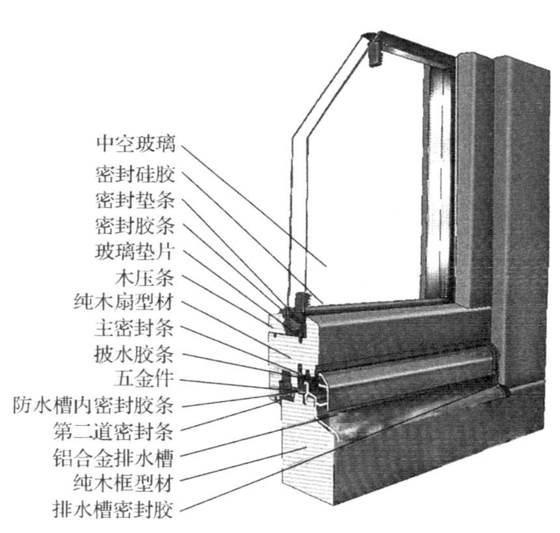

图 11.27　新型铝木复合窗断面

11.5　门窗的保温与遮阳

11.5.1　门窗保温与节能

建筑外门窗是建筑保温的薄弱环节，我国寒冷地区外窗的传热系数比发达国家大

2～4 倍。我国寒冷地区住宅，在一个采暖周期内通过窗与阳台门的传热和冷风渗透引起的热损失，占房屋能耗的 45%～48%，因此门窗节能是建筑节能的重点。

造成门窗热损失有两个途径，一是门窗面由于热传导、辐射以及对流所造成的，二是通过门窗各种缝隙冷风渗透所造成的，所以门窗保温应从以上两个方面采取构造措施。

1）增强门窗的保温

寒冷地区外窗可以通过增加窗扇层数和玻璃层数来提高保温性能，以及采用特种玻璃，如中空玻璃、吸热玻璃、反射玻璃等措施达到节能要求。

2）减少缝隙的长度

门窗缝隙是冷风渗透的根源，因此为减少冷风渗透，可采用大窗扇，扩大单块玻璃面积以减少门窗缝隙。合理减少可开窗扇的面积，在满足夏季通风的条件下，扩大固定窗扇的面积。

3）采用密封和密闭措施

框和墙间的缝隙密封可用弹性软型材料（如毛毡）、聚乙烯泡沫、密封膏以及边框设灰口等。框与扇间的密闭可用橡胶条、橡塑条、泡沫密闭条以及高低缝、回风槽等。扇与扇之间的密闭可用密闭条、高低缝及缝外压条等。窗扇与玻璃之间的密封可用密封膏、各种弹性压条等。

4）缩小窗口面积

在满足室内采光和通风的前提下，在我国寒冷地区的外窗应尽量缩小窗口面积，以达到节能要求。

11.5.2 遮阳

遮阳是了防止直射阳光照入室内，以减少太阳辐射热，避免夏季室内过热以及保护室内物品不受阳光照射而采取的一种措施。用于遮阳的方法很多，在窗口悬挂窗帘、利用门窗构件自身遮光以及窗扇开启方式的调节变化，利用窗前绿化、雨篷、挑檐、阳台、外廊及墙面花格，也都可以达到一定的遮阳效果，如图 11.28 所示。

一般房屋建筑，当室内气温在 29℃ 以上、太阳辐射强度大于 1004.8kJ/(m^2・h)、阳光照射室内时间超过 1h、照射深度超过 0.5m 时，应采取遮阳措施，标准较高的建筑只要具备前二条即可考虑设置遮阳。在窗前设置遮阳板进行遮阳，对采光、通风都会带来不利影响。因此在设置遮阳设施时，应对采光、通风、日照、经济、美观做慎重考虑，以达到功能、技术、艺术的统一，如图 11.29 所示。

窗户遮阳板按其形状，可分为水平遮阳、垂直遮阳、混合遮阳及挡板遮阳四种形式，如图 11.30 所示。

1）水平遮阳

在窗口上方设置一定宽度的水平方向遮阳板，能够遮高度角较大的、从窗口上方照射下来的阳光，适用于南向及其附近朝向的窗口。水平遮

学习重点

分析与思考：

1. 窗户遮阳板有几种基本形式？

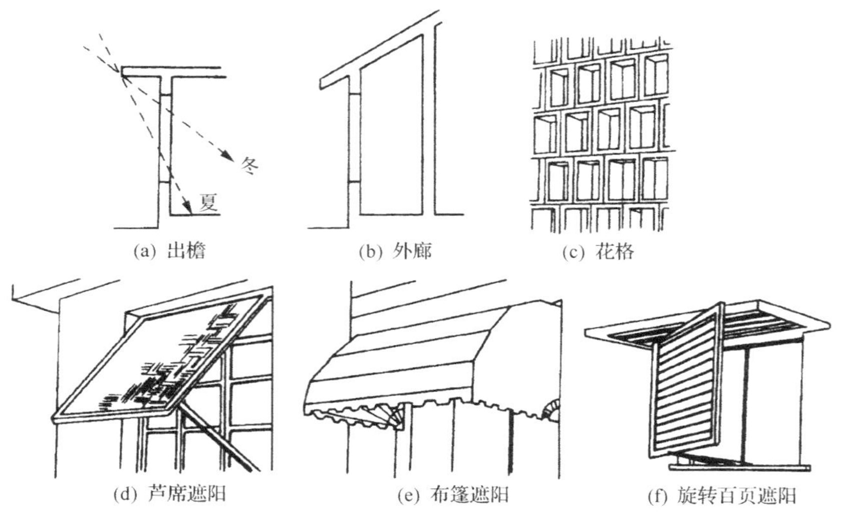

图 11.28　几种遮阳形式

图 11.29　遮阳板与立面结合效果

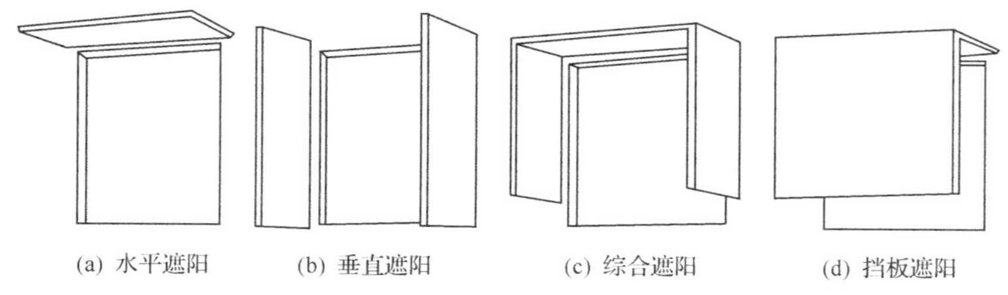

图 11.30　遮阳板基本形式

阳板可做成实心板式百叶板，较高大的窗口可在不同高度设置双层多层水平遮阳板，以减少板的出挑宽度，如图 11.30(a) 所示。

2) 垂直遮阳

在窗口两侧设置垂直方向的遮阳板，可以有效遮挡高度角较小的、从窗口两侧斜射过来的阳光。根据光线的来向和具体处理的不同，垂直遮阳板可以垂直于墙面，也可以与墙面形成一定的垂直夹角。主要适用于偏南或偏西的窗口，如图 11.30（b）所示。

3）综合遮阳

是以上两种遮阳板的综合，能够遮挡从窗口左右两侧及前上方射来的阳光，遮阳效果比较均匀，主要适用于南向、东南、西向的窗口，如图 11.30(c) 所示。

4）挡板遮阳

在窗口前方离开窗口一定距离设置与窗户平行方向的垂直挡板，可以有效遮挡高度角较小的正射窗口的阳光，主要适用于东、西向及其附近的窗口。但不利于通风，且遮挡了视线，故可以做成隔栅式挡板，如图 11.30(d) 所示。基于以上四种形式，可以组合成各种各样的形式，如图 11.31 所示。

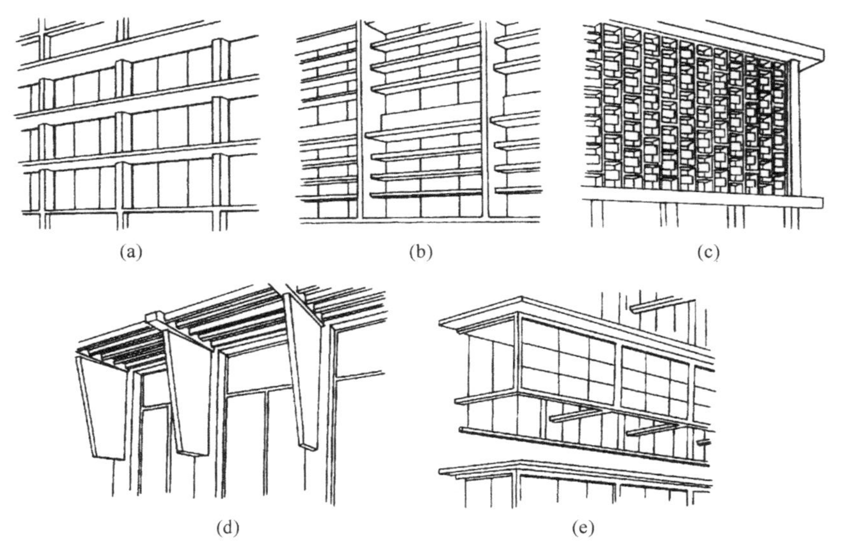

图 11.31　遮阳板形式

这些遮阳板可以做成固定的，也可以做成活动的，后者可以灵活调节，遮阳、通风、采光效果较好，但构造复杂，需经常维护。固定式则坚固、耐用、经济。设计时应根据不同的使用要求，采用不同的形式，满足不同的要求。

5）智能遮阳

建筑遮阳与设备系统、智能控制的结合越来越紧密，智能呼吸的双层表皮、光感自动遮阳设备等已经在很大的程度上降低了能源的消耗。传统的固定百叶，只能够起到部分的遮阳，不能达到完全随时遮阳的效果。自动感光遮阳百叶的出现，实现了真正的人工智能的飞跃，可节约能源 35%，这种创作与设备结合的趋势，在国外已经成为了一种基本的理念之一。德国展览中心（Halle Expo Hall）全部用百叶做幕墙，并且可以随着光线的变化进行自动调节，可以达到完全遮阳、采光的效果。置身于室内，照明质量得到极大改善，光线细腻均匀、柔和静谧，如图 11.32 所示。

巴黎的阿拉伯世界研究中心就采用了智能幕墙，主立面用框架和滤光器的手法处理采光，并覆盖隔栅，可以根据阳光做出精确调节，达到采光和遮阳的目的。可控光线的幕墙犹如一种类似相机镜头快门的遮阳装置，在每一个单元格中，控制调节的电子线路板清晰可见。外墙光滤器在光伏电池的控制下能根据光线的强弱收缩或舒张，控制太阳辐射量。建筑使用了纤细和精巧的金属节点，采用一种对反射、折射和逆光效果都敏锐的装置，创造了采光和遮阳的奇迹，由于其光孔可变，它带来更多的光线的戏剧性效果，体现了节能技术和创作艺术的完美结合，如图 11.33 所示。

图 11.32　可自动调节的百叶

图 11.33　可自动收放的窗子

小　　结

（1）一般情况下，窗的开启方式有固定窗、平开窗、旋窗、立转窗、推拉窗、百叶窗扇等。窗洞尺寸一般采用 3M 数列作为标准尺寸。

（2）一般情况下，门的开启方式有平开门、推拉门、弹簧门、折叠门等。门洞的高度应符合建筑的使用要求，并符合《建筑模数协调统一标准》(GBJ2—86)。

（3）门由门框、门扇、五金配件等组成；窗由窗框、窗扇、五金配件及附件组成。

（4）新型门窗按材料分可分为铝合金门窗、塑钢门窗、铝塑铝门窗、玻璃钢门窗铝木复合门窗。

（5）遮阳的类型和新型智能遮阳。

第十二章　变　形　缝

12.1　变形缝的种类、作用及要求

建筑物由于受到温度变化、地基不均匀沉降以及地震作用的影响，结构的内部将产生附加的应力和应变，如不采取措施或处理不当，会使建筑物开裂甚至倒塌。为防止出现这种情况，可采取“阻”或“让”这两种措施：“阻”是通过加强建筑物的整体性，使其具有足够的强度与刚度，以阻止这种破坏；“让”是在这些变形敏感部位将结构断开，使建筑物各部分能自由变形，以减小附加应力，用退让的方式避免破坏。建筑物中这种预留的缝隙称为变形缝。

12.1.1　变形缝的种类及设置原则

变形缝按其所起作用的不同分为伸缩缝、沉降缝和抗震缝三种。

1）伸缩缝

伸缩缝又叫温度缝，建筑物处于昼夜、冬夏的温度变化环境中，由于热胀冷缩的原因使结构内部产生温度应力和应变，并随着建筑物长度的增加而增加，当应力和应变达到一定数值时，建筑物将会出现开裂甚至破坏。为避免这种情况的发生，常常沿建筑物长度方向，每隔一定距离或在结构变化较大处预留缝隙，将建筑物断开。这种由于温度变化而设置的缝隙称为伸缩缝。

伸缩缝要求把建筑物的墙体、楼板层、屋顶等地面以上的部分全部断开，基础部分因受温度变化影响较小而不必断开。

伸缩缝的最大间距，即建筑物的允许连续长度与结构的形式、材料、构造方式及所处的环境有关。结构设计规范对砌体结构及钢筋混凝土结构建筑物中伸缩缝的最大间距所做规定如表 12.1 和表 12.2 所示。另外，也有采用附加应力钢筋，加强建筑物的整体性，来抵抗可能产生的温度应力，使之少设缝或不设缝，具体应经过计算确定。

2）沉降缝

沉降缝是为了防止由于地基的不均匀沉降，结构内部产生附加应力引起的破坏而设置的缝隙。为了满足沉降缝两侧的结构体能自由沉降，要求建筑物从基础到屋顶的结构部分全部断开。凡符合下列情况之一者应设置沉降缝：

（1）当建筑物建造在不同的地基上，又难以保证不出现不均匀沉降时。

学习重点

重点关注：

1. 三种变形缝的构造做法。
2. 三种变形缝的设置原则。

分析与思考：

1. 变形缝的作用。
2. 伸缩缝的定义及设置原则。
3. 伸缩缝须断开的部位。

表 12.1　砌体房屋伸缩缝的最大间距（单位：m）

屋盖或楼盖类别		间距
整体式或装配整体式钢筋混凝土结构	有保温层或隔热层的屋盖、楼盖	50
	无保温层或隔热层的屋盖	40
装配式无檩体系钢筋混凝土结构	有保温层或隔热层的屋盖、楼盖	60
	无保温层或隔热层的屋盖	50
装配式有檩体系钢筋混凝土结构	有保温层或隔热层的屋盖	75
	无保温层或隔热层的屋盖	60
瓦材屋盖、木屋盖或楼盖、轻钢屋盖		100

注：1）本表摘自《砌体结构设计规范》(GB50003－2001)。

2）对烧结普通砖、多孔砖、配筋砌块砌体房屋取表中数值；对石砌体、蒸压灰砂砖、蒸压粉煤灰砖和混凝土砌块房屋取表数值乘以 0.8 的系数。当有实践经验并采取有效措施时，可不遵守本表规定。

3）在钢筋混凝土屋面上挂瓦的屋盖应按钢筋混凝土屋盖采用。

4）按本表设置的墙体伸缩缝，一般不能同时防止由于钢筋混凝土屋盖的温度变形和砌体干缩变形引起的墙体局部裂缝。

5）层高大于 5m 的烧结普通砖、多孔砖、配筋砌块砌体结构单层房屋，其伸缩缝间距可按表中数值乘以 1.3。

6）温差较大且变化频繁地区和严寒地区不采暖的房屋及构筑物墙体的伸缩缝的最大间距，应按表中数值予以适当减小。

7）墙体的伸缩缝应与结构的其他变形缝相重合，在进行立面处理时，必须保证缝隙的伸缩作用。

表 12.2　钢筋混凝土结构伸缩缝的最大间距(单位：m)

结构类型		室内或土中	露天
排架结构	装配式	100	70
框架结构	装配式	75	50
	现浇式	55	35
剪力墙结构	装配式	65	40
	现浇式	45	30
挡土墙、地下室墙壁等类结构	装配式	40	30
	现浇式	30	20

注：1）本表摘自《混凝土结构设计规范》(GB50010－2002)。

2）下列情况宜适当减小伸缩缝间距：

①柱高（从基础顶面算起）低于 8m 的排架结构；②屋面无保温或隔热措施的排架结构；③位于气候干燥地区、夏季炎热且暴雨频繁地区的结构或经常处于高温作用下的结构；④采用滑模类施工工艺的剪力墙结构；⑤材料收缩较大、室内结构因施工外露时间较长等。

3）下列情况宜适当加大伸缩缝间距：

①混凝土浇筑采用后浇带分段施工；②采用专门的预加应力措施；③采取能减少混凝土温度变化或收缩的措施。当增大伸缩缝间距时，尚应考虑温度变化和混凝土收缩对结构的影响。

(2) 同一建筑物相邻部分的层数相差两层以上或层高相差超过 10m、荷载相差悬殊或结构形式变化较大时。

(3) 新建建筑物与原有建筑相毗邻时。

(4) 当建筑平面形式复杂、连接部位又较薄弱时。

（5）相邻的基础宽度和埋置深度相差较大时。

沉降缝可兼有伸缩缝的作用，其构造与伸缩缝基本相同，如图 12.1 所示。但盖缝条和调节片构造必须注意能保证在水平方向和垂直方向自由变形。

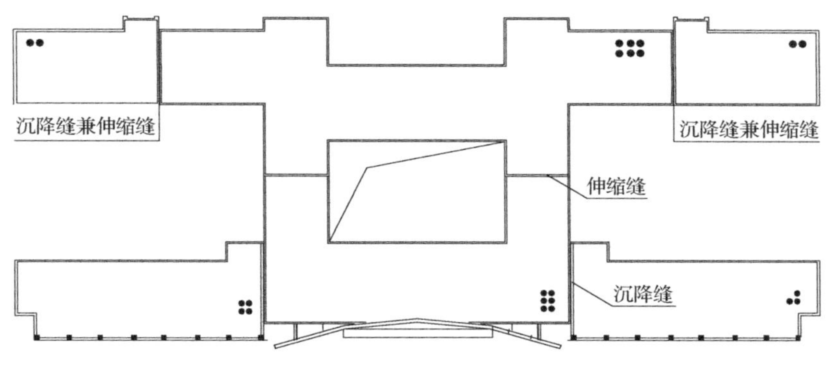

图 12.1　沉降缝及伸缩缝设置示意

3）抗震缝

建筑物在受地震作用时不同部位将具有不同的振幅和振动周期，因此地震时在这些不同部位的连接处很可能会产生裂缝、断裂等现象。抗震缝是为了防止建筑物各部分在地震时相互撞击引起破坏而设置的缝隙，通过抗震缝将建筑物划分成若干体型简单、结构刚度均匀的独立单元，在这些连接部位预先设置防震缝。图 12.2 和图 12.3 为立面体型及平面形状的简单与复杂的比较。

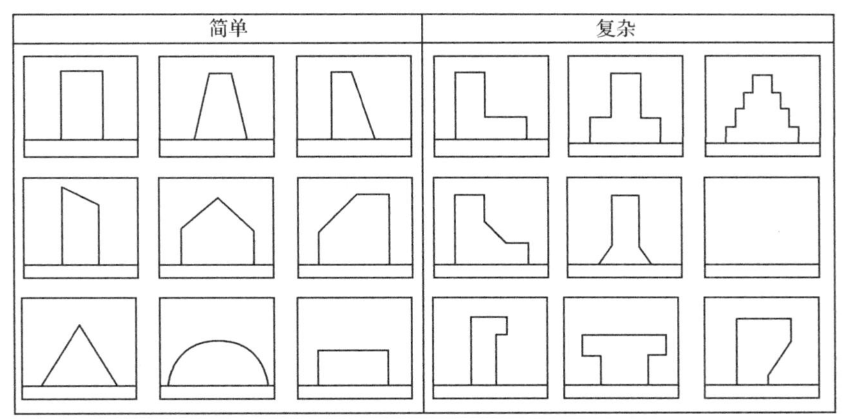

图 12.2　对抗震有影响的建筑物立面体型

设置防震缝部位需根据不同的结构类型来确定。

（1）对于多层砌体建筑，8 度和 9 度设防区有下列情况之一时，宜设置防震缝：

① 建筑立面高差在 6m 以上。

② 建筑有错层且楼层高差较大（超过层高 1/3 或 1m）。

学习重点

重点关注：

1. 三种变形缝的构造做法。
2. 三种变形缝的设置原则。

分析与思考：

1. 钢筋混凝土结构伸缩缝的最大间距。
2. 砖石结构伸缩缝的最大间距。
3. 沉降缝的定义及设置原则。
4. 沉降缝可以代替伸缩缝吗？

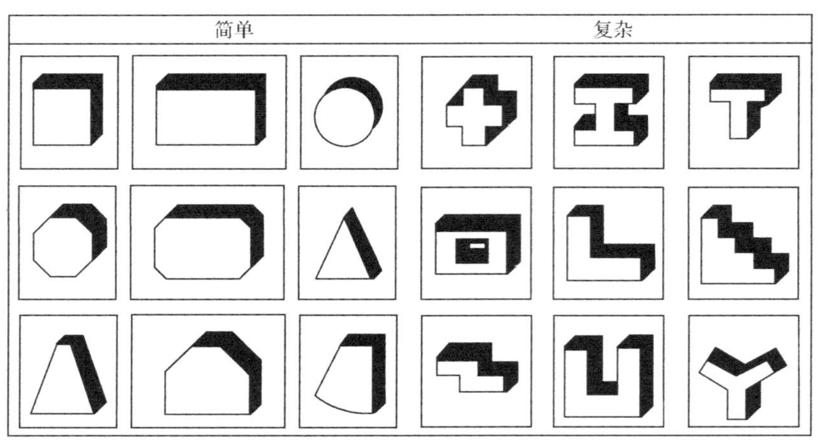

图 12.3　对抗震有影响的建筑物平面形式

③ 各部分刚度、质量和结构形式截然不同，砌体建筑的防震缝两侧均应设置墙体。

（2）对于钢筋混凝土结构的建筑物，遇下列情况时宜设防震缝：

① 建筑平面不规则且无加强措施。

② 建筑有较大错层时。

③ 各部分结构的刚度或荷载相差悬殊且未采取有效措施时。

④ 地基不均匀、各部分沉降差过大，需设置沉降缝时。

⑤ 建筑物长度较大，需设置伸缩缝时。

抗震缝应沿建筑物全高设置，并用双墙使各部分结构封闭。通常基础可不分开，但对于平面复杂的建筑物，或与沉降缝合并考虑时，基础也应分开，如图 12.4 所示。

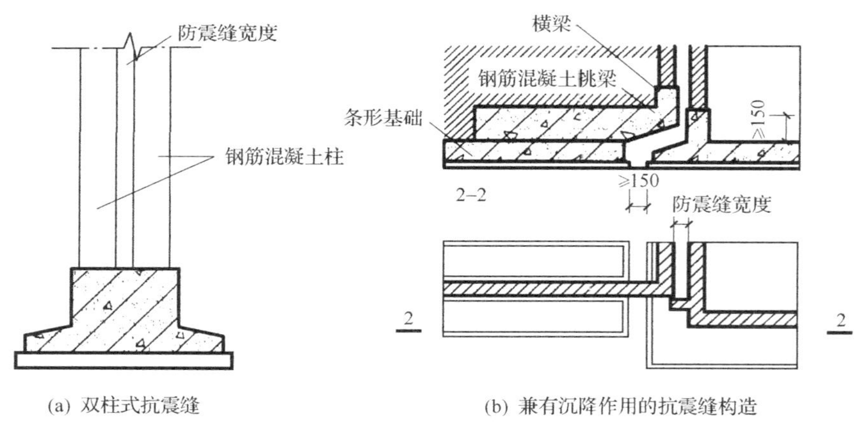

图 12.4　基础抗震缝构造

12.1.2　变形缝的宽度及设置

变形缝的宽度与变形缝的种类、建筑结构的形式和高度、地基的类型有关，各种变形缝的宽度及设置做法如表 12.3 所示。

表 12.3　各种变形缝设缝比较

<table>
<tr><th>变形缝类别</th><th>对应变形原因</th><th>设置依据</th><th>断开部位</th><th>缝宽</th></tr>
<tr><td>伸缩缝</td><td>昼夜温差引起的热胀冷缩</td><td>按建筑物的长度、结构类型与屋盖刚度</td><td>除基础外沿全高断开</td><td>20～30mm</td></tr>
<tr><td rowspan="2">沉降缝</td><td rowspan="2">建筑物相邻部分高差悬殊、结构形式变化大、基础埋深差别大、地基不均匀等引起的不均匀沉降</td><td rowspan="2">地基情况和建筑物的高度</td><td rowspan="2">从基础到屋顶沿全高断开</td><td>一般地基
建筑物高度<5m　缝宽 30mm
5～10m　缝宽 50mm
10～15m　缝宽 70mm</td></tr>
<tr><td>软弱地基
建筑物2～3层　缝宽 50～80mm
4～5层　缝宽 80～120mm
≥6层　缝宽>120mm
沉陷性黄土　缝宽≥30～70mm</td></tr>
<tr><td rowspan="2">抗震缝</td><td rowspan="2">地震作用</td><td rowspan="2">设防烈度、结构类型和建筑物高度（8度、9度设防且房屋立面高差相差在6m以上，或错层楼板相差1/3层高或1m，毗邻部分各段刚度、质量、结构形式均不同时设置）</td><td rowspan="2">沿建筑物全高设缝，基础可断开，也可不断开</td><td>多层砌体建筑　缝宽 50～100mm</td></tr>
<tr><td>框架框剪建筑
当建筑物高≤15m时，缝宽 70mm
当建筑物高>15m时，6、7、8、9度设防，高度每增高 5m、4m、3m、2m，缝宽加大 20mm</td></tr>
</table>

12.2　变形缝处的结构布置

在建筑物设变形缝的部位，为了使变形缝两边的结构满足断开的要求，又可以在结构合理的前提下自成系统，根据建筑的结构类型，其结构布置方案有以下几种类型。

12.2.1　墙体承重的变形缝处理方案

沉降缝要求将基础断开，缝两侧一般可为双墙或单墙处理，变形缝处墙体结构平面图如图 12.5 所示。

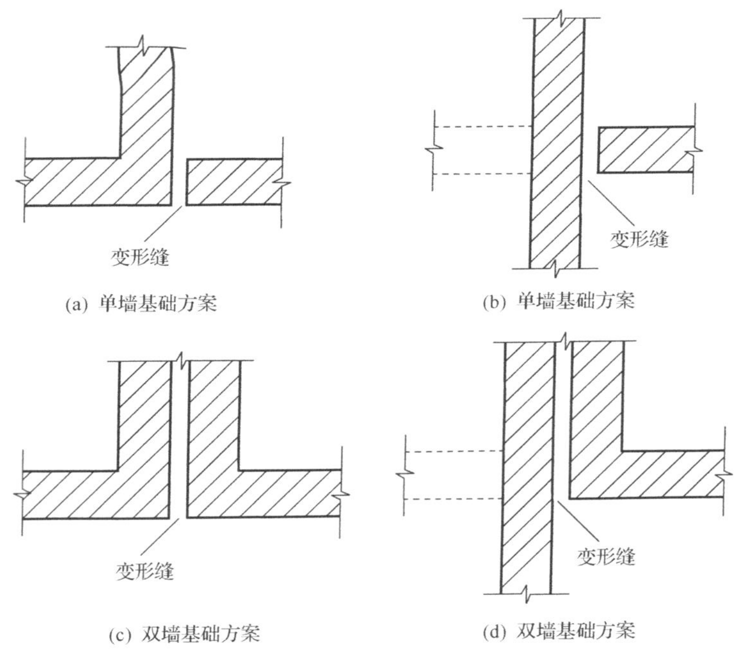

图 12.5 变形缝的基础墙体方案

1）双墙基础方案

双墙基础方案也就是双墙双条形基础，地上独立的结构单元都有封闭连续的纵横墙，结构空间刚度大，但基础偏心受力，并在沉降时相互影响，如图 12.6 所示。

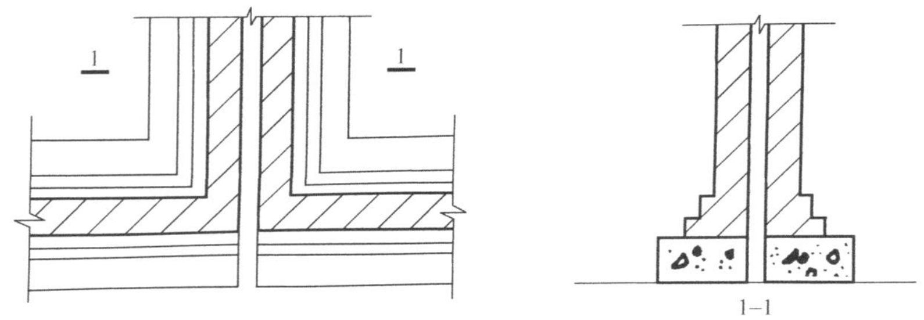

图 12.6 双墙基础墙体方案

2）单墙基础方案

单墙基础方案也叫挑梁式方案，即一侧墙体做正常条形受压基础，而另一侧也做正常条形受压基础，两基础之间互不影响，用上部结构出挑实现变形缝的宽度要求，如图 12.7所示。这种做法尤其适用于新旧建筑毗连时，处理时应注意旧建筑与新建筑的沉降不同对楼地面标高的影响，一般要计算新建筑的预计沉降量。

12.2.2 框架承重的变形缝处理方案

框架结构在伸缩缝处主要考虑主体结构部分的变形要求，最简单的办法是将楼板的

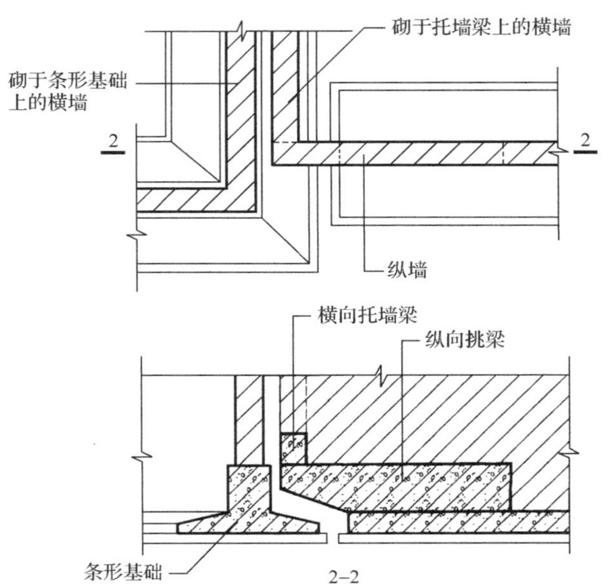

图 12.7 单墙挑梁方案

中间分开，如图 12.8(a) 所示，也可以采用双柱双挑梁、双柱牛腿简支式等方案，如图 12.8(b)、(c) 所示，但这些方案施工较复杂，耗用材料较多，工程中根据具体情况而定。图 12.8(d) 所示为砖混结构与框架结构交接处采用框架单侧挑梁的方法，砖混结构与框架结构交接处的基础沉降缝采用两侧基础断开的方法处理，如图 12.9 所示。

12.2.3 后浇带等结构措施

设置变形缝是针对可能引起建筑结构破坏的各种变形因素的良好对策，但设置变形缝在构造上必须加以处理，以满足建筑功能和美观要求。盖缝构造增加了施工复杂性，也会增大结构面积及影响建筑外部和内部的视觉效果等问题，因此，在需要设置变形缝的位置可以采用以下方法减少设缝或不设缝。

1）当建筑采用以下构造措施和施工措施减小温度和收缩应力时，可增大伸缩缝的间距

(1) 在顶层、低层、山墙和内纵墙端开间等温度变化影响较大的部位提高配筋率。

(2) 顶层加强保温隔热措施或采用架空通风屋面。

(3) 顶部楼层应该用刚度较小的结构形式或顶部设局部温度缝，将结构划分为长度较短的区段。

(4) 每隔 30～40m 间距留出施工后浇带，带宽 800～1000mm，钢筋可采用搭接接头。后浇带混凝土宜在两个月后浇灌，后浇带混凝土浇灌时温度宜低于主体混凝土浇灌时的温度。

学习重点

重点关注：

1. 变形缝处的结构布置方案。

分析与思考：

1. 框架承重的变形缝处理方案。

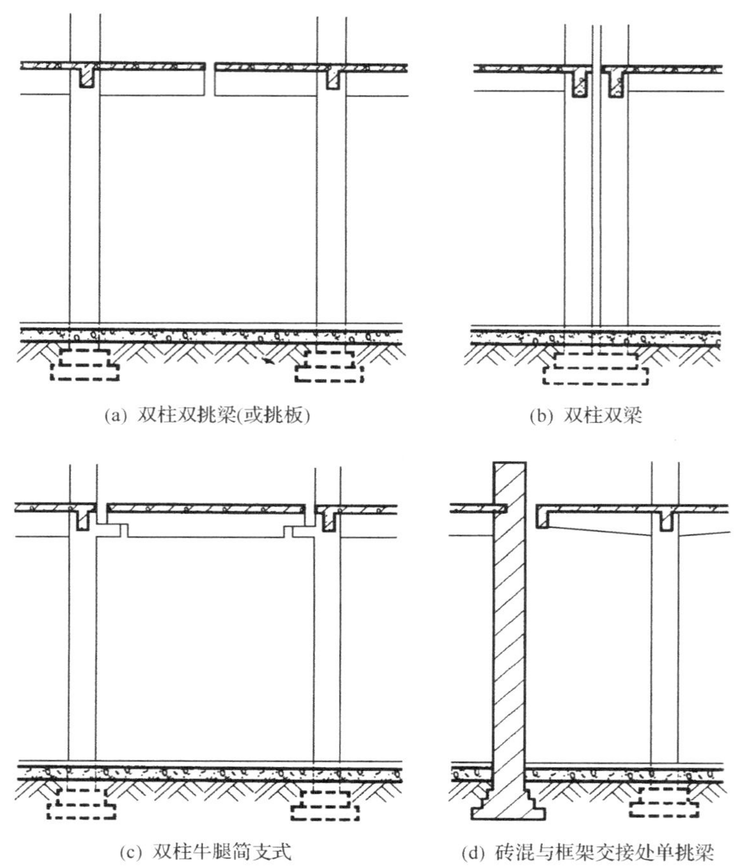

图 12.8　框架变形缝方案

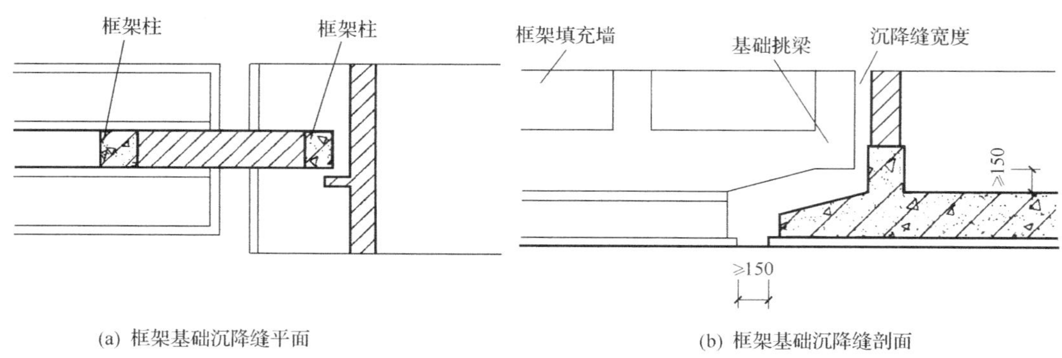

图 12.9　框架基础沉降缝平面及剖面

2）当采用以下措施时，高层部分与裙房之间可连接为整体而不设沉降缝

（1）采用桩基，桩支撑在基岩上。或采取减少沉降的有效措施，并经计算沉降差在允许范围内。

（2）主楼与裙房采用不同的基础形式，并宜先施工主楼，后施工裙房，调整土压力，使后期沉降差基本接近。

（3）地基承载力较高、沉降计算较为可靠时，主楼与裙房的标高预留沉降差，先施工主楼，后施工裙房，使最后两者标高基本一致。

在（2）、（3）的两种情况下，施工时应在主楼与裙房之间先留后浇带，待沉降基本稳定后再连为整体。设计中应考虑后期沉降差的不利影响。

3）高层建筑钢结构设置变形缝要求

（1）高层建筑钢结构不宜设置防震缝，薄弱部位应采取措施提高抗震能力。

（2）高层建筑钢结构不宜设置伸缩缝，当必须设置时，抗震设防结构的伸缩缝应满足防震缝要求。

4）防空地下室设置变形缝要求

防空地下室防护单元内不应设置伸缩缝或沉降缝。当在两相邻防护单元之间设置伸缩缝或沉降缝，且需开设门洞时，应在两道防护密闭隔墙上分别设置防护密闭门。防护密闭门至变形缝的距离应满足门扇的开启要求。若两防护单元的防护等级不同时，高抗力防护密闭门应设在高抗力防护单元一侧，低抗力防护密闭门应设在低抗力防护单元一侧。

防空地下室结构变形缝的设置应符合下列规定：

（1）在防护单元内不应设置沉降缝、伸缩缝。

（2）上部地面建筑需设置伸缩缝、防震缝时，防空地下室可不设置。

（3）室外出入口与主体结构连接处，应设沉降缝。

（4）钢筋混凝土结构设置伸缩缝的最大间距应按现行有关标准执行。

12.3　变形缝的构造做法

围护结构变形缝的构造应在不影响结构单元之间位移的前提下，满足其围护性能、耐久性能和装饰性能的需求，因此应采取一定的构造方法对其进行覆盖处理。

12.3.1　墙体及顶棚变形缝

根据墙的厚度，变形缝可做成平缝、错口缝或企口缝，如图 12.10 所示。墙体较厚时，应采用错口缝或企口缝，有利于保温和防水。但抗震缝应做成平缝，以便适应地震时的摇摆。

外墙体变形缝构造特点是保温、防水和立面美观。根据缝宽的大小，缝内一般应填塞具有防水、保温和防腐性的弹性材料，如沥青麻丝、橡胶条、聚苯板、油膏等，变形缝外侧常用耐候性好的镀锌铁皮、铝板等覆盖，但应注意金属盖板的构造处理，要分别适应伸缩、沉降或震动摇摆的变形需要，如图 12.11 所示。

当外墙采用保温节能墙体构造做法时，外墙变形缝构造更应注意选择盖缝板的材料及构造方式，如图 12.12 所示。

学习重点

重点关注：

1. 墙身变形缝的构造做法。

分析与思考：

1. 何为后浇带？
2. 后浇带施工应注意什么？
3. 采用何种措施，高层与裙房间可不设沉降缝？
4. 墙身变形缝的接缝形式。
5. 绘图说明外墙体变形缝构造特点。
6. 绘图说明内墙体变形缝构造特点。

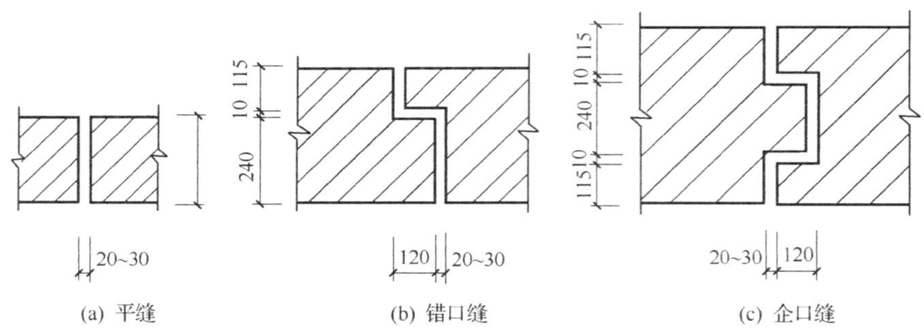

图 12.10 墙身变形缝的接缝形式

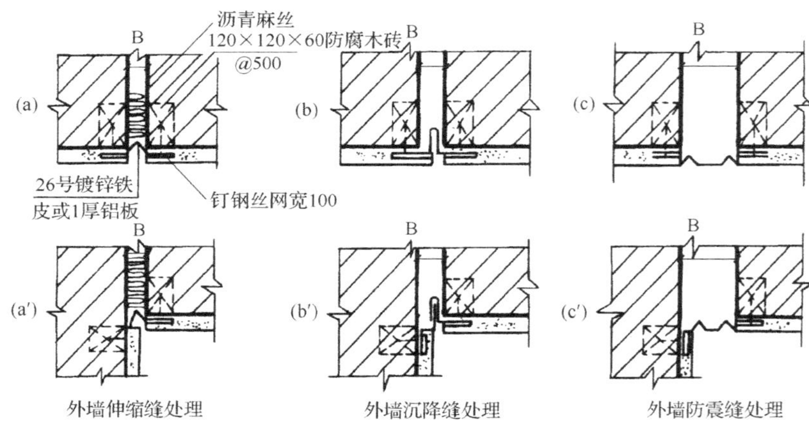

图 12.11 外墙变形缝的构造做法

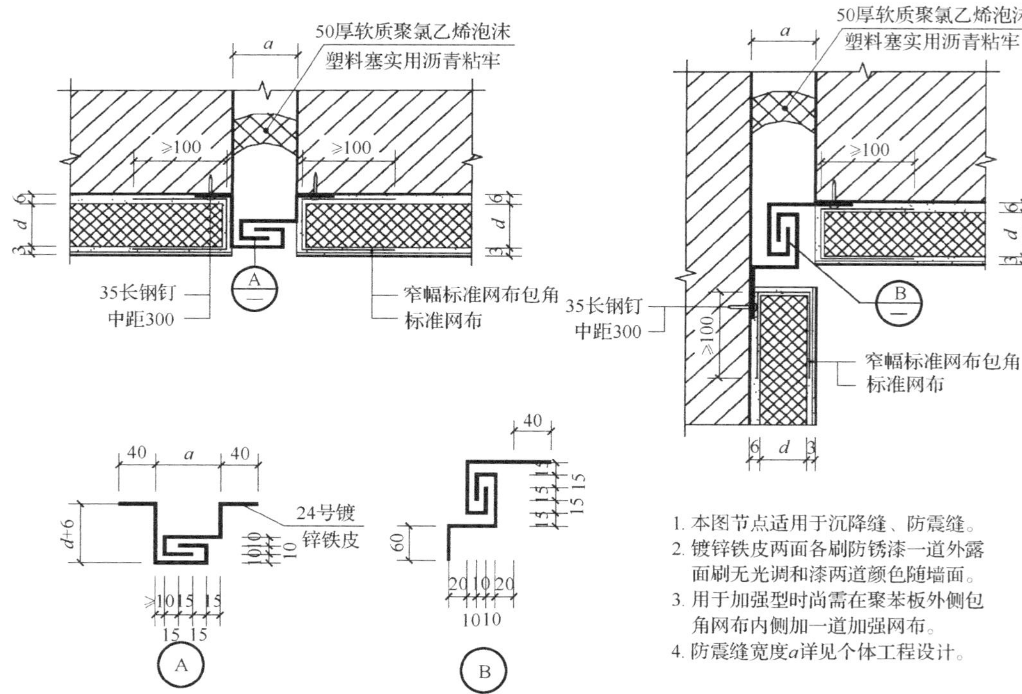

1. 本图节点适用于沉降缝、防震缝。
2. 镀锌铁皮两面各刷防锈漆一道外露面刷无光调和漆两道颜色随墙面。
3. 用于加强型时尚需在聚苯板外侧包角网布内侧加一道加强网布。
4. 防震缝宽度a详见个体工程设计。

图 12.12 外保温墙体变形缝的构造做法

内墙变形缝的构造主要应考虑室内环境的装饰协调，有的还要考虑隔音、防火。一般采用具有一定装饰效果的木条遮盖，也可采用金属板盖缝，但都要注意能适应不同的变形要求，如图 12.13 所示。

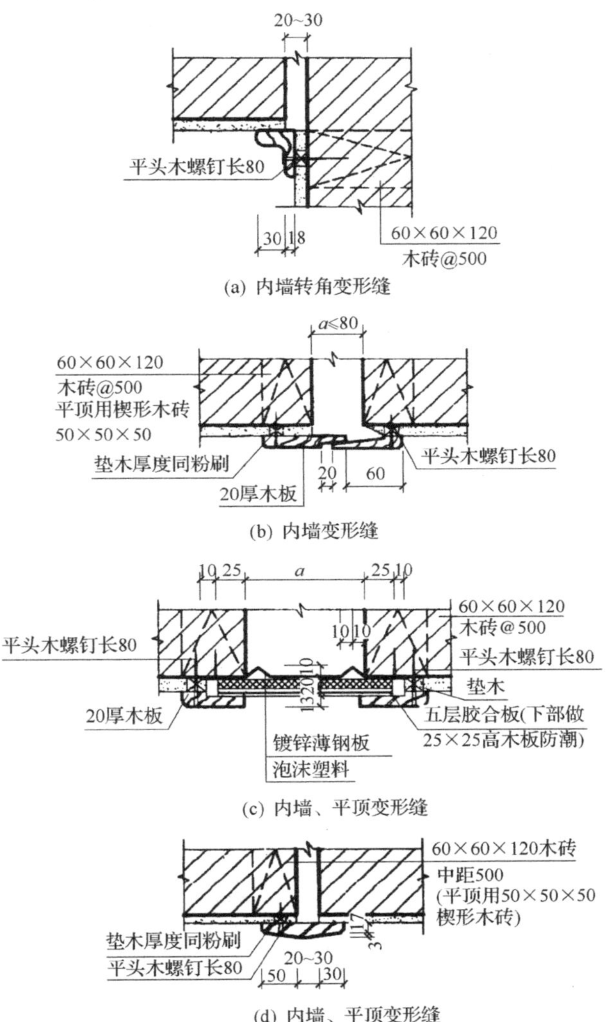

图 12.13　内墙和顶棚的构造做法

顶棚处的变形缝可用木板、金属板或其他吊顶材料覆盖，但构造上应注意不能影响结构的变形，若是沉降缝，则应将盖板固定于沉降较大的一侧。顶棚变形缝构造做法与内墙相似。

12.3.2　楼地层变形缝

楼地层变形缝的位置与宽度应与墙体变形缝一致。其构造特点为方便行走、防火和防止灰尘下落，卫生间等有水环境的部位还应考虑防水处理。楼地层的伸缩沉降缝内常填塞具有弹性的油膏、沥青麻丝、金属或橡塑类调节片等。楼地层上铺与地面材料相同的活动盖板、金属板、橡胶片等，如图 12.14 所示。地震时建筑物会发生来回晃动，使楼地层防震缝的宽度处于瞬间

> **学习重点**
>
> **重点关注：**
> 1. 楼地层变形缝的构造做法。
>
> **分析与思考：**
> 1. 外保温墙体变形缝的构造做法。
> 2. 绘图说明顶棚变形缝构造特点。
> 3. 楼地层变形缝的接缝材料。
> 4. 绘图说明楼地层变形缝构造特点。

变化之中，因此为防止盖板损坏，可选用软性硬橡胶板做盖板。当采用与楼地面材料一致的刚性盖板时，则盖板两侧应填塞不小于1/4缝宽的柔性材料，如图12.15所示。

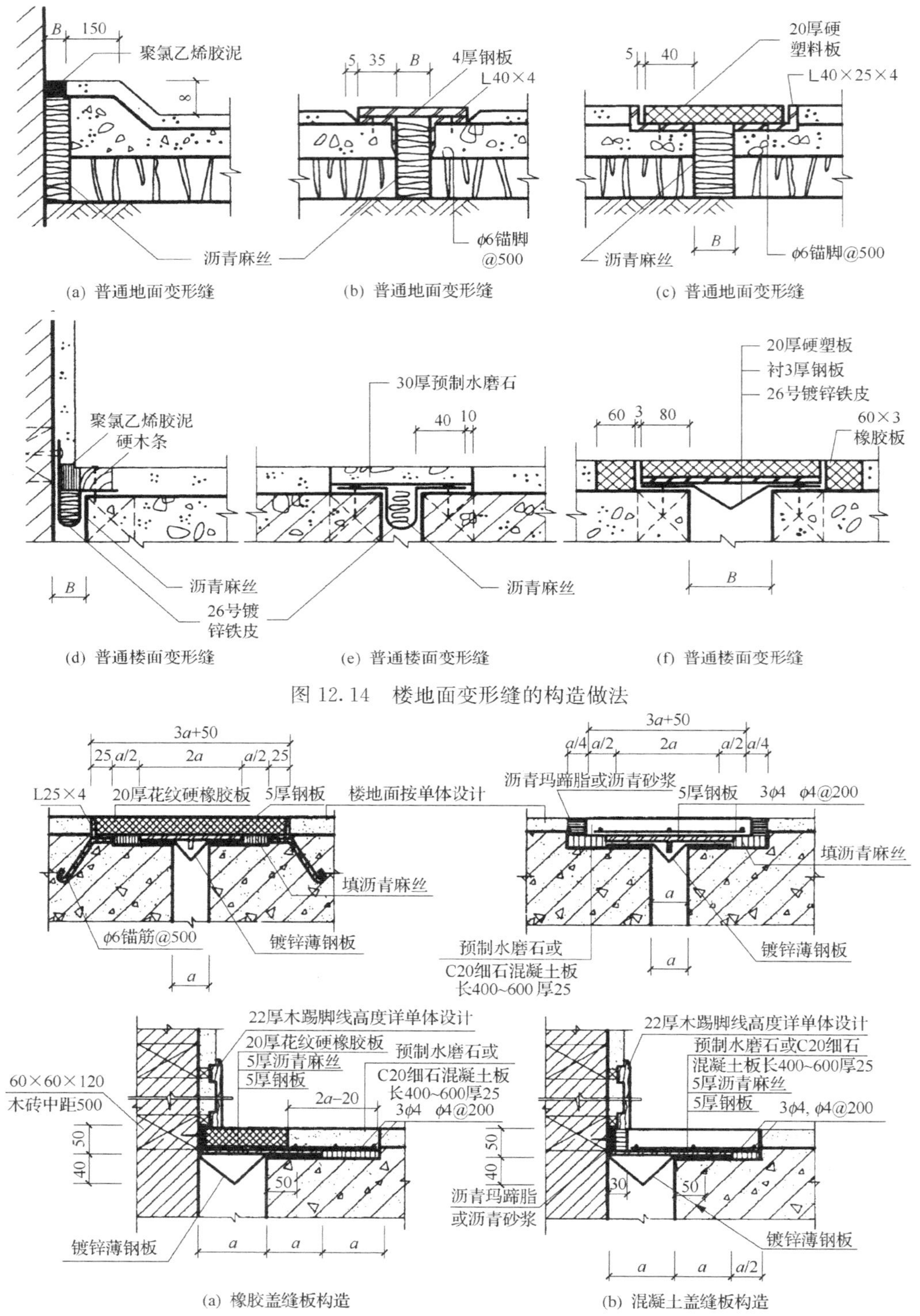

图12.14 楼地面变形缝的构造做法

图12.15 楼面防震缝的构造做法

12.3.3 屋顶变形缝

屋顶变形缝在构造上主要解决好防水、保温等问题。屋顶变形缝一般设于建筑物的高低错落处，也见于两侧屋面同一标高处。不上人屋顶通常在缝的一侧或两侧加砌矮墙或做混凝土凸缘，高出屋面至少250mm，再按屋面泛水构造要求将防水层沿矮墙上卷，固定于预埋木砖上，缝口用镀锌铁皮、铝板或混凝土板覆盖。盖板的形式和构造应满足两侧结构自由变形的要求。寒冷地区为了加强变形缝处的保温，缝中应填塞沥青麻丝、岩棉、泡沫塑料等具有一定弹性的保温材料。

当屋面为上人屋面时，因使用要求，一般不设矮墙，但应做好防水，避免渗漏。平屋顶因防水做法的不同，柔性防水屋面及刚性防水屋面变形缝构造略有不同，如图12.16和图12.17所示。

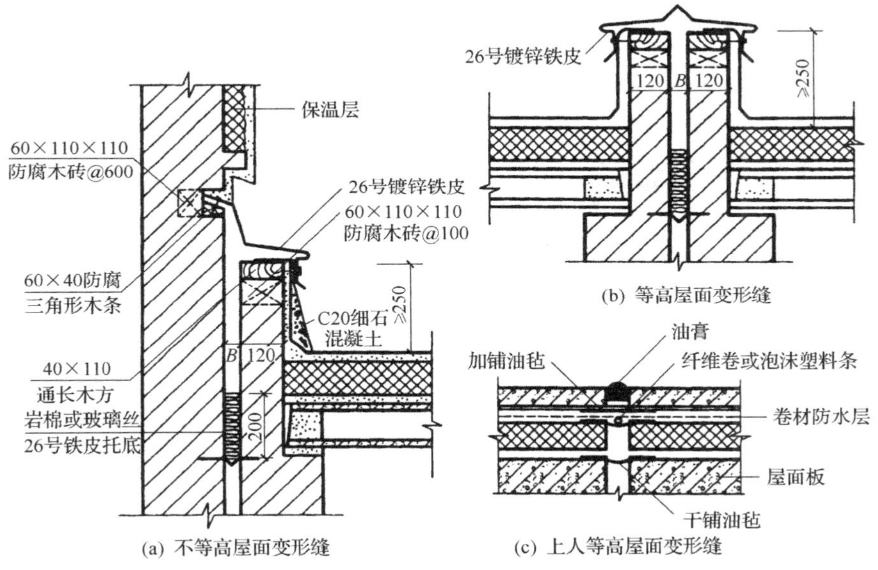

图12.16 柔性防水屋顶变形缝构造

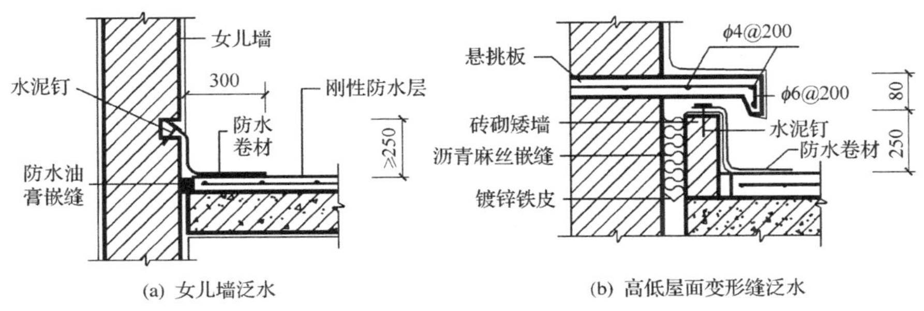

学习重点

重点关注：

1. 屋顶变形缝的构造做法。

分析与思考：

1. 屋顶变形缝的接缝材料。
2. 绘图说明高低墙体屋顶变形缝构造特点。
3. 绘图说明等高墙体屋顶变形缝构造特点。
4. 绘图说明上人屋面出口处变形缝构造。

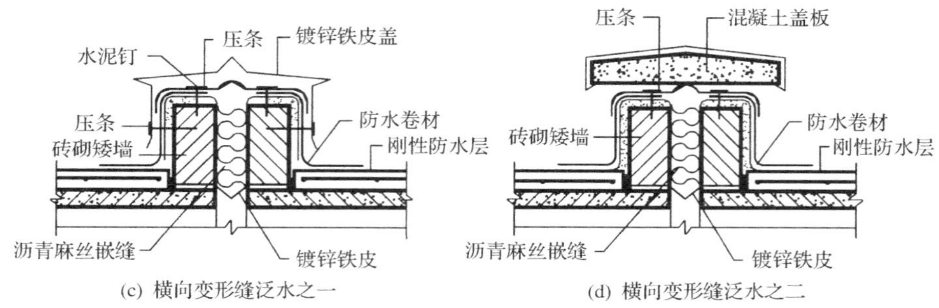

(c) 横向变形缝泛水之一　　(d) 横向变形缝泛水之二

图 12.17　刚性防水屋顶变形缝构造

(a)、(b) 为不等高屋面变形缝；(c)、(d) 为等高屋面变形

当屋顶变形缝处于上人屋面出口处时，为防止人活动对变形缝盖缝设施的损坏，需加设缝顶盖板等措施，如图 12.18 所示。

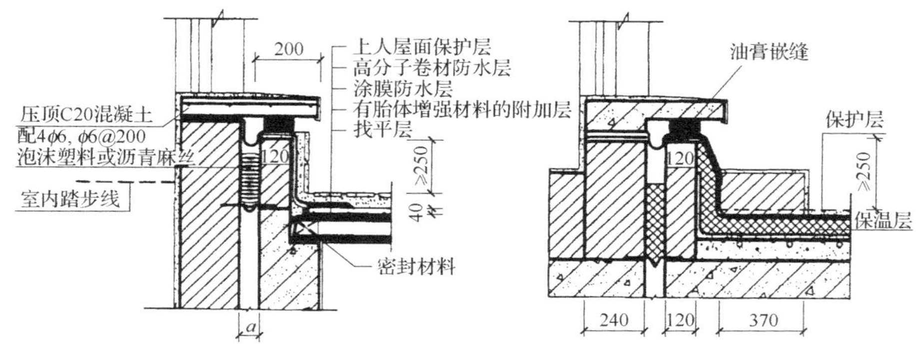

图 12.18　上人屋面出口处变形缝构造

小　　结

本章主要讲述了有关民用建筑变形缝的内容。变形缝分为伸缩缝、沉降缝、防震缝三种，分别是为了防止建筑物因温度变化、地基不均匀沉降及地震引起的建筑物裂缝或破坏而设置。变形缝因其功能不同，缝的宽度设置也就不同，但其构造设计的要点基本相同，即要求在产生位移和变形时不受阻，不破坏建筑物的结构和建筑饰面层。同时，应根据其部位和需要，分别采取防水、防火、保温等措施。在学习过程中应注意以下几方面：

(1) 变形缝的三个种类及其各自的设置原则。重点了解不同的建筑类型中，设置伸缩缝的最大距离。

(2) 三种变形缝的设置要求：伸缩缝要求把建筑物的墙体、楼板层、屋顶等地面以上的部分全部断开，基础部分因受温度变化影响较小而不必断开，且缝宽较小。一般为20～40mm。沉降缝要求建筑物从基础到屋顶的结构部分全部断开，缝宽受地基土质、建筑物高度或层数的影响。当伸缩缝和沉降缝合并考虑时，沉降缝可以代替伸缩缝，而伸缩缝不能代替沉降缝。抗震缝应沿建筑物全高设置，并用双墙使各部分结构封闭，通常基础可不分开，缝宽受建筑物高度和抗震烈度影响。

(3) 掌握变形缝的构造做法，能绘图说明变形缝在墙体、楼地面、顶棚、屋面以及基础处变形缝的构造做法。

第十三章 工业化建筑构造

13.1 概 述

学习重点

重点关注：

1. 建筑工业化的意义。
2. 建筑工业化的特征。
3. 建筑工业化的体系。
4. 建筑工业化的类型。

13.1.1 建筑工业化的意义及特征

建筑工业化与传统建筑方式的根本区别在于把过去的手工业生产方式改变为现代工业的生产方式。几千年来，人们建造房屋的传统方式都是靠手工操作，劳动强度大，工期长，耗费大量人工。而建筑工业化能加快施工速度，降低劳动强度，减少人工消耗，从根本上改变建筑工业的落后状况，也像其他现代工业生产一样，用机械化方法生产房屋的构配件、房屋内部设备及至整个房屋。

建筑物工业化的基本特征表现在设计标准化、施工机械化、预制工厂化、组织管理科学化四个方面，其中设计标准化是建筑工业化的前提条件，建筑产品如不加以定型化，采用标准化设计，就无法批量生产；机械化生产与施工是建筑工业化的核心；预制工厂化是建筑工业化的手段，大多数的定型产品都可以由现场生产转入工厂制造；组织管理科学化是实现建筑工业化的保证，由于生产的各个环节很多，相互之间的矛盾需通过统一的科学化的组织管理来加以协调，避免出现混乱。

13.1.2 工业化建筑的发展过程

建筑工业化是在第二次世界大战以后开始发展起来的。由于战争的严重破坏，欧洲一些国家住房奇缺，劳动力紧张，传统的建造方式已不能适应大规模建房的需要，必须走建筑工业化的道路。战后20世纪40年代末是建筑工业化发展的初期阶段，20世纪50～60年代是建筑工业化大规模发展时期，在此期间，欧洲各国经济恢复较快，给大规模发展建筑工业化提供了物质技术条件，如钢材、水泥、施工机械等。各种工业化建筑体系相继产生，互相竞争，更促进了建筑工业化的进一步发展。发展较快的国家有苏联、东欧各国、法国、英国、日本等。

中华人民共和国成立后，我国非常重视建筑工业化的发展，早在1956年，国务院在《关于加强和发展建筑工业化的决定》中就指出："为了从根本上改善我国的建筑工业，必须积极地、有步骤地实现机械化、工业化施工，必须完成对建筑工业的技术改造，逐步完成向建筑工业化的过渡。"经过将近30年的努力，我国建筑工业在标准化、机械化、工厂化方面做了不少工作，取得了一定的成绩，各种工业化建筑相继发展起来。例如20世纪50年代开始的砌块建筑和大板建筑；60年代开始的升板建筑和滑模建筑；70 年代开始的大模板建筑和框架板材建筑；50 年代末与 80 年代曾先后进行了盒子建筑的试点。在推广过程中，各种工业化建筑体系正在逐步形成。然而，我国建筑工业化的发展速度仍然很慢。

13.1.3 工业化建筑的结构体系

实现建筑工业化，必须使其形成工业化建筑体系，当前，我国已从一般的标准设计向工业化建筑体系方向发展。所谓工业化建筑体系是指把某类或某几类建筑，从设计、生产工艺、施工方法到组织管理等各环节配套，形成定型的工业产品或生产方式，以提高建筑的质量和速度。

工业化建筑通常按其建筑结构类型和施工工艺的特点来划分体系。工业化建筑的结构类型主要是剪力墙结构、框架结构和框剪结构。施工工艺类型主要是按混凝土工程划分，如预制装配式、工具模板机械化现浇式以及预制与现浇相结合等几种。

按结构类型和施工工艺综合特征分为以下类型：砌块建筑（前面已述）、大板建筑、框架轻板建筑、大模板建筑、滑模建筑、升板建筑和盒子建筑等。

13.2 装配式大型板材建筑

装配式大型板材建筑是由预制的大型内外墙板和楼板、屋面板等构件组合装配而成的建筑物，简称大板建筑，如图 13.1 所示。

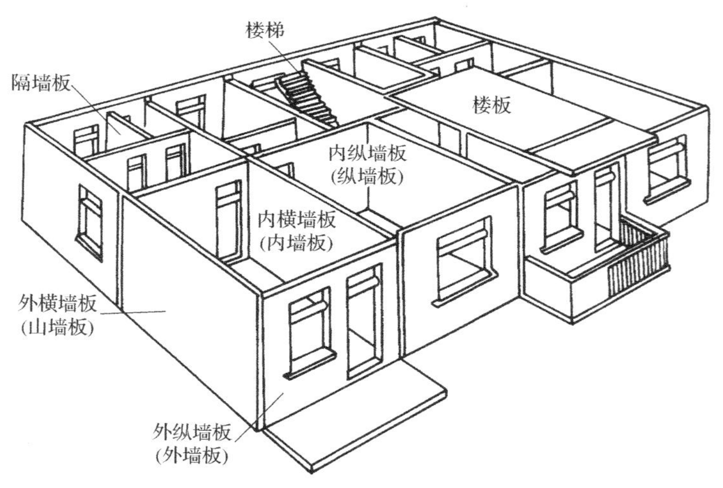

图 13.1 大板建筑示例

13.2.1 大板建筑的特点

大板建筑的板材由预制构件厂预制生产，也有在工地的临时构件厂预制生产，然后进行吊装。因此，与传统做法的砖混建筑相比，大板建筑具有以下优点：①不占农田，解决了与农业争地的矛盾；②有利于提高劳动生产率，缩短工期，与砖混建筑比，相同面积的房屋采用大板建筑，工期可以缩短 1/3 以上；③有利于长年均衡施工；④现场湿作业大大减少，手工操作程度大大降低，改善了劳动条件，减轻了劳动强度，且使现场管理大为简化；⑤提高了使用面积利用系数，大板建筑的墙板厚度一般比砖混结构的砖墙薄，从而扩大了使用面积；⑥有利于减轻结构自重，由于大板建筑墙体薄，并广泛采用轻质材料，因而每平方米的结构重量大大减轻；⑦有利于抗震。大板建筑的强度大、自重轻，且具有较好的抵抗变形的能力，因此其抗震性能良好。

但大板建筑也存在一定缺点，如建筑设计的灵活性受到一定限制、外形有千篇一律之感、标准化与多样化的矛盾比较突出、用钢量较多、造价上比砖混结构高10%～15%等。同时，在使用过程中发现由于施工等多方面的原因，外墙板缝易出现渗漏现象。这也是大板建筑难以发展的主要原因。

大板建筑多用于九层和九层以下的建筑，20层以内的高层建筑亦有采用，如住宅、办公楼等。

学习重点

分析与思考：

1. 简述大板建筑的结构体系及特点。

13.2.2 大板建筑的结构体系

常见的大板建筑结构体系有横墙板承重、纵墙板承重、纵横双向墙板承重以及在建筑内增设梁柱的部分梁柱承重体系。

1. 横向墙板承重

即由横向墙板承受楼板的荷载，如图13.2(a) 所示。横墙板承重体系适合于开间不大，房间面积较小的建筑，如住宅、办公楼等。这种布置方式刚度大且整体性强，且楼板的跨度也比较经济。由于外墙为围护构件，不承受上部荷载，故在满足保温隔热、防潮防水等要求的情况下，应尽量减薄板的厚度，并可以采用轻质材料来降低外墙板的重量。

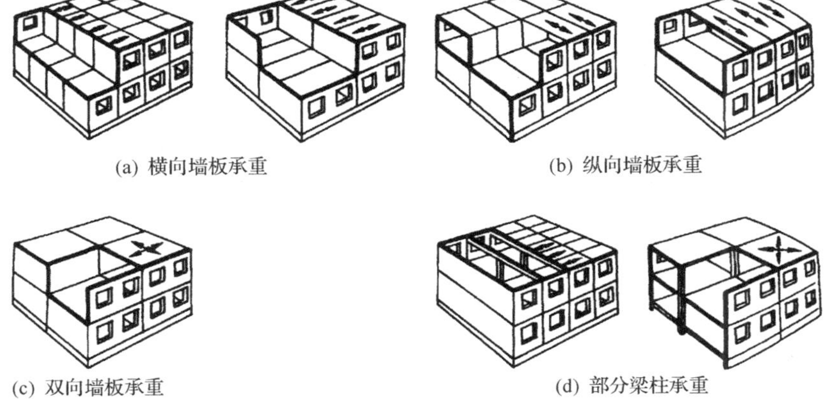
(a) 横向墙板承重
(b) 纵向墙板承重
(c) 双向墙板承重
(d) 部分梁柱承重

图13.2 大板建筑的结构体系

2. 纵向墙板承重

即由建筑两侧纵向外墙板或内外三道纵墙板支承楼板，并在一定的范围内设置横墙。横墙的作用是拉结纵墙，保证空间刚度，如图13.2

(b) 所示。这种布置形式的优点是平面布置的灵活性较大，内部采用非承重的隔断，可以较方便地分隔出不同大小的空间，容易满足使用要求。与横墙承重相比，建筑物整体刚度较差，且纵向外墙既要满足承重，同时也要满足保温隔热、防潮防水以及饰面等要求，因而板的构造比较复杂。

3. 双向墙板承重

这种承重结构形式是横、纵墙均为承重墙板，楼板多采用一间一块的整间大楼板。通常，楼板接近方形，可设计为纵横墙板双向承重体系，如图 13.2(c) 所示。这种布置形式的优点是楼板四面支承，与墙板锚固好，建筑物的整体刚度大。从结构角度看，楼板双向受力，厚度最小，有利于减轻板重，节约材料。但房间的两向尺寸受到限制，不灵活，少变化。若增加房间平面类型，则必须增加墙板及楼板的尺寸规格，且为安装工程带来麻烦。

4. 部分梁柱承重

部分梁柱承重是墙板与部分梁柱共同承受楼板的荷载。它又分为两种形式：一种是在纵墙上搁置横梁，可采用中型楼板以减少构件的尺度和重量，有利于机械化程度不高地区的生产和吊装；另一种是把内纵墙局部改为内柱，使柱与横梁结合形成内骨架形式。部分梁柱承重有利于建筑平面的灵活布置，但在适当部位均须设置横向剪力墙以增加其横向刚度，如图 13.2(d) 所示。

13.2.3 大板建筑的板材类型

大板建筑的主要构件有外墙板、内墙板、楼板、屋面板，主要的辅助构件有楼梯、隔墙、阳台、檐口和勒脚等。

1. 墙板

墙板按其安装的位置分为外墙板和内墙板，按其构造形式分为单一材料墙板和复合墙板。

1) 外墙板

外墙板的尺寸通常为：高度同层高，宽度为一开间一块、两开间一块或三开间一块；也可以是宽度为一开间，高度为一个层高、两层高或三层高一块，如图 13.3 所示。其中，一开间一层一块采用最多。

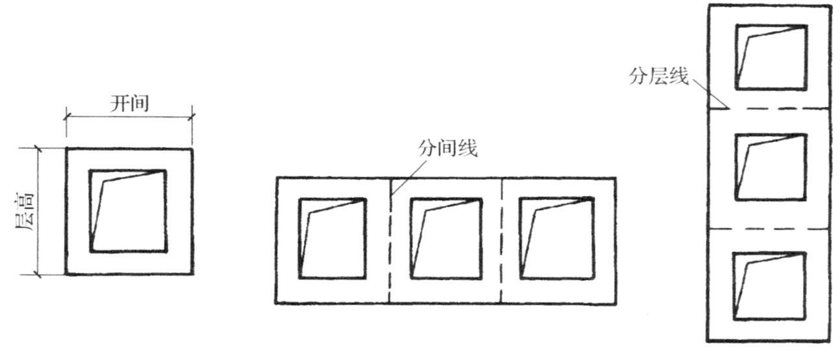

图 13.3 外墙板的划分

外墙板除应满足结构要求外，还需满足保温隔热、防潮防水、抗冻、耐久、美观等功能要求。

外墙板按受力情况不同分为承重外墙板、自承重外墙板及悬挂墙板，按板材本身构造分，有单一材料外墙板和复合材料外墙板。所谓单一材料外墙板是用同一种材料做成的实心板或空心板。它的构造简单、生产方便，强度和刚度较大，一般多作为承重内墙板。复合材料外墙板是根据功能要求不同，选用两种以上不同容重的材料组合在一起的墙板。通常外墙板根据功能要求划分为结构层、保温层、抗水层、饰面层，如图13.4所示。

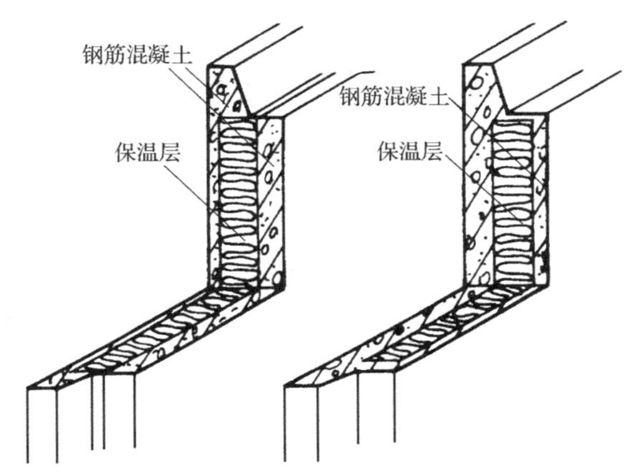

图13.4 复合材料外墙板

2）内墙板

内墙板是分隔室内空间的构件，它不仅应具有足够的强度还要考虑隔声要求，对于卫生间等部位的内墙板还应满足防潮、防水要求。在墙承重的大板建筑中，一部分内墙板为承重墙，此时它一方面是隔离构件，另一方面又是承重构件。内墙板在结构方面要求制作简单，保证必要的强度，并能支承楼板。

内墙板按受力不同分为承重内墙板和隔墙板，按构造形式有实心墙板、空心墙板、肋形墙板［见图13.5(a)］、框壁板［见图13.5(b)］等。其中，隔墙板一般常采用轻质材料板材。

2. 楼板

为了加强房屋的整体刚度，充分利用起重机械的吊装能力，提高装配化程度，楼板的大小常采用一间一块或一间二块。楼板按其构造形式分为实心楼板、空心楼板、肋形楼板等。

1）实心楼板

多为钢筋混凝土制作，一般主要受力钢筋为单向钢筋。在纵横墙均为承重墙板、楼板接近方形时，可四边搁置，即双向配筋，如图13.6(a)所示。实心楼板混凝土用量较多，构件的单位重量大，多用于走廊

学习重点

分析与思考：

1. 外墙板的类型及其特点。
2. 内墙板的类型及其特点。
3. 楼板的类型及其特点。

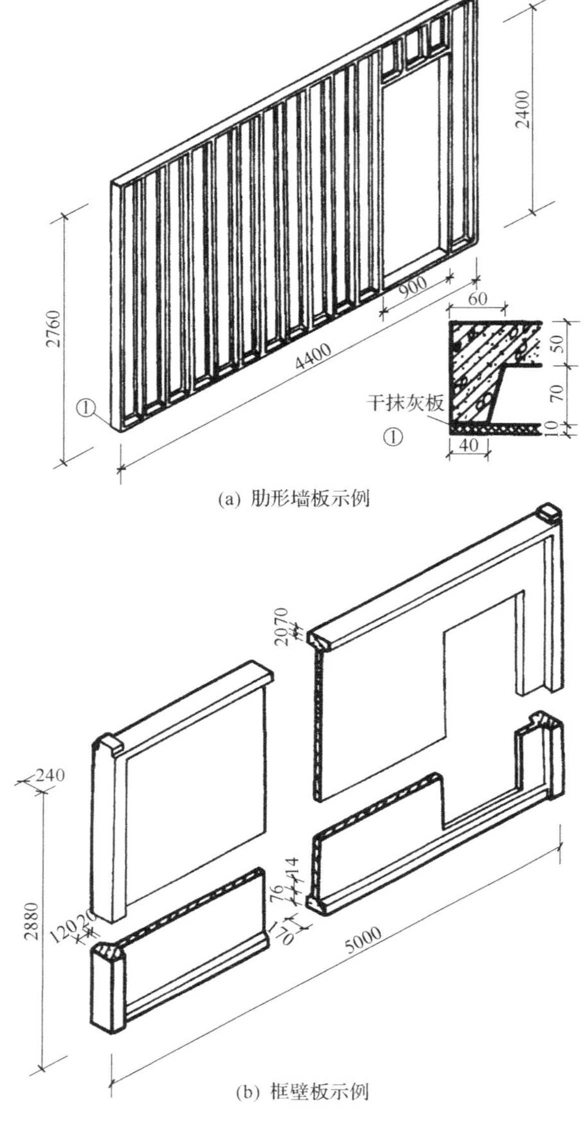

(a) 肋形墙板示例

(b) 框壁板示例

图 13.5　各种内墙板示例

等小面积、小跨度的楼板，以及卫生间、厨房等管线穿过较多的房间楼板。

2）空心楼板

采用预应力钢筋混凝土制作，其孔形有圆孔和椭圆孔。椭圆孔墙板孔隙率大，楼板自重轻，但抽芯比圆孔困难，因此通常采用圆孔形空心楼板，如图 13.6(b) 所示。空心板均为单向受力板。空心楼板压入墙板内的空心部分应用混凝土垫块填实，以免端缝灌浇时漏浆，并保证板端能将上层荷载均匀传递至下层墙体。带阳台的楼板，其悬臂部分可不抽孔；带管道孔的楼板，其管道通过部分也可不抽孔。

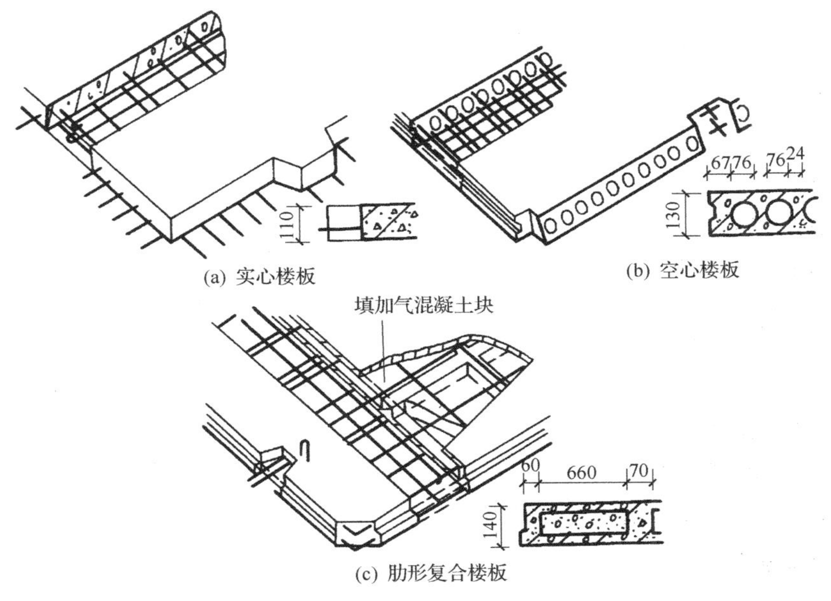

图 13.6　楼板构造类型

3）肋形楼板

肋形楼板分板下肋和板上肋两种。肋之间多填以块状轻质保温或隔声材料，如加气混凝土，这样使上下均有平整的表面。肋形楼板在制作时，先浇捣底面，然后用填块做内模，空留肋的位置，再浇捣肋和面层，在混凝土凝固后填块就紧紧地与肋骨黏结在一起形成整体。也可以用塑料、水泥砂浆等预制的盒式模板，模板成型后不再拆除，如图 13.6(c)所示。

3. 其他构件

大板建筑的其他构件包括阳台构件、楼梯构件、挑檐板、女儿墙板等。

阳台板有整间大楼板带挑阳台板和部分楼板带挑阳台板。前者结构整体性好，装配化程度高，但构件尺寸大，运输、堆放需要一定条件；后者构件自重及尺寸比上述小，运输、堆放较方便，但在房间内有楼板接缝，接缝处理要求平整、不漏水。

大板建筑的楼梯均采用预制楼梯。一般将楼梯平台与楼梯段均做成单个构件，也可以把梯段和平台联合做一构件，以减少吊装的次数。

在挑檐的建筑中，可把屋面板与挑檐板做成一个构件，也可在檐口另加挑檐板。

在女儿墙的建筑中，女儿墙通常采用特制的墙板。板的侧边做出销键，预留套环，板底有凹槽与下层墙板结合。板的厚度可与主体墙板一致。

13.2.4 大板建筑的节点构造

大板建筑主要通过节点、接缝连接成整体。因此，其节点设计的好坏直接影响到建筑物的整体性、稳定性和使用效果与年限。其节点构造包括板材间的连接和外墙板的接缝构造。

1. 板材的连接

内、外墙板以及内横墙与内纵墙之间的连接，目前常采用以下几种做法：

1）焊接

焊接是靠构件上预埋的铁件，通过连接钢板或钢筋焊接而成。这是一种“干”接头做法。这种做法的优点是施工简单、速度快，缺点是局部应力集中，容易造成锈蚀，对预埋件要求精度高，位置必须准确，耗钢量也大。

2）混凝土整体连接

混凝土整体连接又称为装配整体式连接，它是利用构件甩筋与附加钢筋连接在一起，然后浇筑高强度的混凝土，这是一种“湿”接头做法。这种做法的优点是刚度好，强度大，整体性强，耐腐蚀性能好。缺点是施工时工序多、操作复杂，而且要有一定的养护时间，浇筑后不能立即受力。

3）螺栓连接

螺栓连接是一种装配式接头，它是靠构件上预留的铁件，用螺栓连接而成的一种接头。这种接头对于变形的适应性强，经常用于围护结构的墙板与承重墙板的连接。这种做法要求精度高，位置必须准确。

2. 外墙板缝的节点构造

外墙板的接缝有水平缝、垂直缝以及水平缝与垂直缝的相交部位——十字缝。大板建筑外墙板接缝是材料干缩、温度变形和施工误差的集中点。因此，设计板缝构造时，应考虑当地年温差、风雨大小、湿度状况等因素，采取措施达到防水、保温隔热，同时应满足耐久、经济、美观、便于制作和施工等要求等，处理不当将严重影响建筑物的质量和使用。

1）水平缝

（1）滴水式水平缝。

即墙板下部加滴水、上部加排水坡和挡水台的构造防水与勾抹防水砂浆相结合的方案，如图 13.7 所示。滴水的作用是使墙面流下的雨水重力大于雨水和墙面的附着力，雨水遇滴水槽下滴，不能向里流到勾缝砂浆上。当墙板制作和吊装误差较大或风压较大时，在坐浆上缝处有可能渗漏，故施工时须采取相应措施，保证嵌缝质量，也可采用防水砂浆或油膏嵌缝，增加一道防线，以提高防水效果。

（2）高低缝。

高低缝是在墙板上部设有泄水坡和一定高度的挡水台，墙板下部前沿设有凸起的“遮缝边坎”，上下墙板错缝构成互相咬口的高低缝，缝内构成水平空腔，一方面破坏了毛细管作用，使墙板面的挂流雨水不致侵入缝内，即使有少量雨水渗入，也不会立即突破边坎。如在墙板下部坎下加做一滴水槽或做成向外的斜坡，可使墙面的挂流雨水尽量靠墙的外侧落下，以利排水，更能增强水平缝的防水效果。此方案应注意墙板上部的挡

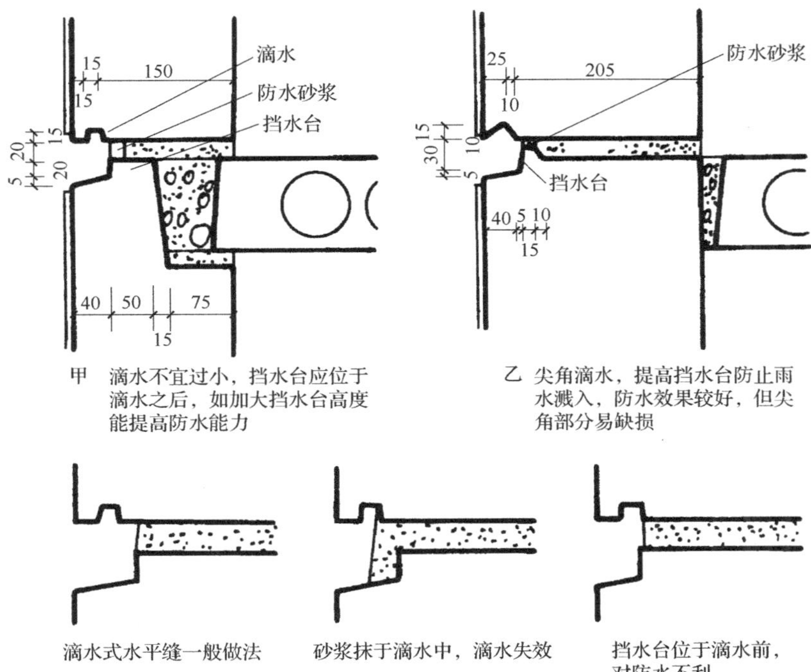

图 13.7 滴水式水平缝构造

水台须平整光洁，避免缺棱掉角。这种做法又分为敞开式高低缝和封闭式高低缝，如图 13.8 所示。

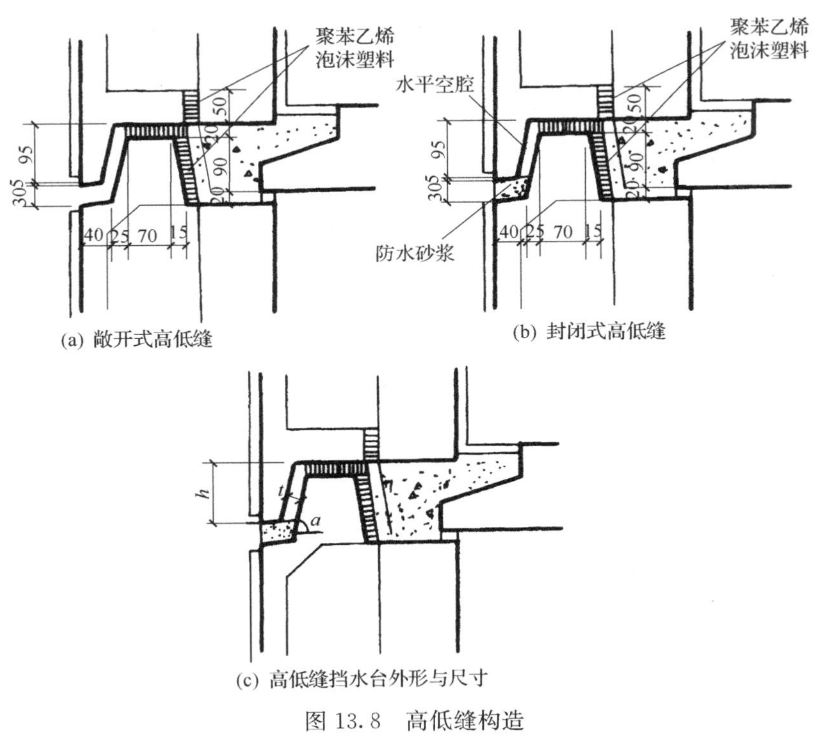

图 13.8 高低缝构造

学习重点

分析与思考:

1. 板材的连接有哪几种做法?
2. 水平缝构造有几种形式?

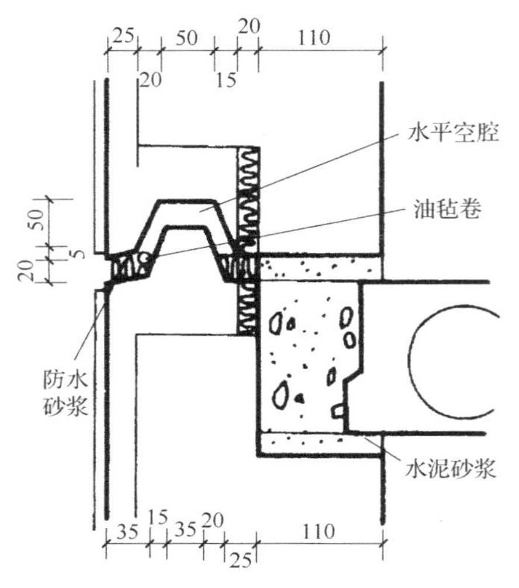

图 13.9　企口缝构造

(3) 企口缝。

即在下层墙板顶部做凸起的挡水台和泄水坡，正好嵌入上层墙板下部的凹槽中（见图 13.9），缝内构成水平空腔，接缝外口勾水泥砂浆。为了保持高低缝有足够的高低差，且避免勾缝砂浆浸堵水平空腔，在勾缝前须用遮挡物填塞缝隙，然后再做勾缝砂浆。遮挡物可选用防水材料，如油毡卷、聚苯乙烯泡沫塑料条或浸沥青草绳等。为了减少或避免在空腔内聚积雨水，缝内应设置泄水孔，泄水孔的位置宜安排在两侧紧靠十字缝或与十字缝结合在一起。防水边坎的高度定在 60mm 以上，如能在下部做滴水，防水效果会更好。

墙板下部边坎底面应略高（或平）于墙板承压底部。墙板在堆放或安装时，应支承在承压底部，使边坎不致碰坏。它的缺点是承压面积较少，这对设计厚度在 240mm 以下的承重墙板带来一些困难。

为了防止接缝处出现结露，在缝内须嵌入聚苯乙烯泡沫塑料保温层。实践证明采用这种构造防水方案对防水及保温均有良好的效果。

2) 垂直缝

外墙板垂直缝节点构造一般采用空腔构造，如图 13.10 所示。

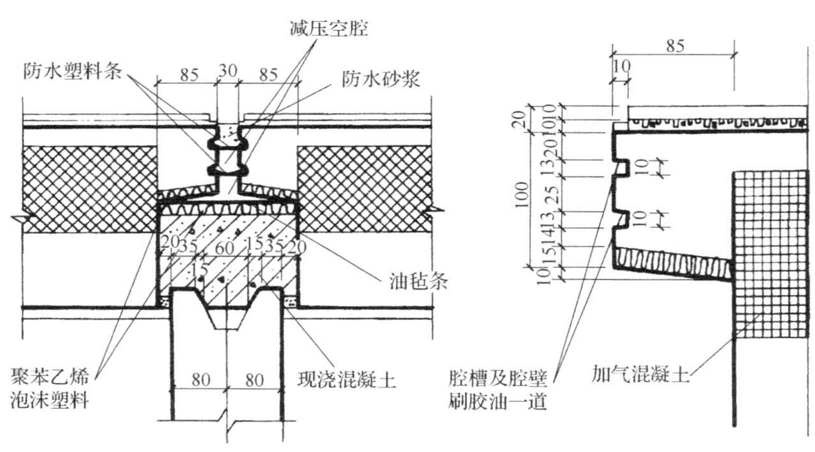

图 13.10　垂直缝节点构造

减压空腔的主要作用是：切断勾缝砂浆和灌缝混凝土的联系，破坏毛细管渗水，同时使由于风力压入的少量雨水在进入空腔之前，由于自重作用而下落；空腔的底部与外界相通，空腔内的压力与外部空气的压力相同，因而进入空腔的少量雨水在其前进途中与防水隔带相遇时，将不会流入接缝内部扩展的减压空腔层里，且很容易排出缝外；防水塑料条后面的第二道空腔是防水的第二道防线，增加了其防水可靠性；空腔使内部的保温层保持干燥，免受潮气的影响。

垂直缝构造做法一般多根据墙板的厚度、灌缝混凝土的尺寸、保温层的部位与厚度等加以选用。在条件许可的情况下，应尽可能选用双空腔防水。若选用单腔防水时，须使空腔的侧壁有足够的深度，否则容易漏水。

3）十字缝

十字缝是外墙板垂直缝与水平缝相交处，是接缝防水最薄弱的地方。因此，在允许接缝开裂条件下，如何使渗入空腔的雨水顺利导出就显得格外重要。一般有三种处理方法：

（1）以楼层为单位的分层排水。

分层排水是在十字缝部位设置一金属或塑料排水器，俗称水簸箕［见图 13.11(a)］，将空腔内的雨水排出。为了使流下的雨水不污染下层墙面，减少流量、流速和压力，排水器可稍挑出墙面一些。

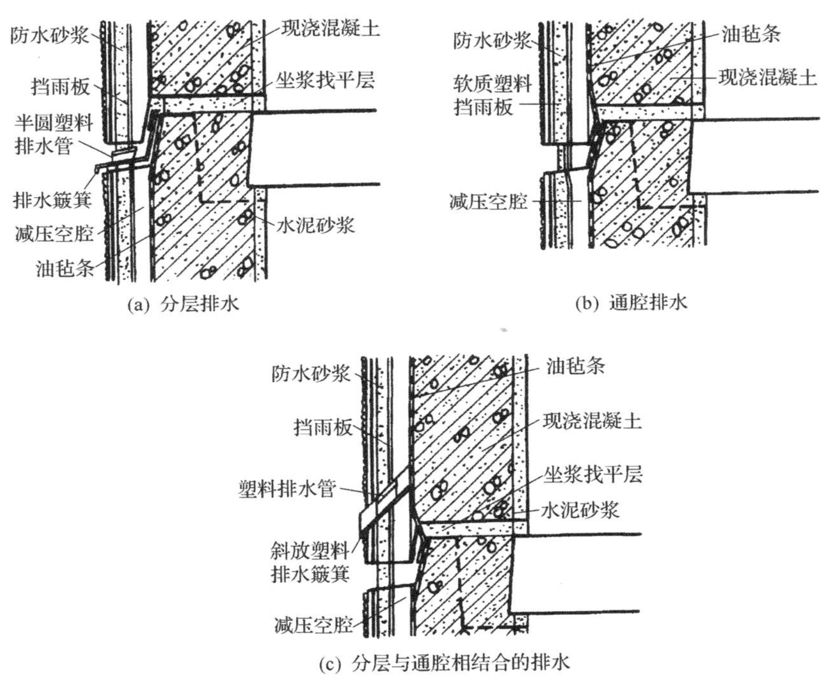

图 13.11　十字缝节点构造

（2）通腔排水。

通腔排水是将上层空腔内的雨水逐层导入下层空腔，在底层空腔下部勒脚处一次排出［见图 13.11(b)］。这种方式要求施工精度高，上下墙板的板缝应对齐。但实际安装中由于墙板错缝现象不易避免，很难形成一条完整的通腔，而且底层流量大，万一中途堵塞，空腔的防水作用即遭破坏，因而在选用时，应根据墙板的生产质量及施工吊装水平而定。

（3）分层与通腔相结合。

这种方法结合了分层排水与通腔排水的特点，为了减少分层排水对

学习重点

分析与思考：

1. 垂直缝减压空腔的作用。
2. 十字缝的排水方式有哪些？其特点是什么？

水平缝可能产生的不利影响，并简化十字缝施工，将排水口位置适当提高（高于十字缝），通过斜槽排水器使大部分雨水由排水口排出，少量雨水绕过排水器两侧进入下层空腔，由下层空腔排出，防水效果更为保险。实践证明，这是一种比较理想的排水方式［见图 13.11(c)］。

此外勒脚、转角垂直缝、檐口、女儿墙、阳台处等部位均需根据具体情况进行处理，但不论怎样，其基本方法不变。

13.3 框架轻板建筑

框架板材建筑是由框架和轻型板材组成的建筑。柱、梁、楼板为其承重构件，墙板仅起围护与分隔的作用。因此其外墙板可以是自承重的，也可以是悬挂的。除必要的抗剪墙板外，多数为轻质墙板。它可采用大开间、大进深，具有空间分隔灵活、利用工业废料、节约材料、自重轻、结构面积小、有利于提高抗震性能、改善施工条件等优点。设计时，应注意柱网的合理布置，以便减少构配件制品类型规格，又要能适应建筑设计中多种功能使用的要求，有一定的灵活性。

框架轻板建筑用于高层建筑最经济、最合理，多层建筑也常采用，适用于各种住宅和公共建筑。

13.3.1 框架结构的类型

框架结构按其所用材料可分为钢结构和钢筋混凝土结构。钢框架自重轻，施工速度快，适用于高层、超高层建筑及大跨建筑。钢筋混凝土框架防火性能好，造价较低且材料供应容易保证，适于二三十层以下的建筑。目前我国多采用钢筋混凝土框架结构。

钢筋混凝土框架按施工方法的不同，可分为现浇整体式、装配整体式和全装配式。现浇整体框架是湿作业，现场工作量大，工期长，不利于雨季和冬季施工。因此，多采用装配和现浇相结合的装配整体式和全装配式。

装配式钢筋混凝土框架轻板建筑具有减轻建筑自重、节约材料和提高工效、减少季节影响、改善劳动条件等优势。

框架按主要构件组成可分为以下几种类型：

1. 梁板柱框架体系

梁板柱框架体系是由梁柱组成的横向或纵向框架，再由楼板或连系梁将框架连接而成，这是通常采用的框架形式，如图 13.12(a) 所示。框架中的纵向梁和横向梁均为承重梁，共同起承重、联系、支撑作用；此外，还有框架的承重主梁为横向梁的横梁板柱框架体系［见图 13.12(b)］和框架的承重主梁为纵向梁的纵梁板柱框架体系［见图 13.12(c)］。横梁板柱框架体系在房屋进深方向，平面布置灵活，房间上部空间完整；纵梁板柱框架体系在房屋纵向上，平面布置灵活，但结构稳定性较差。

2. 板柱框架体系

板柱框架体系是由楼板和柱组成的框架，板柱框架中不设梁，柱直接支承楼板的四个角，成为四角支承。楼板的平面形式为正方形或接近正方形，如图 13.12(d) 所示。楼板可以是梁板合一的大型肋型楼板，也可以是实心大楼板。由于去掉了梁，室内顶棚

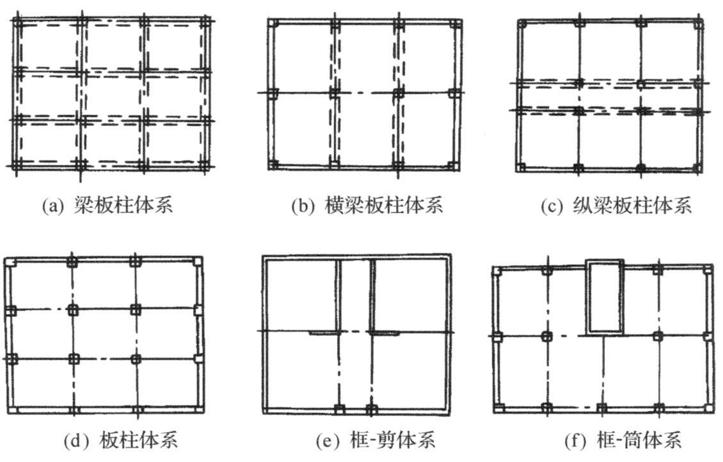

图 13.12　结构体系

表面没有突出物，增大了净高，空间体形规整。板柱框架建筑平面布置灵活，适用于楼层内大空间布置的需要。

3. 框-剪体系

为了保证结构在水平力作用下的空间刚度，常采用由框架和剪力墙共同组成承担水平力的结构，即框-剪体系。通过框架与剪力墙协同工作的刚性结构，剪力墙承担大部分水平荷载，框架主要承受垂直荷载，它综合了框架体系布置灵活和剪力墙体系刚度大的优点，因此这种结构体系在高层建筑中采用较为普遍，如图 13.12(e) 所示。

4. 框-筒体系

框架为板柱结构，利用现浇井筒加强结构整体性，如图 13.12(f) 所示。该体系整体刚性好，筒体几乎承担全部水平荷载，框架只需承担竖向荷载。

13.3.2　围护结构与框架的连接

在框架轻板建筑中，柱网的布置、外墙的划分和连接直接影响到建筑立面的处理，同时影响使用的坚固安全以及施工的方便等问题。外墙板除与柱子的预埋钢板互相焊接外，还必须与楼板或梁的预埋件焊接，以保证其稳固。

墙板可直接固定在承重结构（梁、板、柱）上，或固定在附加的墙架上。后者安装精确，建筑立面形式丰富多样，但用钢量大。墙板设计必须考虑制作和安装的要求，最好能在室内安装，便于维修或更换，如图 13.13 所示。

学习重点

分析与思考：

1. 框架结构的类型及特点。
2. 外墙板与框架的连接有几种固定方式？
3. 外墙板的设计要求。

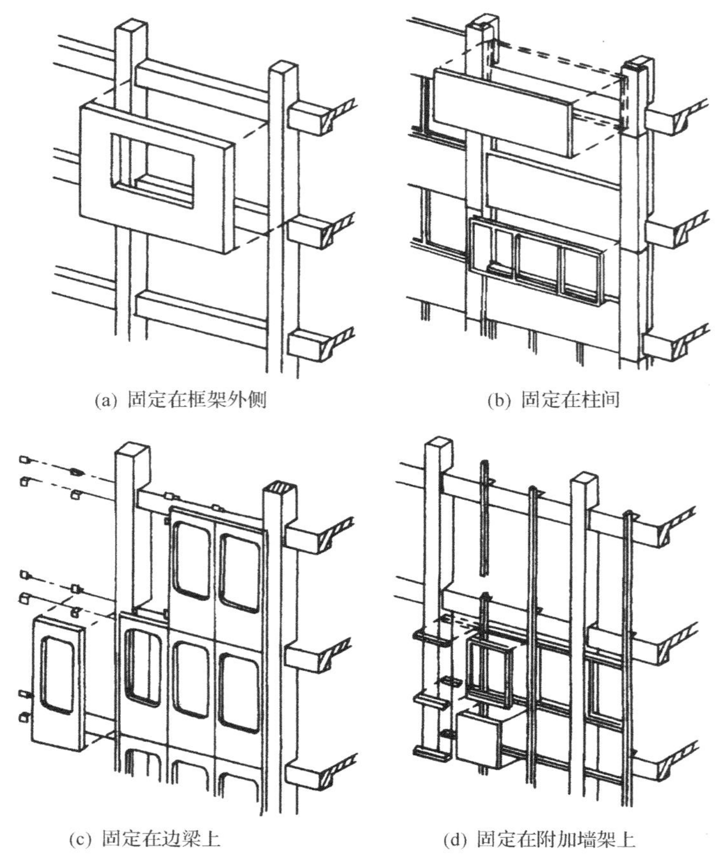
(a) 固定在框架外侧　(b) 固定在柱间　(c) 固定在边梁上　(d) 固定在附加墙架上

图 13.13　外墙板几种固定方式

13.3.3　外墙板的类型

外墙板是悬挂或支承在承重框架上的非承重外墙。为了减轻结构荷载，外墙板必须很轻。外墙板除了满足保温、隔热、防水、防火、隔声、耐腐蚀、坚固、耐久等一般外墙的基本要求外，尚须解决由于轻而薄带来的特殊问题，如变形、振动噪声及接缝处理等。

墙板根据其材料不同可分为混凝土类轻板、金属幕墙、玻璃幕墙等。

1. 混凝土类墙板

混凝土类墙板又分为单一材料和复合材料两种。单一材料墙板是用一种材料来满足热工、防火、隔声、耐风压及刚度等要求，如陶粒混凝土墙板、加气混凝土墙板。这种墙板比较坚固、制作简单，但重量大。复合材料墙板是用多种高效轻质材料分别满足保温隔热、防潮防水、防火、隔声等要求，例如钢筋混凝土复合挂板等。优点是重量轻，但制作较复杂，造价高，如图 13.14 所示。

墙板与框架的连接方式有上承式和下承式两种。上承式是墙板悬挂在上面楼板边缘上，下部做一般拉结。下承式是墙板支承在下面楼板边缘上或梁上，而上部与上面楼板拉结，或通过拉结钢筋与左右框架柱连接，如图 13.15 所示。

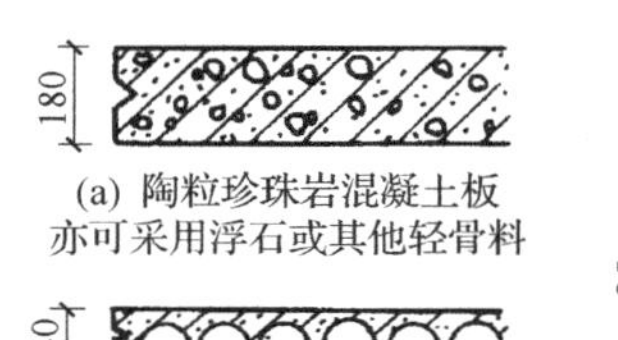

(a) 陶粒珍珠岩混凝土板
亦可采用浮石或其他轻骨料

(d) 钢筋混凝土空心板
适用于非保温工业与民用建筑

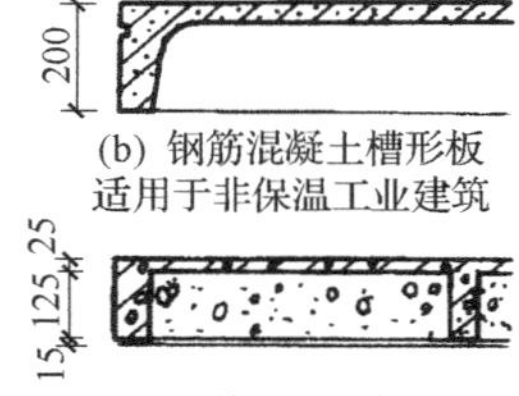

(b) 钢筋混凝土槽形板
适用于非保温工业建筑

(e) 钢筋混凝土复合板
采用加气混凝土块填充

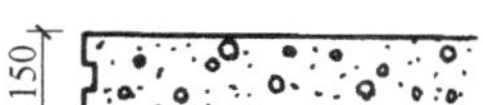

(c) 加气混凝土板
可将加气条板预先拼装成大板

(f) 钢筋混凝土夹心板
采用岩棉或泡沫聚苯填心

图 13.14　墙板类型

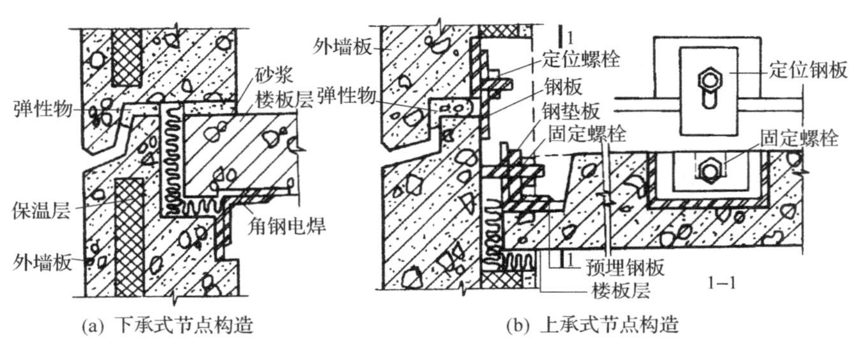

(a) 下承式节点构造　　(b) 上承式节点构造

图 13.15　混凝土类外墙板与框架的连接

2. 金属幕墙

金属幕墙是指墙板外表面由金属薄板制成，是墙板的外围护与装饰面层。金属幕墙以其安装简便、耐久性能好、装饰效果好等优点，以及其简洁、精致、挺拔的艺术效果而被一些高档的公共建筑所采用。

金属幕墙板由三个基本层次组成：外表层、保温层和内表层。外表层材料有铝合金、不锈钢、彩色钢板、铜与搪瓷金属板等板形材料。保温层材料有加气混凝土、岩棉、聚苯乙烯、聚氨酯等。内表面材料有石膏板、纤维板以及金属板等。保温层和内表面可以复合成一体，以简化施工。

彩色钢板是由连续冷压成型，其延长方向有着各种波纹形断面的条形钢板，厚度为 0.4～1.0mm，有足够的刚度。彩色钢板幕墙一般采用现场组装方式。

其他各类金属幕墙可现场组装，也可在幕墙板工厂组装成型，现场按单元板材安装，这些均属于高级面材，其生产方式不同于彩色压型钢板。铝合金、不锈钢等幕墙的面板可以设计为各种不同立体几何图形的单板，模压成型。

学习重点

分析与思考：

1. 简述外墙板的类型、特点及其适用范围。

3. 玻璃幕墙

玻璃幕墙因其材料具有光亮、晶莹、明快、有透射和反射性质，较之其他饰面材料的建筑，无论在色彩还是在光泽方面，都给人一种全新的概念，它使建筑物与周围环境交融在一起，获得景致丰富、变幻莫测的效果。但同时它也易给人一种以假乱真的错觉，它的反射性能被认为是交通事故的潜在造因和产生光污染的根源。

玻璃幕墙一般由金属框格、玻璃、连接固定件、装修件、密缝材料五个部分组成。玻璃幕墙构造组成如图 13.16 所示。

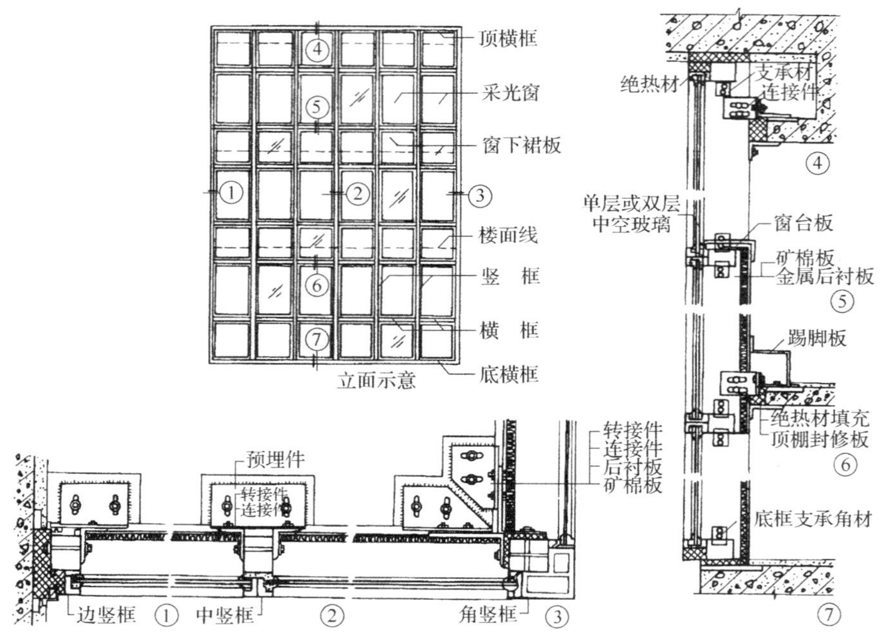

图 13.16 玻璃幕墙构造组成

金属框格有竖框、横框之分，起骨架和传递荷载作用。玻璃有单层、双层、双层中空和多层中空玻璃，起采光、通风、隔热、保温等围护作用。连接固定件有预埋件、转接件、连接件、支承用材等，在幕墙与主体结构之间以及幕墙元件与元件之间起连接固定作用。装修件包括后衬板（墙）、扣盖件以及窗台等构部件，起密闭、装修、防护等作用。密缝材料有密封膏、密封带、压缩密封件等，起密闭、防水、防火、保温、隔热等作用。此外，还有窗台板、压顶板、泛水、变形缝等专用件。

13.4 大模板建筑简介

13.4.1 大模板建筑的特点

大模板建筑通常是指用工具式大型模板现浇钢筋混凝土墙体或楼板的一种建筑形式，如图 13.17 所示。

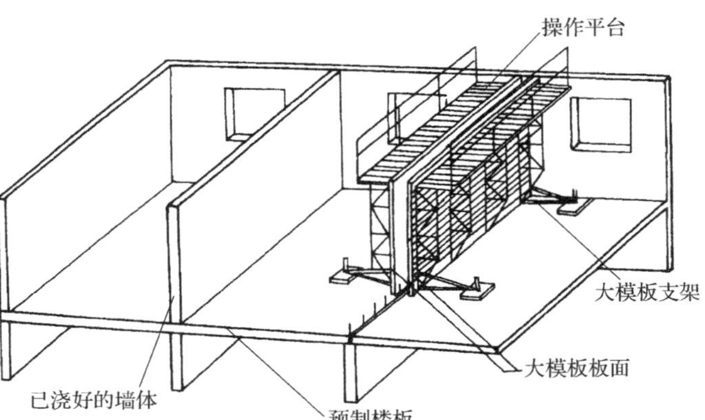

图 13.17　大模板（局部）施工示意图

大模板建筑的优点是：

（1）由于墙体在现场现浇，预制构件比大板建筑用量少，可以节省一部分预制厂的投资，故一次性投资费用较少。

（2）大型构件少，现浇墙的工艺较简单，技术要求不高，故其适应性强。

（3）施工速度较快，劳动强度低。

（4）结构整体性好，刚度大，提高了结构的抗震与抗风能力。

（5）墙面平整，可减少装修工作量，减薄墙体。

大模板建筑的缺点是：现浇混凝土工作量较大，水泥消耗量多，工地施工组织较为复杂。但由于大模板建筑技术条件要求不太高，适应性强，很适合我国国情。自 1974 年开始采用大模板建筑以来，已成为我国工业化建筑的主要形式之一。北京、唐山、上海等地发展较快，20 世纪 80 年代末，北京的大模板建筑已初步形成完整的体系。

大模板建筑可适用于地震区和非地震区的多层和高层建筑。

13.4.2　设计中应注意的问题

大模板建筑多采用横墙承重，设计时应注意：

（1）建筑物体型力求简单，避免结构刚度突变，以利于抗震和抗风。

（2）在房屋空间组合时，横墙应尽量对齐，内纵墙应拉通，以提高房屋的空间刚度。

（3）工具式大模板是用钢制作，要尽量提高周转次数才能充分发挥经济效益，设计时应尽量统一开间和进深等参数，以减少大模板的规格，用尽量少的几种模板就能满足所有墙体的施工需要，使模板的周转次数增多。

学习重点

重点关注：

1. 大模板建筑的特点。
2. 大模板建筑设计应注意的问题。

（4）加强各墙之间以及楼板与墙体之间的连接，提高结构的整体性。

13.4.3 大模板建筑的构造类型

大模板建筑分为全现浇、现浇与预制装配结合两种类型，全现浇式大模板建筑是墙体和楼板等构件均采取现浇施工方式，由于对模板、设备要求较高，在我国使用较少。

现浇与预制相结合的大模板建筑是目前我国大模板建筑的主要类型。

1. 现浇内墙与楼板，预制外墙板

这种施工方法所形成的建筑一般为横墙承重方式，为了要把浇筑楼板的模板拆除，它的承重结构成为横墙和楼板组成蜂窝状空格形式；为使模板移位方便，外墙只好做成装配形式。这种施工方法也叫“内浇外挂”，其结构整体性强，适用于防震及高层建筑，一般可达30层。为了组织流水施工，提高模板的使用周转率，现浇的楼板需要用促凝剂或进行加热养护，如热拌及蒸汽、热水、电热和红外线等方法养护。

外墙板一般采用悬挂墙、幕墙或轻质填充墙，层数不多的建筑也可采用自承重预制板外墙。该形式容易消除热桥，并可充分发挥外围护结构的保温性能。

2. 现浇内墙与楼板，砌筑外墙

现浇内墙与楼板，砌筑外墙即“内浇外砌”的施工方式。这是因为上述“内浇外挂”方式，虽然有工期短、施工方便、工效高等优点，但是还存在造价高、水泥用量大等缺点。而且外墙板的保温措施、节点处理等有时还会有一些问题，所以在多层建筑中，出现了这种外砌砖墙或砌块墙的方式。

3. 现浇内、外墙，预制楼板

采用大模板同时现浇内外墙，具有较好的整体性和较强的防震能力。和预制外墙板的建筑来比较，现浇外墙的门窗布置较为灵活，而且避免了预制外墙板接缝构造的复杂性，但是该施工方式在预制楼板的搁置、现浇外墙板的保温和外表面的装饰等问题都是目前需要进一步研究解决的。

4. 现浇内墙，预制楼板与外墙板

承重内墙采用大模板现浇，外墙、楼板和隔墙采用预制装配的做法，简称为“一模三板”（见图13.18）。这种做法可以免去立外墙模板的复杂工序，预制外墙板可以事先做好保温和饰面层。外墙板的构造通常和预制装配式外墙板一样，所不同的是，这种方法一般先装内墙大模板，然后把预制外墙板吊装就位，使其与内墙模板临时固定，再浇筑内墙混凝土，并与外墙板侧边预留环形钢筋，插筋连接，形成整体。

这种建造方式的楼板和内隔墙的构造，基本上与预制装配式建筑类同。

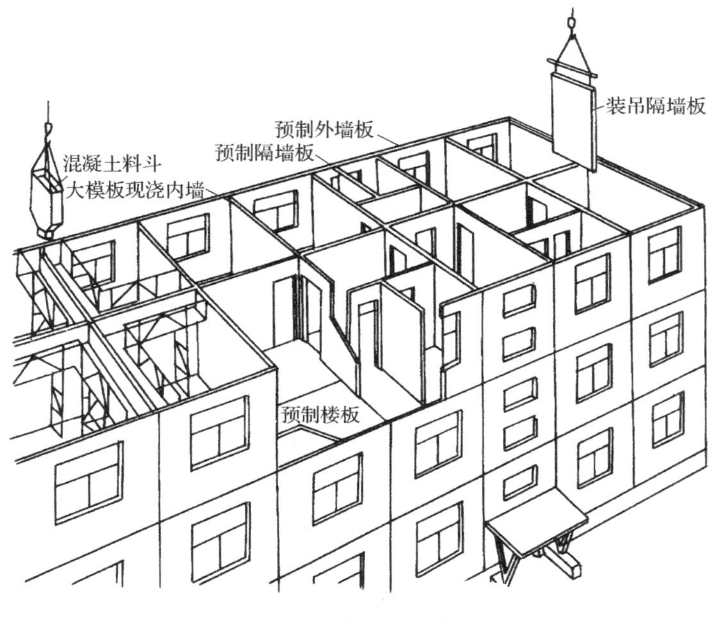

图 13.18　一模三板建筑示意

13.5　其他类型的工业化建筑简介

13.5.1　滑模建筑

滑模建筑系指用滑升模板现浇混凝土墙体的一种建筑。滑模现浇墙的原理是利用墙体内承受钢筋作支承杆，由液压千斤顶逐层提升模板，随升随浇混凝土，直至整个墙体完成连续浇筑（见图 13.19）。

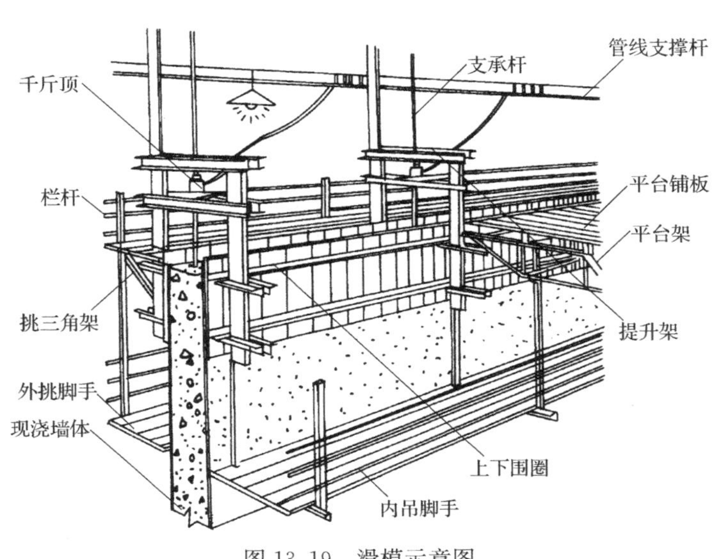

图 13.19　滑模示意图

学习重点

重点关注：

1. 滑模建筑的特点。
2. 滑模建筑的设计要求。
3. 滑模建筑的施工方法。

分析与思考：

1. 大模板建筑的构造类型及特点。

滑模建筑的优点是结构整体性好，机械化程度高，施工速度快，节约模板，施工占地少，改善了施工条件。缺点是操作困难，墙体垂直度易出现偏差，墙体厚度较大。为了适应滑模施工的特点，建筑平面设计尽量简单平整，开间应适当大一些，不能有凸出的横线条。必要时外墙面可以利用模板滑升滑出竖向线条，也可做喷涂饰面，也有在墙板上衬以加气混凝土块作为保温层，但需另加抹灰层。为了抵抗模板滑升时带来的侧摩擦力，墙体还需适当加厚。

这种施工方法适用于外形简单整齐的垂直形体、上下相同壁厚的建筑物或构筑物，如 5～20 层的多、高层建筑物的内外墙，以及水塔、烟囱、筒仓等构筑物的施工。

采用滑模施工的建筑一般有三种布置类型（见图 13.20）。

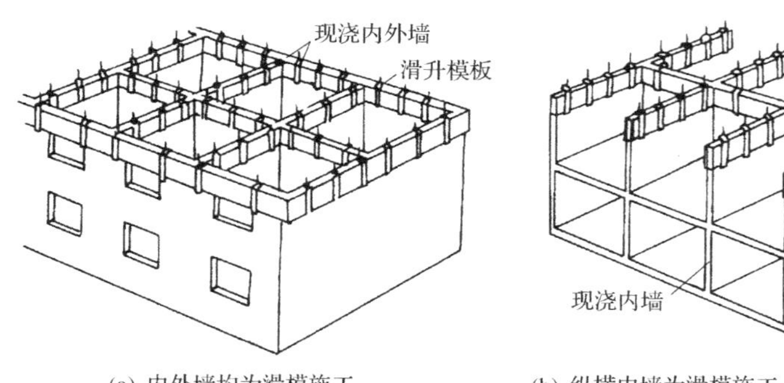

(a) 内外墙均为滑模施工　　(b) 纵横内墙为滑模施工，外墙用装配大板

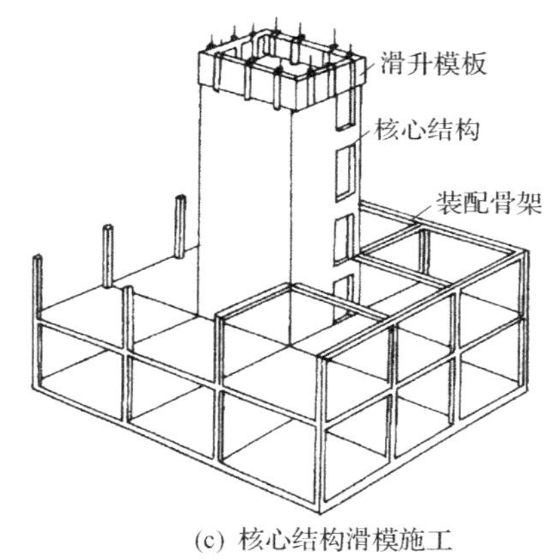

(c) 核心结构滑模施工

图 13.20　建筑物的不同滑模部位

第一种是内外墙全用滑模施工；第二种是内墙用滑模施工，外墙用装配式墙板；第三种是仅用滑模浇筑楼梯、电梯等形成筒体结构的交通核，而其余部分则采用框架或大板结构。

13.5.2　升板建筑

升板建筑是指利用房屋自身的柱子作导杆，将预制楼板和屋面板提升就位的一种建筑（见图 13.21）。升板建筑的施工顺序如下：

（1）首先是做基础。平整场地、开挖基槽、施工基础。

（2）在基础上立柱子，大多采用预制柱，立起的柱子作为提升楼板和屋盖的导杆，

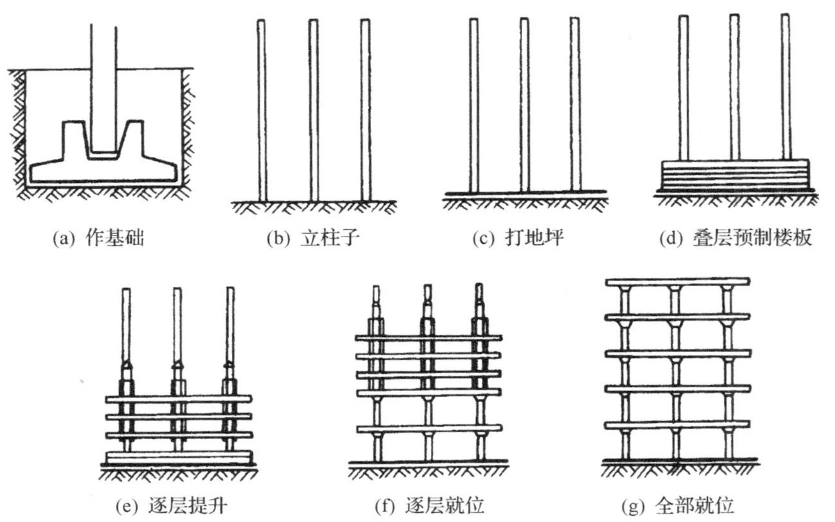

图 13.21 升板建筑施工顺序

柱子可分段现浇或预制拼接。

(3) 打地坪，先做室内地坪的目的是为了在上面预制楼板。

(4) 叠层预制楼板和屋面板，板与板之间用隔离层隔开，并且柱子是套在屋面板和楼板的柱位中心，板与柱子之间交界处需留出必要的缝隙。

(5) 逐层提升，将预制好的楼面板、屋面板自上而下逐层提升，为保证提升过程中柱不致因失稳而倒塌，楼面、屋面板不能一次提升到设计位置，而应该分为若干次进行，并注意防止上重下轻。

(6) 逐层就位，即从底层到顶层逐层将楼板和屋面板分别固定在自己的设计位置上。

升板建筑的主要施工设备是提升机，每根柱上安装一台，以使楼板在提升过程中均匀受力，并且同步上升。提升机通过螺杆、提升架、吊杆将楼板吊住，当提升机开动时，螺杆转动，楼板便慢慢上升［见图 13.22(a)］。提升机悬挂在承重销上［见图 13.22(b)］，承重销是用钢做的，可以临时穿入柱上预留的间歇孔中，施工时用它来临时支承提升机和楼板，提升完毕后承重销便永久地固定在柱帽中。当楼板提升到间歇孔时，在楼板下将承重销穿入柱子间歇孔中，支承住楼板。

当继续往上提升时，需将提升机移到更高的位置，并悬挂在柱上，如此往复数次，逐渐将各层楼板和屋面板提升到设计位置。

从以上介绍可以看出升板建筑有很多优点，由于楼板是在建筑物的地坪上叠层预制，不需要底模，可以大大节约模板，把许多高空作业转移到地面上进行，不需占用更多的施工场地。

根据以上优点，升板建筑主要适用于隔墙少、楼面荷载大的多层建筑，如商场、书库、车库和其他仓储建筑，特别适合于施工场地狭小的

学习重点

重点关注：

1. 升板建筑的施工顺序。
2. 升板建筑的特点。

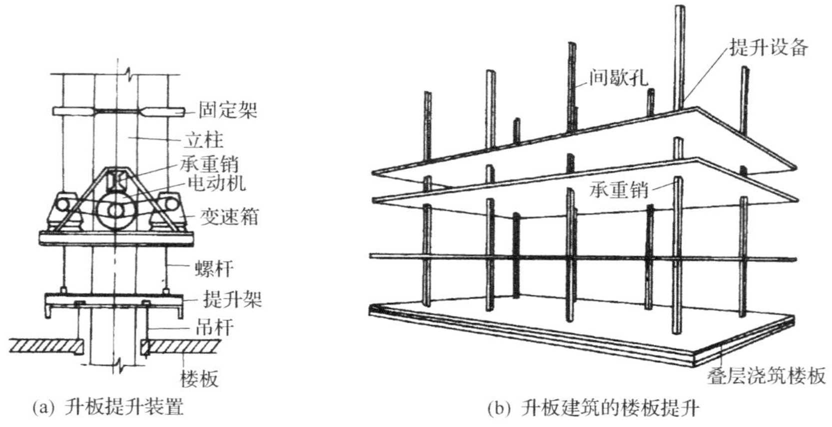

图 13.22　升板建筑示意图

地段建筑房屋。

升板建筑的楼板通常采用三种形式的钢筋混凝土楼板。第一种是平板，因上下表面均平整，制作简单，对脱模有利，适合于 6m 左右的柱网，比较经济，板厚一般不小于柱网长边尺寸的 1/35。第二种是双向密肋板，其刚度较平板好，适合于 6m 以上的柱网。密肋板有预应力和非预应力板两种，较节省材料，适用于有集中荷载及开有孔洞的楼板，密肋间可填多孔砖、加气混凝土块等。第三种是预应力混凝土板，特点是节约钢筋、水泥，板的刚度大，由于采用预应力结构，提高了板的受力性能，可适用于 9m 左右的柱网。

升板建筑的外墙可以采用砌块墙、预制墙板等。为减轻承重结构的荷载，最好选用轻质材料做外墙。

楼板与柱的连接通常有后浇柱帽、承重销剪力块等方法，后浇柱帽是我国常采用的板柱连接方法，当楼板提升到设计位置后，在其下穿承重销子柱的间歇孔中绑扎柱帽钢筋后，从楼板的浇筑孔灌入混凝土，形成柱帽，如图 13.23 所示。

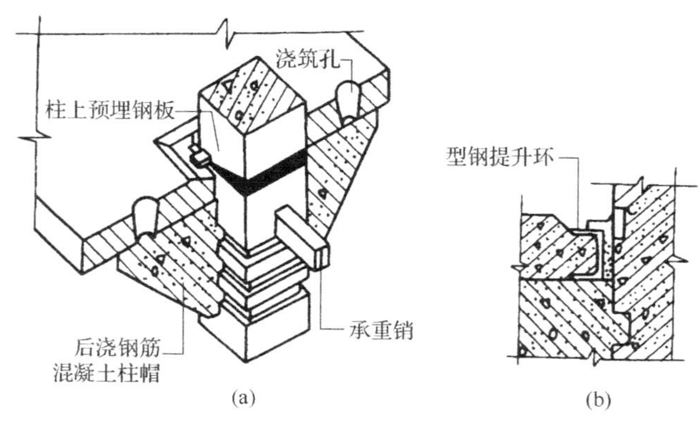

学习重点

分析与思考：
1. 盒子建筑的特点。

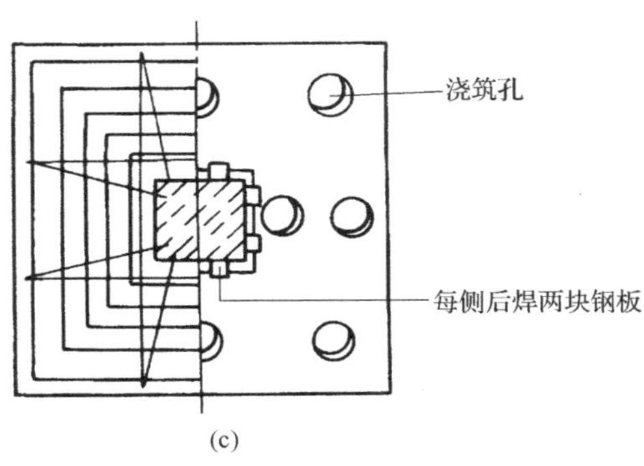

(c)

图 13.23 后浇柱帽构造

在升板建筑的基础上，还可以进一步发展成升层建筑。即在提升楼板之前，在两层楼板之间安装好预制墙板或其他墙体，提升楼板时连同墙体一起提升。这种建筑可以进一步简化工序，减少高空作业，加快施工进度，如图 13.24 所示。

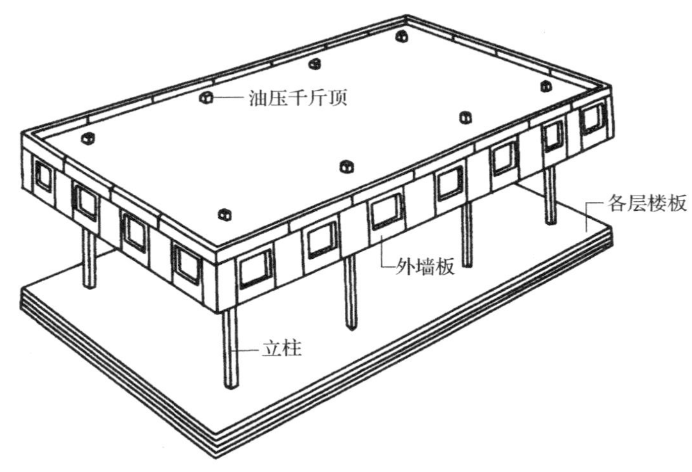

图 13.24 升层建筑

13.5.3 盒子建筑

盒子建筑是以工厂化生产的盒子状构件为基础，运至施工现场吊装组合而成的建筑。这种盒子内一切设备、管线、装修、固定家具均已做好，外立面装修也可完成。现场仅需完成盒子就位、构件之间的连接、封缝、连接各种管线等必须在现场进行的总体工序。

这种建筑始建于 20 世纪 50 年代，目前世界上已有 30 多个国家修建了盒子建筑，适用于住宅、旅馆、疗养院、学校等类型的建筑。

盒子建筑的优点在于：①施工速度快，同大板建筑相比可缩短工期 50％～70％；②装配化程度高，大部分工作均移到工厂完成，现场用工量仅占总量的 20%左右，这比大板建筑减少 10%～15%，比砖混建筑减少 30%～50%；③ 混凝土盒子构件本身就是空间薄壁结构，其刚度大、自重很轻，与砖混建筑相比，可减轻结构自重的一半以上。不足是盒子尺寸大，工序多而复杂，对生产设备、运输设备、现场吊装设备要求高，投资大，技术复杂，建筑的单方造价也较高。

盒子结构可采用各种材料，如钢材、钢筋混凝土、木材和塑料等。盒子构件的高度与层高相应，长宽尺寸根据盒子内小空间组合情况而定。如一个或两三个房间为一个盒子，住宅的厨房、宾馆的卫生间等也可做成独立的盒子。这类房间的空间小、设备多、管道集中，一切设备、管线和装修工程均在预制厂完成。

盒子构件分为有骨架和无骨架盒子构件两种。有骨架的盒子构件通常用钢、铝、木、钢筋混凝土做骨架，用轻型板材围合而成的盒子，如图 13.25 所示，这种盒子构件的重量很轻，每平方米仅 100 ～ 400kg 。

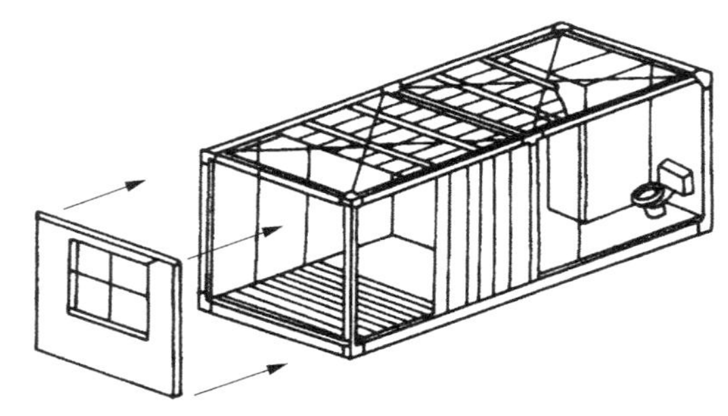

图 13.25　有骨架的轻型盒子构件

无骨架的盒子构件一般用钢筋混凝土制作，每个盒子可以分别由六块平板拼成，如图 13.26 所示，但目前最常用的是采取整浇成型的办法。生产整浇盒子时必须留 1～2 个面不浇筑，作为脱模之用，如图 13.27 所示，其中图（a）为盒子在上面开口，底板单独预制成一块板，称为杯形盒子；图（b）是在盒子的下面开口，底板单独预制做，称为钟罩形盒子；图（c）和图（d）是在盒子的两端或一端开口，端墙板单独加工的称为隧道型或卧杯形盒子。这些单独预制加工的板材可在预制工厂或施工现场与开口盒子拼装成一个完整的盒子构件后再进行吊装。

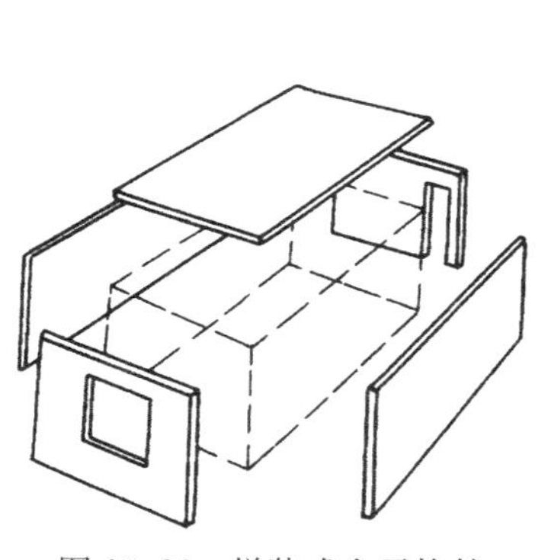

图 13.26　拼装式盒子构件

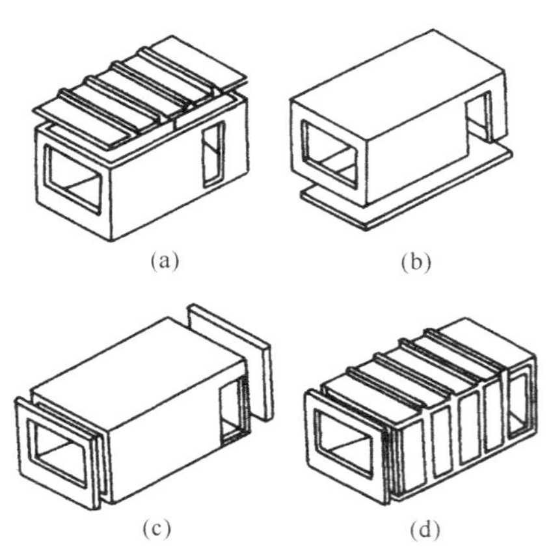

图 13.27　整浇成型的盒子构件

用盒子构件组装的建筑大致有以下几种方式：

第一种是上下盒子重叠组装［见图 13.28(a)］；第二种组装方式为盒子构件相互交错叠置［见图 13.28(b)］，这种组合的优点是可避免盒子相邻侧面的重复，比较经济；第三种组装方式为盒子构件与预制板材进行组装［见图 13.28(c)］，这种方式的优点是节约材料，设计布置比较灵活，其中设备管线多和装修工作量大的房间采用盒子构件，以便减少现场工作量，而大空间和设备管线少的房间采用大板结构；第四种组装方式是盒子构件与框架结构进行组装［见图 13.28(d)］，盒子构件可搁在框架结构的楼板上，或者通过连接件固定在框架的格子中，此时的盒子构件是不承重的，组装十分灵活；第五种组装方式是盒子构件与筒体结构进行组装［见图 13.28(e)］，盒子构件可以支承在从筒体悬挑出来的平台上，或者将盒子构件直接从筒体上悬挑出来，形成悬臂式盒子建筑等各种形式。

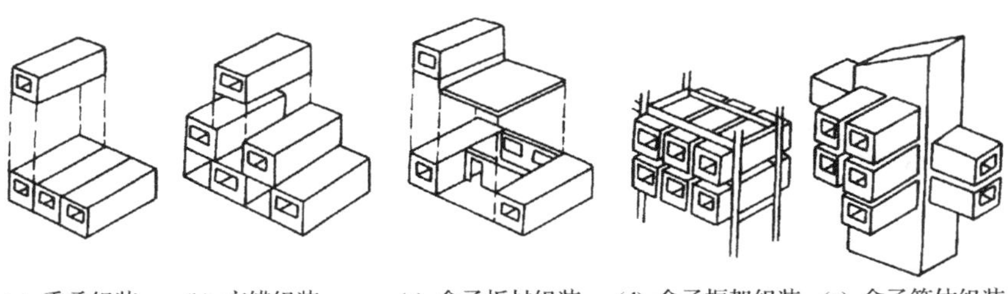

(a) 重叠组装　(b) 交错组装　(c) 盒子板材组装　(d) 盒子框架组装　(e) 盒子筒体组装

图 13.28　盒子建筑的组装方式

13.5.4　轻型钢结构骨架建筑

轻型钢结构建筑简称轻钢建筑，系由轻型钢结构做骨架，由多层组合的轻体墙作围护结构，经装修和装饰而成的房屋。

1. 轻钢结构的特点

(1) 用钢量一般比普通热轧钢结构省 25%左右，有时还可能比同等条件下的钢筋混凝土结构屋面的用量还少。

(2) 由于结构重量轻，相应减少了运输和安装的费用，同时对基础承载力要求也较低，减少了建筑物的基础造价。

(3) 薄壁型钢成型较灵活，可根据需要设计最佳截面形状，便于工业化生产及施工、安装。

(4) 防腐要求严，维修费用高。

(5) 用于高层或大跨建筑时，需另设承重结构，此时轻钢仅作围护结构。

2. 轻钢结构的结构体系

轻钢结构除了承受全部竖向荷载以外，还应具有抵抗水平荷载和振动的能力。常见的结构体系有：柱梁式，即以轻钢结构的柱子、梁和桁

学习重点

重点关注：

1. 轻钢结构建筑的特点。
2. 轻钢结构建筑的结构体系。

分析与思考：

1. 盒子建筑的种类。
2. 盒子建筑的组合方式。

架组合的房屋支承骨架（见图 13.29）；隔扇式（见图 13.30），整个房屋的组合如同板材装配式建筑，隔扇的内外层次可以是在工厂与骨架同时组合完成的板材，也可以是在工地先安装好骨架再在现场进行其他各层次的施工安装；混合式，系外墙采用隔扇，内部采用柱梁，混合组合的骨架体系（见图 13.31）；盒子式，系在工厂把轻钢型材组装成盒型框架构件，再运到工地装配成建筑的支承骨架（见图 13.32），以这个骨架为基础，最后安装楼板、内外墙、屋顶、顶棚和其他内外装修构配件。

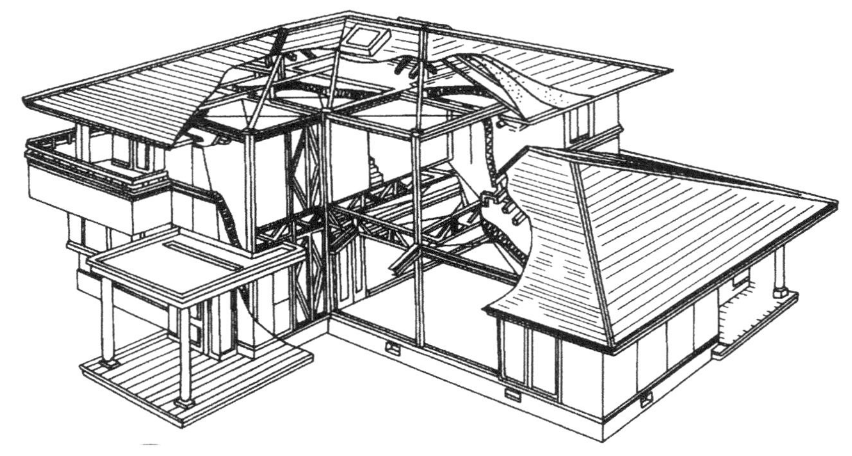

图 13.29　柱梁式轻钢建筑剖视图

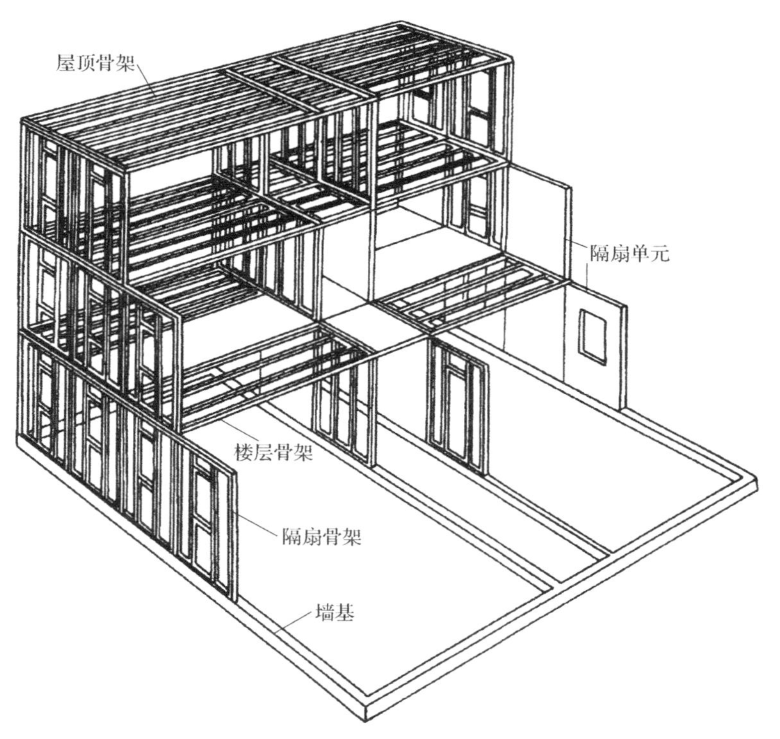

图 13.30　隔扇单元式轻钢骨架

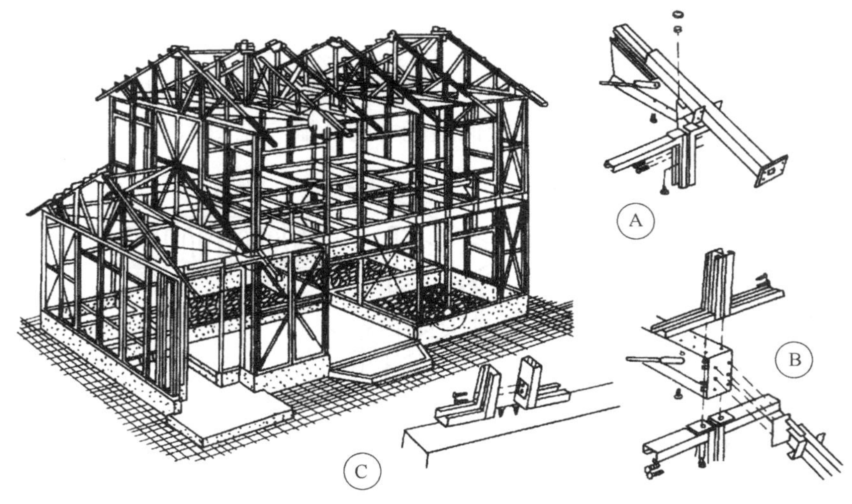

图 13.31 外部隔扇内部柱梁的轻钢骨架

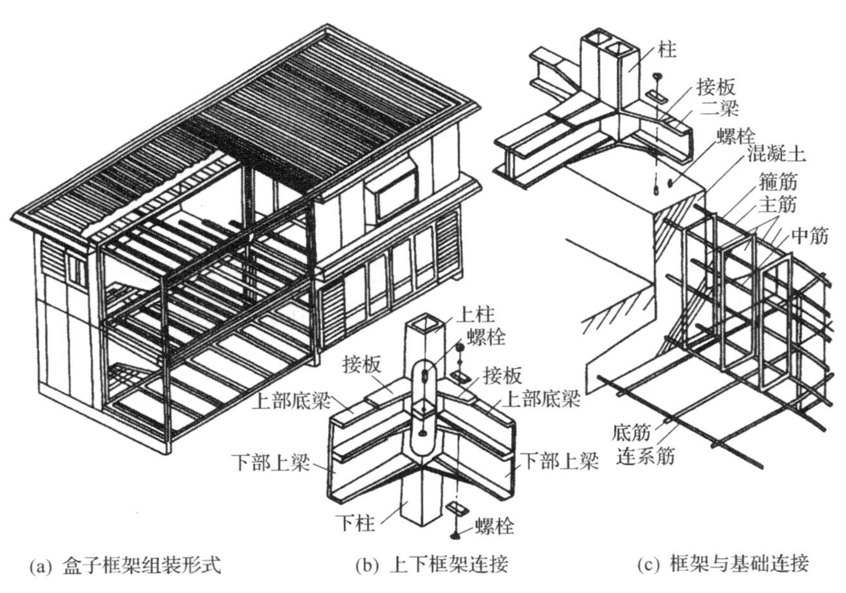

(a) 盒子框架组装形式　(b) 上下框架连接　(c) 框架与基础连接

图 13.32 盒子式框架轻钢骨架

3. 墙体构造

轻钢建筑墙体与一般建筑墙体的不同之处主要在于外墙，通常有湿作业和干作业之分。

1）钢丝网水泥墙

钢丝网水泥墙常见有两种构造方式：

(1) 轻钢龙骨钢丝网水泥墙，在前述隔扇式轻钢骨架的外侧或两面绑扎或用专用卡具卡住钢丝网片，喷水泥砂浆。隔扇常填以泡沫或纤维质保温材料［见图 13.33(a)］。

（2）钢筋网架水泥墙，用直径 3～4mm 钢丝点焊成间距为 100mm 的双向网片，制成空间网架，在内部插入泡沫塑料，对于防火要求高的建筑，可在钢筋网架中填入岩棉，成为质地较轻的装配单元。将其运到工地，把它安装在轻钢骨架的外围部分，双面喷抹 20～30mm 的水泥砂浆，即可成为有一定保温能力的外墙［见图 13.33(b)］。

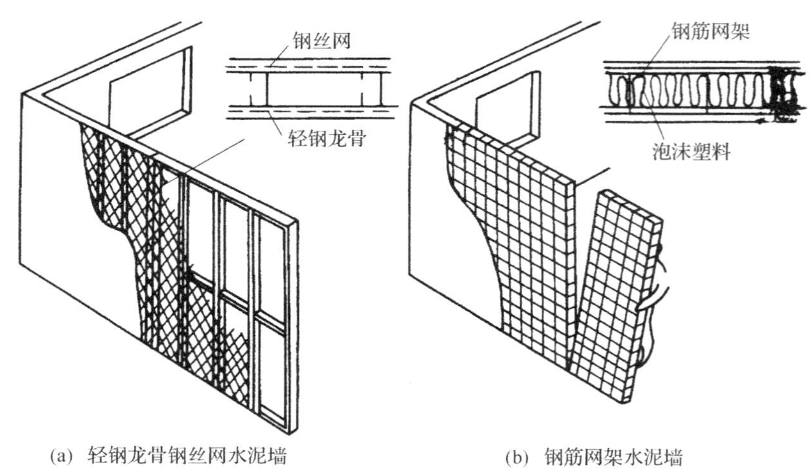

(a) 轻钢龙骨钢丝网水泥墙　　(b) 钢筋网架水泥墙

图 13.33　钢丝网水泥墙

钢丝网水泥浆喷抹的墙自重轻，具有一定的保温和隔声能力，整体性、防水性和防火性均较好，缺点是现场出现大量的湿作业。

2）复合墙

由多层材料组合的外墙称为复合墙。在组合中要考虑防潮防水、保温隔热、防火、防风等要求，同时还要考虑材料的选择、各个层次的构造、节点和接缝的处理以及制作和安装的条件等。

复合外墙板的组成，一般有以下几个层次：

（1）骨架，通常多用槽形薄壁型钢龙骨制成单元墙板的外型框架，内部视面板刚度的需要，适当设置横档或竖筋。需承侧向力者，可在框架内设置斜撑（见图 13.34）。除轻钢外，还可由木材、纤维水泥板以及混凝土饰面板的肋等作为复合墙的支承骨架（见图 13.35）。

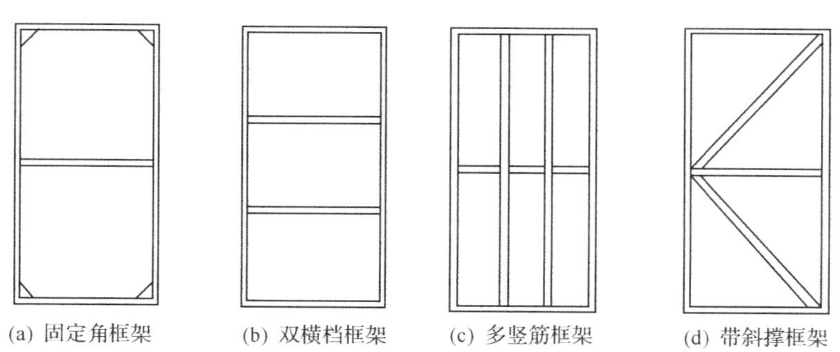
(a) 固定角框架　(b) 双横档框架　(c) 多竖筋框架　(d) 带斜撑框架

图 13.34　复合板骨架形式

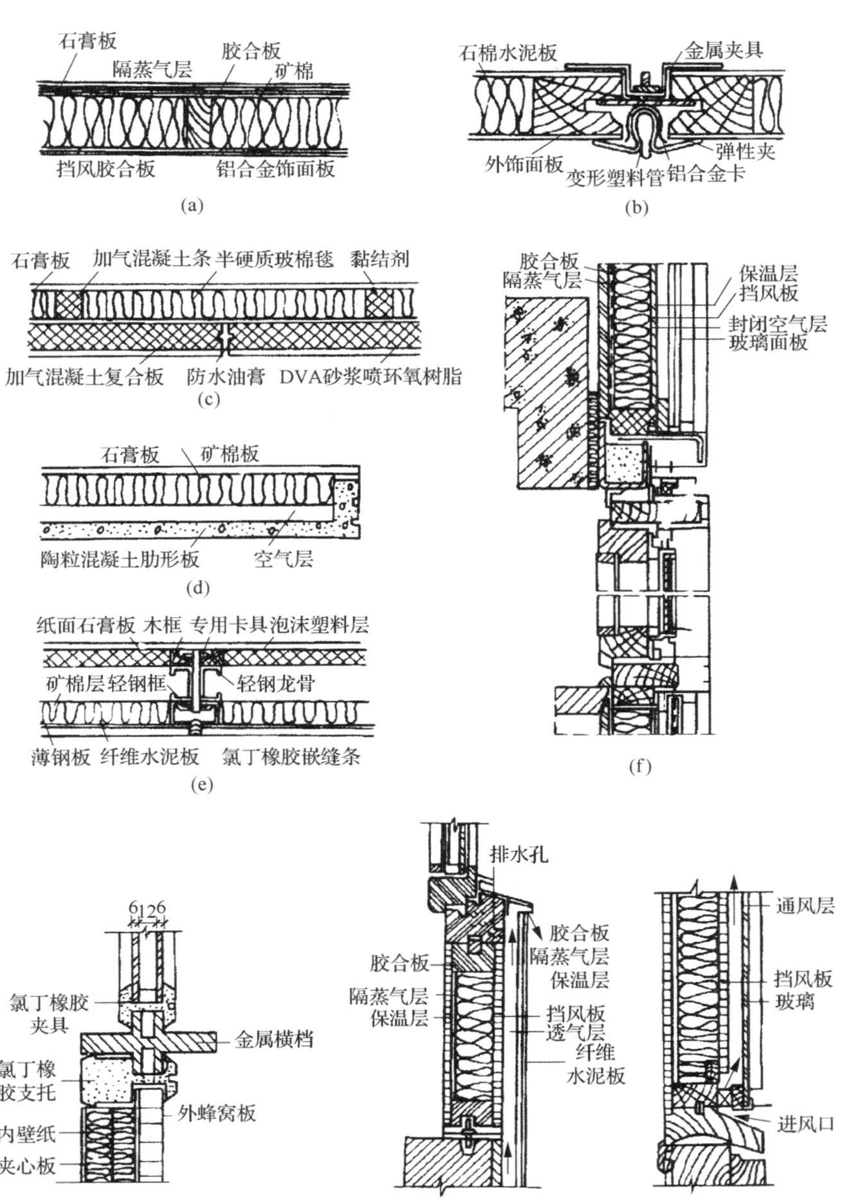

图 13.35　轻质复合外墙板的组成和节点构造举例

（2）外层面板，包括表面经过处理的金属压型薄板、有色或镜面玻璃、经过一定防火和抗老化处理的塑料，以及水泥制品（如石棉水泥板、纤维水泥板、加气混凝土板、混凝土板或钢丝网水泥面层等）（见图13.35）。节点多用油膏或专用弹性材料嵌缝。

（3）内层面板，可采用纸面石膏板、胶合板和木质纤维板等。其表面常用涂料、油漆或贴壁纸，接缝中可用腻子刮平或另加压缝条。

（4）保温层，常设置在内外面层之间，采用的材料有玻璃棉、矿棉、

学习重点

分析与思考：

1. 复合外墙板的特点及构造。

岩棉等制成的毡毯以及加气混凝土等。为了防止蒸汽渗透常在保温层内部加一层油纸、油毡或铝箔隔蒸汽层，有些还增加一层蜂窝板或封闭的空气层以提高保温效能。轻质材料蓄热性较差，为了减少太阳辐射对墙体的影响，最好外面设置一层通气的空气层［见图 13.35(h)、(i)］。

小　　结

(1) 建筑工业化是用现代工业生产的方式建造房屋，其基本特征是设计标准化、施工机械化、预制工厂化，组织管理科学化。实现工业化可加快施工速度，减少人工消耗，提高工程质量。

(2) 大板建筑的主要构件有外墙板、内墙板、楼板、屋面板，主要的辅助构件有楼梯、隔墙、阳台、檐口和勒脚等。大板建筑节点构造设计包括板材等构件的连接构造和外墙板缝的节点构造。外墙板的接缝有水平缝、垂直缝以及水平缝与垂直缝的相交部位——十字缝。大板建筑外墙板接缝是材料干缩、温度变形和施工误差的集中点。因此，设计板缝构造时，应考虑当地年温差、风雨大小、湿度状况等因素，以及耐久、经济、美观、便于制作和施工等要求，处理不当将严重影响建筑物的质量和使用。常用的水平缝有滴水式水平缝、高低缝和企口缝。垂直缝一般采用空腔构造。十字缝通常有三种处理方法，即以楼层为单位的分层排水、通腔排水及分层与通腔相结合排水法。

(3) 框架板材建筑是由框架和轻型板材组成的建筑。柱、梁、楼板为其承重构件，墙板仅起围护与分隔的作用。框架结构的类型分为梁板柱框架体系、板柱框架体系、框-剪体系、框-筒体系。外墙板可以是自承重的，也可以是悬挂的，除必要的抗剪墙板外，多数为轻质墙板。墙板可直接固定在承重结构（梁、板、柱）上或固定在附加的墙架上，后者安装精确。

(4) 大模板建筑是一种现浇体系，但外墙板和楼板也可以预制，其构件之间的连接比预制体系简单，整体性更好，并可减少材料的多次运输，造价降低，但寒冷地区冬季施工耗能量高。它的适应性比大板建筑强，应用范围更广。高层建筑宜用内浇外挂，多层建筑可用内浇外砌，并保证内外墙之间连接可靠。

(5) 滑模建筑是用可移动的模板边现浇边移动模板连续施工墙体，房屋整体性好，施工机械化程度高、速度快，但操作精度要求高，适宜于上下墙厚一致的多层和高层建筑。楼板可用现浇或预制，但要与墙体现浇工艺协调配合。

(6) 升板建筑利用自身柱子作导杆把预制楼板提升就位，对施工场地狭小的工程最适合。重点是解决好防止群柱失稳和楼板重叠制作的粘连问题。

(7) 盒子建筑是装配化程度最高的预制体系，施工速度很快，现场用工量很少，但需要有设备完善的预制工厂和重型施工运输设备。盒子构件可采用重叠组装，或与框架、筒体结构混合组装，造型丰富多变。还可在其他工业化建筑体系中单独采用卫生间盒子构件，以加快施工速度。

(8) 轻钢结构建筑由轻型钢结构做骨架，由多层组合的轻型墙作围护结构的房屋。轻钢结构的结构体系有柱梁式、隔扇式、混合式、盒子式等。

第二篇　工业建筑设计

第十四章　概　　论

14.1　工业建筑发展概况

14.1.1　国外工业建筑发展历史概述

1. 起源

工业建筑与工业革命具有不解之缘。18世纪下半叶，工业革命爆发，手工业开始向大机器生产过渡，蒸汽机的使用将家庭作坊式生产转变为工厂生产。社会生产力不断提高，经济结构日趋复杂，产生了许多全新的工业部门，工业建筑得以迅速发展，并逐渐成为一种独立的建筑类型。工业建筑如雨后春笋般涌现，对于建筑来说，无疑是一个重要的、史无前例的转型阶段。

2. 发展

工业革命带来了炼铁技术的突飞猛进，促使钢铁广泛地应用在设计和营造仓库建筑、厂房建筑这些工业建筑上去。目前存世最早的钢铁结构建筑是英国希鲁兹伯利（Shrewsbury）的班阳与马歇尔工厂厂房建筑，该建筑采用钢铁为支撑柱和桁架，建于1796年，开创了钢铁结构建筑的先河。

从19世纪中叶起，电能的广泛采用使生产发展成为连续的过程，如冶金、化学、石油加工、造纸等工业。生产的流水作业以及机器生产向深度发展，要求工业建筑与之相适应，为了建造容纳机械化制造设备的生产空间，钢铁、玻璃和混凝土技术开始发展，有着现代化灵活空间和造型的工业建筑取代了大棚子式的生产空间，如1845年苏格兰某精炼厂是现代钢框架建筑的雏形，1871～1972年法国的莫伊尼尔巧克力厂是世界第一座真正的钢框架工业建筑，1910年，在瑞典苏黎世，马雅设计了欧洲第一幢无梁楼盖仓库。

第一次世界大战的主要影响和结果是旧秩序的崩溃。1919～1922年是第一次世界大战后相对和平的时期，也是重建的开始阶段，工业建筑在此期间逐步走向合理化，为后来的工业建筑奠定了基础。

1907年，随着德意志制造联盟的成立，比特·贝伦斯被德国通用电气公司AEG聘请担任建筑师和设计协调人。贝伦斯在1908～1909年期间设计的德国电器工业公司位于柏林的涡轮机总装厂厂房（见图14.1），采用了三折式的钢铁结构支撑，形成一个高25m的室内空间，是当时全世界最现代化的厂房建筑。

图 14.1　AEG 涡轮机总装厂厂房

图 14.2　法古斯鞋楦厂

1911 年，在德国，格罗比乌斯设计了世界上第一幢玻璃幕墙建筑——法古斯鞋楦厂（见图 14.2）。整个建筑共三层楼，完全采用钢筋混凝土结构，外部全部采用玻璃幕墙，透过玻璃，建筑的结构一清二楚，没有装饰细节，完全是一个简单的长方形玻璃盒子，这是 20 世纪初叶现代建筑的第一典范。

第二次世界大战之后的 30 年是工业建筑创作的低潮时期，在简洁主义和巨大的生产压力的影响下，现实的、为社会服务的建筑活动不断增加。建筑师忽略了对工业建筑的探索和深入挖掘，使这一时期的工业建筑大多显得平淡无奇，仅仅满足于简单、廉价和实用的要求，工业建筑的发展陷入停滞阶段。

直到 20 世纪后半叶，在高科技发展和市场经济的大背景下，人们的道德价值观、社会风尚与传统社会产生了极大的差异，而更加注重时间观念，讲求经济效益，注重个性和生活的多样化，强调以人为本，加强地域性和地方传统特色，工业建筑重新焕发出新的活力。许多著名建筑师加盟到工业建筑的设计中，创作出了许多优秀的作品。

图 14.3　通用汽车公司技术中心

埃罗·沙里宁的美国“通用汽车公司技术中心”大楼（见图 14.3）就是一个很好的典型。这个建筑群总占地面积 130 公顷，外部环绕有 9 公顷的水池，倒映出这座具有强烈国际风格的建筑，特别突出。单体建筑全部采用幕墙结构，外部的金属构架是包铝皮的，建筑基本结构则是钢铁构架，呈现现代气息。

爱德华·多托洛哈 1958 年设计的倒覆式煤罐（见图 14.4），以钢筋混凝土制造的工整的多面体作为装煤的容器，在底部出煤，机械全部包含在这个结构内部，因此具有雕塑性的、非工业性的外形。

有机功能主义在 20 世纪 90 年代有所恢复，1988～1991 年设计和建造的法国欧莱雅工厂厂房（见图 14.5），构思是一朵开放的兰花，从地面看不到这个形式，但是具有三面工厂车间和中间庭院的基本结构，对于工厂建筑来说是很好的布局。

图 14.4　爱德华·多托洛哈的倒覆式煤罐

图 14.5　法国欧莱雅工厂厂房

从工业建筑的发展来看，随着建筑的思想、理念、技术的多样化与完善化，逐步摆脱了“形式服从功能”的观念，未来的工业建筑形式将更加丰富、合理、人性化。

14.1.2　国内工业建筑发展历史概述

工业发展受到很多因素影响，其中最基本的、起决定作用的是社会制度。根据我国工业历史发展过程，可以分为四个阶段：

1. 第一阶段：1900～1949 年（新中国成立前）

自鸦片战争到甲午战争的 50 年里，我国工业结构比较单纯，主要集中在东南沿海地区，并以水上航行为主导交通。外资经营的工业和民族资本工业主要有四类：一是外资为了掠夺原材料的制茶、缫丝、制糖、扎花、打包等工厂；二是船舶修造业以控制中国航运；三是利用廉价劳动力的制药、饮料、制冰、家具等工业；四是城市的水电气等公用事业。

在第一次世界大战到抗日战争期间，我国重要工业基地开始形成。宏观布局上逐渐形成了三个重要工业基地：一是在东南地区内，以上海为中心，向周围中小城市扩散的轻纺工业城市群；二是东北工业基地的建设，日资对东北形成独占局面，形成了中国当时的重工业基地；三是山东、河北棉花工业基地的建立。

抗战八年期间，东北重工业急剧膨胀，华北重工业抬头。

2. 第二阶段：1949～1966 年

我国从 20 世纪 50 年代开始，开展了大规模的工业建设，先后建设了数以万计的大中型工业企业。经过两个五年计划，由起步到奠定产业基础，建成投产了一批基础工业设施，当时处于计划经济时期，受资金和经济条件的影响以及建筑材料和施工水平的限制，工业建筑主要强调以满足生产为原则，建造的是一个经济、实用的生产空间，建筑艺术、建筑形象被放在了从属的位置，形式服从于功能的设计思想在工业建筑的设计中长期占主导地位。这一时期工业建筑的设计理念、设计方法基本上都是沿袭苏联的建设模式。总体规划与单体建筑通常为：对称式的构图、空旷的广场空间、气势宏伟的单体建筑、细腻的中国传统建筑风格、完美的细部构造和比例。这一阶段创造了一批构图经济实用、风格一致的工业建筑形象。

3. 第三阶段：1966～1978 年

20 世纪 60～70 年代，工业建筑经历了一个三线建设时期，在内地和山区建成了大批的基础工业设施，这些设施多就地取材、工艺简单、施工迅速，但在环境保护、整体布局、建筑质量、建筑形象等方面存在着诸多的不合理因素。这一时期工业建筑表现出来的特征：外饰面以清水砖墙为主，配以水刷石装饰细部；平面的布局多采用矩形平面，布局较单一，构图较传统；结构形式多为施工快捷的装配式预制大型混凝土构件，采用预制梁、板、柱，标准化的建造方式，空间构成呆板、建筑形象单一；室内外空间强调对称式的布局、开阔的绿化广场区。

4. 第四阶段：1978 年至今

20 世纪 80 年代初期，新的工业生产成套设备的引进及其开发，促使我国工业生产向新的方向发展，为了适应市场的需求，工业建筑出现了大量的改造和扩建，技术、开发、研究和生产有机的结合，适应着市场变化的需求。

20 世纪 90 年代，科学技术的更新，产业结构的变化，新一批与社会意识形态相吻合的富有新思想、应用新材料、适应高生产效率的工业建筑应运而生，其鲜明的个性特征、明亮的生产环境、优美的厂区环境，成为我国工业建筑的发展方向。

14.1.3 当代工业建筑特点

在经济技术高速发展的今天，工业建筑正发生深刻的变化，工业厂房不仅仅是容纳设备的“容器”，同时也是为满足某种生产的特定性的人性化空间，当代工业建筑除要满足生产工艺的需求外，还应具有以下特点：

1. 强调开放性

当代工业建筑的一个重要变化是工业建筑逐步改变了传统工业建筑封闭、独立、呆板的建筑形式，呈现出开放性趋势，而且这种开放趋势随着技术与社会的进步将越演越烈。工业建筑开放性是全方位、多层次的，体现为建筑与社会、城市、自然、企业文化、科学技术的一体化，其具体特征表现为以下三个方面：

（1）首先反映在内部空间上。生产空间、生产辅助空间、服务空间、交流空间、交通空间等相互渗透与交融；为人服务的空间多样化；管理、研发、休闲、交往空间大量出现，并与生产空间相互穿插。如德国拉尔区印刷厂（见图 14.6），是生产空间和交往空间很好结合的典范。该印刷厂包括生产和行政两部分，中间由一玻璃暖房相连，暖房内布置入口、接待厅、自助餐厅、休息室和会议室，并有许多绿色植物。

（2）建筑与周边环境互融、互动。建筑已成为环境中的一个要素，与其他环境要素相包容，形成一个整体，共同组成独特的工业建筑景观。如百事可乐总部（见图 14.7），将建筑置于一个美丽的雕塑花园中，群芳吐艳的花朵，郁郁成荫的树林，给人创造了一种极其宁静优雅的环境，人文精神和自然高度的融合。

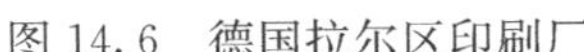

图 14.6　德国拉尔区印刷厂

图 14.7　百事可乐总部

（3）最后则表现为群体形态与社区、城市的关系上。工业建筑边界越来越模糊，与城市的距离感缩小，更有力的向公众展示其整体的工业特征；工业建筑所形成的群体形态及景观，与工业社区相融，并且成为城市中重要的一部分，如德国大众汽车装配车间（见图 14.8），与城市植物园相距几百米。建筑是透明的，所以与市容和植物园和谐地融为一体，自然且完美地融入了这个有着深厚历史文化底蕴的德国城市。“透明工厂”的建设为这座文化古城赋予了新的时代意义。

图 14.8　德国大众汽车装配车间

总之，多姿多彩的当代工业建筑，创造了富于时代感的全新气氛，

学习重点

重点关注：

1. 当代工业建筑的特点是什么？

这些建筑激活了员工的激情、振奋其精神、陶冶了情操，在增加企业凝聚力的同时又进一步增加了城市的特色。随着技术、社会、经济的发展，工业建筑还将呈现出更为丰富的形式变化。

图 14.9 宝马中心

2. 展现企业特点

建筑形态富于变化并具有很强的认知性，形体表现产品的特征，极力展现企业的技术与生产特点，并传递企业文化特征。如哈迪德设计的宝马中心（见图 14.9），以其鲜明的造型、先进的材料与技术，赢得了社会对宝马公司及汽车的认同，并作为企业的形象而存在。

3. 强调工业建筑的技术美

工业的发展是技术进步的结果，从工业建筑的发展历史中我们可以看出，工业建筑要求的技术性和大空间，使其成为新型材料和结构形式的先驱者。尤其到了 20 世纪 70 年代，技术革命不仅带动了工业生产的自动化和信息化，也引发了一批具有高技术含量的新型工业和具有相应高技术要求的工业建筑。新科技所包括的结构体系、节点方式和建筑材料的创新为工业建筑的通用性和灵活性提供了有力的技术支持，同时也为创造以技术美为审美特色的工业建筑提供了条件，并通过外部结构表达内在品质和文化追求。如理查德·罗杰斯设计的 Inmos Microprocessor 工厂（见图 14.10），包括办公区和辅助空间，以及生产芯片的设备，整个建筑 $8900m^2$，暴露在外的结构采用辅助拉伸结构的管形钢，由屋脊处塔楼的拉伸节杆所支撑。这个系统提供了不受打扰的无柱空间，从而最大限度地保证了室内的灵活性。在该设计中，建筑师不但用最经济有效的结构形式满足了生产工艺的需要，而且通过结构的暴露，表达内部空间的特性，同时表现出技术美学的特征，具有强烈视觉感染力，产生了良好的景观效果。

图 14.10 Inmos Microprocessor 工厂

马里奥·博塔在意大利设计的热分选垃圾焚烧厂（见图 14.11），通过拱形屋顶构架，形成巨大的拱形屋顶梁，倾斜的拱形大梁突出了楼房三个隔间的对称性，整个钢质结构非常精确地连接在一起，不计其数的屋顶区域复杂的排水系统展现了细节方面的精确，外露的建筑结构成为此建筑重要的特点之一。

图 14.11　热分选垃圾焚烧厂

4. 以人为本

历史的发展证明了技术不是冰冷的、毫无感情的，它是服务于社会，为人所用的。工业企业在追求最大经济利益的同时，更应考虑对社会和人类的影响，从而形成了当代工业建筑以人为本的特征，主要表现在两个方面。

首先，建筑与自然的一体化。随着自然环境恶化和资源短缺的日益加剧，当代工业建筑设计中逐步融入自然因素，强调工业建筑从生态角度讨论与大自然的和谐共生，对城市环境设计、节能、节地、环境保护、防止污染等问题给予极大重视。目前对工业建筑的各种生态化探讨，已开始在建筑设计的创作实践中得到应用。诺曼·福斯特设计的英国迈克拉伦技术中心（见图 14.12），力图通过对生命循环原理的模仿，来转化工业生产的种种问题。通过一个冷水池，以降低风洞试验产生的热量，形成一个良好的水循环系统，同时，将冷水池做成一个半月形的湖面，与建筑共同形成一个太极图样，一动一静、一实一虚，白天工作的人们可以通过通透的墙面欣赏到外面美丽的湖光水色。

图 14.12　迈克拉伦技术中心

其次，形成人与机器的和谐化。人们开始关注工业生产中人的感受及人与机器的主从关系。当代工业建筑设计中，除满足正常的生产空间外，还极力为员工创造良好的、宜人的工作空间，从而减轻人们的工作疲劳。充分考虑员工在工作过程中的心理感受和身心健康，在厂区环境、小品设计、服务设施、娱乐空间等各个方面进行设计，从而提供更加丰富多彩的休息娱乐设施，丰富厂区的生活。如Google总部，就提供了各种交流场所和娱乐设施，如沙滩排球、游泳池、台球室、咖啡厅、按摩室等，突出Google公司“以人为本”的企业文化。

14.2 工业建筑的类型

随着社会的发展，工业生产规模不断扩大，生产工艺也越来越复杂，生产类型日益增多（见图14.13）。在建筑设计与研究时，工业建筑可按其用途、结构形式、内部生产状况及层数等多种途径进行分类。常见的分类方式可以有以下几种：

图14.13 某石油炼化厂区

1. 按工业建筑的用途分类

（1）生产厂房。是指各类工厂的主要产品从原材料至成品加工装配过程中的各个车间，可分为主要生产车间、辅助生产车间等。在主要生产车间中常布置有较大的生产设备和起重运输设备，建筑面积大，职工人数多，在全厂生产中占主要地位，以机械制造工厂为例，包括铸造车间、锻造车间、冲压车间、铆焊车间、电镀车间、热处理车间、机械加工车间和机械装配车间等；辅助生产车间不直接加工产品而只是为主要生产车间服务的厂房建筑。例如机械制造厂中的机械修理车间、电机修理车间、工具车间、模型车间、回收再生车间等。中小型工厂或以协作为主的工厂，则仅有上述各类型房屋中的局部或个别厂房。有时一幢厂房中包括多种类型用途的车间或部门。

（2）储藏用建筑。是储存原材料、半成品与成品的房屋，如机械厂包括金属料库、炉料库、砂料库、木料库、燃料库、油料库、易燃易爆材料库、辅助材料库、半成品与成品库等。由于所储物质的不同，在防火、防潮、防爆、防腐蚀、防变质等方面将有不同的要求。设计时应根据不同要求按有关规范，采取妥善措施。

（3）动力用建筑。是为全厂生产提供能源与动力的场所，如发电站、变电所、锅炉房、煤气站、乙炔站、氧气站、压缩空气站等。动力设备的正常运行，对全厂生产特别重要，故这类厂房必须具有足够的坚固耐久性、妥善的安全设施和良好的使用质量。

(4) 其他建筑。如水泵房、污水处理站、各类汽车库等。

2. 按建筑的结构划分

当前广泛采用的厂房结构是平面结构体系，一般都采用装配式，以适应建筑工业化。平面结构体系是由横向骨架与纵向连系构件组成，横向骨架包括屋面大梁（或屋架）、柱子、柱基础，横向骨架有排架结构和刚架结构二种主要形式；纵向连系构件是指屋面板（或檩条）、吊车梁、连系梁（或圈梁）、支撑系统等构件，它们共同作用，以保证厂房结构的整体刚度和稳定性（见图 14.14）。

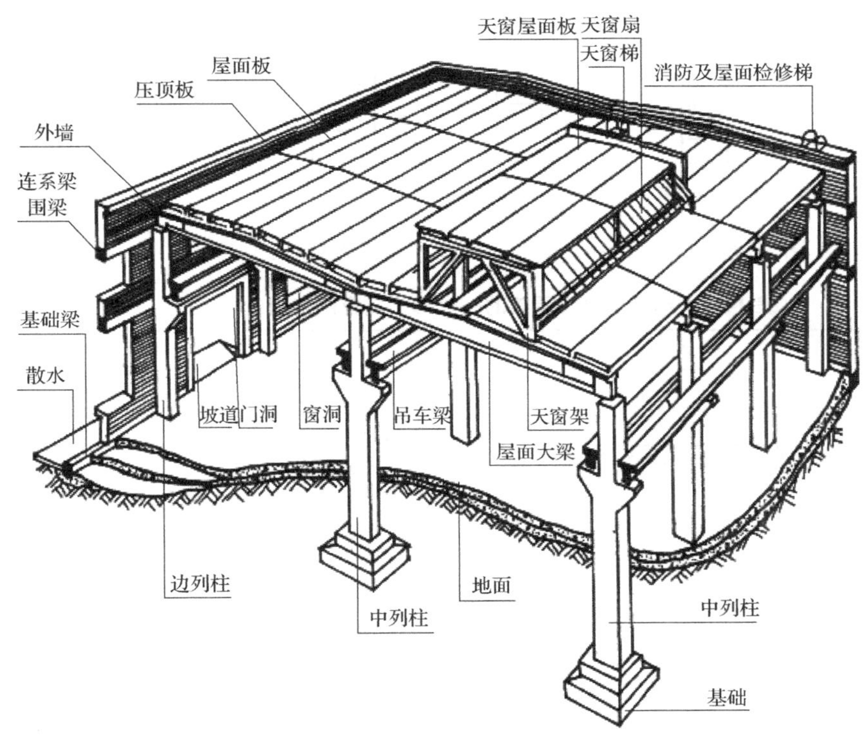

图 14.14　工业建筑构件示意图

1）排架结构

排架是目前单层厂房中最基本、最普遍的结构形式。它的主要特点是把屋架看成是一根刚度很大的横梁，屋架与柱子的连接为铰接，柱子与基础的连接为刚接。排架结构优点是其有一定的刚度和抗震能力，特别是当厂房平面布置规整、体型等高齐平，使刚度充分协调时，它的抗震性能可以大大提高。同时，由于排架结构的构件是分开制作，然后装配而成，故有利于设计标准化、构件工厂化和施工机械化。排架结构可以由一种材料或几种材料组成，常见有以下几种类型。

(1) 装配式钢筋混凝土排架结构。这种结构是单层工业厂房中应用最广泛的一种（见图 14.15），这种结构坚固耐久，可预制装配，与钢结

学习重点

重点关注：

1. 工业建筑有哪些类型？
2. 按建筑的结构划分，工业建筑有哪些类型？
3. 最常见二业建筑的结构形式是什么？有什么特点？
4. 排架建筑的主要结构构件体系是什么样的？

构相比可节约钢材、造价较低、抗腐蚀性好。但其自重大，抗震性能不如钢结构。可用于单跨、双跨、多跨、等高以及不等高形式的大中型厂房。图 14.15 为几种常见的预制钢筋混凝土柱的形式，表 14.1 为钢筋混凝土屋架的一般形式及应用范围。

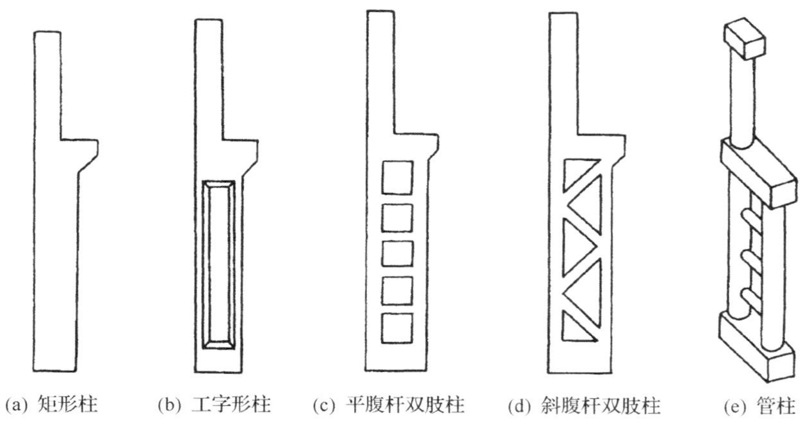

(a) 矩形柱　(b) 工字形柱　(c) 平腹杆双肢柱　(d) 斜腹杆双肢柱　(e) 管柱

图 14.15　几种常用的有吊车厂房的预制钢筋混凝土柱

表 14.1　钢筋混凝土屋架的一般形式及应用范围

序号	名称	形式	跨度/m	特点及适用条件
1	钢筋混凝土单坡屋面大梁		6 9	1. 自重大 2. 屋面刚度好 3. 屋面坡度 1/8～1/2 4. 适于振动及有腐蚀性介质厂房
2	预应力混凝土双坡屋面大梁		12 15 18	1. 自重大 2. 屋面刚度好 3. 屋面坡度 1/8～1/2 4. 适于振动及有腐蚀性介质厂房
3	钢筋混凝土三铰拱屋架		9 12 15	1. 构造简单、自重小、施工方便、外形轻巧 2. 屋面坡度：卷材屋面 1/5，自防水屋面 1/4 3. 适用于中小型厂房
4	钢筋混凝土组合屋架		12 15 18	1. 上弦及受压腹杆为钢筋混凝土，受拉杆件为角钢，构造合理，施工方便 2. 屋面坡度 1/4 3. 适于中小型厂房
5	预应力混凝土拱形屋架		18 24 30	1. 构件外形合理，自重轻，刚度好 2. 屋架端部坡度大，为减缓坡度，端部可特殊处理 3. 适于跨度较大的各类厂房

续表

序号	名称	形式	跨度/m	特点及适用条件
6	预应力混凝土梯形屋架		18 21 24 27	1. 外表较合理 2. 屋面坡度 1/15～1/5 3. 适用卷材防水的大中型厂房
7	预应力混凝土梯形屋架		18 21 24 27	1. 屋面坡度小，但自重大，经济效果较差 2. 屋面坡度 1/12～1/10 3. 适于各类厂房，特别是需要经常上屋面清除积灰的冶金厂房
8	预应力混凝土折线屋架		15 18 21 24	1. 外形较合理 2. 适用于卷材防水屋面的大、中型厂房 3. 屋面坡度 1/15～1/5
9	预应力混凝土折线形屋架		18 21 24	1. 上弦为折线，大部分为 1/4 坡度。在屋架端部设短柱，可保证屋面有同一坡度 2. 适用于有檩体系的槽瓦等自防水屋面
10	预应力混凝土直腹杆屋架		18 24 30	1. 无斜腹杆，构造简单 2. 适用于有井式天窗及横向下沉式天窗的厂房

(2) 钢屋架与钢筋混凝土柱组成的排架。采用钢屋架可以使屋面自重降低；屋架跨度一般都较大（24～48m），适用于大型厂房（见图 14.16）。

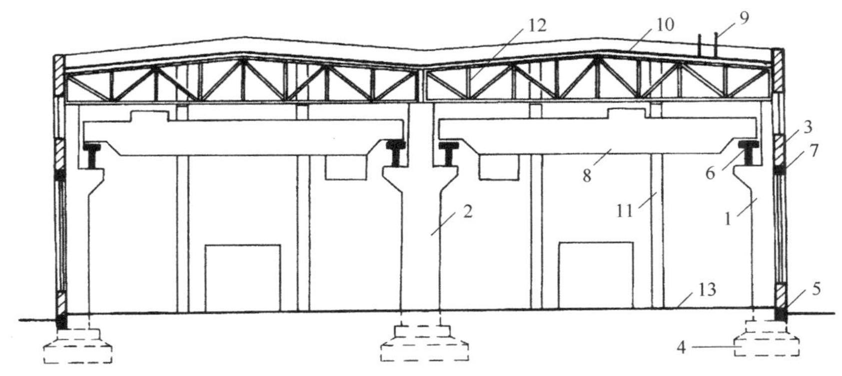

图 14.16　装配式钢筋混凝土排架结构厂房剖面

1. 边列柱；2. 中列柱；3. 外墙；4. 杯形基础；5. 基础梁；6. 吊车梁；7. 连系梁；8. 吊车；9. 屋面检修梯；10. 屋面板；11. 山墙（抗风柱）；12. 钢筋混凝土屋架；13. 地面

学习重点

重点关注：

1. 钢结构建筑的优点与缺点。

（3）砖石混合结构。它与钢筋混凝土排架不同之处是用砖墙、砖壁柱来代替钢筋混凝土柱，屋架可用钢筋混凝土屋架、木屋架或钢木轻型屋架。这种结构构造简单，但承载能力及抗震性能较差，故仅用于无吊车或吊车起重量不超过 50kN、跨度不大于 15m、柱距 4～6m 的小型厂房（见图 14.17）。

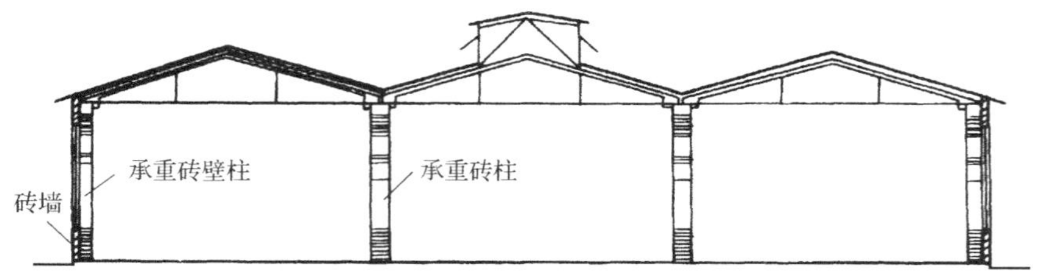

图 14.17　砖混结构厂房

（4）钢结构。其主要承重构件全部由钢材制成。这种结构的优点就是抗震以及抗振动性能好，构件较钢筋混凝土结构轻，施工速度快；缺点是钢结构易锈蚀，耐火性差，使用时应采取防腐防锈等措施。适用于吊车荷载大、高温或振动大的车间，也适用于要求建设速度快、需要早投产的工业厂房（见图 14.18）。进入 2000 年以后，国内钢结构厂房的建设数量明显提高，其中轻钢结构厂房以其造价低、建设周期短的特点受到普遍关注，各地区均建立相应的钢结构企业以适应这种发展趋势。

图 14.18　国外钢结构厂房

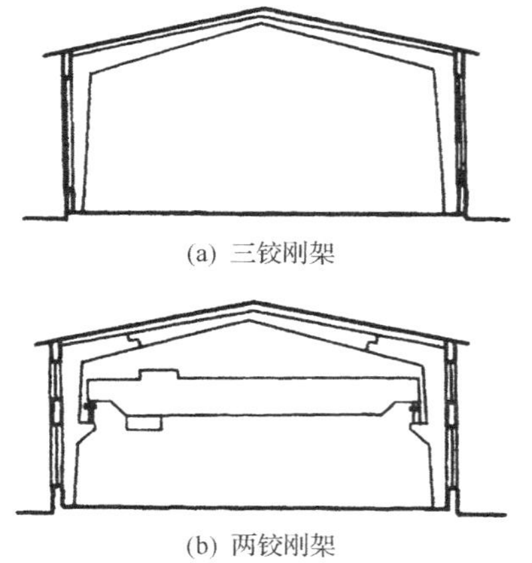

(a) 三铰刚架

(b) 两铰刚架

图 14.19　装配式钢筋混凝土刚架结构

2）刚架结构

主要特点是屋架与柱合并为同一构件，其连接处为整体刚接，柱与基础一般为铰接。有以下两种形式：

（1）装配式钢筋混凝土门式刚架结构（见图 14.19）。优点是构件种类小，制作简便，室内空间宽敞，一般比钢筋混凝土排架结构经济些。适用于跨度不超过 18m、檐高不超过 10m，无吊车或吊车起重量在 100kN 以下的建筑。目前在中小型单层厂房和仓库建筑中广泛应用。

（2）钢刚架结构（钢结构）（见图 14.20）。主要承重构件全部用钢材做成，这种结构抗震性能好，与钢筋混凝土比，构件较轻、承载能力好、刚度大、施工速度快，但耗钢量大、钢结构也易锈蚀、耐火性较差，使用时应采取相应的防护措施。适用于跨度较大、空间较高、吊车起重量大的重型、有振动荷载的厂房，如大型炼钢车间、水压机车间、有重型锻锤的锻工车间等。对于要求建设速度快、早投早产早受益的工业厂房，也可采用此结构形式。

图 14.20 钢刚架结构

3）网架结构（见图 14.21）

屋面由钢网架承重，一般适用在大跨度厂房、机库等建筑的结构方案上。柱子可以采用钢柱或钢筋混凝土柱支撑，厂房平面具有较大的灵活性与适应性。

图 14.21 网架结构厂房

4）板架合一的空间结构

即屋面板与梁合为一体，常见结构形式有双 T 板、单 T 板、V 形折板、各类壳体等大跨度结构体系。

3. 按厂房层数分类

1）单层厂房（见图 14.22）

单层厂房在工业建筑中得到广泛应用，约占工业建筑的 75%，一般用于机械制造、冶金等工业部门。这类厂房便于水平方向组织生产工艺流程，尤其对运输量大，设备、加工件及产品笨重，以及所需堆放原料等物资的面积大、需设地沟或地坑的车间有较大的适应性。同时，单层厂房也便于工艺改革。但单层厂房也存在占地面积大、道路和技术管网较长、维修管理费高、立面处理比较单调等缺点。

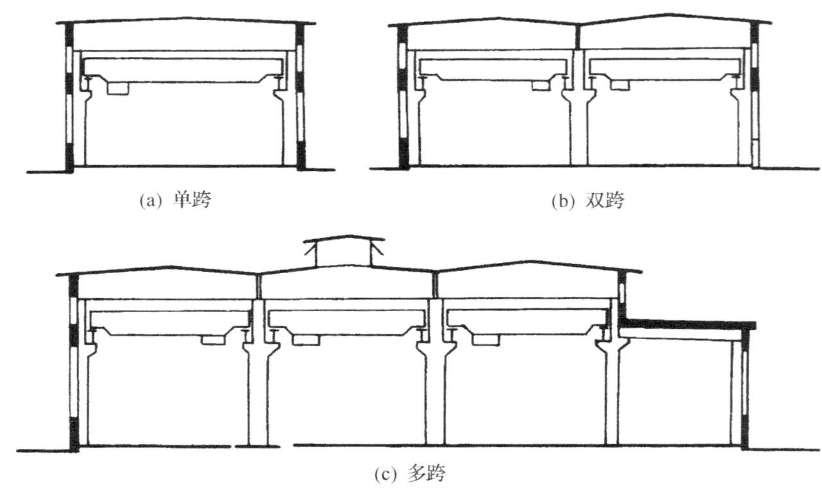

图 14.22 单层厂房

单层厂房按跨数有单跨与多跨之分。多跨大面积厂房在实践中采用的较多（见图 14.23），单跨用得较少。但有的厂房，如飞机装配车间和飞机库常采用跨度很大（36～100m）的单跨厂房。

图 14.23 多跨厂房

2）多层厂房（见图 14.24）

多用于食品、电子、精密仪器、纺织、印刷、服装等轻工业部门，其设备和产品轮廓小、重量轻，并适合在垂直方向上布置工艺流程。多层厂房占地面积小，管道集中，通常通过升降机等垂直运输设施解决产品的生产运输流程，厂房进深不是很大，因此这类建筑的天然采光、自然通风和屋面排水都易于解决，保温隔热措施也较经济。近年来一些中小型机械加工装配类厂房也有向多层发展的趋势，为了减轻厂房结构的荷载，可将重的生产设备布置在底层，轻的依次布置在上面各层。

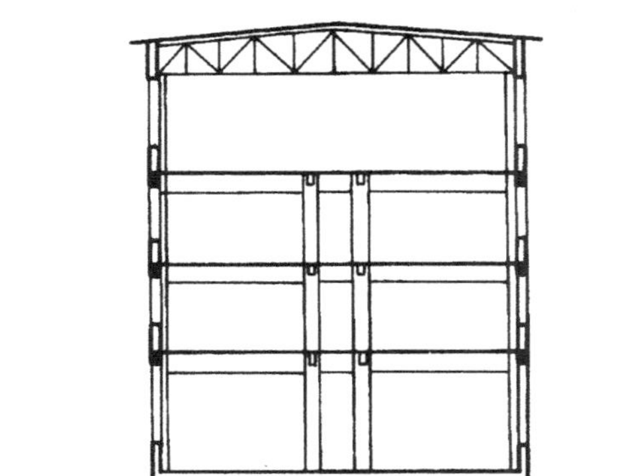

图 14.24　多层厂房

3）层次混合的厂房（见图 14.25）

即在同一厂房内既有单层又有多层。图 14.25(a)为热电厂主厂房，汽轮发电机设在单层跨内，其他为多层。图 14.25(b)为一化工车间，高大的生产设备位于中间单层跨内，两个边跨则为多层。

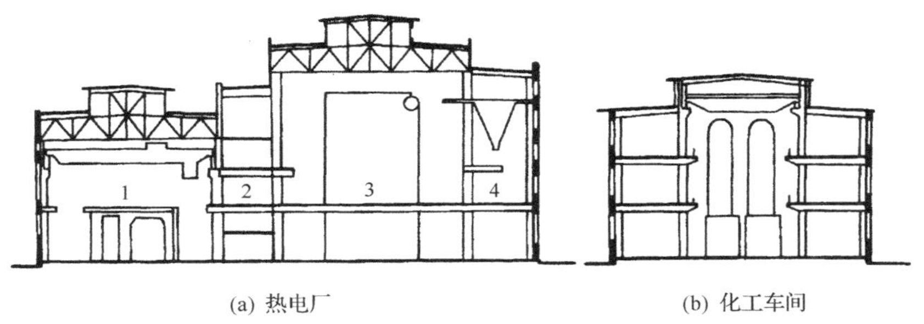

(a) 热电厂　　(b) 化工车间

图 14.25　层次混合厂房

1. 汽机间；2. 除氧间；3. 锅炉间；4. 煤斗间

4. 按车间内部生产状况划分

1）冷加工车间

主要是指在常温情况下进行生产的车间，如机械加工及装配车间（见图 14.26）等。生产要求车间内部卫生状况正常，有良好的采光与通风。

2）热加工车间

主要是指在高温或熔化状态下进行生产，并在生产过程中会散发出大量的余热、烟尘或有害气体等的车间，如炼钢、轧钢、铸工、锻工等车间。在热加工车间进行生产，对人的健康、厂房结构的坚固耐久性均有直接影响，因此要求厂房加强自然通风措施以降低温度，排除烟尘，改善车间内的劳动卫生条件，并采取有效结构材料或隔热保护措施，如采用金属隔热板、耐火砖或黏土砖等保护设施。

学习重点

重点关注：

1. 工业建筑按照生产状况分有哪些车间？

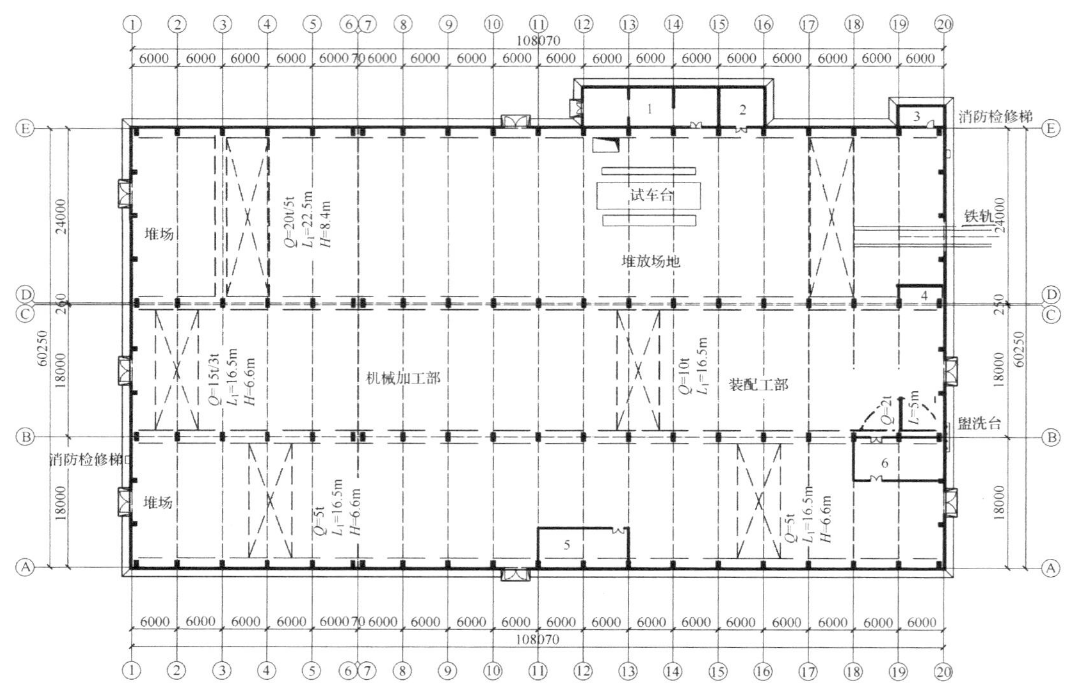

图 14.26　某机械加工装配车间

1. 高压配电；2. 分配间；3. 油漆调配；4. 水压试验；5. 工具分发室；6. 中间仓库

3）恒温恒湿车间

主要是指为了保证产品的质量必须在恒定的空气温度和湿度条件下进行生产的厂房。如棉纺织厂、精密仪表厂等。这些车间室内除装有空调设备外，厂房也要采取相应的措施，以减少室外气候对室内温湿度的影响。

4）洁净车间

主要是指在无尘、无菌的超净条件下进行生产的车间，如集成电路车间、制药厂、精密仪表加工、食品厂、化妆品厂等。这类车间除通过净化处理，将空气中的含尘量控制在允许范围以外，厂房围护结构应保证严密，以免大气灰尘的侵入，以保证产品质量。

5）其他状况的车间

有爆炸可能性车间，注意泄压和隔离；有大量腐蚀物作用的车间，注意在建筑材料及构造上做可靠的防腐蚀措施，如化工厂和化肥厂的某些车间以及冶金工厂中的酸洗车间，还有防微振、高度隔声、防电磁波干扰等车间。

车间内部生产状况是确定厂房平、立、剖面及围护结构形式和构造的主要因素之一，设计应根据具体规范给予充分注意。

14.3　工业建筑的设计要求

建筑设计人员在进行工业建筑设计时，应根据设计任务书和工艺设计人员提出的生产工艺资料，设计厂房的平面形状、柱网尺寸、剖面形式、建筑体形；合理选择结构方案和围护结构的类型，进行细部构造设计；协调建筑、结构、水、暖、电、气、通风等各工种；正确贯彻“坚固适用、经济合理、技术先进”的原则。工业建筑设计应满足如下要求：

1. 满足生产工艺的要求

生产工艺是工业建筑设计的主要依据，生产工艺对建筑提出的要求就是该建筑使用功能上的要求。因此，建筑设计在建筑面积、平面形状、柱距、跨度、剖面形式、厂房高度以及结构方案和构造措施等方面，必须满足生产工艺的要求。同时，建筑设计还要满足厂房所需的机械设备的安装、操作、运转、检修等方面的要求。除此之外，现代工业建筑应考虑能满足不同工艺的生产变革。

2. 满足建筑技术的要求

(1) 工业建筑的坚固性及耐久性应符合建筑的使用年限。由于厂房的永久荷载和可变荷载比较大，建筑设计应为结构设计的经济合理性创造条件，使结构设计更利于满足安全性、适用性和耐久性的要求。

(2) 由于科技发展日新月异，生产工艺不断更新，生产规模逐渐扩大，因此，建筑设计必须有超前意识，应使厂房具有较大的通用性和改建、扩建的可能性。

(3) 应尽量遵守《厂房建筑模数协调标准》(GBJ6－86)及《建筑模数统一协调标准》(GBJ2－86)的规定，合理选择厂房建筑参数（柱距、跨度、柱顶标高、多层厂房的层高等），以便采用标准的、通用的结构构件，使设计标准化、生产工厂化、施工机械化，从而提高厂房工业化水平。

(4) 轻钢结构是近十年来发展最快的领域，在美国采用轻型钢结构占非住宅建筑投资的50%以上。这种结构工业化、商品化程度高，施工速度快，综合效益高，市场需求量很大，已引起各国设计人员的充分认识。

3. 满足卫生等方面要求

对生产中所产生的有害因素，应采取必要的措施以保证工人的健康，因此要求厂房应有良好的采光和通风条件以及正常的工作环境，并注意室内装修和色彩的处理以利于减轻工人的疲劳，从而提高产品质量与生产效率。例如高温车间，应采取合理的厂房剖面形式，使通风顺畅以利排除热量及有害气体；噪声较大的生产车间，应从工艺设备及建筑方面采取消声、减声及隔声措施。

4. 与总体规划及环境协调

应在总体规划的基础上，根据工业企业的性质、规模、生产流程、交通运输、环境保护，以及防火、安全、卫生、施工及检修等要求，结合场地自然条件，经技术经济比较后，合理布置总平面。根据生产工艺流程、人及物流组织、气候、防火、卫生等要求，确定厂房的位置及平

学习重点

重点关注：

1. 工业建筑有哪些设计要求？

面尺寸。在此基础上注意厂房立面造型的处理，把建筑美与环境美结合起来，创造出良好的室内外工作环境。

5. 满足审美需求

无论什么类型的建筑都是人类的社会活动内容，参与到人的生活与生产当中，都会产生对其审美的要求。对建筑形体及其构图原则的研究曾是建筑美学的核心内容，因此，长期以来围绕这一内容形成了许多建筑审美的标准。意大利文艺复兴时期的著名建筑理论家阿尔伯蒂在他的著作《论建筑》中写道："我认为美就是各部分的和谐，不论是什么主题，这些部分都应该按这样的比例和关系协调起来，以至既不能再增加什么，也不能再减少或更动什么，除非有意破坏它。"实际上，传统意义上的建筑审美就是以"恰当、匀称、优美、和谐"等为标准。现代主义的建筑风格起源于工业革命，工业建筑的高效、简洁、直接特性冲击着近代建筑师的设计思想，迸发出以功能为倡导的建筑思潮。而工业美学本身也是很多著名建筑师在执著追求的创作。

6. 具有良好的综合效益

工业建筑设计中要注意提高建筑的经济、社会和环境的综合效益，三者之间不可偏废，不能片面强调其中一个或两个而忽视其他。在经济效益方面，既要注意节约建筑用地和建筑造价，降低材料消耗和能源消耗，缩短建筑周期，又要有利于减低经常维修、管理费用，防止盲目、重复建设，或可能出现投资效果差的现象。在社会效益方面，应使工业建筑投产以后，在它所影响范围内的社会生活素质发生有利变化，如人口素质、国民收入、文化福利、社会安全等方面。在环境效益方面，应使工业建筑投产以后，在它所影响范围内的环境质量符合国家有关部门规定的质量标准。要综合治理废水、废气、控制生产的噪声，注意保持生态平衡。

小　　结

（1）工业建筑包括从事工业生产以及直接为生产服务的所有房屋。

（2）工业建筑可按其用途、结构形式、内部生产状况及层数等多种途径进行分类。

①工业建筑按其用途可分为：生产厂房、储藏用建筑、动力用建筑。

②工业建筑按其结构划分，有：排架结构、刚架结构、网架结构、板架合一的空间结构。

③按厂房层数分类有：单层厂房、多层厂房、层次混合的厂房。

④按车间内部生产状况划分：冷加工车间、热加工车间、恒温恒湿车间、洁净车间。

（3）工业建筑设计应满足以下要求：①满足生产工艺的要求；②满足建筑技术的要求；③满足卫生等方面要求；④与总体规划及环境协调；⑤满足审美需求；⑥具有良好的综合效益。

第十五章　单层厂房建筑设计

15.1　单层厂房平面设计

学习重点

重点关注：

1. 总平面设计对单层厂房平面设计有哪些影响？

厂房的平面、剖面和立面设计是不可分割的整体，设计时必须统一考虑，在设计平面的同时应考虑剖面和立面的设计问题，但为叙述方便和设计的先后顺序，现分项叙述。

15.1.1　总平面设计对平面设计的影响

一般厂区的建筑设计应从总平面设计开始，根据生产工艺的流程、原料及成品运输、防火、气象、地形、地质、环保卫生等条件来进行设计。总平面图中要确定建筑物的平面尺寸，建筑物与建筑物、构筑物之间的平面及空间关系；合理组织人流、货流，设置厂内道路，要保证日常生产时交通运输，也要满足消防要求；要进行厂区竖向设计，如室内外地面标高、道路标高、排水坡度、填挖土方工程等，还要考虑气候环境的影响和厂区室内外的环境设计。因此，厂房平面设计是在总平面设计的规定和影响下进行的，主要表现在人物流组织、地形和气候等方面。

1. 厂区人流、货流组织对平面设计的影响

单层厂房设计应考虑工厂生产工艺流程的组织和货运的组织。生产厂房与生产厂房之间，生产厂房与仓库之间，彼此有着人流和货流的联系，这种联系影响厂房平面设计中门的位置、数量和尺寸，要求厂房的出入口位置应方便原材料的运进和成品的运出，门的尺寸应满足运输工具安全通行的要求。同时，人流出入口或厂房生活间应靠近厂区人流主干道，方便工人上下班。设计时应减少人流和货流交叉和迂回，运行路线要通畅、短捷。从图 15.1 中可看出，生活间的位置紧靠主干道，人、货流路线分明。

2. 地形对平面设计的影响

地形坡度的大小对厂房的平面形状有着直接的影响，这在山区建厂中尤为明显，图 15.2 中的地形是一个两边高中间低的山谷地，如按图 15.2(a)将厂房布置成一字形平面，虽然能使厂房结构简单，平面规整。但是，这样布置其东北角（图的右上方）坡度较陡，使土石方工程量较大，工期相对延长，造价也会提高。如果平面形状按图 15.2(b)所示，在建筑面积相等的条件下改为 L 形平面，则土石方量较小，相应工期缩短，造价也会降低。所以，在地形变化较大的地区建厂应充分考虑地形对平面形状的影响。当工艺流程自上而下布置时，平面设计应利用

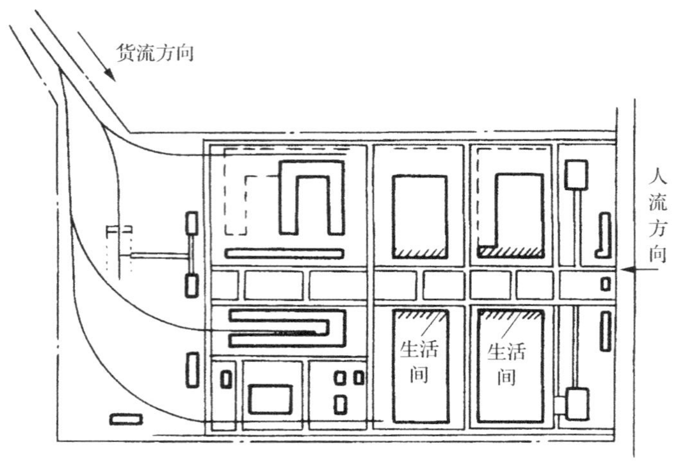

图 15.1　某机械厂总平面图

地形、将厂房建在坡地上，在生产工艺允许的条件下，可将厂房室内地坪设置在不同的标高上，见图 15.3。

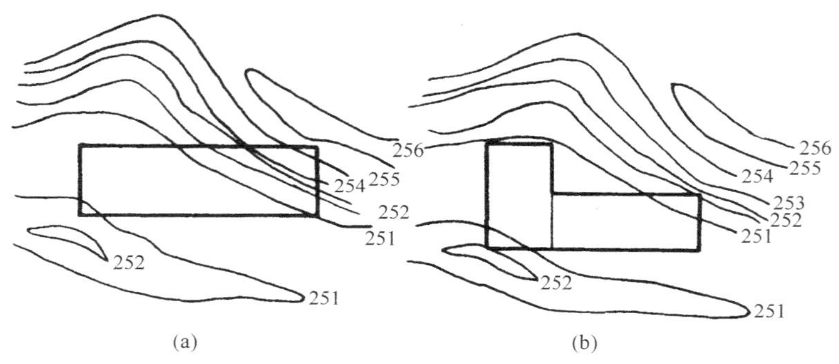

图 15.2　地形对厂房平面形状的影响

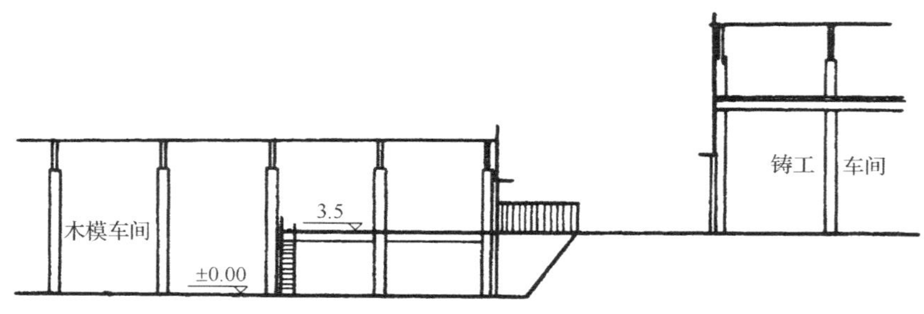

图 15.3　厂房地面设置在不同标高

3. 气候的影响

在炎热地区，为使厂房有良好的自然通风，厂房宽度不宜过大，最好采用长条形，并使厂房长轴与夏季主导风向垂直或大于 45°。⋂形平面的开口应朝向迎风面（见图 15.4)，并在侧墙上开设窗与门，有利于组织车间的穿堂风。在寒冷地区，为避免风对室内气温的影响，厂房的长边应平行于冬季主导风向。对面向主导风向的墙上应尽量减少门窗面积。

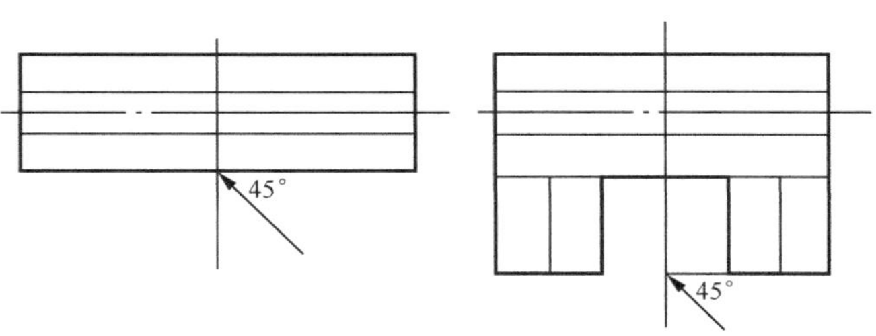

图 15.4 厂房方位

有时，冬季、夏季主导风向是矛盾的，考虑了夏季的要求又照顾不了冬季的需要，设计时要结合具体情况研究确定。

15.1.2 平面设计与生产工艺的关系

民用建筑的平面及空间组合设计，主要是由建筑设计人员，根据建筑使用功能要求进行。而单层厂房平面及空间组合设计，是在工艺设计和工艺布置的基础上进行的生产工艺平面图，是工业建筑设计的首要依据。它的内容包括：根据产品生产的规模、性质、产品规格等组成生产工艺流程；生产和起重设备的选择和布置；划分车间内生产工段的范围、面积；车间通道的宽度及布置；厂房的跨度、长度及面积的确定；生产工艺对厂房建筑设计的要求，如采光、通风、防振、防尘、防辐射、防爆等。

在满足生产工艺的基础上，厂房建筑设计应使厂房平面形式规整、合理、简洁，以便尽量减少占地面积、节能、简化构造处理。厂房的建筑参数应符合《厂房建筑模数协调标准》(GBJ6－86)，使构件的生产预制满足工业化生产的要求，选择技术先进和经济合理的柱网使厂房具有较大的通用性。要使厂房平面达到适用、经济、合理，需要工艺和建筑设计人员密切合作，才能做到。

1. 生产工艺流程的影响

生产工艺流程是指某一产品的加工制作过程，即原材料按生产要求的程序，逐步通过生产设备及技术手段进行加工生产，并制成半成品或成品的全部过程。不同类型的厂房，由于其产品规格、型号等不同，生产工艺流程也不相同（见图 15.5 和图 15.6）。厂房的平面设计应首先满足生产工艺要求，设计人员应与工艺人员密切配合，深入实际，调查研究，对工艺有相当的了解。

2. 生产状况对平面设计的影响

不同性质的厂房，在生产操作时会出现不同的生产状况，如机加工车间是在常温条件下生产的，室内无大量余热及有害气体，但是，该车

学习重点

重点关注：

1. 生产工艺对平面设计有哪些方面的影响？

间对采光有一定的要求，平面设计应予以重视，如铸工车间，生产时车间内部产生大量余热、灰尘等。因此，平面设计要求有利于加强室内通风，排除室内热空气及灰尘。

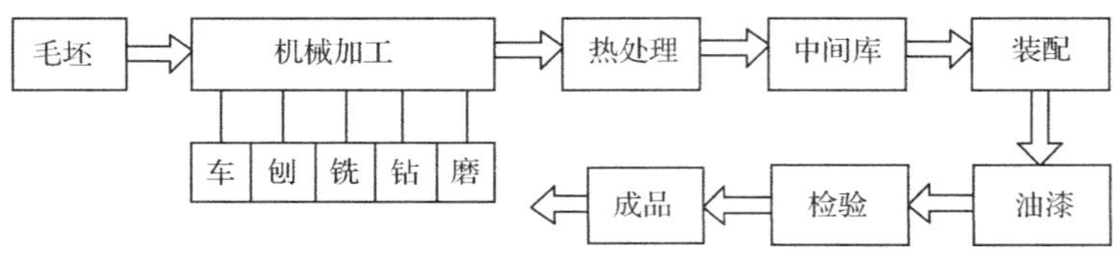

图 15.5　金工装配车间工艺流程

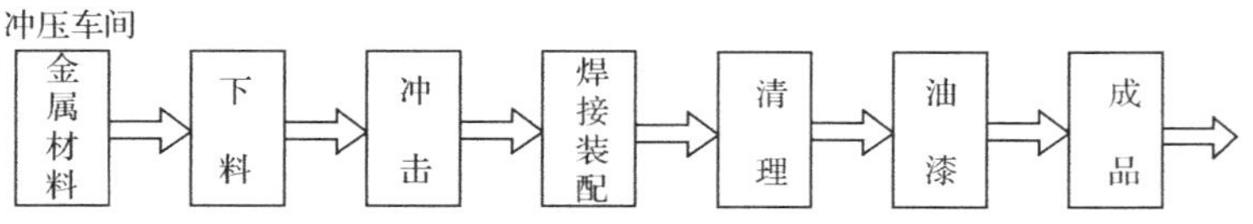

图 15.6　冲压车间工艺流程

3. 生产设备布置对平面设计的影响

生产设备的大小和布置方式影响到厂房的跨度和跨间数，同时也影响大门的尺寸和柱距的尺寸。

4. 起重运输设备对平面设计的影响

为了运送原材料、成品或半成品，厂房内部应设置起重运输设备，起重运输设备影响厂房的平面布置和平面尺寸。常见的起重运输设备有很多种，其中各种形式的吊车与土建设计关系密切。

厂房跨度与桥式吊车的跨度应满足以下关系：

$$L = L_K + 2e = L_K + 2(h - a_c + C_b + B)$$

这是为了保证桥式吊车在跨度方向运行的安全，以及必要的检修净空所需的必要条件。

15.1.3　单层厂房平面形式

1. 影响厂房平面形式的因素

影响厂房平面形式的因素主要有以下几方面：

(1) 厂房在总平面图中的位置，拟建厂房地段的形状、大小、地形、地貌。

(2) 生产工艺流程。

(3) 厂房的生产规模及生产特征。

(4) 运输工具的类型。

(5) 厂房结构类型。

(6) 地区气象条件。

2. 厂房的平面形式及特点

单层厂房的平面形式，如无特殊原因，常采用正方形、矩形及L形。当面积相等时，正方形周长最短，如表15.1所示，平面形式越接近正方形，墙体周长与面积的比值越小，这意味着节能与节地。所以单层厂房设计中，当占地生产工艺允许时，建筑物的形状宜采用正方形或接近正方形，如图15.7(a)～(f)所示。

除表 15.1 中所列三种平面形式外，根据生产工艺的要求，特别是热加工车间或需进行某种隔离的车间，可以采用 U 字形平面、山字形平面，如图 15.7(g)、(h)。这种厂房的特点是各部宽度不大，厂房周长较长，室内采光、通风条件良好，缺点是构造复杂，防震不利，为避免破坏，需设防震缝。由于外墙较长，造价及维修费都高，室内的各种工程管线也较长，因此这种平面形式，只在有特殊工艺需要时才采用。厂房的平面形式及适用范围见表 15.2。

学习重点

重点关注：

1. 影响厂房平面形式的因素有哪些？
2. 厂房的平面形式有哪些，各有何特点？

表 15.1　平面形式与墙体周长

	方　形	矩　形	L　形
平面形式	30.5 × 30.5	61 × 15.25	45.75；15.25；30.5；30.5；15.25
面积	30.5×30.5＝930m²	61×15.25＝930m²	45.75×15.25＋15.25×15.25＝930m²
外墙周长	122m	153m	153m

表 15.2　矩形平面 144m×24m 单层厂房各种柱网构件数量比较

构件名称	单位	柱网（柱距×跨度）/m				备注
		6×24	12×24	18×24	24×24	
屋架	榀	25	13	9	7	跨度均为 24m
柱	根	50	26	18	14	不包括抗风柱
基础	个	50	26	18	14	伸缩缝单基础双杯口
总计		125	65	45	35	

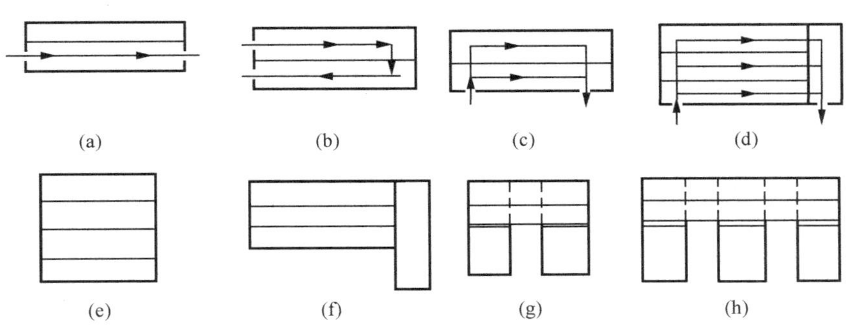

图 15.7　厂房平面形式

15.1.4　柱网选择

无论是单层厂房还是多层厂房，承重柱在平面上排列时所形成的网格称为柱网。柱网的尺寸是由柱距和跨度组成的，如图 15.8 所示。柱子纵向定位轴线间的距离称为跨度，横向定位轴线间的距离称为柱距或柱步。厂房柱网的确定也就是确定跨度和柱距。

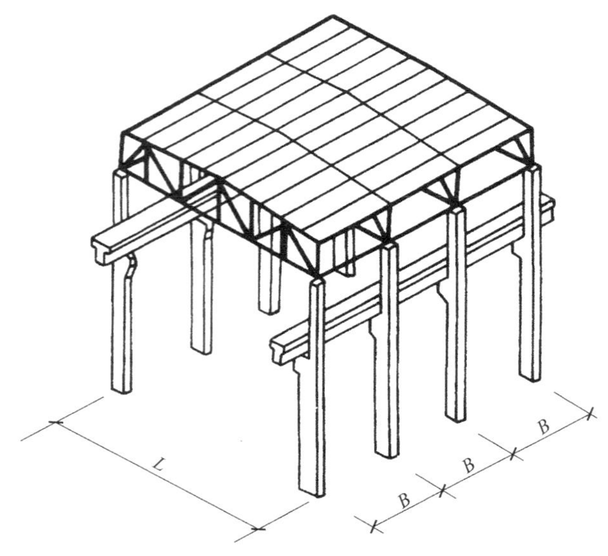

图 15.8　单层厂房柱网尺寸示意

B. 柱距；*L*. 跨度

1. 柱网尺寸的确定

柱网尺寸是根据生产工艺的特征、建筑材料、结构形式、施工技术水平、地基承载能力及有利于建筑工业化等因素来确定的。

1）跨度尺寸的确定

跨度尺寸主要是根据下列因素确定：

（1）生产工艺中生产设备的大小及布置方式。设备大，占地面积大，设备布置成纵向或横向，成单排、双排、多排或交错布置都影响跨度尺寸，如图 15.9 所示。

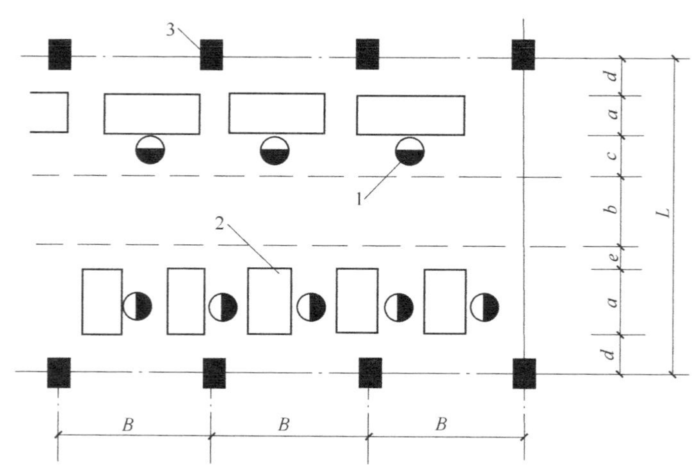

图 15.9　设备的布置方式

1. 操作置位；2. 生产设备；3. 柱子；*a*. 生产设备宽度或长度；*b*. 通道宽度；*c*. 操作宽度；*d*. 生产设备边缘与柱轴线距离；*e*. 生产设备边缘至通道边缘的安全距离；*B*. 柱距；*L*. 跨度；

（2）车间内部的宽度。不同类型的运输设备所需通道宽度是不同的，同样影响跨度尺寸。

（3）跨度尺寸应满足《厂房建筑模数协调标准》(GBJ6—86)的要求，根据上述二项条件所得尺寸，最终调整符合模数标准的要求：当屋架跨度小于等于 18m 时，采用扩大模数 30M 的数列，即跨度尺寸是 18m、15m、12m、9m 和 6m；当屋架跨度大于 18m 时，采用扩大模数 60M 的数列，即跨度尺寸是 24m、30m、36m、42m 等。当生产工艺布置有明显优越性时，跨度尺寸也可采用 21m、27m、33m。

2）柱距尺寸的确定

我国单层工业厂房设计主要采用装配式钢筋混凝土结构体系，其基本柱距是 6m，而相应的结构构件如基础梁、吊车梁、连系梁、屋面板、横向墙板等均已配套成型，并有供设计者选用的工业建筑全国通用构件标准图集，设计、制作、运输、安装都积累了丰富的经验。这种体系至今仍广泛采用。

柱距尺寸还受到材料的影响，当采用砖混结构的砖柱时，其柱距宜小于 4m，可为 3.9m、3.6m、3.3m 等。

2. 扩大柱网的尺寸及其优越性

随着科学技术的发展，厂房内部的生产工艺、生产设备、运输设备等也在不断地变化、更新。为了使厂房能适应这种变化，厂房应有相应的灵活性和通用性。扩大柱网可以较好地满足这种要求，也就是扩大厂房的跨度和柱距。常采用扩大柱网（跨度×柱距）为 12m×12m、15m×12m、18m×12m、24m×12m、18m×18m、24m×24m 等。

扩大柱网的优点是：

（1）可以提高厂房面积的利用率。为使设备基础与柱子基础不致相撞，宜在柱周围留出 700mm 的距离，如图 15.10 所示。在 6m 柱距的厂房中，每一柱距内只能布置一台机床，若将柱距扩大到 12m，则每一柱距内可布置三台机床，提高了面积的利用率，减少了柱子占用的结构面积，如图 15.11 所示。

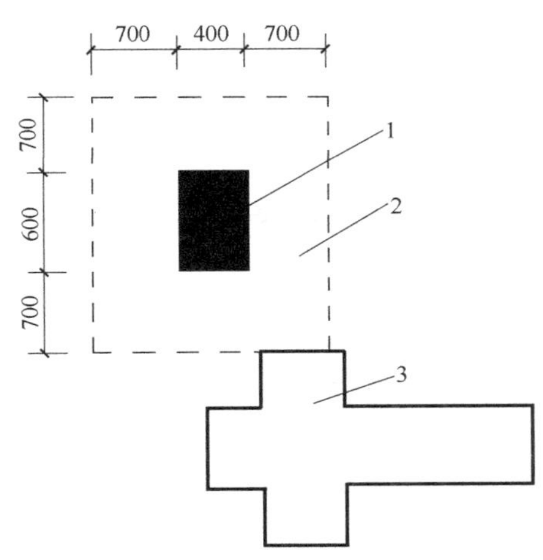

图 15.10　柱基础与设备最小距离

1. 柱子；2. 柱基础轮廓；3. 机器

（2）有利于大型设备的布置和产品的运输。现代工业企业中，如重型机械厂、飞机制造厂、火箭制造厂等，其产品具有高、大、重的特点，柱网越大，越能满足生产设备的布置及产品的装配和运输。

学习重点

重点关注：

1. 单层厂房柱网如何确定？
2. 扩大柱网有哪些优越性？
3. 采用扩大柱网时，屋顶承重方案有哪两种？各有何特点？

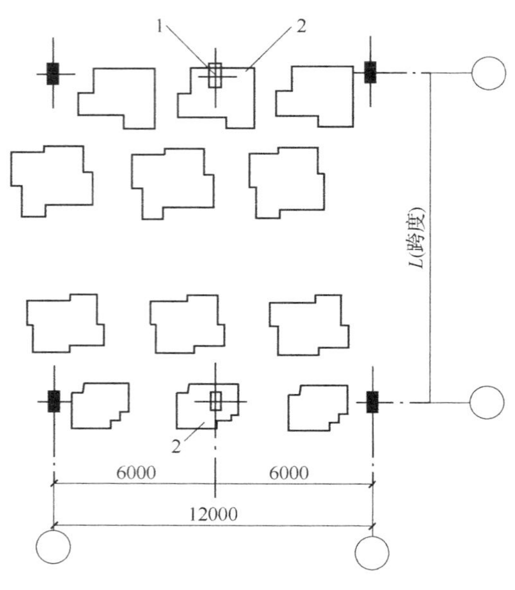

图 15.11　扩大柱距增加设备布置

1. 扩大柱距后省去的柱子；2. 增加的设备

(3) 能适应生产工艺变更及生产设备更新的要求。柱网扩大后，使生产工艺流程的布置有较大的灵活性。

(4) 能减少构件数量，但增加了构件重量，如表 15.2 所示。

(5) 扩大柱网减少了构件数量，施工进度也将明显加快。

(6) 减少柱基础土石方工程量。从表 15.2 可以看出，6m 柱距与 12m 柱距比较，后者少 24 个基础，约减少 50%；6m 柱距与 24m 柱距比较，后者少 36 个基础，减少 72%。

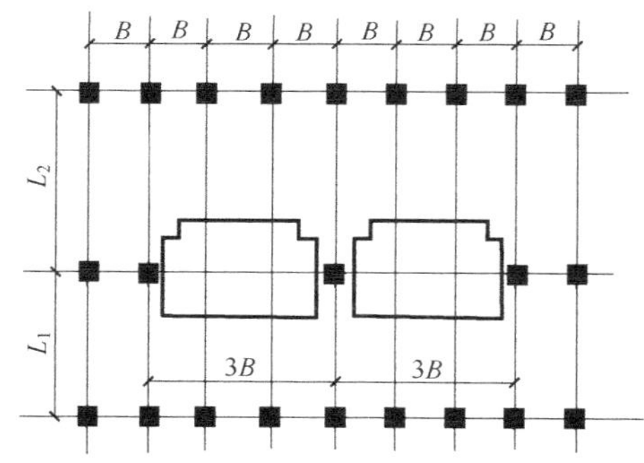

图 15.12　中列柱为扩大柱距设备布置平面图

在厂房内部布置大型设备时，可将中列柱柱距扩大，边列柱仍保持 6m 柱距，如图 15.12所示。

单层厂房采用扩大柱网后，屋顶承重方案有两种：无托架的方案［见图 15.13(a)］；有托架方案［见图 15.13(b)］。选择方案时，主要取决于施工技术水平和结构设计要求。在实现建筑工业化时，以采用无托架方案为宜。

图 15.14 是柱距为 12m 及 18m 的托架支承方案。屋架间距为 6m，即可采用 6m 长的屋面板。

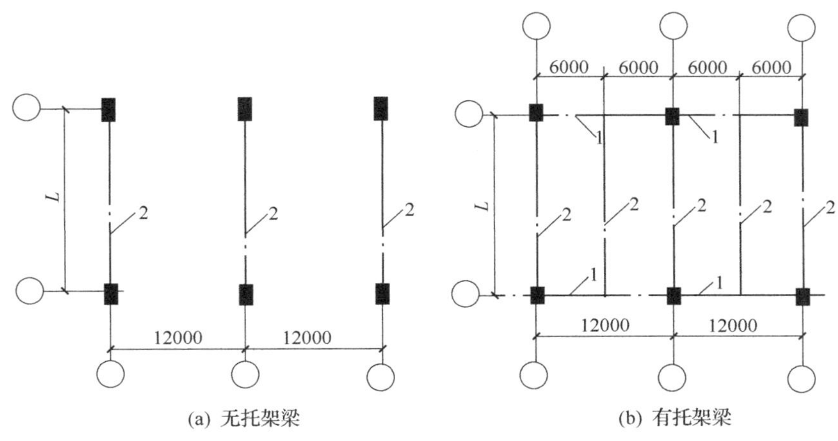

(a) 无托架梁　　(b) 有托架梁

图 15.13　扩大柱网屋顶承重方案

1. 托架梁；2. 屋架；L. 跨度

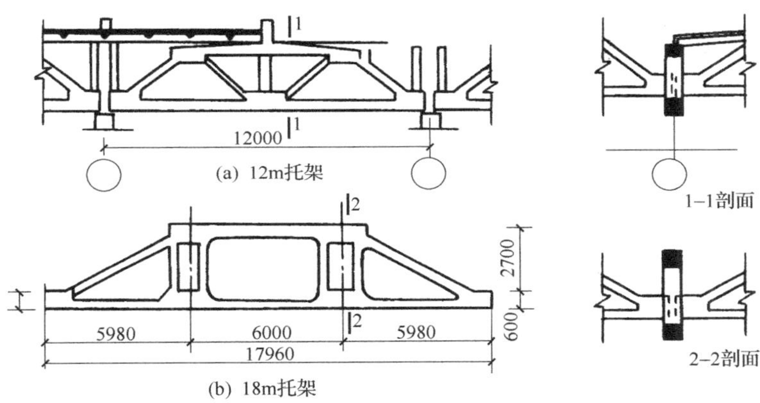

(a) 12m托架

(b) 18m托架

图 15.14　12m 和 18m 柱距 6m 屋面板的托架方案

15.1.5　厂房内通道及有害工段的布置

为运送原材料、成品、半成品和工人在厂房内走动及上下班通行，厂房内要设通道。其位置、宽度和数量，工艺设计人员在做工艺设计时都会有所考虑，建筑设计人员应从防火、卫生和人流疏散等方面考虑工艺布置图上所设计的通道是否合适。发生火灾紧急疏散时，人们都是在高温和烟气条件下行走的，为保证人们迅速、安全疏散，厂房内应布置必要数量的纵横贯通的通道，并与疏散门（通行门）连通，通道应有一定的宽度，根据车间生产性质、人流量和行车宽度确定。厂房内由最远点至疏散门的允许距离按防火规范确定。疏散时间与人流密度（单位面积的人数或人们的水平投影面积）及疏散路线长度有关（见图 15.15）。如人流密度 $D=0.5$（5 人/m^2），到疏散口的水平距离为 70m 时，则疏散需时为 3 分 20 秒。

不同生产性质车间相连时，通道还应是不同生产车间的分割带。

在做厂房平面设计时，应将有生产余热、有害气体、有爆炸和火灾危险的工段布置在靠外墙处，以便利用外墙的窗洞进行通风（如利用穿堂风时，宜布置在靠下风侧的外墙）和爆炸时便于泄压。要求有空调的工段不宜靠外墙布置，而应布置在厂房的中部，避免外界气象的影响。有噪声的工段或房间应尽可能布置在厂房的一角，并用封墙将此工段和其他工段隔开。湿房间不宜靠外墙布置，避免外墙内表面出现凝结水和构造复杂。

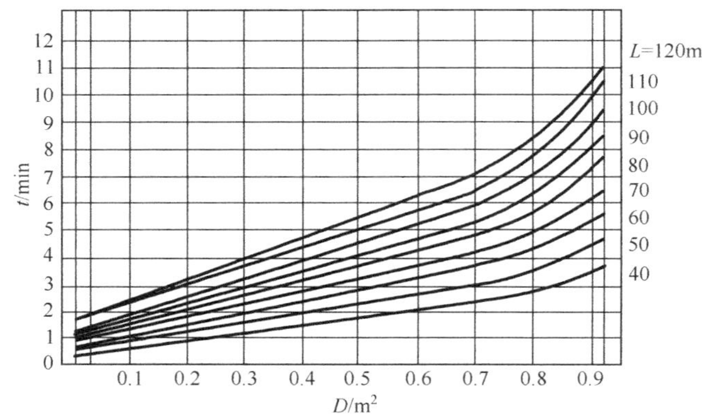

图 15.15　从最远工作点到疏散口（40～120m）水平移动疏散时疏散需时与人流密度（D）的关系

15.1.6　单层厂房生活间设计

为了保障工人的身心健康，提高产品质量和劳动生产率，建筑设计应为工人创造良好的劳动环境。所以，应该在车间附近或内部设置生活间。

1. 生活间的组成

根据车间的生产特征、职工人数、男女职工比例、地区气候等因素，确定生活间的内容。一般来说，生活间包括下面四个内容：

1）生产卫生用室

生产卫生用室包括浴室、存衣室、盥洗室。其面积大小和卫生用具的数量是根据车间的卫生特征级别来确定的。我国卫生部主编的《工业企业设计卫生标准》(TJ36—79)，将车间卫生特征分为 4 级，如表 15.3 所示。1 级和 2 级的车间应设置车间浴室；3 级宜在车间附近或在厂区设置集中浴室；4 级可在厂区或居住区内设置集中浴室。因生产事故可能发生化学性灼伤以及经皮肤吸收会引起急性中毒的工作地点或车间，应设事故淋浴，其供水系统不允许中断。车间卫生特征为 1 级的存衣室，应将便服和工作服分室存放。存放工作服的存衣室应有良好的自然通风，车间卫生特征为 2 级的存衣室，便服和工作服可在同一存衣室，但需分开存放，以免工作服污染便服。车间卫生特征为 3 级的存衣室，便服和工作服可同室存放，且存衣室可与休息室合并设置。车间卫生特征为 4 级的存衣室，存衣室与休息室可合并设置或在车间内适当的地点存放工作服。如果工作环境湿度大且在低温下作业时，如冷藏库、地下作业等，还应设立工作服干燥室。生产操作中工作服沾染病原体或沾染易经皮肤吸收的剧毒物质，或工作服污染严重的车间、生活间，还应设置洗衣房。

存衣室内存衣方式有两种：

(1) 闭锁式存衣柜，使用安全，无需专人管理。闭锁式存衣柜的数目按在册工人总数计算。

(2) 开放式存衣柜或挂衣钩，使用周转快，占用面积少，但需专人管理，使用不便，给人不安全感。开放式存衣柜的数目按在册工人最大班人数加25%计算。

学习重点

重点关注：

1. 单层厂房生活间由哪些部分组成？

表 15.3 生产卫生用室按卫生特征分级

卫生特征级别	有毒物质	粉尘	其他	需设置的生产卫生用室最低限
1	极易经皮肤吸收引起中毒的物质（如有机磷、三硝基甲苯、四乙基铅）		处理传染性材料、动物原料（如皮毛等）	车间浴室，必要时设事故淋浴，便服及工作服应分设存衣室，洗衣房，盥洗室
2	易经皮肤吸收或有恶臭的物质，或高毒物质（如丙烯腈、吡啶、苯酚）	严重污染全身或对皮肤有刺激的粉尘（如炭黑、玻璃棉等）	高温作业、井下作业	车间浴室，必要时设事故淋浴，便服及工作服可同室分开存放的存衣室，盥洗室
3	其他毒物	一般粉尘（如棉尘）	重作业	车间（或厂区）附近设集中浴室，便服及工作服可同室存放，盥洗室
4	不接触有毒物质或粉尘，不污染或轻度污染身体（如仪表、金属冷加工、机械加工等）			浴室（可在厂区或居住区内设置）、工作服可在车间适当地点存放或存衣室与休息室合并，盥洗室

2) 生活卫生用室

生活卫生用室包括休息室、孕妇休息室、吸烟室、厕所、女工卫生室、饮水室、小吃部、保健站、婴儿哺乳室、托儿所等。

厕所内大小便器的数量按规范有关规定计算。最大班的女工人数超过100人的车间，应设女工卫生室，且不得与其他用室合并放置。女工卫生室由等候间及处理间组成。等候间应设洗手设备及洗涤池；处理间应设温水箱及冲水器。最大班女工人数为100～200人时，应设一具冲水器，超过200人应每增加200人增设一具冲水器，若女工为40～100人，则设简易温水箱和冲水器。浴室、盥洗室、厕所的设计计算人数按最大班工人人数的93%计算，卫生设备的数量计算方法如表15.4、表15.5所示。

生活卫生用室中婴儿哺乳室、托儿所、卫生室的设计也应按规范规定，具体可参考我国卫生部主编的《工业企业设计卫生标准》(TJ36—79)的有关规定。

表 15.4　淋浴器及洗面池龙头使用人数

车间卫生特征级别	每一淋浴器使用人数/人	每一洗面池使用人数/人	备　注
1	3～4	20～30	1. 设浴池时，浴池面积每平方米可按 1～1.5 个淋浴器换算 2. 南方炎热地区，卫生特征为 4 级的车间浴室，每一淋浴器的使用人数可按 13 人计算 3. 淋浴室内一般按 4～6 个淋浴器设一具洗面池龙头 4. 接触油污的车间，有条件时洗面池应供热水
2	5～8		
3	9～12	31～40	
4	12～24		

表 15.5　大便蹲位、小便器使用人数

使用人数	大便蹲位数		小便器数
	男　厕	女　厕	
100 人以下时 100 人以上时	每 25 人设一个 每增加 50 人增设一个	每 20 人设一个 每增加 35 人增设一个	男厕所内，每个大便池应同时设小便器一具（或 0.4m 长的小便槽）。水冲式厕所内，应设洗污池

3）行政办公室

行政办公室包括党、政、工、团、青、妇等办公室，计划调度，技术，财务，检验，阅览，值班及会议室等。

4）生产辅助用室

生产辅助用室包括工具室、材料库、磨刀室、计量室以及其他某些生产辅助用室等。

2. 生活间的布置

由于生活间主要是为车间生产及生活服务，设计时应注意以下几点：

(1) 生活间的布置要保证一定的卫生要求，避免粉尘、毒气等有害物质及高温、噪声、振动的影响。

(2) 生活间的位置应便于职工上下班，要有利于生产、方便生活，所以生活间的位置不要妨碍车间的采光、通风、运输和发展。

(3) 生活间应有良好的朝向，争取理想的日照、采光和通风。

(4) 在可能的情况下，应尽量利用车间内部的空闲位置设置卫生间，或将几个车间的生活间合并建造，以便节约用地和资金。

(5) 生活间平面布置应力求面积紧凑，人流通畅，男女分设，管道集中且与所服务的车间联系方便。其标准可参考当地普通民用建筑，建筑形式与风格应与车间和厂区相协调。

目前我国单层厂房生活间的布置方式有三种选择：

1）毗连式生活间

毗连式生活间与厂房的纵墙或山墙毗连而建，如图 15.16(a)所示，生活间与厂房的纵墙毗连，如图 15.16(b)所示，是与厂房山墙毗连。

毗连式生活间的主要优点是：生活间与车间联系方便；生活间与厂房可共用一道墙，节省材料；寒冷地区对车间保温有利。

毗连式生活间的主要缺点是：不同程度地影响车间的采光和通风；车间内部如有较大振动、灰尘、噪声、有害气体时，对生活间有干扰。

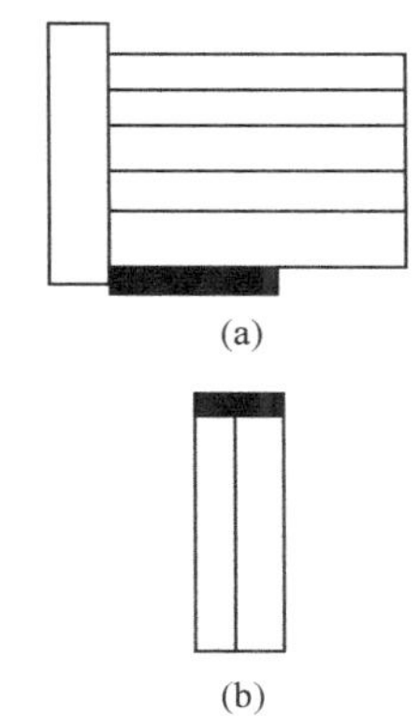

图 15.16　毗连式生活间

毗连式生活间和车间的结构方案不同，荷载相差也很大，所以在两者毗连处应设置沉降缝。设置沉降缝的处理方案有两种：

(1) 当生活间的高度高于车间时，毗连墙应设在生活间一侧，沉降缝则位于毗连墙与车间之间，如图 15.17(a)所示。毗连墙下的基础按以下两种情况处理：

学习重点

重点关注：

1. 单层厂房生活间有哪几种类型？各有何特点？

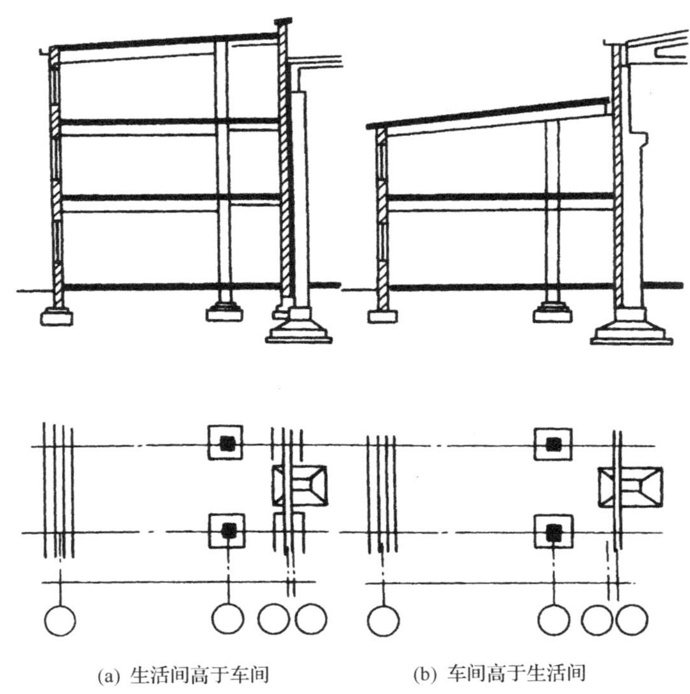

图 15.17　毗连式生活间沉降缝处理

带形基础：若带形基础与车间柱式基础相遇，应将带形基础断开，增设钢筋混凝土承墙梁跨越厂房柱基础以承托毗连墙。

柱式基础：毗连墙下的柱式基础应与车间的柱式基础交错布置，然后在生活间的柱式基础上设置钢筋混凝土承墙梁，承受毗连墙的荷载。

（2）当车间高度高于生活间时，毗连墙设在车间一侧，沉降缝则设于毗连墙与生活间之间，如图 15.17(b)所示。毗连墙支承在车间柱式基础的基础梁上。此时，生活间的楼板采用悬臂结构，生活间的地面、楼面、屋面均与毗连墙断开，并设置变形缝，以解决生活间与车间产生不均匀沉陷的问题。

2）独立式生活间

独立式生活间距车间有一定的距离，如图 15.18 所示。独立式生活间的主要优点：生活间和车间的采光、通风互不影响；生活间布置灵活；生活间和车间的结构方案互不影响，结构、构造容易处理。独立式生活间的主要缺点是：占地较多；生活间和车间的距离较远时，联系不够方便。

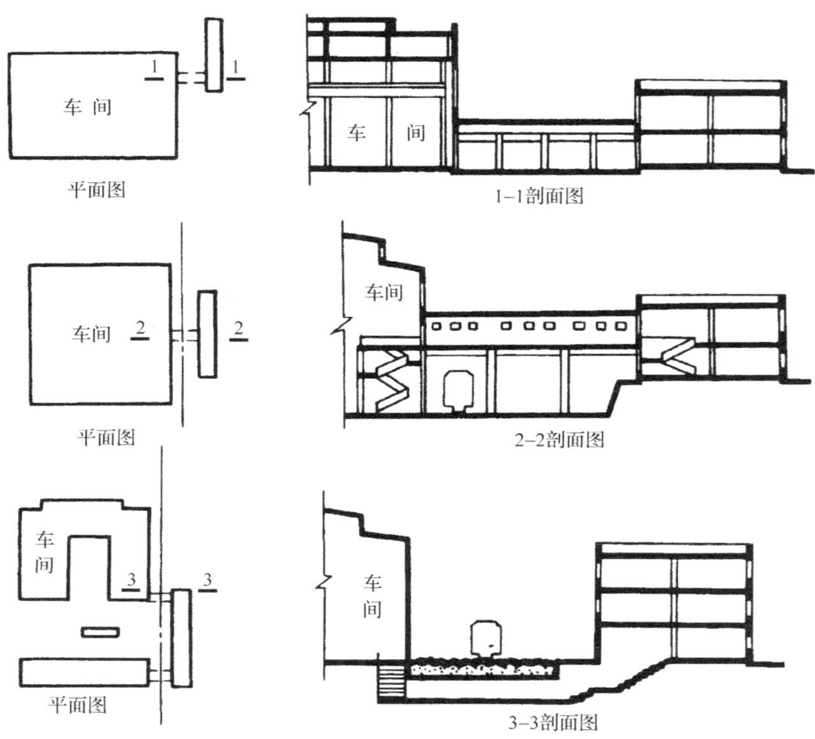

图 15.18 独立式生活间与车间连接的三种方式

独立式生活间与车间的连接方式有三种，如图 15.18 所示。

（1）走廊连接。

这种连接方式简单、适用。根据气候条件，在南方地区宜采用开敞式走廊，北方地区宜采用封闭式走廊。

（2）天桥连接。

当车间和生活间之间有铁路或运输量很大的公路时，在铁路或公路上空设置连接车间与生活间的天桥，这样可避免人货流交叉，保证车辆和行人的安全。

(3) 地道连接。

此种连接方式与天桥连接方式优点相同。

3) 车间内部式生活间

车间内部式生活间是将生活间布置在车间内部可以充分利用的空间内，只要在生产工艺和卫生条件允许的情况下，均可采用这种布置方式。它具有使用方便、经济合理、节省建筑面积和体积的优点。它的缺点是只能将生活间的部分房间布置在车间内，如存衣室、休息室等，车间的通用性也受到限制。

车间内部式生活间有以下几种布置方式：

(1) 在车间边角、空余地段布置生活间，如在柱子上空、柱与柱之间的空间。

(2) 在车间上部设夹层。生活间布置在夹层内，夹层可支承在柱子上，也可以悬挂在屋架下。

(3) 利用车间端部布置生活间。

(4) 在地下室或半地下室布置生活间。但是需要设置机械通风、人工照明，且构造复杂、费用较高，故一般采用较少。

15.2 单层厂房剖面设计

单层厂房剖面设计是在平面设计的基础上进行的，剖面设计着重解决建筑空间如何满足生产的各项要求问题。生产工艺对厂房剖面设计影响很大，如生产设备的体型、工艺流程、生产特点、操作要求、被加工件的大小和重量、起重运输设备的类型及起重量、其他运输工具的要求等，都影响着剖面形式。具体设计要求是：

(1) 确定合理的厂房高度，使其满足生产工艺要求的足够空间。

(2) 解决厂房采光和通风，使其具有良好的室内环境。

(3) 选择结构方案和围护结构形式，以满足建筑工业化要求。

15.2.1 厂房高度的确定

单层厂房高度是指室内地面到屋架下弦或屋面梁下表面最低点的垂直距离。一般情况，屋架下表面高度即是柱顶与地面之间的高度，所以单层厂房高度也可指地面到柱顶的高度，如图 15.19 所示。

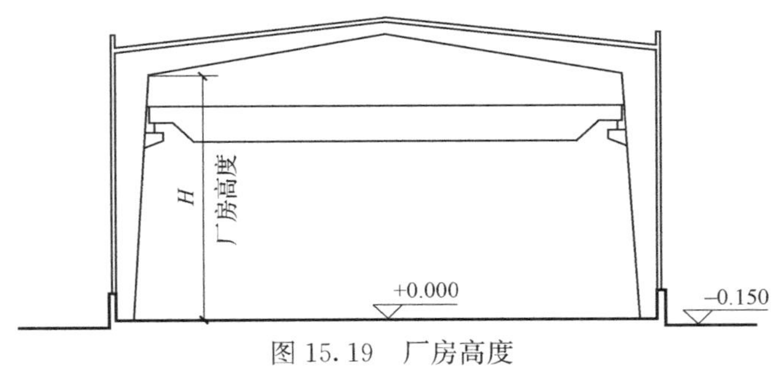

图 15.19 厂房高度

根据《厂房建筑模数协调标准》(GBJ6—86)的规定：

(1) 柱顶标高应按 3M 数列确定，牛腿标高按 3M 数列考虑。

(2) 当牛腿顶面标高大于 7.2m 时，按 6M 数列考虑。

(3) 钢筋混凝土柱埋入段长度也应满足模数化要求，如图 15.20 所示。

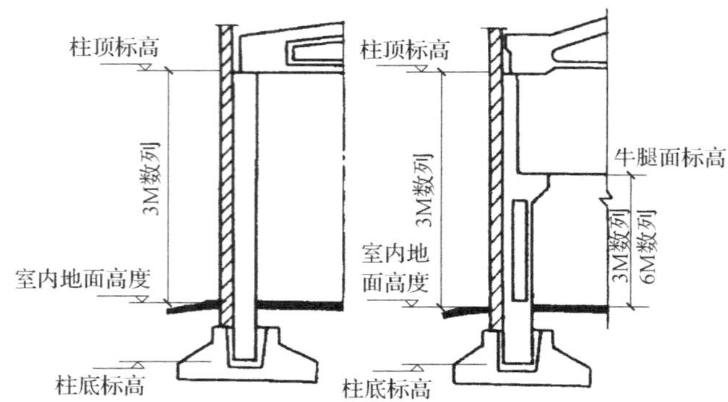

图 15.20 厂房各标高及要求

1. 柱顶标高的确定

厂房内部有无吊车对于柱顶标高的确定有很大影响。

1) 无吊车厂房

在无吊车的厂房中，柱顶标高通常是按最大生产设备的高度和安装、检修时所需的高度两部分之和来确定的，柱顶标高应符合扩大模数 3M 数列的要求。同时，厂房高度还需满足采光和通风的要求。一般无吊车厂房的柱顶标高不小于 3.9m。

2) 有吊车厂房

图 15.21 所示为有吊车厂房内部影响厂房高度因素。

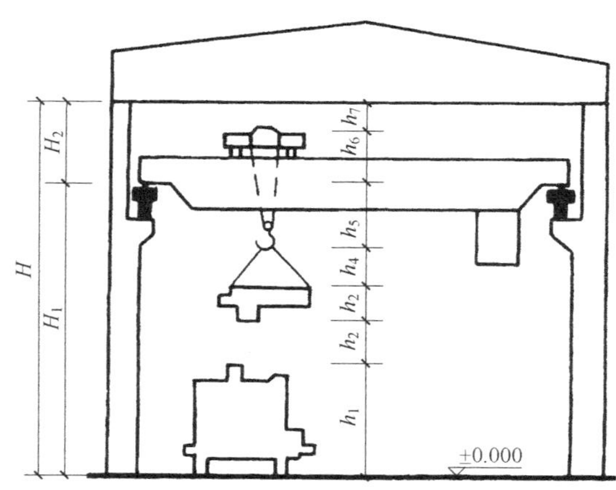

图 15.21 有吊车厂房高度的确定

h_1. 生产设备或隔断的最大高度；h_2. 被吊物件安全超越高度，一般为 400～500mm；h_3. 被吊物件的最大高度；h_4. 吊绳最小高度；h_5. 吊钩距轨顶面最小高度，可由吊车规格表中查出；h_6. 轨顶至小车顶部高度，可由吊车规格表中查出；h_7. 小车顶吊面至屋架下弦底部的安全高度，根据吊车起重量大小取 300mm、400mm、500mm

确定轨顶标高 H_1：

$$H_1 = h_1 + h_2 + h_3 + h_4 + h_5$$

柱顶标高 H：

$$H = H_1 + H_2$$

2. 室内地面标高的确定

为了使厂房内外运输方便和缩短门前坡道的长度，一般单层厂房的室内外地面高差不宜太大，但要考虑到防止雨水侵入，室内外地面高差通常为 100～150mm。

在通常地形较平坦的情况下，为便于工艺布置和生产运输，整个厂房地坪采取统一标高。但在山区建厂时，由于地形起伏不同形成复杂的地貌，从经济角度考虑应依山就势、因地制宜。例如：

(1) 当厂房跨度平行等高线布置、地形坡度又较大时，若工艺条件许可，可将厂房不同跨度的地坪标高分别布置在不同的台阶上，以节省土石方及基础工程量。图 15.22 所示为某车间的剖面，由于炉料布置在高台阶上，既减少土石方量，又方便生产操作。

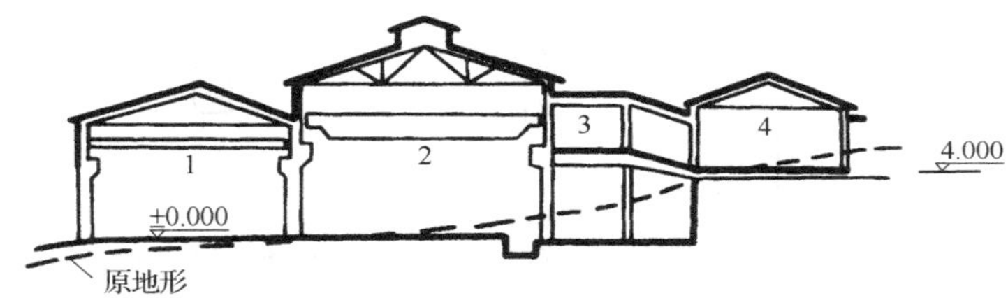

图 15.22 某铸工车间剖面

1. 小件造型；2. 大件造型；3. 熔化；4. 炉料

(2) 当厂房跨度垂直等高线布置、地形坡度又较大时，可将同一跨度的地坪分别布置在不同标高的台阶上，也可将局部做成两层。图 15.23 是某汽车厂木模和铸工车间剖面，二者分别布置在不同标高的台阶上，为便于运输联系，将木模库局部做成两层，木模由底层运至二层，再运往临近的铸工车间。这样处理既方便生产工艺流程，又充分利用地形。

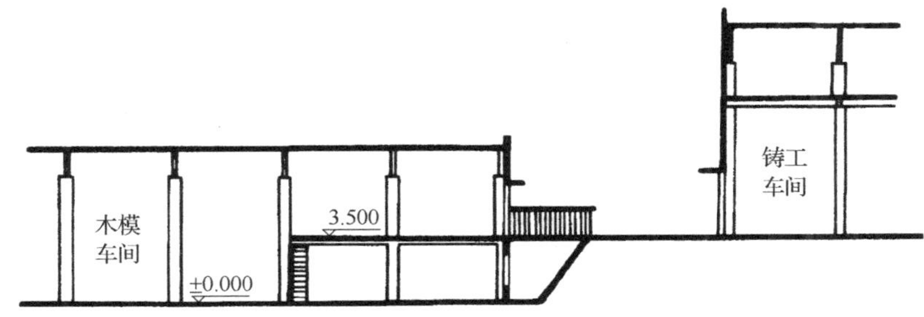

图 15.23 某汽车厂木模和铸工车间剖面

3. 厂房高度的调整

确定厂房高度时，应在满足生产要求的前提下充分利用空间，不可轻易提高柱顶标高。对于多跨厂房和有特殊设备要求的厂房，厂房高度需做相应的调整。

在工艺要求有高差的多跨厂房中，当高差不大于 1.2m 时（有空调要求除外），低跨所占面积较小时，不宜设置高度差。在不采暖的多跨厂房中，当一侧仅有一低跨且高差不大于 1.8m 时，也不宜设置高度差。这样，在剖面设计中尽量采用平行等高跨，使构件统一，施工方便，较为经济。

对于厂房内局部有特殊设备，为了柱顶标高的统一，通常在厂房一端屋架与屋架之间的空间布置个别高大的设备，或降低局部地面标高，如设置地坑来放置大型设备，以减少厂房空间高度。图 15.24 是某厂铸铁车间砂处理工段剖面图，在不影响吊车运行的情况下，把高大设备布置在两榀屋架之间。图 15.25 是某厂的变压器修理工段的剖面图，在修理大型变压器芯子时，需将芯子从变压器外壳抽出，如将变压器放在地面上操作，就要抬高整个厂房高度，使造价提高，如将需修理的变压器置于低于地坪的地坑里，既满足了修理要求，又降低了厂房高度，做到既经济，又适用。

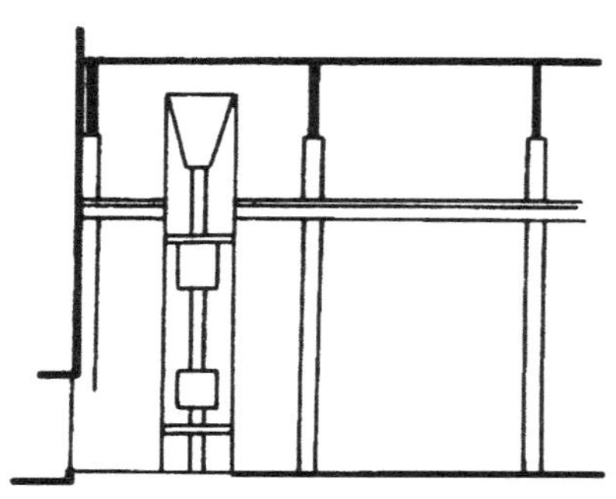

图 15.24　利用屋架空间布置设备

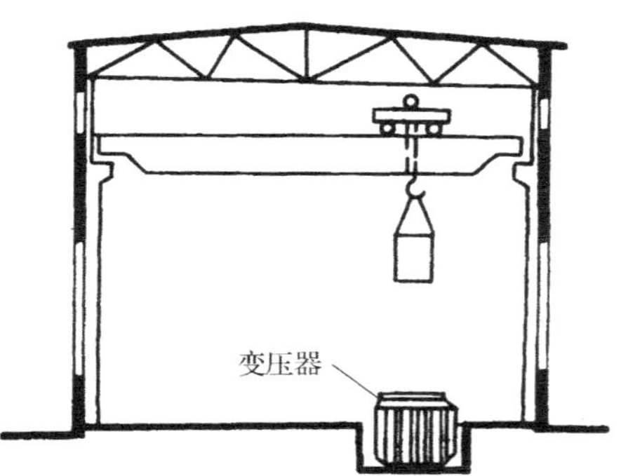

图 15.25　利用地坑布置大型设备

15.2.2　天然采光

白天，室内利用天然光线照明的方式叫天然采光。天然光分为：

(1) 直射光。太阳光直射到界面的光线，它的照度高，有一定的方向性，在物体背后出现阴影。

(2) 散射光。太阳光在大气中受到灰尘、云雾等的影响，或不直接照射到物体上，而在天空中形成散射光。它的照度低，没有方向性，也不会形成阴影。

晴天时有直射阳光，阴天时只有散射光。在厂房设计时应首先考虑天然采光。采光设计是根据室内生产对采光的要求确定开窗大小、形式、位置等，以保证室内光线均匀，避免眩光。

1. 天然采光的基本要求

1) 满足采光系数的最低值

由于天然光照度时刻都在变化，室内工作面上的照度也随之改变，因此采光设计不能用变化的照度来作为依据，而是用采光系数的概念来表示采光标准。室内某一点的采光系数 C 等于室内某一点的照度 E_{n} 与同一时刻室外全云天水平面上天然照度 E_{w} 比值百分数，即

$$C=\frac{E_{\mathrm{n}}}{E_{\mathrm{w}}}\times 100\%$$

式中：E_n——室内工作面上某点的照度，lx；

E_w——同一时刻露天地平面上全云天散射光照下的照度（如图 15.26所示），lx。

E_n 是室内工作面上的最低照度，E_w 在各地区是一个已确定的常数，则 C 为采光系数的最低值。以 C 值作为设计标准，不管室外照度如何变化，室内工作面都能满足生产要求。

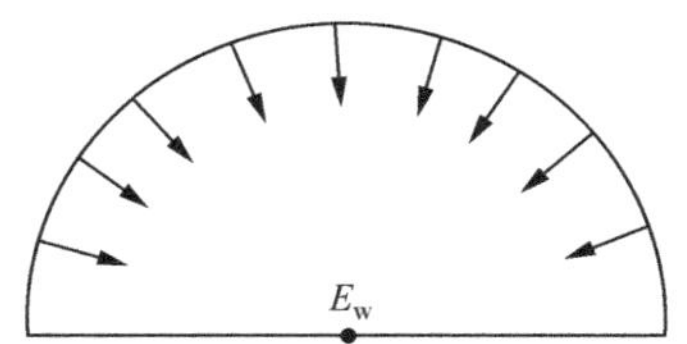

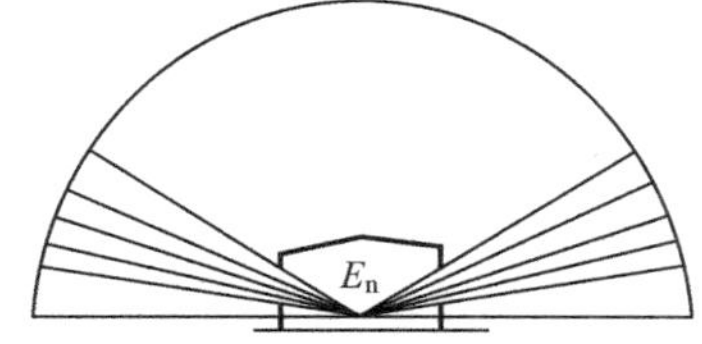

图 15.26　确定采光系数示意

根据厂房对采光要求不同，我国《工业企业采光设计标准》（GB50033－91）中规定，将天然采光分为五级，如表 15.6 所示。表中采光系数最低值是按照室外临界照度值确定的，室外临界照度值一般取 5000lx。室外临界照度低于这个标准的地区，如四川、贵州和广西西北部，其采光等级可提高一级（即乘以修正系数 1.25）采用。不同的生产车间和工作场所应具有的采光等级如表 15.7 所示。

表 15.6　生产车间工作面上采光系数最低值

采光等级	视觉工作分类		室内天然光照度最低值/lx	采光系数最低值/%
	工作精确度	识别对象的最小尺寸 d		
Ⅰ	特别精细工作	$d \leqslant 0.15$	250	5
Ⅱ	很精细工作	$0.15 < d \leqslant 0.3$	150	3
Ⅲ	精细工作	$0.3 < d \leqslant 1.0$	100	2
Ⅳ	一般工作	$1.0 < d < 5$	50	1
Ⅴ	粗糙工作	$d > 5$	25	0.5

表 15.7　生产车间和工作场所的采光等级举例

采光等级	生产车间和工作场所名称
Ⅰ	精密机械、机电成品检验车间，工艺美术厂雕刻、刺绣、绘画车间，毛纺厂选毛车间
Ⅱ	精密机械加工、装配、精密机电装配车间，仪表检修车间，主控制室，电视机、收音机装配车间，光学仪器厂研磨车间，无线电元件制造车间，印刷厂排字、印刷车间，针织厂精纺、织造、检验车间，制药厂制剂车间
Ⅲ	机械加工和装配车间，机修、电修车间，理化实验室、计量室、木工车间，面粉厂制粉车间，塑料厂注塑、拉丝车间，制药厂合成药车间，冶金厂冷轧、热轧、拉丝车间，发电厂汽轮机车间

续表

采光等级	生产车间和工作场所名称
Ⅳ	焊接、钣金、铸工、锻工、热处理、电镀、油漆车间，食品厂糖果、饼干加工、包装车间，冶金工厂熔炼、炼钢、铁合金冶炼车间，水泥厂烧成、磨房、包装车间
Ⅴ	锅炉房，泵房，汽车库，煤的加工运输、选煤车间，转运站，运输通廊，一般仓库

2）满足采光均匀度的要求

工作面上照度差别大，容易产生视觉疲劳，影响工人操作，降低劳动生产率。为了保证视觉舒适，应尽量使室内照度均匀。所谓采光均匀度是指工作面上采光系数的最低值与平均值之比，具体可以根据车间的采光等级及采光口的位置来确定。在顶部采光时，对Ⅰ～Ⅴ级采光等级的采光均匀度不宜小于0.7。侧面采光时，由于照度变化很大，不可能均匀，所以未作规定。为保证采光均匀度0.7的规定，相邻两天窗中线间的距离不宜大于工作面至天窗下沿高度的两倍，通常工作面高度取地面以上1.0～1.2m。

检验工作面上采光系数是否符合标准，通常是在厂房横剖面的工作面上选择光照最不利点进行验算。将多个测点的值连接起来，形成采光曲线，显示整个厂房的光照情况，如图15.27所示。

图15.27　采光曲线示意图

3）避免在工作区产生眩光

在人的视野范围内出现比周围环境明亮得多而又刺眼的光叫眩光，使人的眼睛感到不舒适，影响视力及操作。设计时应避免工作区出现眩光。

2. 采光面积的确定

在实际工程中，往往是根据厂房的采光、通风、立面处理等综合要求来确定采光面积。对于采光设计不需要十分精确的厂房，可通过窗地面积比来确定采光面积，其计算方法为：

（1）根据生产车间和工作场所的性质（见表15.2），决定车间的采光等级。

（2）根据采光等级（见表15.1），决定车间所需的采光系数最低值C_{min}。

（3）根据采光系数最低值C_{min}，决定窗地面积比，即可得采光口面积。

（4）根据车间的平面和剖面，确定窗口的大小和数量。

3. 采光方式及采光窗类型

1）采光方式

根据采光口在外围护结构上的位置，可分为侧窗采光、天窗采光和混合采光三种方式，如图15.28所示。

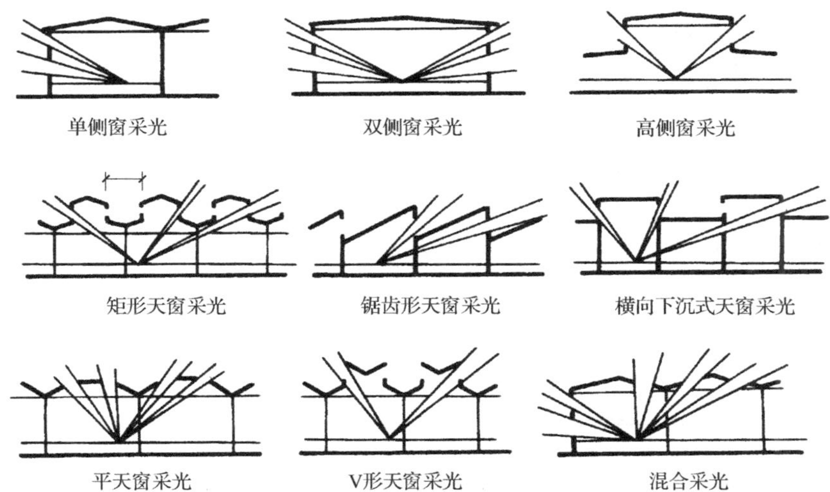

图 15.28　单层厂房天然采光方式

(1) 侧窗采光。

侧窗采光是将采光口布置在外墙上的一种采光方式。其特点是构造简单，施工方便，造价低廉，视野开阔，有利于消除疲劳。

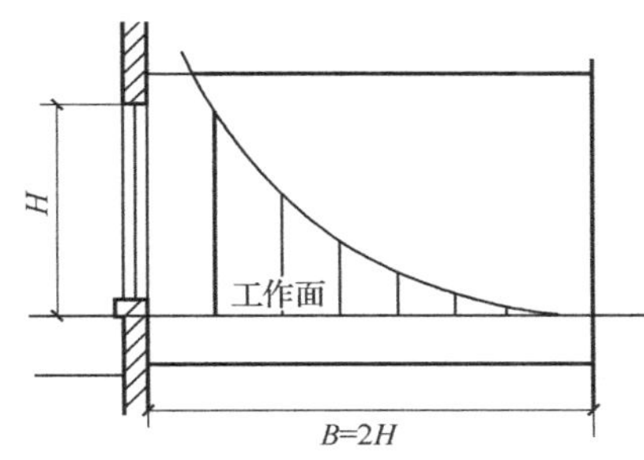

图 15.29　单侧采光光照衰减示意

侧窗采光分单侧采光和双侧采光两种。当厂房进深不大时，可采用单侧采光。单侧采光的有效深度约为工作面至窗口上沿距离的一倍，即 $B=2H$，如图 15.29所示。这种采光方式，光线在深度方向衰减较大，光照不均匀。双侧采光是单跨厂房中常见的形式，它提高了厂房采光均匀程度，可满足较大进深的厂房。

在有吊车梁的厂房中，为了加大侧窗的采光面积，可采用高低侧窗的采光方式，如图 15.30 所示。高侧窗的下沿距吊车轨道顶面 600mm，低侧窗的下沿略高于工作面，这样透过高侧窗的光线，提高了远离窗户处的采光效果，改善了厂房光线的均匀度。

(2) 天窗采光。

天窗采光通常用于侧墙不能开窗或连续多跨的厂房，它照度均匀，采光效率较高，但构造复杂，造价较高。

(3) 混合采光。

混合采光是侧窗采光和天窗采光的结合。当厂房跨度较大、跨数较多或由于朝向等原因不宜开设过大侧窗面积时，侧窗采光不能满足照度的要求，而用天窗采光进行补充。

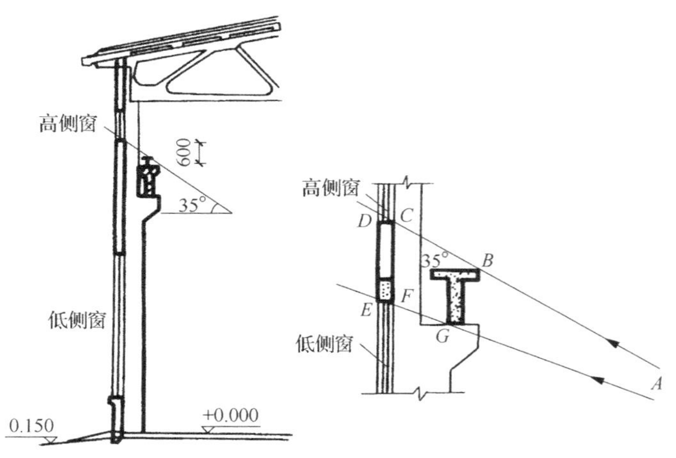

图 15.30　吊车梁遮挡光线与高低侧窗的位置

2）采光天窗的形式

采光天窗按剖面形状划分为矩形、梯形、M 形、锯齿形、下沉式、三角形和平天窗等。

（1）矩形天窗。

其采光特点与侧窗采光类似，矩形天窗一般为南北布置，光线较均匀，通风效果良好，积尘少，易于防水，但增加厂房屋面的荷载，对抗震不利，且构造复杂，造价较高。

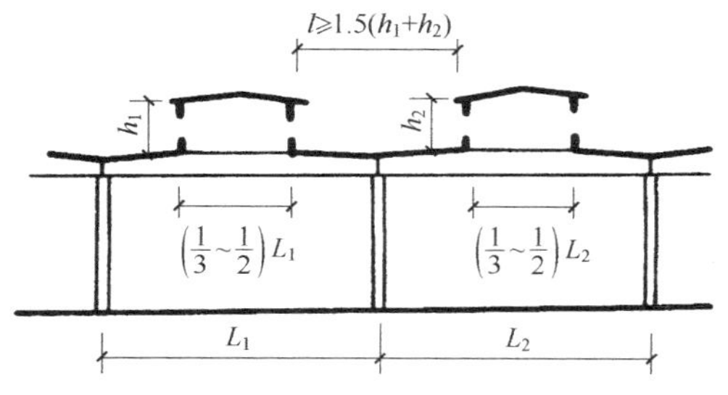

图 15.31　天窗宽度与跨度的关系

为了保证厂房的照度均匀度，天窗的宽度一般取 1/3～1/2 的厂房跨度，相邻两天窗的距离应大于等于相邻两天窗高度之和的 1.5 倍，即 $L \geqslant 1.5(h_1+h_2)$，如图 15.31所示。

（2）锯齿形天窗。

厂房的屋顶呈锯齿形，在两齿之间设天窗扇。其特点是窗口一般朝北向开设，光线不直接射入，室内光线比较均匀柔和，无眩光。斜向顶板反射的光线可增加室内的照度，它适用于要求光线稳定，并对温湿度有要求的厂房，如纺织车间、印染车间等，如图 15.32 所示。

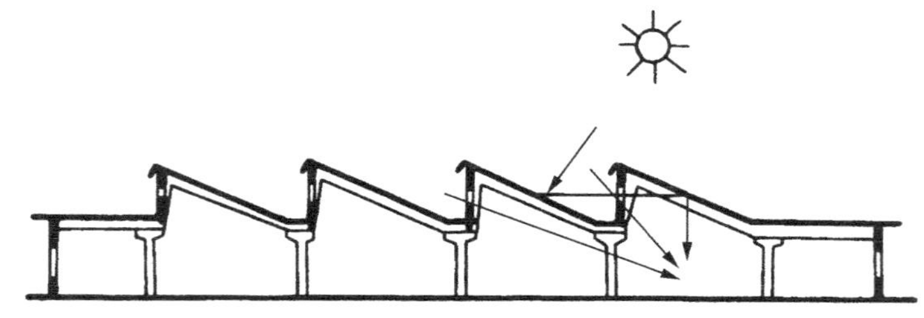

图 15.32　锯齿形天窗的剖面

(3) 横向下沉式天窗。

当厂房东西朝向时，如采用矩形天窗则朝向不好，可采用横向下沉式天窗。即将屋顶的一部分屋面板布置在屋架下弦，利用上下弦之间的屋面板位置的高差作为采光口和通风口。若将相邻柱距的屋面板交错布置在屋架下弦上，就成为横向下沉式天窗，如图 15.33所示。其主要特点是能根据使用要求，灵活布置天窗位置，并能降低建筑高度，简化结构，抗震性好，降低造价（约为矩形天窗的 62%），而采光效率与矩形天窗相近。其缺点是窗扇形式受屋架形式的限制，构造较复杂，厂房纵向刚度差。横向下沉式天窗适用于东西向的冷加工车间，也可用于热车间。

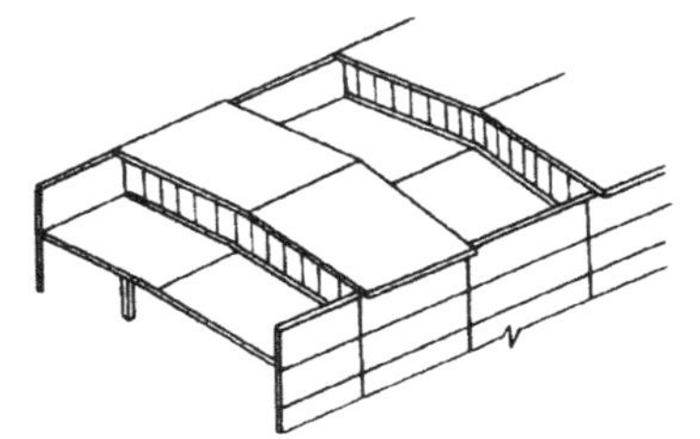

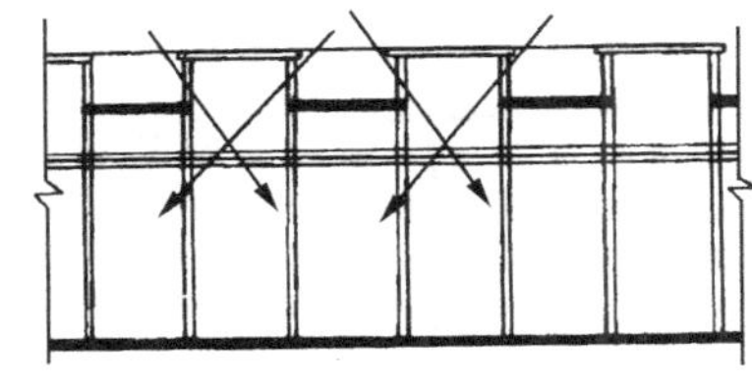

图 15.33 横向下沉式天窗的剖面

(4) 平天窗。

在屋面板上直接设置水平或接近水平的采光口叫平天窗。这种天窗构造简单，造价低廉，由于其透光材料水平设置，故采光效率高。在采光面积相同的条件下，平天窗的照度比矩形天窗高 2～6 倍。平天窗虽有上述优点，但也存在一些问题：平天窗不能通风，如必须通风，需在构造上采取通风措施；在采暖地区容易在玻璃上结露，形成水滴下落，影响使用；在炎热地区，通过平天窗透过大量的太阳辐射热，往往大于允许值的数倍，在直接阳光作用下，工作面上眩光较重，影响工作。另外，平天窗还存在容易积灰和污染，玻璃破碎容易伤人等问题。由于这些原因，平天窗适用于一些冷加工车间，在工业建筑中使用较多，如图 15.34 所示。

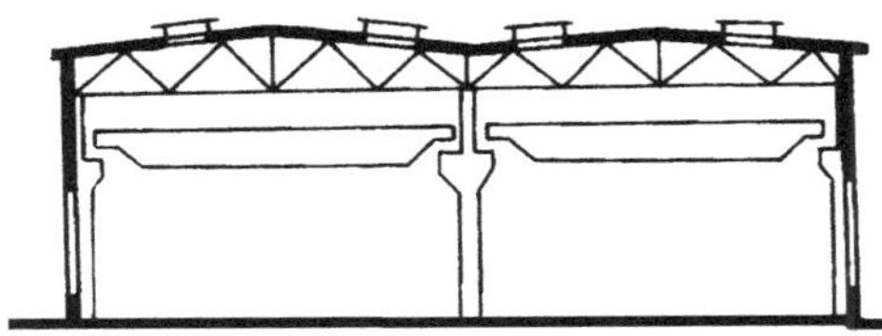

图 15.34 平天窗的剖面

15.2.3 自然通风

厂房的通风方式有两种，即自然通风和机械通风。

(1) 自然通风，是利用空气的自然流动将室外的空气引入室内，将室内的空气和热量排至室外，这种通风方式与厂房的结构形式、进出风口的位置等因素有关，它受地区周围环境的影响较大，通风效果不稳定。

（2）机械通风，是以风机为动力，使厂房内部空气流动，达到通风降温的目的。它的通风效果比较稳定，并可根据需要进行调节，但设备费用较高，耗电量较多。在无特殊要求的厂房中，尽量以自然通风方式解决厂房的通风问题。

1. 自然通风的基本原理

自然通风是以利用热压和风压来实现通风换气的。

1）热压原理

厂房内部由于在生产过程中产生热量，如工业炉子、热部件以及机械设备运转等排出大量的热量，提高了室内空气的温度，使空气体积膨胀，容重变小而自然上升。而室外空气温度相对较低，容重较大，当厂房下部的门窗敞开时，室外空气进入室内，使室内外的空气压力趋于平衡。如将天窗开启，由于热空气的上升，天窗内侧的气压大于天窗外侧的气压，使室内热气不断排出，如此循环，从而达到通风的目的。这种通风方式称为热压通风，如图 15.35 所示。

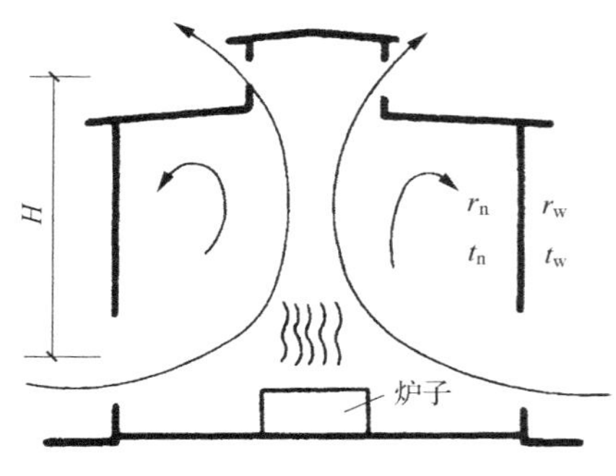

图 15.35　热压通风示意

由于室内外温差造成的空气压力叫热压。热压值的计算公式为

$$\Delta P = H(r_w - r_n)$$

式中：ΔP——热压，kg/m^2；

H——进、排风口中心线的垂直距离；

r_w——室外空气密度，kg/m^3；

r_n——室内空气密度，kg/m^3。

从式中可看出，热压值的大小取决于进风口室内外的温差。开设天窗和降低进风口高度，都是加大热压的有效措施。

2）风压原理

当风吹向建筑物时，遇到建筑物而受阻，如图 15.36 所示，在Ⅰ—Ⅰ剖面位置处，迎风面空气压力增大，超过了大气压力而成为正压区，用“+”表示，在Ⅱ—Ⅱ剖面位置处，气流通过房屋两侧和上方迅速穿过，此处气流变窄，风速加大，使建筑物的侧面和顶面形成了一个小于大气压力的负压区，用“−”表示。风到Ⅲ—Ⅲ剖面位置处时，空气飞越建筑物，并在背风一面形成涡流，形成一个负压区。因此根据这个现象，应将厂房的进风口设在正压区，排风口设在负压区，使室内空气更好地进行交换。这种利用风的流动产生的空气压力差而形成的通风方式为风压通风。

在厂房剖面和通风设计时，要根据热压和风压原理考虑二者共同对厂房通风效果的影响，恰当地设计进、排风口的位置，选择合理的通风天窗形式，组织好自然通风。图 15.37是热压和风压共同工作时的气流状况示意。

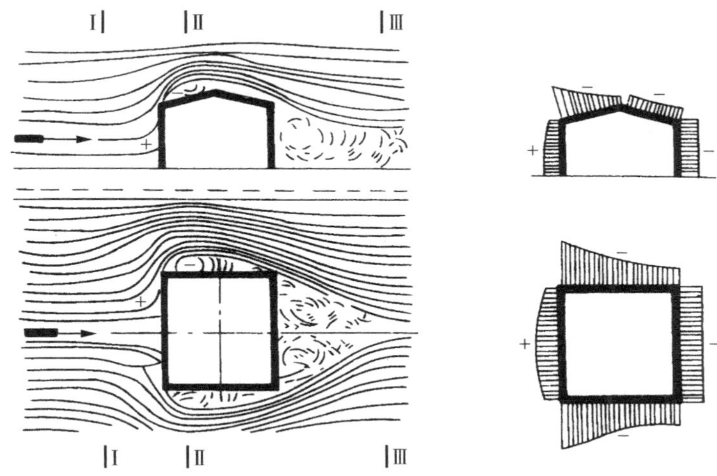

图 15.36　风绕房屋流动状况及风压分布

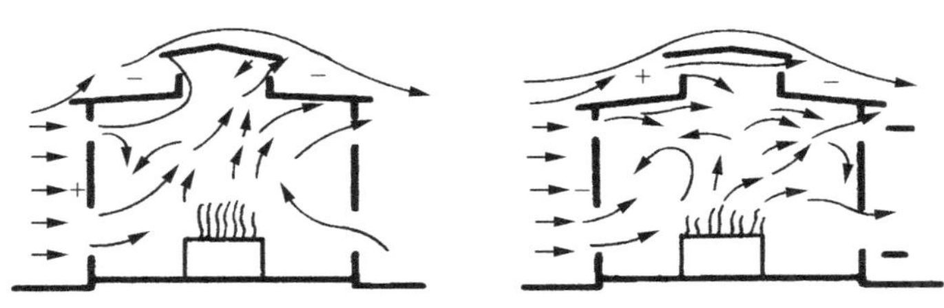

图 15.37　热压和风压共同工作时的气流状况

2. 冷加工车间的自然通风

冷加工间一般没有大量的生产余热，室内外温差较小，但考虑到新鲜空气的引入和废气的排出，也应该组织好厂房的自然通风。组织自然通风时可结合工艺和总平面进行，尽量使厂房长轴与夏季主导风向垂直，限制厂房的宽度在 60m 以内，以便组织穿堂风。另外还应合理布置进、出风口的位置，室内少设和不设隔墙，这些对组织通风都是有利的。

当厂房较宽时，中间部位受穿堂风效益甚微，通风不够稳定。因此，为形成厂房内部稳定的气流，增加工人的舒适感，在夏季可在厂房内设置风扇，迫使空气流动。

3. 热加工车间的自然通风

热加工车间在生产时会产生大量余热和有害气体，尤其要组织好自然通风。不仅在平面设计中要考虑通风因素，还应根据热压原理，充分利用热压，并合理地设置进、排气口，选择良好的通风天窗形式。

1）进、排气口设置

我国幅员辽阔，南北气候差异较大，建造地区不同，热加工车间进、排风口布置及构造形式也不一样，主要利用低侧窗进风，高侧窗和天窗排风。根据热压原理，进、排风口的高差越大，通风效果越好。图 15.38

为进、排风口位置与高度的关系。

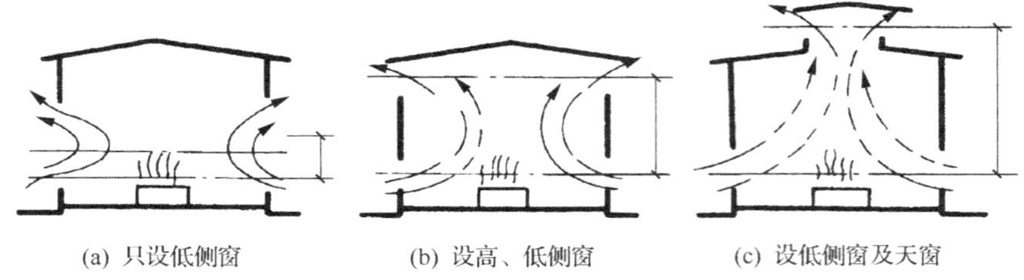

图 15.38　进、排风口的位置与高度的关系

(1) 南方炎热地区，作为进风口的低侧窗窗台标高可降为 0.5～1m，因冬季不冷，不需调节进、排气口面积控制风量，故进、排气口可不设窗扇，但为防雨水飘入屋内，必须设挡雨板，如图 15.39(a)所示。

(2) 北方寒冷地区，因温差较大，进、排气口均设置窗扇。低侧窗可分为上、下两排，冬季上排窗开启，下排窗关闭，避免冷风吹向人体，夏季下排窗开启，上排窗关闭，如图 15.39(b)所示。

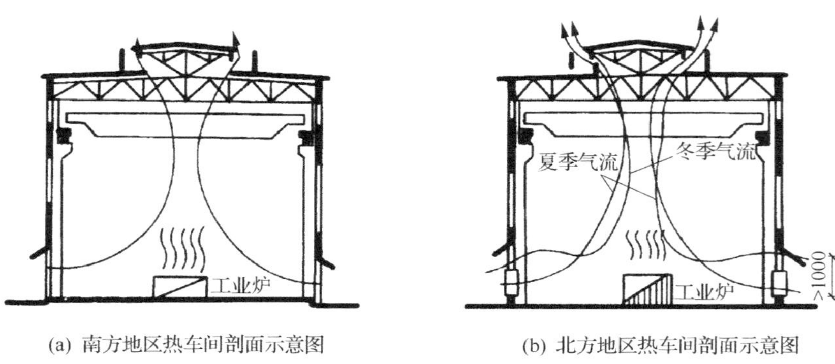

图 15.39　热加工车间剖面示意图

为了提高热车间的通风能力且便于窗扇启闭，低侧窗宜采用平开窗和立旋窗，尤其以立旋窗为佳，因为它的开启角度可随风向来调节，能得到最大的通风量。排风口的位置应尽量高一些，一般都设在柱顶处。当设有天窗时，天窗位置一般设在屋脊处或设于散发热量较大的设备上方，这样可缩短通风距离，较快地排除热空气。

对有些灰尘较大的热车间（如炼钢、铸铁等）由于在生产过程中不断产生大量的烟尘和二氧化硫，使侧窗和天窗的玻璃表面很快形成污染面层，清除很困难，严重影响车间的采光和操作，夏季又需开启窗扇进行通风，由于震动等原因，玻璃破损严重，使维修费用增加，因此为减少投资和维修费及改善车间的采光状况，对散热量及灰尘散发量大的车间，南方地区的厂房墙体形式可采用上下开敞式，如图 15.40 所示。在北方地区，这类热车间的剖面设计应在保证采光基本要求的前提下，尽量缩小侧窗面积，也可采用上部开敞式，有天窗时也可不设窗扇，具体设计要按实际情况而定。

除上下开敞式墙体形式外，还有全开敞式，它适用于只要求防雨而不要求保温的一些热车间和仓库，如冶金工业的脱锭车间、钢坯库和钢材库等，如图 15.41 所示。

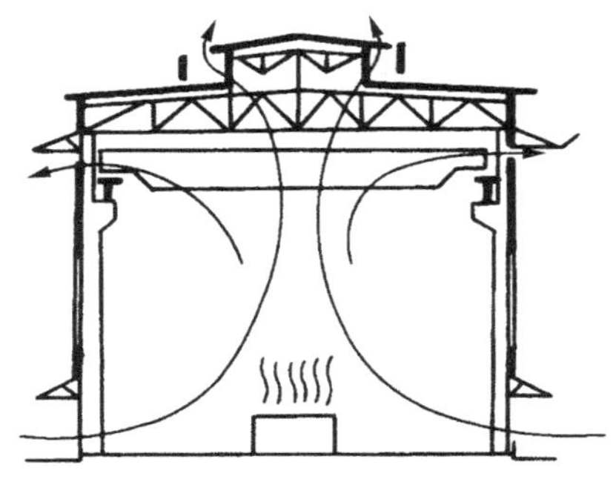

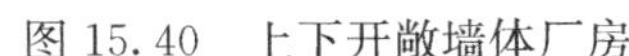

图 15.40　上下开敞墙体厂房

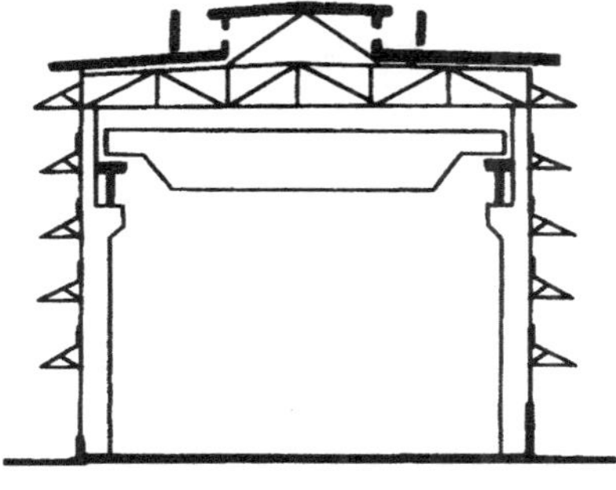

图 15.41　全开敞式厂房

2）通风天窗的类型

以满足厂房通风为主的天窗统称为通风天窗。应根据不同生产性质的厂房、不同地区的气候条件，选择相应的通风天窗。目前较常用的通风天窗类型有矩形通风天窗和下沉式通风天窗两种。

（1）矩形通风天窗。

一般的矩形通风天窗虽然能起一定的通风作用，但很不稳定。当室外风压大于迎风面室内热压时，迎风面天窗排气口不但不能排气，反而室外气流会进入室内或穿堂而过，产生倒灌现象，阻碍天窗排气。要避免这种现象，就要关闭迎风面的窗扇，打开背风面的窗扇。但风向是经常变化的，这就需要根据风向的变化随时开闭迎、背风面排气口的窗扇，实际上这是做不到的。因此，应采取措施防止迎风面对室内排气口产生的不良影响。最有效的办法是在距排风口一定距离的地方设置挡风板。当风吹到挡风板上时产生气流飞跃，在天窗与挡风板之间形成负压区，保证天窗在任何风向的情况下都能稳定排气，如图 15.42 所示。这种带挡风板的矩形天窗称为矩形通风天窗或避风天窗。

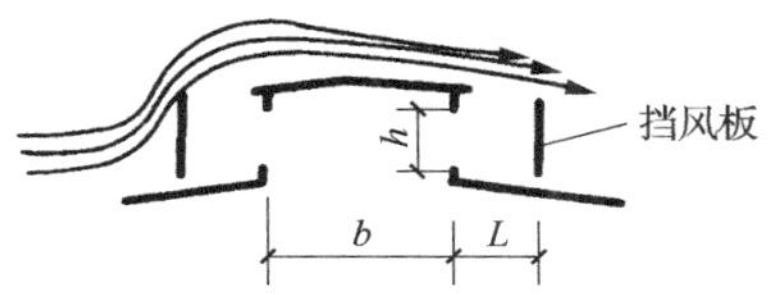

图 15.42　矩形通风天窗

挡风板与窗口的距离对天窗的通风效果有影响，根据试验得知，挡风板距天窗的距离 L 与天窗排气口高度 h 的比值应在 0.6～2.5 的范围内。由图 15.43 可以看出，$L/h<0.6$ 时，阻力系数剧增，说明挡风板距天窗太近，通风受影响，当 $L/h>2.5$ 时，阻力系数变化不大，说明 L 值过大时使用意义也不大，而且不经济。因此，常用的 L/h 值是：当天窗挑檐较短时，$L/h=1.1$～1.5，当天窗的挑檐较长时，$L/h=0.9$～1.25。大风多雨地区比值还可偏小。

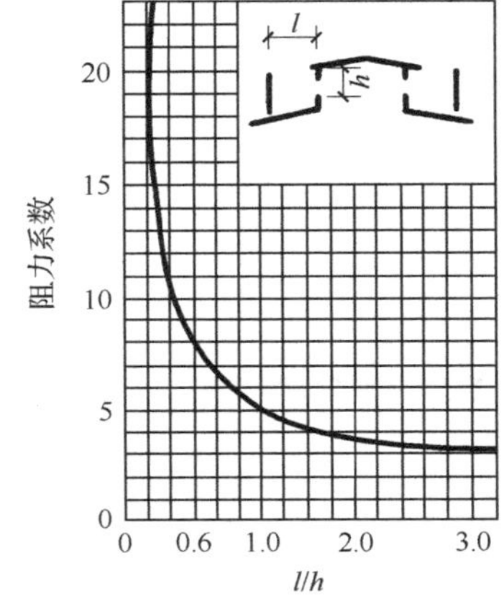

图 15.43　挡风板距天窗的距离与通风性能的关系

当平行等高跨两矩形天窗排风口之间的水平距离 L 小于或等于天窗高度 h 的五倍时，可不设挡风板，因为该区域的风压始终为负压，如图 15.44所示。

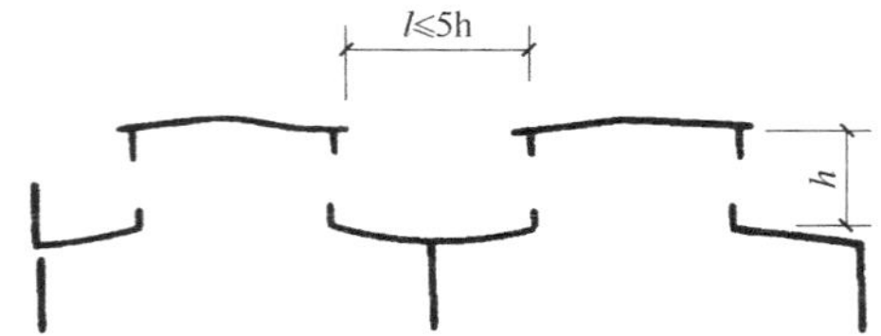

图 15.44　平行等高跨两矩形天窗不设挡风板的条件

（2）下沉式通风天窗。

由于矩形通风天窗使厂房高度增加，集中荷载加大，对抗震也不利。为克服这种通风天窗的缺点，出现了下沉式通风天窗，即在屋顶结构中，把部分屋面板铺在上弦上，其余屋面板铺在下弦上，上弦与下弦之间的空间构成在任何通风下均处于负压区的排风口。它和矩形通风天窗相比有很多优点：降低厂房高度，减小了风荷载；由于不设天窗架和挡风板，减小了屋架上的集中荷载；可节省材料，降低造价；由于重心下降，抗震性能好；通风稳定可靠。其缺点是：屋架上下弦受扭；屋面排水处理复杂；当设窗扇时，因受屋架形式的限制，使构造复杂。

下沉式通风天窗有三种形式：井式天窗、纵向下沉式天窗和横向下沉式天窗。

3）合理布置热源和其他措施

热源位置的合理与否对热车间的通风效果影响很大。在利用穿堂风作为主要通风方式时，热源应布置在夏季主导风向的下风向一侧，而且进、出风口应布置在一条线上，使气流通畅。以热压为主的自然通风，热源应布置在天窗开口下面，使气流排出路线短捷，减少涡流。

当有些设备在生产时散发出大量的热量和烟尘时，为防止其扩散污染整个厂房，可在这些设备上设置排烟罩。另外，在各跨高度基本相等的多跨厂房中，为了提高自然通风效果，可将冷、热跨间隔布置，中间设置轻质吊墙，使空气从冷跨不断地流向热跨，这样使气流速度加快，通风效果明显，如图 15.45 所示。

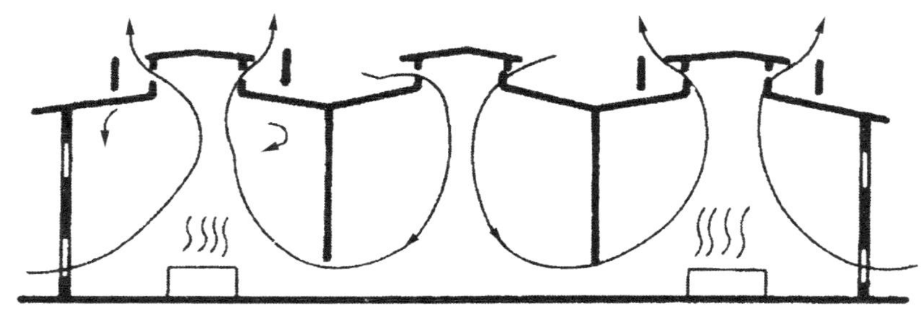

图 15.45　冷、热跨间隔布置

15.2.4　屋面排水方式对屋顶形式的影响

厂房屋面排水方式类似民用建筑，可分成有组织排水和无组织排水。有组织排水又分为外排水和内排水。但工业建筑的有组织排水构造复杂，造价高，特别是多跨厂房，施工和维修麻烦，天沟容易漏水。除有组织外排水之外，更多采用内排水。而无组织排水构造简单，造价便宜，施工方便，如图 15.46 所示。

厂房排水方式的选择应根据气候条件、生产方式、屋顶面积大小等综合考虑而定。如积灰多的工业厂房（铸工、炼钢等）在生产过程中散发大量粉尘积于屋面，下雨时被冲进天沟会造成管道堵塞，故应尽量采用无组织排水。而有腐蚀性介质的厂房容易使铸铁雨水装置遭受侵蚀，也应尽量采用无组织排水。排水方式的不同又会对厂房屋顶形式产生较大影响。

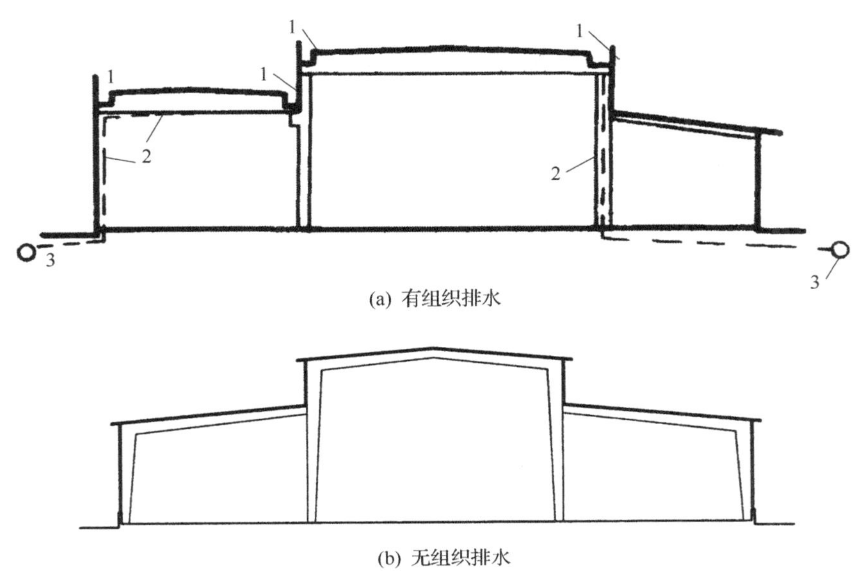

(a) 有组织排水

(b) 无组织排水

图 15.46 排水方式示意图

1. 天沟；2. 雨水管；3. 地下排水管网

1. 多脊双坡形式屋顶

在多跨厂房中，多把屋顶做成有内天沟的多脊双坡形式，坡度一般在 1/12～1/5，如图 15.46(a)所示。其优点是承重构件受力合理，材料消耗量小，应用较广泛。但其不足也是显而易见的，如排水管易堵塞，天沟积水，屋面易渗漏。有时地下排水管网被堵引起室内地面冒水，且构件类型多，排水构造复杂，施工操作困难。

2. 缓长坡形式屋顶

这种形式的屋顶把常用的多脊双坡屋顶改变成有内天沟的坡屋面，可以在很大程度上避免多脊双坡形式屋顶的缺点，如图 15.47 所示。其特点是减少天沟、水落管及地下排水管网的数量，简化构造，并能保证生产的正常进行。正因为如此，它对某些生产有较大的适应性。如炼钢厂，若有水滴落入灼热的钢水中，会发生爆炸事故。同时，由于炼钢厂房散热量大，在北方的冬季也不会出现屋面积雪、结冰现象，因此，这类厂房应做成双坡的屋顶形式，避免做有组织排水，如图 15.48 所示。又如某钢结构车间也是一个良好的实例，既简化了构造，又减少了漏水的可能性，如图 15.49 所示。在有腐蚀性介质的厂房采用缓长坡形式屋顶更是适宜的。

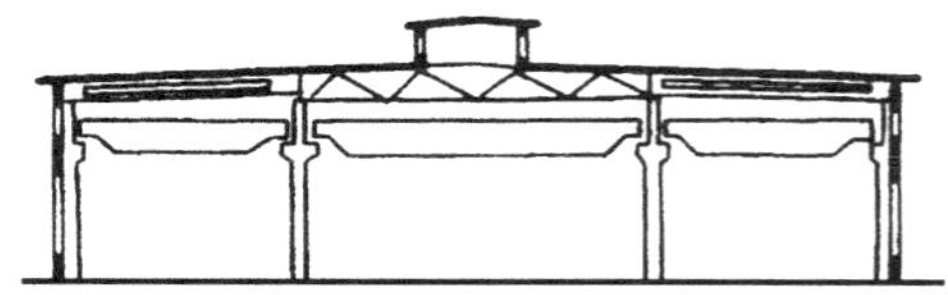

图 15.47　缓长坡形式屋顶

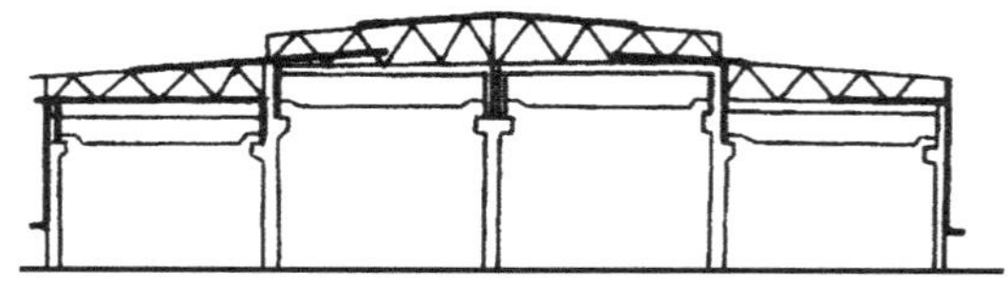

图 15.48　某钢铁厂屋面排水

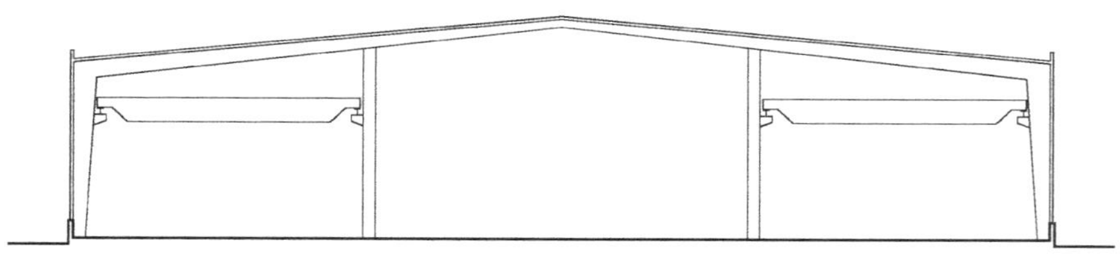

图 15.49　某轻钢结构厂房

在国外，除大型热车间采用坡度较大的屋顶外，一般机械厂都有向缓长坡和坡屋顶发展的趋势。这样的屋顶形式，使墙板类型大为减少，有利于建筑工业化，还能在平屋顶上布置一些小型辅助间，扩大生产面积。在多雪地区，平屋顶的雪载分布均匀，不致产生局部超载。有隔热要求时，还可利用平屋顶做蓄水屋面或种植花草，既改善了环境，又是隔热的有效措施。

15.3　单层厂房定位轴线

厂房定位轴线是确定厂房主要承重构件位置、设备定位及施工放线的基准线。在厂房建筑平面图中，有纵向定位轴线与横向定位轴线之分，平行于厂房长度方向的定位轴线称纵向定位轴线，与之相垂直的称横向定位轴线，纵向定位轴线通过横向主要承重构件端头标注，在平面图中由下向上依次按Ⓐ、Ⓑ、Ⓒ、…编号。而横向定位轴线是通过纵向主要承重构件端头标注，由左向右依次按①、②、③、…标注。两相邻的主要纵向定位轴线间距称为跨度，是从屋架或屋面大梁端头引出。而相邻横向定位轴线间距称为柱距或柱步，是从吊车梁、连系梁、屋面板端部引出，如图 15.50 所示。标定位轴线时，应满足生产工艺的要求，并在可能的技术条件下注意减少构件的类型和规格，扩大构件预制装配化的程度及其互换通用性，提高建筑工业化的水平。

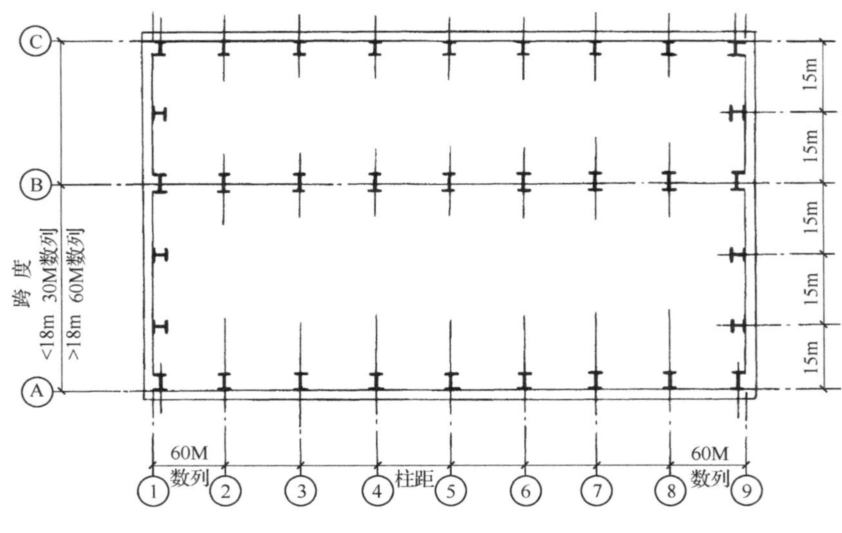

图 15.50 柱网布置及跨度和柱距示意

学习重点

重点关注:

1. 定位轴线的作用是什么?
2. 定位轴线与建筑构配件的关系如何?
3. 怎样确定柱、变形缝、山墙与横向定位轴线的关系?

15.3.1 横向定位轴线

1. 柱与横向定位轴线的联系

一般位置除变形缝与端部排架柱外,柱子的中心线与横向定位轴线重合。这时屋架支于柱子中心线上,而屋面板、连系梁、外墙板、吊车梁的长度皆以柱子中心线为准,如图 15.51 所示。柱距相同时,这些构件的长度相同,连接构造也可以一致。

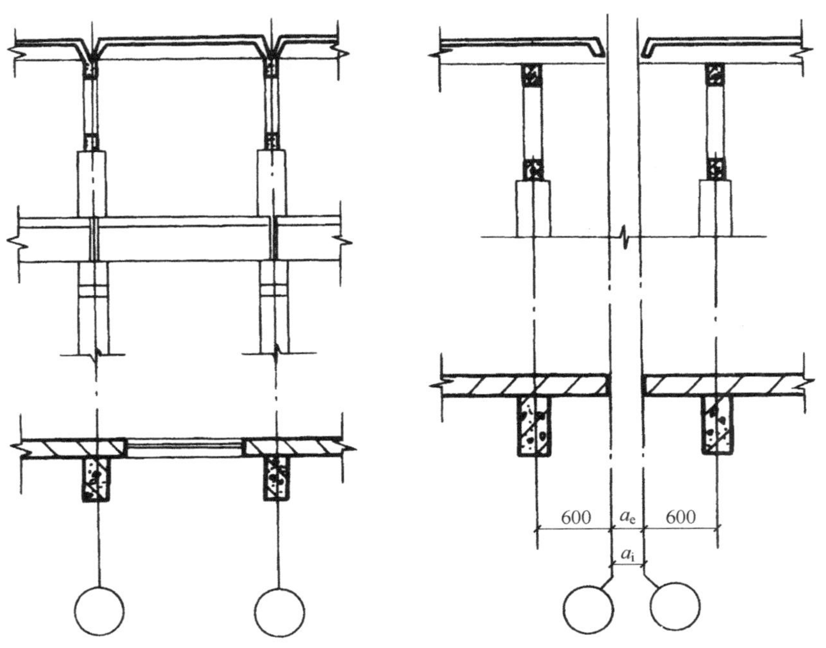

图 15.51 柱与横向定位轴线的定位　图 15.52 横向变形缝柱与定位轴线的定位

2. 变形缝处柱与横向定位轴线的联系

横向伸缩缝、防震缝处的柱应采用双柱及两条横向定位轴线，柱的中心线均应自定位轴线向两侧各移600mm，两条横向定位轴线所需缝的宽度（a_e）应符合现行有关国家标准的规定，这时定位轴线是从纵向构件缝的边处标注。缝宽为 a_e，两条轴线间插入距为 a_i，此时 a_i 在数值上等于 a_e，即 $a_1=a_e$，如图15.52所示。

3. 山墙与横向定位轴线的联系

当山墙为非承重墙时，墙内缘与横向定位轴线重合。端部排架柱子的中心线自端部横向定位轴线向内移600mm，端部柱距实际减少了600mm，如图15.53(a)所示，内移原因是由于山墙设抗风柱，抗风柱上端须与屋架（或屋面大梁）上弦相连接，传递风荷载。因此，端部屋架（或屋面大梁）与山墙间应留有一定缝隙，以保证抗风柱通至屋架上弦。此处与变形缝处的定位轴线相同，构件可以通用。

山墙为砌体承重时，墙内缘与横向定位轴线间的距离，应按砌体的块材料类别分别为半块或半块的倍数或墙厚的一半，如图15.53(b)所示。

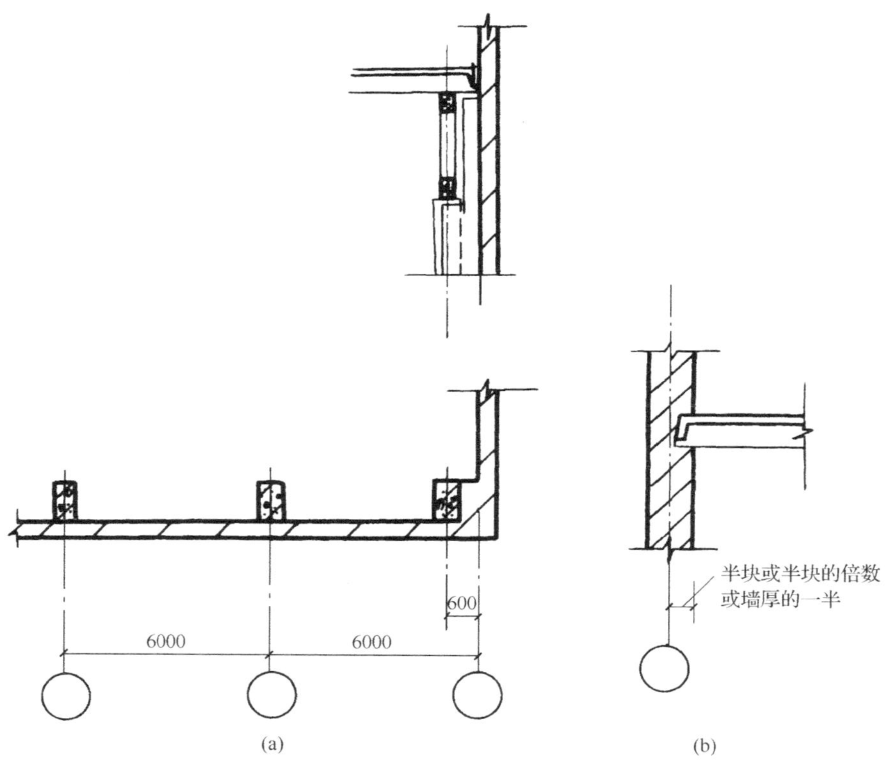

图15.53 山墙与横向定位轴线的定位

15.3.2 纵向定位轴线

纵向定位轴线的确定是考虑到墙、柱等构造简单、结构合理，还要考虑到吊车行走安全，检修方便。

1. 墙、边柱与纵向定位轴线的联系

有桥式吊车的厂房中，为使吊车规格与结构相协调，确定两者关系为

$$L_k = L - 2e$$

式中：L_k——吊车跨度，即两条吊车轨道中心间距；

L——厂房的跨度；

e——吊车轨道中心至纵向定位轴线间的距离。吊车起重量为 Q，$Q>75t$ 时，e 取 1000mm，$Q\leqslant 75t$ 时，e 取 750mm，当采用梁式吊车时，e 值为 500mm，如图 15.54所示。

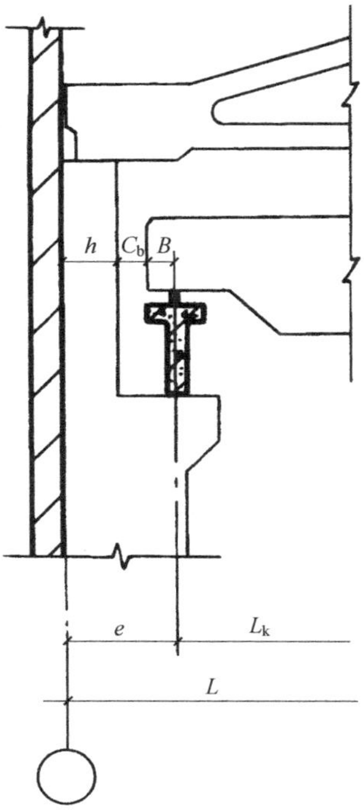

图 15.54　吊车轨道与定位轴线的间距

图 15.54 中，各符号意义如下：

B——桥式吊车桥架端部构造长度，即轨道中心线至桥架外缘的尺寸；

C_b——桥架外缘到上柱内缘的吊车运行安全净空尺寸，当 $Q\leqslant$ 50t 时，$C_b\geqslant 60$mm，当 $Q\geqslant 63$t 时，$C_b\geqslant 100$mm；

h——上柱截面高度。

B、C_b、L_k 三者的取值见表 15.8。

学习重点

重点关注：

1. 纵向定位轴线与外墙、边柱如何联系？
2. 什么是定位轴线的封闭结合与非封闭结合？

表 15.8　吊车桥架端部尺寸（B）及最小的安全缝隙宽度（C_b）

吊车起重量/t	5～10	16/3.2～20/5	32/5	50/10	100/32～125/32
B/mm	230	230～260	260	300	400～460
C_b/mm	60	60	60	60	75
L_k/m	10.5、13.5、16.5、19.5、22.5、25.5、28.5、31.5				13～31

注：1）各厂产品表内数值略有不同，此表选自大连太原起重机厂产品规格。

2）工作制均为中级工作制。

为保证吊车在跨度方向的安全净空要求，根据吊车与厂房跨度的关系，从图 15.54可得

$$e-(h+B)\geqslant C_b$$

由于吊车形式、起重量，厂房跨度、高度、柱距等不同，设走道板与否，外墙、边柱与纵向定位轴线的联系方式出现下述两种情况：

1）封闭结合

当无吊车、有悬挂式吊车、柱距为 6m，$Q\leqslant 20/5$t 时，可取封闭结合，即柱外缘、墙内缘与纵向定位轴线重合，如图 15.55所示。

如图 15.55 所示，$Q \leqslant 20/5\mathrm{t}$ 时，查吊车样本 $B \leqslant 260\mathrm{mm}$，$C_b \geqslant 60\mathrm{mm}$，柱距不大，吊车较轻，此时 h 可取 400mm。则

$$e-(h+B)=750-(400+260)=90>60\mathrm{mm}$$

符合规定，故可采用封闭结合。

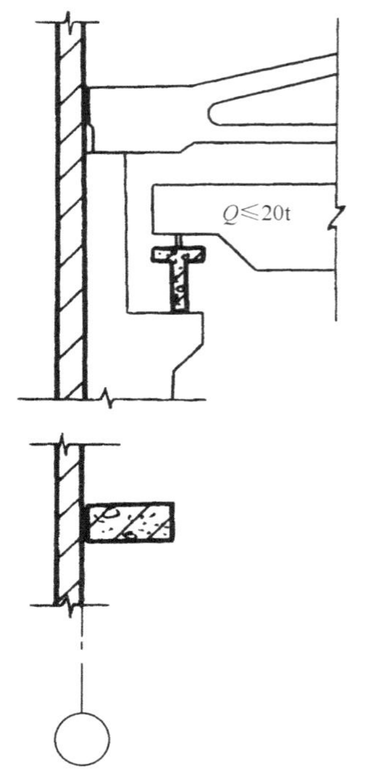

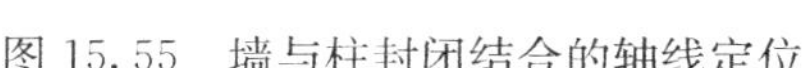

图 15.55　墙与柱封闭结合的轴线定位

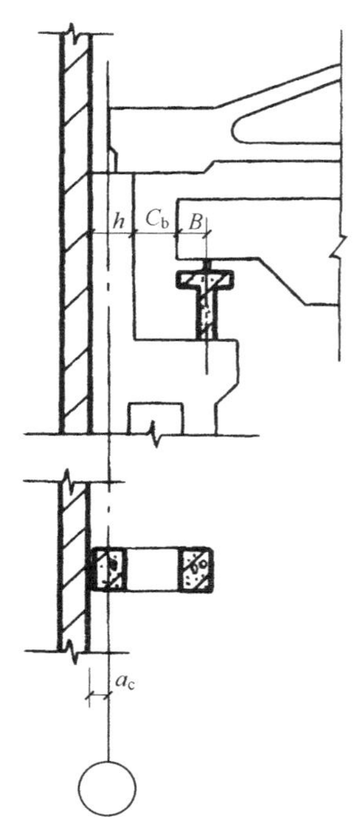

图 15.56　墙与柱非封闭结合的轴线定位

2）非封闭结合

在柱距为 6m，吊车起重量为 $50\mathrm{t}>Q>30\mathrm{t}$ 的厂房中，边柱外缘与纵向定位轴线间应加设联系尺寸 a_c。联系尺寸应为 300mm 或其整数倍数，但围护结构为砌体时，联系尺寸可采用 50mm 或其整数倍数。

如 $Q>30\mathrm{t}$ 时，查吊车样本 $B \geqslant 300\mathrm{mm}$，$C_b \geqslant 60\mathrm{mm}$。柱距较大、吊车较重时，$h \geqslant 400\mathrm{mm}$。则

$$e-(h+B)=750-(300+400)=50<60\mathrm{mm}$$

为满足吊车安全行走，必须保证 C_b 值，且又不使吊车尺寸复杂化，于是将边柱外移，这样就使得纵向定位轴线与柱子外缘和墙的内缘产生了距离，也就是屋架端部与外墙内缘有一缝隙，故称非封闭结合，如图 15.56 所示。

但应注意，出现非封闭结合时，必须保证屋架和柱子的搭接长度大于 300mm。

若无吊车或只有悬挂吊车，且采用带有承重壁柱的外墙，壁柱断面尺寸足够支承屋顶构件时，宜采用墙内缘与纵向定位轴线相重合。当壁柱断面尺寸较小，不足以支承屋顶构件时，墙内缘与纵向定位轴线相距（砖或砌块）半块或半块的倍数，如图 15.57(a)所示。

承重外墙的墙内缘与纵向定位轴线间的距离宜为（砖或砌块）半块的倍数，或使墙的中心线与纵向定位轴线相重合，如图 15.57(b)所示。

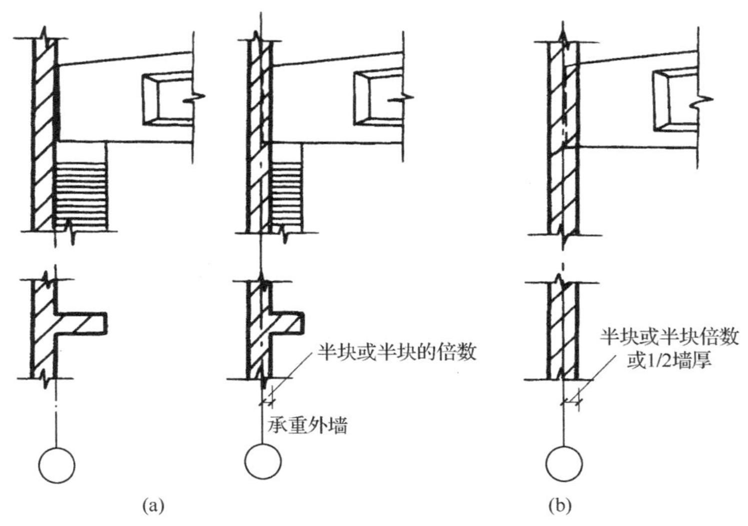

图 15.57　承重外墙与纵向定位轴线的定位

2. 中柱与纵向定位轴线的联系

1）等高跨中柱

等高跨中柱宜设置单柱和一条纵向定位轴线，柱的中心线宜与纵向定位轴线相重合，如图 15.58(a)所示。上柱截面高一般取 600mm，既保证了屋架与柱的搭接长度，又保证了吊车安全行走。

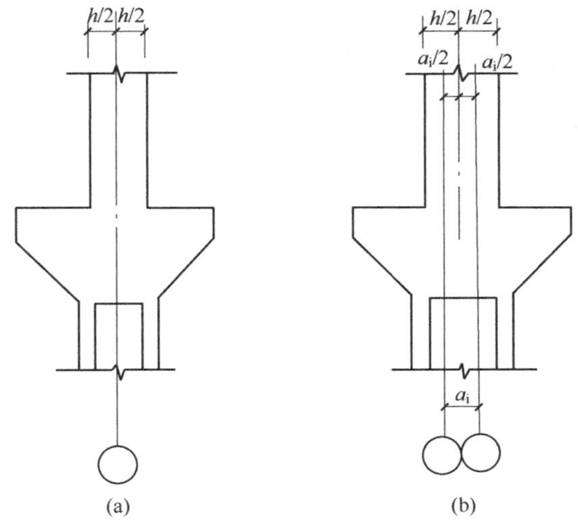

图 15.58　等高跨中柱与纵向定位轴线的定位

由于等高跨中柱相邻跨内的桥式吊车起重量、厂房柱距或构造要求需设插入距时，中柱可采用单柱及两条纵向定位轴线，插入距（a_i）应符

学习重点

重点关注：

1. 中柱与纵向定位轴线如何联系？
2. 纵向变形缝处柱与纵向定位轴线如何联系？

合 3M 模数，柱中心线宜与插入距中心线相重合，如图 15.58(b)所示。

2）高低跨中柱

（1）高低跨处采用单柱。两侧吊车起重量 $Q \leqslant 20$t 时，纵向定位轴线与高跨上柱外缘及封墙内缘相重合，如图 15.59(a)所示。

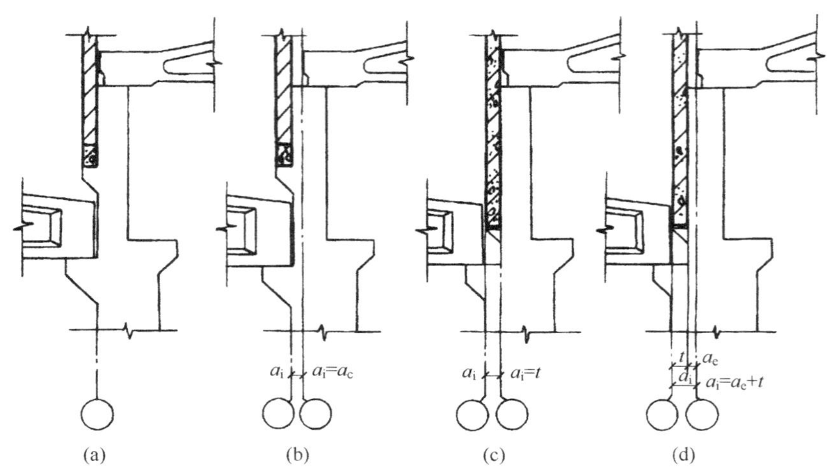

图 15.59　高低跨处中柱（单柱）与纵向定位轴线的定位

当高跨吊车起重量 $Q=30\sim50$t 时，则高低跨处采用两条纵向定位轴线，两轴线间距为插入距 a_i，插入距与联系尺寸（a_c）相同，如图 15.59(b)所示，或等于墙体厚度（t）[见图 15.59(c)]，或等于封墙厚度加联系尺寸 [见图 15.59(d)]。

（2）高低跨处采用双柱。应采用两条纵向定位轴线，并设插入距，柱与纵向定位轴线的定位规定和边柱相同 [见图 15.60(a)～(d)]。

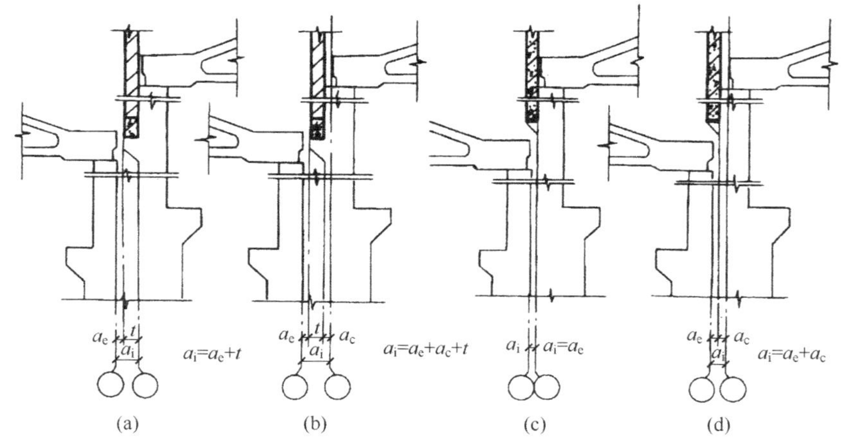

图 15.60　高低跨处双柱与纵向定位轴线的定位

3. 纵向变形缝处的柱与纵向定位轴线的联系

当多跨厂房总宽度较大，或高差较大时，需要设纵向变形缝。

1）等高跨厂房设纵向变形缝

此时，可采用单柱，并设两条纵向定位轴线，屋架或屋面梁一侧支承在柱头上，另一侧（变形缝一侧）支承在活动支座上（见图 15.61）。

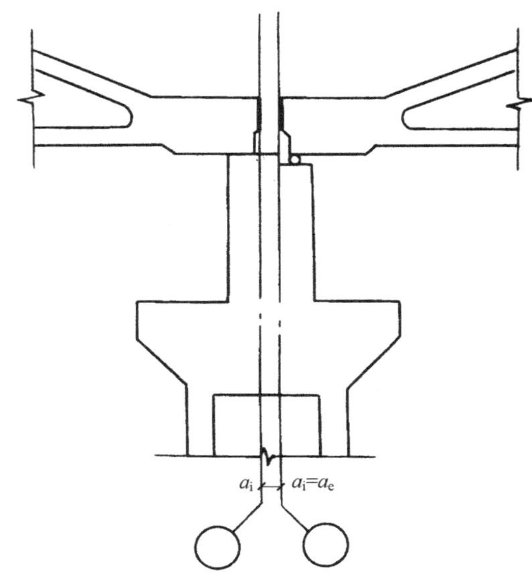

图 15.61　等高跨纵向变形缝与纵向定位轴线的定位

2）高低跨处设纵向伸缩缝

此时，可采用单柱处理。低跨的屋架或屋面梁可搁置在活动支座上，高低跨处应采用两条纵向定位轴线，并设插入距［见图 15.62(a)～(d)］。

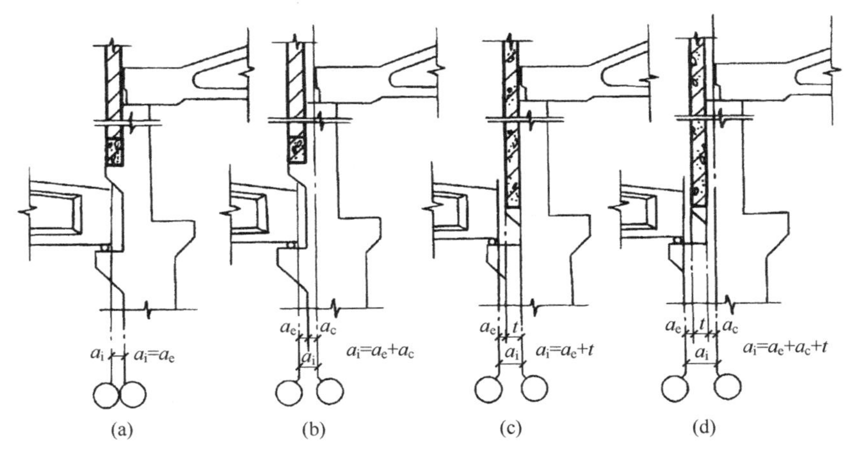

图 15.62　高低跨处纵向伸缩缝定位

当高低跨处两侧高差较大或吊车起重量差异较大时，宜采用双柱处理，并设变形缝（见图 15.62），各跨成独立体系。

另外，不论是等高厂房还是不等高厂房，设纵向防震缝时，均应采用双柱及两条纵向定位轴线。

学习重点

重点关注：

1. 如何确定纵横跨相交处的定位轴线？

15.3.3 纵横跨相交处定位轴线

有纵横跨相交的厂房，在相交处设有变形缝，因此两侧结构是各自独立的体系，所以各自有独立柱列和定位轴线，在纵横跨加插入距 a_i 即可，如图 15.63 所示。当外墙为砌体时，$a_i=a_e+t$ 或 $a_i=a_e+a_c+t$，外墙为墙板时，$a_i=a_{op}+t$ 或 $a_i=a_{op}+a_c+t$，当 a_{op} 小于 a_e 时仍用 a_e。

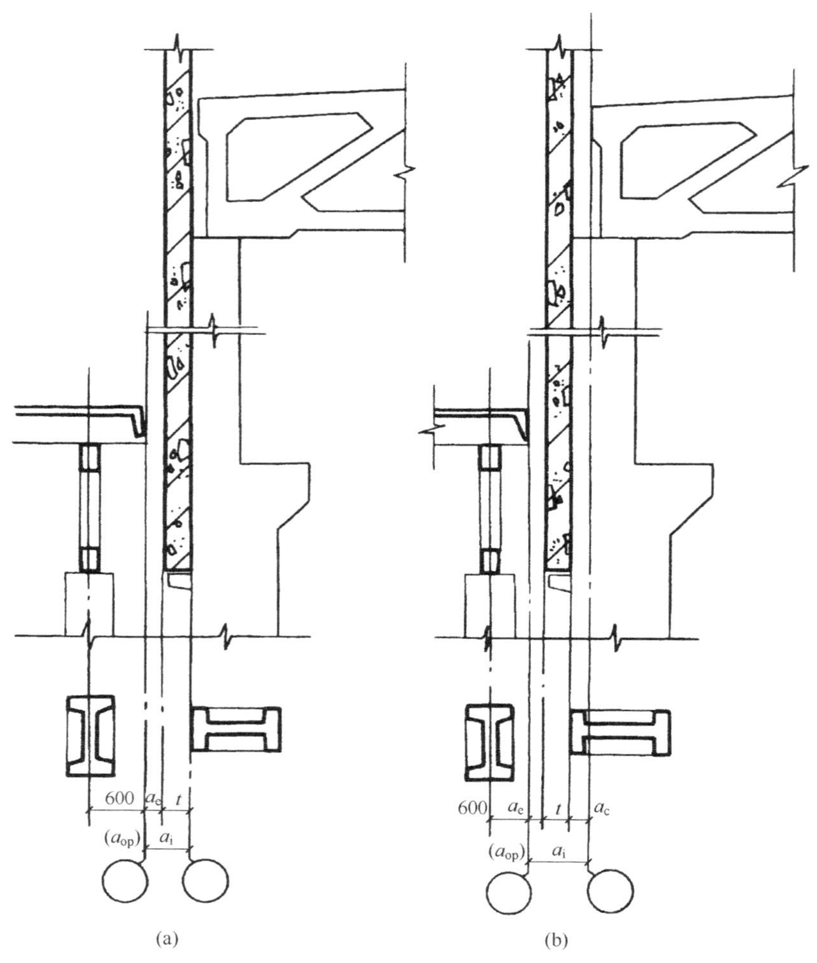

图 15.63 纵横跨相交处定位轴线的定位

以上所述单层厂房定位轴线的定位方法，均为贯彻《建筑模数协调统一标准》(GBJ2－86)和《厂房建筑模数协调标准》(GBJ2－86)国家标准，只有这样才能使厂房建筑主要构配件的几何尺寸达到标准化和系列化，有利于工业化生产。

15.4 单层厂房体型和立面设计

单层厂房形体的长、宽、高三度空间及其外部形象的塑造加工受到功能、结构、经济、材料、施工技术条件等因素的多方面限制，不像民用建筑设计那样局限较少，这就是厂房体型与立面设计的一个特点。

单层厂房体型与生产工艺、平面形状、剖面形式、周围环境、气候条件和结构类型等有密切的关系，而立面设计通常是在建筑体型组合的基础上进行的，建筑立面设计必须符合我国的建设方针，根据建筑功能需要、技术水平、经济条件，运用建筑构图的基本原理和处理手法，使建筑具有简洁、朴素、大方、新颖的外观形象。

15.4.1 厂房体型的特点

厂房的体型一般比较规则，而建筑体量相对较大，空间的内外环境联系比较直接。屋顶作为单层厂房体型轮廓线的重要部分，对建筑形象和视觉空间的效果起着突出的作用。例如平屋面的单层厂房体型方整、简洁；瓦屋面的厂房可反映朴素、浓郁的地方色彩；锯齿型屋顶呈波浪式起伏变化，天际线轮廓较丰富；空间薄壳结构屋面造型新颖且富于轻柔曲线感，表现出技术与艺术的结合；平面、空间钢结构网架或大跨度拱形与悬挂屋顶，从体型空间上反映出材料、技术的宏伟气魄等。几种屋顶结构形式如图 15.64～图 15.68 所示。

图 15.64 墨西哥某酒厂车间

图 15.65 采用扇形屋盖的金工车间

学习重点

重点关注：

1. 影响厂房体型和立面设计的主要因素。
2. 单层厂房立面设计的方法。

分析与思考：

1. 厂房体型和立面设计的原则。
2. 墙面的划分方法。
3. 垂直划分的特点。

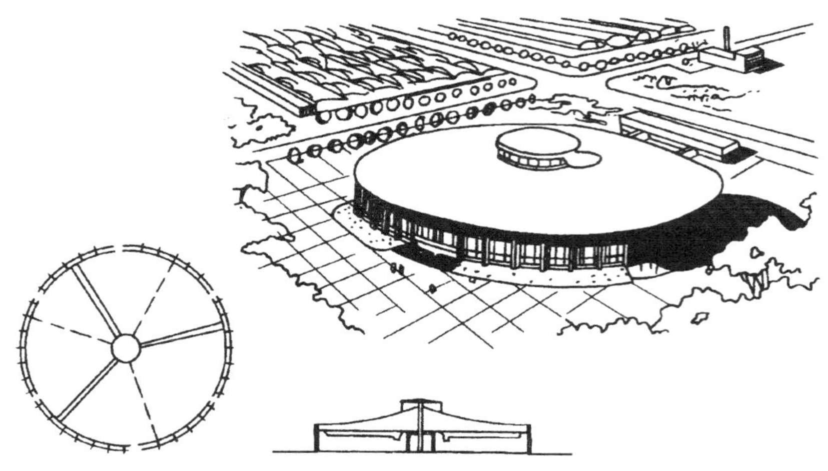

图 15.66 采用伞形悬挂薄壳屋盖的某车间

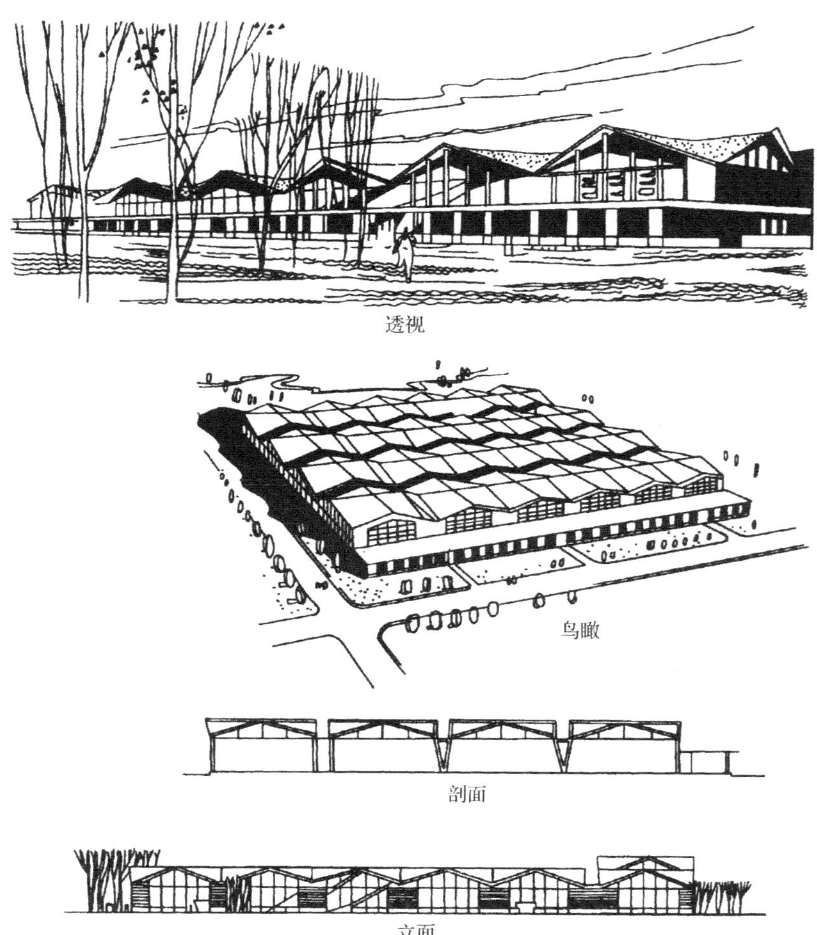

图 15.67 采用扭壳屋盖的金工车间

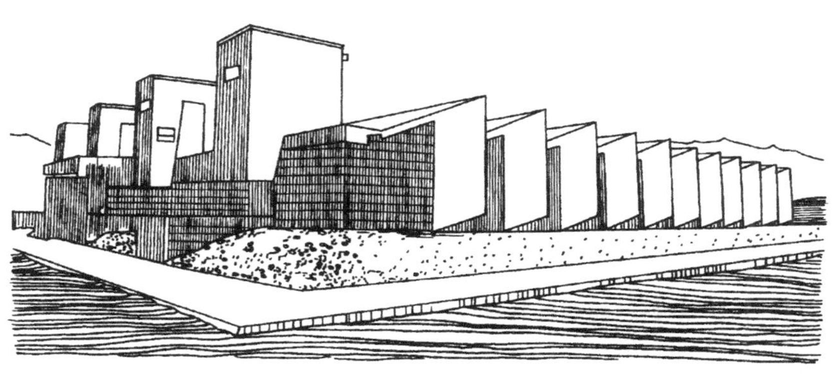

图 15.68　被动式太阳能锯齿形厂房

15.4.2　厂房体型的塑造加工

厂房属于生产性建筑，它的体型特征由实用功能所决定，不同性质的生产功能必然形成不同的外部特征。厂房的体型设计应综合考虑一些相关因素：

（1）考虑地区条件，反映不同地理气候对建筑风格的影响。如北方地区为了防寒保温，体型多采用集中紧凑的布置。南方地区强调散热、通风，热车间多分散布置。

（2）按照生产工艺的特点，保持其固有的组合方式，充分反映建筑性格和特征，力求形式与功能的统一（见图 15.69）。

（3）在反映生产性质和建筑特征的基础上，可以采用一些新结构、新材料和新的处理手法，特别是屋顶，使建筑体型有所变化。

（4）体量大小悬殊的厂房，尽量采用恰当的搭配方法，设法改变其体量的比例尺度关系，使之协调。

图 15.69　建造中的国内某厂房

学习重点

分析与思考：

1. 说明环境、气候条件对厂房体型立面设计的影响。
2. 厂房体型的塑造加工应考虑的因素。
3. 单层厂房体型的特点。

15.4.3 厂房的立面处理

厂房的立面设计是基于厂房体型基础上的艺术处理，在形式、材料、色彩、肌理等多方面通过形式美的法则加以运用，获得良好的外观效果。影响厂房立面设计因素很多，归纳起来主要有以下几点：

1. 使用功能的影响

生产工艺流程、生产状况、运输设备等不仅对厂房的平面、剖面设计有影响，而且对厂房体型和立面设计也有影响。建筑的形象应反映建筑的内容。图 15.70 为某无缝钢管厂的金工车间，该厂房内部有吊车，空间较高，面积较大，屋顶设置锯齿形天窗，以满足车间天然采光的要求。竖向布置的预应力夹心墙板，具有明显的垂直方向感，有规律布置的条形窗、条形墙及锯齿形的屋顶，都富有节奏的韵律感，且窗与墙形成明显的虚实对比。

图 15.70　某钢管厂金工车间

由于生产的机械化、自动化程度的提高及节约用地和投资，在国外常采用方形或长方形大型联合厂房。图 15.71 是某钢铁公司的轧板车间。由于轧板车间在生产时产生大量的余热，为了使余热尽快排出，外墙采用开敞式。挡雨板既能通风，又能防雨，外墙下部采用立转窗，可增大进风量。该建筑立面处理反映出有余热车间的个性。

图 15.71　某钢铁公司的轧板车间

2. 结构、材料的影响

结构形式对厂房体型和立面的设计有着直接的影响，同样的生产工艺可以采用不同的结构方案，因而厂房的结构形式，特别是屋顶承重结构形式在很大程度上影响体型和立面。图 15.72 是意大利某造纸厂的立面，采用了两组 A 形钢筋混凝土塔架支承钢缆绳，悬吊屋顶。屋顶由四根纵向钢梁悬挂起来。车间外墙不与屋顶相连，车间内部没有柱子，工艺布置灵活，使用方便。该厂房的外围护结构采用大面积钢筋混凝土肋条镶嵌磨砂玻璃，给人以明快、活泼、开敞的感觉。

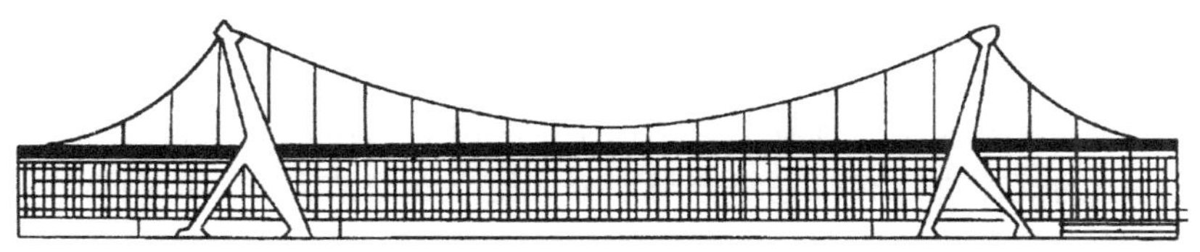

图 15.72　意大利某造纸厂

3. 环境、气候的影响

环境、气候条件指室外空气温度、太阳辐射强度、相对湿度等，不同地区的自然气候直接影响厂房体型和立面的设计。如北方气候寒冷，

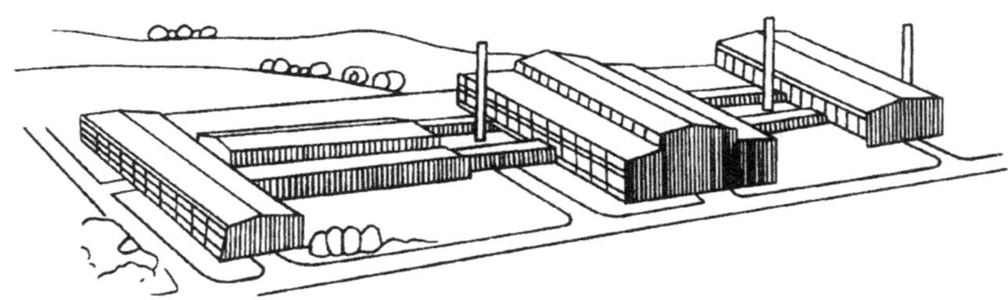

(a) 建于北方陶瓷厂

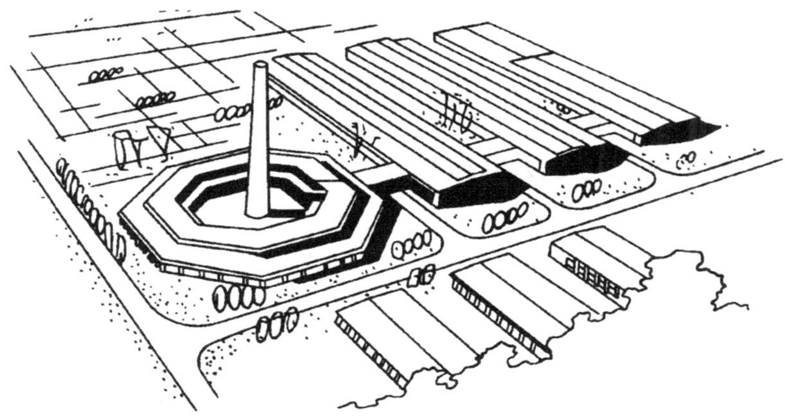

(b) 建于南方陶瓷厂

图 15.73　不同气候条件下的陶瓷厂

学习重点

分析与思考：

1. 立面设计需要考虑的方面。

厂房在冬季有保温要求，故厂房平面较集中，厂房的体型和立面一般较封闭，厂房窗洞口面积较小，显得稳重；南方炎热地区强调通风、散热，窗洞口面积较大，为减小太阳辐射热的影响，常采用遮阳板，建筑物的形象一般给人开敞、明快之感，平面布局较灵活。如图 15.73 所示，为建于不同气候条件下的陶瓷厂。

15.4.4 单层厂房立面设计的方法

1. 立面处理的几个方面

外墙在单层厂房外围护结构中所占的比例与厂房的性质、建筑采光等级、地区室外照度和地区气候条件有关，外墙的墙面大小、色彩与门窗的大小、比例、位置、组合形式等直接关系到厂房的立面效果。

厂房的立面设计是在已有体型的基础上利用柱子、勒脚、门窗、墙面、线脚、雨篷等部件，结合建筑构图的规律进行有机地组合与划分，使立面简洁大方、比例恰当，达到完整匀称、节奏自然、色调质感协调统一的效果。

门的处理：门是厂房的生产及运输通道，对它进行适当的美化加工，如加设门框、门斗、雨篷等。都可以突出门的位置而增强指示性，改善墙面的虚实关系，丰富立面效果。

窗的组合：窗是为厂房的采光、通风功能而设，而合理地进行门窗组合则可有效地协调墙面的虚实关系，增加立面的艺术效果。

墙面划分：利用结构构件、线脚等手段，采用不同的方法对墙面进行划分，可获得不同的立面效果。

2. 墙面的划分方法

下面仅以外墙面的划分为例说明立面设计的方法。

1）垂直划分

根据砌块或板材墙体结构的特点，利用承重的柱子、壁柱、向外突出的窗间墙、竖向条形组合窗等构成竖向线条可改变单层厂房扁平的比例关系，使厂房立面挺拔、有力。为使墙面整齐美观，门窗洞口和窗间墙的排列多以一个柱距为一个单元，在立面中重复使用，使整个墙面产生统一的韵律，如图 15.74 所示。当墙面很长时，每隔一定距离插入一个变化的单元，可避免立面单调，使立面富有节奏感。

在采用大型墙板时，为取得垂直划分的效果，如图 15.74 是垂直布置的墙板与竖向条窗有节奏的重复，形成强烈的韵律感，墙体下面又有大面积的带形窗，使厂房的立面取得以垂直线条为主又有水平联系的挺拔和稳重的效果。

2）水平划分

水平划分通常的处理方法是在水平方向设整排的带形窗，使窗洞口上下的窗间墙构成水平横线条如图 15.75 所示。若再采用通长的水平窗眉线、窗台线、遮阳板、勒脚线，则水平横线条的效果更为显著，也可采用不同材料、不同色彩处理水平的窗间墙，使厂房立面显得明快、大方。

大型墙板厂房常以与墙板相同大小的窗子代替墙板构成水平带形窗，也有用涂层钢板和淡色透明塑料制成的波纹板作为厂房外墙材料，它们与其他颜色的墙面相间布置，构成不同色带的水平划分，形成自然的水平线条，既可简化围护结构，又有利于建筑工业化。图 15.76 为某公司的机修车间，墙面为钢筋混凝土大型墙板配以带形窗，窗、墙采取合适的比例，构成自然的水平线条划分。

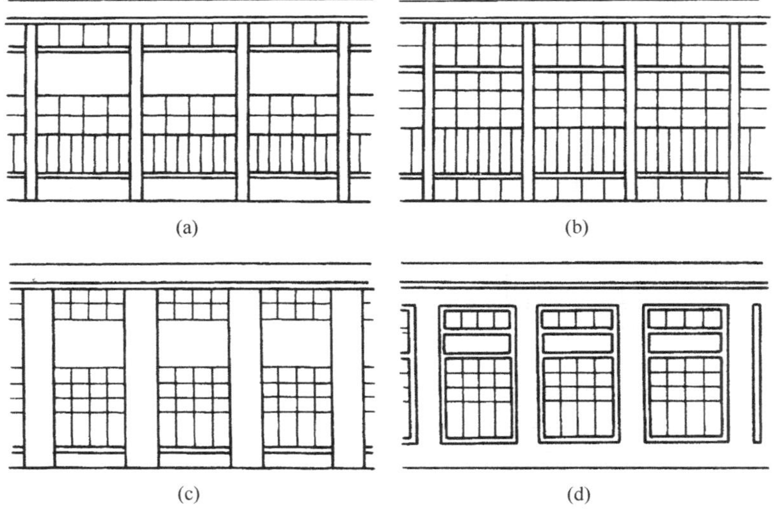

图 15.74　墙面垂直划分

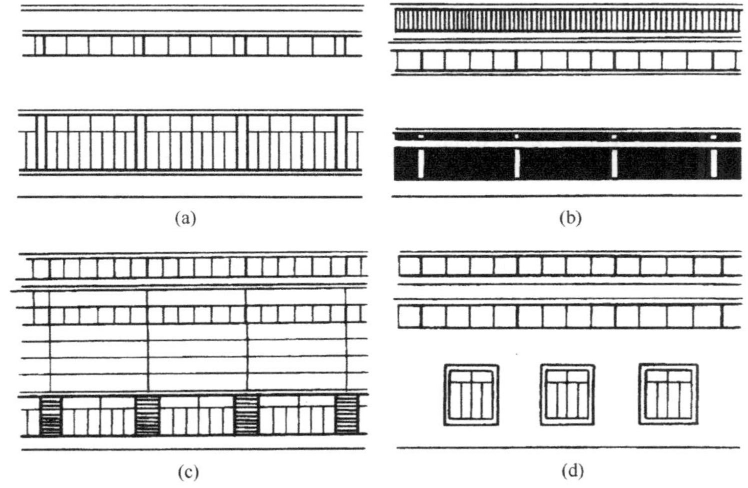

图 15.75　墙面水平划分

图 15.76　某公司的机修车间

学习重点

分析与思考：

1. 垂直划分的特点和应用。
2. 水平划分的特点和应用。
3. 混合划分的特点和应用。

3）混合划分

墙面的水平划分与垂直划分通常不是单独存在的，一般都是结合运用，以其中某种划分为主，或以两种方式混合运用，互相结合、相互衬托，不分明显的主次而构成水平与垂直的有机结合，取得生动和谐的效果。图 15.77 为混合划分示例。

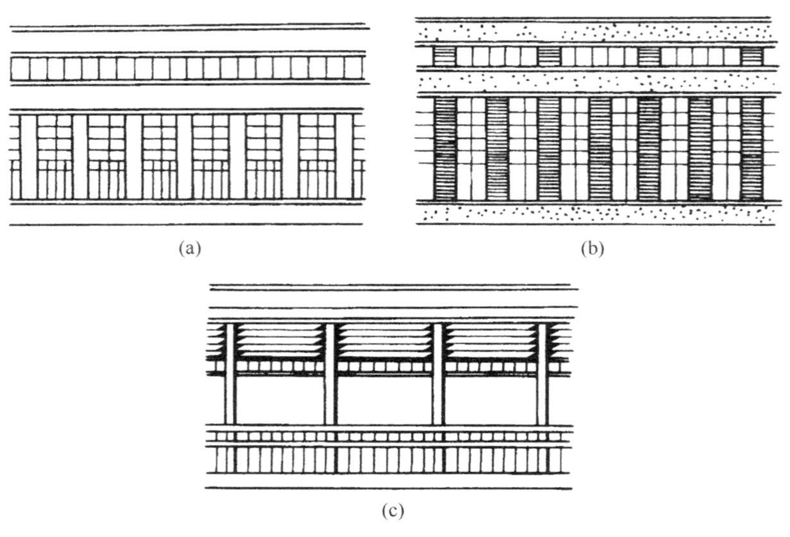

图 15.77　混合划分示例

在厂房立面中，窗洞口面积的大小是根据采光和通风要求来确定的。窗与墙的比例关系有三种情况：

（1）窗面积大于墙的面积，立面以虚为主，显得轻巧、明快。

（2）墙面积大于窗的面积，立面以实为主，显得厚实、稳重。

（3）窗面积等于或接近墙的面积，虚实平衡，显得安定、平稳。设计中往往采用以虚或以实为主的立面处理，而虚实平衡的手法显得平淡，较少采用。

上面仅对影响单层厂房外形的基本因素和立面处理手法结合实例进行了简要的介绍，目的在于加深对运用建筑构图规律和艺术处理手法的理解，在具体设计中还必须深入实际，具体分析，灵活运用，切忌生搬硬套。

小　　结

（1）单层厂房平面设计主要应掌握以下内容：

① 单层厂房平面设计应以生产工艺要求为依据，结合厂区总平面设计的要求，采用合理的结构形式和柱网布置。

② 单层厂房的生活间是工业建筑的重要组成部分，根据实际情况可采用车间内部式、毗连式或独立式生活间。

（2）单层厂房剖面设计是单层厂房设计中的重要一环，是在平面设计的基础上进行的，厂房剖面设计着重解决建筑空间如何满足生产的各项需求的问题。同时，厂房剖面设计还受到生产工艺的影响，并选择好结构方案和围护结构形式，以满足建筑工业化的要求。在学习过程中应重点掌握以下内容：

① 确定好合理的厂房高度，掌握柱顶标高的确定、室内地面标高的确定及厂房高度的调整，使其有足够空间满足生产工艺的要求。

② 天然采光的基本要求：满足采光系数的最低值；满足采光均匀度；避免在工作区产生眩光；了解采光面积的确定依据。

③ 采光方式：侧窗采光、天窗采光、混合采光。

④ 采光天窗的类型：矩形、锯齿形、下沉式和平天窗四种类型及布置方式。

⑤ 自然通风的方式和基本原理，及冷、热加工间的自然通风。重点掌握热压原理、风压原理；掌握热加工间进、排风口的设置，以及通风外墙、通风天窗的类型。

⑥ 屋面排水方式对屋顶形式的影响，了解多脊双坡、缓长坡形式屋顶。

（3）厂房定位轴线是确定厂房主要承重构件位置、设备定位及施工放线的基准线，主要应掌握以下内容：

① 定位轴线是确定厂房主要承重构件位置及其标志尺寸的基准线，也是施工放线和设备定位的依据。

② 横向定位轴线标注纵向构件，如屋面板、吊车梁的长度；纵向定位轴线标注屋架的跨度。

③ 纵向定位轴线采用封闭结合还是非封闭结合要看吊车安全运行的需要，必须满足 C_b 的要求。

（4）工业建筑属于生产性建筑，它的体型特征由生产性质和实用功能所决定，在学习过程中应注意以下内容：

① 了解影响厂房体型和立面的设计因素，考虑地区环境气候条件，符合生产工艺的特点，注重运用符合新材料、新结构等的处理手法，特别是屋顶的形式。

② 单层厂房立面的设计主要体现在外墙墙面的大小、色彩和门窗的大小、比例、位置组合形式等方面，其中以墙面的划分对厂房立面的设计最为重要。掌握墙面划分的三种方法：垂直划分、水平划分、混合划分。

第十六章　单层厂房构造

单层厂房构造包括外墙、侧窗、大门、屋顶、天窗、地面等，单层厂房根据承重结构的不同，主要有墙体承重和骨架承重，图 16.1 所示为骨架承重的结构及构件组成，这种形式约占我国单层厂房类型的 75%。在我国单层厂房的承重结构、围护结构及构造做法均有全国或地方通用的标准图，可供设计者直接选用或参考。

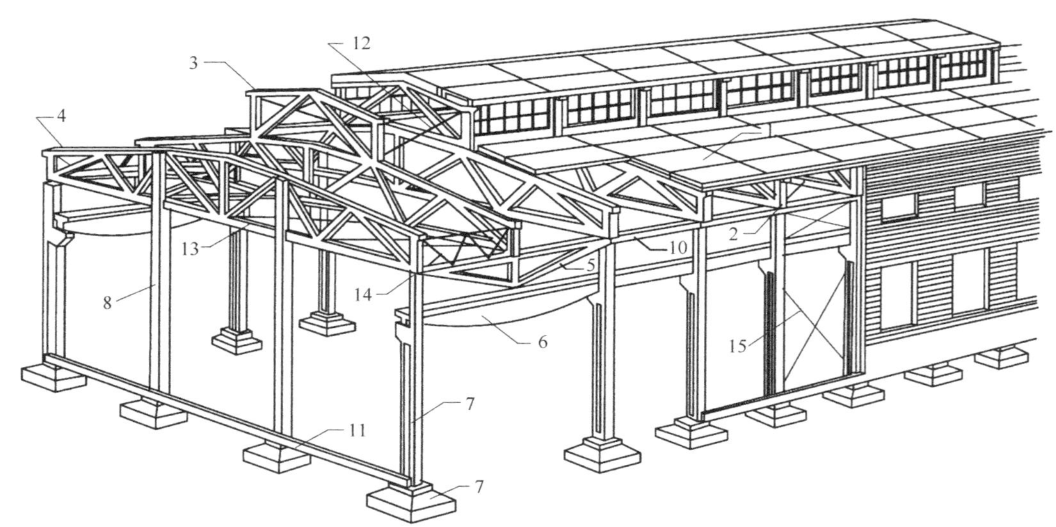

图 16.1　骨架承重的结构及构件组成

1. 屋面板；2. 天沟板；3. 天窗架；4. 屋架；5. 托架；6. 吊车梁；7. 排架柱；8. 抗风柱；9. 基础；10. 连系梁；11. 基础梁；12. 天窗架垂直支撑；13. 屋架下弦横向水平支撑；14. 屋架端部垂直支撑；15. 柱间支撑

16.1 单层厂房外墙构造

单层厂房的外墙，按承重情况可分为承重墙、自承重墙及骨架墙等类型，如图 16.2 所示。根据构造不同可分为块材墙、板材墙。

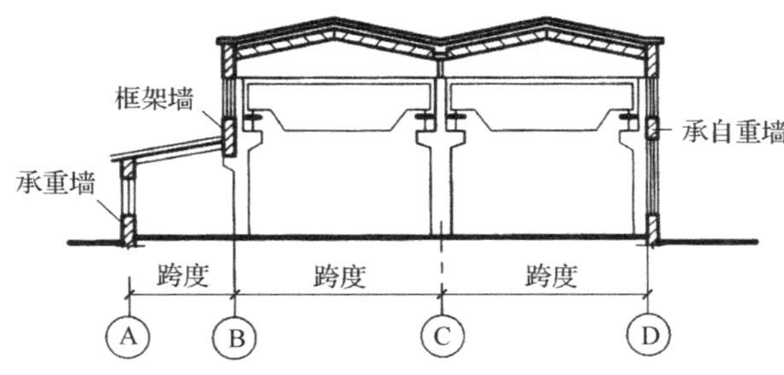

图 16.2 骨架承重的结构及构件组成

承重墙一般用于中、小型厂房。当厂房跨度小于 15m、吊车吨位不超过 5t 时，可做成条形基础和带壁柱的承重砖墙，如图 16.2 中 A 轴的墙直接承受屋盖与起重运输设备等荷载。当厂房跨度和高度较大、起重运输设备的起重量较大时，通常由钢筋混凝土排架柱来承受屋盖与起重运输等荷载，而外墙只承受自重，仅起围护作用，这种墙称为承自重墙，如图 16.2 中 D 轴下部的墙。某些高大厂房的上部墙体及厂房高低跨交接处的墙体，采用架空支承在与排架柱连接的墙梁（连系梁）上，这种墙称为填充墙，如图 16.2 中 B 轴上部和 D 轴的墙。承自重墙与填充墙是厂房外墙的主要形式。

骨架墙是利用厂房的承重结构做骨架，墙体仅起围护作用。与砖结构的承重墙相比，骨架墙减少结构面积，便于建筑施工和设备安装，适应高大及有振动的厂房条件，易于实现建筑工业化，适应厂房的改建、扩建等，当前广泛采用。依据使用要求、材料和施工条件，骨架墙有块材墙、板材墙和开敞式外墙等。

16.1.1 块材墙

1. 块材墙的位置

块材墙厂房围护墙与柱的平面关系有两种，一种是外墙位于柱子之间，能节约用地，提高柱列的刚度，但构造复杂，热工性能差；第二种是设在柱的外侧，具有构造简单、施工方便、热工性能好、便于统一等特点，应用普遍，图 16.3 所示为围护墙与柱的平面关系。

2. 块材墙的相关构件及连接

块材围护墙一般不设基础，下部墙身支承在基础梁上，上部墙身通过连系梁经牛腿将重量传给柱，再传至基础，图 16.4 所示为块材墙和相关构件。

学习重点

重点关注：

1. 单层厂房构造组成。

分析与思考：

1. 单层厂房外墙的分类。
2. 理解各类单层厂房外墙的作用。
3. 骨架墙的分类。

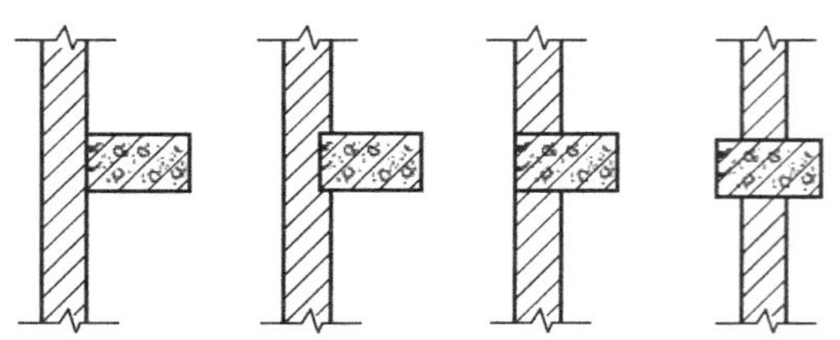

图 16.3　厂房围护墙与柱的平面关系

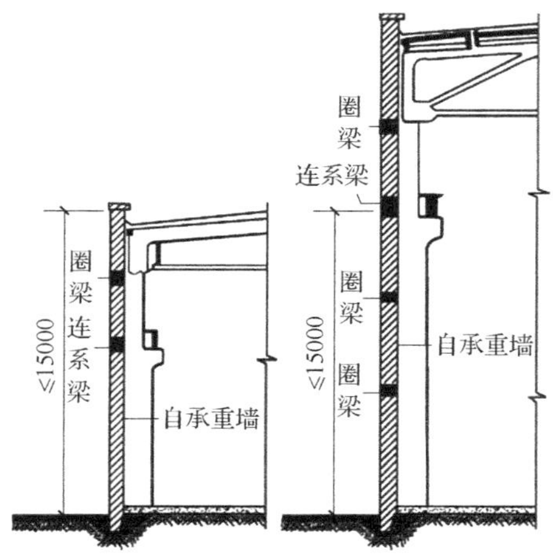

图 16.4　块材墙和相关构件

（1）基础梁。基础梁的截面形式有矩形和倒梯形，顶面标高通常比室内地面低50mm，以便门洞口处的地面做面层保护基础梁。基础梁与柱基础的连接和基础的埋深有关。当基础埋置较浅时，可将基础梁直接或通过混凝土垫块搁置在柱基础杯口上，也可在高杯口基础上设置基础梁。当基础埋置较深时，一般用柱牛腿支托基础梁，图 16.5所示为基础梁与柱基础的位置关系。基础梁的防冻与受力：在保温厂房中，基础梁下部宜用松散保温材料填铺，如矿渣等，如图 16.6 所示。松散的材料可以保证基础梁与柱基础共同沉降，避免当基础下沉时，梁下填土不沉或冻胀等产生反拱作用对墙体产生不利的影响。在温暖地区，可在梁下部铺砂或炉渣等结构层。

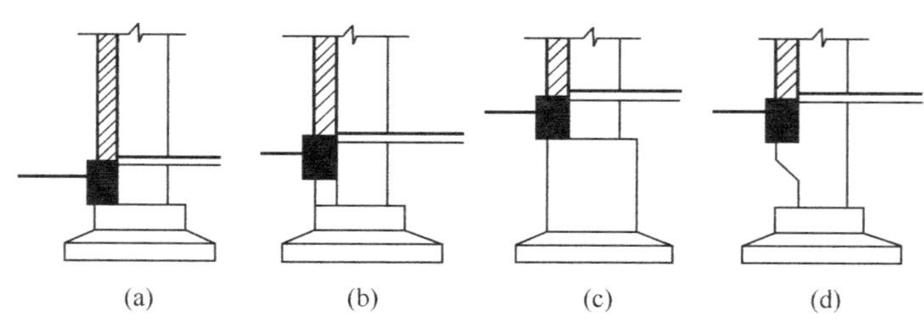

图 16.5　基础梁与柱基础的位置关系

（2）连系梁。连系梁的截面形式有矩形和 L 形。与柱的连接系用螺栓或焊接，如图 16.7所示，它不仅可以承担墙身的重量，且能加强厂房的纵向刚度。

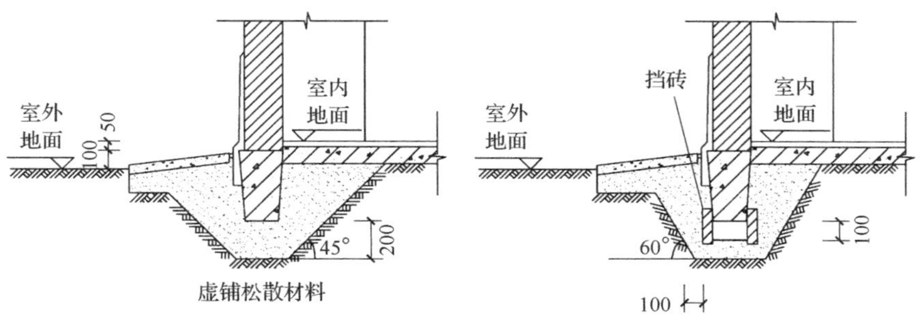

图 16.6　基础梁下部构造处理

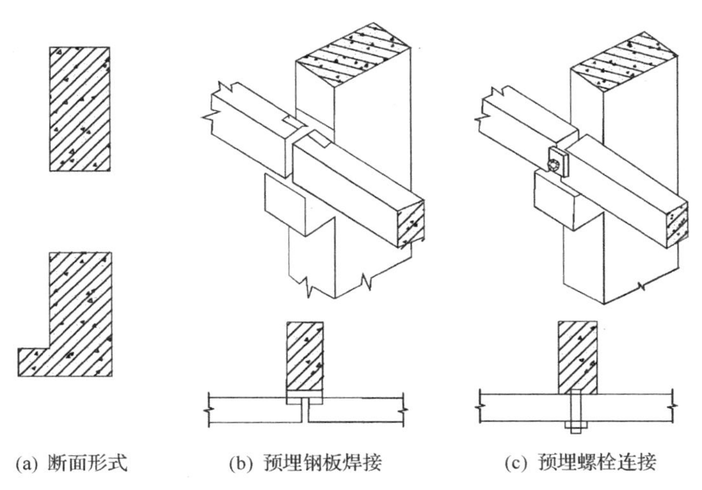

图 16.7　连系梁与柱的连接

（3）柱、屋架。柱和屋架端部常用钢筋拉接块材墙，由柱、屋架沿高度每隔 500～600mm 伸出 2ϕ6 钢筋砌入墙内，图 16.8 所示为块材墙与柱和屋架端部的连接。为增加墙体的稳定性，可沿高度每 4m 左右设一道圈梁，图 16.9 所示为圈梁与柱的连接。

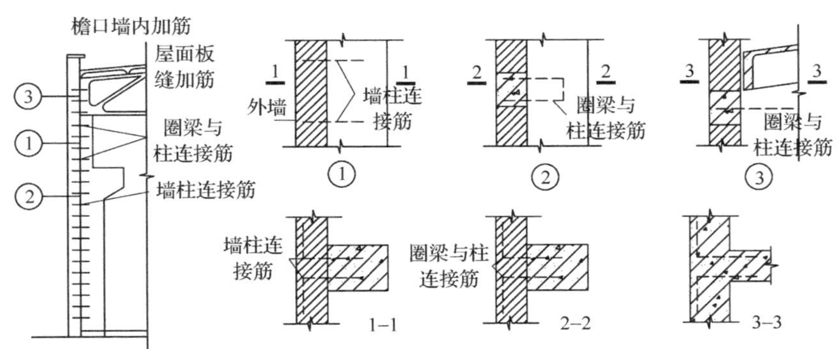

图 16.8　砌块墙与柱和屋架的连接

学习重点

重点关注：

1. 单层厂房块材墙。
2. 单层厂房构造组成。

分析与思考：

1. 围护墙与柱的关系。
2. 理解各类单层厂房外墙的作用。
3. 基础梁与柱基础的位置关系。
4. 连系梁与柱的连接做法。
5. 砌块墙与柱和屋架的连接做法。
6. 圈梁与柱的连接做法。

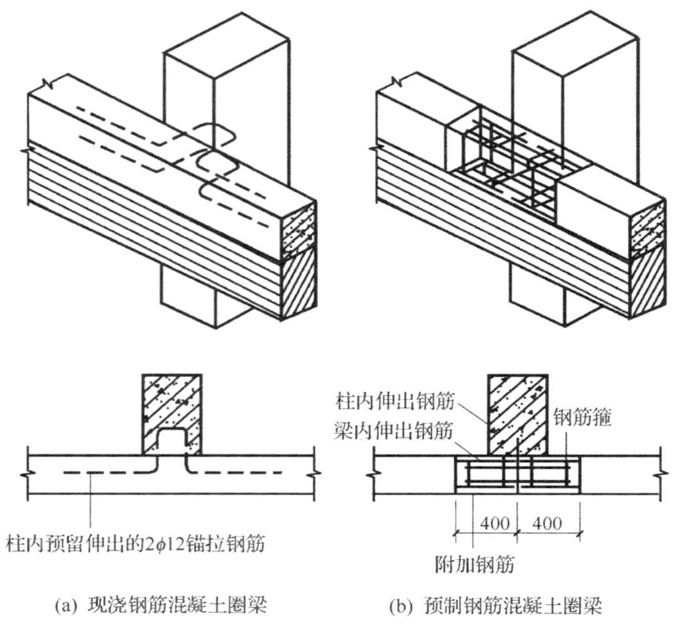

(a) 现浇钢筋混凝土圈梁　　(b) 预制钢筋混凝土圈梁

图 16.9　圈梁与柱的连接

16.1.2　板材墙

发展大型板材墙是墙体改革和加快厂房建筑工业化的重要措施之一，能减轻劳动强度，充分利用工业废料，节省耕地，加快施工速度，提高墙体的抗震性能，促进建筑工业化。因此，板材墙是我国工业建筑广泛采用的外墙类型之一。

1. 板材墙的类型

板材墙可根据不同需要进行不同的分类。如按规格尺寸可分为基本板、异型板和补充构件。基本板是指形状规整、量大面广的基本形式的墙板；异型板是指量少、形状特殊的板型，如窗框板、加长板、山尖板等；补充构件是指与基本板、异型板共同组成厂房墙体围护结构的其他构件，如转角构件、窗台板等。如按其所在墙面位置不同，可分为檐口板、窗上板、窗框板、窗下板、一般板、山尖板、勒脚板、女儿墙板等。如按其受力状况可分为承重板墙和非承重板墙。按其保温性能分有保温墙板和非保温墙板等。板材墙可用多种材料制作。现按板材墙的构造和组成材料的不同分类叙述如下。

1）单一材料的墙板

（1）钢筋混凝土槽形板、空心板。

这类墙板的优点是耐久性好，制作简单，可施加预应力，如图 16.10 所示。槽形板（或称肋形板）的钢材和水泥用量较省，但保温隔热性能差，且易积灰，故只适用于某些热车间和不需保温的车间、仓库等。空心板的钢材、水泥用料较多，但双面平整，不易积灰，并有一定的保温和隔热能力，虽比 240mm 砖墙热工性能稍差些，但仍得到较广泛的应用。

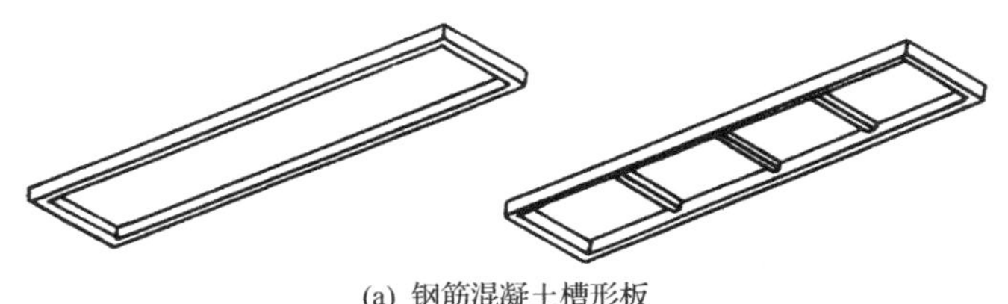

(a) 钢筋混凝土槽形板

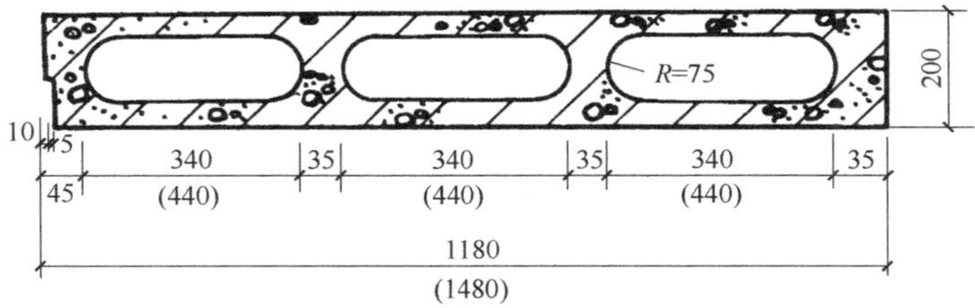

(b) 钢筋混凝土空心板

图 16.10　钢筋混凝土槽形板、空心板

(2) 配筋轻混凝土墙板。

这类墙板较多，如粉煤灰硅酸盐混凝土墙板、各种加气混凝土墙板等。它们的共同优点是比普通混凝土和砖墙轻，保温隔热性能好，配筋后可运输、吊装，并在一定堆叠高度范围内能承受自重。缺点是吸湿性较大，故一般需加水泥砂浆等防水面层，有的还有龟裂或锈蚀钢筋等缺点。适用于对保温或隔热要求较高，以及既要保温又要隔热但湿度不很大的车间。

2) 组合墙板（复合墙板）

组合墙板一般做成轻质高强的夹心墙板，其面板有薄预应力钢筋混凝土板、石棉水泥板、铝板、不锈钢板、普通钢板、玻璃钢板等；夹心保温、隔热材料包括矿棉毡、玻璃棉毡、泡沫玻璃、泡沫塑料、泡沫橡皮、木丝板、各种蜂窝板等轻质材料。

组合墙板的特点是：使材料各尽所长，即充分发挥芯层材料的高效热工性能和面层外壳材料的承重、防腐蚀等性能。这类墙板的主要缺点是制造工艺较复杂，用作保温时易产生“热桥”等不利影响。

2. 墙板规格尺寸和布置

单层厂房的墙板规格尺寸应符合我国《厂房建筑模数协调标准》(GBJ6—86) 的规定，并考虑山墙抗风柱的设置情况。一般墙板的长和高采用 300mm 为扩大模数，板长有：4500mm、6000mm、7500mm（用于山墙）和 12000mm 等数种，可适用于 6m 或 12m 的柱距以及 3m 整数倍的跨距。板高有：900mm、1200mm、1500mm 和 1800mm 四种。板厚以 20mm 为模数进级，常用厚度为 160～240mm。

墙板布置可分为横向布置、竖向布置和混合布置三种类型，各自的特点及适用情况也不相同，应根据工程的实际情况进行选用。

3. 墙板的连接构造

以下主要介绍横向布置墙板的一般构造。

学习重点

重点关注：

1. 单层厂房板材墙。

分析与思考：

1. 单层厂房板材墙的分类。
2. 理解各类外墙板的特点及应用。
3. 墙板的布置类型。
4. 横向布置墙板的连接构造。

1）墙板与柱的连接

单层厂房的墙板与排架柱的连接一般分柔性连接和刚性连接两类。

（1）柔性连接。

柔性连接适用于地基不均匀、沉降较大或有较大振动影响的厂房，这种方法多用于承自重墙，是目前采用较多的方式。柔性连接是通过设置预埋铁件和其他辅助件使墙板和排架柱相连接。柱只承受由墙板传来的水平荷载，墙板的重量并不加给柱子，而是由基础梁或勒脚墙板承担。墙板的柔性连接构造形式很多，其最简单的为螺栓连接和压条连接，如图 16.11 和图 16.12 所示的两种做法。

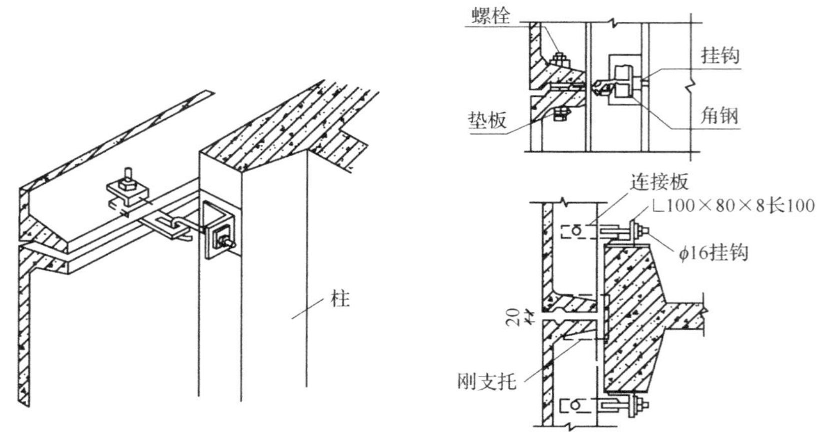

图 16.11　螺栓柔性连接构造

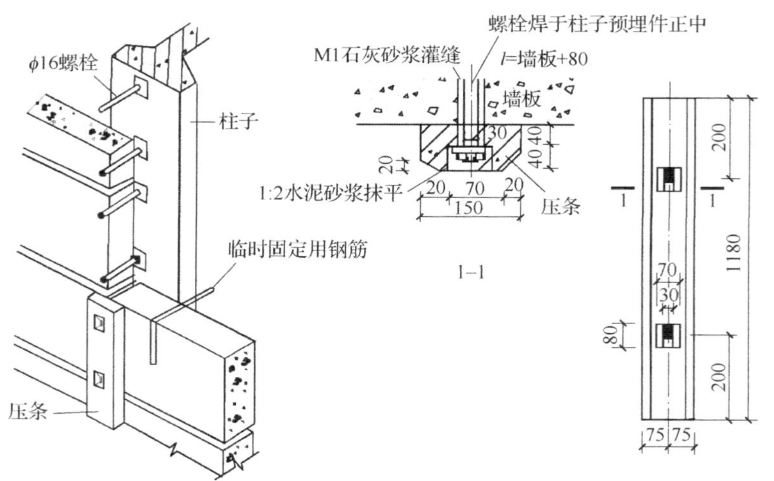

图 16.12　压条柔性连接构造

（2）刚性连接。

刚性连接是在柱子和墙板中先分别设置预埋铁件，安装时用角钢或 $\phi16$ 的钢筋段把它们焊接连牢，如图 16.13 所示。优点是施工方便，构造简单，厂房的纵向刚度好。缺点是对不均匀沉降及振动较敏感，墙板板面要求平整，预埋件要求准确。刚性连接宜用于地震设防烈度为 7 度或 7 度以下的地区。

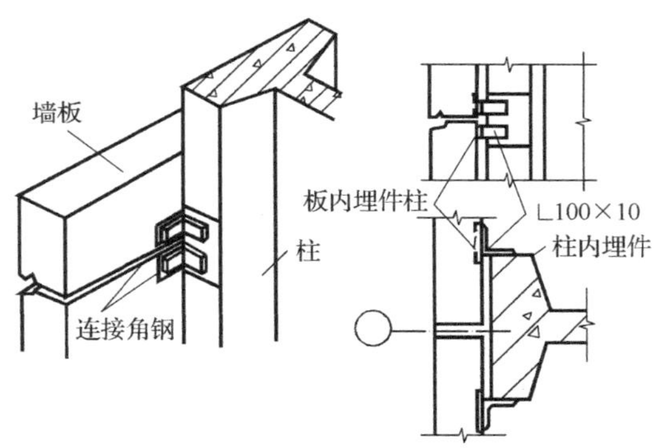

图 16.13　刚性连接构造

2）墙板板缝的处理

为了使墙板能起到防风雨、保温、隔热的作用，除了板材本身要满足这些要求之外，还必须做好板缝的处理。

板缝根据不同情况，可以做成各种形式。水平缝可做成平口缝、高低错口缝、企口缝等。企口缝的处理方式较好，但从制作、施工以及防止雨水渗透和风力渗透等因素综合考虑，错口缝是比较理想的，应多采用这种形式。水平板缝形式和水平缝处理，如图 16.14 所示，垂直板缝可做成直缝、喇叭缝、单腔缝、双腔缝等。垂直板缝的处理如图 16.15 所示。墙板在勒脚、转角、檐口、高低跨交接处及门窗洞口等特殊部位，均应做相应的构造处理，以确保其正常发挥围护功能。

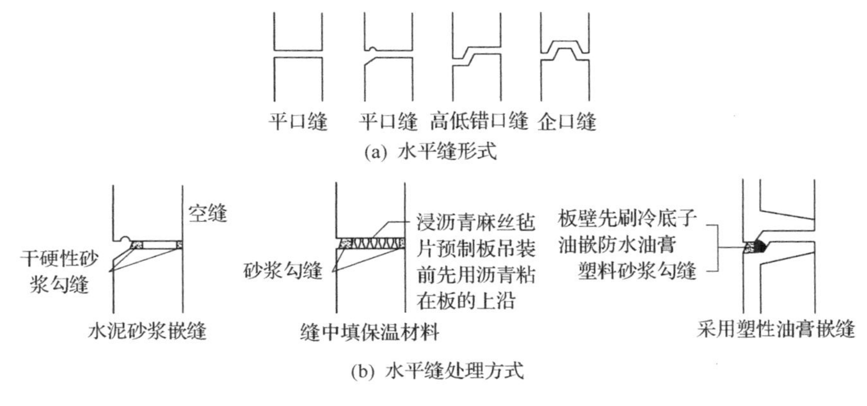

图 16.14　水平板缝的形式与水平缝的处理

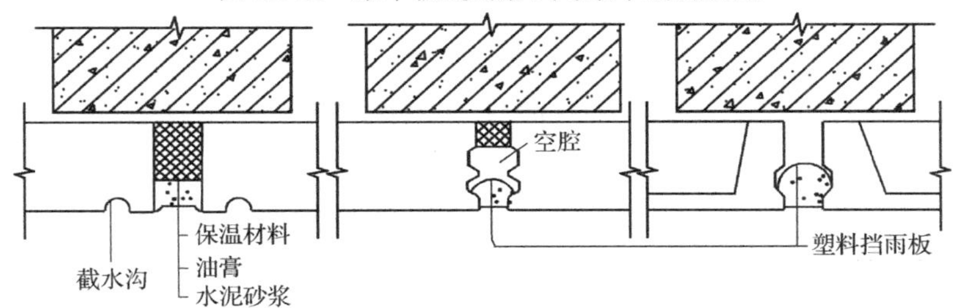

图 16.15　垂直板缝的处理

学习重点

重点关注：

1. 单层厂房板材墙。

分析与思考：

1. 单层厂房外墙的板缝处理。
2. 水平板缝的形式及构造做法。

16.1.3 轻质板材墙

热加工车间、防爆车间和仓库建筑的外墙不要求保温、隔热，可采用轻质的石棉水泥板（包括瓦楞板和平板等）、瓦楞铁皮、压型钢板、塑料墙板、铝合金板以及夹层玻璃墙板等。这种墙板仅起围护结构作用，墙板除传递水平风荷载外，不承受其他荷载，墙板本身的重量也由厂房骨架来承受。

压型钢板是目前常用的轻质墙板，这种墙板通常是悬挂在柱子之间的横梁上。横梁一般为T形或L形断面的钢筋混凝土或型钢预制构件。横梁长度应与柱距相适应，横梁两端搁置在柱子的钢牛腿上，并且通过预埋件与柱子焊接牢固，如图16.16所示。横梁的间距应配合压型钢板的长度来设计。压型钢板与横梁连接，可采用螺栓与铁卡子将两者夹紧，如图16.17所示。螺栓孔应钻在墙外侧板垅的顶部，安装螺栓时，该处应衬以5mm厚的毡垫。为防止风吹雨水经板缝侵入室内，压型钢板应顺主导风向铺设，板左右搭接通常为一个板垅，压型钢板构造如图16.18(a)所示，压型钢板构造实例如图16.18(b)所示。

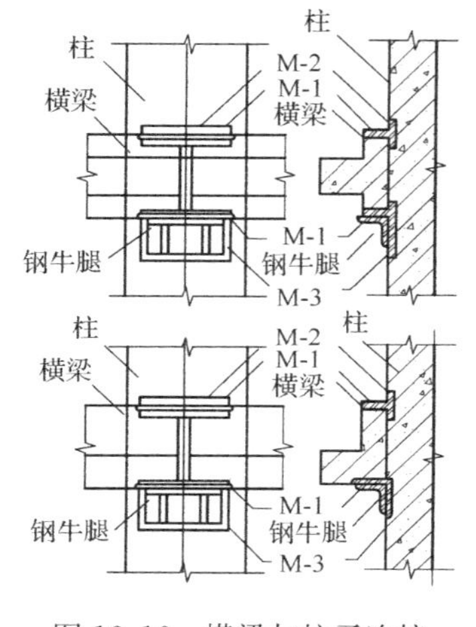

图16.16 横梁与柱子连接

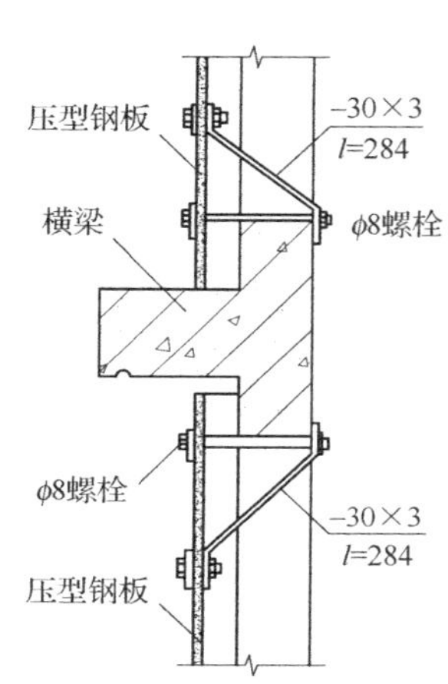

图16.17 压型钢板与横梁连接

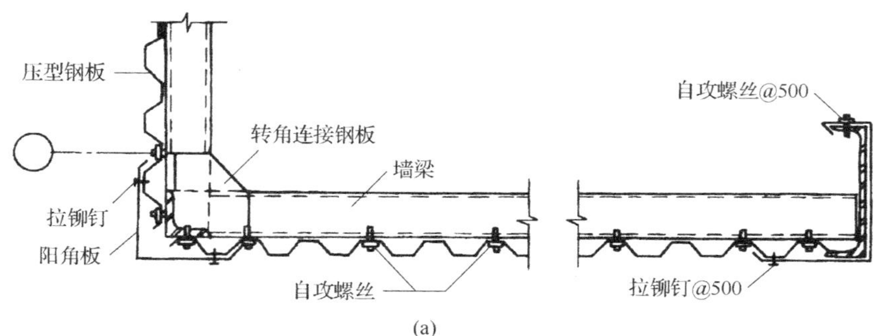

(a)

(b)

图 16.18　压型钢板外墙构造

16.1.4　开敞式外墙

在我国南方地区一些热车间以及某些化工车间，为了使厂房获得良好的自然通风和散热效果，常采用开敞或半开敞式外墙。开敞式外墙通常是在下部设矮墙，上部的开敞口设置挡雨遮阳板。

挡雨遮阳板每排之间的距离，与当地的飘雨角度、日照以及通风等因素有关，设计时应结合车间对防雨的要求来确定，一般飘雨角可按 45°设计，风雨较大的地区可酌情减小角度。挡雨板有多种构造形式，通常有以下几种：

1. 石棉水泥瓦挡雨板

它的基本构件有型钢支架（或圆钢轻型支架）、型钢檩条、中波石棉水泥瓦挡雨板和防溅板。型钢支架通常是与柱子的预埋件焊接固定的。这种挡雨板重量轻、施工简便、拆装灵活，但瓦板脆性大，容易损坏，适用于一般热加工车间。石棉水泥瓦挡雨板构造如图 16.19(a)所示，石棉水泥瓦挡雨板构造实例如图 16.19(b)所示。

2. 钢筋混凝土挡雨板

钢筋混凝土挡雨板分为有支架钢筋混凝土挡雨板和无支架钢筋混凝土挡雨板两种。

1）混凝土挡雨板

一般采用钢筋混凝土支架，上面直接架设钢筋混凝土挡雨板。挡雨板与支架、支架与柱子均通过预埋件焊接进行固定，如图 16.20(a)所示，图 16.20(b)所示为有支架钢筋混凝土挡雨板工程实例。这种挡雨板耐久性好，但构件重量较大，适用于高温车间。

2）无支架钢筋混凝土挡雨板

无支架钢筋混凝土挡雨板是直接将钢筋混凝土挡雨板固定在柱子之间。挡雨板与柱子的连接，通过角钢与预埋件焊接进行固定，如图 16.21 所示。这种挡雨板用料省，构造也较简单，但因板的长度受柱子断面大小的影响，故规格类型较多。它也适用于高温车间。

学习重点

重点关注：

1. 单层厂房轻质板材墙。
2. 单层厂房开敞式外墙。

分析与思考：

1. 压型钢板外墙构造做法。
2. 压型钢板外墙构造图示。
3. 有支架钢筋混凝土挡雨板做法。

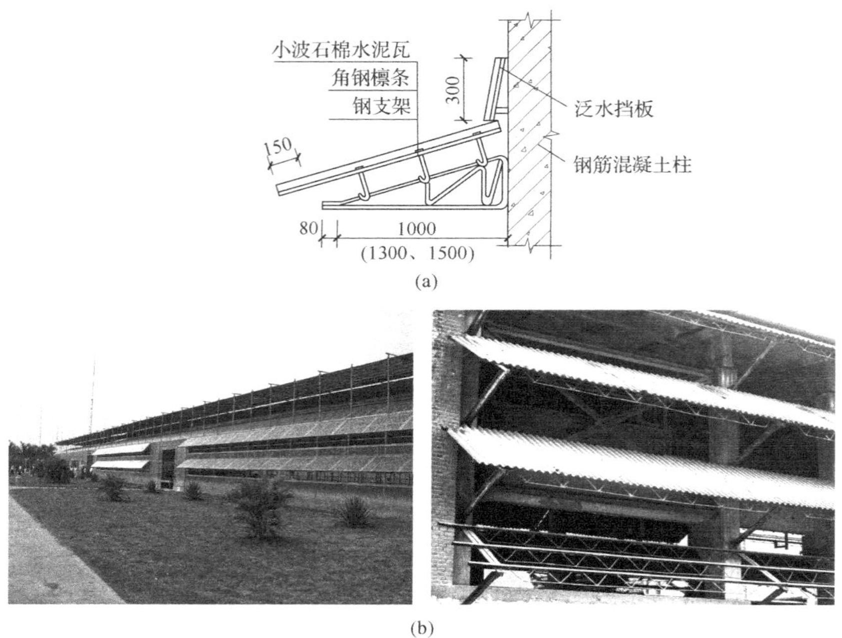

图 16.19　石棉水泥挡雨板构造

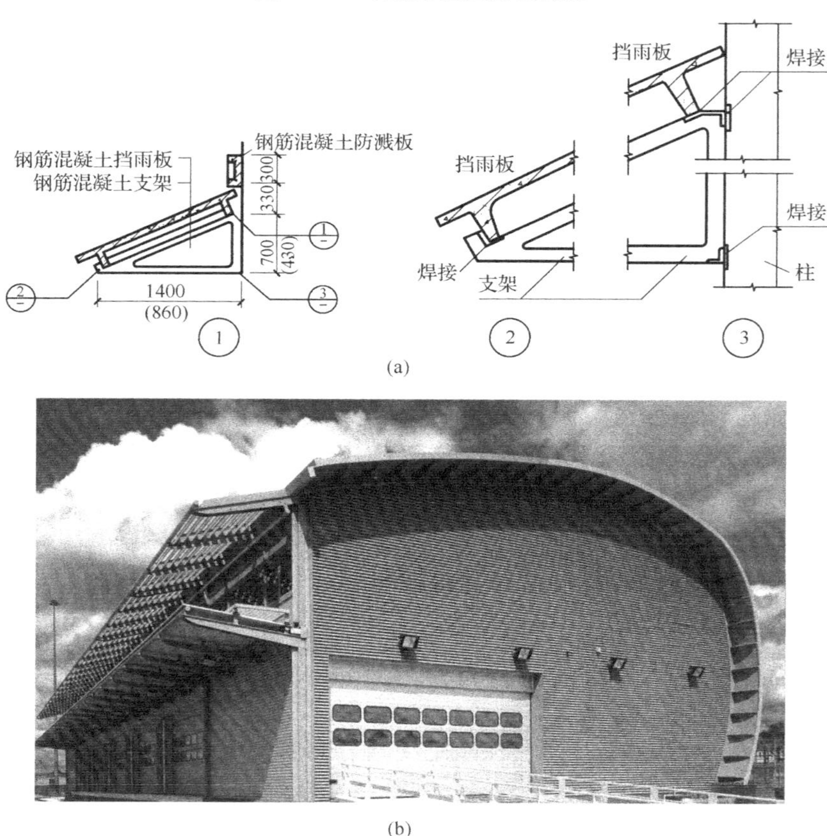

图 16.20　有支架钢筋混凝土挡雨板构造

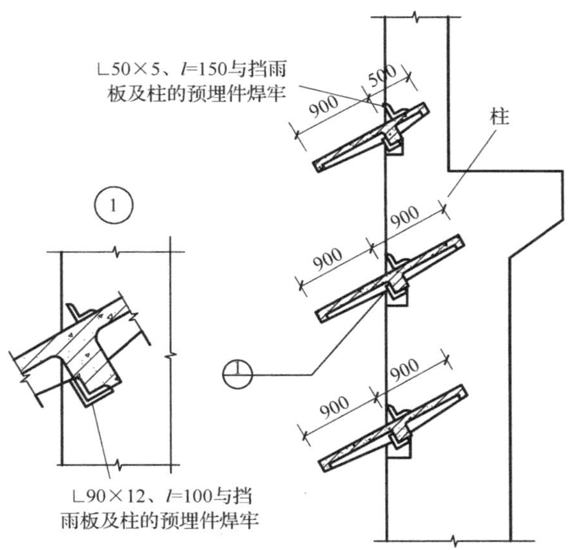

图 16.21　无支架钢筋混凝土挡雨板构造

16.2　单层厂房屋面构造

屋面是单层厂房围护结构的主要组成部分，也是由屋面和支承结构这两部分组成。屋面部分是本章将要分析研究的内容。其支承结构，对于单层厂房，则以屋架为代表。屋面直接经受风雨、酷热、严寒等自然条件的影响，应满足防水、排水、保温、隔热等要求。

16.2.1　屋面类型及组成

1. *单层厂房屋面特点*

单层厂房屋面的作用、设计要求和构造与民用建筑基本相同，在某些方面也存在一定的差异，主要表现在：

(1) 厂房屋面承受的荷载较大。有吊车的厂房需承受吊车传来的冲击荷载和机械振动时的振动荷载及高温，因此，屋面必须具有足够的强度和整体刚度。

(2) 厂房屋面面积大，排水、防水构造复杂。现代单层厂房一般是多跨成片建筑，有时跨间又出现高差或设各种形式的天窗以解决室内采光、通风问题。为排除屋面上的雨雪，需设置天沟、檐沟、水斗及水落管，致使屋面构造复杂。

(3) 厂房屋面的保温、隔热要求较为复杂。屋面对工作区的热辐射影响是随高度的增加而减少，因此，除较低厂房以外，可不做隔热处理，一般柱顶标高在 8m 以上可不考虑隔热。恒温恒湿车间，其屋面的保温、隔热要求常较一般民用建筑高。在有爆炸危险的厂房要考虑屋面的防爆、

学习重点

重点关注：

1. 单层厂房构造。
2. 设计厂房屋面应注意的问题。

分析与思考：

1. 无支架钢筋混凝土挡雨板做法。
2. 厂房屋面的特点，与民用建筑有哪些不同？
3. 厂房屋面的层次。
4. 厂房屋面的类型。
5. 厂房屋面的作用。

泄压问题。有腐蚀介质的车间，屋面应考虑防腐蚀问题。

因而在设计厂房屋面时，应根据具体情况，选择合理、经济的结构构造方案，减轻屋面自重，降低造价。

2. 屋面的类型及组成

单层厂房屋面是由屋面的面层部分和基层部分组成，面层部分常常也被叫做屋面，屋面的做法则主要是指基层以上部分的做法。厂房层面的基层分为有檩体系和无檩体系两种，如图 16.22 所示。

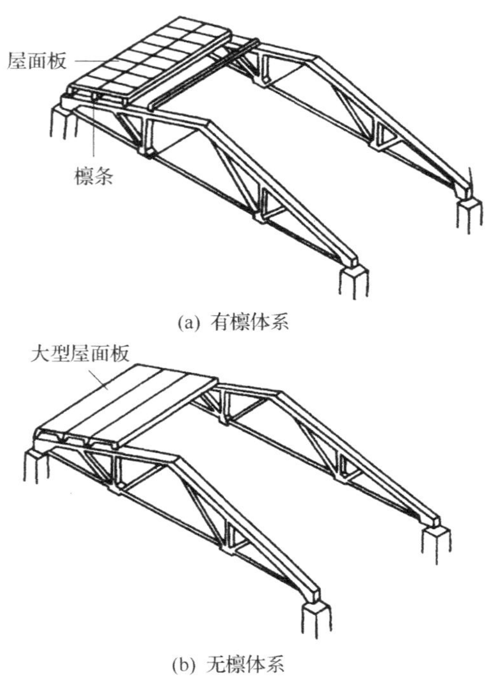

(a) 有檩体系

(b) 无檩体系

图 16.22　屋面基层结构类型

1）有檩体系

在屋架（或屋面梁）上弦搁置檩条，在檩条上铺小型屋面板（或瓦材）称为有檩体系。其特点是构件小、重量轻、吊装方便。但构件数量多，施工繁琐，工期长。故多用在施工机械起吊能力较小的施工现场。

2）无檩体系

无檩体系是在屋架（或屋面大梁）上弦直接铺设大型屋面板。其特点是构件大、类型少，便于工业化施工，但要求有较强的施工吊装能力。

目前在工程中广为应用无檩体系。屋面基层结构常用的大型屋面板及檩条如图 16.23所示。

16.2.2　屋面排水

厂房屋面排水方式分为有组织排水和无组织排水两种，与民用建筑相似。

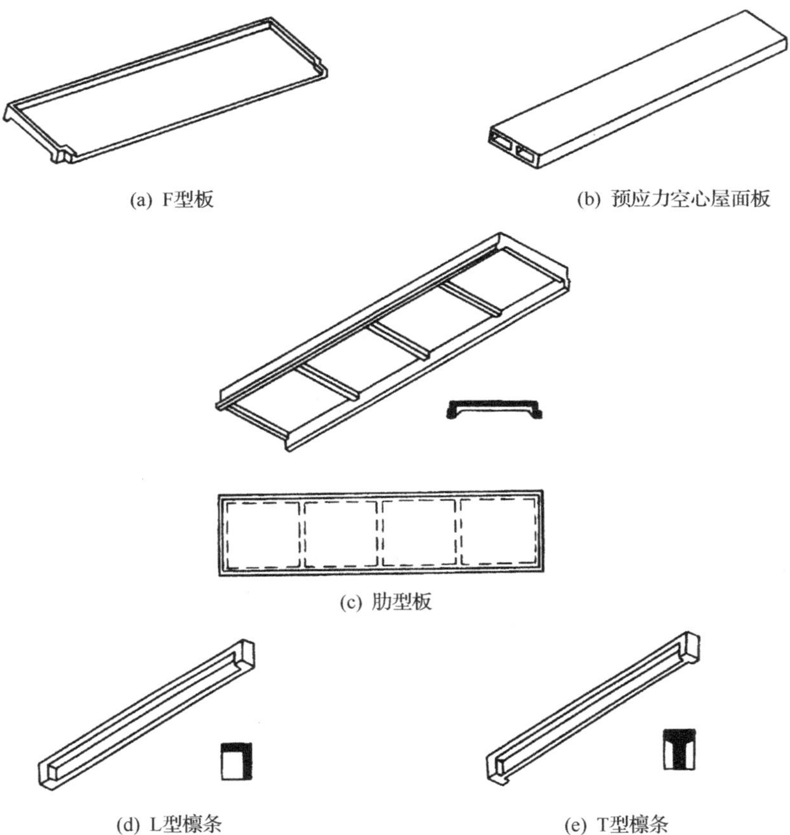

(a) F型板　(b) 预应力空心屋面板

(c) 肋型板

(d) L型檩条　(e) T型檩条

图 16.23　钢筋混凝土大型屋面板及檩条

1. 无组织排水

无组织排水常用于降雨量小的地区和屋面坡度较小、高度较低的厂房。其特点是排水通畅，构造简单，节省投资。尤其适合易积灰及有腐蚀介质的屋面。但寒冷地区采暖厂房及在生产中有热量散出的车间，易在屋檐处结冰，拉坏檐口，有时下落伤人，应谨慎用之。

2. 有组织排水

因厂房屋面面积较大，又多用多脊双坡形式，故常用有组织排水方式。有组织排水方式分内排水和外排水两种。

1）有组织内排水

厂房因某种需要（如立面处理需要）无法向外排水时，可做有组织内排水，在寒冷地区采暖厂房及在生产中有热量散发的车间，为防止雨水室外结冰，宜采用有组织内排水，如图 16.24 所示。如采用有组织外排水，水落管常因冰冻堵塞以至胀裂。当采用内排水这种排水方式时，屋面的雨水斗及室内的水落管多，易被屋面的绿豆砂、灰尘及杂物堵塞，造成排水不畅。当厂房长度不大（不大于 96m）时，采用长天沟外端排水可克服上述缺点，如图 16.25 所示。

学习重点

重点关注：

1. 设计厂房屋面排水应注意的问题。

分析与思考：

1. 厂房屋面的类型及适应范围。
2. 在寒冷地区哪种排水方式更适用？

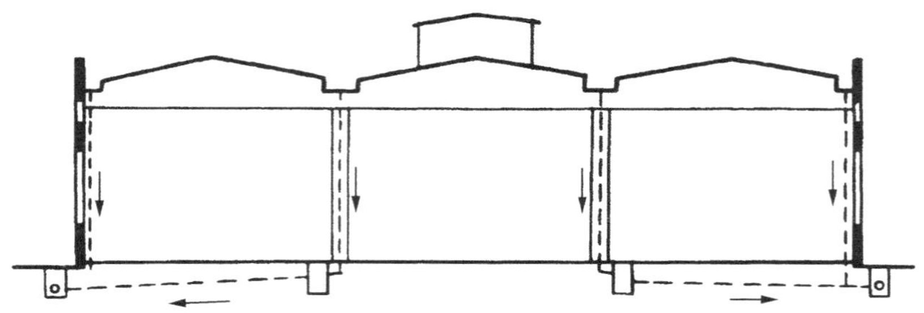

图 16.24　厂房屋面有组织内排水方式

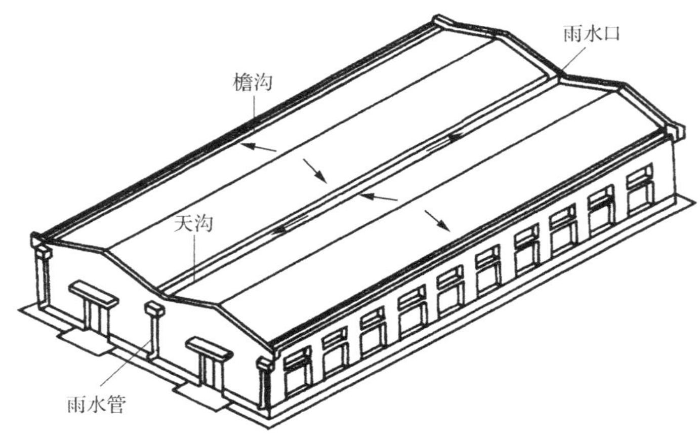

图 16.25　厂房屋面长天沟外排水示例

2）有组织外排水

有组织外排水常用于降雨量大的地区，非寒冷的地区可采用有组织内排水，如图 16.26(a)所示。

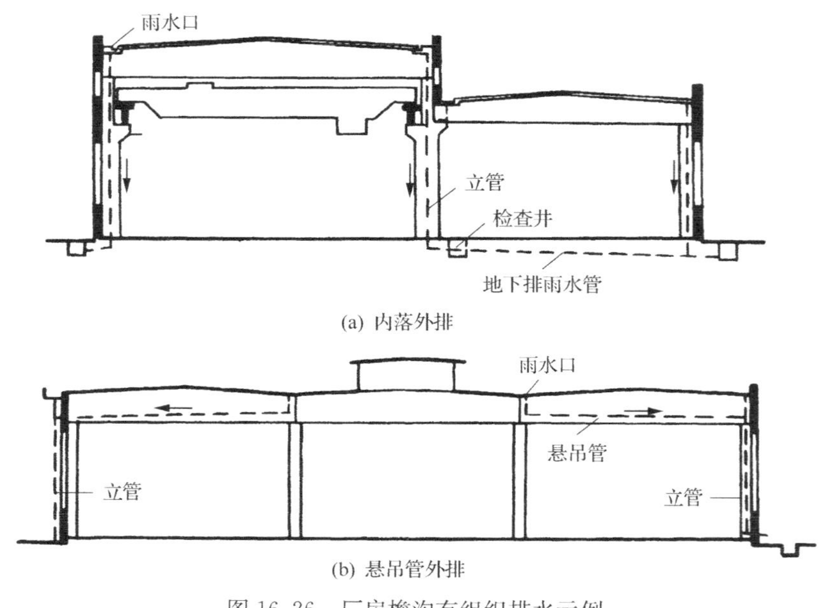

图 16.26　厂房檐沟有组织排水示例

有时为减少室内地下排水管（沟）的数量，可采取内排与外排相结合的方式，如图16.26(b)所示。不管是外排水，还是内排水，水落管排下的水都可排至散水坡（排水沟），再排至室外地下排水管，如图16.26(b)所示。这种做法多用于南方。

16.2.3 屋面防水

厂房屋面的防水按材料和构造形式的不同，分为卷材防水屋面、各种瓦材防水屋面及钢筋混凝土构件自防水屋面。

1. 卷材防水屋面

防水卷材有油毡、合成高分子材料、合成橡胶卷材等，卷材防水屋面接缝严密，防水比较可靠，有一定的抗变形能力，因此对气温变化和振动有一定的适应能力，被广泛应用于建筑平屋顶。但经多年使用实践，发现在大型预制钢筋混凝土板做基层的卷材，板缝，特别是横缝（屋架上弦板材对接处），不管屋面上有无保温层，开裂均相当严重。

为防止横缝处的油毡开裂，除采取减少基层变形的措施外，还要改进接缝处的油毡做法，使油毡能适应基层变形，其措施如图16.27所示。即在大型屋面板或保温层上做找平层时，最好先将找平层沿横缝处做出分格缝，缝中用油膏填充，缝上先干铺300mm宽油毡一条（或铺一根直径为40mm左右的浸油草绳或油毡卷）作为缓冲层，然后再铺油毡防水层，使屋面油毡在基层变形时有一定的缓冲余地，对防止横缝开裂有一定的效果。纵缝一般开裂较少，可不做分格缝和干铺油毡缓冲层。

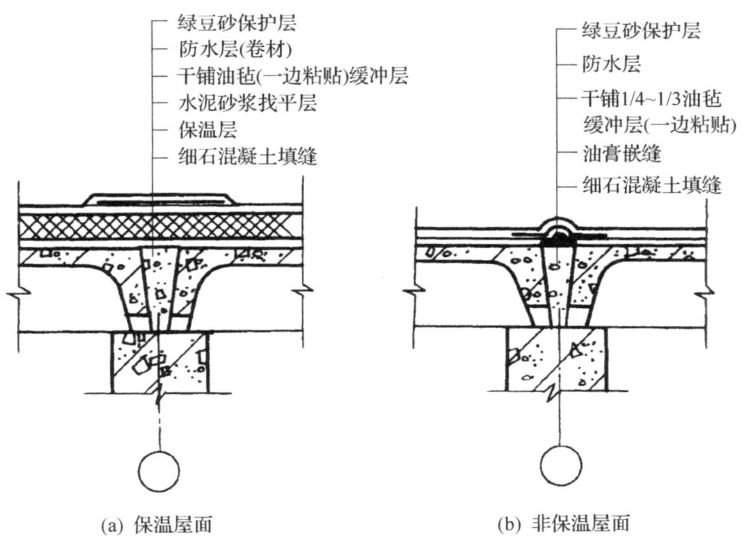

图16.27 卷材防水屋面的横缝处理

1）卷材防水屋面构造层次及常用材料

卷材防水屋面构造层次与民用建筑基本相同，按由下向上的次序简

学习重点

重点关注：

1. 设计卷材防水屋面应注意的问题。

分析与思考：

1. 厂房屋面防水的类型。
2. 厂房卷材防水屋面所用的材料种类。
3. 卷材防水屋面应用中存在的问题。
4. 裂缝最易出现的部位。
5. 防止裂缝的产生有哪些有效措施。
6. 卷材防水屋面的构造层次。
7. 综述卷材防水屋面的优缺点。

述如下：

（1）基层。

基层是屋面的受力层，除采用在民用建筑中介绍的现浇类和预制类屋面板之外，还可以采用预应力“三合一”屋面板。“三合一”屋面板是承重、保温、防水三重作用合一的屋面板，规格为1500mm宽、600mm长，也适用于无檩体系，屋面坡度为1/12～1/8。

（2）找平、结合层。

一般用1∶2.5水砂浆20mm厚，其上面应刷乳化沥青1～2道。

（3）隔气层。

当在屋面上设有保温层且室内外温差较大时，应设置隔气层。其做法一般为一毡两油或刷乳化沥青1～2道。

（4）保温层。

保温层起到保温防寒的作用。根据地区的不同，应用的材料和厚度有差别，可采用蛭石混凝土、沥青膨胀珍珠岩、水泥膨胀珍珠岩、加气混凝土等保温材料。如北方地区主要采用100mm左右的珍珠岩板屋面保温层。

（5）找平层。

为使保温层表面平整，便于铺放油毡，应抹一层1∶3水泥砂浆进行找平。

（6）防水层。

一般在雨水较少的地区采用两毡三油，在雨水较多的地区采用三毡四油。目前还可以采用防水效果较好且不宜老化的聚氨酯涂料及橡胶类卷材。

（7）保护层。

一般采用3～5mm的绿豆砂或小豆石，铺摊均匀贴在防水层上。

以上各层中，若车间内的相对湿度小，水蒸气含量较少时，应取消隔气层（有保温层除外）。

2）卷材防水屋面构造

（1）挑檐。

檐口外挑一定长度，用于无组织外排水时即为挑檐。有砖挑檐、钢筋混凝土挑檐。挑长小于600mm时，可由屋面板直接挑出。常用的为特制檐口板挑檐。檐口板支承在屋架（或屋面大梁）端部伸出的钢筋混凝土（钢）挑梁上，如图16.28所示。为防止檐口处油毡翘起和开裂，用钉将油毡端头与檐口板内预埋木砖上的木条钉牢。檐口端头应进行粉刷，檐口颏下应做好滴水处理以防檐口水产生爬水现象。檐棚也宜粉刷以利观瞻。

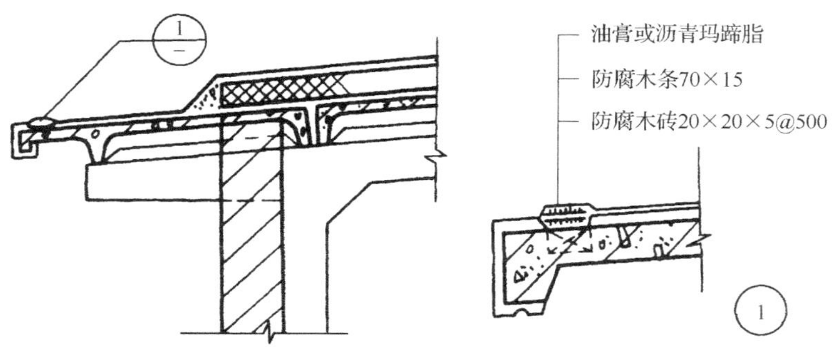

图16.28　檐口板挑檐构造

为避免檐口被污染，还可采用水舌排水方式，如图 16.29 所示。

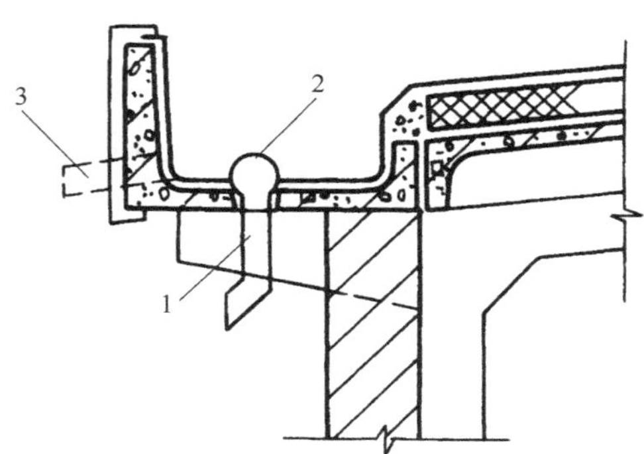

图 16.29 檐沟板水舌排水示意

1. 水舌；2. 管罩；3. 斜置水舌

(2) 檐沟。

在檐口处设置檐沟板即为有组织外排水的檐沟形式。为保证檐沟排水通畅，沟底设纵坡，坡向水斗，坡度为 0.5%～1%。为防止檐沟渗漏，沟内油毡应较屋面多铺一层，油毡端头封固于檐沟外壁上。为保证检修屋面或清灰时安全，檐沟外壁上可设置金属栏杆，如图 16.30 所示。

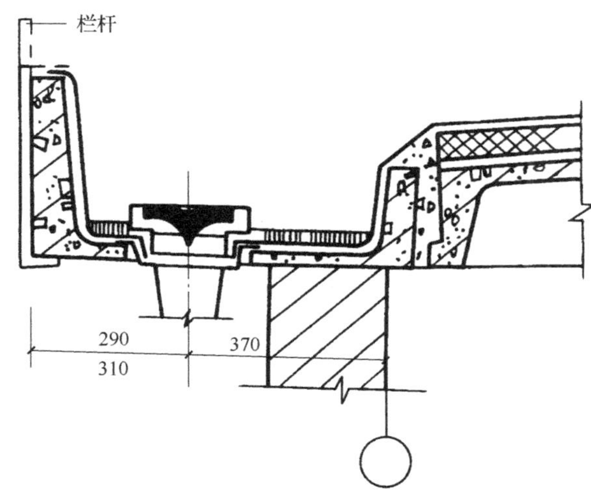

图 16.30 檐沟外壁金属栏杆构造

(3) 天沟。

天沟按位置可分为边天沟和内天沟两种。当边天沟做女儿墙且采用有组织外排水时，女儿墙根部要设出水口，其构造处理与民用建筑相同。

内天沟的天沟板是搁置在相邻两榀屋架的端头上，天沟板的形式有宽单槽形板和双槽形板两种。前者施工时须待两榀屋架安装完后才能安装天沟板，影响施工。后者是安装完一榀屋架后即可安装天沟板，施工方便，天沟板可统一化，应用较多，但要注意两个天沟接缝处的防水构造处理，如图 16.31 所示。大型屋面板上直接做天沟时，此处的防水构

学习重点

重点关注：

1. 设计卷材防水屋面各节点的构造做法。

分析与思考：

1. 厂房卷材防水屋面檐口板挑檐构造做法。
2. 厂房卷材防水屋面檐沟排水构造做法。
3. 卷材防水屋面天沟的分类。
4. 内天沟两种做法的区别、各自的优点。
5. 长天沟外排水的构造做法。
6. 雨水管的常用类型。

造处理需增加一层卷材，以提高防水能力。

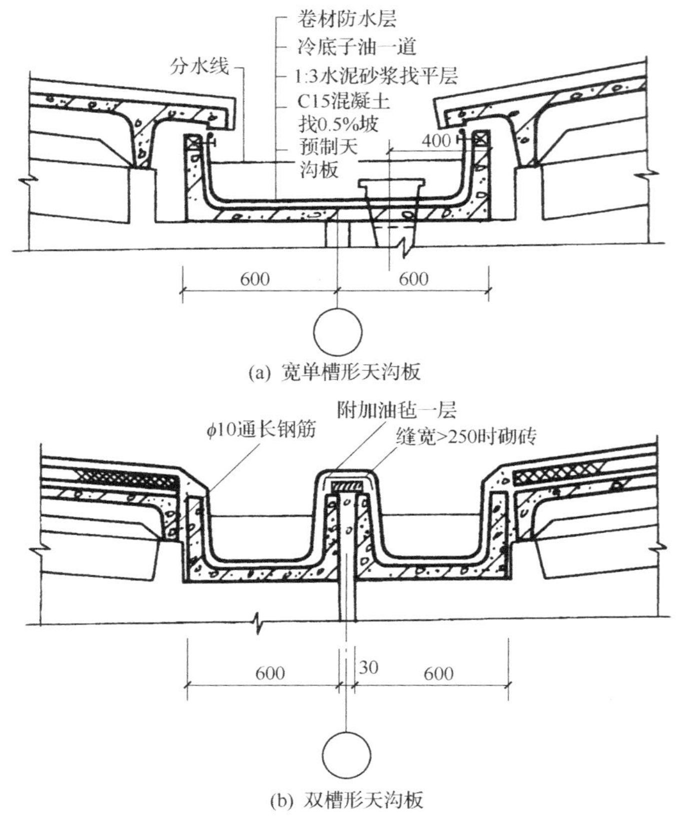

图 16.31　内天沟构造

内排水的天沟处不宜设与屋面等厚的保温层（可半厚或不设），使厂房内部热量可传至该处，使之成为融雪器，在冬季不致造成天沟冻结，影响排水。为使天沟内的雨水能顺畅流向雨水斗，天沟应做垫坡，其坡度同檐沟板。

当采用长天沟端部外排水时，天沟板应过墙伸至墙外侧，水斗置于外挑部分的天沟板上，下接水落管，如图 16.32 所示。

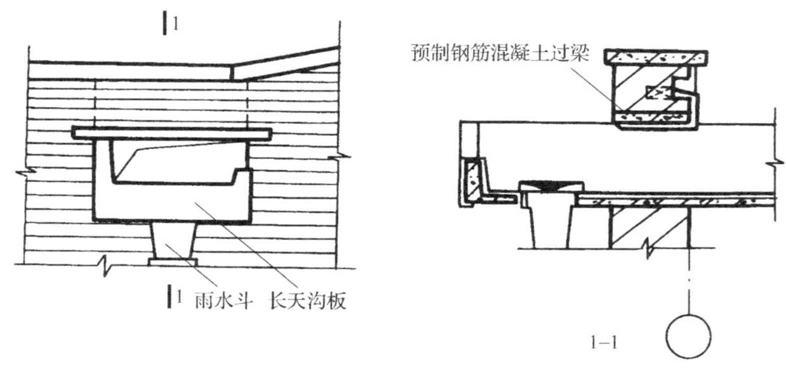

图 16.32　长天沟外排水构造

(4) 雨水斗及水落管。

目前采用较多的为65型铸铁雨水斗，它由雨水斗及短插管组成，要求雨水斗泄水率高。

在檐沟或天沟处，安装雨水斗必须严密无缝。天沟板或屋面板与雨水斗插管间的缝隙应用细石混凝土填实，屋面油毡或局部附加的沥青麻布要封盖插管上口周围，并应伸入插管里，上面盖以水斗，水斗周围用沥青油膏密封。雨水斗的进水口位置应略低于天沟底，使之处于淹没状，以便泄水。当直接在大型屋面板上做天沟时，可在大型屋面板上留孔或凿孔，然后安置雨水斗，如图16.33所示。也可在大型屋面板开口处设置一个用钢板焊成的集水盘，集水盘支承插管，上盖水斗，以便降低水斗的位置。雨水管有铸铁管、石棉水泥管、陶土管、镀锌铁皮管及玻璃钢管等。断面有矩形、圆形和方形。厂房中铸铁管较常用。

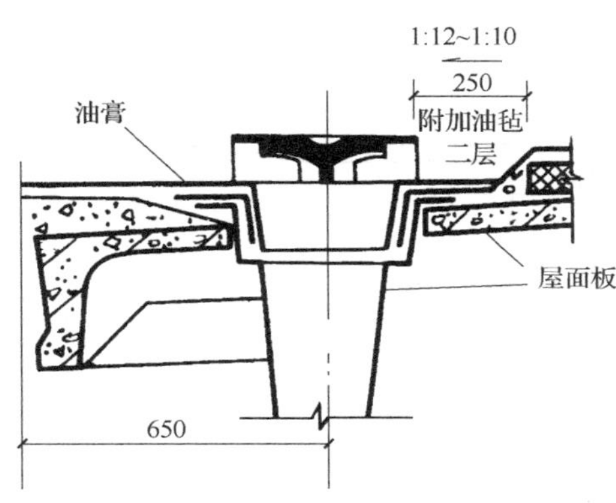

图16.33 直接在屋面板上安装雨水斗的构造

雨水管是用支架（或铁卡）固定在墙（或柱）上。支架（或铁卡）的间距视管材而定，一般铸铁管约2m，石棉水泥管1m，镀锌铁皮1.3m。

雨水管的出水口若在低跨屋面上，应在管口下设置滴水保护板，滴水板一般为500mm×500mm×40mm的预制或现浇钢筋混凝土板。雨水管的截面根据计算确定，一般选用ϕ100～ϕ200mm的管径，水落管的间距一般为18～24m，便于与柱距相配合。

(5) 屋面泛水。

高出屋面的墙、烟囱及伸出屋面的设备管道等与屋面交缝处的防水构造处理即为屋面泛水。其关键在于严防雨水侵入缝内。

① 女儿墙泛水

一般有纵墙女儿墙和山墙女儿墙。纵墙女儿墙泛水位于屋面边天沟处，通常采用比普通屋面增加一层卷材的做法。卷材转折处要求用混凝土或水泥砂浆做成圆弧，形成45°斜角的垫层，以免卷材转折破裂。卷材卷起的高度不得小于300mm，卷材端头用玛蹄脂粘牢，然后用油毡或水泥砂浆保护。

学习重点

分析与思考：

1. 了解各种雨水管的泄水面积。
2. 了解雨水管的安装方法及保证质量的措施。
3. 屋面泛水的构造做法。绘图说明。
4. 了解管道出屋面泛水做法及保证质量的措施。

山墙女儿墙与屋面的交缝均与屋面流水方向平行，因受屋面坡度的影响，雨水侵入缝内的机会较少，其泛水可沿屋面做成。在山墙端部，为封住挑檐或檐沟，多适当外挑以丰富立面线条。外挑墙被俗称为“马头墙”。“马头墙”用钢筋混凝土卧梁承托，如图 16.34所示。其外表应进行装修，内侧用来固定靠山墙处油毡屋面的泛水（参见民用建筑做法）。

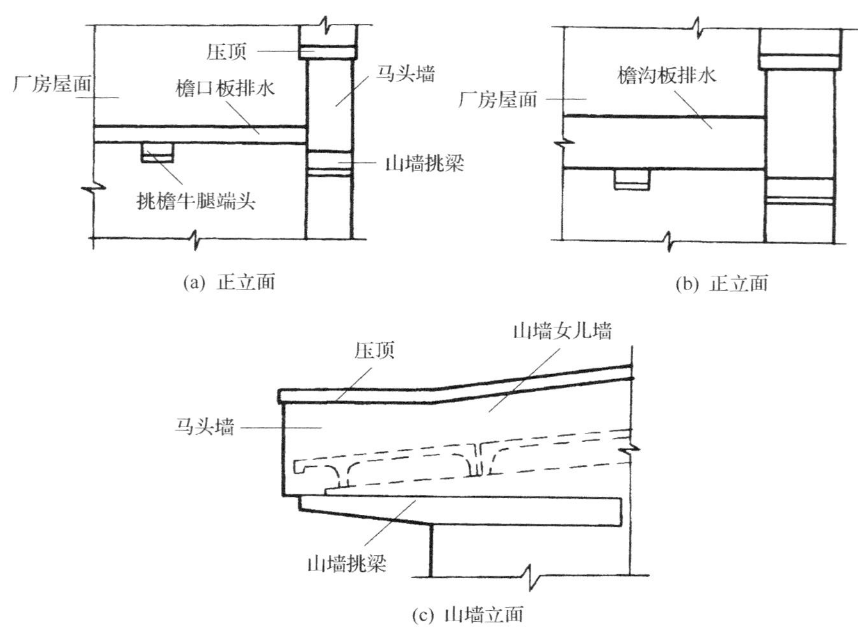

图 16.34　山墙处女儿墙的端部处理

② 管道出屋面泛水

厂房中常有通风管及生产设备管道伸出屋面。若管道与屋面相交缝的构造处理不当，极易漏水。

③ 高低跨处泛水

连跨厂房出现平行高低跨时，高跨的侧墙是由搁置的柱子牛腿上的墙梁承受，牛腿有一定高度，因此，高跨墙与低跨屋面之间形成一段较大的空隙，高低跨泛水就是这段空隙的防水构造处理。其做法分为有天沟和无天沟两种，如图 16.35 所示。

（6）变形缝。

民用建筑构造中已讲过屋面变形缝，这里补充讲厂房等高平行跨和高低跨处变形缝的构造。

厂房中如需要在等高平行处设置纵向变形缝时，须设两条天沟，其做法有两种：一种是采用双槽形天沟板，如图 16.36 所示；另一种是用屋面板作天沟板，此时需要在缝的两侧屋面板上砌 120mm 厚矮砖墙，其上用预制钢筋混凝土活动盖板盖缝，并在缝内填沥青麻丝，也可采用镀锌铁皮盖板（见民建构造）。图 16.37 为高低跨处变形缝构造示例。

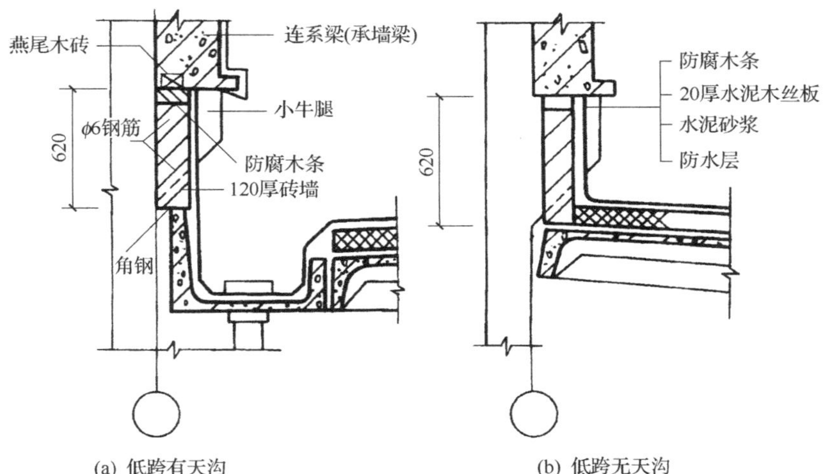

(a) 低跨有天沟　　(b) 低跨无天沟

图 16.35　高低跨处泛水构造

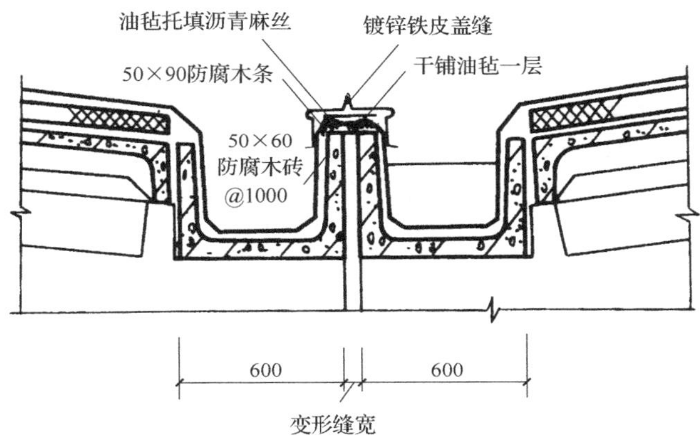

图 16.36　屋面纵向变形缝构造

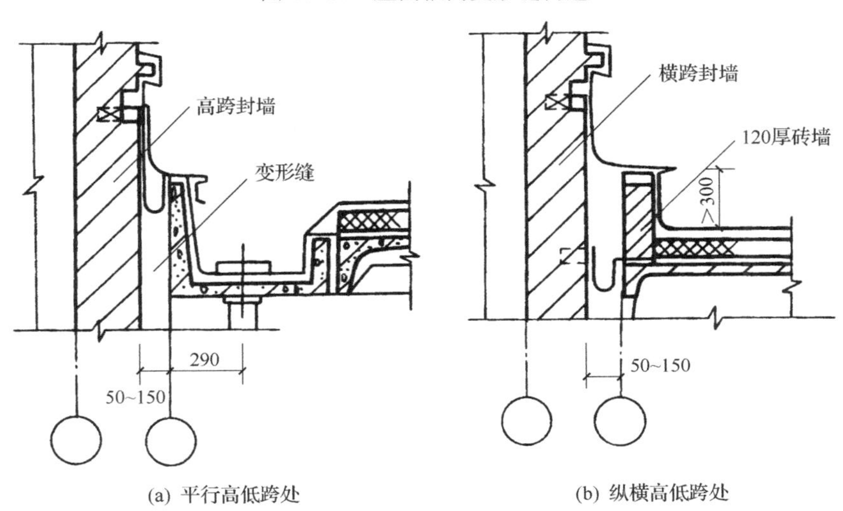

(a) 平行高低跨处　　(b) 纵横高低跨处

图 16.37　高低跨处变形缝构造

学习重点

分析与思考:

1. 高低跨处屋面泛水的构造做法及尺寸。
2. 了解屋面变形缝可能遇到的种类。
3. 画出屋面纵向变形缝及高低跨处变形缝构造。

2. 波形瓦（板）防水屋面

波形瓦防水屋面按材料可分为石棉水泥瓦、镀锌铁皮波瓦和压型钢板三种。

1）石棉水泥瓦屋面

石棉水泥瓦的优点是厚度薄，重量轻，施工简便。缺点是易脆裂，耐久性及保温、隔热性差，所以在高温、高湿、振动较大、积尘较多、屋面穿管较多的车间，以及炎热地区厂房高度较小的冷加工车间不宜采用。它主要应用在一些仓库及对室内温度状况要求不高的厂房中。

石棉水泥瓦的规格有大波瓦、中波瓦和小波瓦三种。在厂房中常采用大波瓦。其规格为2800mm（长）×994mm（宽）×8mm（厚）。

石棉水泥瓦直接铺设在檩条上，檩条间距应与石棉瓦的规格相适应，一般是一块瓦跨三根檩条。在四块瓦的搭接处会出现瓦角相叠现象，这样会导致瓦面翘起，故在相邻四块瓦的搭接处，应随盖瓦方向的不同，事先将斜对瓦片进行割角，对角缝隙不宜大于5mm，如图16.38所示。石棉水泥瓦的铺设也可采用不割角的方法，但应将上下两排瓦的长边搭接缝错开一个波，小波瓦错开两个波。

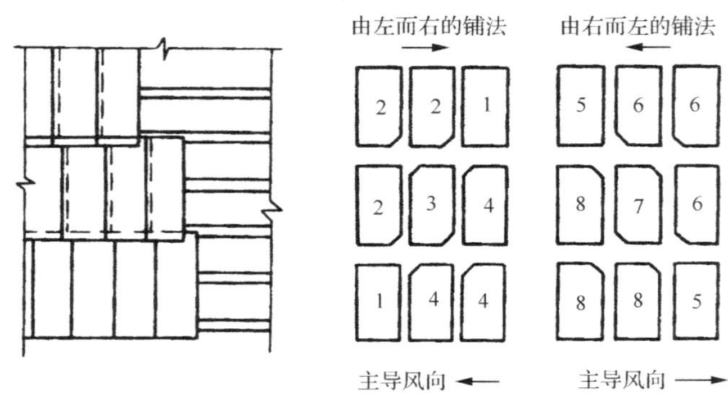

图16.38　石棉水泥瓦屋面铺钉示意

所以，大波瓦檩条的最大间距为1300mm，中波瓦为1100mm，小波瓦为900mm。檩条有木檩条、钢筋混凝土檩条、钢檩条及轻钢檩条等。厂房中采用较多的是钢筋混凝土檩条。

石棉水泥波瓦性脆，对温湿度收缩及振动的适应力差，所以与檩条固定既要牢固，又不能太紧，要允许它有变位的余地。其做法是用挂钩保证固定，用卡钩保证变位，同时挂钩也是柔性连接，允许小量位移。为了不限制石棉水泥波瓦的变位，一块瓦上挂钩数量不超过二个，挂钩的位置应设在石棉水泥波瓦的波峰上，以免漏水，并应预先钻孔，孔径较挂钩直径大2～3mm，以利变形和安装。挂钩不应拧得太紧，以垫圈稍能转动为度。镀锌卡钩可消除钻孔、漏雨等缺点，瓦材的伸缩性也较好，但不如挂钩连接牢固，因此，除檐口、屋脊等部位外，其余最好用卡钩与檩条连接。

石棉水泥波瓦横向间的搭接为一个半波，并且搭接方向宜顺主导风向，以防风、防漏和保证瓦的稳定。瓦的上下搭接长度应不小于200mm。在檐口处其挑出长度应不大于300mm。

2）镀锌铁皮波瓦屋面

这种屋面材质轻，抗震性能好，在高烈度震区应用比大型屋面板优越，一般适合高温工业厂房和仓库。但由于这种材料造价比石棉水泥瓦高，维修费用大，过去用量不大，但目前用量增加。

镀锌铁皮波瓦的横向搭接一般为一个波，上下搭接和固定铁件，以及固定方法基本与石棉水泥波瓦相同，但其与檩条连接较石棉水泥波瓦紧密。屋面坡度比石棉水泥波瓦屋面小，一般为1/7。

此外，尚有钢丝网水泥波瓦以及可同时采光的玻璃钢波瓦等。

3）压型钢板屋面

压型钢板分为单层板、多层复合板、金属夹芯板等。板的表面一般带有彩色涂层。西方国家在20世纪30年代后期，在瓦垄铁生产的基础上，开始探索提高压型钢板的刚度，增加其承载能力和耐锈蚀的性能，板型不断更新，品种也不断增多。20世纪60年代以来各国对压型钢板的轧制工艺和镀锌防腐喷涂工艺进行了不断改进和革新，从单纯镀锌和涂层，发展为多涂层的压型钢板及金属夹心板，产品规格也由短板发展为长板。其特点是施工速度快，重量轻，表面带有彩色涂层，防锈、耐腐、美观，根据需要也可设置保温、隔热及防结露层等，适应性较强，如图16.39所示。

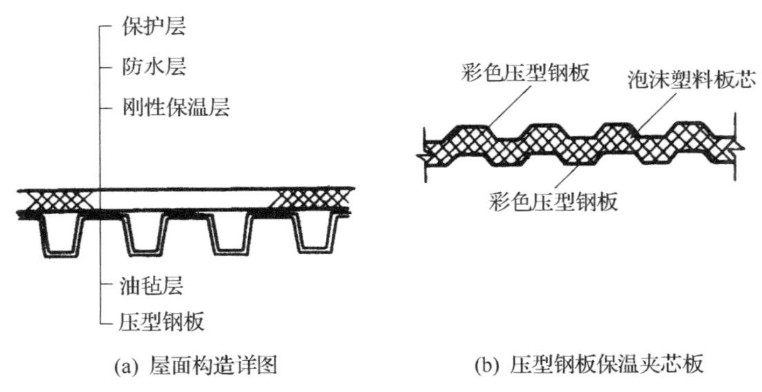

(a) 屋面构造详图　　(b) 压型钢板保温夹芯板

图16.39　压型钢板保温屋面构造

目前我国各地的工业建筑中，均有采用各种板型压型钢板的屋面以及墙面，表面可以根据不同要求涂成需要的彩色，其艺术效果异常鲜明。图16.40为单层W550型彩色压型钢板构造示例。

3. 钢筋混凝土构件自防水屋面

钢筋混凝土构件自防水屋面，是利用钢筋混凝土板本身的密实性，对板缝进行局部防水处理而形成防水的屋面。

优点：比卷材防水屋面轻，相应地也减轻了各种结构构件的自重，从而节省了钢材和混凝土的用量，可降低屋顶造价，施工方便，维修也容易。

学习重点

重点关注：

1. 设计波形瓦防水屋面的构造做法。

分析与思考：

1. 波形瓦（板）防水屋面的种类。
2. 了解石棉水泥瓦的铺设方法。
3. 画出石棉水泥瓦的搭接构造做法。
4. 镀锌波形瓦的应用。
5. 了解压型钢板的铺设方法。
6. 压型钢板瓦的应用。
7. 了解压型钢板的构造。

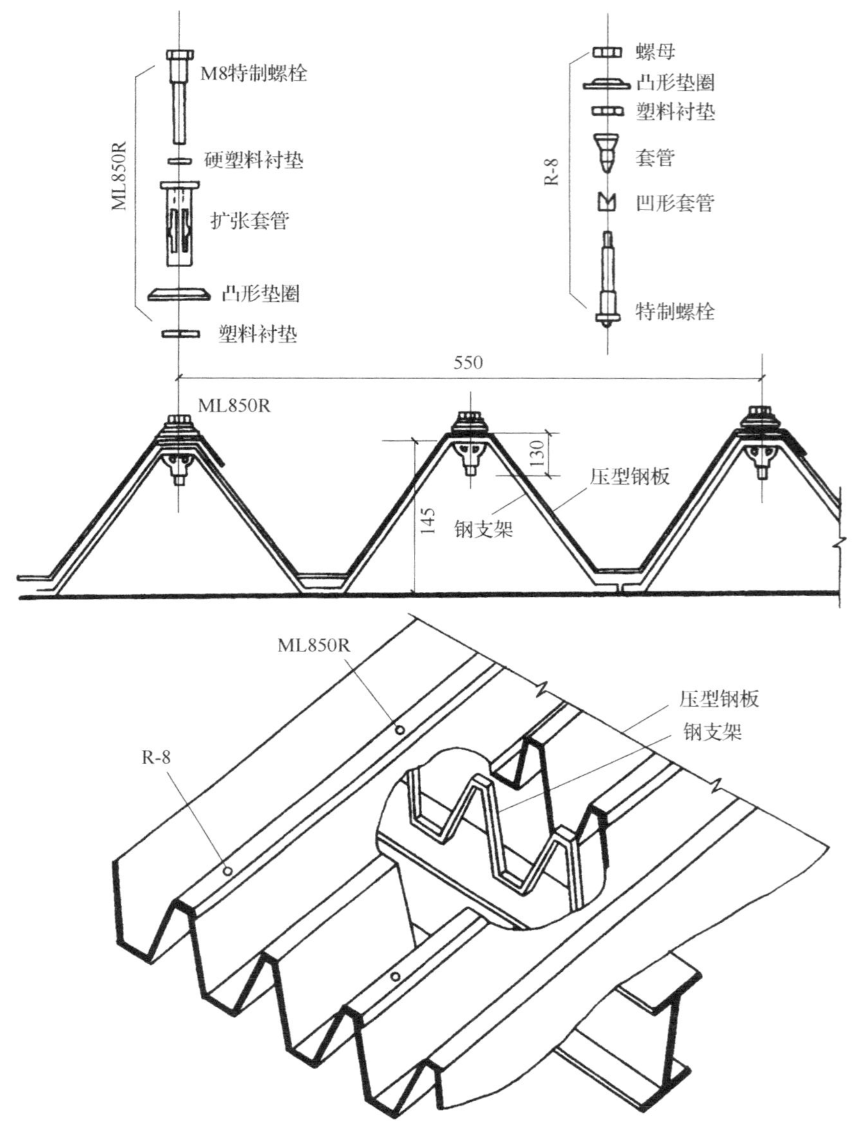

图 16.40　W 型压型钢板瓦构造示例

缺点：板面容易出现后期裂缝而引起渗漏。克服这种缺点的措施是提高施工质量，控制混凝土的水灰比，增强混凝土的密实度，从而增加混凝土的抗震性和抗渗性；改善设计与构造处理，使屋面板的厚度除满足强度要求外，还需要有一个适当的构造厚度；在构件表面涂以涂料（如乳化沥青），减少干湿交替的作用，也是减缓混凝土碳化的重要措施。由于构件自防水屋面保温效果不好，所以我国北方地区用量较少。

根据板缝采取防水措施的不同，钢筋混凝土自防水屋面分为两种形式：即嵌缝、脊带式和搭盖式。

1）嵌缝、脊带式防水

嵌缝式构件自防水屋面是利用大型屋面板作防水构件，板缝嵌油膏防水，如图 16.41

所示。若在上面粘贴一层卷材（玻璃布较好）防水层，则成为脊带式防水，其防水性能较前者为佳，如图 16.42 所示。

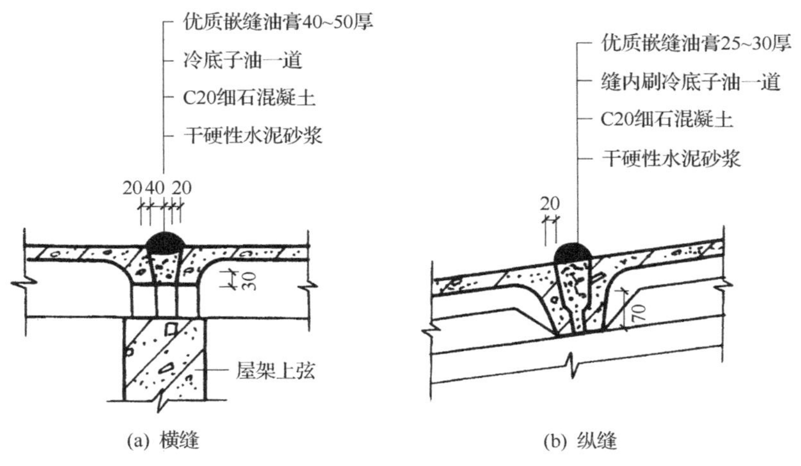

图 16.41　嵌缝式防水构造

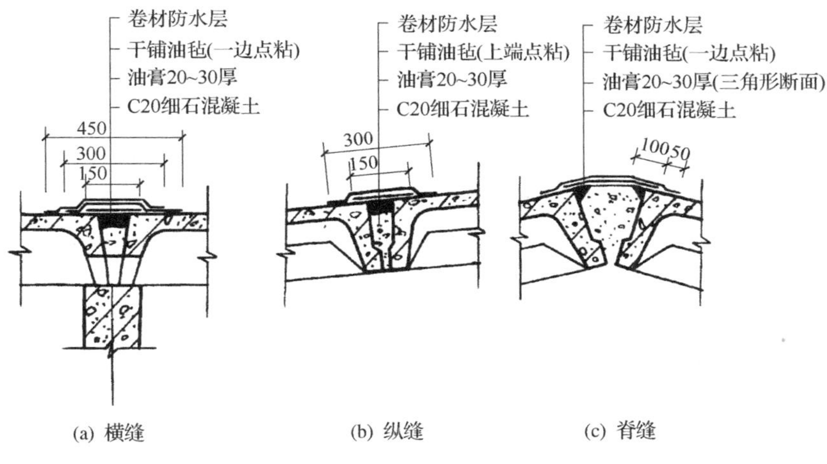

图 16.42　脊带式防水构造

板缝有纵缝、横缝、脊缝三种。其中横缝容易变形，故嵌缝时应特别注意。不论哪种缝，嵌缝前必须将板缝清扫干净，排除水分，嵌缝时要注意油膏打底粘牢，油膏嵌缝饱满无空隙。

另外，嵌缝所用油膏要求质量较高，板面防水质量和耐久性也应很好。

2）搭盖式防水

搭盖式防水构件自防水屋面的构造原则和瓦材相似，即用 F 型屋面板作防水构件，板纵缝上下搭接，横缝和脊缝用盖瓦覆盖，如图 16.43所示。这种屋面安装简便，但板型复杂，不便生产，盖瓦在振动影响下易滑脱，屋面易渗漏。

学习重点

重点关注：

1. 设计钢筋混凝土自防水屋面的构造做法。
2. 设计保温隔热屋面合理的构造做法。

分析与思考：

1. 钢筋混凝土自防水屋面的应用。
2. 钢筋混凝土自防水屋面的类型。
3. 绘制嵌缝式及脊带式防水的构造做法。
4. 搭盖式防水构造做法。
5. 屋面保温材料有哪些。
6. 屋面保温层的位置有几种及各自的应用？绘图说明。
7. 了解隔热屋面的应用情况。

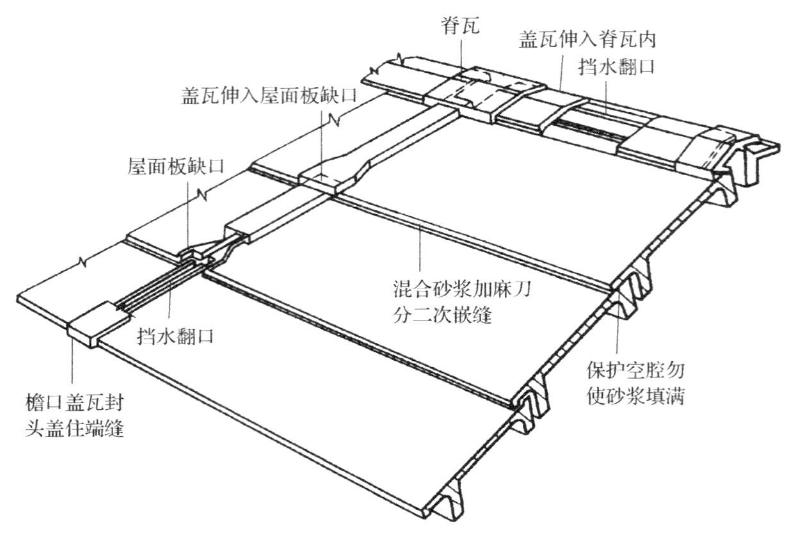

图 16.43　F 形屋面板铺设

16.2.4　屋面保温与隔热

1. 屋面保温

在北方，冬季需要采暖的厂房中，须采取保温措施。其做法是在屋面基层上按热工计算增设一定厚度的保温层。保温层可铺设在屋面板上、屋面板下或夹在屋面板中。

(1) 屋面板上铺保温层的构造做法与民用建筑平屋顶相同，在厂房屋面中也广为采用。

(2) 屋面板下设保温层主要用于构件自防水屋面，其做法可分直接喷涂和吊挂两种。直接喷涂是将散状材料拌和一定量水泥而成的保温材料，如水泥膨胀蛭石等用喷浆机喷涂在屋面板下，喷涂厚度一般为 20～30mm。吊挂固定是将很轻的保温材料，如目前常用的聚苯乙烯泡沫塑料、玻璃棉毡、铝箔等固定，吊挂在屋面板下面。以上两种做法，施工较复杂。

(3) 夹芯保温屋面板具有承重、保温、防水三种功能。优点是能叠层生产，减少高空作业，施工进度快，在我国部分地区有所使用。缺点是不同程度地存在板面、板底裂缝，板较重和温度变化引起的板的起伏变形，以及有冷桥等问题。

在构件厂可将屋面板连同保温层、隔气层、找平层及防水层预制好，可简化屋面工程的施工程序，然后运至现场组装成屋面，接缝处再贴以油毡防水条。可减少现场作业，加快施工进度，保证质量，并可少受气候影响。图 16.44 是保温层设置的几种做法。

2. 屋面隔热

在炎热地区的低矮厂房中，一般应做隔热处理。厂房高度在 9m 以上时，可不考虑隔热处理。其隔热措施同民用建筑一样，主要用加强通风来达到降温的目的。厂房高度在 6～9m 时，还应根据跨度大小来选择：若高度大于跨度的 1/2 时，不需做隔热处理；若高度小于等于跨度的 1/2 时，应做隔热处理。另外有的地区，采用种植屋面、蓄水屋面、反射屋面等隔热措施。这里不再阐述。

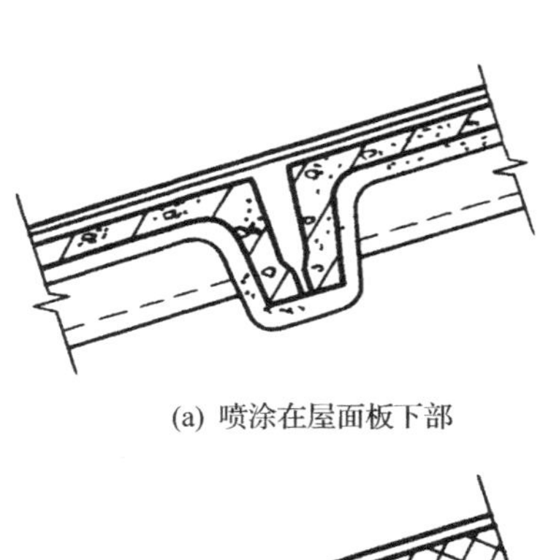

(a) 喷涂在屋面板下部

(b) 贴在屋面板下部

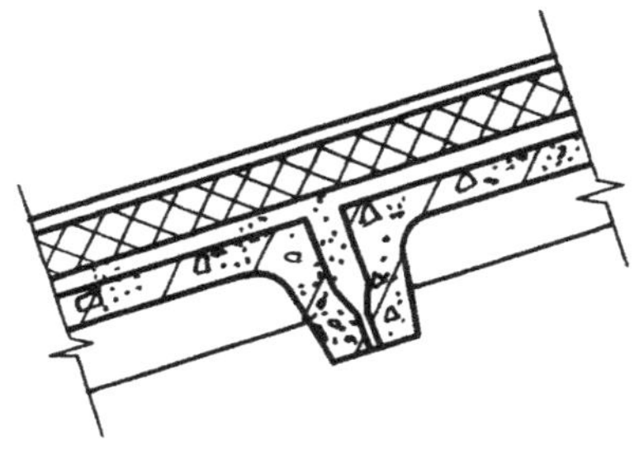

(c) 在屋面板上部

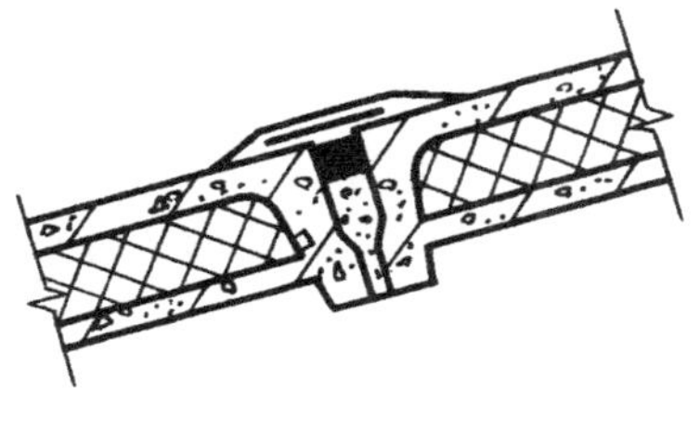

(d) 夹芯屋面板

图 16.44 保温层设置的位置

16.3 单层厂房天窗、侧窗和大门构造

16.3.1 天窗

在大跨度和多跨的单层厂房中，为了满足天然采光和自然通风的要求，常在厂房的屋顶上设置各种类型的天窗。按天窗的作用可分为采光天窗、通风天窗和采光兼通风的天窗；按天窗的形式分，常见的天窗有：矩形天窗、锯齿形天窗、M形天窗、平天窗、下沉式天窗等。

1. 矩形天窗

矩形天窗既可采光又可通风，而且防雨和防太阳辐射均较好。所以在单层厂房中被广泛应用。但矩形天窗的天窗架支承在屋架上弦，增加了房屋的荷载，增大了建筑物的体积和高度。

矩形天窗主要由天窗架、天窗扇、天窗屋面板、天窗侧板及天窗端壁板等组成，如图 16.45 所示。矩形天窗沿厂房纵向布置，在厂房屋面两端和变形缝两侧的第一柱间常不设天窗，一方面可以简化构造，另一方面还可作为屋面检修和消防的通道。在每段天窗的端部应设置上天窗屋面的消防检修梯。

1）天窗架

天窗架是天窗的承重结构，它直接支承在屋架上，天窗架的材料一般与屋架一致，常用的有钢筋混凝土天窗架、钢天窗架。天窗架的宽度根据采光、通风要求一般为厂房跨度的 1/3～1/2。考虑屋面板的尺寸，

学习重点

重点关注：

1. 各种屋面的天窗及其构造做法。

分析与思考：

1. 隔热屋面的构造做法。
2. 简述屋面隔热的种类及各自的应用。
3. 天窗的分类。
4. 矩形天窗组成。
5. 天窗架宽度和高度的确定。

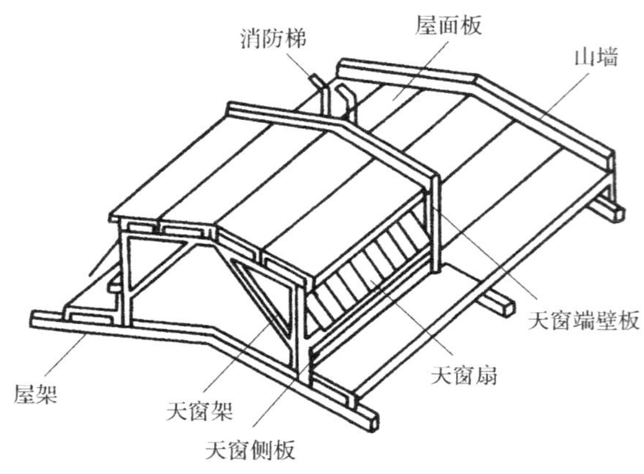

图 16.45　矩形天窗组成

以及尽可能将天窗架支承在屋架的节点上，目前所采用的天窗架宽度为 3m 的倍数。即 6m、9m、12m。天窗架的高度是根据所需天窗扇的排数和每排窗扇的高度来确定，多为天窗架跨度的 0.3～0.5 倍。

钢筋混凝土天窗架有门形、W 形和 Y 形等，如图 16.46 所示。钢天窗架的形式有多压杆式和桁架式，如图 16.47 所示。

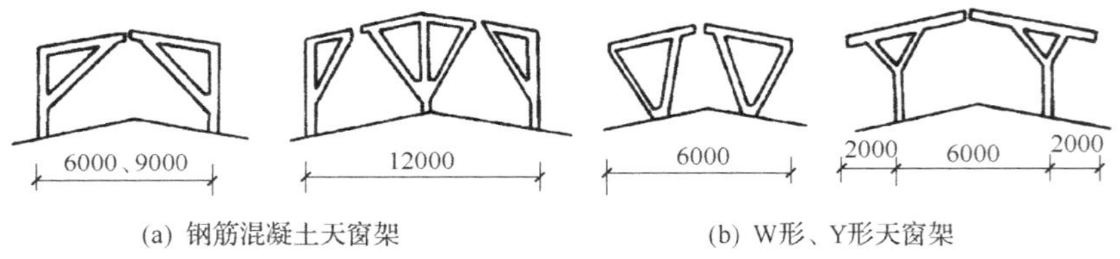

图 16.46　钢筋混凝土天窗架

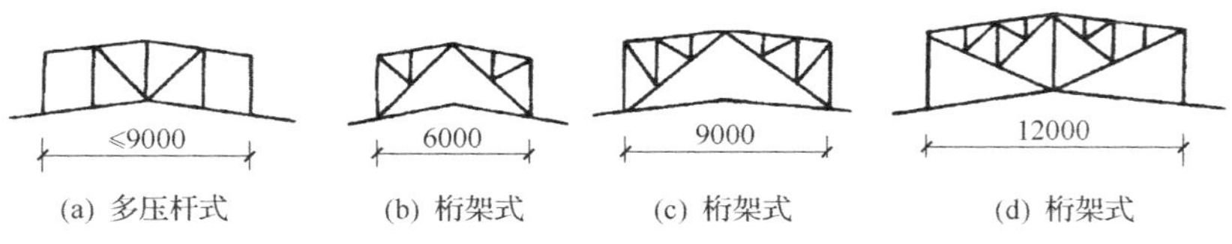

图 16.47　钢天窗架形式

2）天窗端壁

矩形天窗两端的承重围护结构构件称为天窗端壁。通常采用预制钢筋混凝土端壁板，如图 16.48 所示，或钢天窗架石棉瓦端壁板，如图 16.49 所示。

前者用于钢筋混凝土屋架，后者多用于钢屋架。钢筋混凝土端壁板常做成肋形板，并可代替钢筋混凝土天窗架。当天窗架跨度为 6m 时，端壁板由两块预制板拼接，当天窗架跨度为 9m 时，端壁板由三块预制板拼接而成。端壁板及天窗架与屋架的连接均通过预埋铁件焊接。寒冷地区的钢筋混凝土端壁板，当车间需要保温时，应在其内表面加设保温层。一般在天窗架内侧挂贴刨花板、聚苯乙烯板等板状保温层。高寒地区还需注意檐口及壁板边缘部位保温层的严密，避免热桥。

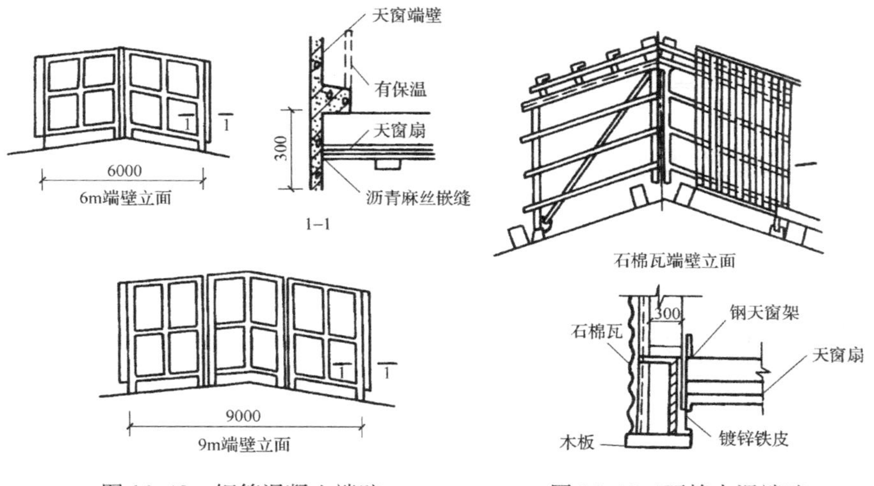

图 16.48　钢筋混凝土端壁　　　　图 16.49　石棉水泥端壁

3）天窗扇

天窗扇采用钢材、木材、塑料等材料制作。钢天窗扇具有耐久、耐高温、重量轻、挡光少、使用过程中不易变形、关闭严密等优点。因此，钢天窗扇被广泛采用。钢天窗扇的开启方式有上悬式和中悬式两种。上悬式钢天窗最大开启角度为 45°，所以通风效果差，但防雨性能较好。中悬式钢天窗扇开启角度可达 60°～80°，所以通风性能好，但防水较差。

(1) 上悬式钢天窗扇。

我国 J815 定型上悬钢天窗扇的高度有三种：900mm、1200mm、1500mm（标志尺寸），根据需要可以组合成不同高度的天窗。上悬钢天窗扇可布置成通长和分段两种。通长天窗扇，如图 16.50(a)所示，它由两个端部固定窗扇和若干个中间开启窗扇连接而成。分段天窗扇，如图 16.50(b)所示，它是在每一个柱距内设置天窗扇，其特点是开启及关闭灵活，但窗扇用钢量较多。图 16.50(c)为上悬式钢天窗设计示例。

无论是通长天窗扇，还是分段天窗扇，其开启扇之间均设固定扇，该固定扇起窗框的作用，防雨要求较高的厂房应在固定扇的后侧设置倾斜的挡雨扇，以防止从开启扇两侧飘入雨水，如图 16.50 中大样①和②所示。

上悬钢天窗扇的构造如图 16.50 中①～⑦大样图，它是由上梃、下梃、边梃、窗芯盖缝板及玻璃组成。在钢筋混凝土天窗架上部预埋铁板，用短角钢与预埋铁板焊接，再将通长角钢L100×8 焊接在短角钢上，用螺栓将弯铁固定在通长角钢L100×8 上，而上悬钢天窗扇的槽钢上梃则悬挂在弯铁上。窗扇的下梃为异形断面的型钢，天窗扇关闭时，下梃位于横档或侧板外缘以利排水。为控制天窗开启角度，在边梃及窗芯的上方设止动板。

学习重点

分析与思考：

1. 天窗端壁的做法。
2. 天窗端壁及天窗架与屋架如何连接？
3. 天窗扇优先选用哪种材料制作？
4. 上悬式钢天窗的种类。
5. 上悬式钢天窗扇的高度。
6. 中悬式钢天窗的组成。
7. 了解中悬式钢天窗的构造做法。

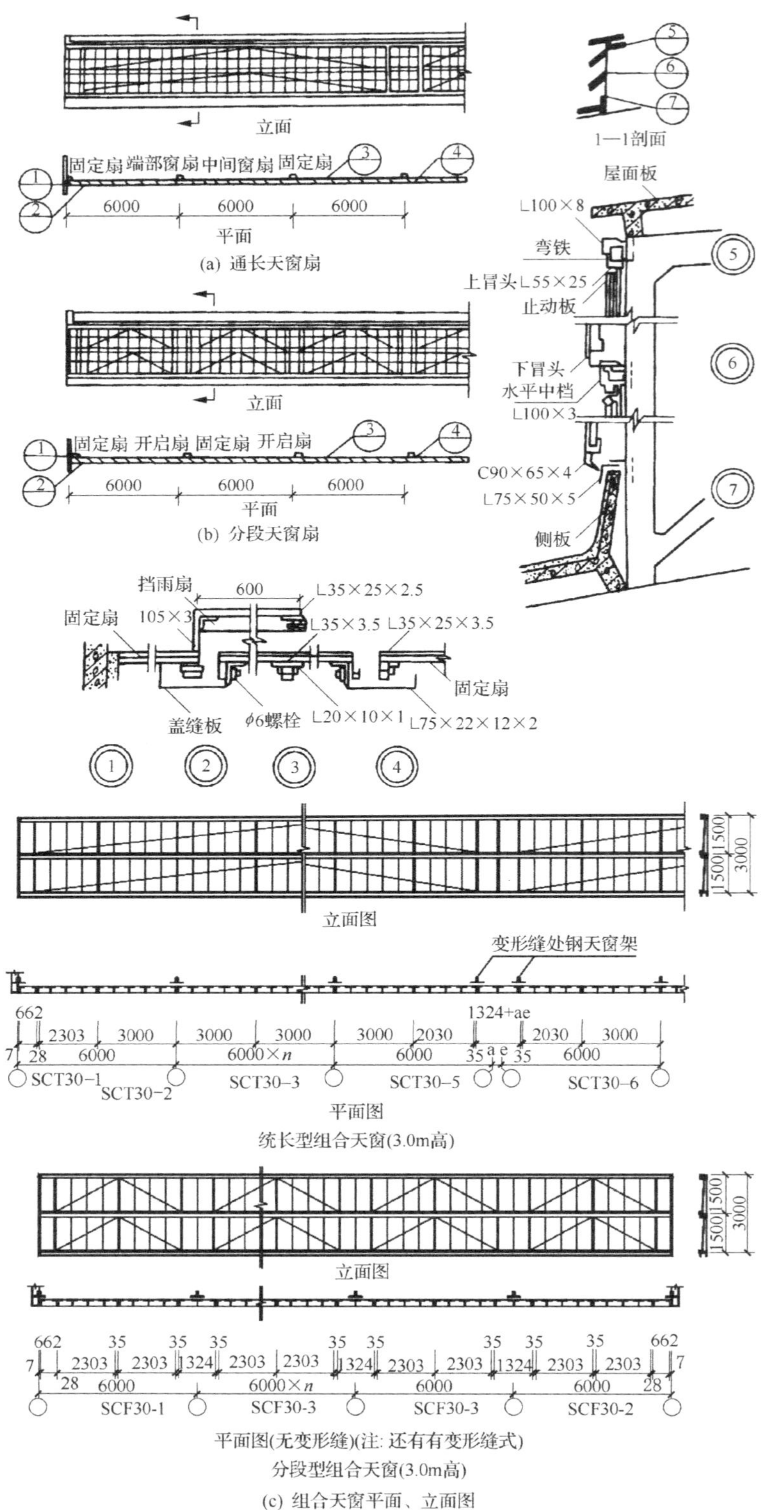

图 16.50　上悬式钢天窗扇

(2) 中悬式钢天窗。

中悬式钢天窗因受天窗架的阻挡和转轴位置的影响，只能分段设置，在一个柱距内设一樘窗扇。我国定型产品中悬式钢天窗扇高有三种：900mm、1200mm 和 1500mm，可以组合成一排、二排、三排等不同高度的中悬式钢天窗扇。窗扇的上梃、下梃及边梃均为角钢，窗芯为⊥型钢，窗扇转轴固定在两侧的竖框上，如图 16.51 所示。

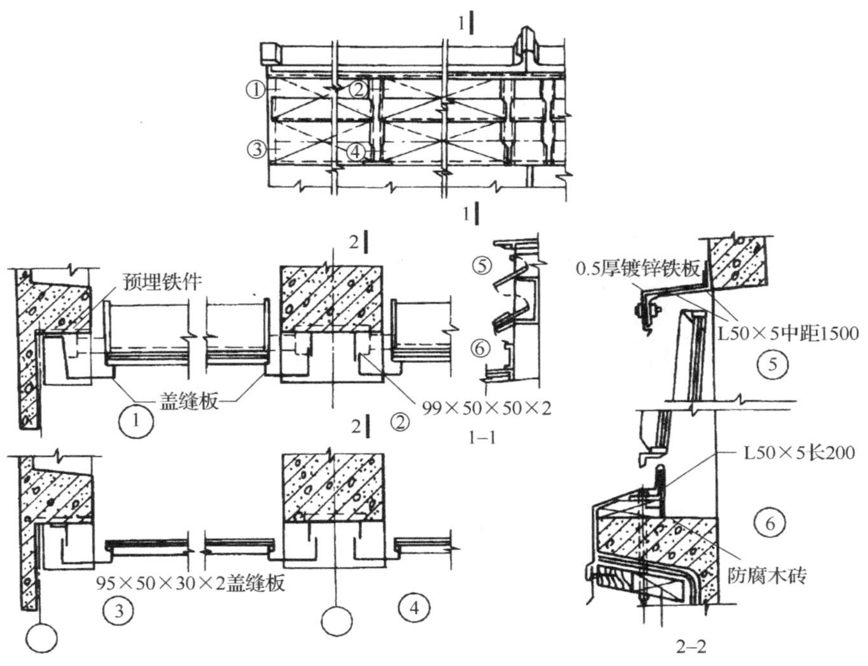

图 16.51　中悬式钢天窗构造

4) 天窗檐口

天窗檐口构造有两类：一是带挑檐的屋面板，无组织排水的挑檐出挑长度一般为 500mm，若采用上悬式天窗扇，因防雨较好，故出挑长度可小于 500mm，若采用中悬式钢天窗时，因防雨较差，其出挑长度可大于 500mm，如图 16.52(a)所示。二是设檐沟板，有组织排水可采用带檐沟屋面板，如图 16.52(b)所示。或者在钢筋混凝土天窗架端部预埋铁件焊接钢牛腿，支承天沟，如图 16.52(c)所示。

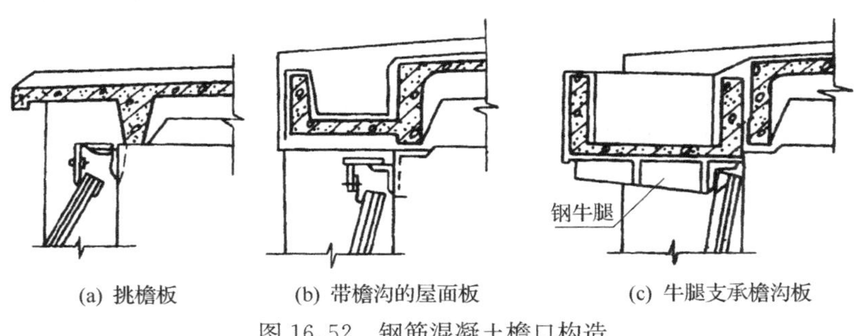

图 16.52　钢筋混凝土檐口构造

学习重点

分析与思考：
1. 天窗侧板的构造做法。
2. 天窗檐口的构造种类。

5）天窗侧板

在天窗扇下部需设置天窗侧板，侧板的作用是防止雨水溅入车间及防止因屋面积雪挡住天窗扇。从屋面到侧板上缘的距离，一般为 300mm，积雪较深的地区，可采用 500mm。侧板的形式应与屋面板构造相适应，如图 16.53 所示。采用钢筋混凝土门字形天窗架、钢筋混凝土大型屋面板时，侧板采用长度与天窗架间距相同的钢筋混凝土槽板，它与天窗架的连接方法是在天窗架下端相应位置预埋铁件，然后用短角钢焊接，将槽板置于角钢上，再将槽板的预埋件与角钢焊接，如图 16.53(a)所示。该图所示车间需要保温，所以屋面板及天窗屋面板均设有保温层，侧板也应设保温层。图 16.53(b)是采用钢筋混凝土小板，小板的一端支承在屋面上，另一端靠在天窗框角钢下档的外侧。

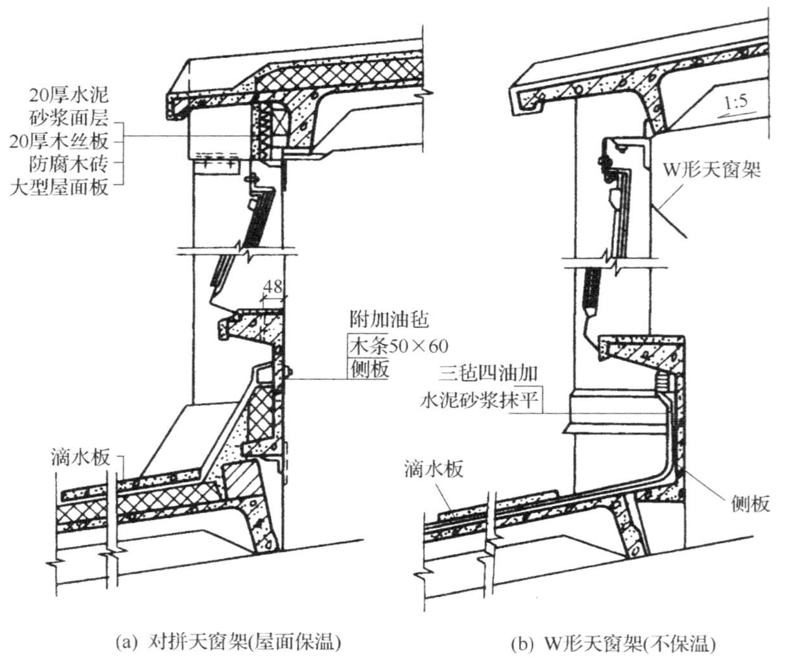

(a) 对拼天窗架(屋面保温)　　(b) W形天窗架(不保温)

图 16.53　钢筋混凝土檐口及侧板

当屋面为有檩体系时，侧板可采用水泥石棉瓦、压型钢板等轻质材料。

2. 矩形通风天窗

矩形通风天窗是在矩形天窗两侧加挡风板构成的，如图 16.54(a)所示，其工程实例如图 16.54(b)所示。

矩形通风天窗挡风板，其高度不宜超过天窗檐口的高度，一般应比檐口稍低，$E=(0.1\sim0.5)h$。挡风板与屋面板之间应留空隙，$D=(50\sim100)$mm，便于排出雨雪和积尘，在多雪的地区不大于 200mm。因为缝隙过大，风从缝隙吹入，产生倒灌风，影响天窗的通风效果。挡风板的端部必须封闭，防止平行或倾斜于天窗纵向吹来的风，影响天窗排气。是否设置中间隔板，由天窗长度、风向和周围环境等因素确定。在挡风板上还应设置供清灰和检修时通行的小门。

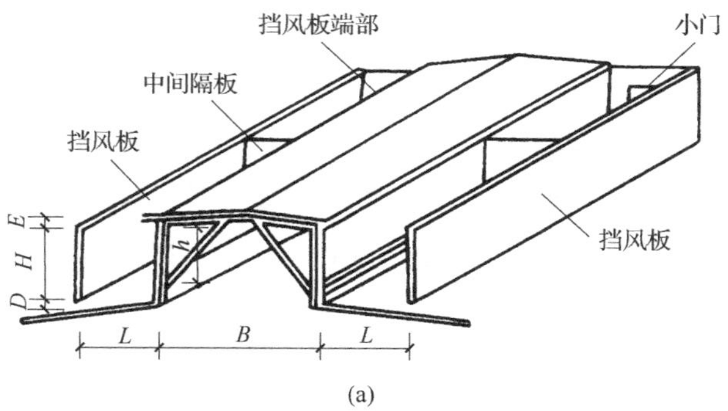

(a)

(b)

图 16.54 矩形通风天窗

学习重点

重点关注：

1. 矩形通风天窗及其构造做法。

分析与思考：

1. 矩形通风天窗的构成。
2. 挡风板的形式及构造。
3. 水平口挡雨片的作用。

1）挡风板的形式及构造

挡风板的形式有立柱（直或斜立柱）式、悬挑式（直或斜悬挑式），如图 16.55 所示。

挡风板由面板和支架两部分组成。面板材料常采用石棉水泥瓦、玻璃钢板、压型钢板等轻质材料。支架的材料主要采用型钢及钢筋混凝土。

立柱式是将立柱支承在屋架上弦的柱墩上，用支撑与天窗连接，结构受力合理，但挡风板与天窗之间的距离受屋面板排列的限制，立柱处防水处理较复杂。悬挑式的支架固定在天窗架上，挡风板与屋面板完全脱开，处理灵活，适用于各种屋面，但增加了天窗架的荷载，抗震不利。

2）水平口挡雨片的构造

水平口挡雨片由挡雨片及其支承部分组成。挡雨片可用石棉水泥瓦、钢丝网水泥、钢筋混凝土、薄钢板等制作。支承部分有组合檩条、型钢支架及钢檩条、钢筋混凝土格架、钢格架等。为了增大挡雨片的透光系数，可采用铅丝玻璃、钢化玻璃、玻璃钢等透光材料。

矩形通风天窗挡雨设施除水平口设挡雨片外，还可采用加大挑檐，垂直口设挡雨板等做法。垂直口设挡雨板的构造与开敞式外墙构造相同。

3. 平天窗

平天窗的类型有采光板、采光罩、采光带及三角形天窗四种类型，如图 16.56(a)～(d)所示。图 16.56(e)为平天窗的采光做法示例。这四种平天窗的共同特点是：采光效率比矩形天窗高 2～3 倍，布置灵活，采光也较均匀，构造简单，施工方便，造价低，易积灰。适用于一般冷加工车间或民用建筑。

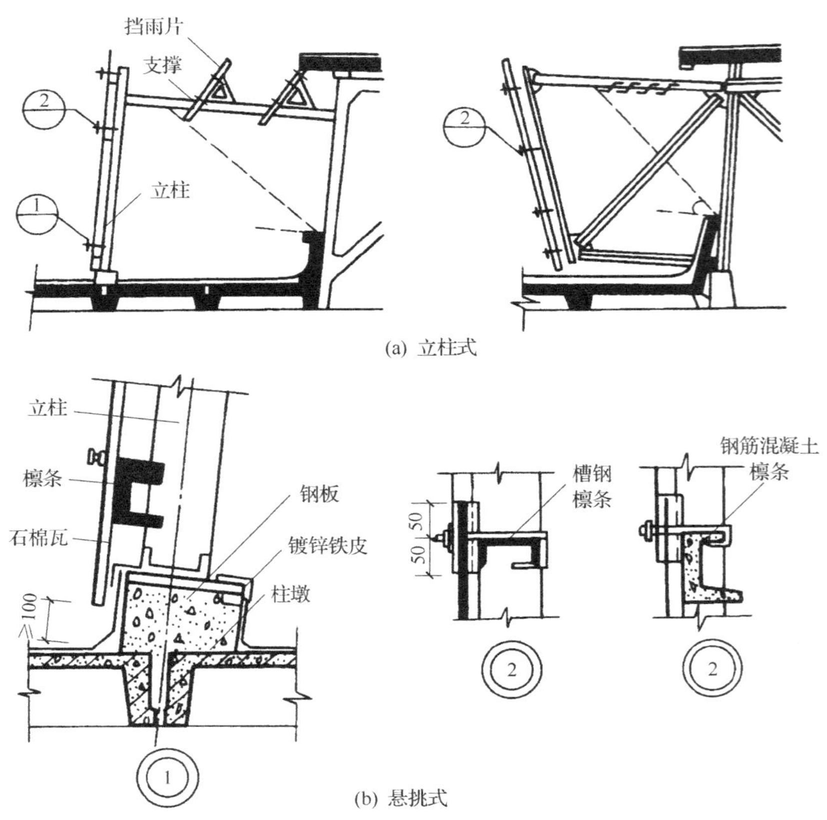

(a) 立柱式

(b) 悬挑式

图 16.55　挡风板的形式和构造

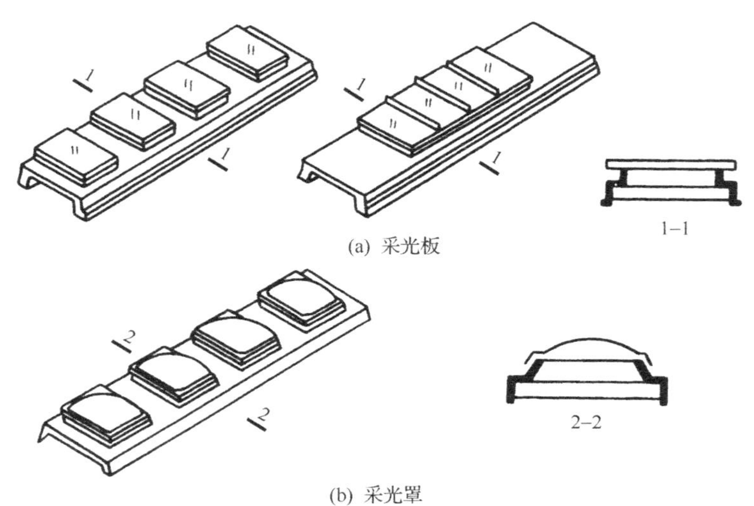

(a) 采光板

(b) 采光罩

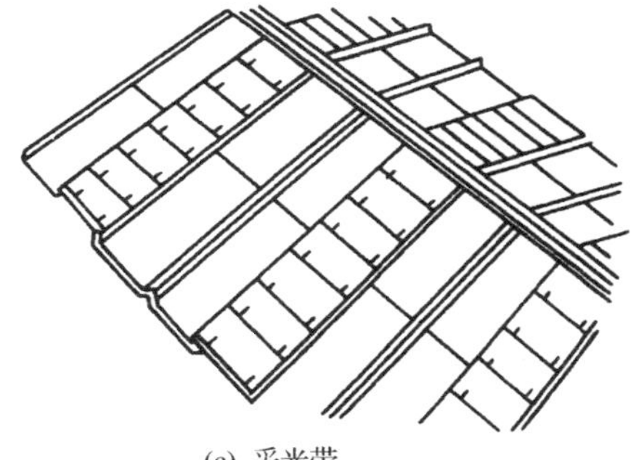

(c) 采光带

(d) 开启式采光板

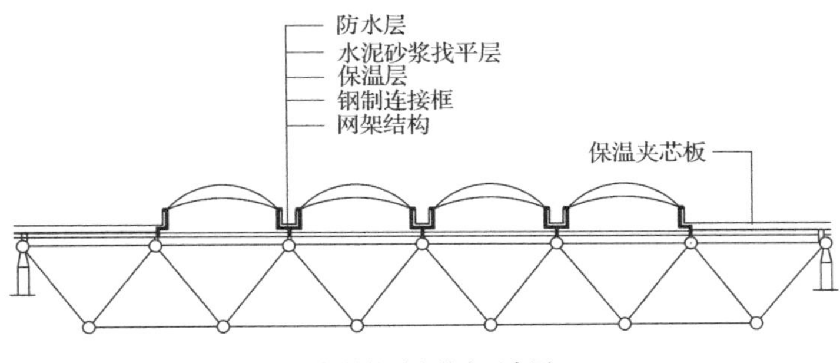

网架结构采光节点示意图

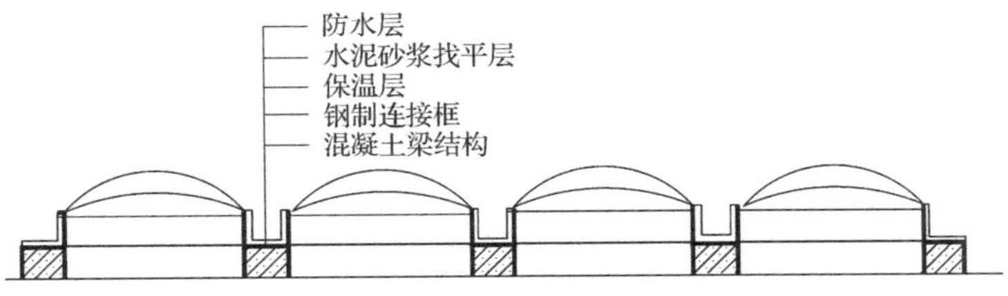

混凝土梁采光节点示意图

(e) 平天窗采光做法示例

图 16.56　平天窗的形式

平天窗类型虽然很多，但其构造要点是基本相同的，即井壁、横档、透光材料的选择，防眩光，安全防护，通风措施等。

学习重点

重点关注：

1. 平天窗及其构造做法。

分析与思考：

1. 平天窗的类型。
2. 平天窗的井壁构造。
3. 平天窗玻璃搭接构造。
4. 了解平天窗玻璃横档的设置及防水措施。
5. 用于平天窗的玻璃种类。

1）井壁构造

平天窗采光口的边框称为井壁。它的材料主要采用钢筋混凝土，一般做法是将井壁与屋面板浇成整体，也可以将两者预制后，再现场焊接填缝。井壁高度一般为150～250mm，且应大于积雪深度。

（1）整浇井壁。

井壁与屋面板整体制作如图16.57(a)所示，若车间要求保温，应采用双层透光材料，两层材料间所形成的封闭空间层具有保温性能。透光材料与井壁均用油膏黏结。由于室内蒸汽及上层透光材料内表面温度达到露点产生凝结水时，凝结水可流向排水沟，再排至屋面。透光材料容易下滑，可将金属卡钩用木螺钉固定于井壁内的预埋木块上，卡住透光材料。非保温整体井壁只需设单层透光材料。

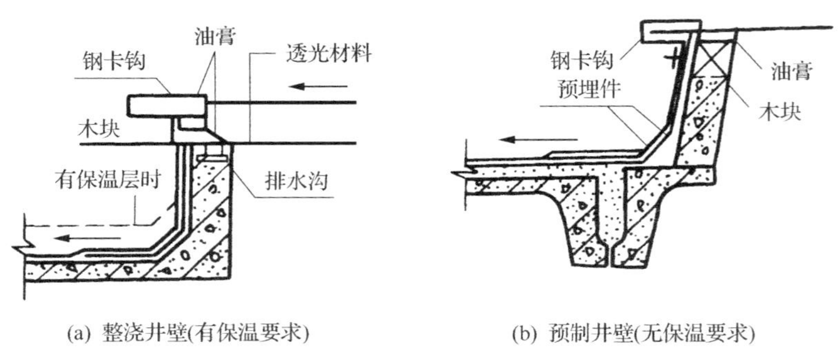

(a) 整浇井壁(有保温要求)　(b) 预制井壁(无保温要求)

图16.57　井壁构造

（2）预制井壁。

将预制屋面板与预制井壁的预埋铁件焊接成整体，透光材料与井壁用油膏黏结，金属卡钩固定于井壁的预埋木块上，再安设透光材料，如图16.57(b)所示。由于未设排水沟，适用于不产生凝结水的厂房。若透光材料下表面会产生凝结水，则井壁应设排水沟。

玻璃与井壁之间的缝隙和玻璃的搭接部位容易渗漏雨水，是平天窗防水的重要部位。玻璃与井壁之间的缝隙，宜采用聚氯乙烯胶泥或建筑油膏等弹性好、不易干裂的材料垫缝。采光板用卡钩固定玻璃，并将卡钩通过螺钉固定在井壁的预埋木砖上。

2）玻璃搭接构造

平天窗的透光材料主要采用玻璃，当平天窗排水方向的玻璃采用两块或两块以上时，两块玻璃之间必须搭接，搭接长度不小于100mm。搭接的方法有：卡钩不封口搭接、水泥砂浆封口搭接、塑料管封口搭接和油膏或油灰封口搭接等四种，如图16.58所示。

平天窗玻璃沿厂房纵向为两块或两块以上时，应设横档。横档起支承和固定玻璃的作用，玻璃与横档的结合及填缝均用油膏，采用双层玻璃以增大热阻。

3）防辐射和眩光

平天窗受阳光直射的强度高、时间长。平天窗的透光材料主要是玻璃，如压花夹丝玻璃、钢化玻璃，此种玻璃破碎后，碎片不会坠落伤人。当采用磨砂玻璃、乳白玻璃、压花玻璃、吸热玻璃时，应在其下设金属安全网。如采用磨砂玻璃、乳白玻璃，本身就可以避免眩光，不需另加防眩光措施。若采用普通平板玻璃，应避免直射阳光产生眩光

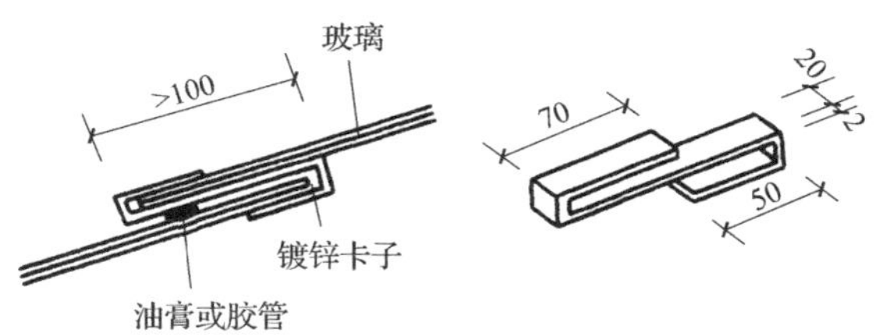

图 16.58　上下玻璃搭接构造

及辐射热。其措施有：在平板玻璃下表面刷白色调合漆、涂聚乙烯醇缩丁醛（简称 PVB）粘贴玻璃丝布、刷含 5%滑石粉的环氧树脂，或者在平板玻璃下方设遮阳格片。以上四种措施均可使室外的直射阳光成为散射光。

4）通风措施

平天窗的作用主要是采光，若需兼作自然通风时，有以下几种方式：

(1) 单独设置通风屋脊，平天窗只作采光用，如图 16.59(a)所示。

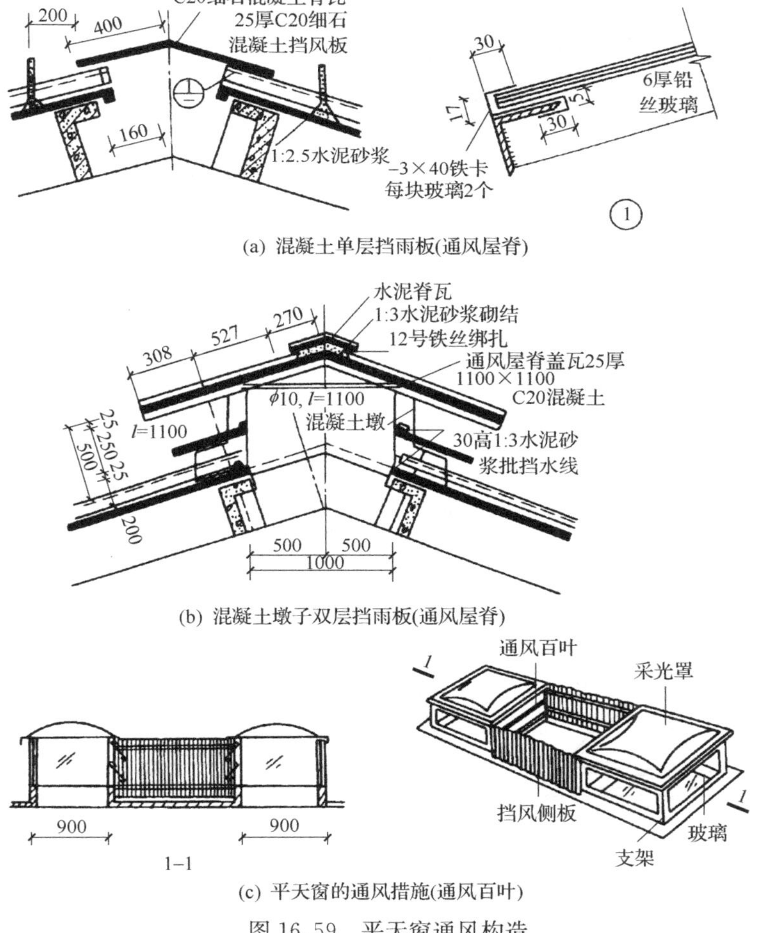

(a) 混凝土单层挡雨板(通风屋脊)

(b) 混凝土墩子双层挡雨板(通风屋脊)

(c) 平天窗的通风措施(通风百叶)

图 16.59　平天窗通风构造

学习重点

分析与思考：

1. 若采用普通平板玻璃，避免直射阳光产生眩光及辐射热的措施。
2. 平天窗的通风措施。

(2) 采光板或采光罩的玻璃扇可用做成能开启和关闭的形式，如图 16.59(b)所示。

(3) 带通风百页的采光罩，如图 16.59(c)所示。

(4) 组合式通风采光罩，它是在两个采光罩之间设挡风板，两个采光罩之间的垂直口是开敞的，并设有挡雨板，既可通风，又可防雨。

(5) 三角形天窗设排风口。

4. 井式天窗

井式天窗是下沉式天窗的一种，下沉式天窗是利用屋架上、下弦之间的高差形成的天窗，其形式有横向下沉、纵向下沉及井式天窗。横向、纵向下沉式天窗构造与井式天窗相似。

1) 井式天窗的组成

井式天窗主要由井底板、空格板、挡风侧墙及挡雨设施四部分组成，如图 16.60 所示。井底板的布置方式有两种：横向布置和纵向布置。

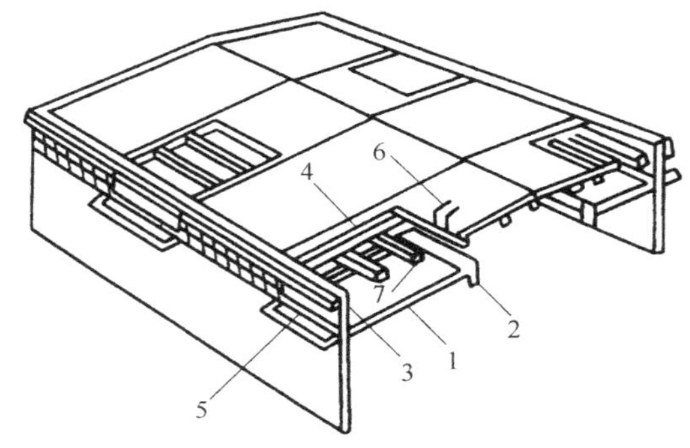

图 16.60　边井式天窗构造组成

1. 井底板；2. 檩条；3. 檐沟；4. 挡雨设施；5. 挡风侧墙；6. 铁梯；7. 空格板

(1) 横向布置。

横向布置是指井底板平行于屋架布置，图 16.61(a)是边井式天窗横剖面图。井底板一端支承在天沟板上，另一端支承在檩条上，檩条搁在两榀屋架的下弦节点上。图 16.61(b)是中井式天窗横剖面图。井式天窗垂直口高度受屋架结构高度的限制，而屋架节点、檩条、井底板及井底板四周的泛水等还占据一部分高度，为了增大垂直口的通风面积，并充分利用屋架上弦与下弦之间的空间，应尽可能地提高垂直口的净高。其方法是采用下卧式檩条，槽形檩条、或 L 形檩条，以尽量降低板的标高，增大净空高度。

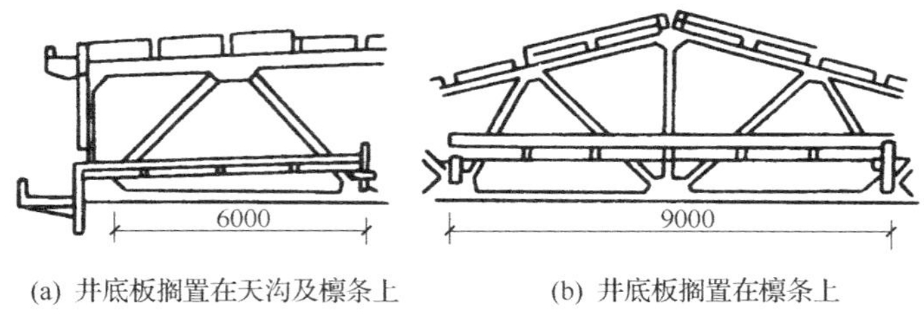

(a) 井底板搁置在天沟及檩条上　　(b) 井底板搁置在檩条上

图 16.61　横向布置

(2) 纵向布置

纵向布置是指井底板垂直于屋架布置，图 16.62(a)是中井式天窗横剖面图，井底板两端支承在两榀屋架的下弦上。由于屋架的垂直腹杆和斜腹杆对搁置标准屋面板有影响，井底板应设计成卡口板或出肋板。

图 16.62(b)是边井式天窗横剖面图，井底板为 F 形断面屋面板，F 板的纵肋支承在两榀屋架下弦节点上。

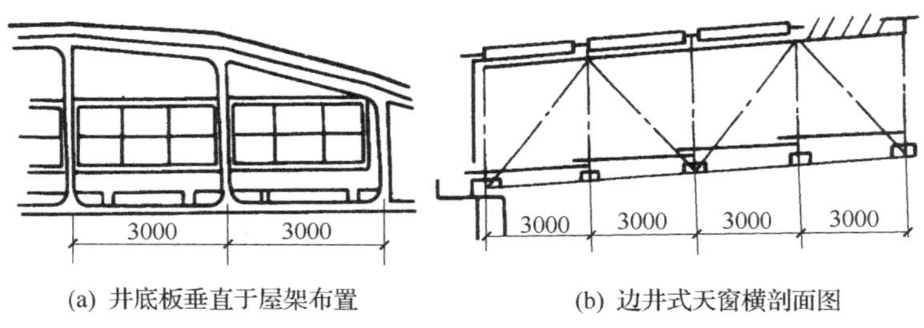

图 16.62 纵向布置

2) 井式天窗挡雨设施

井式天窗的挡雨设施有五种：井口设挑檐、水平口设挡雨片、垂直口设挡雨板、垂直口设窗扇、水平口设窗扇。

(1) 井口设挑檐。

在井口处设挑檐板，遮挡雨水飘入室内，挑檐板的出挑长度应满足设计飘雨角 α 的要求。图 16.63 是井式天窗水平口设挑檐板，在 1—1 剖面中，沿厂房纵向布置的屋面板带挑檐，在 2—2 剖面中增设屋面板，起挑檐板的作用。这种方法构造简单，吊装方便，但屋面刚度较差。

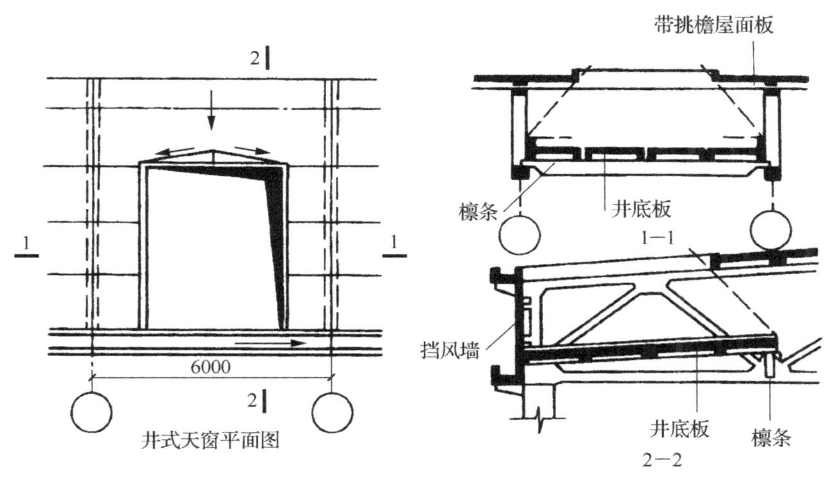

图 16.63 带挑檐屋面板

井口设挑檐板的主要缺点是挑檐遮挡了光线及阻碍通风，故较适用于柱距为 9m、12m 及纵向下沉式天窗。

学习重点

重点关注：

1. 井式天窗及其构造做法。

分析与思考：

1. 井式天窗的种类。
2. 井底板的布置方式。
3. 增大垂直口通风面积的措施。
4. 井式天窗的挡雨设施种类。
5. 水平口设挡雨片的优缺点。

（2）水平口设挡雨片。

为了使井口获得较多的采光通风面积，而在水平口设置搁在空格板上的挡雨片。空格板由纵肋和端部横肋板组成，板长 6m、板宽 1.5m。挡雨片固定在空格板的纵肋上。挡雨片的材料常采用石棉水泥瓦、钢丝网水泥板、钢板、玻璃瓦等。其尺寸、间距、数量及水平夹角均按设计飘雨角确定。

水平口设挡雨片，采光及通风较好，吊装方便。同时由于设置空格板使屋顶纵向刚度增强，但钢筋混凝土用量较多。

（3）垂直口设挡雨板。

在垂直口设挡雨板，既便于通风，又能防雨。挡雨板的尺寸及层数应满足设计飘雨角的要求。其构造常采用型钢支架上挂石棉瓦或预制钢筋混凝土板。

（4）垂直口设窗扇。

沿厂房纵向的垂直口呈矩形，窗扇开启方式可以采用上悬式或中悬式。横向垂直口有屋架腹杆的阻挡，且受屋架坡度的影响，呈倾斜状，窗扇只可用上悬式。在此处设置窗扇有两种形式：平行四边形窗扇［见图 16.64(a)］和矩形窗扇［见图 16.64(b)］。前者制作麻烦，玻璃损耗大。后者可选用标准窗，窗扇两端空隙用板材封闭。由于窗扇沿屋架坡度设置，开启时窗扇受扭，耐久性较差。

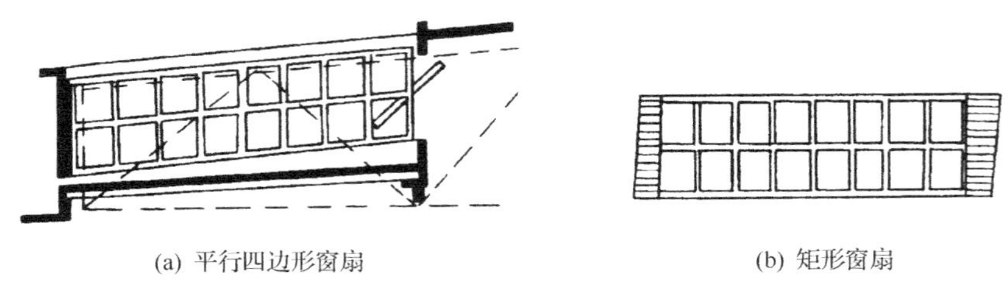

(a) 平行四边形窗扇　　(b) 矩形窗扇

图 16.64　横向垂直口窗扇形式

（5）水平口设窗扇。

水平口设置的窗扇有两种形式，一种是中悬式，窗扇支承在空格板或檩条上，开启角度可任意调整；另一种是推拉式，窗扇两侧装滑轮，窗扇沿水平口两边的导轨开启和关闭，因使用不便，较少采用。

3）边井式天窗外排水

在井式天窗的屋架上弦及下弦铺设屋面板时，既要考虑上弦部位的屋面排水，又要考虑下弦部位的屋面排水，因此，排水设计比较复杂。设计时应根据井式天窗的位置、厂房高度、车间内部产生灰尘量的多少以及年降雨量和暴雨量的大小等因素，选择排水方式。边井式天窗排水方式有下列三种：

（1）无组织外排水。

上层屋面及下层井底板屋面的雨水均为自由落水，如图 16.65(a)所示。这种排水方式构造简单，施工方便，适用于年降雨量较小和高度不高的厂房。

（2）单层天沟外排水。

上层屋面为通长天沟的有组织排水，下层井底板为自由落水，如图 16.65(b)所示。它适用于年降雨量较大、灰尘较少的厂房。另一种做法是上层屋面为自由落水，下层井底板为通长天沟的有组织排水。通长天沟可兼作清扫灰尘的走道，此时通长天沟应设栏杆。它适用于年降雨量较大，灰尘量较多的厂房，如图 16.65(c)所示。

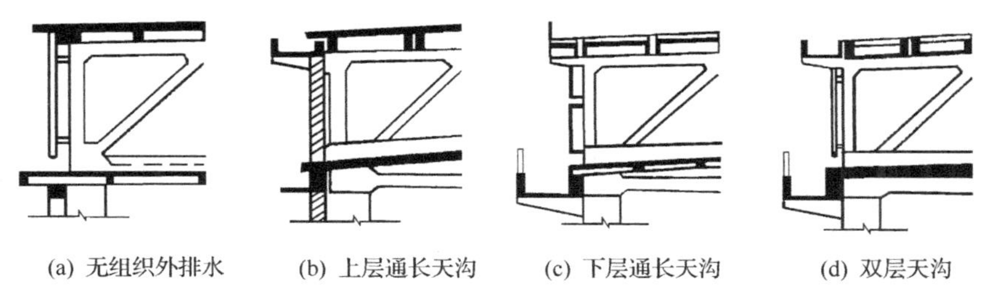

(a) 无组织外排水　(b) 上层通长天沟　(c) 下层通长天沟　(d) 双层天沟

图 16.65　边井式天窗外排水

(3) 双层天沟外排水。

上层屋面设通长天沟或间断天沟，下层井底板设置通长天沟，如图 16.65(d)所示。它适用于年降雨量大及灰尘多的厂房。

16.3.2　侧窗和大门

1. 侧窗

在工业建筑中，侧窗不仅要满足采光和通风的要求，还要根据生产工艺的特点，满足其他特殊要求。例如有爆炸危险的车间，侧窗应便于泄压；要求恒温的车间，侧窗应有足够的保温隔热性能；洁净车间要求侧窗防尘和密闭等。而且工业建筑侧窗面积较大，如果处理不当，容易产生变形损坏和开关不便，不但给生产带来不良影响，还会增加维修费用，因此在进行侧窗构造设计时，应在坚固耐久、开关方便的前提下，节省材料，降低造价。

为节省材料和造价，工业建筑侧窗一般情况下采用单层窗，只有在严寒地区的采暖车间，室内外计算温差大于 35℃时，在 4m 以下高度范围或对生产有特殊要求的车间（如恒温、恒湿、洁净车间），才部分或全部采用双层窗，或双层玻璃窗。双层窗冬季保温，夏季隔热，而且防尘密闭性能均较好，但造价高，施工复杂。

1) 侧窗的材料种类

工业建筑侧窗材料有木侧窗、钢侧窗及塑料窗，木侧窗、塑料窗的构造与民用建筑中的构造基本相同。由于钢侧窗具有坚固耐久、防火、耐湿、关闭相对的紧密、遮光少等优点，是目前工业建筑侧窗大量采用的主要原因。钢侧窗分为实腹和空腹薄壁钢窗两种。

工业厂房钢侧窗多采用 32mm 厚的标准钢窗型钢，它适用于中悬窗、固定窗和平开窗。洞口尺寸以 300mm 为模数。为便于运输和制作，基本钢窗扇的高度为：固定窗及中悬窗带固定窗不大于 2.4m；平开窗带固定窗不大于 2.1m，宽度不大于 1.8m。一樘较大面积的钢侧窗由数个基本窗拼接而成，其拼接方式主要由中竖梃和中横档构成，拼接方法与民用

学习重点

重点关注：

1. 侧窗及其构造做法。

分析与思考：

1. 边井式天窗外排水种类。
2. 了解各种挡雨设施的构造做法。
3. 侧窗的作用。
4. 侧窗的层数选择。
5. 适合做侧窗的材料特点。
6. 侧窗常见的开关方式。
7. 侧窗的构造种类及各自特点、适用。

建筑钢侧窗基本相同。考虑侧窗应具有一定的刚度以抵抗风荷载及使用中不易变形等因素，标准组合窗的高度一般不超过4.8m，宽度可达6m。空腹薄壁钢侧窗重量轻，刚度大，外形美观，比实腹钢侧窗省钢材40%～50%。因壁厚仅1.2mm，不宜用于有酸碱介质侵蚀的车间。

2）侧窗的构造种类

按侧窗的开启方式分为中悬窗、平开窗、固定窗和垂直旋转窗。

（1）中悬窗：窗扇沿水平轴转动，开启角度大，有利于泄压，并便于机械开关或绳索手动开关，常用于外墙上部。中悬窗的缺点是构造复杂，开关扇周边的缝隙易漏雨且不利于保温。

（2）平开窗：构造简单，开关方便，通风效果好，并便于组成双层窗。多用于外墙下部，作为通风的进气口。

（3）固定窗：构造简单，节省材料，多设于外墙中部，主要用于采光。对有防尘要求的车间，其侧窗也多做成固定窗。

（4）垂直旋转窗：又称立转窗。窗扇沿垂直轴转动，并可根据不同的风向调节开启角度，通风效果好，多用于热加工车间的外墙下部，作为通风的进气口。

根据厂房和通风的需要，厂房外墙的侧窗一般将悬窗、平开窗、固定窗等组合在一起，如图16.66所示。为了便于安装开关器，侧窗组合时，在同一横向高度内应采用相同的开启方式。

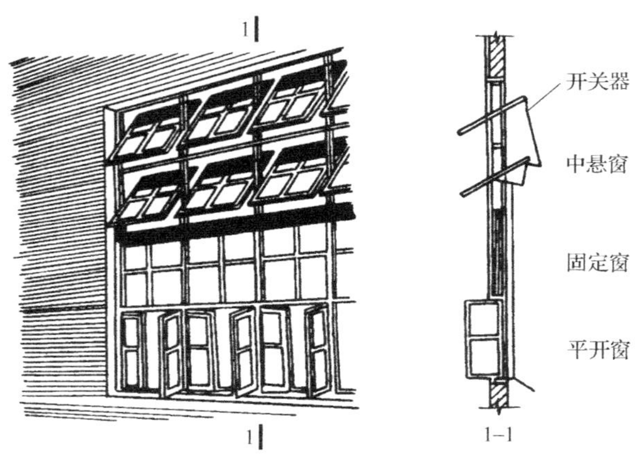

图16.66　侧窗组合示列

2. 大门

工业厂房的大门主要是供日常车辆和人通行，以及紧急情况疏散之用。因此门的尺寸应根据所需运输工具的类型、规格，运输货物的外形并考虑通行方便等因素来确定。一般门的宽度应比满载货物时的车辆宽600～1000mm，高度应高出400～600mm。

一般大门的材料有木、钢木、普通型钢和空腹薄壁钢等几种。门宽1.8m以内时，采用木制的。当门洞尺寸较大时，为了防止门扇变形和节约木材，常采用型钢做骨架的钢木大门或钢板门。高大的门洞采用各种钢门或空腹薄壁钢门。

大门的开启方式有平开、推拉、折叠、升降、上翻、卷帘门等，如图16.67(a)～(f)所示。图16.67(g)所示为厂房大门实例。

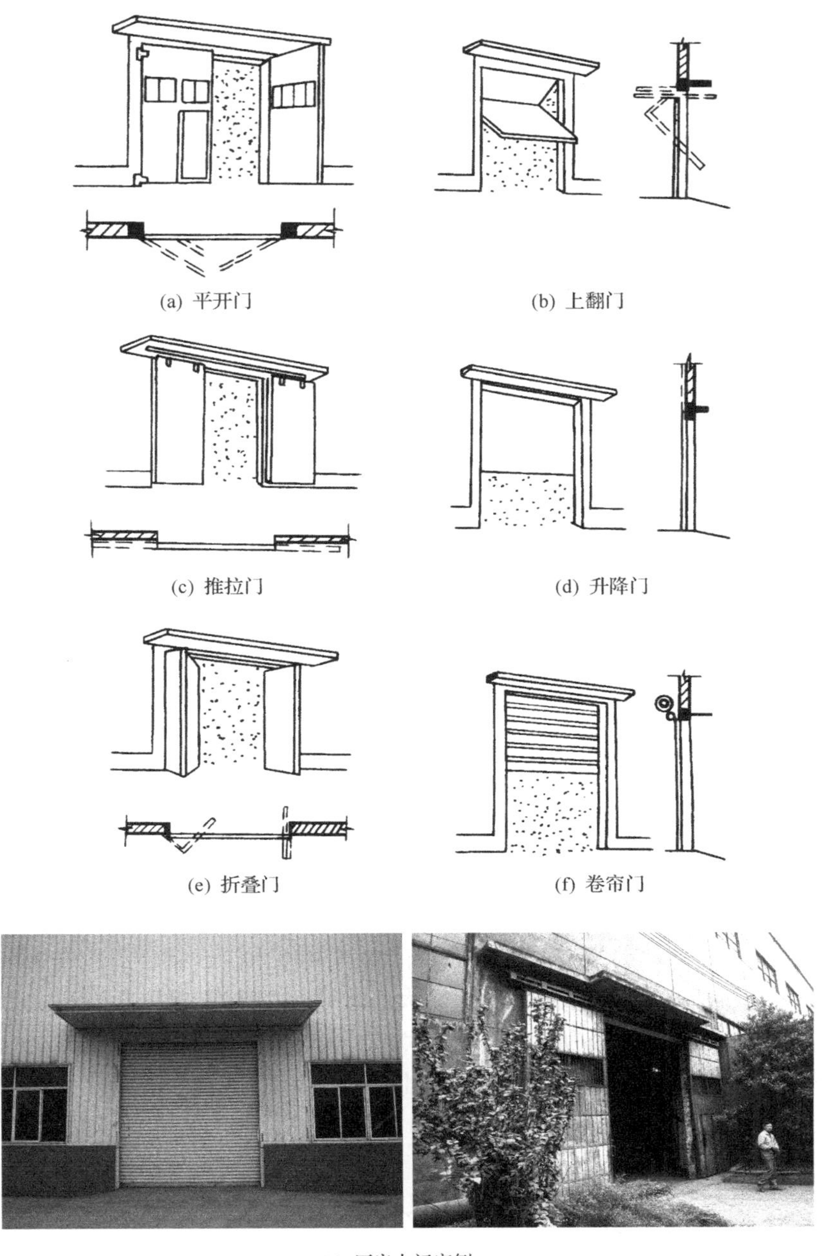
(a) 平开门
(b) 上翻门
(c) 推拉门
(d) 升降门
(e) 折叠门
(f) 卷帘门
(g) 厂房大门实例

图 16.67 大门的开启方式

1）一般大门的构造

（1）平开门。

平开门构造简单，门向外开时，门洞应设雨篷。门向内开虽免受风雨的影响，但占车间面积，也不利于事故疏散，故门扇常向外开。当运输货物不多且大门不需经常开启时，可采用在大门扇上开设供人通行的

学习重点

重点关注：

1. 厂房大门及其构造做法。

分析与思考：

1. 大门的常用尺度及种类。
2. 大门常见的开关方式。
3. 了解各种大门的构造特点。
4. 大门的常用尺度及种类。
5. 推拉门的组成和形式。
6. 了解上悬式钢木推拉门的构造。

小门。平开门受力状态较差，易下垂或扭曲变形，故门洞大时不易采用。门洞尺寸一般不宜大于 3.6m×3.6m。当门的面积大于 $5m^2$ 时，宜采用角钢骨架。大门门框有钢筋混凝土和砖砌两种，如图 16.68 所示。当门洞宽度大于 3m 时，采用钢筋混凝土门框，在安装铰链处预埋铁件。洞口较小时可采用砖砌门框，墙内砌入有预埋件的混凝土块，砌块的数量和位置应与门扇上铰链的位置相对应。一般是每个门扇设两个铰链。

常用钢木平开大门的门扇由角钢做骨架，15mm 厚木板作门心板，为了防止门扇变形，中间设有角钢的横撑和交叉支承以增强门扇的刚度。寒冷地区要求保温的大门可采用双层木板，中间填以保温材料，并在门扇下沿与地面空隙处以及门扇与门框、门扇与门扇的缝隙处加钉橡皮条或水龙带，以防止风砂吹入。

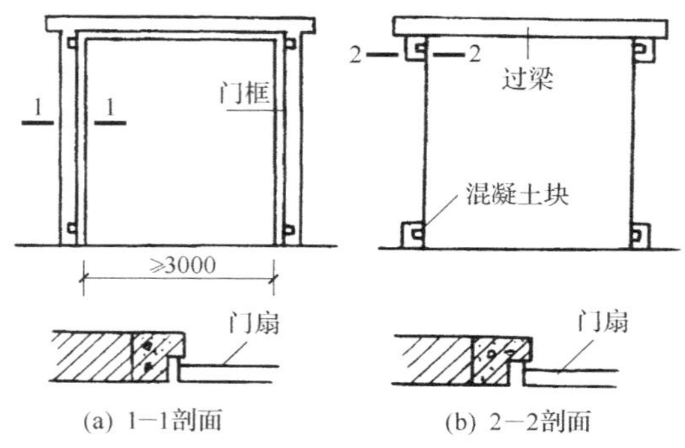

(a) 1—1剖面　(b) 2—2剖面

图 16.68　平开钢木门门框

(2) 推拉门。

推拉门的开关是通过滑轮沿着导轨向左右推拉，门扇受力状态较好，构造简单，不易变形，常设在墙的外侧。雨篷沿墙的宽度最好为门宽的两倍。工业厂房中广泛采用推拉门，但不宜用于对密闭要求高的车间。

推拉门由门扇、门轨、地槽、滑轮及门框组成，门扇可采用木门、钢板门、空腹薄壁钢门等，每个门扇宽度不大于 1.8m，根据门洞的大小，平面可布置成单轨双扇、双轨双扇、多轨多扇等形式，如图 16.69 所示，常用者为单轨双扇。推拉门支承的方式可分上挂式和下滑式两种，当门的高度小于 4m 时，用上挂式，即门扇通过滑轮挂在门洞上方的导轨上。当门扇高度大于 4m 时，多用下滑式，在门洞上下均设导轨，门扇沿上下导轨推拉，下面的导轨承受门扇的重量。推拉门位于墙外，门上方需设雨篷。

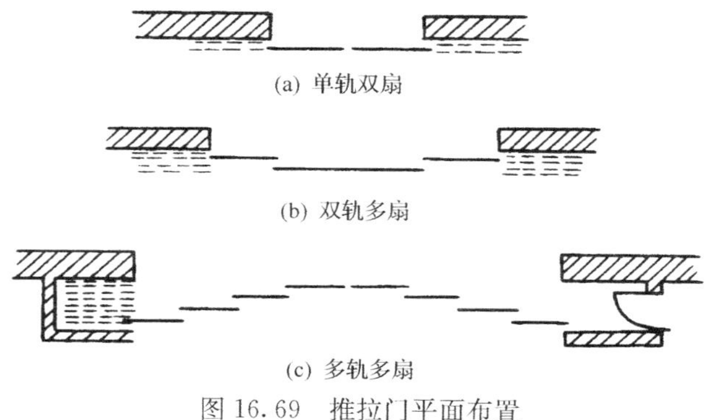

(a) 单轨双扇

(b) 双轨多扇

(c) 多轨多扇

图 16.69　推拉门平面布置

上悬式钢木推拉门，由于门扇是通过滑轮挂在导轨上的，门扇变小，因此门扇太高时，门扇角钢骨架中间只设横撑，在安装滑轮处设斜撑。导轨是通过支架与钢筋混凝土门框的预埋铁件连接。门扇下边有导向装置，如果安装地滑轮，它沿地槽左右移动。门扇下边还设铲灰刀，清除地槽尘土。为了防止滑轮脱轨，在导轨尽端设门档，并在门框处做小壁柱。由于推拉门的门缝较大，门扇尺寸应比洞口宽 200mm 为宜。

(3) 折叠门。

折叠门由几个较窄的门扇相互间以铰链连接组合而成。开启时，通过门扇上下滑轮沿着导轨可左右移动。这种形式在开启时可使几个门扇折叠在一起，占用的空间较少，适用于较大的门洞。

折叠门一般可分为侧挂式、侧悬式和中悬式折叠三种，如图 16.70 所示。侧挂折叠门可用普通铰链连接，靠框的门扇如为平开门，在它侧面一般只挂一扇门，不适于较大的洞口。侧悬式和中悬式折叠门，在洞口上方设有导轨，各门扇间除下部用铰链连接外，在门扇顶部还装有带滑轮的铰链，下部装地槽滑轮，折叠门开闭时上下滑轮沿导轨移动，带动门扇折叠，它们适用于较大的洞口。滑轮铰链安装在门扇侧边为侧悬式，开关较灵活。中悬式折叠门是将滑轮铰链装在门扇中部，门扇受力较好，但开关比较费力。

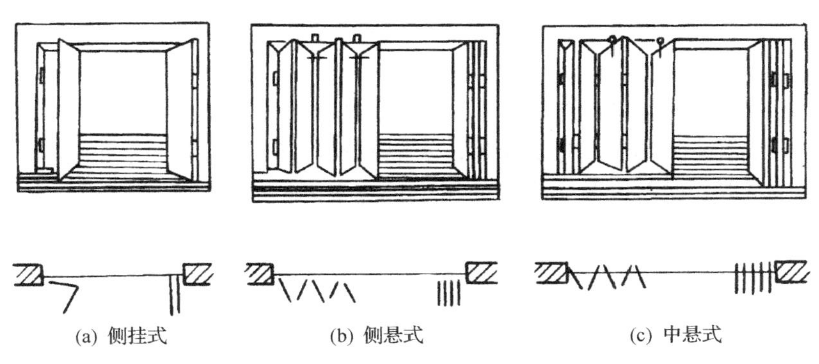

图 16.70　折叠门的种类

空腹薄壁钢的侧悬折叠门的门扇上下装有滑轮铰链，门洞上下导轨的水平位置应与墙面成一定的角度，使门扇开启后能全部折叠且平行于墙面，空腹薄壁钢门的壁较薄，在油漆前不宜用喷砂或酸洗的方法除锈，应采用不去锈底漆，并注意在使用中的维护工作。空腹薄壁门不宜用于有腐蚀性介质的车间。

2) 特殊要求的门

(1) 防火门

防火门用于加工易燃品的车间或仓库。根据车间对防火门耐火等级的要求，门扇可以采用钢板、木板外贴石棉板再包以镀锌铁皮或木板外直接包镀锌铁皮等构造措施。当采用后两种方式做防火门时，考虑被烧

> **学习重点**
>
> **分析与思考：**
> 1. 折叠门的组成和形式。
> 2. 了解折叠门的构造。
> 3. 防火门的种类及构造要求。
> 4. 了解自重下滑防火门的构造。
> 5. 保温门、隔声门构造要求。

木材的碳化会放出大量气体，因此在门扇上应设泄气孔。室内有可燃液体时，为防止液体流淌，扩大火灾蔓延，防火门下宜设门槛，高度以液体不流淌到门外为准。

自重下滑防火门是将门上导轨做成5%～8%的坡度，火灾发生时，易熔合金熔断后，重锤落地，门扇依靠自重下滑关闭，如图16.71所示。易熔合金的熔点为70°C，含有铋（Bi）50%、铅（Pb）25%、锡（Sn）12.5%。当洞口尺寸较大时，可做成两个门扇相对下滑。

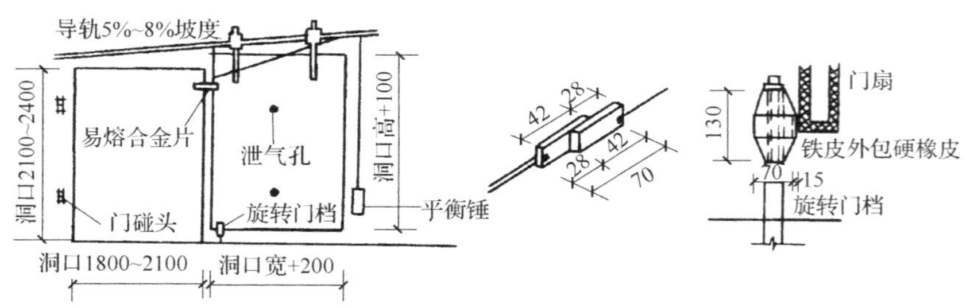

图16.71　自重下滑防火门

（2）保温门、隔声门。

保温门要求门扇具有一定热阻值和门缝密闭处理，故常在门扇两层板间填以轻质疏松的材料（如玻璃棉、矿棉、岩棉、软木、聚苯板等）。隔声门的隔声效果与门扇的材料和门缝的密闭有关，虽然门扇越重，隔声越好，但门扇过重开关不便，五金也易损坏，因此隔声门常采用多层复合结构，也是在两层面板之间填吸声材料（如矿棉、玻璃棉、玻璃纤维板等）。

一般保温门和隔声门的面板常采用整体板材（如五层胶合板、硬质木纤维板、热压纤维板等），因为企口木板干缩后会出现缝隙，对隔声性能或保温性能带来不利影响。门缝密闭处理对门的隔声、保温以及防尘等使用要求有很大影响，通常在门缝内粘贴填缝材料，填缝材料要具有足够的弹性和压缩性，如橡胶管、海绵橡胶条、羊毛毡条、泡沫塑料条等。

16.4　单层厂房地面及其他构造

16.4.1　地面的构造

单层厂房地面的面积较大，应具有抵抗各种破坏作用的能力，以满足各种生产使用要求。如防尘、防潮、防水、抗腐蚀、耐冲击、耐磨等。另外，由于车间内各工段生产要求的不同，往往会采用几种不同类型的地面，增加了地面构造的复杂性。一般厂房地面占厂房总造价的10%～30%，合理设计厂房地面，使其既满足使用要求，又经济合理。

1. 地面的组成与类型

1）地面的组成

厂房地面的组成与民用建筑基本相同，一般由面层、垫层和基层组成。当面层材料为块状材料或有特殊使用要求的地面，还应增加一些附加层，如结合层、防水层、防潮层、保温层和防腐蚀层等。

(1) 基层。

基层是地面的最底层，是经过处理的地基土，应坚实且具有足够的承载力。最常采用的是素土夯实。当地基土质较弱或地面承受荷载较大（一般指耐压力在 $10N/cm^2$）时，应对地面地基土进行处理，一般做法是先铺灰土层，或干铺碎石层，再碾压压实。如夯入厚度不小于 40mm 的碎石、卵石、碎砖等材料，以提高强度。当地基为淤泥、耕植土或含有大量垃圾时，应将其铲除，另换新土，厚度可达 300～500mm。

(2) 垫层。

垫层是地面的结构层，起着承重作用。垫层有刚性与柔性之分。当地面荷载较大且不允许面层变形时，应采用刚性垫层，通常采用 C10 混凝土，对平整度要求较高时，可铺一层钢筋混凝土。当地面荷载较大（有时伴以高温），而又无法防止地面变形或变形后简单维修又能使用时，可采用柔性垫层，其材料可采用碎石、砂土等。垫层的厚度主要取决于垫层的材料及作用在面层上的荷载。混凝土垫层应设变形缝，当混凝土垫层厚度大于 150mm 时，宜设企口缝。

(3) 面层。

面层直接承受作用于地面上各种外来因素的影响，如碾压、摩擦、冲击、高温、冷冻、酸碱等，面层还必须满足生产工艺的特殊要求，如防水、防爆、防火等。

2) 地面的类型

根据面层材料和构造做法的不同分为以下几种：

(1) 单层整体地面。

将面层和垫层合为一层，通常由夯实的黏土、灰土、三合土等直接铺设在基层上。这种地面造价低，施工方便，耐高温，易修补，故可用于某些高温车间。

(2) 整体地面。

这种地面的面层厚度小，以便在满足使用条件下节约面层材料，用加大垫层厚度来满足力学要求。材料的选用应根据生产状况、荷载大小等诸多方面因素决定。

① 水泥砂浆地面。

其地面构造与民用建筑基本相同。这种地面不耐磨，只能承受一定的机械作用，易起灰。适用于一般的金工、机修等车间。如在水泥砂浆中加入铁粉，即铁屑水泥砂浆地面，可提高耐磨性能。

② 水磨石地面。

其地面构造与民用建筑基本相同。如有防火要求时，应选用金属或撞击时不发生火花的石料。水磨石地面承载能力较强，耐磨，不渗水，适用于有一定清洁要求的车间，如精密机床车间、计量室、实验室等。

③ 混凝土地面。

混凝土面层一般有 60mm 厚 C15 混凝土和 40mm 厚 C20 细石混凝土

学习重点

重点关注：

1. 厂房地面的构造做法。
2. 地沟的构造做法。
3. 交接缝的构造做法。

分析与思考：

1. 设计地面应满足哪些使用要求？
2. 组成地面的构造层次。各层次的作用。
3. 地面面层根据材料和构造做法的不同分为哪几种？
4. 铺设块材、板材地面的几种不同材料。
5. 各种地面面层的适用范围。

等不同做法，垫层可采用三合土或低强度等级的混凝土。当基层可靠时，可将面层加厚而不设垫层。混凝土地面应用较广，金工、机修、机械装配、油漆等车间常采用这种地面。但它的耐酸碱、耐腐蚀性能较差。

④ 沥青砂浆及沥青混凝土地面。

这种地面常采用建筑石油沥青或道路石油沥青作为胶结料，与砂浆混凝土混合而成。沥青砂浆面层厚为20～50mm，沥青混凝土面层厚为40～50mm。如采用两层做法，厚度可为70mm，为便于黏结，在面层和混凝土垫层之间应涂刷冷底子油一道。这种地面可应用于工具室、乙炔站、蓄电池室、电镀车间等，但不宜用于使用有机溶剂，如苯、甲苯、汽油等的车间。

⑤ 水玻璃混凝土地面。

这种地面以水玻璃作为胶结料，将耐酸粉料、耐酸砂石等按比例调制而成。应用于有酸作用的车间或仓库。但不耐碱和氢氟酸，抗渗性能较差，故地面均须设置隔离层以防液体渗漏，同时水玻璃混凝土还不能直接与普通水泥砂浆、混凝土接触，故须在混凝土垫层上涂沥青或铺卷材作为隔离层。

⑥ 菱苦土地面。

以菱镁矿、锯末、砂（或石屑）和氯化镁水溶液的拌和物铺设而成。菱苦土面层通常铺设在混凝土垫层上。这种地面具有弹性好、不起灰、不发生火花等优点，适用于精密生产装配车间、计量站、织布车间等。

（3）块材、板材地面。

这类地面系用各种砖、石、混凝土预制块等材料铺设而成，其特点是承载力较大，维修方便。

① 砖、石地面。

砖、石地面是用块石、石板和砖做面层，铺设在密实的砂垫层或混凝土垫层上。当地面有耐腐蚀要求时，应选用耐酸性能好的花岗岩、石英石，或耐碱性能好的石灰石、大理石以及沥青浸渍砖等材料。

② 混凝土板地面。

这种地面是用C20混凝土预制成尺寸方整的块状，铺设于砂垫层之上。常用于车间设备位置或人行道等处。

③ 铸铁板地面。

在承受高温及有撞击作用的部位常用铸铁板地面。铸铁板表面做成带凸纹或带孔的形式，以提高防滑能力，其垫层为砂浆或低标号混凝土。

④ 地砖及陶板地面。

这种地面适用于有一定清洁要求及受酸性、碱性、中性液体、水作用的地段，如蓄电池室、电镀车间、实验室等。

以下为几种常见工业厂房地面的构造做法，如图16.72所示。

2. 地沟

在厂房建筑中，地沟是为了容纳各种管道而设置的，如电缆、采暖、压缩空气、蒸汽等管道，如图16.73所示。地沟由底板、沟壁和盖板组成，常用的材料有砖和混凝土。砖砌沟壁厚为120～490mm，一般不小于240mm，且应做防潮处理。地沟的沟宽

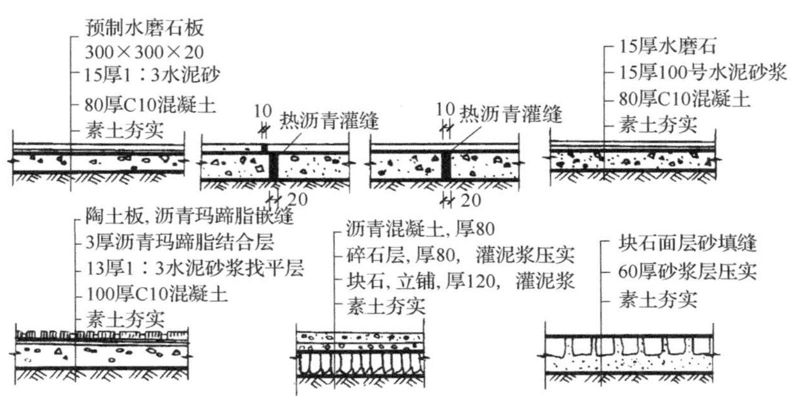

图 16.72　常见工业厂房地面的构造做法

和沟深应根据敷设检修管线的需要而定。盖板一般采用钢筋混凝土或铸铁制作，盖板上应装活络拉手，以便于开启，其表面应与地面平齐。当有地下水影响时，常将地沟底板与沟壁做成现浇整体混凝土。

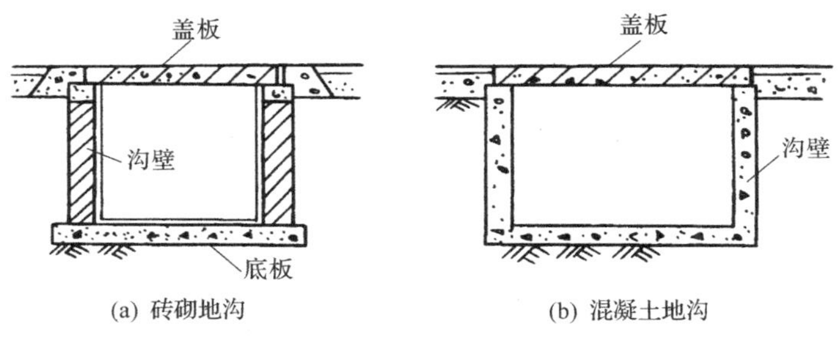

图 16.73　地沟及盖板

当地沟穿过外墙时，应注意室内、外管沟接头处的构造，处理不好会发生不均匀沉降，故室内、外地沟接头处应设置变形缝。

3. 交界缝

交界缝指厂房建筑中不同材料的地面交接处的处理。由于缝两边材料的不同，接缝处易破坏，故需在构造上采取措施。当面层为水泥砂浆等脆性材料时，常在边缘处预埋角钢作护边处理，如图 16.74(a)所示。当接缝两边均为砂、矿渣等非刚性垫层时，常设置混凝土块进行加固，如图 16.74(b)所示。

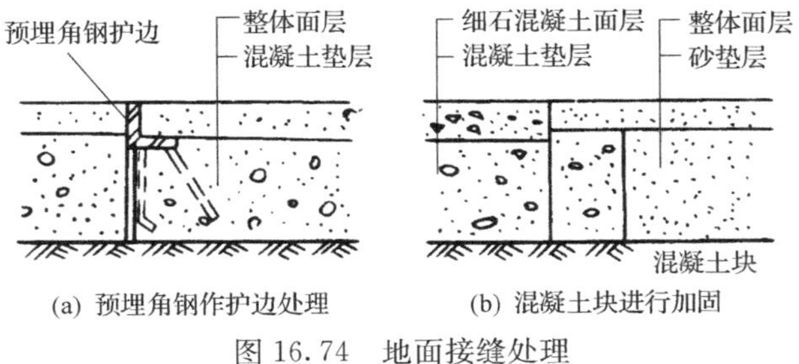

图 16.74　地面接缝处理

学习重点

重点关注：

1. 金属梯的构造做法。
2. 走道板的构造做法。

分析与思考：

1. 绘图说明地沟的两种做法。
2. 绘图说明地面接缝处理的两种方法。
3. 了解地面与铁路的接缝处理方法。

在厂房的运输中，常直接将铁轨铺设在车间内。为了不妨碍其他运输车与行人的通行，铁轨顶面应与地面相平。在有轨道的区域内，宜铺设砖、石或混凝土块等，以便于更换轨枕，并在轨道内侧留一道轮缘边槽。为防止轨道两旁的地面被掀动，可在靠近轨道的边缘处设置混凝土块以增强其稳定性，如图 16.75 所示。

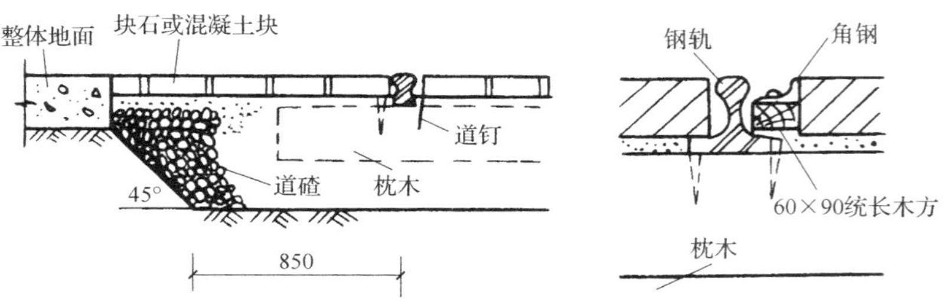

图 16.75　地面与铁路的接缝处理

16.4.2　其他构造

1. 金属梯

在厂房中，由于生产操作和检修需要，常设置各种钢梯，如到达操作平台的工作梯、到达吊车操作室的吊车梯以及消防检修梯等。金属梯的宽度一般为 600～800mm，其形式有直梯和斜梯两种。金属梯用料断面尺寸视生产状况的不同而有所差异，如车间相对湿度较大或有腐蚀性介质作用时，构件断面尺寸应加一级。除 90°的直梯外，其他扶梯均应设有栏杆扶手。

1）作业平台梯

作业平台梯多用钢梯，是供工人上下操作的平台或为跨越生产设备联动线的交通联系而设置的，坡度有 45°、59°、73°、90°等，宽度有 600mm 和 800mm 两种。作业平台梯一般选用定型构件，其踏步一般采用网纹钢板焊在斜梁上，钢梯边梁的下端和预埋钢板（或预埋螺栓）焊接（或连接），边梁的上端固定在作业平台钢梁或钢筋混凝土梁的预埋铁件上。

当钢梯段超过 4～5 个时，宜设中间休息平台，如图 16.76 所示。

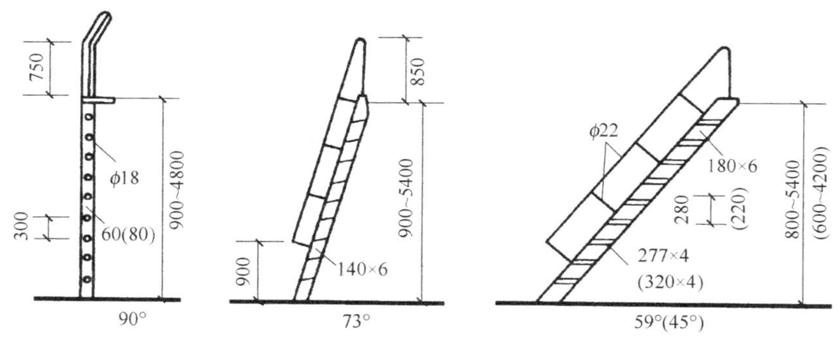

图 16.76　作业平台梯

2）吊车梯

吊车梯是供吊车司机上下吊车而设置的，且应设置便于上下吊车操作室的位置，一般多设在端部第二个柱距的柱边，如车间有两台吊车，则应设置两个吊车梯。但多跨车间相邻两跨都有吊车时，吊车梯可设在中柱上，使两台吊车共用一部吊车梯。

吊车梯均采用斜梯，梯段有单跑和双跑两种。为避免在平台处与吊车梁碰头，吊车梯的平台一般低于吊车操作室，再从平台设直梯通吊车操作室。当吊车梯平台高度为 5～6m 时，须设中间休息平台；当吊车梯平台高度在 7m 以上时，则应采用双跑梯，其坡度应不大于 60°。吊车梯的位置有三种：靠近边柱；在中柱处，柱的一侧有平台；在中柱处，柱的两侧有平台，如图 16.77 所示。

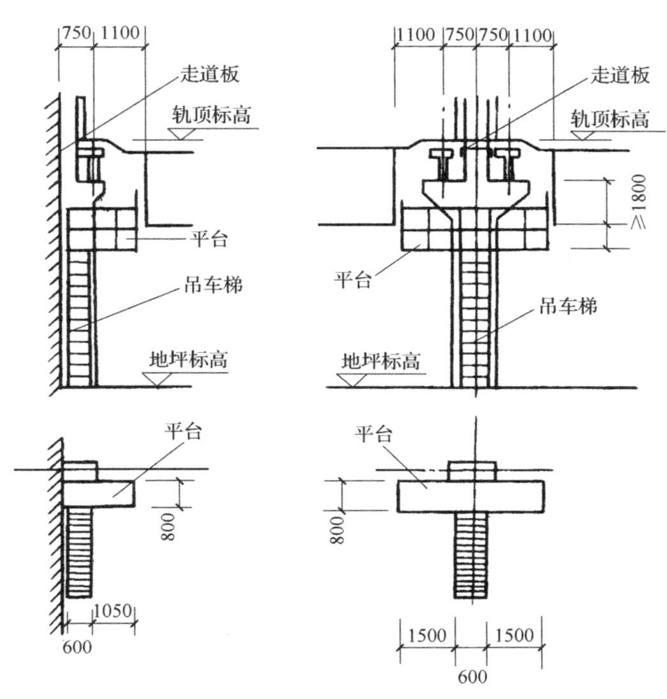

图 16.77　吊车梯

3）消防检修梯

单层厂房屋顶高度大于 10m 时，应设专用梯自室外地面通至屋面，以及从厂房屋面通至天窗屋面，以作为消防检修之用。相邻厂房的高差在 2m 以上时，也应该设消防检修梯。

消防检修梯一般沿外墙设置，且多设在端部山墙处，其位置应按防火规范的规定设置。消防检修梯多为直梯，梯的底端应高出室外地面 1.0～1.5m，以防止无关人员攀登。钢梯与墙之间的间距应不小于 250mm。梯梁用焊接的角钢埋入墙内，墙内应预留 240mm×240mm 的孔洞，深度最小为 240mm，然后用 C15 混凝土嵌固，也可做成带角钢的预

学习重点

分析与思考：

1. 金属梯的一般宽度和形式分类。
2. 作业平台梯的一般规格及构造做法。
3. 吊车梯的构造要求。
4. 消防检修梯的设置要求。

埋块随墙砌筑，如图 16.78 所示。

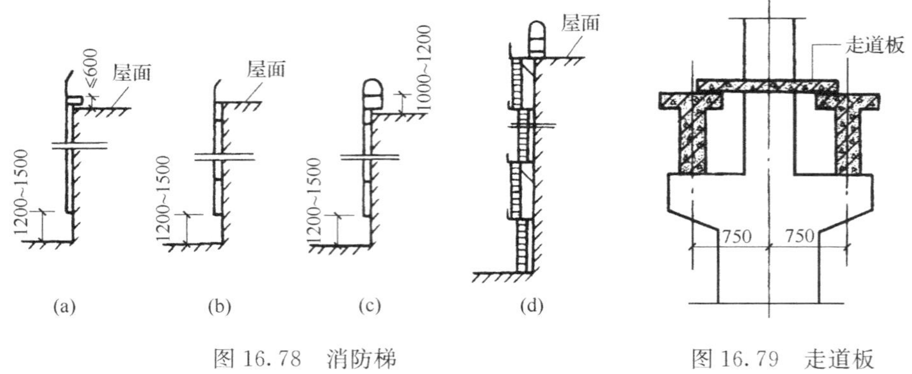

图 16.78　消防梯　　　　图 16.79　走道板

2. 走道板

走道板是为维修吊车轨道及检修吊车而设。走道板均沿吊车梁顶面铺设，如图 16.79所示。在边柱和中柱均可设置走道板。其构造一般由支架、走道板及栏杆组成。支架和栏杆均采用钢材制作，走道板所用材料有木板、钢板及钢筋混凝土板等。目前采用较多的是预制钢筋混凝土走道板，有定型构件供设计时选择。预制钢筋混凝土走道板宽度有 400mm、600mm、800mm 三种，长度与柱子净距相配套，横断面为槽形或 T 形。走道板的两端搁置在柱子侧面的钢牛腿上，并与之焊牢，其一侧或两侧还应设置栏杆，栏杆采用角钢制作。

3. 隔断

在单层厂房中，根据生产状况的不同，需要进行分隔。有时因生产和使用的要求，也须在车间内分隔出车间办公室、工具库、临时库房等。分隔用的隔断常采用 2100mm 高的木板、砖砌墙、金属网、钢筋混凝土板、混合隔断等，如图 16.80 所示。

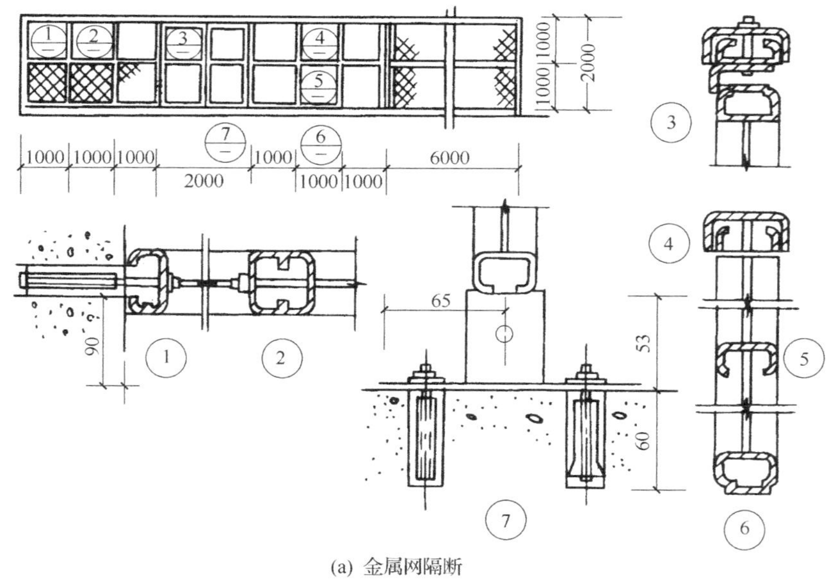

(a) 金属网隔断

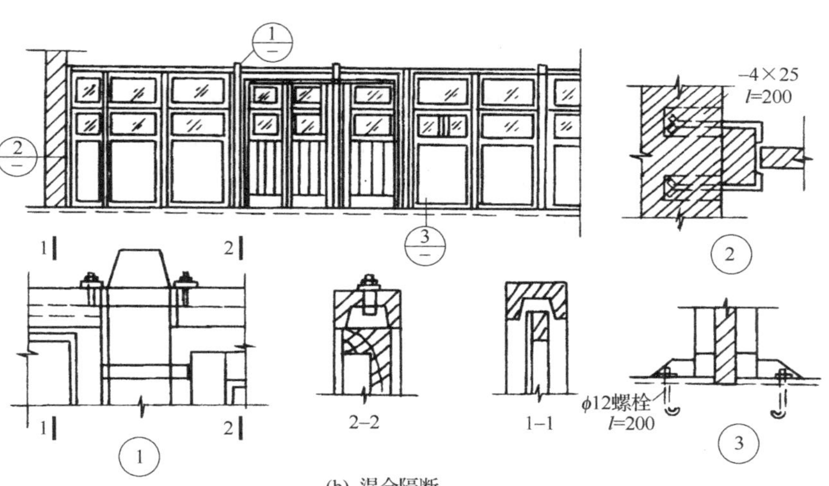

(b) 混合隔断

图 16.80 隔断

1）木隔断

这种隔断多用于车间内的办公室。由于构造的不同，可分为全木隔断和组合木隔断。木隔断的隔扇也可安装玻璃，其造价较高。

2）砖隔断

砖隔断常采用 240mm 厚砖墙，或带有壁柱的 120mm 厚砖墙。这种做法造价较低，防火性能好。

3）金属网隔断

金属网隔断由金属网和框架组成。金属网可用钢板网和镀锌铁皮网。

4）钢筋混凝土隔断

这种隔断多为预制装配式，施工方便，适用于火灾危险性大和湿度大的车间。

5）混合隔断

混合隔断的下部用 1m 左右的 120mm 厚砖墙，上部用玻璃木隔扇或金属网隔扇组成。隔断的稳定性靠砖柱来保证，砖柱柱距为 3m 左右。

小　　结

(1) 单层厂房外墙按使用要求、材料、构造和施工方式的不同，可分为砖墙、块材墙、板材墙、波形板（瓦）墙以及开敞式外墙。

(2) 承重砖墙自重大、承载力低、抗震性差，故仅用于小型厂房；钢筋混凝土板材墙，工业化生产程度高，可充分利用工业废渣，节约农田，自重较轻，承载力高，抗震性好，适用范围更广。钢筋混凝土板材墙对板缝的处理主要是防水，同时应考虑制作、安装方便，用于采暖区厂房时还应注意保温要求。

(3) 屋面是工业建筑中单层厂房围护结构的主要组成部分，屋面直接

学习重点

分析与思考：

1. 走道板的设置位置。
2. 厂房中隔断做法举例。

经受风雨、酷热、严寒等自然条件的影响，应满足防水、排水、保温、隔热等要求。在学习的过程中应注意以下内容：

① 单层厂房屋面的特点、类型及组成，掌握有檩体系、无檩体系的特点。

② 屋面排水的种类，掌握有组织排水、无组织排水的特点及各自的应用。

③ 屋面的防水：三种不同屋面防水材料的构造做法；了解卷材防水屋面易出现的问题；卷材防水屋面的构造层次及常用材料。掌握卷材防水屋面挑檐、檐沟、天沟、雨水口、屋面泛水、变形缝等细部的构造；了解波形瓦防水屋面的材料种类及各类瓦屋面的铺贴方法；了解钢筋混凝土构件自防水屋面的优缺点及构造做法。

④ 屋面的保温和隔热措施，掌握保温层的几种不同设置位置：屋面板上铺保温层、屋面板下设保温层、夹芯保温屋面板。了解屋顶隔热的一般做法。

（4）单层厂房的侧窗不仅要满足天然采光和自然通风的要求，还应满足泄压、保温、隔热、防尘等要求。大门主要用于生产运输和人流通行。在学习过程中应注意以下内容：

① 厂房天窗常见的四种类型，即矩形天窗、矩形通风天窗、平天窗、井式天窗。

② 掌握矩形天窗的组成及天窗架、天窗端壁、天窗扇、天窗侧板的种类和构造做法。

③ 掌握矩形通风天窗挡风板的形式及构造。

④ 掌握平天窗细部构造做法。

⑤ 掌握井式天窗的布置方式（即横向、纵向布置）和井式天窗的挡雨细部构造做法。

⑥ 厂房侧窗的构造做法，掌握侧窗材料的种类、开启方式。

⑦ 大门的构造做法，了解大门的一般尺寸与类型，掌握一般大门（平开门、推拉门、折叠门）的构造做法。掌握特殊大门（防火门、保温门、隔声门）的构造做法。

（5）工业建筑中单层厂房地面的构造及金属梯、走道板、隔断等构造做法，在学习过程中应注意以下内容：

① 厂房地面组成，即地层、基层和面层。面层直接承受作用于地面上的各种外来因素如碾压、摩擦、冲击、高温、冷冻、酸碱等的影响，面层还必须满足生产工艺的特殊要求，如防水、防爆、防火等。面层又分为单层整体地面和多层整体地面。

② 单层厂房地沟、交界缝的构造做法：在厂房建筑中，地沟是为了容纳各种管道如电缆、采暖、蒸汽等管道而设置的。地沟由底板、沟壁和盖板组成，常用的材料有砖和混凝土。交界缝指厂房建筑中不同材料的地面交接的处理。由于缝两边材料的不同，接缝处易破坏，故需在构造上采取在边缘预埋角钢作护边的措施。

③ 金属梯的种类及做法。金属梯包括作业平台梯、吊车梯、消防检修梯等。

④ 走道板、隔断的构造做法。走道板是为维修吊车轨道及检修吊车而设，走道板均沿吊车梁顶面铺设，其构造一般由支架、走道板及栏杆组成。支架和栏杆均采用钢材制作，走道板所用材料有木板、钢板及钢筋混凝土板等。隔断是根据生产和使用的要求，在车间内分隔出不同的使用空间，隔断常采用木板、砖砌墙、金属网、钢筋混凝土板、混合隔断等。

第十七章　多层厂房建筑设计

学习重点

重点关注：

1. 多层厂房建筑的特点。

工业建筑的发展与社会的经济变革和技术革命息息相关。在人类社会由工业时代进入信息时代的今天，人们不再认为烟囱林立、浓烟滚滚是工业发达、社会繁荣、城市现代化的象征，工业厂房也不再是容纳人和机器的“容器”。现代工业建筑应是创造满足特定生产要求的空间，创造充满活力的生产环境。

随着世界经济的飞速发展、科学技术的进步，产品日益向小、专、精方向发展，工艺技术更新越来越快。随着国家节约土地政策的推进，近年来，多层厂房有着明显增长的趋势，多层工业厂房建筑的设计也有了很大的发展。

1. 现代工业建筑向大、高、轻方向发展

(1) 大：即大跨度、大空间、大面积、大体量。

现代工业生产中，有些行业（如机械加工、装配、机修等）生产性质相似，有的虽生产性质不相似，但生产联系十分密切又无相互影响。把这些原本分散布置的厂房合并起来，统一设计，组成联合生产厂房，可以减少分散厂房所占用的土地，减少外墙长度，减少厂区道路，减少管线长度。同时大跨度、大空间使厂房内部空间更加灵活，更能满足现代工业设备和产品的更替，提高了厂房的通用性。如德国大众汽车厂的厂房面积为 30 万 m^2，中国宝钢的无缝钢管厂，厂房面积为 22 万 m^2。这种厂房使用时的灵活性和通用性均较好，可以延长厂房的合理使用期限，减少厂房的名义使用期（如厂房的设计使用期为 50 年，过 5 年后因工艺更新等因素需要改造才能满足新的需要，那么该厂房的合理使用期是 5 年，以后的时期如不加改造而凑合使用，则只能是名义上的使用期）。

(2) 高：即多、高层厂房，高层空间。

随着工业生产的发展，非农业人口逐渐增加，不管是城市，还是乡镇，土地的价格越来越高，修建多层、高层厂房可以减少占地面积，节省建筑用地，节约外部道路投资，有利于扩大绿化用地，改善景观环境。同时，随着科学技术的发展，产品日益向小、专、精方向发展，加工设备也随着自控化、微型化、密闭处理等技术的采用而变得轻量化，从而解决了多、高层厂房楼上荷载过大的问题，使生产可以在多、高层厂房中进行。另外，对于精密性生产厂房，一般都有恒温、洁净、防震等要求，常需要一些小空间。从建筑热工方面考虑，采用多、高层厂房，除顶层受太阳辐射，室内温度直接受影响外，各中间层的热稳定性都较好，而供暖、制冷设备可集中布置，可充分发挥设备效率。对有密闭要求的车间，因为多层厂房区段划分灵活，可以排除相互干扰。还有，一些旧的工业企业，不能满足现代化生产发展的要求，需要进行改建和扩建。特别是位于城市中的旧企业，在改建和扩建时，往往受到用地紧张的限制，因而将厂房改建成多层厂房。所以多层、高层工业建筑（包括通用型厂房、仓库），越来越普遍。欧美国家以多层居多，我国香港地区以高层居多，香港的金基工业大厦竟高达 27 层。大陆地区宜以多层厂房为主，目前我国大部分省市都出台政策，鼓励建设节能省地的多层工业厂房建筑。

（3）轻：即轻型结构、轻质材料、轻巧造型。

传统的工业建筑，大量采用砖、混凝土作为围护结构和承重结构，虽然它们造价便宜、耐火及耐腐蚀性好、维护费用少，但其主要缺点是自重大、预制工艺受限、施工周期长、运输吊装费力、不能适应大空间。因此，越来越多的工业建筑采用轻型的结构骨架、轻型的墙体材料和轻型的屋面材料。钢柱、钢梁、钢桁架、带保温隔热材料的压型钢板等轻型材料的出现以及工业生产自动化和运输工具的不断革新，使厂房结构所承受的荷载大幅度减小，因此，不少厂房采用了轻钢结构以代替较重的钢筋混凝土结构。钢结构的全部构件可在工厂精确地进行加工预制，它们既便于运输，又可基本消除施工现场的湿作业，对加快施工速度、保证工程质量都极为有利。同时，轻型结构拆装方便，有利于厂房的扩建与改造。由此可见，由重结构到轻结构的变化是技术进步的必然趋势。

2. 多层厂房与多数民用建筑有很多共同之点，但是它作为生产性建筑与民用建筑又有区别

（1）在功能上，民用建筑是满足人们生活上的需要，而工业建筑则是满足生产上的需要。

在工业建筑中，产品加工过程各个工序之间的衔接及其对建筑的要求往往左右着建筑布局。由于生产类别非常多，它涉及经济建设的各个部门，即使在同一部门中，由于工艺不同，生产工艺不同，对厂房的要求也不尽相同。所以设计中必须有工艺设计人员密切配合，共同协作。即便是统建的商品性多层厂房，也应适当考虑市场信息与未来租（购）者的需要。

（2）在技术上，工业建筑比一般民用建筑复杂。在设计中，它除了满足复杂的工艺要求外，在厂房中一般都配有各种动力管道以及各种运输设施。有时为了保证产品质量，还需要提供一定的生产环境，如防尘、防振、恒温、恒湿等，这些都为工业建筑的设计和建造带来了复杂性。

3. 多层厂房与单层厂房相比较，具有下列特点

（1）占地面积小，可以节约用地。因而缩短了工艺流程和各种工程管线的长度，减少了道路的面积，并可节约基本建设投资。

（2）外围护结构面积小。同样面积的厂房，随着层数的增加，单位面积的外围护结构面积随之逐渐减少。在北方地区，可以减少冬季采暖费用，空调房间则可以减少空调费用，且容易保证恒温、恒湿的要求，从而获得节能的效果。

（3）屋盖构造简单，施工管理也比单层厂房方便。多层厂房宽度一般都比单层的小，可以利用侧面采光，不设天窗，因而简化了屋面构造，清理积雪及排除雨雪水都比较方便。

(4) 厂房一般为梁板柱承重，柱网尺寸较小，生产工艺灵活性受到一定限制，生产面积使用率较单层的低。对大荷载、大设备、大振动的适应性较差，须做特殊的结构构造处理。

(5) 增加了垂直交通运输设施——电梯和楼梯。在多层厂房中，不仅有水平向运输，而且出现了竖向的垂直交通运输，人、货流组织都比单层厂房复杂，而且增加了交通辅助面积。

(6) 在利用侧面采光的条件下，厂房的宽度受到一定的限制。如果生产上需要宽度大的厂房，则需提高厂房的高度或辅以人工照明。

4. *多层厂房建筑的一般设计原则*

(1) 应保证工艺流程的短捷，尽量避免不必要的往返，尤其是上、下层间的往返。辅助工段应尽可能靠近服务对象，并分别布置。

(2) 在生产工艺允许的情况下，应尽可能将运输量大、荷载重、用水量多的生产工段布置在底层。

(3) 一些有特殊要求的工段，应尽可能分别集中布置，做竖向或水平向的分区布置。

(4) 按通风采光要求，合理布置各生产工段的具体位置。对环境有害或有危险的工段，更要予以特别注意。

学习重点

重点关注：

1. 多层厂房建筑的一般设计原则。
2. 多层厂房建筑工艺流程的布置方式。

17.1 多层厂房平面设计

多层厂房平面设计是一项综合性工作。它的任务是以工艺设计原始资料为依据，综合解决各项土建问题。在做建筑设计时，必须与工艺、结构、电气、给排水、暖通等专业密切配合。同时，在考虑建筑体型及人、货流出入口位置时，还必须与企业厂区的总体布置及周围环境相协调。

在进行多层厂房设计时还应遵循以下原则：

(1) 厂房的平面布置应根据生产工艺流程、工段组合、交通运输、采光通风以及生产上的各种技术要求，经过综合研究后加以决定。

(2) 厂房的柱网尺寸除应满足生产使用的需要外，还应具有最大限度的灵活性，以适应生产工艺发展和变更的需要。

(3) 各工段间，由于生产性质、生产环境要求等的不同，组合时应将具有共性的工段做水平和垂直的集中分区布置。

(4) 结合使用管理要求，合理布置楼电梯间、生活间、门厅和辅助用房等的位置。

(5) 在厂房建筑设计中，应贯彻国家建设节约型社会的政策，推广建筑节能措施与绿色建筑设计。

17.1.1 多层厂房与生产工艺的关系及布置形式

和总图设计一样，从原料投产到成品工艺流程具体体现了进行单项工业建筑设计时应满足的功能要求。不同的产业部门所属的工业企业，有不同的工艺流程，根据不同的工艺流程，产生不同的布局和造型，例如热电站、机械制造厂、仪器厂三者的体形截然不同。工艺流程是工业建筑设计的依据，是最重要的原始资料。

平面组合首先应满足工艺流程的要求，这就需要建筑设计人员了解工艺。工艺流程经常以工艺流程示意图表示，如图 17.1 所示。

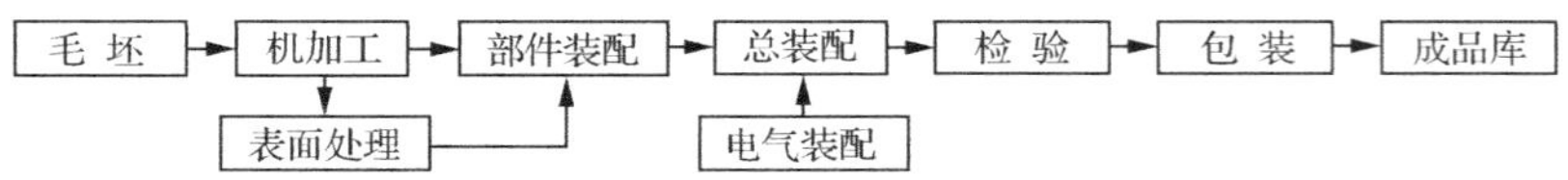

图 17.1　一般精密机械加工工艺示意图

工艺流程图表明了各个车间之间的联系。平面组合时应该以此为依据布置各个车间（工部）的相互位置，以免物料运输时产生迂回往返交叉等不合理现象。设计人员只有在了解工艺的基础上，设计中才能获得主动权，发挥创造性，综合解决工艺和土建的矛盾，为设计出合理且先进的方案创造条件。

1. 工艺流程的布置方式

在多层厂房中，工艺流程可概括为三种方式：

1）自下而上的布置方式

将原料自底层按工艺流程顺序向上逐层加工，到顶层进行组装和总装成为成品，检验合格后，包装出厂［见图 17.2(a)］。

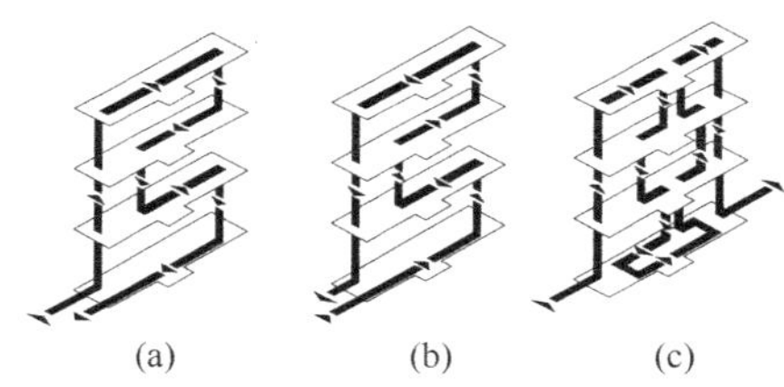

图 17.2　工艺流程的布置方式

在这种布置方式中，将初加工时所用的比较笨重的设备和大量的原材料运输至底层，减少了垂直运输量，减轻了楼板荷载。有的工厂装配工部，为了保证产品的质量，在技术上有特殊要求，如要求车间的生产环境要具备一定的温湿度和一定的洁净度，将这样的工部布置在顶层，可以避免干扰，比较容易满足这些要求。照相机厂、手表厂等轻工业工厂以及中小型机械制造厂、电子仪器厂普遍采用这种工艺流程方式。

2）自上而下的布置方式

这种布置方式是将原料提升到顶层，然后按照加工顺序逐层下降至底层加工成为成品运出［见图 17.2(b)］。这种工艺流程的特点是利用原材料的重力在垂直运输过程中进行加工。这种布置方式适用于利用散粒状或液体材料做原料的企业，如啤酒厂、面粉厂等。

3）上下往复的布置方式

这种工艺流程布置方式包括自下而上和自上而下两种工艺流程布置方式［见图 17.2(c)］。之所以出现这种情况往往是因为在生产过程中出现了某些特殊要求，不得不采取这种往复布置方式。例如，中间工序的设备过大或是有振动，不得不把这种设备或工部移至底层。又如有的工部有特殊的要求，如精密度要求高，要求防振、恒温、恒湿等，这种工部必须做特殊考虑，最好集中布置在厂房的一侧，以便采取措施。如印刷厂有时采用的就是这种往复式的工艺流程布置。这是因为纸和印刷机的重量都比较重，为了减轻楼板荷载，纸库和印刷机都布置在底层，装订车间不得不布置在第二层，因此出现了往复式布置的工艺流程。

在设计中具体选用哪种布置方案，需要根据工艺要求、生产设备、运输量以及建设用地的具体情况等多方面因素综合考虑确定。

2. 工部组合

工艺流程中的工序，体现在生产组织上就是各种不同的工部。根据工艺流程进行工部组合时，既要满足工艺要求，又要为建筑设计的合理性创造方便的条件，而建筑设计合理性是实现工程建设中“实用、坚固、经济、美观”原则的前提。

工部组合应保证工艺流程短捷，尽量避免不必要的往返。特别是尽量避免上、下层之间的往返，以减少垂直运输量，减轻货运电梯的负荷。为此，同一工部不宜布置在不同楼层，以免造成生产管理的不便。某些工部采用比较重的设备或者有吊车运输，另外有些工部，使用的原材料多，运输量大，还有些工部，加工过程中用水量大，地面比较湿，再者，工部中有振源，易对其他工部产生有害影响。所有上述工部宜布置在底层，避免布置在楼层上。这样布置可以减轻楼面荷载，减少垂直运输负荷，简化土建处理，并降低建筑造价。

生产性质特殊、有共同技术要求的工部，例如设置空调的房间等，则宜尽可能集中布置，并且与其他工部，特别是人流大的工部，有明确的分区，以减少干扰，缩短技术管线，并便于管理。

散发有害气体或有火灾、爆炸危险的工部，要予以特别的注意，应将其布置在厂房的边角或是走廊的端部，主导风向的下侧，以减轻和缩小对其他工部的危害。

辅助工部一般布置在厂房的边角等非主要生产面积上，靠近其所服务的生产工部。由于辅助工部一般对厂房高度要求不大，无特殊要求，有时将其附建在厂房的一侧或与生活用房间布置在一起。

3. 基于生产工艺特点的布置方式

下面是根据不同的工艺要求而采取的几种典型的平面布置方式：

(1) 统间式：因为各生产工段需要较大的面积，相互间联系密切，不宜采用隔墙分开的布置方式，如图 17.3 所示。

(2) 内通道式：因各生产工段所需面积不大，相互间有联系而又需要避免干扰，所采取的空间布置方式，如图 17.4 所示。

(3) 大宽度式布置：因各生产工段所需大面积、大空间或高精度的要求，采取加大建筑宽度以适应生产需要的空间布置形式，如图 17.5 所示。

学习重点

分析与思考：

1. 基于生产工艺特点的布置方式。

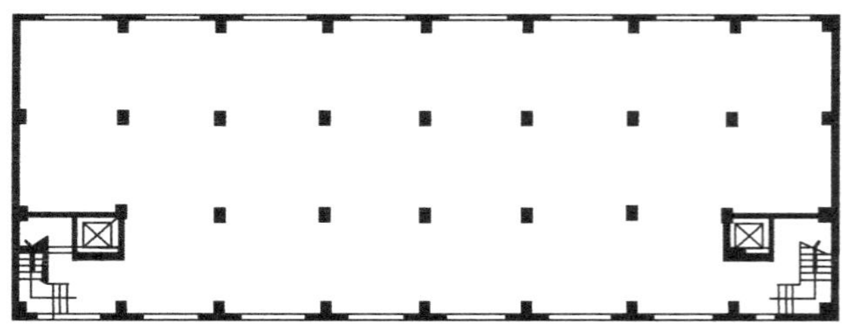

图 17.3　统间式布置方式

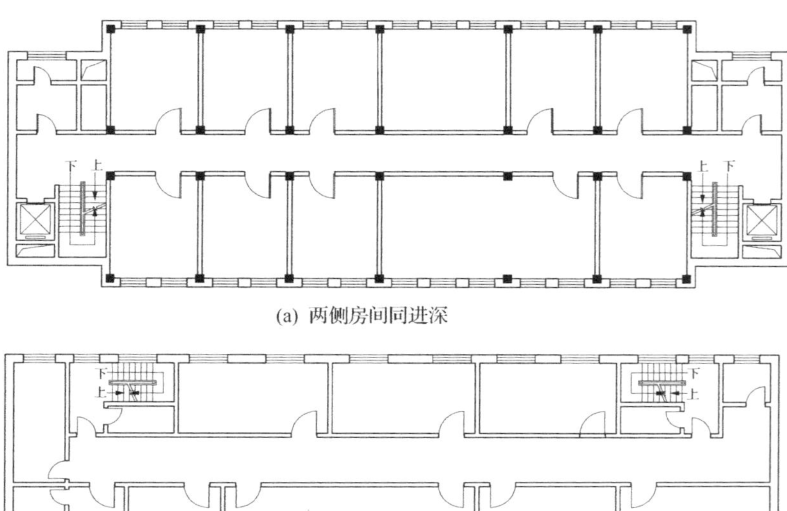

(a) 两侧房间同进深

(b) 两侧房间不同进深

图 17.4　内通道式布置方式

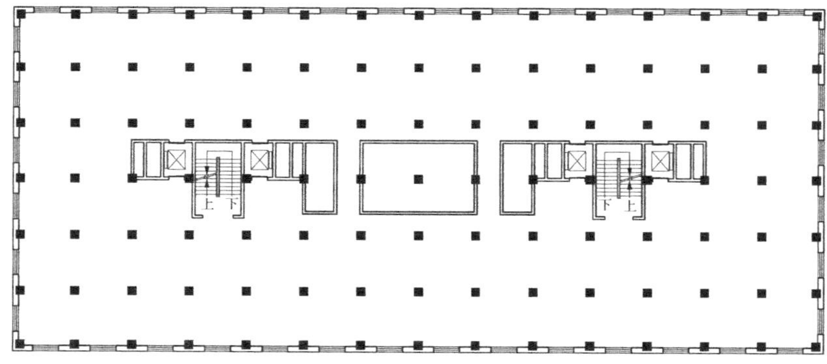

(a) 中间布置交通服务性用房

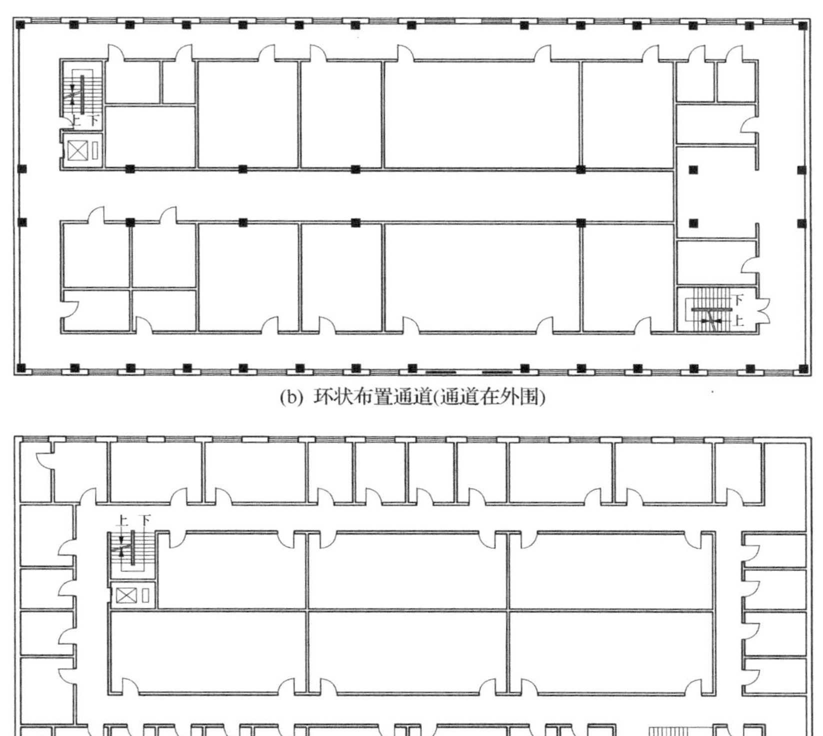

(b) 环状布置通道(通道在外围)

(c) 环状布置通道(通道在中间)

图 17.5　大宽度式布置方式

（4）组合式布置：因生产工艺及使用面积不同的需要，采取多种平面形式组合的空间布置形式，如图 17.6 所示。

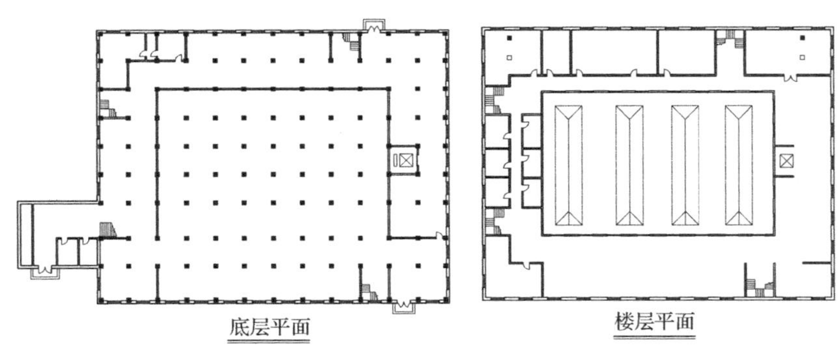

(a) 单层、多层大小面积组合布置

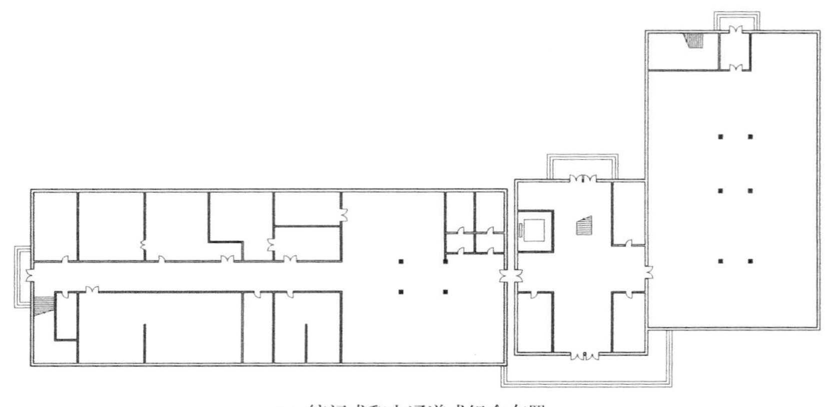

(b) 统间式和内通道式组合布置

图 17.6　组合式布置方式

17.1.2　多层厂房的柱网与结构选型设计

1. 多层厂房的柱网设计

多层厂房的柱网也是由跨度和柱距两个要素组成的。在多层厂房中，除底层外，设备荷载全部由楼板承受，因此柱网受到比较大的限制。柱网选择应满足工艺要求，在结构上要经济合理。常采用的跨度为 6～9m，柱距为 6m 或更大一些。近年来由于新工艺的需求，新材料、新结构的发展以及适应灵活性的需要，跨度有增大的趋势，部分厂房采用 12m 的跨度。

1）影响柱网选择的因素

（1）生产工艺及设备的要求与生产的特点。

生产工艺及设备的大小、布置是影响柱网选择的首要因素。不同产品的工艺流程因其所需要的设备布置不同，对柱网有着不同的要求。例如在 7m 的跨度内布置电子元件生产工艺，可布置两条生产线。但若布置电视接收机装配线，则只能布置一条生产流水线，生产面积利用不充分，而 9m 跨度可布置两条生产线，面积利用得比较充分。

（2）建筑模数及厂房建筑模数的协调。

为了使厂房建筑主要构配件的几何尺寸达到标准化和系列化，以利于工业化生产，所以制定了标准《厂房建筑模数调整标准》(GBJ6－86)。厂房建筑的平面和竖向协调模数的基数值均应取扩大模数 3M。

（3）结构形式。

结构类型对柱网尺寸有直接影响。当楼面荷载大或工艺要求采用无梁楼盖时，柱网最好采用方形柱网。因此确定柱网时，不仅需要从工艺上分析是否合理，往往还需要从结构上进行技术经济比较，综合考虑确定。

（4）技术经济合理性。

柱网的跨度与柱距越大，越有利于设备布置、组织生产与运输，越有利于适应生产活动的灵活性与可变形。但是，跨度、柱距越大，结构构件的高度就越大，厂房建设中的土建成本也就越高，技术经济的合理性就不好。所以，在多层厂房的结构柱网设计中应注重技术经济合理性的要求。

(5) 厂区大小、厂房用地的地形性质等技术条件。包括用地的大小、形状和用地范围内的地质状况分布。

2) 柱网类型

多层厂房的柱网，其常用的组合形式可归纳为下列三种类型：

(1) 廊式柱网。廊式柱网的特点是在厂房的中部或两侧设置走廊，作为交通运输空间或是用以铺设工程技术管线，沿走廊布置生产房间，如图 17.7 所示。

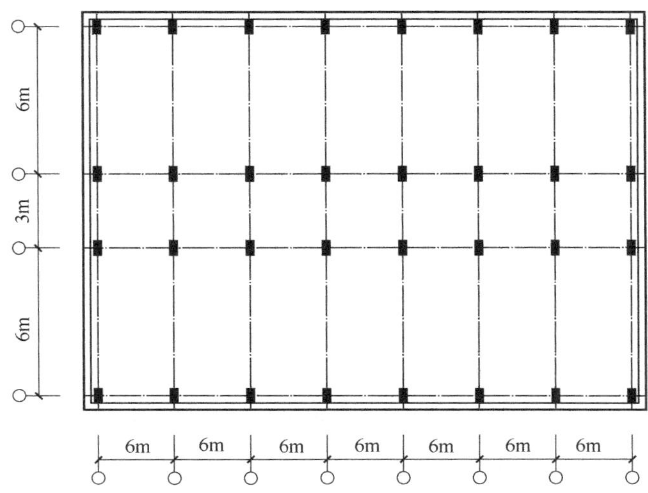

图 17.7　廊式厂房跨度和柱距的多层厂房示意图

这种柱网形式，可以根据生产需要，将厂房生产面积方便地分隔成大小不等的生产空间，避免相互干扰，具有较好的生产环境，联系方便。走廊上部可集中铺设各种工程技术管线，不占用生产空间，并便于隐蔽。因此，内廊式柱网应用比较普遍。这种柱网尺寸种类比较多，早期多为(7＋3＋7)×6m，为建筑构配件统一化带来了困难。《厂房建筑模数协调标准》(GBJ6－86)对于廊式柱网尺寸有明确的规定。此外，还有沿外墙两侧设双廊或悬挑外廊的柱网形式。

(2) 等跨式柱网。等跨式柱网是由数个相等的跨度连续组合形成的柱网形式，如图 17.8 所示。这种柱网没有廊式柱网中的固定通道，可以根据工艺流程及各工部所需面积的大小在柱网的任一部位设置通道，便于组织大空间，为工艺变更及设备更新提供了有利条件。因此，这种柱网具有比较大的灵活性。等跨式柱网适用于生产工艺需要大空间的工业企业，如工具制造工业、纺织工业、轻工业以及电子、仪表工业等。

等跨式柱网，我国一般厂房中跨度可采用 6m、7.5m、9m 和 12m 等。在国外可达到 18m。在我国，由于受到天然采光的限制，当跨度为 6m 时，一般不超过 6 跨，7.5m 和 9m 时，不超过 4 跨，即跨度组合的总宽度一般不超过 36m。在人工照明的无窗厂房，则不受跨数的限制。

学习重点

重点关注：

1. 柱网类型。

分析与思考：

1. 影响柱网选择的因素。

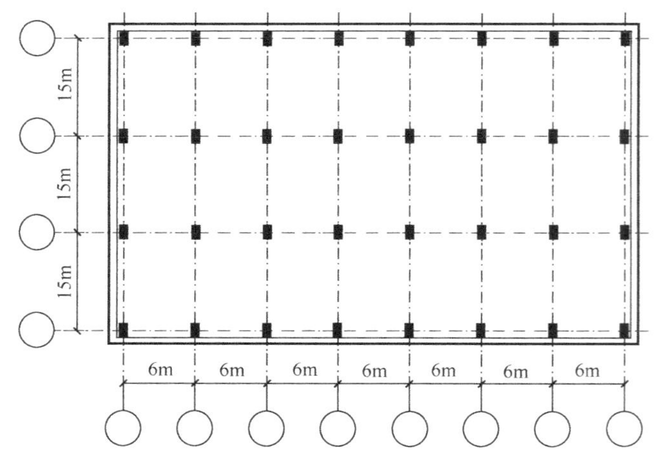

图 17.8　等跨式多层厂房示意图

（3）不等跨柱网。不等跨柱网是由不相等的跨度或由不等的跨度及廊道跨度组合而成。所以出现这种柱网形式往往是为适应工艺布置的需要而确定的。这种柱网形式既可以为生产提供宽敞的大空间，又可以根据需要提供铺设技术管线的廊道，柱网组合比较灵活。缺点是构件类型比较多。在这种柱网中跨度多取 6m，如图 17.9 所示。

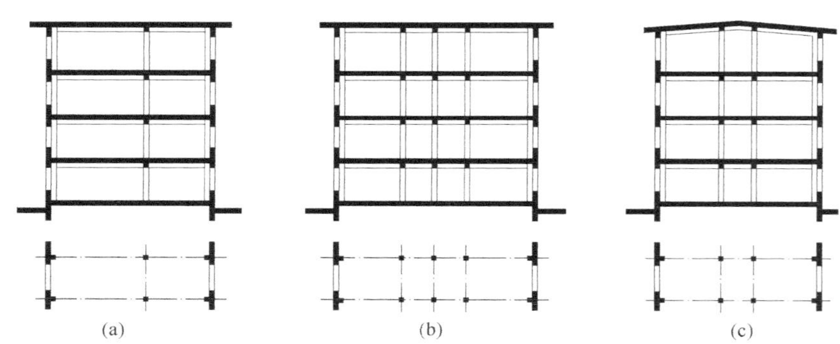

图 17.9　不等跨式多层厂房示意图

2. 结构选型设计

在实际工作中，结构选型一般由结构专业负责。但是由于它与工艺布置、建筑处理及室内空间、室外造型有着密切的联系，建筑设计人员应具备这方面的基础知识，以便在平面空间组合、立面造型设计中进行综合考虑。

多层厂房常用的结构类型可分为两大类：混合结构、钢筋混凝土结构、钢结构。

1）混合结构

混合结构，即楼板和屋盖为钢筋混凝土结构、砖墙承重的结构形式。这种结构可分为横向墙承重、纵向墙承重、外墙承重内框架结构三种。这种结构不宜在地震区采用，一般适用于楼面荷载不大、无振动设备、层数在五层以下的中小型厂房。

（1）纵横墙承重梁板结构。

当荷载小于 $5kN/m^2$，层数在四层以下时可以采用这种结构形式。在这种结构类型中，可以是纵墙承重，也可以横墙承重。纵墙承重，横向刚度差，但具有较大的灵活性。横墙承重，纵向刚度好，但厂房被横墙分隔成小间，工艺布置灵活性小。

(2) 砖砌外墙承重内框架结构。

这种结构适用于楼层荷载为 5～12kN/m^2 的厂房，与框架结构相比，它能够节约钢材和水泥，但层数不宜超过 5 层。

2) 框架结构

框架结构是目前多层厂房中最常用的结构形式。这种结构形式，构件截面小，自重轻，厂房的层数、跨度都无严格限制，门窗大小及位置都比较灵活。按受力方向的不同，一般有横向、纵向及纵横向受力框架三种。按施工方式的不同，有全现浇、半现浇、全装配及装配整体式四种形式。一般适用于荷载较重、振动较大、管道较多、工艺较复杂的厂房。墙体仅作为填充墙，起隔离围护的作用，所以选择轻质材料，以减轻厂房的荷载。

常用的框架结构有：梁板结构、无梁楼盖，还有大跨度桁架式框架结构等。

(1) 梁板式框架结构。

在这种结构形式中，柱承受梁板传递来的荷载。柱有长柱、短柱、明牛腿、暗牛腿之分，板可用空心板、槽形板或 T 形板。梁一般采用叠合梁，以减少结构高度。这种梁的下部是预制装配的，其上部在现场叠浇混凝土。为了保证楼层的整体性，在浇筑叠合梁时，同时在楼板上浇筑一层结合层，其厚度为 50～80mm。

长柱框架结构中，柱子长度是整个厂房的高度，在每层的横梁下伸出牛腿或设置暗牛腿，柱子上没有接头，刚度较短柱好。但柱子长度受施工条件的限制，一般不超过 30m。短柱按楼层高度设置，因此采用短柱框架结构时，厂房高度不受限制。短柱与梁的搭接与长柱相同，有明牛腿和暗牛腿两种方式。明牛腿方案中，梁柱连接构造简单，用钢量少，但室内不够整齐美观，伸出的牛腿容易积灰。暗牛腿方案的梁柱连接比前者复杂，用钢量多，但室内平整美观，要求防尘的洁净厂房多采用这种结构方案。公共建筑中常见的等跨梁板框架结构与此相似，如图 17.10所示。

图 17.10　梁板式框架结构

(2) 无梁楼盖框架结构。

无梁楼盖框架结构也是多层厂房经常采用的一种结构形式，适用于楼板荷载超过 $10kN/m^2$ 且无较大振动的厂房。印刷厂和仓库多采用这种结构。由于在这种结构方案中的板是双向受力，所以宜采用方形柱网。这种结构类型的优点是天花平整美观，为充分利用厂房内部空间创造了条件。

装配式无梁楼盖的承重骨架是由柱子、柱帽、柱间板和跨间板等构件组成。柱子四周伸出牛腿支承柱帽，在柱帽四周凹缘上搁置柱间板，作为骨架的水平构件，在柱间板的凹缘上再安放跨间板。如为整浇结构，在炎热地区，可将边柱外形成的空间围在室外，形成遮阳外廊，增加造型效果，如图 17.11 所示。

图 17.11 装配式无梁楼盖

(3) 大跨度桁架式结构。

大跨度桁架式结构适用于生产工艺要求大跨度的厂房。可采用无斜腹杆平行弦屋架作为技术夹层，以架设通风及其他各种技术管道。在桁架上、下弦上各铺一层楼板或轻钢骨架吊顶，上层为生产车间，而在夹层内既可安放工程管线，也可作为生活辅助房间，如图 17.12 和图 17.13 所示。

3) 钢结构。

钢框架结构体系是指沿房屋的纵向和横向采用钢梁和钢柱组成的框架结构来作为承重和抵抗侧力的结构体系。

钢框架结构体系优点是：能提供较大的内部空间，建筑平面布置灵活，适应多种类型的使用功能；一般是在工厂预制钢梁、钢柱，运送到施工现场再拼装连接成整体框架，其自重轻，抗震性能好，施工速度快，机械化程度高；结构简单，构件易于标准化和定型化，对层数不多的高层建筑而言，框架体系是一种比较经济合理、运用广泛的结构体系。

但同时它也存在一定的缺点，如用钢量稍大，耐火性能差，后期维修费用高，造价略高于混凝土框架。随着层数及高度的增加，除承受较大的竖向荷载外，抗侧力（风荷

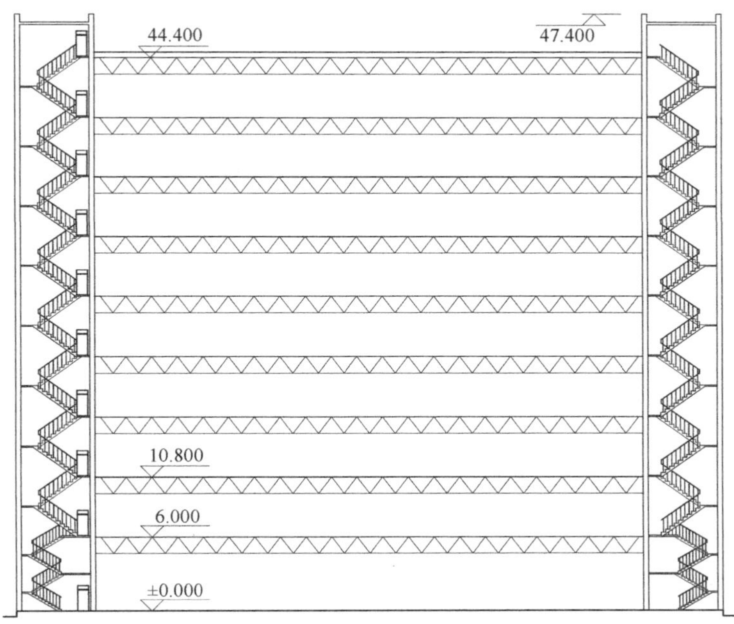

图 17.12　大跨度桁架式结构

图 17.13　大跨度桁架式结构厂房内景

载、地震作用等）要求也成为多层框架的主要承载特点。其基本结构体系一般可分为三种：柱-支撑体系、纯框架体系、框架-支撑体系。实际工程中以框架-支撑体系采用较多，这种体系形式是在厂房的横向用纯钢框架，纵向布置适当数量的竖向柱间支撑，用来加强厂房的纵向刚度，以减少框架的用钢量，并且由于横向纯框架无柱间支撑，便于生产、人流、物流等功能的安排。

学习重点

重点关注：

1. 多层厂房交通运输空间设计。
2. 多层厂房消防疏散设计。

框架结构体系横向刚度较好，横梁高度也较小，是比较经济的结构形式。钢结构体系具有自重轻、安装容易、施工周期短、抗震性能好、投资回收快、环境污染少等综合优势，从目前来看，钢结构建筑是对城市环境影响最小的结构之一，在西方已被广泛采用，所以被称为绿色建筑。与钢筋混凝土结构相比，钢结构更具有在“高、大、轻”三方面发展的独特优势。因此，两者相结合可以达到更好的使用功能效果。

在厂房设计中，各类产品的生产厂房形式多样，即使同类产品的生产厂房也因工艺的不同而各异，所以，应根据具体情况选择适合的结构形式。

17.1.3 多层厂房的交通运输与消防疏散设计

在多层厂房中，不仅有水平交通运输，而且增加了垂直交通运输，以保证各层车间之间的联系。在多层厂房中，生产的产品和设备的体量一般都比较小，重量比较轻，水平运输工具多采用手推车、电瓶车或运输带，而各层之间的垂直交通运输则主要通过楼、电梯来解决。楼、电梯经常布置在一起组成交通运输枢纽。由于工人上下班都是通过楼、电梯，为了使人流路线短捷，生活辅助房间多布置在楼、电梯附近，因此设计时，二者的布置最好同时考虑。随着生产技术的发展，有的企业层间运输开始采用垂直运输带装置。

多层厂房的消防疏散与单层厂房的消防疏散相比，显得尤为重要。无论从人员疏散、设备设施的重要性，以及火灾扑救的困难程度上，多层厂房都有其特殊性。

1. 多层厂房交通运输空间设计

1）布置原则

交通运输枢纽的布置是否合理，对于厂房的人流和货流组织有着直接影响，它在一定程度上决定了人、货流的流向和工部的组合，同时影响着立面造型，所以对于交通运输枢纽的布置要给予足够的重视。

首先，楼、电梯间的位置应结合工厂总平面图的道路、出入口布置统一考虑，使其有利于交通，方便运输。楼、电梯间的位置要保证人、货流通畅近便，避免曲折迂回，在多层厂房中，电梯是货运的主要运输工具，所以电梯前须留有货运回转堆放场地，以免堵塞交通。其次，在货运量大的情况下，应尽可能避免人、货流交叉。人流和货流宜分别有自己的单独出入口，只有当货运量不大时，货流入口方可兼做人流出入口。楼、电梯是厂房中的固定设施，一旦建成，不可能变动，枢纽最好布置在大空间的边侧，以保证大空间的完整性，从而为厂房的灵活性创造条件。

垂直交通枢纽是多层厂房立面造型的有机组成部分，是厂房的重点处理部位，可使立面造型生动富有变化，所以在满足生产使用要求的基础上，还可用其为立面处理创造条件。除此之外，楼、电梯间的主要出入口位置要明显，其数量及布置应满足有关防火安全疏散的要求。

在满足生产使用要求的基础上，楼、电梯间的位置应为厂房的空间组织及立面造型创造良好条件。

2）布置方式

（1）人、货流同一出入口的布置：当货运量不大时，人、货流可使用同一出入口（见图 17.14），亦可用于以货运为主兼作人流疏散。此时，楼电梯可以相邻布置，也可以相对布置。无论哪种布置方式，电梯前均须留有缓冲区带，并使人流进入门厅后，迅速转入楼梯间，与货流路线适当分开，减小人、货流交叉混杂的矛盾。

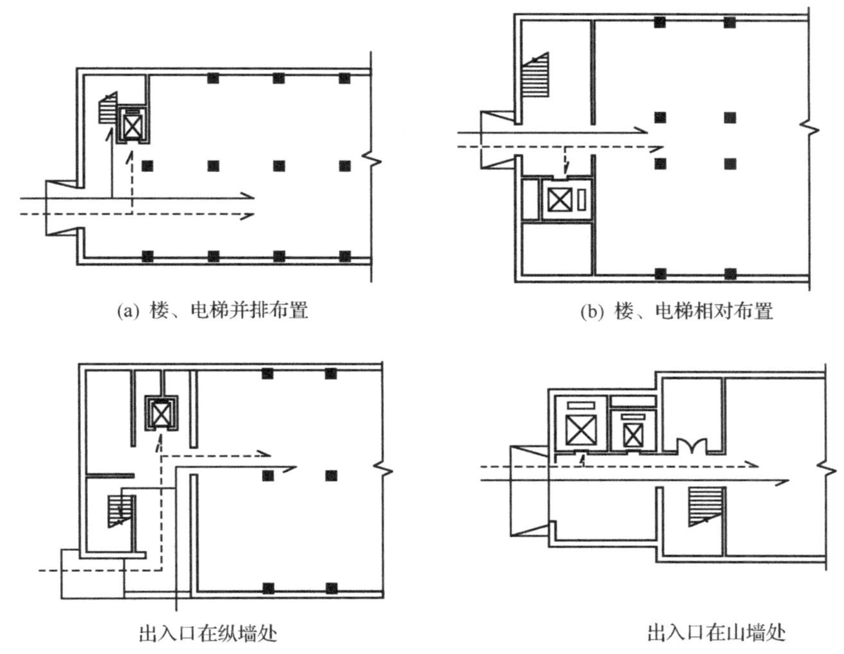

(a) 楼、电梯并排布置　　(b) 楼、电梯相对布置

出入口在纵墙处　　出入口在山墙处

(c) 楼、电梯相对错开布置

图 17.14　人、货流同一出入口布置举例

——→ 人流　----→ 货流

(2) 人、货流分别设置出入口的楼、电梯布置：当货运量较大时，人、货流需要分别设置出入口，以避免相互交叉干扰。图 17.15 为人、货流从厂房相邻或相对两侧进入车间的布置，人、货流分开。

2. 多层厂房消防疏散设计

多层厂房设计时，除遵守相关工艺的特定规范、规定外，必须遵守《建筑设计防火规范》(GB50016—2006)的相关规定。

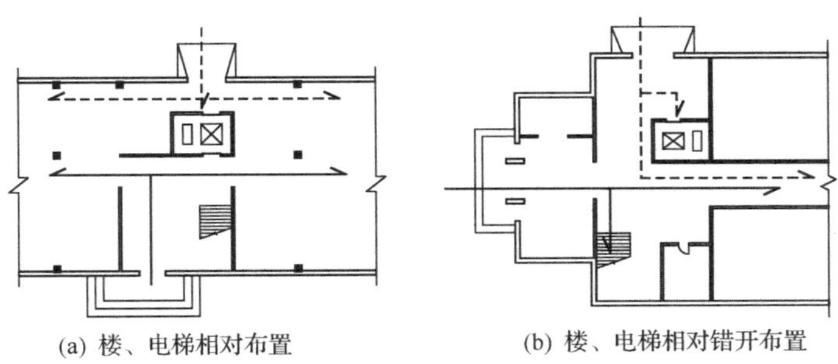

(a) 楼、电梯相对布置　　(b) 楼、电梯相对错开布置

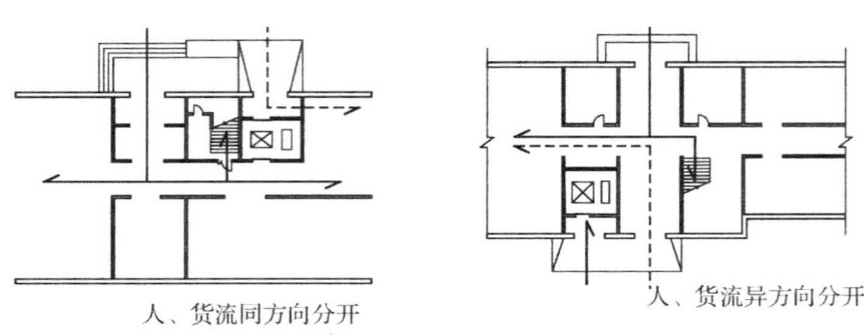

(c) 楼、电梯并排布置

图 17.15 人、货流从厂房相邻两侧边进入厂房的布置举例

——→ 人流 ----→ 货流

1）厂房的火灾危险性与耐火等级的确定

厂房生产的火灾危险性应根据生产中使用或产生的物质性质及其数量等因素，分为甲、乙、丙、丁、戊五类，并应符合表 17.1 的规定。

表 17.1 生产的火灾危险性分类

生产类别	使用或产生下列物质的生产的火灾危险性特征
甲	1. 闪点小于 28℃的液体 2. 爆炸下限小于 10%的气体 3. 常温下能自行分解或在空气中氧化能导致迅速自燃或爆炸的物质 4. 常温下受到水或空气中水蒸气的作用，能产生可燃气体并引起燃烧或爆炸的物质 5. 遇酸、受热、撞击、摩擦、催化以及遇有机物或硫黄等易燃的无机物，极易引起燃烧或爆炸的强氧化剂 6. 受撞击、摩擦或与氧化剂、有机物接触时能引起燃烧或爆炸的物质 7. 在密闭设备内操作温度大于等于物质本身自燃点的生产
乙	1. 闪点大于等于 28℃，但小于 60℃的液体 2. 爆炸下限大于等于 10%的气体 3. 不属于甲类的氧化剂 4. 不属于甲类的化学易燃危险固体 5. 助燃气体 6. 能与空气形成爆炸性混合物的浮游状态的粉尘、纤维、闪点大于等于 60℃的液体雾滴
丙	1. 闪点大于等于 60℃的液体 2. 可燃固体
丁	1. 对不燃烧物质进行加工，并在高温或熔化状态下经常产生强辐射热、火花或火焰的生产 2. 利用气体、液体、固体作为燃料或将气体、液体进行燃烧作其他用的各种生产 3. 常温下使用或加工难燃烧物质的生产
戊	常温下使用或加工不燃烧物质的生产

以上仅是厂房生产的火灾危险性的判定条件，执行和参考均不方便，所以在《建筑设计防火规范》(GB50016—2006)的条文说明中，对应相应类别的火灾危险性，分类举例说明厂房的分级标准。详见表 17.2。

表 17.2 生产的火灾危险性分类举例

生产类别	举 例
甲	1. 闪点小于 28℃的油品和有机溶剂的提炼、回收或洗涤部位及其泵房，橡胶制品的涂胶和胶浆部位，二硫化碳的粗馏、精馏工段及其应用部位，青霉素提炼部位，原料药厂的非纳西汀车间的烃化、回收及电感精馏部位，皂素车间的抽提、结晶及过滤部位，冰片精制部位，农药厂乐果厂房，敌敌畏的合成厂房，磺化法糖精厂房，氯乙醇厂房，环氧乙烷、环氧丙烷工段，苯酚厂房的磺化、蒸馏部位，焦化厂吡啶工段，胶片厂片基厂房，汽油加铅室，甲醇、乙醇、丙酮、丁酮异丙醇、醋酸乙酯、苯等的合成或精制厂房，集成电路工厂的化学清洗间(使用闪点小于 28℃的液体)，植物油加工厂的浸出厂房 2. 乙炔站，氢气站，石油气体分馏（或分离）厂房，氯乙烯厂房，乙烯聚合厂房，天然气、石油伴生气、矿井气、水煤气或焦炉煤气的净化（如脱硫）厂房压缩机室及鼓风机室，液化石油气灌瓶间，丁二烯及其聚合厂房，醋酸乙烯厂房，电解水或电解食盐厂房，环己酮厂房，乙基苯和苯乙烯厂房，化肥厂的氢氮气压缩厂房，半导体材料厂使用氢气的拉晶间，硅烷热分解室 3. 硝化棉厂房及其应用部位，赛璐珞厂房，黄磷制备厂房及其应用部位，三乙基铝厂房，染化厂某些能自行分解的重氮化合物生产，甲胺厂房，丙烯腈厂房 4. 金属钠、钾加工厂房及其应用部位，聚乙烯厂房的一氧二乙基铝部位，三氯化磷厂房，多晶硅车间三氯氢硅部位，五氧化磷厂房 5. 氯酸钠、氯酸钾厂房及其应用部位，过氧化氢厂房，过氧化钠、过氧化钾厂房，次氯酸钙厂房 6. 赤磷制备厂房及其应用部位，五硫化二磷厂房及其应用部位 7. 洗涤剂厂房石蜡裂解部位，冰醋酸裂解厂房
乙	1. 闪点大于等于 28℃至小于 60℃的油品和有机溶剂的提炼、回收、洗涤部位及其泵房，松节油或松香蒸馏厂房及其应用部位，醋酸酐精馏厂房，己内酰胺厂房，甲酚厂房，氯丙醇厂房，樟脑油提取部位，环氧氯丙烷厂房，松针油精制部位，煤油灌桶间 2. 一氧化碳压缩机室及净化部位，发生炉煤气或鼓风炉煤气净化部位，氨压缩机房 3. 发烟硫酸或发烟硝酸浓缩部位，高锰酸钾厂房，重铬酸钠（红钒钠）厂房 4. 樟脑或松香提炼厂房，硫黄回收厂房，焦化厂精萘厂房 5. 氧气站，空分厂房 6. 铝粉或镁粉厂房，金属制品抛光部位，煤粉厂房，面粉厂的碾磨部位，活性炭制造及再生厂房，谷物筒仓的工作塔，亚麻厂的除尘器和过滤器室
丙	1. 闪点大于等于 60℃的油品和有机液体的提炼、回收工段及其抽送泵房，香料厂的松油醇部位和乙酸松油脂部位，苯甲酸厂房，苯乙酮厂房，焦化厂焦油厂房，甘油、桐油的制备厂房，油浸变压器室，机器油或变压器油灌桶间，润滑油再生部位，配电室（每台装油量大于 60kg 的设备），沥青加工厂房，植物油加工厂的精炼部位 2. 煤、焦炭、油母页岩的筛分、转运工段和栈桥或储仓，木工厂房，竹、藤加工厂房，橡胶制品的压延、成型和硫化厂房，针织品厂房，纺织、印染、化纤生产的干燥部位，服装加工厂房，棉花加工和打包厂房，造纸厂备料、干燥厂房，印染厂成品厂房，麻纺厂粗加工厂房，谷物加工房，卷烟厂的切丝、卷制、包装厂房，印刷厂的印刷厂房，毛涤厂选毛厂房，电视机、收音机装配厂房，显像管厂装配工段烧枪间，磁带装配厂房，集成电路工厂的氧化扩散间、光刻间，泡沫塑料厂的发泡、成型、印片压花部位，饲料加工厂房

生产类别	举　例
丁	1. 金属冶炼、锻造、铆焊、热轧、铸造、热处理厂房 2. 锅炉房，玻璃原料熔化厂房，灯丝烧拉部位，保温瓶胆厂房，陶瓷制品的烘干、烧成厂房，蒸汽机车库，石灰焙烧厂房，电石炉部位，耐火材料烧成部位，转炉厂房，硫酸车间焙烧部位，电极煅烧工段配电室（每台装油量小于等于60kg的设备） 3. 铝塑料材料的加工厂房，酚醛泡沫塑料的加工厂房，印染厂的漂炼部位，化纤厂后加工润湿部位
戊	制砖车间，石棉加工车间，卷扬机室，不燃液体的泵房和阀门室，不燃液体的净化处理工段，除镁合金外的金属冷加工车间，电动车库，钙镁磷肥车间（焙烧炉除外），造纸厂或化学纤维厂的浆粕蒸煮工段，仪表、器械或车辆装配车间，氟利昂厂房，水泥厂的轮窑厂房，加气混凝土厂的材料准备、构件制作厂房

根据厂房的火灾危险性判定标准，就可以确定厂房（仓库）的耐火等级了。厂房的耐火等级由高到低可分为一、二、三、四级。其构件的燃烧性能和耐火极限除本规范另有规定者外，不应低于表17.3的规定。

表17.3　厂房（仓库）建筑构件的燃烧性能和耐火极限（单位：h）

构件名称		耐火等级			
		一级	二级	三级	四级
墙	防火墙	不燃烧体3.00	不燃烧体3.00	不燃烧体3.00	不燃烧体3.00
	承重墙	不燃烧体3.00	不燃烧体2.50	不燃烧体2.00	难燃烧体0.50
	楼梯间和电梯井的墙	不燃烧体2.00	不燃烧体2.00	不燃烧体1.50	难燃烧体0.50
	疏散走道两侧的隔墙	不燃烧体1.00	不燃烧体1.00	不燃烧体0.50	难燃烧体0.25
	非承重外墙	不燃烧体0.75	不燃烧体0.50	难燃烧体0.50	难燃烧体0.25
	房间隔墙	不燃烧体0.75	不燃烧体0.50	难燃烧体0.50	难燃烧体0.25
柱		不燃烧体3.00	不燃烧体2.50	不燃烧体2.00	难燃烧体0.50
梁		不燃烧体2.00	不燃烧体1.50	不燃烧体1.00	难燃烧体0.50
楼板		不燃烧体1.50	不燃烧体1.00	不燃烧体0.75	难燃烧体0.50
屋顶承重构件		不燃烧体1.50	不燃烧体1.00	难燃烧体0.50	燃烧体
疏散楼梯		不燃烧体1.50	不燃烧体1.00	不燃烧体0.75	燃烧体
吊顶（包括吊顶搁栅）		不燃烧体0.25	难燃烧体0.25	难燃烧体0.15	燃烧体

耐火极限是指在标准耐火试验条件下，建筑构件、配件或结构从受到火的作用时起，到失去稳定性、完整性或隔热性时止的这段时间（耐火极限用h表示）。

防火规范中的规定大部分都是要求强制性执行的规定。如二级耐火等级的多层厂房或多层仓库中的楼板，当采用预应力和预制钢筋混凝土楼板时，其耐火极限不应低于0.75h；一、二级耐火等级厂房（仓库）的上人平屋顶，其屋面板的耐火极限分别不应低于1.50h和1.00h；一级耐火等级的单层、多层厂房（仓库）中采用自动喷水灭火系统进行全保护时，其屋顶承重构件的耐火极限不应低于1.00h；二级耐火等级厂房的屋顶承重构件可采用无保护层的金属构件，其中能受到甲、乙、丙类液体火焰影响的部位应采取防火隔热保护措施。

多层厂房设计时，必须按照生产的类别，合理确定该厂房的耐火等级、层数和每个防火分区的最大允许建筑面积（除本规范另有规定者外，应符合表 17.4 的规定）。

表 17.4　厂房的耐火等级、层数和防火分区的最大允许建筑面积

生产类别	厂房的耐火等级	最多允许层数	每个防火分区的最大允许建筑面积/m²			
			单层厂房	多层厂房	高层厂房	地下、半地下厂房，厂房的地下室、半地下室
甲	一级	除生产必须采用多层者外，宜采用单层	4000	3000	—	—
	二级		3000	2000	—	—
乙	一级	不限	5000	4000	2000	—
	二级	6	4000	3000	1500	—
丙	一级	不限	不限	6000	3000	500
	二级	不限	8000	4000	2000	500
	三级	2	3000	2000	—	—
丁	一、二级	不限	不限	不限	4000	1000
	三级	3	4000	2000	—	—
	四级	1	1000	—	—	—
戊	一、二级	不限	不限	不限	6000	1000
	三级	3	5000	3000	—	—
	四级	1	1500	—	—	—

注：1）防火分区之间应采用防火墙分隔。除甲类厂房外的一、二级耐火等级单层厂房，当其防火分区的建筑面积大于本表规定，且设置防火墙确有困难时，可采用防火卷帘或防火分隔水幕分隔。采用防火卷帘时应符合本规范第 7.5.3 条的规定；采用防火分隔水幕时，应符合现行国家标准《自动喷水灭火系统设计规范》(GB50084－2001)的有关规定。

2）除麻纺厂房外，一级耐火等级的多层纺织厂房和二级耐火等级的单层、多层纺织厂房，其每个防火分区的最大允许建筑面积可按本表的规定增加 0.5 倍，但厂房内的原棉开包、清花车间均应采用防火墙分隔。

3）一、二级耐火等级的单层、多层造纸生产联合厂房，其每个防火分区的最大允许建筑面积可按本表的规定增加 1.5 倍。一、二级耐火等级的湿式造纸联合厂房，当纸机烘缸罩内设置自动灭火系统、完成工段设置有效灭火设施保护时，其每个防火分区的最大允许建筑面积可按工艺要求确定。

4）一、二级耐火等级的谷物筒仓工作塔，当每层工作人数不超过 2 人时，其层数不限。

5）一、二级耐火等级卷烟生产联合厂房内的原料、备料及成组配方、制丝、储丝和卷接包、辅料周转、成品暂存、二氧化碳膨胀烟丝等生产用房应划分独立的防火分隔单元，当工艺条件许可时，应采用防火墙进行分隔。其中制丝、储丝和卷接包车间可划分为一个防火分区，且每个防火分区的最大允许建筑面积可按工艺要求确定。但制丝、储丝及卷接包车间之间应采用耐火极限不低于 2.00h 的墙体和 1.00h 的楼板进行分隔。厂房内各水平和竖向分隔间的开口应采取防止火灾蔓延的措施。

6）本表中“—”表示不允许。

2）厂房的防火间距

防火间距是指厂房建筑间的最小间距要求。从防止火灾蔓延角度和保障人员安全、减少财产损失来看，必须保证生产建筑之间具有必要的安全距离，也就是防火间距。在有条件的情况下，设计者应尽可能采用较大间距。

防火间距的确定主要综合考虑满足扑救火灾需要、防止火势向邻近建筑蔓延扩大以及节约用地等因素。影响防火间距的因素较多，条件各异。从火灾蔓延角度看，主要有“飞火”、“热对流”和“热辐射”等。

表 17.5　厂房之间以及其与乙、丙、丁、戊类仓库、民用建筑等之间的防火间距（单位：m）

名称			甲类厂房	单层、多层乙类厂房（仓库）	单层、多层丙、丁、戊类厂房（仓库）			高层厂房（仓库）	民用建筑		
					耐火等级				耐火等级		
					一、二级	三级	四级		一、二级	三级	四级
甲类厂房			12	12	12	14	16	13	25		
单层、多层乙类厂房			12	10	10	12	14	13	25		
单层、多层丙、丁类厂房	耐火等级	一、二级	12	10	10	12	14	13	10	12	14
		三级	14	12	12	14	16	15	12	14	16
		四级	16	14	14	16	18	17	14	16	18
单层、多层戊类厂房		一、二级	12	10	10	12	14	13	6	7	9
		三级	14	12	12	14	16	15	7	8	10
		四级	16	14	14	16	18	17	9	10	12
高层厂房			13	13	13	15	17	13	13	15	17
室外变、配电站变压器总油量/t	≥5，≤10		25	25	12	15	20	12	15	20	25
	>10，≤50				15	20	25	15	20	25	30
	>50				20	25	30	20	25	30	35

注：1）建筑之间的防火间距应按相邻建筑外墙的最近距离计算，如外墙有凸出的燃烧构件，应从其凸出部分外缘算起。

2）乙类厂房与重要公共建筑之间的防火间距不宜小于 50m。单层、多层戊类厂房之间及其与戊类仓库之间的防火间距，可按本表的规定减少 2m。为丙、丁、戊类厂房服务而单独设立的生活用房应按民用建筑确定，与所属厂房之间的防火间距不应小于 6m。必须相邻建造时，应符合本表注 3）、4）的规定。

3）两座厂房相邻较高一面的外墙为防火墙时，其防火间距不限，但甲类厂房之间不应小于 4m。两座丙、丁、戊类厂房相邻两面的外墙均为不燃烧体，当无外露的燃烧体屋檐每面外墙上的门窗洞口面积之和各小于等于该外墙面积的 5%，且门窗洞口不正对开设时，其防火间距可按本表的规定减少 25%。

4）两座一、二级耐火等级的厂房，当相邻较低一面外墙为防火墙且较低一座厂房的屋顶耐火极限不低于 1.00h，或相邻较高一面外墙的门窗等开口部位设置甲级防火门窗或防火分隔水幕或按本规范第 7.5.3 条的规定设置防火卷帘时，甲、乙类厂房之间的防火间距不应小于 6m；丙、丁、戊类厂房之间的防火间距不应小于 4m。

5）变压器与建筑之间的防火间距应从距建筑最近的变压器外壁算起。发电厂内的主变压器，其油量可按单台确定。

6）耐火等级低于四级的原有厂房，其耐火等级应按四级确定。

“飞火”与风力、火焰高度有关。在大风情况下，从火场飞出的“火团”可达数十米至数百米。显然，如以“飞火”为主要危险源，要求距离太大，难以做到。

“热对流”主要考虑热气流喷出窗口后会向上升腾，对相邻建筑的火灾蔓延影响较“热辐射”小，可以不考虑。

“热辐射”，火灾时建筑物可能产生的热辐射强度是确定防火间距应考虑的主要因素。热辐射强度与消防扑救力量、火灾延续时间、可燃物的性质和数量、相对外墙开口面积的大小、建筑物的长度和高度以及气象条件等有关。

因此，规范规定防火间距主要是根据当前消防扑救力量，结合火灾实例和消防灭火的实际经验确定的。除规范另有规定者外，厂房之间以及其与乙、丙、丁、戊类仓库，民用建筑等之间的防火间距不应小于表 17.5中规定。

3）厂房的防爆设计

个别生产工艺的生产中有爆炸的危险，带来的伤害与损失也非常大，经实际调查，有爆炸危险的厂房设置足够的泄压面积后，可大大减轻爆炸时的破坏强度，避免因主体结构遭受破坏而造成重大人员伤亡和经济损失。因此，防爆厂房围护结构要求有相适应的泄压面积，承重结构以及重要部位应具备足够的抗爆性能。

框架或排架结构形式便于墙面开设大面积的门窗洞口或采用轻质墙体作为泄压面积，能为厂房设计成敞开或半敞开式的建筑形式提供有利条件。此外，框架和排架的结构整体性强，较之砖墙承重结构的抗爆性能好。因此规定易爆厂房尽量采用敞开、半敞开式厂房，并且采用钢筋混凝土柱、钢柱承重的框架和排架结构，能够起到良好的减爆效果。因防爆与抗爆设计在日常设计中应用较少，有其专业性的特点，在本节里就不再叙述了。

4）厂房内楼梯间的设置与疏散

楼梯间或安全出入口位置的确定除满足工艺要求外，还应满足防火规范的要求。即楼梯或安全出入口至厂房内最远点的距离，需根据不同的生产类别、建筑耐火等级，按照防火规范的规定，满足安全疏散的要求。

由厂房内最远工作地点至外部出口或楼梯间最大的距离如表 17.6 所示。

除以上的规定外，厂房防火设计中还应遵循以下规定：

厂房的安全出口应分散布置。每个防火分区以及一个防火分区的每个楼层，其相邻 2 个安全出口最近边缘之间的水平距离不应小于 5m。厂房的每个防火分区以及一个防火分区内的每个楼层，其安全出口的数量应经计算确定，且不应少于 2 个。当符合下列条件时，可设置 1 个安全出口：

表 17.6 厂房内任一点到最近安全出口的距离（单位：m）

生产类别	耐火等级	单层厂房	多层厂房	高层厂房	地下、半地下厂房或厂房的地下室、半地下室
甲	一、二级	30	25	—	—
乙	一、二级	75	50	30	—
丙	一、二级 三级	80 60	60 40	40 —	30 —
丁	一、二级 三级 四级	不限 60 50	不限 50 —	50 — —	45 — —
戊	一、二级 三级 四级	不限 100 60	不限 75 —	75 — —	60 — —

(1) 甲类厂房，每层建筑面积小于等于 $100m^2$，且同一时间的生产人数不超过 5 人。

(2) 乙类厂房，每层建筑面积小于等于 $150m^2$，且同一时间的生产人数不超过 10 人。

(3) 丙类厂房，每层建筑面积小于等于 $250m^2$，且同一时间的生产人数不超过 20 人。

(4) 丁、戊类厂房，每层建筑面积小于等于 $400m^2$，且同一时间的生产人数不超过 30 人。

(5) 地下、半地下厂房或厂房的地下室、半地下室，其建筑面积小于等于 $50m^2$，经常停留人数不超过 15 人。

厂房内的疏散楼梯、走道、门的各自总净宽度应根据疏散人数，按表 17.7 的规定经计算确定。但疏散楼梯的最小净宽度不宜小于 1.1m，疏散走道的最小净宽度不宜小于 1.4m，门的最小净宽度不宜小于 0.9m。当每层人数不相等时，疏散楼梯的总净宽度应分层计算，下层楼梯总净宽度应按该层或该层以上人数最多的一层计算。首层外门的总净宽度应按该层或该层以上人数最多的一层计算，且该门的最小净宽度不应小于 1.2m。

表 17.7 厂房疏散楼梯、走道和门的净宽度指标（单位：m/百人）

厂房层数	一、二层	三层	≥四层
宽度指标	0.6	0.8	1

17.1.4 多层厂房生活间设计

在多层厂房中除布置各生产部门外，为了保证生产的正常进行，还需设置各种辅助和生活用房，例如存衣室、厕所、盥洗室、淋浴室、休息室以及行政、技术管理办公室等，用来满足工人在生产中的生活福利和生产管理的需要。

1. 生活间的组成和设备

生活间的组成是以生产工艺的卫生特征为依据，按照国家制定的《工业企业设计卫生标准》(TJ36－79)确定的。主要由存衣室、厕所、盥洗室、淋浴室、休息室以及行政、技术管理办公室等组成，与单层厂房相似，故参见本书单层厂房生活间设计部分。

2. 生活间的布置要点

（1）多层厂房的生活间应根据生产特征（如防尘要求及洁净等级）设置必要的换鞋、更衣等用房。

（2）生活间应上下对位，以便管线垂直布置。

（3）生活间的位置应符合工厂总平面和厂房的人流和货流路线。

（4）生活间的位置不应影响厂房的工艺布置。其空间组成应对工艺变更有一定的适应性。

（5）多层厂房中常将生活间与楼电梯间、竖井及其他公用房间集中起来设计成一个平面与竖向的共用单元。

3. 生活间的布置方式

生活间的位置须结合总平面布置形式，综合考虑人流、货流的流动方向，首先要使工人进入厂房后经过生活间到达工作地点的路线符合工艺要求，而后交通路线要便捷、安全，避免与货流路线交叉，不要妨碍厂房的天然采光和自然通风。

生活辅助房间可归纳为下列几种布置方式：

1）生活间布置在厂房内部

如图 17.16 和图 17.17 所示，这种布置方式的特点是生活辅助房间的结构与主厂房相同，构件类型少，构造简单。

> **学习重点**
>
> **重点关注：**
> 1. 生活间的布置要点。
> 2. 生活间的布置方式。

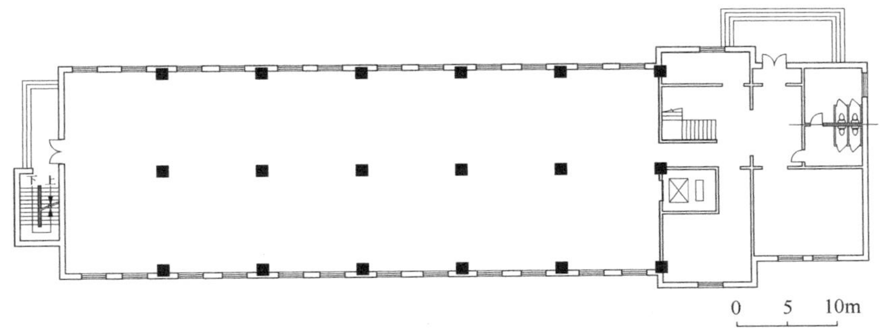

图 17.16 车间端头毗连式生活间

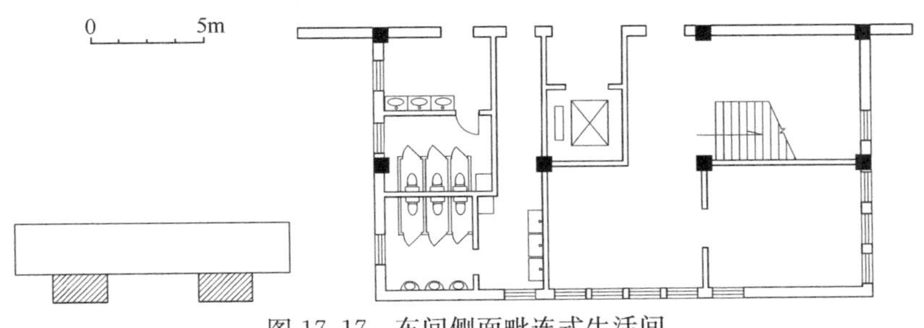

图 17.17 车间侧面毗连式生活间

在其位于厂房的一端或一角的情况下，当工艺变更或设备更新需要改变厂房布局时，可以把这些房间移走变成生产面积，因而具有比较大的灵活性。缺点是生活辅助房间的楼板荷载比较轻，却布置在楼板荷载比较大的生产地段上，空间利用得也不充分。所以在这种布置中，生活辅助房间的造价高，不经济。布置在一侧的做法大致相同。

当厂房宽度大时，生活辅助房间与交通运输枢纽组合在一起，布置在厂房中部光线较弱的地段上，形成生活辅助用房区带。图 17.18 所示为香港汇金工业大厦，这样布置，不占用有效的生产面积，结构简单，有利于厂房定型化，不影响车间的采光与通风，与四周的生产部分联系方便，在结构上可增加厂房的刚度。缺点是分割了厂房的大空间，工艺灵活性受到一定限制。楼梯在中间，没有直接对外的出口，对防火疏散不利，楼层高度与生产部分相同，土建造价高。

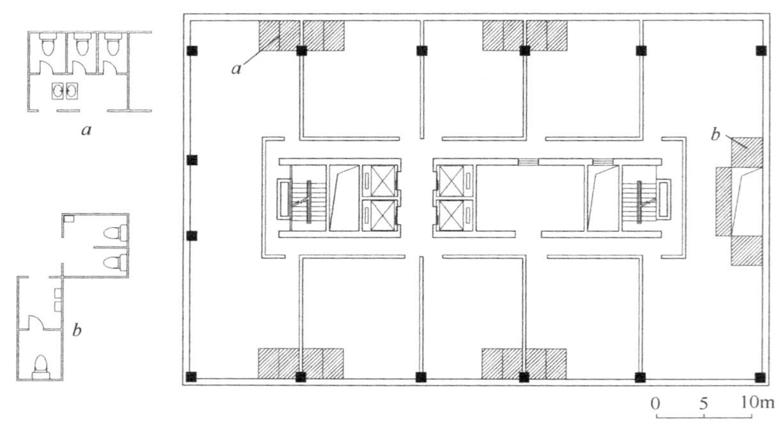

图 17.18 居中组合式生活间

2）生活间贴建于厂房外墙

这种布置方式不分割也不占用有效生产面积，为工艺布置带来较大的灵活性。在结构上自成体系，不影响主体结构的类型，有利于厂房定型化。其位置选择也比较灵活，并可使立面处理丰富而有变化。由于采用与厂房不同的荷载和层高，土建造价也比较低。缺点是平面外形复杂，对抗震不利，可能影响厂房的局部天然采光，如图 17.19 所示。

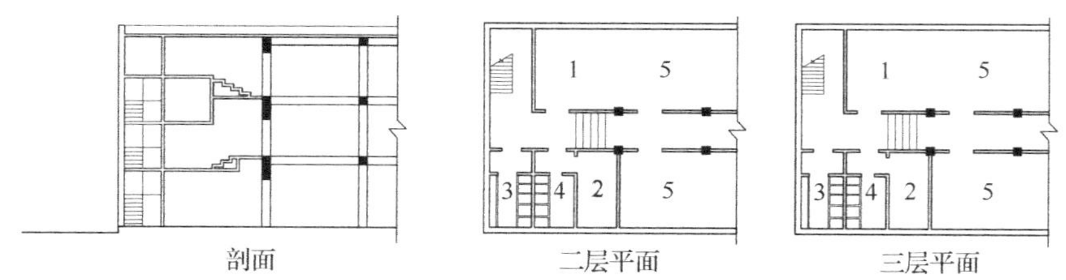

图 17.19 贴建于厂房端部的生活辅助房间布置举例

1. 男更衣室；2. 女更衣室；3. 男厕所；4. 女厕所；5. 车间

其位置可根据具体情况贴建于厂房的端部或侧面。贴建于厂房侧面时，位置适中，但影响厂房的采光和通风；贴建于端部时，可避免上述缺点，但当厂房比较长时，与生产部分联系不便。

在这种布置方式中，生活间与厂房的层高不相同，可采取错层的布置方式。根据厂房与生活间的高度，二者的高度比例可为1∶2、3∶3、3∶4、3∶5。

3）生活间布置在厂房不同区段连接处（插入体）

生活辅助房间以插入体的方式布置在厂房的不同区段上，可以与门厅、行政办公用房组合成厂房的主要出入口，设于厂房的一端或不同区段交接处，如图17.20所示。

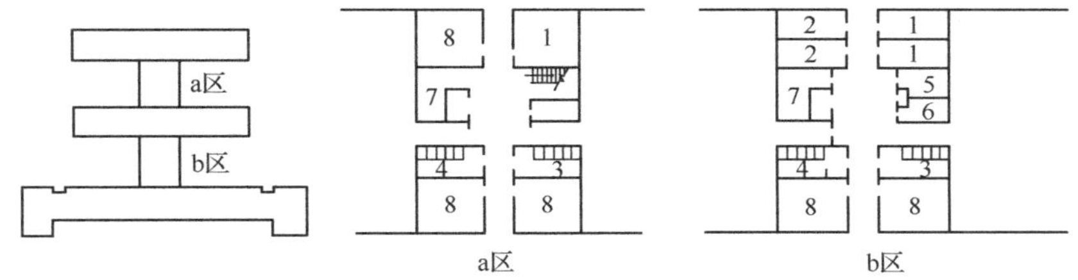

图17.20　生活辅助房间布置在厂房不同区段连接处

1. 男更衣室；2. 女更衣室；3. 男厕所；4. 女厕所；5. 男淋浴；6. 女淋浴；7. 哺乳室；8. 通风机房；

这种布置方式的平面布局与立面造型都比较灵活生动，易于满足城市规划和建设的要求，在实践中，采用这种布置方式的实例比较多，但它给结构带来了复杂性。

4）独立式生活间布置

将生活辅助房间单独布置，以廊或楼梯间与车间相连。这种布置方式不占用生产面积，结构自成体系，造价低，体型富有变化，但占地面积较多，如图17.21所示。

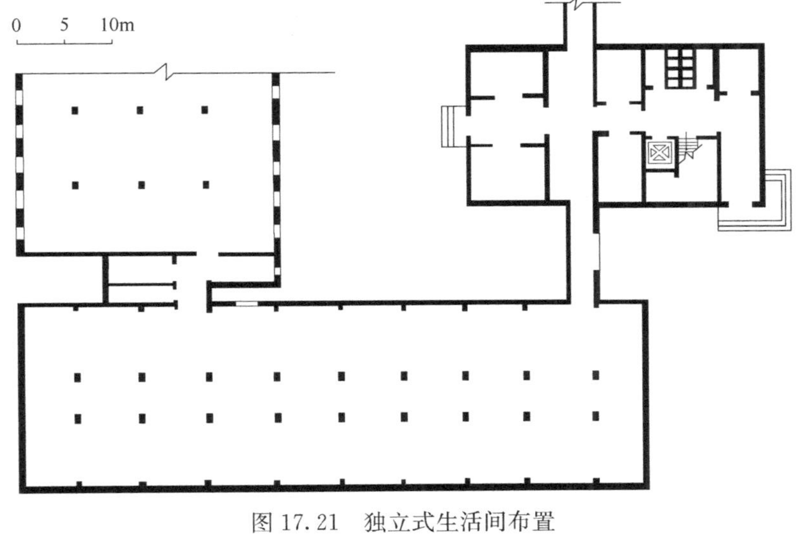

图17.21　独立式生活间布置

5）穿过式生活间布置

在洁净厂房中，为了满足洁净度的要求，在生活间布置上也采取了相应的措施，即必须采用穿过式生活间。在一般洁净度的厂房中，工人进入车间前，先进入生活间换鞋更衣，然后进入车间。在洁净度高的车间，工人则必须经过人身净化后，才准许进入车间，生活间则需根据换鞋更衣的次数进行布置。图 17.22 为我国某血液制剂生产楼。

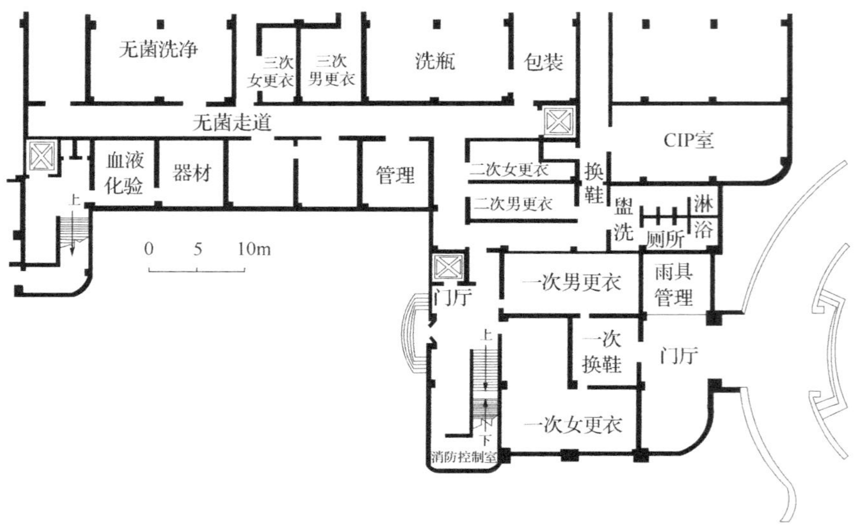

图 17.22　穿过式生活间布置

17.2　多层厂房的剖面设计

17.2.1　层数的确定

多层厂房层数的确定受到多种因素的制约。在我国，初期的多层厂房多为 3 层。随着经济与科学技术的发展，多层厂房的层数有所增加。目前 4～5 层居多，但是由于工艺的特殊要求以及城市地皮的限制等因素的影响，6 层以上的厂房逐年增加，个别厂房已达 12 层。在国外，甚至将几个生产不同产品的多层厂房集中在一幢大楼内，层数高达几十层，楼面荷载达 20kN/m^2 以上，形成高层的所谓“立体厂房”。所以确定厂房层数时，要根据实际情况具体分析确定。

1. 生产工艺要求

工艺流程及其各生产工部所需面积的比例等影响建筑层数的确定。如前所述，有的工厂的工艺流程是自上而下、靠材料自重进行运输，材料的运行过程和加工的工序确定了层数。在多层厂房中布置的各主要车间面积的相互比例对厂房层数也起着重要作用。例如手表厂的主厂房主要是由自动车车间、动件车间、静件车间、装配车间四大车间组成的，所以国内手表厂大多为 4 层。又如某些工厂，大型设备多，要求布置在底层，在这种情况下，底层面积的大小对厂房的层数也有一定的影响，亦可采取底层面积大，上面几层小的方案。

2. 城市规划的要求

按生产的卫生特征分类，工业企业大约有40%可布置在市区和近郊区，当厂房建在城市干道上或广场附近时，厂房的层数应满足城市规划的要求。例如某手表厂按工艺要求应建成4层，但是为了满足城市建设方面的需要，建成了6层。在我国的大城市中，如北京、上海等地，沿城市干道建设了不少多层厂房，对城市面貌起了很好的作用。

此外，城市用地紧张，地价昂贵，当工厂建在市区时，往往受地皮限制，这一因素迫使厂房向高空发展，增加了厂房的层数。

3. 层数的技术经济分析

层数的技术经济指标与所在地区的地质条件、建筑技术、建筑面积及其长宽都有关系。在地质条件较差的地区建厂时，厂房的层数不宜过多。若增加层数，则需采取相应的加固措施，有时是不经济的。混合结构与框架结构相比较，在层数较少的情况下，混合结构是经济的，但为高层时，则必须采用框架结构。

在同等条件下，经济层数和厂房的展开面积大小有关。展开面积大，合理的层数可提高。合理层数的确定与建筑的长度和宽度有关，如图17.23所示。从图中可看出，当宽度和长度增加时，经济层数有所增加，以4层为最经济。但是无论在那种情况下，层数增加到6层时，造价都是增加的趋势。

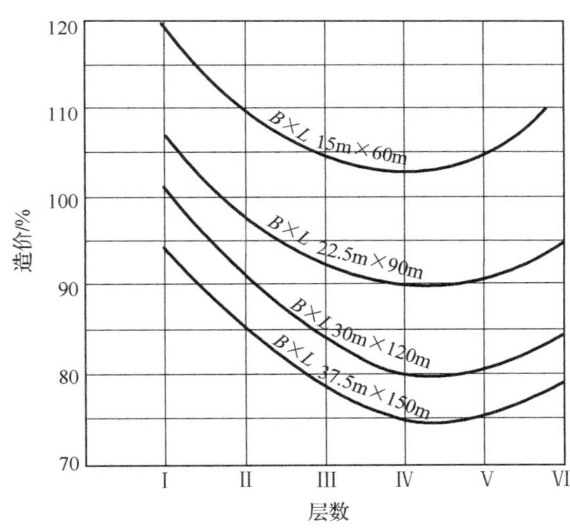

图 17.23　厂房层数与造价分析图表

B. 厂房宽度，m；*L*. 厂房长度，m

但是，当地价昂贵的条件下，上述结论则需结合当地的地价另作评价。

17.2.2　层高的确定

多层厂房的层高同生产工艺、采光、节能、通风和建筑造价都有密切关系。

学习重点

分析与思考：

1. 层数的确定应考虑哪些因素？

1. 生产工艺及设备

工艺布置及设备大小和排列对厂房的层高起着决定性作用。在厂房设有吊车和大型设备的情况下，厂房的高度必然相应增加。一般厂房的层高多在 4.8m 左右，但在有吊车的情况下，厂房的层高都在 6.0m 以上。

2. 采光

在多层厂房中，天然采光主要靠外墙上的侧窗来解决，因此厂房的宽度在自然采光的条件下，受采光的制约。经测试，单侧采光允许进深受开窗高度的影响较大，而受开窗宽度的影响较小，一般在窗宽、高为 2.4m 的情况下，采光等级由Ⅰ～Ⅳ（由高到低），单侧采光允许进深的最大值分别为 4.2m、4.5m、6m、9m。所以当进深过大、自然采光不足时，应采用人工照明补足。

3. 工程技术管道

在精密性生产的多层厂房中，需要设置空调管道，这些管道的断面一般比较大，为了保持车间的洁净，有时还需要设置吊顶，因而增加了厂房高度。此外，在设有空调的房间内，层高还要满足新风和室内空气混合时空气层的高度要求以及恒温区的高度要求，图 17.24 所示为恒温室空气层的分布。H_1 为恒温区，约为 1.7m；H_2 为新风和室内空气的混合压，为 1.5～2.0m；H_3 为结构和通风管的高度，为 1.0～1.5m。

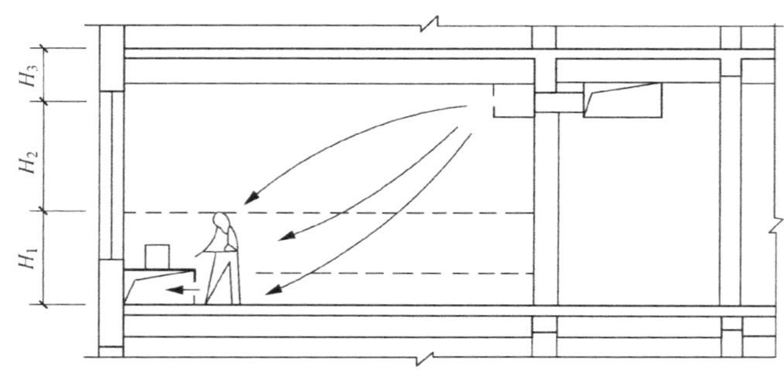

图 17.24　恒温室空气层的分布

4. 技术经济分析

层高与土建造价有关，图 17.25 表明不同层高与造价及材料消耗的关系。从图 17.25可以看出，单位面积的造价随着层高的提高而增加，每增加 0.6m，造价提高 8.3%。所以适当降低厂房层高，可获得比较好的经济指标。

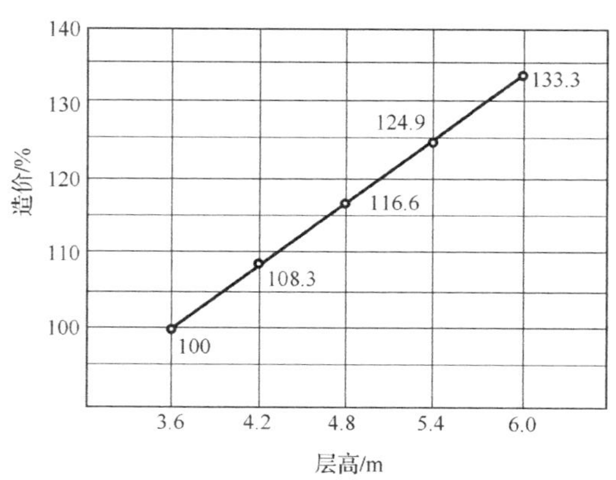

图 17.25　层高和单位面积造价

多层厂房层高的确定，在考虑上述要求的基础上，还要满足统一化要求。多层厂房的层高一般在3.9～6.0m，当有吊车时，还需适当提高。

17.3 多层厂房的体型与立面设计

作为代表企业形象的工业建筑，是人们为了满足生产和生活要求以及科学技术发展的要求而创造的空间环境，是提供并保证工业活动所需的最适宜的物理、生理及心理环境，同时，工业建筑也是吸引人才、宣传企业文化、树立企业形象的重要标志。因此，工业建筑自身的形象、合理的功能、优美的环境、新颖的造型、精致的工艺都会成为代言企业形象的标志。

多层厂房的建筑空间一般由主体空间（主要生产部分）、辅助空间（生活、办公、辅助等用房以及技术层、空调机房等）和联系空间（门厅、楼、电梯间、走廊通道及管道等）所组成。主体空间在体型上占主要地位，不同生产工艺的主体空间，其大小、形状等均不相同。辅助空间的体量一般均小于主体空间，可自行组合或组合在主体空间内。两者要配合恰当，达到丰富厂房造型的作用。联系空间则具有灵活多变的特点，而且由于它空间形体的多样化，能起到权衡协调的作用，是厂房体型组合中的可塑部分。

工业建筑的体型和立面处理在不同程度上决定于生产工艺，因此在做厂房的立面设计时，一般建筑构图原则的运用必须与内部的生产使用要求统一起来，用简练的手法、恰当的色彩表现工业建筑的性格和特色。

1. 体型组合

体型组合是建筑形象设计首先考虑的问题。

工业建筑是为生产服务的，多层厂房的体型组合必然与内部的生产特征有着密切的联系。由于在多层厂房内，一般多布置工厂的主要生产车间，所以无论在其功能上，还是在建筑体量上，都是该厂的主厂房或主要项目之一，左右着工厂建筑群的空间组合，它的体型设计，既要反映功能与工艺的需要，还应考虑整个厂区的完整与统一以及与周围环境的协调。图17.26为五粮液酒厂厂区鸟瞰图，其生产工艺的起伏变化及高低错落的设备，使建筑物形成了各种各样的体型组合，构成了独具特色的造型。

正确表现建筑物本身的特征，做到形式与内容一致。同时，应运用建筑构图的一般规律，组织完整的建筑群，并与周围的环境相协调。组合空间时，应突出重点，强调中心，恰当地确定体型和各个部分的比例。建筑体型宜简洁，但须避免单调枯燥，使变化富于统一之中，并使建筑的体量和外形与其围合的空间相呼应。同时应合理地选用材料和结构，适当地注意装饰和色彩。图17.27为我国秦山核电站，是我国自行设计、建造的第一座核电站，位于浙江省杭州湾西岸。它是一座30万kW压水

图 17.26　五粮液酒厂厂区鸟瞰图

堆核电站。该厂房造型与工艺结合得好，体现了工业厂房的简洁、明快、大方、醒目，整体宏伟、壮观，布局舒展、合理。图 17.28 为瑞士某机床厂，是较好的运用建筑构图一般规律的范例之一。

图 17.27　我国秦山核电站

体型组合在满足生产使用要求的基础上，还应运用建筑构图的一般规律，组织完整的建筑群，并与周围的环境相谐调。组合空间时，在突出重点，强调中心的同时，建筑体型宜简洁，但须避免单调枯燥，使变化富于统一之中，并使建筑的体量和外形与其围合的空间呼应。

图 17.28　瑞士某机床厂

2. 墙面处理

多层厂房墙面处理是在体型设计的基础上进行的，它是立面设计的重要部分。不同的生产工艺，对采光通风有着不同的要求，因此墙面，甚至屋顶上部的处理，对建筑外观影响较大。

一些精密性生产的工厂，因其加工的部件精密度高，天然采光标准为Ⅰ、Ⅱ级，须在明亮的环境中进行生产，一般在墙面上开设大片玻璃窗。有的厂房为了加强通风，将厂房设计成半开敞的形式，轻巧通透。有的厂房为了争取窗子的好朝向，将侧窗设计成锯齿形，立面形象新颖、生动活泼。有的厂房为了避免强烈的阳光射入车间，产生眩光，还经常采用在外立面上设置水平或垂直遮阳板的措施，它既起到了遮阳的作用，又丰富了厂房的立面造型，如图 17.29 所示。

(a) 明亮的大面积玻璃幕墙

(b) 需强烈自然通风的半敞开式厂房

(c) 设置遮阳板的厂房

(d) 反映内部结构的规律性开窗

图 17.29　不同厂房墙面处理方法

有的厂房是要求空调的密闭厂房，经常有大片的实墙面，图 17.30 所示为某空调密闭车间，该厂房采用大片的实墙，两种花纹的墙板交错成趣，在这类厂房中，即使开窗，也仅是为了适应工人的生活习惯而开的小面积“心理窗”。

图 17.30　某空调密闭车间

3. 结构形式与建筑材料的影响

墙面处理与结构的形式有着密切的联系。多层厂房大多为框架结构，梁柱与墙体、窗面的相互位置不同，立面造型亦有所不同。有的厂房采用暴露框架结构的形式，体现着平面功能与立面形式的统一。有的厂房为了使车间获得扩散光，采用了大片空心玻璃砖做墙面，并设部分可开启的玻璃窗，用以解决厂房的通风。有的厂房采用装配式墙板结构，立面随着结构形式的改变而出现了比较活泼、别具一格的立面造型。处理墙面经常以不同建筑材料的质感和色彩来丰富立面造型，如砖墙、粉刷饰面、板材、玻璃、砌块等，如图 17.31 所示。

(a) 外露框架结构

(b) 无梁楼盖

(c) 装配式墙板结构

图 17.31　多层厂房实例

4. 门窗组合

窗户是建筑的眼睛，门窗组合形式与比例是立面设计处理时应注意推敲的重要问题。多层厂房的墙面划分结合门窗组合形式可有垂直、水平、混合式。但无论采用哪种划分方式，窗子形式都不宜太多，避免墙面处理繁琐复杂。

水平划分一般是用墙体连系梁、带形窗、窗台板、遮阳板等构配件以及不同的建筑材料或线条划分墙面。舒展流畅的水平划分令人感到舒展、大方简洁；垂直划分的墙面不仅可用布置在墙体外侧的框架柱实现，也可用窗面变化、竖向遮阳板或砖砌竖向线条形成。竖向划分高耸挺拔，当表现厂房的宏伟或高大时，竖向划分容易获得较好的效果。混合划分形式可以采用横向和竖向遮阳板的组合或外露的框架结构来划分，既有横向线条又有竖向线条，二者交织形成，如图 17.32 所示。

图 17.32　门窗组合示例

5. 重点处理

多层厂房的体型与墙面设计以及门窗组合趋向于简洁规整。为了避免呆板单调，常采用楼、电梯构件有规律地凸出于墙面的手法，强调节奏感，使立面统一而又活泼生动，富有变化。图 17.33 所示为英国某仓库，它利用两个圆形楼梯间凸出于墙面的方法，打破了单调的条形立面处理，从而获得比较生动的效果。

图 17.33　英国某仓库

工业建筑因为其特殊的功能要求而需要不同的空间，这就可能形成特殊的建筑造型，如高大或超长的体量、高耸的构筑物、高架的管线或长廊、洁净车间无窗的立面、外露的结构和管线等，对这些进行整体考虑、全面安排、统一处理，与城市建设和周围环境配合协调，可以收到意想不到的艺术效果。

17.4　特定类型的多层厂房设计

17.4.1　多层通用厂房

多层通用厂房是没有固定工艺要求的多层通用性厂房，专为出租或出售而建，又叫多单元厂房或工业大厦。

早在 20 世纪 50～60 年代，英国、瑞典等一些西方工业发达国家，即已开始兴建并使用多层通用厂房。如 50 年代瑞典斯德哥尔摩工业区所建的三层出租厂房（见图 17.34），其生活、管理及交通枢纽布置在厂房中部，可分租给 1～5 家工厂。

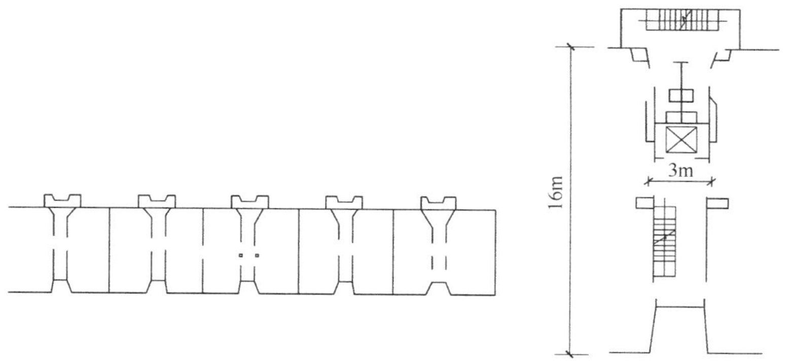

图 17.34　瑞典斯德哥尔摩某三层出租厂房

我国在改革开放之后，为了适应经济快速发展的需要，在经济特区建造了一批多层通用厂房。这些厂房一般由房地产公司投资建造，分层或分单元出租或出售给厂家。

随着建筑、结构、施工和垂直运输技术的发展，以及城市用地的日趋紧张，在现代大城市中，多层厂房的层数日益增加。20 世纪 70 年代以来，在英国、香港等地兴建了一批工业大厦，这种工业大厦有的高达 20 多层，集中的工厂达数十家。大厦内部空间能够适应不同部门的生产及工艺更新的需要，具有最大的通用性。目前在我国上海、北京等地也开始出现类似的工业大厦。

学习重点

重点关注：
1. 多层通用厂房设计要点。

1. 多层通用厂房适用范围

(1) 要求投产时间短，尽快出产品。

(2) 生产规模不大。

(3) 生产设备重量小。

(4) 对环境污染小。

(5) 对水、电、气供应的要求简单。

2. 多层通用厂房设计要点

(1) 在一个工业区内应有多种单元类型以满足不同规模的厂家需要。

(2) 尽可能选用较大的柱距及跨度，以利于生产线的灵活布置及改造。

(3) 厂房内装修仅做简单处理，厂家租用或购买后，再按需要进行二次装修，包括吊顶和隔墙。

(4) 厂房内应标明地面或楼面的允许使用荷载。

(5) 厂房的水、电供应在设计中统一考虑。厂房内留有适当的水、电接头点，各厂家应有自己独立的水、电表，其他动力设施、空调、通信等由厂家自行装设。

(6) 厂房应有完整的消防设施。

(7) 各单元应有独立的厕浴等卫生设备。

(8) 厂房周围应有停车场地，并有站台等设施。一、二层可作仓库或停车库。

3. 多层通用厂房平面形式

(1) 分段式：每段为 500～1500m^2，可分段出租或出售，如图 17.35 所示。

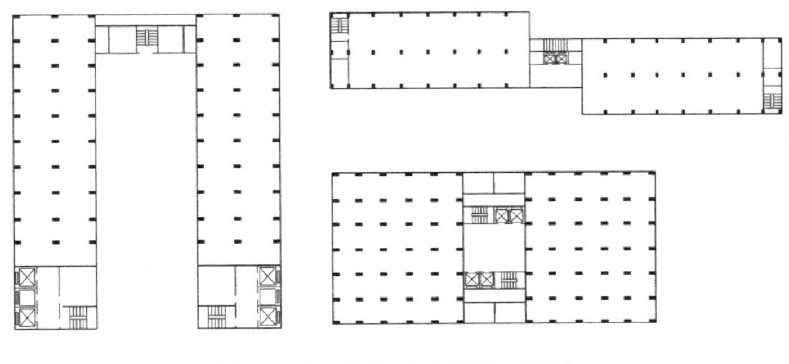

图 17.35　分段式多层通用厂房

（2）一段式：每层 1000～1500m²，少数厂房可为 5000m²，可分层出租或出售，如图 17.36 所示。

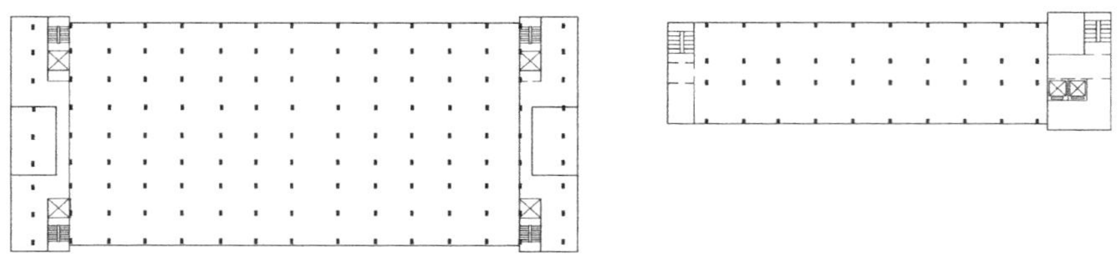

图 17.36　一段式多层通用厂房

（3）大单元并列式：每单元 500～1500m²，可分层或分单元出租或出售，如图 17.37所示。

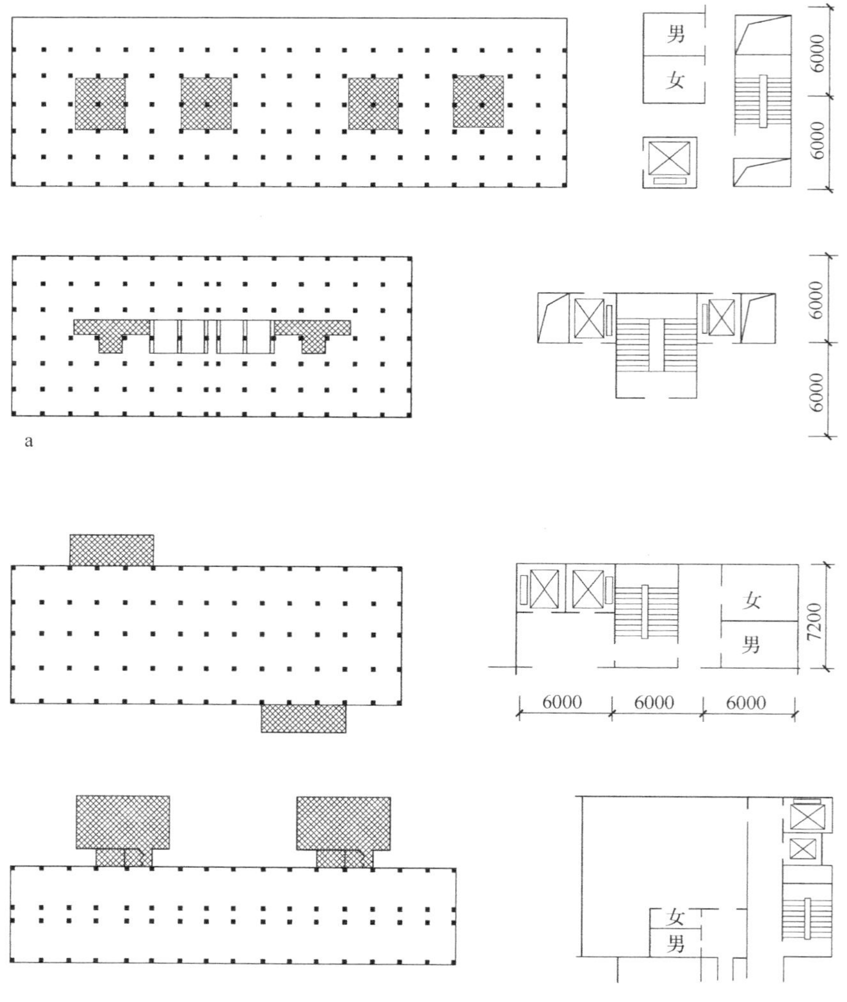

图 17.37　单元并列式多层通用厂房

（4）小单元集团式：每单元 150～500m²，可按小单元出租或出售，如图 17.38 所示。

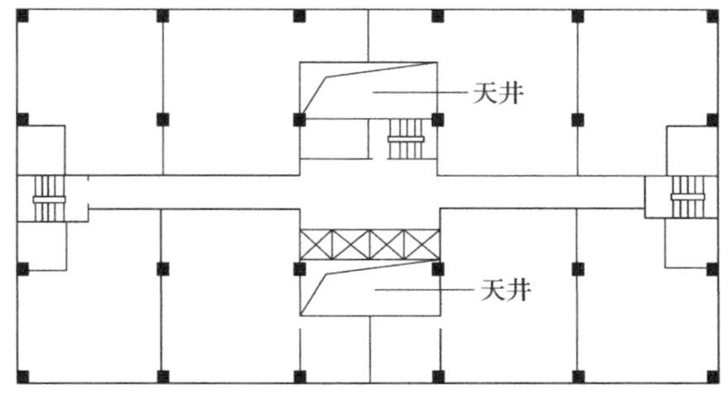

图 17.38　小单元集团式多层通用厂房

对于一般厂房，虽是按照一定工艺流程等具体条件设计的，但从扩大生产、技术改造、产品改型与工艺变更等适应工业现代化的要求来看，也应在设计之初适当考虑通用性与适应性的要求。

4. 多层通用厂房实例——春源工业村通用厂房

作为中国最早的改革开放城市之一的汕头市，从 20 世纪 80 年代起便成为了海内外投资者重点关注的地区。考虑各种类型小工业和商业企业的安置，出现了一批可供租售的生产性建筑物，该通用厂房便是其中之一。该厂房占地 5 千多平方米，地上九层，半地下一层，总建筑面积约 55700m^2（见图 17.39），于 1990 年 12 月建成使用。建筑物平面呈南北向摆放的“工”字形，南北上下两翼为矩形大空间的通用厂房，中部为交通枢纽及公共卫生间，这里设有四部电梯及两座楼梯，半地下室为能存放 5000 部自行车的停车场，管理中心设于顶层，如图 17.39 所示。

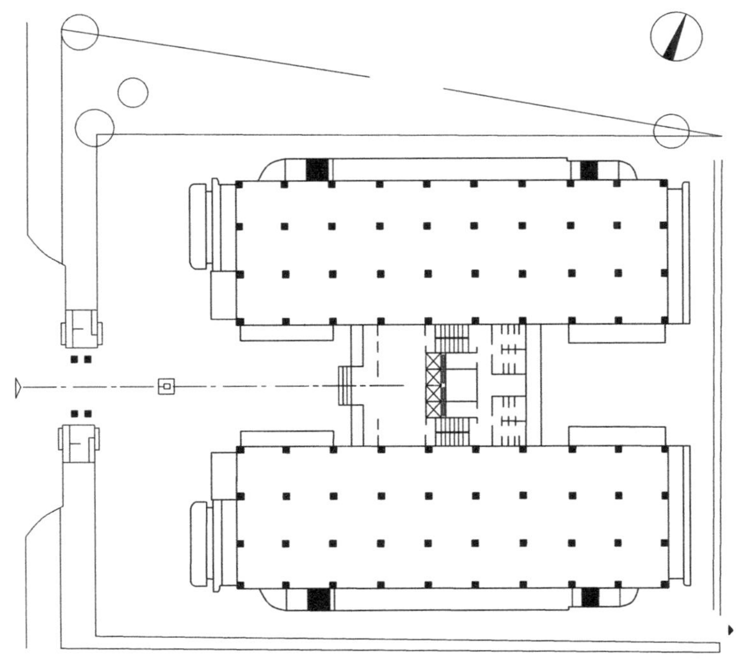
图 17.39　多层通用厂房布置图

通用厂房的特点就在于其通用性，平面尺度、形状、核心位置是决定厂房功能的重要因素。一般平面形状以方正规则、空间灵活、结构简洁为好。服务核心常是上下空间的人与物的主要运送、传递、火灾疏散、通风排气、卫生间设置的空间与井道，在布置上应使服务半径接近。基于这些原则，该通用厂房采用了工字形平面布局，南北两个矩形的平面规整灵活，有利于安置设备或自由分隔，可形成多个独立车间。两部分在南北向都设有大面积玻璃窗，使厂房的采光通风都较好。中部的服务核心位置居中，既可服务南北两大生产区，又能使南北生产区相互联系，人、货交通非常方便。结构上用方形的框架柱网，简洁、经济，且使平面上使用灵活。

17.4.2 有特殊要求的多层厂房

在工厂企业中，要获得高质量的产品，提高劳动生产率，除具有先进的设备和生产管理体制外，还必须具有良好的劳动生产环境。对于工人来说，就是指有良好的劳动条件和完善的福利设施，在工作场地具有为生产所需的足够空间、照度和良好的通风换气条件；对于生产的对象——产品来说，厂房则必须具有满足生产该产品的物质条件，如一定的温湿度、洁净度、防振、防磁等。随着科学技术的迅猛发展，要求在一定生产环境中进行生产的产品日益增多，某些工业部门，例如电子工业、精密仪器制造业等，必须在特定的人为环境中进行生产，否则难以保证产品质量。例如，第一次世界大战期间，美国在未采用洁净技术前，生产 10 个陀螺导航仪平均要返工 120 次，而采用洁净工艺后，返工量下降到两次。其他如精密仪器仪表等产品的微型化、含尘量与温湿度的微量变化，都会对产品的精密度产生巨大影响，这些都说明了生产环境对保证产品质量的重要意义。

工厂中生产环境设计所涉及的内容比较多，本节仅就近年在工厂中应用比较广泛的恒温恒湿、洁净环境的设计作简要的讲述。满足一定温湿度要求的恒温室和保证一定洁净度的洁净室，既可以布置在多层厂房也可以布置在单层厂房。但是由于采用恒温恒湿和洁净技术的工业企业采用多层厂房的比较多，所以将这部分内容纳入本章。

1. 恒温室设计

空气温度的变化会引起产品和零件的温度变化，导致零件的尺寸产生变化，因而影响产品的精密度。在精密机械制造业、电子、仪表、光学仪器、高级印刷等工业中，产品的误差常以微米计，即使空气微量变化，都会影响到产品的质量。因此，对生产房间的温湿度必须加以控制。凡是对空气从温度、湿度、清洁度和气流速度加以控制的房间称为恒温室或空调室。室外空气经过空气处理室除尘、降温或加热、加湿等，使达到一定温度和湿度后，用鼓风机通过送风管道送到恒温室内，然后通过回风管将污浊空气部分排除、部分抽回，与室外新鲜空气混合，经过空气处理室再循环使用。

空气调节以温度和相对湿度两个参数作为指标。恒温室所要求的温度和湿度标准各用两个数字控制：一为温度（湿度）基数，指恒温室设计时所规定的空气温度（湿度），如 18℃、20℃等，相对湿度 60％、50％等；一为空调精度，即室温（湿度）允许波动的范围，如±1℃、±0.5℃、±0.1℃等，相对湿度波动范围±5％、±10％等。

不同的工艺对温（湿）度基数和空调精度有不同的要求。如计量室以 20℃ 为常年基数，一般计量室为 20℃±2℃、20℃±1℃等，而基准室则为 20℃±0.1℃。精密机床则常采用随季节变化的温度基数，冬季为 17℃，夏季为 23℃，春秋季为 20℃。

1）恒温室布局方式

当厂房内有数个恒温室时，应尽可能将其集中布置在一起。集中布置可以减少恒温室的外围护结构面积，有利于节能和保证恒温室的温度和湿度，还可以减少空调管道的长度。

集中式布局可以有下列几种布置方式：

（1）水平集中式。

将恒温室集中布置在同一楼层内，如图 17.40(a)所示。如此布置，恒温室管理方便，但当其隶属于几个不同的工部时，可能使工艺流程不得不采取往复式的布置。另外，恒温室的朝向可能不尽理想。

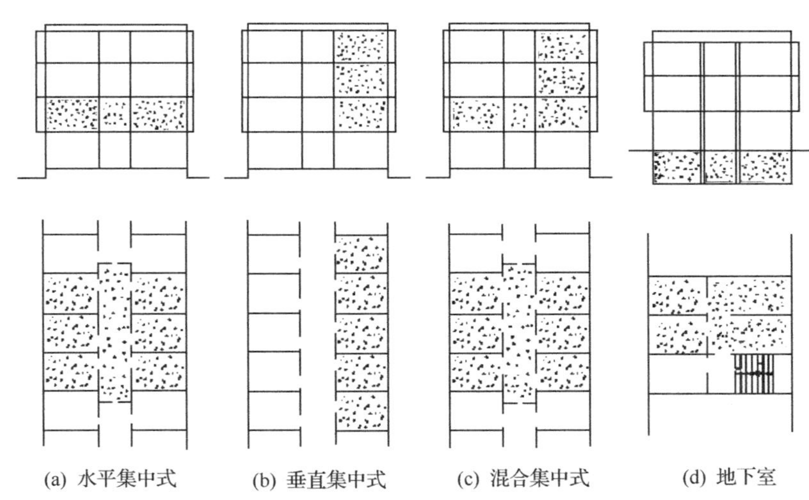

图 17.40　恒温室集中布置的几种形式（剖面与平面）

（2）垂直集中式。

将恒温室布置在多层厂房上下重叠的各层位置上，如图 17.40(b)所示，这样可以避免水平集中布置的缺点，选择厂房的有利朝向布置恒温室。

（3）混合集中式。

综合上述水平和垂直集中两种形式而出现的布置方式，如图 17.40(c)所示。

（4）地下室。

在地下水位比较低的地区，可将恒温室集中布置在地下室，如图 17.40(d)所示。地下室内温湿度比较稳定，特别适宜布置空调精度高的恒温室，例如，计量室中的基准室、光栅刻度室等的空调精度都为±0.1℃，将其布置在地下室容易达到这一指标。

另外，恒温室还可采取分散的布置方式。当恒温室面积小、数量不多、对空调要求不同时，采取集中式布置，反而可能造成管理不便。在

学习重点

重点关注：

1. 恒温室设计。

这种情况下，采取分散式布置是适宜的。

2）恒温室平面布置原则

（1）恒温室的位置以北向为宜，避免东西向，以减少太阳辐射热对外围护结构的影响，从而降低空调费用。

（2）根据其空调精度的不同，恒温室的布局可采取套间的布置方式。即将高精度的恒温室布置在低精度的恒温室内，利用低精度的恒温室作为高精度恒温室的套间，如图 17.41(d)、(e)所示。

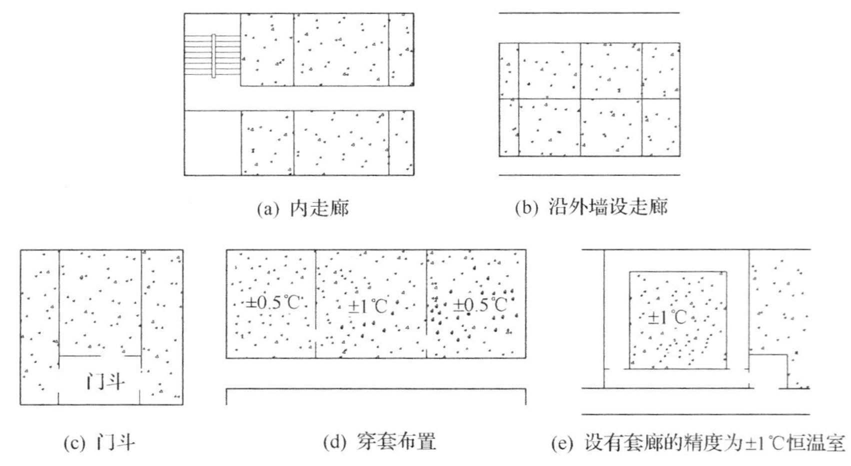

图 17.41　恒温室入口缓冲区布置举例

（3）精度要求相同的恒温室宜相邻布置，这样便于配置空调管道，如图 17.41(a)、(b)所示。

（4）为了减少出入口对恒温室内温湿度的影响，在入口处设置缓冲区。门斗、走廊以及穿套布置的恒温室［见图 17.41(c)］都可以起到缓冲区的作用。空调精度为±（0.1～0.2℃）的恒温室，不宜直接邻外墙布置，如必须靠外墙时，应设套廊，如图 17.41(b)、(e)所示。精度为±0.5℃的恒温室不宜设外窗，如必须设外窗时，则应朝北。

3）恒温室气流组织

恒温室的气流组织是保证恒温室生产环境的重要手段，与建筑布局有着密切的关系。恒温室一般采用下列几种气流组织方式：

（1）上部孔板送风，下部均匀回风（见图 17.42）。

孔板送风是利用顶棚作为送风静压箱。空气在静压作用下，通过设置在顶棚上的细孔，大面积地向室内送风。顶棚离地面 2.5～3.5m，其上的细孔直径多为 4～5mm，这种送风方式的特点是射流的扩散和混合较好，射流的混合过程短，工作区的气流速度和区域温差都很小。由于造价高，用在空调精度小于±0.5℃的恒温室比较合适。回风口可均匀地布置在房间的下部，离地面 0.5～1.5m，并可装调节百叶。

（2）上部周边均匀送风，下部均匀回风（见图 17.43）。

送风管围绕着房间，在靠近墙体处做周边式布置。一般做吊顶，送风口布置在顶棚上，也可做成明管布置。送风高度一般离地面 3.5～4m，送风口设计成带导叶片的条形

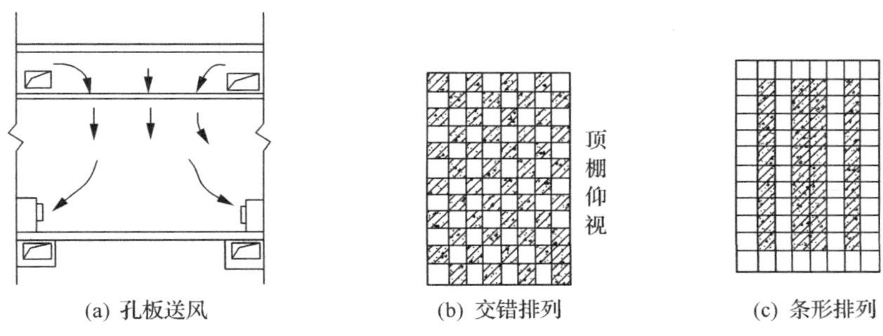

图 17.42　上部孔扳送风、下部均匀回风

风口（即均匀送风），送风口风速约为 2m/s。回风方式和上述方式相同。气流比较稳定，适用于接近正方形的房间。

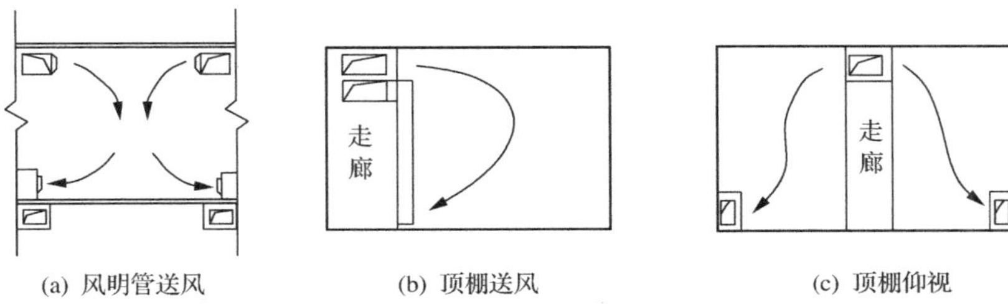

图 17.43　上部周边均匀送风，下部均匀回风

（3）上侧均匀送风，下侧回风（见图 17.44）。

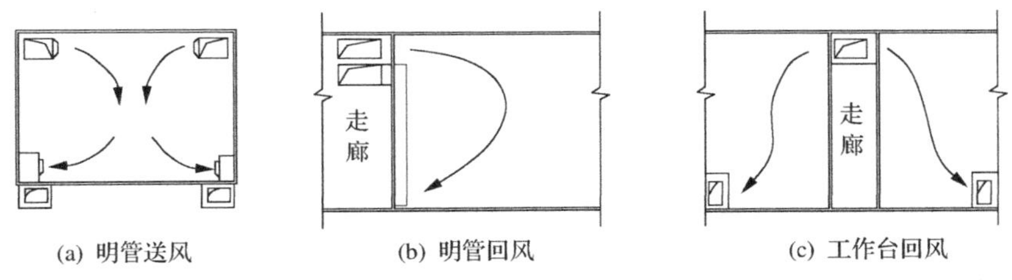

图 17.44　上侧均匀送风、下侧回风

（4）上侧送风，上侧回风（见图 17.45）。

对于一般层高和面积都不大的恒温室可采用单侧上送、上回方式。送风口离地面约为 3.5m，均匀地向对面吹送。当房间进深较大且中部顶棚上安装风管对工艺影响不大时，可采用双侧上送，上回方式。

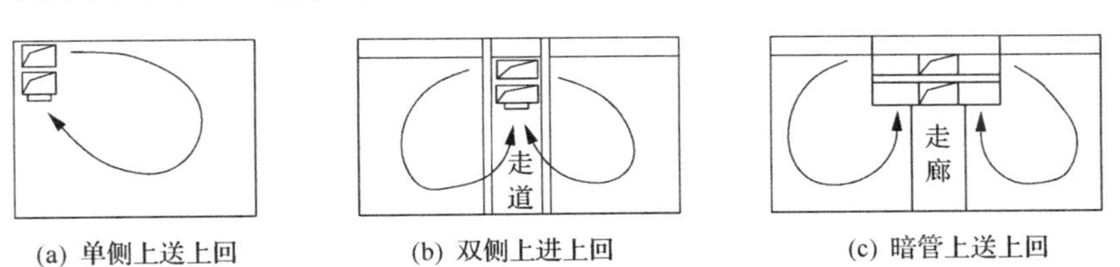

图 17.45　上侧送风、上侧回风

4）空调机房的布置

空调机房的位置，一般布置在恒温室附近，靠近其负荷中心，以缩短风管长度，减少冷热能损耗，节约投资。但是，由于鼓风机有振动，还应远离防微振、防噪声的恒温室，必要时可利用变形缝将机房与恒温室分开。空调机房可根据恒温室的面积、服务距离以及工艺要求，采取集中和分散两种布置方式。

当恒温室面积比较大且集中布置时，空调机房可相应地集中布置。在这种情况下，风管末端总长不宜超过60～70m。当超过这一长度时，则需另设空调机房。集中布置机房，管理方便，但有时导致延伸管道长度，如恒温室分层布置时，还需设置竖向管道井用以安置风管。在多层厂房中，空调机房可根据恒温室在各层的分布情况，按空调系统分散布置在各层。例如手表厂主厂房中的自动车车间、动件车间、静件车间、装配车间均要求空调，空调机房即可按照各车间的需要，按空调系统分层设置空调机房。

当恒温室精度不小于±1℃且面积不大、空调机组的振动和噪声不影响生产时，采用的小型空调机组可直接放在恒温室内或与恒温室相邻的房间内。空调机房的大小根据空调机组的尺寸确定。对于空调精度要求不高的恒温室，还可采用安放窗式空调机的方式保证室内温湿度。

2. 洁净室设计

洁净室目前被广泛应用于精密仪器、精密机械、电子工业等工业厂房，以控制生产环境空气含尘浓度，同时应用于生物制药、日用化妆品及食品工业等生物厂房，以控制生产环境空气含菌浓度。洁净室内的洁净空气环境为现代化的高精度、高洁净产品的制造和包装创造了条件。

（1）洁净室洁净度级别。

所谓洁净度是指洁净空气环境中空气含尘量的多少。含尘浓度高则洁净度低，含尘浓度低则洁净度高。含尘浓度有两种表示方法：一是单位体积空气中含浮游尘粒的数量（个/m^3）；二是单位体积空气中所含浮游尘粒的重量（mg/m^3），目前多用前一种方法进行评价。

各国洁净室的洁净度级别都不相同，许多国家参照美国标准确定。我们国家洁净室的标准是《洁净厂房设计规范》(GB50073－2001)，标准中规定的空气洁净度等级等同采用国际标准ISO1466－1中的有关规定。洁净室及洁净区空气中悬浮粒子洁净度等级如表17.8所示。

表17.8　空气洁净度等级

等　级	每立方米（每升）空气中≥0.5μm尘粒数	每立方米（每升）空气中≥5μm尘粒数
100级	≤35×100（3.5）	—
1000级	≤35×1000（35）	≤250（0.25）
10000级	≤35×10000（350）	≤2500（2.5）
100000级	≤35×100000（3500）	≤25000（25）

（2）洁净室防尘净化措施。

建筑设计中为了要断绝尘源，就有必要对灰尘的来源进行分析，以便采取相应的措施。生物粒子往往附着在尘粒上，部分凝集成团。洁净室灰尘的来源大体可归纳为内部和外部产生的灰尘，内部产生的灰尘包括生产过程中产生的灰尘、建筑材料的剥落、设备磨损和转动产生的粉尘等，外部产生的灰尘通过不同的途径进入洁净室内，如由工作人员、物料、设备、工具、空调送风系统带进的灰尘以及由门窗围护结构的缝隙钻进的灰尘。

学习重点

重点关注：

1. 洁净室设计。

1） 人身净化

工作人员的服装及皮肤经常携带和散发大量灰尘。工作人员进入洁净室之前，都必须按照不同的洁净标准更衣换鞋进行人身净化处理，有生物洁净要求时还要进行消毒。

室外人员的净化要注意开辟厂区到洁净建筑室外空间的人行道路，在道路两旁种植乔灌木，形成绿色长廊，室外空间入口处设计卵石路面除去鞋底尘土，在建筑入口处设净鞋及换鞋设施。

内部人员的净化室包括雨具存放间、换鞋室、存外衣室、盥洗室、洁净工作服、管理室和空气吹淋室等。淋浴室、厕所、休息室等生活用室，以及工作服清洗间和干燥间等其他用室，可根据需要设置。

人员净化程序如图 17.46 和图 17.47 所示。

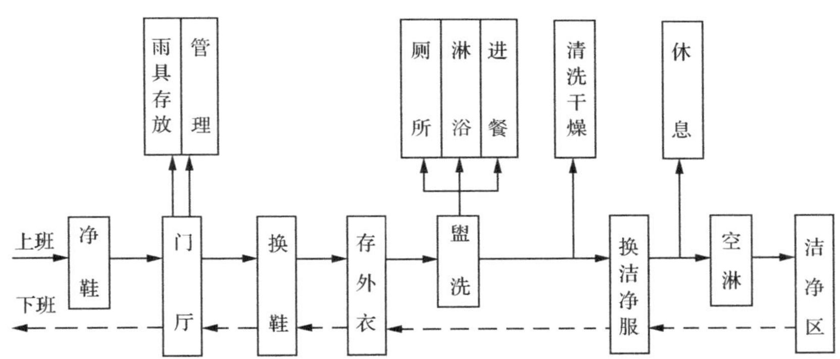

图 17.46 生物洁净厂房-洁净区人员净化程序

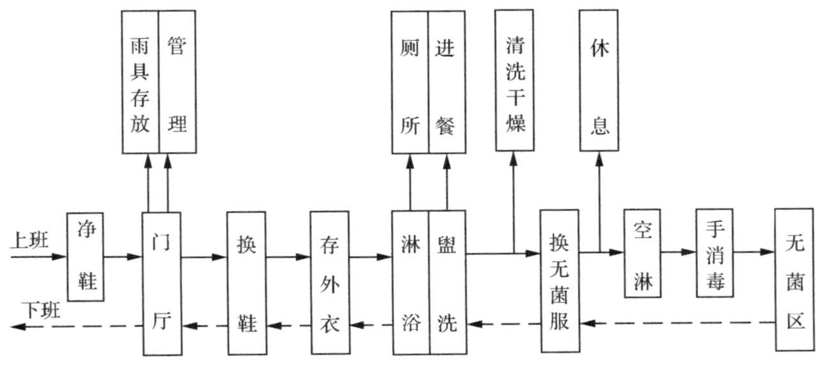

图 17.47 生物洁净厂房-无菌区人员净化程序

从国外洁净厂房的发展情况来看，由于提高了洁净室的自净能力，人员净化程序有日渐简化的趋势。如不需换鞋，只用穿上一次性鞋套或在洁净室门前设除尘鞋垫。

为了减少洁净室内的含尘量，洁净室内的工作人数须适当控制，洁净度越高的工作室，人员数量及进出越应当严格控制。

2）物料净化

凡进入洁净室的一切物料，如原材料、设备、工具、半成品等都应清洗进行净化处理。一般物料设有单独出入口，与人流出入口分开设置。如物料出入频繁时，在清洗后宜设转手库。物料经过双层密闭的传递窗或带有空气幕的传递窗送入洁净室。

3）空气净化及气流组织

送入洁净室的空气都需要净化处理，目前广泛采用过滤的方法，使用的设备就是过滤器。过滤器按效率高低分为低效、中效和高效三种。一般情况下，低效过滤器可以满足空气的粗净化要求；中效过滤器与低效过滤器配合可以满足空气的中净化要求；高效过滤器与低效、中效过滤器配合，可以满足空气超净化和生物洁净的要求。图 17.48 为三级滤尘系统。

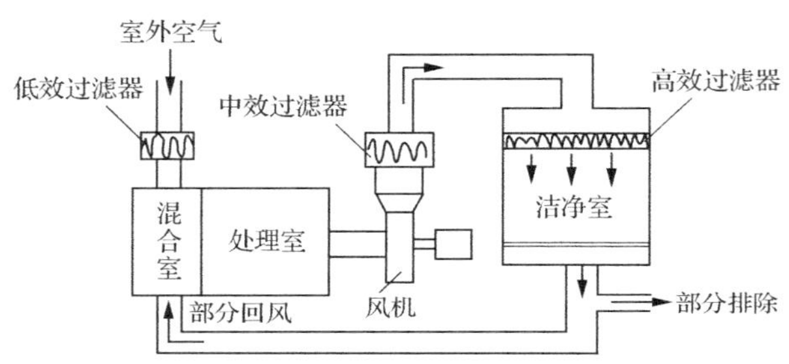

图 17.48　三级滤尘系统

新风先经过预过滤，主要滤除粒径为 5μm 以上的尘粒；新风、回风混合后，经风机进行中过滤，这时主要滤除粒径为 1～5μm 的尘粒；最后在送风口前再进行高效过滤。洁净室的气流组织十分重要，在采用一般空调系统的情况下，气流是紊流状态，所以一般空调方式称为紊流式或乱流式。紊流式可以保证室内温度均匀，但不能使室内的尘粒完全从排风口排出，所以用于洁净度不十分高的洁净室，要求超净的洁净室则常用平行流（层流）式的气流组织。

所谓“层流式”，即送入室内的洁净空气在室内工作区整个截面上以规定的送风速度沿同一方向通过，再回风。这种气流方式可避免室内污染物因气流紊乱而交叉污染，使室内具有较强的自净能力（所谓自净能力是指受污染的洁净空间在空气净化系统或局部设备开机或运行中，从某一个高的含尘浓度降低到稳定的含尘浓度的能力），从而保证极高的洁净度。

4）防尘措施

防尘主要是使洁净室成为一个密闭空间，尽量减少或取消对洁净室不利的门窗等建筑缝隙，防止室内墙面、地面和顶棚产生灰尘。为使密闭的洁净室空间能防止外界灰尘进入，最有效的措施是在洁净度高的房间不设直接对外的门窗或设置面向走廊的密闭窗，而由走廊再设开向对外的密闭窗，这样既可避免室外大气中的灰尘进入洁净度高的车间，又可使工人操作时感觉比较舒适。此外，还应保证洁净室处于正压状态，门向内开启。

防止室内建筑构件产生灰尘的办法就是要合理选择墙面、地面及顶棚的材料。材料要求质地坚硬耐磨、不起尘，表面光滑易清洗，室内表面及构配件应尽量减少凹凸和缝隙，以免积滞灰尘，此外还应考虑防静电要求。

3. 建筑布置

洁净室的布置原则与恒温室基本相同，不过，在防尘方面要求更为严格。工艺布置应紧凑，尽可能地控制洁净室面积。洁净室建筑造价及投产后管理费用昂贵，节约建筑面积即可大大节约投资。在不影响工艺流程的情况下，应把洁净度要求相同的房间集中布置，以便合理布置空调系统。

洁净室之间的物料运送路线要尽量短捷，以减少途中的污染和人员流动产生的灰尘，并通过传递窗递送零件。

洁净室的人流组织应首先通过洁净辅助区进行人身净化，然后从低洁净度洁净室流向高洁净度洁净室。由于洁净室的密闭性高，人流路线往往比较长而且曲折，一旦发生事故，容易造成伤亡，设计时必须设置足够的安全出入口和报警设施。出入口至洁净室的所有工作地点要近便，并且必须有明显的标志和事故照明。人员出入口与物料出入口宜分别设置，其外门不要面向全年主导风向，并须设置门斗。

在满足工艺要求的前提下，洁净室的净高应尽量降低，既减少通风换气量，又降低造价，净高一般以2.5m左右为宜。下面以土建式洁净室为主加以阐述。

洁净室的平面布局大体可分为廊式和大厅式两种。

(1) 廊式有单条走廊、二条走廊和三条走廊等布置方式［见图17.49(a)～(c)］。单条走廊的洁净室一般是建筑物中有一条走廊，两侧布置洁净室以及辅助用室，走廊兼布置送、回风管道，可以利用自然采光。这种布置方式适用于洁净度低的洁净室或无窗洁净室；在二条及三条走廊布置方式中，洁净室的窗子可不直接开向室外；在三条走廊方案中，其中一条可兼作技术走廊，架设全部管线。这两种布置方式可以采用包括“层流式”在内的各种气流组织，因而可布置各种不同洁净度要求的洁净室。

(2) 大厅式洁净室［见图17.49(d)］平面是由方形或接近方形的柱网组成，柱网尺寸一般为6m×6m或6m×7m。根据工艺布置可设置固定的或可移动的装配隔墙。在大厅内，也可安装装配式层流洁净室。气流组织可采用上送下回的方式，即天棚上均匀地安放高效过滤器，回风口均布在地面上，通过地面下的地沟或技术夹层回风。在大厅中，房间可按工序依次套间布置，平面组合有较大的灵活性。当前，这种平面形式的应用日趋广泛，是洁净厂房今后发展方向之一。

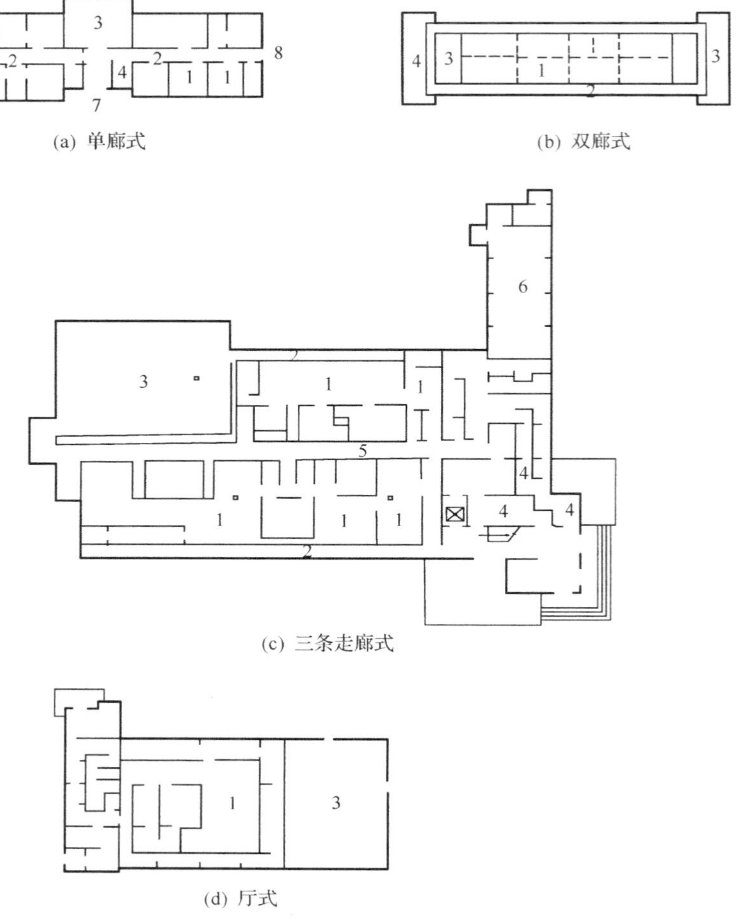

(a) 单廊式　(b) 双廊式

(c) 三条走廊式

(d) 厅式

图 17.49　洁净室形式

1. 洁净室；2. 技术走廊；3. 空调机室；4. 生活室；5. 洁净走廊；
6. 辅助用房；7. 人流；8. 货流

洁净室的造价昂贵，它的建筑造价和日常运行费用比一般厂房高出许多倍，设计时应仔细研究工艺要求，合理确定洁净室的洁净度级别，选择合理的布局及技术措施，在满足生产要求的前提下，力求控制面积，因此，出现了隧道式和管道式层流方案。

小　　结

本章介绍了多层厂房平面设计、多层厂房的剖面设计、多层厂房的体型与立面设计以及特定类型的多层厂房设计，重点应掌握以下几点：

（1）多层厂房平面设计是一项综合性工作。它的任务是以工艺设计原始资料为依据，综合解决各项土建问题。在做建筑设计时，必须与工艺、结构、电气、给排水、暖通等专业密切配合。同时，在考虑建筑体型及人、货流出入口位置之时，还必须与企业厂区的总体布置及周围环境相协调。

（2）多层厂房层数的确定受到多种因素的制约，确定厂房层数时，要根据实际情况具体分析确定。应考虑生产工艺要求、城市规划的要求以及技术经济因素的限制。

（3）层高的确定应考虑生产工艺及设备、采光、工程技术管道以及技术经济等因素。

（4）工业建筑是吸引人才、宣传企业文化、树立企业形象的重要标志。因此，多层工业建筑应设计合理的功能、优美的环境、新颖的造型，使其成为代言企业形象的标志。